한 번에 합격,
자격증은 이기적

이렇게 기막힌 적중률

함께 공부하고 특별한 혜택까지!
이기적 스터디 카페

구독자 13만 명, 전강 무료!
이기적 유튜브

자격증 독학, 어렵지 않다!
수험생 합격 전담마크

이기적 스터디 카페

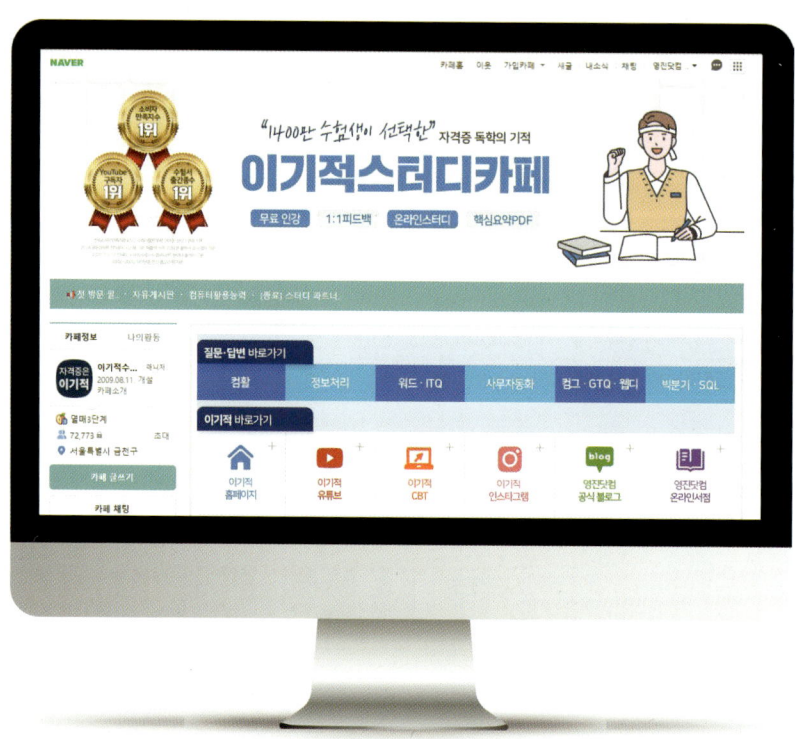

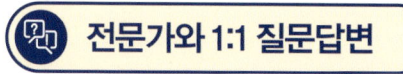
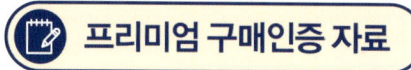

인증만 하면, **고퀄리티 강의가 무료!**
100% 무료 강의

STEP 1
이기적 홈페이지 접속하기

>

STEP 2
무료동영상 게시판에서 과목 선택하기

>

STEP 3
ISBN 코드 입력 & 단어 인증하기

>

STEP 4
이기적이 준비한 명품 강의로 본격 학습하기

영진닷컴 이기적

1년 365일 이기적이 쏜다!

365일 진행되는 이벤트에 참여하고 다양한 혜택을 누리세요.

EVENT ❶ 기출문제 복원

- 이기적 독자 수험생 대상
- 응시일로부터 7일 이내 시험만 가능
- 스터디 카페의 링크 클릭하여 제보

이벤트 자세히 보기 ▶

EVENT ❷ 합격 후기 작성

- 이기적 스터디 카페의 가이드 준수
- 네이버 카페 또는 개인 SNS에 등록 후 이기적 스터디 카페에 인증

이벤트 자세히 보기 ▶

EVENT ❸ 온라인 서점 리뷰

- 온라인 서점 구매자 대상
- 한줄평 또는 텍스트 & 포토리뷰 작성 후 이기적 스터디 카페에 인증

이벤트 자세히 보기 ▶

EVENT ❹ 정오표 제보

- 이름, 연락처 필수 기재
- 도서명, 페이지, 수정사항 작성
- book2@youngjin.com으로 제보

이벤트 자세히 보기 ▶

N Pay 네이버페이 포인트 쿠폰 20,000원

영진닷컴 쇼핑몰 30,000원

- N페이 포인트 5,000~20,000원 지급
- 영진닷컴 쇼핑몰 30,000원 적립
- 30,000원 미만의 영진닷컴 도서 증정

※ 이벤트별 혜택은 변경될 수 있으므로 자세한 내용은 해당 QR을 참고하세요.

이기적이 다 드립니다

여러분은 합격만 하세요! 이기적 미용사 **갓성비세트** BIG 4

기초 탄탄 이론 + 기출 + 핵심요약
초심자라 아무것도 몰라서, 미용사 준비가 처음이라 걱정되시나요?
개념부터 예시까지 상세히 알려드려요. 이기적만 믿고 따라오세요.

실력 충전 권쌤TV 무료 강의
혼자서 준비하시기 힘드시나요?
[권쌤 × 이기적]의 핵심만 짚어 주는 강의로 혼자서,
이기적 한 권이면 충분합니다.

최강 독학 이기적인 Q&A
이기적은 여러분과 시험의 처음부터 끝까지 함께 합니다.
이기적이 준비한 시험 가이드를 따라 합격길만 걸으세요!

최종 점검 맛보기 모의고사
이론학습이 모두 끝났다면!
실전 모의고사 3회분으로 실전처럼 제대로 준비해 보세요.

※ 〈2025 이기적 권쌤TV 미용사(메이크업) 필기〉를 구매하고 인증한 회원에게만 드리는 자료입니다.

이 모든 혜택 한 번에 보기 ▶

시험 환경 100% 재현!
CBT 온라인 문제집

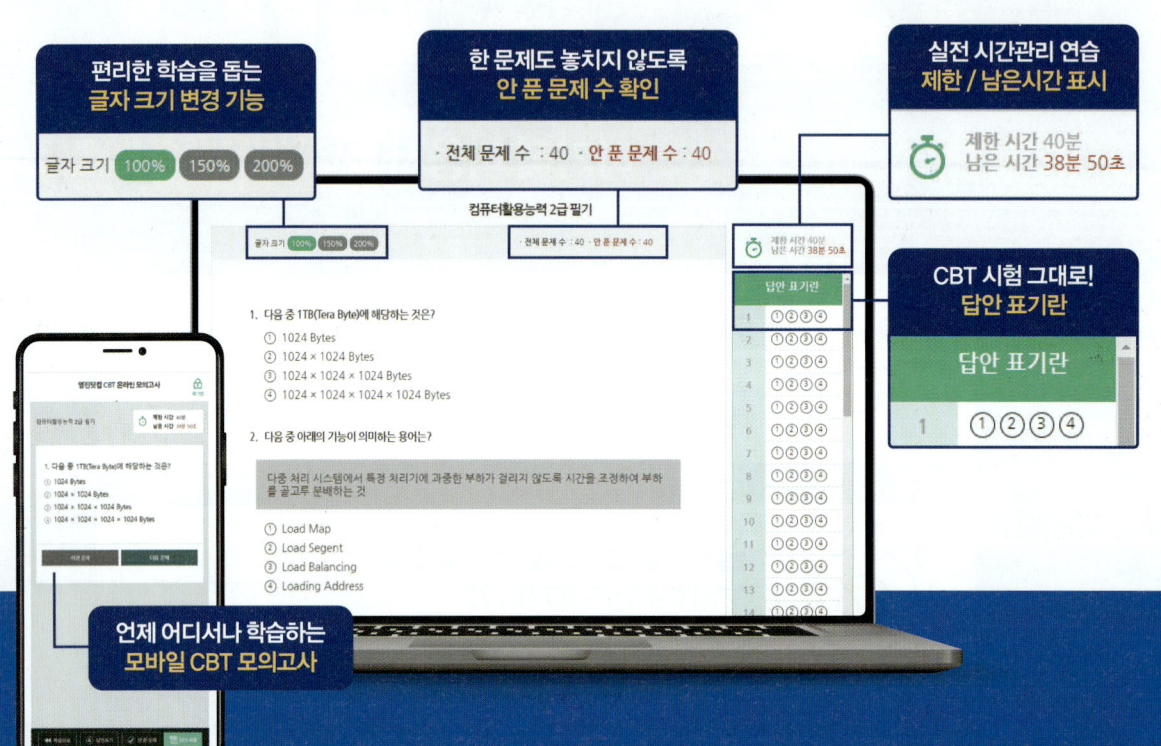

이용 방법

STEP 1
이기적 CBT
cbt.youngjin.com
접속

STEP 2
과목 선택 후
제한시간 안에
풀이

STEP 3
답안 제출하고
합격 여부
확인

STEP 4
틀린 문제는
꼼꼼한 해설로
복습

이기적 CBT

이렇게 기막힌 적중률

권쌤TV 미용사(메이크업) 필기

"이" 한 권으로 합격의 "기적"을 경험하세요!

YoungJin.com Y.
영진닷컴

차례

출제빈도에 따라 분류하였습니다.
- 상 : 반드시 보고 가야 하는 이론
- 중 : 보편적으로 다루어지는 이론
- 하 : 알고 가면 좋은 이론

▶ 표시된 부분은 동영상 강의가 제공됩니다.
이기적 홈페이지(license.youngjin.com)에 접속하여 시청하세요.

▶ 제공하는 동영상과 도서의 내용은 2026년까지 유효합니다.

PART 01

하루 만에 끝내는 핵심 키워드

▶ 합격 강의

CHAPTER 01 메이크업 기초
- 상 SECTION 01 메이크업의 이해 … 18
- 중 SECTION 02 메이크업 위생관리 … 30
- 상 SECTION 03 피부의 이해 … 35
- 상 SECTION 04 피부부속기관 … 41
- 상 SECTION 05 피부분석 및 상담 … 44
- 상 SECTION 06 피부와 영양 … 48
- 중 SECTION 07 피부와 광선 … 53
- 중 SECTION 08 피부면역 … 56
- 하 SECTION 09 피부노화 … 58
- 중 SECTION 10 피부장애와 질환 … 59
- 상 SECTION 11 화장품의 개념 … 67
- 상 SECTION 12 화장품의 제조 … 69
- 상 SECTION 13 화장품의 종류 … 77

CHAPTER 02 메이크업 고객 서비스
- 하 SECTION 01 고객응대 … 86
- 하 SECTION 02 메이크업 카운슬링 … 92
- 하 SECTION 03 퍼스널 이미지 제안 … 117

CHAPTER 03 메이크업 시술
- 하 SECTION 01 기초 화장품 선택 … 128
- 중 SECTION 02 베이스 메이크업 … 132
- 상 SECTION 03 색조 메이크업 … 143
- 하 SECTION 04 속눈썹 메이크업 … 158
- 중 SECTION 05 본식웨딩 메이크업 … 169
- 중 SECTION 06 응용 메이크업 … 175
- 하 SECTION 07 트렌드 메이크업 … 186
- 중 SECTION 08 미디어 메이크업 … 197
- 하 SECTION 09 무대공연 메이크업 … 206

CHAPTER 04 공중위생관리

- ㉛ SECTION 01 공중보건 — 216
- ㉛ SECTION 02 질병관리 — 221
- ㉛ SECTION 03 감염병 — 226
- ㉜ SECTION 04 가족 및 노인보건 — 233
- ㉛ SECTION 05 환경보건 — 236
- ㉜ SECTION 06 식품위생 — 244
- ㉛ SECTION 07 보건행정 — 248
- ㉛ SECTION 08 소독 — 251
- ㉜ SECTION 09 미생물 — 257
- ㉛ SECTION 10 공중위생관리법규 — 262

PART 02
자주 출제되는 기출문제 200선 — 278
▶ 합격 강의

PART 03
공개 기출문제

공개 기출문제 01회 — 326
공개 기출문제 02회 — 337

PART 04
최신 기출문제

최신 기출문제 01회 — 350
최신 기출문제 02회 — 360
최신 기출문제 03회 — 369
최신 기출문제 04회 — 378
최신 기출문제 05회 — 388
최신 기출문제 06회 — 398
최신 기출문제 07회 — 407
최신 기출문제 08회 — 416
정답 & 해설 — 426

구매 인증 PDF

실전 모의고사 3회분
암호 : mkup7694

시험장까지 함께 가는 핵심 요약
이기적 스터디 카페에서 제공

※ 참여 방법 : '이기적 스터디 카페' 검색 → 이기적 스터디 카페(cafe.naver.com/yjbooks) 접속 → '구매 인증 PDF 증정' 게시판 → 구매 인증 → 메일로 자료 받기

혹시라도 오타/오류가 있을 수 있습니다.
QR 코드를 찍어서 정오표를 확인해 주세요. ▶

이 책의 구성

STEP 01
핵심 키워드 & 다양한 학습도구

핵심 키워드
미용사(메이크업) 국가자격시험의 출제 기준을 저자가 손수, 철저히 분석하여 핵심적인 내용만 담았습니다.

다양한 학습도구
도서에 수록된 합격강의, 출제빈도, 빈출태그, 용어설명, 권쌤의 노하우, 올컬러 삽화 등의 다양한 학습도구는 여러분의 합격에 날개를 달아 줄 것입니다.

개념 체크
핵심 키워드 옆 개념 체크로 이론을 복습하고 유형을 파악할 수 있습니다. 개념 체크로 이론의 이해도를 바로바로 점검해 보세요!

STEP 02
자주 출제되는 기출문제 200선

자출이론 & 기출문제
이 개념엔 요런 문제! 자주 출제되는 기출문제를 과목별·개념별로 묶어 담았습니다.

오답 피하기
해당 문제 유형은 어떻게 접근하는 것이 좋은지, 어떤 선택지가 함정인지 등에 대한 자세한 설명이 담겨 있습니다.

권쌤의 노하우
자출이론 & 기출문제에 권쌤의 노하우를 수록하였습니다. 권쌤만의 꿀팁으로 개념의 빈틈을 메워 보세요!

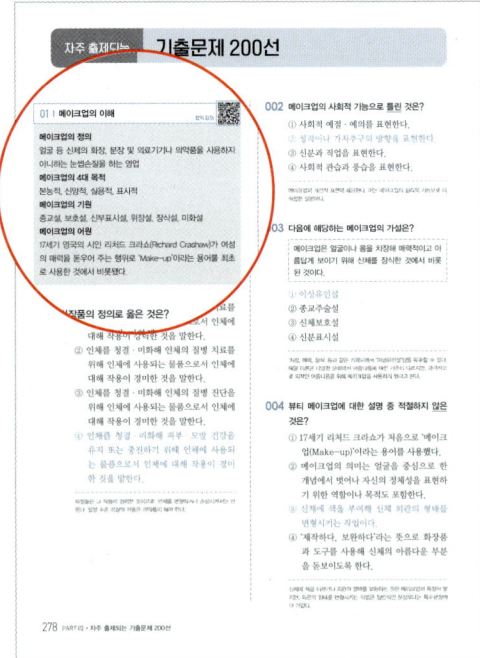

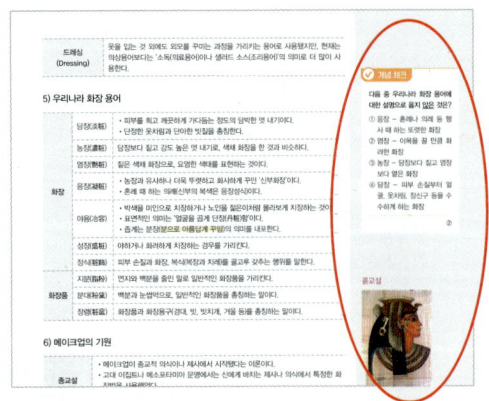

STEP 03

공개 기출문제

미용사(메이크업) 필기시험에서 그동안 실제로 출제되었던 문제들을 모아 2회분으로 수록하였습니다. 그와 더불어 문제를 다각도에서 이해할 수 있도록 권쌤만의 해설을 담았으며, 정답과 해설을 한 페이지 안에 담았지만 정답만 아랫부분에 모아 놓아서 학습의 효율을 더욱 높였습니다.

STEP 04

최신 기출문제 + 정답 & 해설

최신 기출문제 8회
혼자서도, 실전처럼! 여러분들은 해낼 수 있습니다. 8회분의 문제로 실제 시험장에서 시험을 치르듯 정답 없이 자신의 실력을 점검해 보세요.

정답 & 해설
채점은 빠르게, 해설은 확실하게! 회차별 초반부에 정답만 모아모아 학습의 효율을 기했습니다. 그와 더불어 권쌤만의 꼼꼼한 해설로 어떤 문제가 어떻게 나왔는지, 이런 문제는 어떻게 해결하는지 확실하게 파악할 수 있습니다.

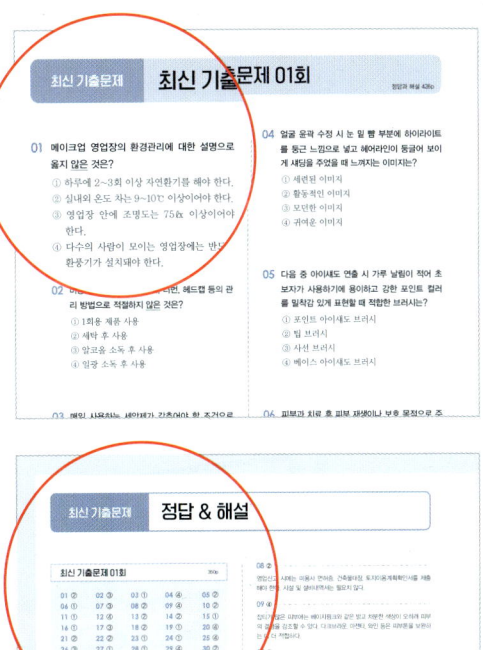

시험의 모든 것

01 응시 자격 조건
남녀노소 누구나 응시 가능

02 원서 접수하기
- www.q-net.or.kr에서 접수
- 상시 검정 : 시험 시간 조회 후 원하는 날짜와 시간에 응시

03 시험 응시
- 신분증과 수험표 지참
- 필기시험은 컴퓨터로만 진행되는 CBT (Computer Based Test) 형식으로 진행됨

04 합격자 발표
www.q-net.or.kr에서 합격자 발표

01 미용사(메이크업)란?

- **자격개요**
  메이크업에 관한 숙련기능을 가지고 현장업무를 수용할 수 있는지 평가하는 자격

- **업무범위**
  얼굴 등 신체의 화장, 분장 및 의료기기나 의약품을 사용하지 아니하는 눈썹손질

- **필요성**
  공중위생관리법(제6조)에서 미용사가 되려는 자는 미용사 자격을 취득한 뒤 시장·군수·구청장의 면허를 받도록 규정함

02 미용사(메이크업)의 취득 후 전망

- 메이크업 아티스트 취업
- 메이크업미용업 취·창업
- 미용학원업, 고등기술학교, 화장품 연구기관 취업

03 시험 정보

- **실시기관**
  한국산업인력공단

- **훈련기관**
  대학 및 전문대학 미용관련학과, 노동부 관할 직업훈련학교, 시·군·구 관할 여성발전(훈련)센터, 기타 학원 등

- **검정방법 및 합격기준**

구분	필기	실기
응시료	14,500원	17,200원
시험 과목	이미지 연출 및 메이크업 디자인	메이크업실무
검정 기준	객관식 4지 택일형, 60문항(60분)	작업형, (2시간 35분, 100점)
합격 기준	100점을 만점으로 하여 60점 이상	

Q&A

Q 필기시험은 합격했는데 실기시험에서 떨어졌어요.

A 당해 필기시험일로부터 2년간 필기시험이 면제됩니다. 연간 약 20회(2024년 기준 22회) 정도의 실기시험이 있으니 2년 안으로 재응시하시면 됩니다.

Q 자격증을 취득하면 학점을 취득한 것으로 인정되나요?

A 미용사는 '미용장'과 달리 학점으로 인정되지 않습니다.

Q 보통 몇 명 정도가 합격하나요?

A

연도	필기			실기		
	응시자	합격자	합격률(%)	응시자	합격자	합격률(%)
2023	21,957	9,832	44.8	17,397	5,978	34.4
2022	20,284	9,982	49.2	20,418	7,638	37.4
2021	21,733	12,627	58.1	13,675	5,280	38.6
2020	20,438	11,894	58.2	14,095	5,427	38.5
2019	28,747	15,348	53.4	21,903	8,083	36.9

Q 보통 얼마 동안 공부하나요?

A

분류	접수자	응시자	응시율(%)	합격자	합격률(%)
3개월 미만	17,880	14,725	82.4	6,929	47.1
3개월~6개월	6,333	5,193	82	2,137	41.2
6개월~1년	1,641	1,327	80.9	496	37.4
1년~2년	627	479	76.4	170	35.5
2년~3년	143	102	71.3	50	49
3년 이상	126	105	83.3	41	39

※ 본 통계는 한국산업인력공단에서 2023년 기준으로 발표한 것입니다.

Q 시험에는 어떤 것이 출제되나요?

A ▶ 미용사(메이크업) 필기시험 출제기준(2022.1.1.~2026.12.31.)

주요항목	세부항목	
1. 메이크업 위생관리	• 메이크업의 이해 • 메이크업 재료·도구 위생관리 • 피부의 이해	• 메이크업 위생관리 • 메이크업 작업자 위생관리 • 화장품 분류

※시험에 대해 가장 궁금해하시는 내용을 모았습니다.

2. 메이크업 고객 서비스	• 고객 응대	
3. 메이크업 카운슬링	• 얼굴특성 파악	• 메이크업 디자인 제안
4. 퍼스널 이미지 제안	• 퍼스널컬러 파악	• 퍼스널 이미지 제안
5. 메이크업 기초화장품 사용	• 기초화장품 선택	
6. 베이스 메이크업	• 피부표현 메이크업	• 얼굴윤곽 수정
7. 색조 메이크업	• 아이브로우 메이크업 • 립&치크 메이크업	• 아이 메이크업
8. 속눈썹 연출	• 인조속눈썹 디자인	• 인조속눈썹 작업
9. 속눈썹 연장	• 속눈썹 연장	• 속눈썹 리터치
10. 본식웨딩 메이크업	• 신랑신부 본식 메이크업	• 혼주 메이크업
11. 응용 메이크업	• 패션이미지 메이크업 제안	• 패션이미지 메이크업
12. 트렌드 메이크업	• 트렌드 조사 • 시대별 메이크업	• 트렌드 메이크업
13. 미디어 캐릭터 메이크업	• 미디어 캐릭터 기획 • 연령별 캐릭터 표현	• 볼드캡 캐릭터 표현 • 상처 메이크업
14. 무대공연 캐릭터 메이크업	• 작품 캐릭터 개발	• 무대공연 캐릭터 메이크업
15. 공중위생관리	• 공중보건 • 공중위생관리법규(법, 시행령, 시행규칙)	• 소독

▶ 미용사(메이크업) 실기시험 출제기준(2022.1.1.~2026.12.31.)

주요항목	세부항목	
1. 메이크업 위생관리	• 메이크업 위생관리하기 • 메이크업 작업자 위생관리하기	• 메이크업 재료·도구 위생관리하기
2. 메이크업 카운슬링	• 얼굴특성 파악하기	• 메이크업 디자인 제안하기
3. 메이크업 기초화장품 사용	• 기초화장품 선택하기	• 기초화장품 사용하기
4. 베이스 메이크업	• 피부표현 메이크업하기	• 얼굴윤곽 수정하기
5. 색조 메이크업	• 아이브로우 메이크업하기 • 립&치크 메이크업하기	• 아이 메이크업하기
6. 속눈썹 연출	• 인조속눈썹 디자인하기	• 인조속눈썹 작업하기
7. 속눈썹 연장	• 속눈썹 연장하기	• 속눈썹 리터치하기
8. 본식웨딩 메이크업	• 신랑신부 본식 메이크업하기	• 혼주 메이크업하기
9. 미디어 캐릭터 메이크업	• 미디어 캐릭터 기획하기 • 연령별 캐릭터 표현하기	• 볼드캡 캐릭터 표현하기 • 상처 메이크업하기
10. 메이크업 고객 서비스	• 방문 고객 응대하기 • 불만 고객 응대하기	• 전화 상담 고객 응대하기
11. 트렌드 메이크업	• 트렌드 조사하기 • 시대별 메이크업하기	• 트렌드 메이크업하기

※ 자료 출처 : Q-NET 인터넷 홈페이지(www.q-net.or.kr)

CBT 시험 가이드

CBT란?

CBT는 시험지와 필기구로 응시하는 일반 필기시험과 달리, 컴퓨터 화면으로 시험 문제를 확인하고 그에 따른 정답을 클릭하면 네트워크를 통하여 감독자 PC에 자동으로 수험자의 답안이 저장되는 방식의 시험입니다.
오른쪽 QR코드를 스캔해서 큐넷 CBT를 체험해 보세요!

큐넷 CBT 체험하기

CBT 필기시험 진행방식

본인 좌석 확인 후 착석 → 수험자 정보 확인 → 화면 안내에 따라 진행 → 검토 후 최종 답안 제출 → 퇴실

CBT 응시 유의사항

- 수험자마다 문제가 모두 달라요. 문제은행에서 자동 출제됩니다!
- 답지는 따로 없어요!
- 문제를 다 풀면, 반드시 '제출' 버튼을 눌러야만 시험이 종료되어요!
- 시험 종료 안내방송이 따로 없어요.

FAQ

Q CBT 시험이 처음이에요! 시험 당일에는 어떤 것들을 준비해야 좋을까요?

A 시험 20분 전 도착을 목표로 출발하고 시험장에는 주차할 자리가 마땅하지 않은 경우가 많으므로, 대중교통을 이용하는 것을 추천합니다. 무사히 시험 장소에 도착했다면 수험자 입장 시간에 늦지 않게 시험실에 입실하고, 자신의 자리를 확인한 뒤 착석하세요.

Q 기존보다 더 어려워졌을까요?

A 시험 자체의 난이도 차이는 없지만, 랜덤으로 출제되는 CBT 시험 특성상 경우에 따라 유독 어려운 문제가 많이 출제될 수는 있습니다. 이러한 돌발 상황에 대비하기 위해 이기적 CBT 온라인 문제집으로 실제 시험과 동일한 환경에서 미리 연습해두세요.

CBT 진행 순서

좌석번호 확인	수험자 접속 대기 화면에서 본인의 좌석번호를 확인합니다.
수험자 정보 확인	시험 감독관이 수험자의 신분을 확인하는 단계입니다. 신분 확인이 끝나면 시험이 시작됩니다.
안내사항	시험 안내사항을 확인하고, 다음을 클릭합니다.
유의사항	시험과 관련된 유의사항을 확인합니다.
문제풀이 메뉴 설명	시험을 볼 때 필요한 메뉴에 대한 설명을 확인합니다. 메뉴를 이용해 글자 크기와 화면 배치를 조정할 수 있습니다. 남은 시간을 확인하며 답을 표기하고, 필요한 경우 아래의 계산기를 이용할 수 있습니다.
문제풀이 연습	시험 보기 전, 연습을 해 보는 단계입니다. 직접 시험 메뉴화면을 클릭하며, CBT가 어떻게 진행되는지 확인합니다.
시험 준비 완료	문제풀이 연습을 모두 마친 후 [시험 준비 완료] 버튼을 클릭하면 시험 감독관의 지시에 따라 시험이 시작됩니다.
시험 시작	시험이 시작되었습니다. 수험자분들은 제한 시간에 맞추어 문제풀이를 시작합니다.
답안 제출	시험을 완료하면 [답안 제출] 버튼을 클릭합니다. 답안을 수정하기 위해 시험화면으로 돌아가고 싶으면 [아니오] 버튼을 클릭합니다.
답안 제출 최종 확인	답안 제출 메뉴에서 [예] 버튼을 클릭하면, 수험자의 실수를 방지하기 위해 한 번 더 주의 문구가 나타납니다. 완벽히 시험 문제 풀이가 끝났다면 [예] 버튼을 클릭하여 최종 제출합니다.
합격 발표	CBT 시험이 모두 종료되면, 퇴실할 수 있습니다.

이제 완벽하게 CBT 필기시험에 대해 이해하셨나요?
그렇다면 이기적이 준비한 CBT 온라인 문제집으로 학습해 보세요!

이기적 온라인 문제집 : https://cbt.youngjin.com

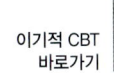
이기적 CBT
바로가기

PART 01

하루 만에 끝내는
핵심 키워드

CHAPTER 01

메이크업 기초

SECTION 01 메이크업의 이해
SECTION 02 메이크업 위생관리
SECTION 03 피부의 이해
SECTION 04 피부부속기관
SECTION 05 피부분석 및 상담
SECTION 06 피부와 영양
SECTION 07 피부와 광선
SECTION 08 피부면역
SECTION 09 피부노화
SECTION 10 피부장애와 질환
SECTION 11 화장품의 개념
SECTION 12 화장품의 제조
SECTION 13 화장품의 종류

SECTION 01 메이크업의 이해

빈출 태그 ▶ #메이크업의개념 #메이크업의역사

권쌤의 노하우

메이크업은 미용사 필기시험 중에서 합격률이 좀 더 높은 편이지만 함께 꼼꼼하고 자세하게 공부해요!

KEYWORD 01 메이크업의 개념 [빈출]

1) 메이크업의 정의

국가직무능력표준 (NCS)의 정의	메이크업은 특정한 상황과 목적에 맞는 이미지, 캐릭터 창출을 목적으로 이미지 분석, 디자인, 메이크업, 뷰티코디네이션, 후속관리 등을 실행함으로써 얼굴·신체를 연출하고 표현하는 일
공중위생관리법의 화장·분장 미용업	얼굴 등 신체의 화장, 분장 및 의료기기나 의약품을 사용하지 아니하는 눈썹손질을 하는 영업
일반적 정의	얼굴이나 신체의 외모를 개선하거나 변화를 주기 위해 사용하는 화장품의 적용

2) 메이크업의 4대 목적 [빈출]

① 본능적 이유 : 개인이나 종의 생존을 위해 성적 매력을 자연스럽게 표현하는 것
② 신앙적 이유 : 종교적이거나 주술적인 신념에 따라 하는 미용
③ 실용적 이유 : 같은 집단임을 표현하여 외부 위협으로부터 보호
④ 표시적 이유 : 사회적 지위, 계급, 결혼 상태, 성별 등을 나타내기 위한 수단

3) 메이크업의 어원

코스메티케 (Cosmetike)	• 고대 그리스어 '코스메티케(Cosmetike)'는 '장식하다, 꾸미다'라는 의미이다. • 미용과 관련된 활동이나 제품을 지칭하는 데 사용한다. • 오늘날의 '코스메틱(Cosmetics)'이라는 단어의 기원이 된다. • 메이크업(Make-up)은 코스메틱을 포함한 의미이다.
메이크업 (Make-up)	• 17세기 영국의 시인 리처드 크래쇼(Richard Crashaw)가 여성의 매력을 올려주는 행위로 Make-up 이라는 용어를 최초로 사용했다. • 맥스 팩터(Max Factor)는 '메이크업(Make-up)'이란 말을 처음 사용한 미국의 대표 메이크업 아티스트로 분장사이자 화장품 브랜드 창립자로 현대 메이크업 산업에 큰 영향을 미친 인물이다.

4) 외국의 전통 메이크업 용어

마키아주 (Maquillage)	프랑스어에서 유래된 이 용어는 종종 고급스러운 메이크업을 가리키는 데 사용한다.
투알레트 (Toilette)	개인 위생이나 세면을 의미했으나, 현재는 개인 관리와 관련된 넓은 의미로 사용한다.
페인팅 (Painting)	• 16세기 셰익스피어가 최초로 사용했다. • 예술적 요소가 강조된 메이크업을 지칭하는 데 주로 사용한다.

드레싱 (Dressing)	옷을 입는 것 외에도 외모를 꾸미는 과정을 가리키는 용어로 사용됐지만, 현재는 의상용어보다는 '소독(의료용어)'이나 샐러드 소스(조리용어)'의 의미로 더 많이 사용한다.

5) 우리나라 화장 용어

화장	담장(淡粧)	• 피부를 희고 깨끗하게 가다듬는 정도의 담박한 멋 내기이다. • 단정한 옷차림과 단아한 빗질을 총칭한다.
	농장(濃粧)	담장보다 짙고 강도 높은 멋 내기로, 색채 화장을 한 것과 비슷하다.
	염장(艶粧)	짙은 색채 화장으로, 요염한 색태를 표현하는 것이다.
	응장(凝粧)	• 농장과 유사하나 더욱 뚜렷하고 화사하게 꾸민 '신부화장'이다. • 혼례 때 하는 의례(신부의 복색은 응장성식)이다.
	야용(冶容)	• 박색을 미인으로 치장하거나 노인을 젊은이처럼 몰라보게 치장하는 것이다. • 표면적인 의미는 '얼굴을 곱게 단장(丹粧)함'이다. • 좁게는 분장(분으로 아름답게 꾸밈)의 의미를 내포한다.
	성장(盛粧)	야하거나 화려하게 치장하는 경우를 가리킨다.
	장식(粧飾)	피부 손질과 화장, 복식(복장과 치례)를 골고루 갖추는 행위를 말한다.
화장품	지분(脂粉)	연지와 백분을 줄인 말로 일반적인 화장품을 가리킨다.
	분대(粉黛)	백분과 눈썹먹으로, 일반적인 화장품을 총칭하는 말이다.
	장렴(粧奩)	화장품과 화장용구(경대, 빗, 빗치개, 거울 등)를 총칭하는 말이다.

> ✓ **개념 체크**
>
> 다음 중 우리나라 화장 용어에 대한 설명으로 옳지 <u>않은</u> 것은?
> ① 응장 – 혼례나 의례 등 행사 때 하는 뚜렷한 화장
> ② 염장 – 이목을 끌 만큼 화려한 화장
> ③ 농장 – 담장보다 짙고 염장보다 옅은 화장
> ④ 담장 – 피부 손질부터 얼굴, 옷차림, 장신구 등을 수수하게 하는 화장
>
> ②

6) 메이크업의 기원

종교설	• 메이크업이 종교적 의식이나 제사에서 시작됐다는 이론이다. • 고대 이집트나 메소포타미아 문명에서는 신에게 바치는 제사나 의식에서 특정한 화장법을 사용했었다. • 신성한 존재를 모시는 방식으로서 메이크업이 사용됐었다.
보호설	• 메이크업이 피부를 외부 환경으로부터 보호하기 위해 사용됐다는 이론이다. • 고대에는 태양, 바람, 먼지 등으로부터 피부를 보호하기 위해 다양한 자연 재료를 사용하여 화장을 했다는 주장이다.
신분표시설	• 메이크업이 사회적 지위나 신분을 나타내는 수단으로 사용됐다는 이론이다. • 특정 색상이나 화장 방식이 상류층이나 귀족과 관련이 있었고, 이로써 자신의 신분을 드러내는 역할을 한다고 본다.
위장설	• 메이크업이 특정 상황에서 위장이나 변장 수단으로 사용됐다는 이론이다. • 전쟁·사냥, 공연 예술에서 사람들은 특정 인물이나 캐릭터로 변신하기 위해 메이크업을 사용했었다. • 사회적 역할이나 상황에 따라 자신의 정체성을 변형하는 방법이다.
장식설	• 메이크업이 단순히 외모를 꾸미기 위한 장식적인 요소로 발전했다는 이론이다. • 미적 가치와 아름다움을 추구하는 인간의 본능에서 비롯됐다고 본다. • 다양한 문화에서 아름다움에 대한 기준이 다르지만, 궁극적으로 외적인 아름다움을 위해 메이크업을 사용하게 됐다고 본다.

종교설

위장설

미화설	• 메이크업이 외모를 미화하기 위한 도구로 발전해왔다는 이론이다. • 사람들이 자신의 외모를 더 아름답고 매력적으로 보이게 하려는 욕망에서 비롯된 것으로 보며, 현대 사회에서도 메이크업에 여전히 중요한 역할을 한다고 본다.

KEYWORD 02 우리나라 메이크업사

1) 선사시대~원삼국시대

- 선사시대 유적지에서 출토된 원시형 장신구에서 화장 문화의 시초를 엿볼 수 있었다.
- 백색 피부를 선호했었다.
  - 백색 피부에 대한 귀한 대우와 알타이 계통의 흰 사람 신화가 존재한다.
  - 단군신화에서 곰과 호랑이에게 쑥과 마늘을 먹이고 100일 동안 어두운 동굴 속에 있도록 한 이야기는 고대사회의 지배층이 흰 피부였다는 주술적 관념을 반영한 것이다.

▼ 상고시대(고조선)와 원삼국시대 화장의 특징

재료와 기법	• 피부 미백 효과를 기대하여 **쑥**을 달인 물로 목욕을 했다. • 찧은 **마늘**을 **꿀**과 섞어 얼굴에 발라 피부를 미백하고, 기미·주근깨·잡티를 제거했다. • 문신은 신에 대한 숭배, 종족 표시, 위장을 위한 표현 방법으로 발전했다. • 돌, 조개껍데기, 짐승의 뼈로 장신구를 만들어 착용했다. • 흰 피부를 가꾸려 했던 것으로 추정된다.
국가별 특징	• **읍루** : 겨울에 돼지기름(**돈고**)을 발라 피부를 부드럽게 하고 동상을 예방했음 • **말갈** : 오줌으로 세수하여 피부를 미백했음 • 삼한 : 변한인들이 새긴 문신도 원시 치장의 한 형태로 기록됐음

개념 체크

고조선인들이 희고 건강한 피부를 만들기 위해 사용했던 것이 아닌 것은?
① 쑥
② 돈고
③ 마늘
④ 꿀

②

쌍영총 고분벽화

2) 고대 삼국시대

고구려
(BC 37~
AD 668)
	• **고분벽화**를 통해 당시의 화장 형태를 살필 수 있다.
	  - **쌍영총** 고분벽화 : 여관 혹은 시녀로 보이는 주인공들이 연지화장을 하고 있음
	  - 평안도 수산리의 귀부인상 : 여인의 머리에 관을 쓰고, 뺨과 입술에 연지화장을 하고 있음
	• 머리를 곱게 빗고, 눈썹을 짧고 뭉툭하게 다듬었다.
	• 뺨에 연지화장을 했는데, 특히 무인들은 머리카락을 뒤로 틀고 연지를 이마에 바르며 금당으로 머리를 꾸몄다.
	• 신분·빈부의 구별 없이 치장에 열중했다.

백제 (BC 18~ AD 660)	• 구체적인 기록이 적어 메이크업의 정도를 가늠하기 어렵다. • 일본의 「화한삼재도회」에 백제로부터 메이크업 테크닉과 제조 기술을 배워 갔다는 기록이 있다. • 백제인들이 엷은 화장을 했다는 기록이 존재한다. • **시분무주(施粉無朱)** : 분은 바르되 연지는 바르지 않음

| 신라
(BC 57~
AD 935) | • '통제 · 절제'의 풍조에서 '개방'의 풍조로 변화했다.
  – **영육일치사상** : 국민정신의 바탕으로 남녀가 깨끗한 몸과 단정한 옷차림을 추구했음
  – 불교사상 : 불교의 영향으로 화장을 엷게 했으며, 평면 화장에서 그침
  – 통일 전 : 메이크업을 엷게 하는 것이 유행이었음
  – 통일 후 : 중국 문화의 짙은 색조 화장이 도입되어 메이크업이 다소 화려해짐
• 화장과 화장품이 일찍 발달하고 백색 피부를 선호했다.
• 화랑들도 화장을 했으며, 각종 장신구(귀고리, 가락지, 팔찌, 목걸이 등)로 치장도 했다.
• 동백기름이나 아주까리기름으로 머리를 치장하고, 백분으로 얼굴을 희게 했으며, 이마 · 뺨 · 입술 등에 잇꽃 연지를 발랐다.
• 미묵(눈썹묵)으로 굴참나무, 너도밤나무 등의 나무 재를 유연에 개어 눈썹을 그리는 데 사용했다. |

3) 중세 고려시대(918~1392)

미의식의 변화	• 신라인의 문화가 전승되어 **영육일치**의 미의식이 그대로 유지됐다. • 고려의 메이크업 문화는 외형상으로는 사치스러워지고 내면적으로는 탐미주의 색채가 농후했다.

이원화한
메이크업
	• 신분에 따라 이원화된 메이크업 테크닉이 자리 잡았다.
	• 기생들 사이에서는 짙은 **분대 화장**이 성행했다.
	  – 분을 하얗게 바르고, 눈썹을 가늘게 가다듬어 까맣게 그리며, 머릿기름은 번들거릴 정도로 많이 발랐다.
	  – 기생의 상징적인 치장이다.
	  – 기생을 분대라고 부를 만큼 기생의 치장이 상징적이었다.
	  – 기생들의 직업적인 의식화장이 조선시대까지 계승됐다.
	• **여염집 여성들 사이에서는 엷은 메이크업**이 유행했고, 화장이 멸시됐다.
	• 기생의 분대화장은 화장에 대한 기피 성향과 경멸감을 발생시키면서도 화장의 보급과 화장품 발전에 기여했다.

화장기법의 다양화	• 손이나 얼굴에 발랐던 액체 상태의 화장품인 **면약**이 널리 사용됐다. • 향유 바르기를 좋아하지 않고 분은 바르되 연지는 즐겨 바르지 않았다.

분대화장(粉黛化粧)

'하얀 분(粉)과 눈썹먹(黛)을 사용하는 화장(化粧)'이라는 뜻으로 고려시대부터 조선시대까지 기녀들이 주로 했던 화장법이다.

4) 근세 조선시대(1392~1910)

미의식의 변화	• 조선 전기의 지배층은 검약을 강조하며, 고려시대 초기의 지배층과 유사한 경향을 띠었다. • 여성의 외면적 아름다움보다 내면적인 아름다움이 강조됐다. • '부용(婦容)'은 깨끗하고 부드러운 마음가짐의 표현으로 정의됐고, **메이크업은 천한 행위로** 인식됐다.
화장의 세분화	• 화장 개념의 세분화가 촉진된 시기이다. • 분대 화장은 기피하며, 생활화장과 특수층 여성의 의식화장이 더욱 뚜렷해졌다. • **궁녀와 기생들을 중심으로 메이크업 테크닉이 발달했다.** • **분대** 화장은 기생의 상징으로 자리 잡았다. • 여염집 여성은 평상시에는 메이크업을 하지 않고 청결과 위생에 신경썼으며, 특별한 경우(혼인, 연회, 외출 등)에만 메이크업을 했다.

규합총서(閨閤叢書)

조선후기 여성 실학자 빙허각 이씨가 저술한 책으로, 여자의 방(閨閣)에서 쓸 수 있는 갖가지 일들을 모아서 기록(叢書)한 것이다.
※ 출처 : 한국민족문화대백과사전

| 화장품 제조기술의 발달 | • 메이크업 제조 기술이 발달했다.
• 규합총서에 여러 가지 향료 및 화장품 제조 방법이 수록됐다.
  – 백분 : 분꽃을 심어 그 씨앗을 그늘에 말려 빻아서 만들었음
  – 연지 : 홍화(잇꽃)를 재배하여 꽃잎을 거두어 말리고 빻아 만들었음
  – 미안수 : 수세미 줄기에 상처를 낸 다음 즙을 받아 피부를 매끄럽게 하는 화장수로 사용했음
  – 매분구(賣粉嫗) : 보부상 중 화장품 행상
  – 보염서(補艶署) : 궁중에 설치된, 화장품 생산을 전담하는 관청 |

5) 근대개화기(1900~1930년대)

화장의 향	입술 연지를 아랫입술에만 빨갛게 바르고, 눈썹을 초승달 모양으로 그리는 화장법이 유행했다.
신식 화장법의 유입	• 강화도조약(1976)에 따른 개항 이후 신식 메이크업 테크닉과 화장품이 소개됐다. • 처음에는 주로 일본과 청나라로부터 유입됐으며, 한일병탄(1910) 이후 1920년대에는 프랑스를 비롯한 유럽으로부터 화장품이 유입됐다. • 포장과 품질이 우수하여 여성들로부터 인기를 끌었으며, 한국 화장품 산업화의 촉진제가 됐다. • 1933년, 새로운 메이크업 테크닉과 바니싱 크림 등의 신식 화장품이 소개됐다. • 이때의 주요 수입 화장품에는 크림, 백분, 비누, 향수 등이 있었다.
박가분 (朴家粉)	• 가내수공업으로 제조된 박가분이 1918년에 정식으로 상표를 등록하고, 제조 허가를 받았다. • 하얀 얼굴에 반듯한 이마의 잔털을 제거하고 박가분을 물에 개어 하얗게 발랐다. • 박승직과 그의 부인이 운영하던 박가분 본포에서 황화(연지), 배달기름(머릿기름), 연부액(미백 로션), 유액(밀크 로션), 연향유, 밀기름 등도 잇따라 시판됐다.

박가분

6) 현대

1940년대	• 한국 화장품 산업이 본격적으로 시작됐다.
	  – 1945년 8·15 광복을 계기로 한국 화장품 산업이 전환기를 맞았다.
	  – 일제 화장품의 유통과 광고가 일본의 패망으로 일제히 사라졌다.
	  – 에레나 크림, 바니싱 크림, 모나미 크림, 스타 화장품 등의 국산 화장품이 생산됐다.
	• 현대식 화장법이 도입됐다.
	  – 얼굴을 희게 하고 눈썹은 반달 모양으로 다듬었다.
	  – 번들거리는 피부 화장과 눈을 강조한 부분 화장(마스카라와 아이라인)이 유행했다.
	  – 볼 연지와 입술 연지로 볼과 입술을 붉게 화장했다.

1950년대	• 6.25 전쟁 이후 수입 화장품, 밀수 화장품, 미국의 PX 유출품이 범람했다. • 1956년, 프랑스 '코디'사와 기술 제휴로 코디분이 국산화되어 품질이 향상됐다. • 오드리 햅번 등 영화 스타를 모방한 헤어, 화장, 코디가 유행했다.

1960년대	• 국산 화장품 생산이 본격화됐다.
	  – 정부의 국산 화장품 보호 정책에 따라 화장품 산업이 정상 궤도에 진입하고 국산 화장품 생산이 본격화됐다.
	  – 색조 화장품의 생산이 활발해졌다.
	• 자연스러운 피부 표현으로 기초 화장을 중심으로 하여 수정 화장이 더해져 세련된 느낌을 연출했다.
	  – 바니싱 타입의 크림과 백분 소비량이 격감하고, 액상 색분(파운데이션)의 수요가 급증했다.
	  – 입술 연지가 고형으로 바뀌고 아이섀도가 등장하며 색채 화장법이 시작됐다.
	  – 인조 속눈썹의 사용으로 꾸민 듯한 느낌을 연출했다.

> **개념 체크**
>
> 우리나라에서 일제 화장품이 자취를 감추고 국산 화장품인 바니싱 크림, 에레나 크림, 모나미 크림, 포마드 등이 생산되기 시작할 때 활동한 서양의 뷰티 아이콘은?
> ① 리타 헤이워드(Rita Hayworth)
> ② 글로리아 스완슨(Gloria Swanson)
> ③ 오드리 헵번(Audrey Hepburn)
> ④ 브리짓 바르도(Brigitte Bardot)
>
> ①

1970년대	• 의상의 유행이 화장에도 영향을 줬다.
	  – 의상에 맞추어 화장하는 '토털 코디네이션'이라는 용어가 등장했다.
	  – 1972년에 복고풍의 의복이 유행하게 되자 화장에서도 복고풍이 나타났다.
	  – 1976년에는 패션과 함께 동양 무드가 가미된 화장이 선보였으며, 부드럽고 침착한 색조가 주류를 이루었다.
	  – 1978년부터 미용 캠페인의 영향으로 메이크업이 토탈 패션의 한 부분으로 조화되어야 한다는 의식이 대두됐다.
	  – 주요 색상 : 올리브 그린, 크림 베이지, 브라운, 오렌지, 블루, 더블, 핑크
	  – 계절별 미용법 : 봄은 입술 화장, 여름은 자외선 차단, 가을은 눈 화장, 겨울은 기초 피부 손질에 중점
	• 화장품 회사의 메이크업 캠페인으로 색채 화장에 대한 거부 인식을 줄이고 입체 화장이 생활화됐다.
	  – 다양한 색채의 파운데이션과 3색분이 제조되고, 여러 가지 색조의 입술 연지가 유행했다.
	  – 인조 속눈썹, 아이라이너, 매니큐어가 보급되어 부분 화장이 강조됐다.
	  – 샴푸, 보디 제품, 팩 제품 등 화장품 시장이 급성장했다.

1980년대	• 컬러 TV의 대량 보급과 대중매체의 발달로 색상 사용이 다양해졌고, 해외 동포의 귀국과 해외와의 교류가 빈번하여 세계의 패턴 소식이 한국에 유입됐다.
	  – 화장품 품질이 향상되어 1983년 이후 화장품의 수입 자유화가 부분적으로 이루어지고, 1986년까지 수입이 전면 자유화됐다.
	  – 색채에 대한 수요가 폭발적으로 증가하고, 부분적으로 수입 자유화된 선진국의 다양한 색채 화장품이 수입됐다.
	  – 1980년대 후반부터 유럽의 메이크업 정보가 많이 유입되면서 일본보다 유럽의 영향을 더 많이 받기 시작했다.
	• 메이크업의 주체와 트렌드가 급변했다.
	  – 메이크업 인구의 증가와 메이크업의 고령화 및 저령화 현상이 촉진됐다.
	  – 소비자들은 자신의 개성과 라이프스타일에 맞춰 선택하는 지적 소비자 시대가 도래했다.
	  – 남성의 메이크업이 보급됐다.
	• 색조 화장이 더욱 세련되고 다양해졌다.
	  – 동양인의 오클계 피부에 잘 조화되는 코랄 색상(핑크와 오렌지의 중간)이 유행하고, 갈색을 주조색으로 하여 황금색 펄과 벽돌색의 조화로 세련되고 매혹적인 분위기의 색조 화장이 유행했다.
	  – 아이섀도 화장의 더블 패턴(아이홀 화장)으로 평면적인 동양인의 얼굴에 입체감을 줬다.

1990년대	• 패션의 흐름과 더불어 메이크업도 유행을 창출하고 선도하게 됐다.
	  – 개인의 개성이 중시되는 현대의 주도적인 흐름에 따라 메이크업도 점차 다양화 됐다.
	  – 각자의 개성이 강조되고 자유로움을 추구하는 현대인의 특징이 화장품 회사 주도하에 소비자가 선택하는 시대가 시작됐다.
	  – 메이크업 경향, 헤어스타일, 모드 등 미용에 관련된 유행의 많은 부분이 광고와 드라마의 주인공들에 의해 영향을 받았다.
	• 국내에서 오리엔탈리즘과 결합되어 풍부하고 깊이 있는 표현이 이루어졌다.
	  – 오리엔탈 패션 테마에 맞추어 한국적인 요소를 모던하게 표현하며, 창백한 피부톤, 가는 아치형의 검은 눈썹, 붉은 립스틱 메이크업이 나타났다.
	  – 에콜로지(Ecology, 생태주의) 경향으로 건강과 자연 보호에 대한 관심이 고조되면서 베이지, 오렌지, 브라운 계열의 자연스러운 색조가 강세였다.
	  – 혼합되는 색의 강약에 따라 얻을 수 있는 무수한 색감을 참조하여 눈, 볼, 입술 화장을 다양하게 표현했다.
	• 1990년대 후반에 들어 패션의 경향이 어두운 무채색 계열로 변화하고, 몸의 곡선을 가린 신비롭고 퇴폐적인 분위기를 조성하는 방향으로 바뀌었다.

고대 이집트의 메이크업

개념 체크

이집트 메이크업의 특징으로 옳지 않은 것은?
① 콜과 안티모니를 이용하여 벌레와 뜨거운 태양으로부터 눈을 보호했다.
② 물고기 모양의 눈 화장으로 다산과 풍요를 기원했다.
③ 장수 기원의 목적으로 오커를 볼과 입술에 바르고 헤나를 이용했다.
④ 종교적이고 의학적인 목적에서 메이크업이 시작됐다.

③

고대 그리스의 메이크업

고대 로마의 메이크업

KEYWORD 03 서양 메이크업사

1) 고대

이집트 (BC 3200)	• 고대 미용의 발상지였다. • 메이크업, 복식, 헤어스타일의 기능이 장식적 목적에서 탈피하기 시작했다. – 사회적 지위 표현 : 외양을 달리함으로써 자신의 계급과 권력을 표출함 – 미감의 표현 : 화장품을 사용하여 자신의 개성과 미적 감각을 표출함 – 신체 보호 : 화장료, 연고, 향유 등을 사용하여 노출이 많은 피부와 눈을 자연환경(태양광, 곤충)으로부터 보호함 – 종교적 상징 : 화장술은 종교 의식에서 발달하며, 상징적 의미를 지님 • 이 시기 향장의 특징 – 색과 선을 과감하게 사용하는 등 화장법이 상당히 진보했다. – 남녀 모두 가발을 사용했는데, 주로 검정색이며 다크 블루나 황금색으로 염색했다. – 분, 볼·입술연지로는 헤나(Henna)나 색이 있는 꽃잎을 으깨어 사용했다. – 신으로부터 보호받는다는 상징으로서 눈을 강조하는 메이크업이 성행했다. – 검은 화장 먹으로 그린 선으로 눈을 강조하여 눈을 크게 보이게 했다. – 눈 꼬리 부분에 물고기 모양을 그리는 기법을 사용했다. – 푸른 공작석을 갈아 만든 가루를 아이섀도로 사용하여 눈 주위에 발랐다. – 검정, 회색, 녹색, 청색 등의 콜(Kohl)로 눈을 화장했다.
그리스 (BC 3000~400)	• 피부관리에 과학적 원리를 연계했다. – 식이요법, 오일 마사지, 일반 목욕 등으로 피부 건강을 유지했다. – 히포크라테스는 피부병 연구를 통해 식이요법, 마사지, 일광욕이 피부 건강에 도움을 준다고 주장했다. – 화장품은 과학적 원리에 기초하여 개발했다. • 자연미를 추구했다. – 종교적인 사유로 인해 자연스러운 모습, 있는 그대로의 모습을 추구했다. – 미를 표현할 때도 자연스러운 모습을 부각하는 방식을 택했다. • 이 시기 향장의 특징 – 분, 아이섀도, 입술 및 볼 화장, 향수 등의 다양한 화장품을 사용했다. – 백색안료로 피부톤을 희게 표현했다. – 눈썹을 검고 가늘게 그림으로써, 미간을 좁아 보이게 했다. – 코는 양쪽 코 선 중심으로 그 윤곽을 강조했다. – 입술과 볼 화장으로는 주황색조의 화장품을 사용했다. – 다양한 방법으로 머리를 장식하여 자신의 아름다움을 드높였다.
로마 (BC 753~27)	• 그리스의 영향을 많이 받았다. • 피부 관리와 화장을 선호했다. – 피부 관리 시 우유나 포도주로 얼굴을 마사지했다. – 미용과 종교 의식을 위해 목욕을 즐겼다. – 염색과 마사지 시 위생관리를 전문적으로 하기 시작했다. – 립스틱이나 파운데이션 등 근대적 향장품이 발달했으며, 이는 BC 2세기의 화장품 발달의 중추 역할을 했다. • 이 시기 향장의 특징 – 화장료와 향수를 사용했다. – 백색안료로 피부톤을 희게 표현했다. – 눈 화장 시, 안티모니로 검게 화장했다. – 볼 화장 시, 연단(납 성분)이나 야채에서 추출한 염료로 붉게 칠했다. – 입술 화장 시, 야채에서 추출한 염료로 붉게 칠했다. – 머리카락을 금발로 염색했다.

2) 중세(AD 5~15C)

중세의 메이크업

유럽문화의 형성기	• 종교가 사람의 관심과 생활에 절대적인 영향을 미쳤다.
	   – 교회에서 가발과 화장을 엄격히 금지했다.
	   – 금욕주의 영향으로 화장을 경시하는 풍조가 나타났다.
	• 머리의 관이나 장식을 중요시하여 머리 형태가 잘 드러나지 않았다.
	   – 동양의 영향을 받아 관을 착용했다.
	   – 미혼 여성들은 머리를 느슨하게 늘어뜨렸다.
	   – 기혼 여성들은 머리를 중앙에서 나누어 땋아 양 귀를 덮었다.

화장품과 향료의 유입과 제조	• 기술과 제품의 유입으로 화장품과 향료의 제조가 과학화했다.
	   – 인도와 페르시아의 기술과 자료를 받아들여 연금술, 약학 등 다양한 기술이 발달했다.
	   – 화장학과 약학이 통일되어 영국에 보급됐다.
	   – 안티모니 화장품과 향유가 유입됐다.
	• 지역별로 화장품을 제조했다.
	   – 스페인(8C) : 비누와 목욕 용품을 제조했음
	   – 프랑스(10C) : 향료의 생산을 위해 특용작물을 대량으로 재배했음

이 시기 향장의 특징	• 여성들은 피부를 창백하고 맑고 매끄럽게 표현하려는 경향이 있었다.
	   – 흰색과 분홍색의 수성 안료로 피부를 창백하게 표현했다.
	• 이마는 앞머리를 뽑거나 밀어 넓게 가꾸는 것이 이상적인 모습이었다.
	• 눈썹은 자연스러운 형태에서 다듬거나, 가는 활 모양 또는 둥근 모양으로 다듬고, 검게 표현했다.
	• 볼이나 입술에 바르기 위한 연지를 사용했으나, 그 색채를 강하게 하지는 않았다.
	   – 스페인 : 장미색 연지
	   – 영국과 독일 : 오렌지색 연지
	   – 프랑스 : 짙은 빨간색 연지
	• 아이섀도의 색채를 강하게 하지 않았다.

✓ **개념 체크**

중세 시대 화장 문화의 발달에 큰 영향을 주었던 역사적 사건은?
① 백년 전쟁
② 헤이스팅스 전투
③ 트로이 전쟁
④ 십자군 전쟁

④

3) 근세 르네상스시대(14~16C)

르네상스 시대

르네상스 시대의 일반적인 경향	• 르네상스의 개념과 특징
	   – 고전문화(그리스·로마)의 부흥을 표방한 문예부흥기로, 이탈리아에서 시작되어 다른 나라로 퍼진 예술과 문화의 재생 기간이다.
	   – 자본주의가 출현하고, 종교개혁으로 개인주의와 향락주의가 만연했다.
	   – 귀족과 부유층은 과장되고 화려한 의복과 화장을 즐겼다.
	   – 세속적인 생활이 종교적 편견을 압도하고, 의복은 신분과 물질적 풍요의 표현 수단이 됐다.
	   – 종교적 생활보다 향장학 연구를 통해 미에 대한 발전을 유도했다.
	• 화장술과 의학의 연계
	   – 노화된 피부를 의학적 처방으로 관리했다.
	   – 기존의 화장술이 미용적 보호를 위한 화장술로 개선됐다.
	   – 화장술 개발을 위해 새로운 원료·향료·색소를 개발했다.
	• 이 시기 향장의 특징
	   – 이마는 머리를 뒤로 올리거나 머리털을 깎아 넓게 보이게 했다.
	   – 머리에는 곱슬곱슬한 빨간 머리 또는 천으로 덮는 가발을 착용했다.
	   – 피부는 창백하고 깨끗하며 투명하게 표현했다.
	   – 눈썹은 털을 완전히 제거하고, 가는 활 모양의 각이 없게 그렸다.
	   – 입술은 장밋빛의 작은 꽃 모양으로 칠했다.
	   – 뺨은 가벼운 홍조를 띠게 칠했다.

> **✓ 개념 체크**
>
> 다음에서 설명하는 시대는?
>
> - 사교를 위해 화장이 필수조건이었던 시대로 남녀 모두 화장을 즐겼다.
> - 분말과 점토, 마스크팩, 백납분 등을 사용해 신체 부분은 모두 하얗게 유지했다.
> - 이마에는 정맥을 그려서 투명하고 희게 보이게 했다.
>
> ① 근세 로코코
> ② 고대 로마
> ③ 근세 바로크
> ④ 근세 르네상스
>
> ④

엘리자베스 시대의 경향	• 이 시대는 르네상스시대의 황금기였다.
	• 여성뿐 아니라 남성도 화장품을 사용했다.
	• 얼굴 마스크가 유행하던 시기였다.
	• 메이크업의 발달로 연극도 발전했으며 연극 분장과 의상이 특히 발달했다.
	• 정교한 스타일의 가발이 유행했다.
	  – 머리카락 색이 붉고, 이마를 강조하는 가발이 유행했다.
	  – 여성들은 앞 가르마를 타고 귀 뒤로 넘겼으나, 나중에는 모두 뒤로 빗어 넘겨 머리장식으로 고정했다.
	  – 1590년대에는 앞머리를 곱슬곱슬하게 하고, 뒤로는 소용돌이 모양으로 높이 들어 올린 하이롤(High Roll) 스타일이 유행했다.
	• 이 시기 향장의 특징
	  – 달걀, 백랍가루, 유황을 섞어 파운데이션의 기초 제품을 사용하기 시작했다.
	  – 향료가 발달했다.
	  – 피부는 달걀과 유황 등을 섞은 페이스트로 흰 가면처럼 희고 창백하게 표현했다.
	  – 눈썹은 르네상스 시대보다 더 길고 가늘게 표현했다.
	  – 코는 붉은 납 가루를 사용한 노즈 섀도로 높아 보이도록 많이 강조했다.
	  – 입술 역시 붉게 칠하는 것이 유행이었다.

4) 근세 바로크 · 로코코 · 빅토리아 시대

바로크
(17C)
	• 향장계가 의학이나 과학과 관련된 치료와 단순히 외양적인 아름다움을 꾸미는 것으로 분류되기 시작했다.
	• 많은 양의 화장품과 정교한 의상으로 사치스러운 생활을 영위했다.
	  – 남녀 모두 과도한 장식과 화장을 했다.
	  – 귀족들은 딸기와 우유로 목욕했다.
	• 이 시기 향장의 특징
	  – 가발이 성행하며 머리 염색이 일반화됐다.
	  – 피부에는 진한 화장을 하여 백랍으로 만든 인형처럼 보이게 했다.
	  – 눈썹은 깨끗하고 밝게 강조했다.
	  – 볼은 홍조를 띠게 하거나 붉은 연지를 칠했다.
	  – 입술은 모양과 색깔이 장미꽃 같게 그렸다.
	  – 체형은 전체적으로 살이 찌고 둥근 용모(포동포동하고 탄탄한 팔, 어깨보다 넓은 둔부)를 선호했다.
	  – 눈 밑이나 입가 등의 뷰티 스폿에 점을 찍어 애교를 상징했다.
	  – 머리는 블론드 색으로 염색하거나 깨끗이 깎고 가발을 착용했다.

로코코
(18C)
	• 1789년 프랑스 혁명으로 귀족 사회가 붕괴됐다.
	• 화장품의 제조가 더욱 활발해졌다.
	• 이 시기 향장의 특징
	  – 화려하고 무분별한 화장이 극에 달했다.
	  – 화려한 헤어스타일의 가발이 성행했는데, 머리형이 예술적이고 환상적인 극치를 이루며, 높이와 기교에서 가능성의 극한점에 도달한 헤어스타일 유행했다.
	  – 건강함과 자연스러운 아름다움이 강조되는 메이크업으로 경향이 바뀌었다.
	  – 피부에는 두껍게 화장하고 얼굴을 매우 희게 강조했다.
	  – 볼은 광대뼈와 눈 가까이에 둥글게 화장했다.
	  – 특히 뺨이 들어간 부분에는 플럼퍼라는 패드를 넣어 통통하게 표현했다.
	  – 눈썹은 깨끗하고 밝게 강조하고, 모양이 장미꽃 봉오리와 같게 했다.

빅토리아
(1831~1901)
	• 역사상 가장 검소하고 정책적으로 제한된 시기였다.
	• 이 시기 향장의 특징
	  – 자연적 피부색과 아름다움을 위해 노력했다.
	  – 자연스러운 메이크업을 지향했다.

5) 근대

엘리자베스 시대의 경향	• 인위적이고 유해한 화장품의 과도한 사용 자제를 위한 분위기가 확산됐다. 　– 화장품의 성분과 제조술이 개선됐다. 　– 화학과 제조술의 발달로 몸에 해로운 납 대신에 산화아연으로 만든 새로운 분을 공급했다. • 비누의 등장으로 위생과 청결, 피부 관리에 대한 관심이 증가했다. • 크림이나 로션의 질이 향상되고 제품이 다양화하여, 일반 시민들도 쉽게 접할 수 있게 됐다.
이 시기 향장의 특징	• 피부 화장 시, 얼굴에 색상을 입히지 않고 자연스러운 미를 강조했다. • 눈 화장 시, 자연스러운 미를 중시하여 아이라인을 길고 가늘게 그렸다. • 볼 화장은 약하게 했고, 볼연지의 위치를 위로 올려서 발랐다. • 입술 화장은 약하게 했다.

6) 현대

1900년대	• 영화가 시대 여성들의 유행을 선도하게 됐다. 　– 영화 속 여배우의 메이크업과 헤어스타일을 모방하여 획일적인 유행이 창조됐다. 　– 1909년 러시아 발레단의 파리 공연에서 오리엔탈 붐이 발생했다. 　– 일부 선도적인 여성들에 의해 시도된 아이라인, 눈썹과 눈 사이에 황색이나 강렬한 색을 바르는 오리엔탈 분위기의 눈 화장이 유행했다. • 이 시기 향장의 특징 　– 핑크와 붉은 입술 화장이 등장했다. 　– 속눈썹을 위로 말아 올리고 눈썹을 검게 칠하는 기법이 유행했다. 　– 숯으로 그린 듯 새까만 일자형 눈썹이 유행했다. 　– 유행 헤어스타일은 소프트 **퐁파두르**(볼륨감 있는 올림머리)였다.
1910년대	• 제1차 세계대전 이후 여성의 사회 참여가 두드러졌다. 　– 여성운동이 본격화되고, 참정권을 획득했다. 　– 진보적인 여성들 사이에서 단발머리가 유행했다. • 젊은 세대는 자유롭고 편안한 복장을 선호하여 활동성 있는 의상이 등장했다. • 1910년대의 뷰티아이콘 　– 테다 바라 : 눈썹은 새까맣게 일자형으로 그리고, 눈 주위에 검은 음영을 강하게 넣었음
1920년대	• 영화가 본격적으로 대중 오락문화의 역할을 하면서 대중스타가 등장했다. • 이 시기 향장의 특징 　– 처진 눈과 눈썹이 특징이었다. 　– 볼터치나 노즈 섀도는 거의 사용되지 않았다. 　– 피부를 밀가루를 바른 듯 희고 창백한 느낌으로 표현했다. 　– 글로리아 스완슨의 애교점이 유행했다. • 1920년대의 뷰티아이콘 　– 클라라 보우 : 창백한 입술, 헝클어진 곱슬머리, 헤어밴드 아래로 크고 게슴츠레한 눈, 빨간 앵두 입술로 성적 매력을 발산했음 　– 글로리아 스완슨 : 초승달처럼 굽은 눈썹, 윤곽이 뚜렷한 입술, 완벽한 아이 메이크업, 깃털 같은 속눈썹을 사용하여 세련된 도시 여성의 이미지를 연기했었음

테다 바라

클라라 보우(좌)와 글로리아 스완슨(우)

그레타 가르보

1930년대	• 20년대에 비해 훨씬 성숙한 여성의 이미지를 연출했다. • 얼굴 전체를 완벽하게 덮기 위해 파운데이션을 사용했다. • 볼 터치를 두드러지게 했다. • 턱이 좁아 보이도록 어두운 파운데이션을 발랐다. • 눈이 움푹 들어가 보이도록 흰색과 검정(또는 청색) 아이섀도를 사용했다. • 눈썹은 한올 한올 정교하게 뽑고, 가늘고 기교적으로 그렸으며, 인조 속눈썹과 마스카라로 강조했다. • 크고 선명한 빨간색 립스틱을 사용하고, 이에 맞춘 빨강색 네일 에나멜이 유행했다. • 1930년대 뷰티 아이콘 : 그레타 가르보, 마릴린 디트리히, 진 할로우, 존 크래포드 등
1940년대	• 두껍고 또렷한 곡선형의 관능적인 눈썹이 유행했다. • 아이펜슬로 눈 꼬리 부분을 치켜 올린 눈 화장이 유행했다. • 1930년대 뷰티 아이콘 : 잉글리드 버그만, 리타 헤이워드, 에바 가드너 등

1950년대	• 오드리 햅번
	  – 앞머리를 짧게 잘라 내려놓은 실용적인 짧은 헤어컷 스타일인 '햅번 스타일'이 등장했다.
	  – 소녀 같은 이미지의 굵은 눈썹 메이크업이 유행했다.
	• 소피아 로렌
	  – 굵고 각진 검은색 눈썹과 아이라인을 강하게 치켜 올려 강한 이미지를 강조했다.
	• 마릴린 먼로
	  – 밝은 색의 피부톤에 약간 인위적인 메이크업을 했다.
	  – 눈썹 산을 바깥쪽으로 치켜 올리고, 아이라인을 길고 가늘게 그렸다.
	  – 눈 바깥쪽으로 길게 붙인 속눈썹, 보트형의 붉은 입술, 입가의 애교점 등으로 섹시한 이미지의 메이크업을 선보였다.

1960년대	• 옵아트, 팝 아트, 미니멀리즘 같은 현대 예술사조가 성행했다. • 초미니 스커트가 유행했다. • 눈썹은 새의 날개형으로 다듬고, 색상은 최대한 흐리게 처리했다. • 아이홀을 강조한 섀도(바나나 기법)를 사용했다. • 외곽을 깊게 그린 두터운 아이라인과 아주 길고 촘촘한 눈썹으로 눈을 강조했다. • 옅은 색의 입술 화장품을 사용했다. • 1960년대의 뷰티 아이콘 : 브리짓 바르도, 엘리자베스 테일러, 모델 트위기
1970년대	• 60년대에 비해 자연스러운 메이크업이 등장했다. • 아이홀을 강조하는 섀도 사용, 아이라인은 거의 사용하지 않았다. • 다양한 색상의 립 메이크업이 유행했다. • 70년대 후반에는 광택 있는 볼 화장과 반투명 립글로스가 등장했다. • 펑크 스타일, 집시 스타일, 메탈 룩 스타일, 페미닌 스타일, 아방가르드 스타일 등이 유행했다. • 펑크족의 검은 메이크업은 기존 사회 질서에 대한 강한 부정과 저항을 의미했다. • 1970년대의 뷰티 아이콘 : 카트린 드뇌브

1980년대	• 화려하면서 강한 이미지의 메이크업이 유행했다.
	• 80년대 중반, 복고풍의 영향으로 섹시하고 진한 화장이 유행했다.
	• 1980년대의 뷰티 아이콘
	  – 브룩 쉴즈 : 두껍고 진한 눈썹, 선명하고 빨간 입술 등 눈과 입을 모두 강조했음
	  – 미국의 팝 가수 마돈나 : 에로틱한 란제리 룩과 육감적인 화장이 큰 영향을 줬음
	  – 소피 마르소 : 특유의 깨끗하고 자연스러운 메이크업이 새로운 유행으로 등장했음

오드리 햅번(좌)과
마릴린 먼로(우)

트위기

카트린 드뇌브

마돈나(좌)와 소피 마르소(우)

1990년대	• 다양한 스타일이 공존하는 시대였다.
	  – 에콜로지와 복고풍의 영향으로 원색보다는 그린이나 브라운 같은 자연색이 인기였다.
	  – 10대에서 20대 초반 연령대에서 누드 메이크업이 유행했다.
	  – 90년대 말 무렵, 펄과 반짝이를 이용한 사이버 분위기의 메이크업이 등장했다.
	  – 나만의 개성이 부각되면서 아방가르드식의 메이크업이 속속 등장했다.
	• 1990년대의 뷰티 아이콘 : 이자벨 아자니, 줄리아 로버츠, 기네스 펠트로, 나오미 캠벨, 클라우디아 시퍼

▼ 시대별 국내외 뷰티 아이콘

구분	우리나라	외국
1910년대	–	테다 바라, 폴라 네그리
1920년대	–	클라라 보우, 글로리아 스완슨
1930년대	–	그레타 가르보, 마릴린 디트리히, 진 할로우, 존 크래포드
1940년대	최승희, 백난아	잉글리드 버그만, 리타 헤이워드, 에바 가드너
1950년대	최은희, 엄앵란, 김지미	오드리 헵번, 소피아 로렌, 마릴린 먼로
1960년대	남정임, 윤정희, 문희	브리짓 바르도, 엘리자베스 테일러, 트위기
1970년대	정윤희, 유지인, 장미희	카트린 드뇌브, 파라 포셋
1980년대	원미경, 이미숙, 이보희, 금보라, 황신혜	브룩 쉴즈, 마돈나, 소피 마르소
1990년대	심은하, 채시라, 전인화, 김혜수, 심혜진	이자벨 아자니, 줄리아 로버츠, 기네스 펠트로, 나오미 캠벨, 클라우디아 시퍼

> **권쌤의 노하우**
>
> 여러 페이지에 분산되어 있던 시대별 뷰티 아이콘을 옆 표에다 정리해 두었습니다. 간혹 시대별 메이크업의 특징을 제시하고 뷰티 아이콘을 고르라는 문제가 출제되니 확인해 두시면 되겠어요.

SECTION 02 메이크업 위생관리

출제빈도 상 중 하
반복학습 1 2 3

빈출 태그 ▶ #작업장위생관리 #도구위생관리

KEYWORD 01 메이크업 작업장 관리

1) 메이크업 작업 환경 위생관리의 필요성
- 많은 사람들이 모이는 환경으로 병원균에 의한 감염, 실내 환경 오염 등 각종 질병을 유발시킬 수 있는 위험 요소가 존재한다.
- 질병 감염 경로는 메이크업 작업자, 메이크업 재료, 도구와 기기, 실내 공기, 화학 물질 노출 등과 같이 매우 다양하다.
- 메이크업 작업자의 개인 위생과 메이크업 재료 및 도구, 기기, 작업 환경 등이 오염원으로 작용할 수 있으므로 유해 요인을 제거하기 위한 위생관리가 필요하다.

2) 메이크업 작업 환경의 유해 요인

실내 공기	각종 화학물질의 사용에 따른 실내 공기 오염 밀폐된 장소에서 다수 인원이 배출하는 이산화탄소 메이크업 작업 시 에어브러시 및 메이크업 제형의 특성으로 인한 가루 날림	
작업 환경	작업대, 트레이	메이크업 제품 사용에 따른 가루날림, 얼룩, 착색 등의 오염
	의자, 거울, 상담 테이블	먼지, 착색 등 다수 인원의 사용에 따른 오염
실내 환경	바닥	신발에서 떨어진 흙이나 사용한 메이크업 재료에 의한 오염
	대기실	다수 인원의 사용에 의한 소파, 쿠션, 방석 등의 오염
	카운터 및 입구	유해 공기 유입, 외부에서 묻혀 오는 흙이나 빗물 등 다수 사용에 따른 오염
	화장실, 세면대	환기 문제로 생기는 악취, 다수의 물 사용으로 생기는 세면대 주변, 바닥 등 오염

3) 청소 방법

매장 내부	무취, 무독, 무해한 일반 세제를 사용한다.
재료, 도구, 장비	살균제가 포함된 살균용 세제를 사용한다.
손, 기수, 식기	세제, 세척제, 유화제 등이 포함된 무색무취의 계면활성제 성분의 세제를 사용한다.

4) 환기의 종류와 방법

자연 환기	• 내기와 외기의 온도차를 이용하거나, 자연풍을 이용해 환기하는 방법이다. • 창문, 문, 통풍구를 열어서 환기한다. • 실내외의 온도 차가 5℃ 정도가 되면 공기순환이 촉진된다. • 바람이 불어오는 방향의 창문으로부터 반대쪽 창문이나 문으로 실내의 더러워진 공기를 배출하여 교환한다. • 하루에 2~3회 이상 환기하는 것이 적절하다.
인공 환기	• 환기 장치로 환기하는 방법이다. • 급기·배기 장치, 환풍기, 공조 장치, 공기청정기 등 자동적 인공 장비를 활용한다.

5) 미용업소의 기온 및 습도 관리 [빈출]

① 실내·외 온도 차 : 5~7℃ 정도를 유지
② 최적 온도 : 약 18℃, 쾌적함을 느끼는 범위는 15.6~20℃
③ 적정 습도 : 40~70%, 온도에 따라 적정 습도가 달라짐

온도	15℃	18~20℃	21~23℃	24℃ 이상
쾌적한 습도	70%	60%	50%	40%

6) 미용업소 내부의 조도 관리

① **적정 조도** : 75lx 이상이 되도록 유지해야 함

② 양호한 조명의 조건

- 적정한 조도를 갖출 것
- 눈이 부시지 말 것
- 조명이 흔들리지 말 것
- 입체감을 갖는 시야를 만들어 줄 것
- 작업장과 바닥에 그림자를 드리우지 말 것
- 창의 채광과 인공조명을 함께 사용할 것
- 조명의 색이 적당할 것
- 6개월마다 1회 이상 정기 점검을 실시할 것

7) 메이크업 작업장 내부 관리

- 공중위생관리법의 규정을 따라야 한다.
- 메이크업 사업장의 벽과 바닥을 자주 청소하여 청결을 유지해야 한다.
- 쓰레기통은 자주 비워 청결하게 유지해야 한다.
- 고객에게 사용한 모든 설비는 알코올 용액에 적신 면 패드로 닦거나 분사하여 소독해야 한다.
- 화장실은 항상 청결을 유지하고 비누, 손 소독제, 종이 수건, 휴지 등을 항상 여유분을 미리 준비해야 한다.
- 흐르는 냉온수 시설 설비를 갖추고 안정적으로 식수를 공급해야 한다.
- 건물 내에 쥐, 파리, 해충 등이 없도록 위생적으로 관리해야 한다.

환기에 대한 법적 규정

환기를 위하여 일정 용도의 거실(단독 주택의 거실, 공용 주택의 거실, 교실, 병실, 숙박 시설의 객실)에 설치하는 창문 등의 면적은 그 거실 바닥의 1/20 이상이어야 한다(건축법 시행령 제51조 제2항).

개념 체크

미용실의 환기를 위한 공기순환이 가장 촉진되는 실내외의 온도 차는?

① 3℃
② 5℃
③ 7℃
④ 9℃

②

개념 체크

실내온도와 습도에 대한 설명으로 옳지 않은 것은?

① 실내 적정 온도는 18±2℃이다.
② 실내 적정 습도는 40~70%이다.
③ 실내 냉방 시 실내외 온도 차는 8~10℃가 적당하다.
④ 실내 난방은 10℃ 이하 시 필요하다.

③

개념 체크

다음 중 미용실 반간접 조명으로 가장 적합한 조도는?

① 65lx 이하
② 75lx 이상
③ 150lx 이상
④ 300lx 이상

②

KEYWORD 02 메이크업 재료, 도구, 기기 관리 및 소독

1) 메이크업 도구의 세척
- 물, 기계적 마찰, 그리고 세제를 이용하여 도구 등에 묻어 있는 오물이나 유기물 등 이물질을 제거하는 과정이다.
- 오염된 도구를 다루는 사람에게 질병을 일으키는 미생물에 노출되는 것을 예방하는 과정이다.
- 오염 제거 과정을 통해 무생물체에 있는 미생물을 안전한 수준까지 제거하는 과정이다.

2) 대상별 소독 방법
- 미용업소에서는 하나의 기구를 다수의 고객이 사용하기 때문에, 감염병의 전파 위험이 항상 존재한다.
- 위생관리를 철저히 함으로써, 고객에게 안전하고 쾌적한 서비스를 제공해야 한다.

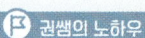 권쌤의 노하우

메이크업 도구와 기기는 뒷부분에 좀 더 자세하게 나온답니다! 간단하게 읽고 넘어갈게요~

▼ 메이크업 도구 및 기기별 소독법

자외선 독기	위생 티슈, 소독액이 묻은 천, 거즈 등으로 내부를 닦아내고 천이나 거즈를 사용하여 물기를 제거하고 사용한다.
에어브러시	• 사용 후 화장품이 남아 있어 막히지 않도록 반드시 분리하여 세척해야 한다. • 세척 후 조립하여 막힘이 없는지 확인하고 위생 티슈나 소독액이 묻은 천이나 거즈로 닦아내고 물기를 제거하여 보관한다.
스펀지	피부 화장 시 메이크업 베이스나 파운데이션을 바를 때 사용하는 도구로 중성세제를 활용하여 세척해서 재사용이 가능하다.
퍼프(분첩)	세제를 이용하여 흐르는 물에 세척하고 자외선 소독 후 별도 보관하며 사용해야 한다.
브러시	표면의 이물질을 제거한 후 사용하거나 세척제를 이용하여 세척하여 자외선 소독 후 별도의 용기에 보관하며 사용해야 한다.
스패출러	위생 티슈 또는 소독액이 묻은 천이나 거즈로 표면을 닦아내고 마른 천으로 물기를 제거한 후 사용해야 한다.
아이래시 컬러	인조 속눈썹을 붙이기 전에 사용하며 위생 티슈 또는 소독액이 묻은 천이나 거즈로 닦거나 소독액을 뿌려주고 마른 천으로 물기를 제거한 후 사용해야 한다.
족집게	위생 티슈 또는 소독액이 묻은 천 또는 거즈로 닦거나 소독액을 뿌려 주고 마른 천으로 물기를 제거한 후 보관해야 한다.
눈썹 칼	위생 티슈 또는 소독액이 묻은 천 또는 거즈로 닦거나 소독액을 뿌려 주고 마른 천으로 물기를 제거한 후 사용해야 한다.
눈썹 가위	위생 티슈 또는 소독액이 묻은 천 또는 거즈로 닦거나 소독액을 뿌려 주고 마른 천으로 물기를 제거한 후 보관해야 한다.
연필깎이	면봉이나 위생 티슈로 칼 부분에 남아있는 전 컬러를 제거하고 사용해야 한다.
화장솜	일회용품으로 한 번 사용 후 버려야 한다.
면봉	한 번 사용 후 버려야 하며, 재사용해서는 안 된다.

▼ 메이크업 도구 및 기기 외 도구의 소독법

타월, 가운, 의류 등	일광 소독
식기류	자비 소독, 증기 멸균법
가위, 인조 가죽류	알코올 소독 → 자외선 소독기 소독
브러시, 빗 종류	먼지 제거 → 중성 세제 세척 → 자외선 소독기 소독
나무 제품	알코올 소독 → 자외선 소독기 소독
고무 제품	중성 세제 → 자외선 소독기 소독

KEYWORD 03 메이크업 작업자 개인 위생 관리

1) 전문성이 보이는 외모로 연출
- 메이크업 작업에 적합한 단정한 헤어스타일로 연출해야 한다.
- 눈화장이 너무 진하지 않고 전문성이 돋보이는 메이크업으로 자연스럽게 표현해야 한다.
- 복장을 단정하고 청결하게 갖춰 입어야 한다.

2) 메이크업 작업 시 위생관리
- 손톱은 깨끗하게 정돈한 후 네일 색상은 무난한 색으로 하며 손톱은 항상 손질이 되어 있는 청결한 상태여야 한다.
- 작업하기 전에 손과 주변을 청결히 해야 한다.
- 작업을 하기 전에 작업 공간과 그 밖의 공간을 깨끗하고 위생적으로 해야 한다.
- 작업을 마치고 난 뒤에 재사용할 수 있는 모든 물건이나 작업 공간을 철저하고 위생적으로 처리해야 한다.
- 오염 방지를 위해 용기에서 제품을 덜어서 쓸 때에는 스패출러를 사용해야 한다.
- 절대로 손을 사용하지 않고, 한번 덜어낸 것은 다시 용기 안에 넣어서는 안 된다.
- 항상 방부제와 소독제를 봉하고 안전한 장소에 두어야 한다.
- 사용 목적, 사용량과 유효기간을 표시하고 실수로도 다른 제품과 혼동하지 않도록 주의해야 한다.

3) 손 위생관리
- 손은 항상 청결히 해야 한다.
- 손을 씻은 후에는 건조함을 방지하고 보습을 위해 핸드 로션을 사용하는 것을 권장한다.
- 업무 전후, 화장실 이용 전후, 식사 전후에 손을 씻고 소독하는 것을 습관화해야 한다.

> **개념 체크**
>
> 고객의 기대에 부응하는 메이크업 아티스트의 자세로 적절하지 않은 것은?
> ① 메이크업 작업을 시작하기 전에 모든 제품과 도구를 잘 정리하고 정비해야 한다.
> ② 제품의 오염 방지를 위해 스패출러를 사용하여 내용물을 덜어내고, 한번 덜어낸 내용물을 용기 안에 다시 넣지 않아야 한다.
> ③ 세련된 말씨와 아티스트의 센스를 보여 줄 수 있는 화려한 복장을 갖추어야 한다.
> ④ 바이러스성 질환이 유행할 때에는 고객과 본인의 감염 예방을 위해 반드시 마스크를 착용해야 한다.
>
> ③

▼ 올바른 손 씻기

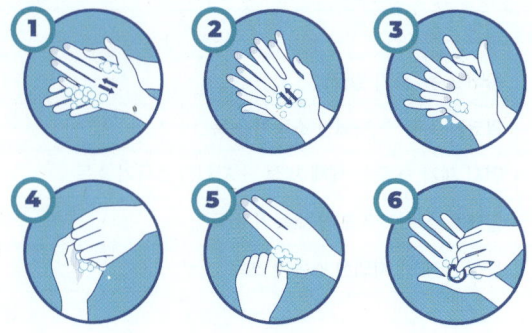

1단계	손바닥과 손바닥을 마주 대고 문질러 준다.
2단계	손등과 손바닥을 마주 대고 문질러 준다.
3단계	손바닥을 마주 대고 손깍지를 끼고 문질러 준다.
4단계	손가락을 마주 잡고 문질러 준다.
5단계	엄지손가락을 다른 편 손바닥으로 돌려 주면서 문질러 준다.
6단계	손가락을 반대편 손바닥에 놓고 문지르며 손톱 밑을 깨끗하게 한다.

4) 미용사 체취 관리

- 청결한 위생 상태를 유지하기 위해 매일 옷을 세탁해야 한다.
- 통풍이 잘되며 활동하기 편안한 소재의 옷을 착용해야 한다.
- 발의 위생 상태를 청결하게 유지해야 한다.
- 고객과의 관계에서 구취는 서비스의 불쾌함을 줄 수 있으므로 구강을 청결하게 관리해야 한다.

SECTION 03 피부의 이해

빈출 태그 ▶ #피부학 #피부면역 #피부질환 #피부유형

KEYWORD 01 피부의 구조 빈출

> **권쌤의 노하우**
> 피부학은 항상 5문제 이상 출제되는 부분이에요! 그러니 꼭 최대한 많이 외우고 가셔야 합니다.

1) 피부의 특징과 구분

① 피부의 특징
- 피부는 다양한 생리적 기능을 가진 매우 중요한 인체 기관으로 체중의 약 16%를 차지하며 표피와 진피, 피하조직으로 구성되어 있다.
- 피부의 두께는 평균적으로 0.1~1.4㎜이다.
- 피부에는 여러 종류의 세포가 존재하며 세포마다 각기 다른 역할을 수행한다.

② 피부의 구분

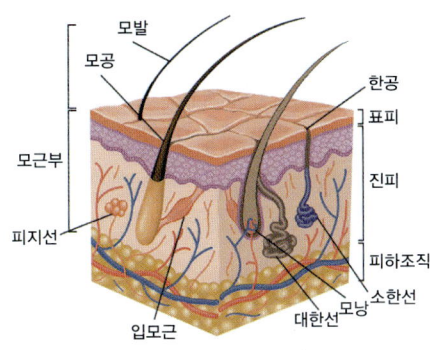

- 표피(Epidermis) : 탈락층으로 가장 인체의 외층에 위치하여 인체를 보호함
- 진피(Dermis) : 표피와 피하지방층 사이에 있는 실질적인 피부층, 탄력과 신축성을 결정함
- 피하지방층(Subcutaneous Tissue) : 피부 보호, 영양소 저장, 체온 조절, 체형 결정 기능을 함

2) 피부의 기능 빈출

보호 기능	• 물리적 보호 : 케라틴과 교원섬유를 포함하는 각질층과 진피층으로 구성되며, 외부 충격과 압력으로부터 보호함 • 화학적 보호 : 표피의 산성막(pH 4.5~6.5)은 세균 및 미생물의 침입을 방지함 • 생물학적 보호 : 피부의 면역 세포들은 외부 유해물질로부터 방어함
체온조절 기능	피부는 땀 분비와 혈관의 확장 및 수축을 통해 체온을 일정하게 조절한다.
감각 기능	피부에는 여러 종류의 감각 수용체가 있어 외부 자극(통증, 온도, 압력, 촉각)을 감지한다.

개념 체크

피부의 생리작용 중 지각 작용은?
① 피부표면에 수증기가 발산한다.
② 피부에는 땀샘, 피지선 모근은 피부생리 작용을 한다.
③ 피부 전체에 퍼져 있는 신경에 의해 촉각, 온각, 냉각, 통각 등을 느낀다.
④ 피부의 생리작용에 의해 생긴 노폐물을 운반한다.

③

지각 기능	피부를 통해 받은 감각 정보를 뇌로 전달하여 외부 환경을 인지한다.
분비 기능	• **피지선** : 피부의 유연함을 유지하고 외부 자극으로부터 보호하기 위해 **피지를 분비함** • **땀샘**(한선) : 체온조절을 돕고 노폐물을 배출하는 땀을 분비함
호흡 기능	피부는 아주 제한적이지만 호흡 과정에 참여하여 산소를 흡수하고 이산화탄소를 배출한다.
흡수 기능	피부는 특정 화학물질, 약물 등을 흡수할 수 있는 능력이 있다.
저장 기능	• 피부는 수분, 지방, 영양소 등을 저장한다. • 피하지방층은 에너지를 저장하는 중요한 역할을 한다.
재생 기능	• 피부는 손상을 받았을 때 자가 치유 능력이 있다. • 새로운 세포를 생성하여 손상된 피부를 복구한다.
면역 기능	면역 세포인 **랑게르한스 세포**와 대식 세포 등이 외부 유해물질이나 병원체의 침입으로부터 몸을 보호한다.

KEYWORD 02 표피 빈출

1) 표피의 특징

- 피부의 가장 외층에 있으며 무핵층과 유핵층으로 구분한다.
- 무핵층인 각질층, 투명층, 과립층과 유핵층인 유극층, 기저층의 5층으로 구성된다.

2) 표피의 구조

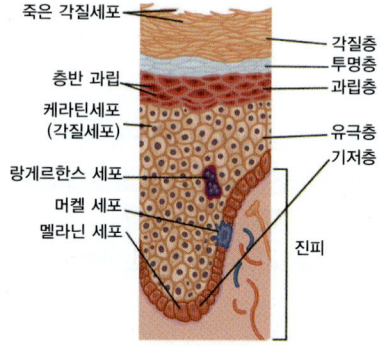

NMF(천연보습인자)
아미노산류(40%), 지방산, 젖산, 요소 등으로 구성되며, '수분창고' 역할을 하는 천연물질로 피부가 일정 수준의 수분을 유지할 수 있도록 하는 역할을 한다.

개념 체크

표피 중에서 각화가 완전히 된 세포들로 이루어진 층은?
① 과립층
② 각질층
③ 유극층
④ 투명층

②

각질층	• 표피의 가장 바깥층이다. • 여러 겹의 사멸한 **각질형성세포**(Keratinocytes)가 밀집되어 있는 구조이다. • 수분의 과도한 증발을 막아 피부의 수분 균형을 유지한다. • **천연 보습 인자**(Natural Moisturizing Factor, **NMF**)와 지질(Lipids)이 존재한다. • **세라마이드** : 지질의 중요한 구성 요소 중 하나로, 피부 지질막의 약 50%를 차지하며, 피부 세포 사이의 공간을 채워 피부의 보호 장벽 기능을 수행함 • **10~20% 정도의 수분을** 함유한다.

투명층	• 손바닥과 발바닥같이 피부가 두꺼운 부위의 표피에서 발견되는 매우 얇은 층이다. • 투명하여 빛이 통과할 수 있기 때문에 '투명층'이라고도 한다. • 엘라이딘(Eleidin) : 투명층의 세포들은 엘라이딘이라는 무색의 단백질로 변환된 케라틴(Keratin)을 포함함
과립층	• 각화유리질(Keratohyalin, 케라토하이린)과립과 라멜라(Lamellar) 과립으로 구성된다. - 케라토하이린 과립은 각질 형성을 촉진하는 단백질이다. - 라멜라 과립은 세포 사이의 공간에 방출되어 지질을 형성한다. • 각질화 과정 : 과립층은 피부 세포가 최종적으로 사멸하는 곳임 • 피부의 건강과 기능에 필수적인 역할을 한다. • 손상 시 피부 건조, 장벽 기능 손상 등 다양한 피부 문제를 초래한다.
유극층	• 가시돌기 모양의 층이다. • 피부의 수분 손실을 방지하고, 외부 충격으로부터 피부를 보호한다. • 랑게르한스(Langerhans, 면역) 세포 : 피부를 통한 감염에 대응하는 데 중요한 역할을 하는 세포임
기저층	• 기저 세포(Basal Cells)로 구성되며, 표피의 다른 세포들을 지속적으로 공급한다. • 멜라닌(Melanocytes) 세포 : 멜라닌 색소를 생성하여 피부 색깔을 결정하고, 자외선으로부터 피부를 보호함 • 각질형성 세포(Keratinocyte) : 새로운 세포를 생성하는데, 이 새로운 세포들은 점차 위쪽 층으로 이동하면서 성숙됨 • 진피의 유두층에서 영양분을 공급받는다. • 털의 모기질이 존재하는 곳이다.

개념 체크

생명력이 없는 상태의 무색, 무핵층으로서 손바닥과 발바닥에 주로 있는 층은?
① 각질층
② 과립층
③ 투명층
④ 기저층

③

개념 체크

피부 표피의 투명층에 존재하는 반유동성 물질은?
① 엘라이딘(Elaidin)
② 콜레스테롤(Cholesterol)
③ 단백질(Protein)
④ 세라마이드(Ceramide)

①

각질화 과정
각질층에서 각질이 탈락하기까지의 과정, 보통 28일 정도 걸리며, 노화 과정에 따라 주기는 길어진다.

세포의 상피화
표피를 통해 상피화(Epidermization) 과정을 거치며, 최종적으로 표피의 가장 바깥층인 각질층을 형성한다. 이 층에서 세포들은 사망하고, 평평하고 단단한 각질 세포로 변화하여 피부를 보호하는 물리적 장벽을 형성한다.

3) 표피의 주요 구성 세포

각질형성 세포 (Keratinocyte)	• 표피(Epidermis)의 대부분을 구성한다. • 기저층(Basal Layer)에서 생성된다. • 세포의 상피화가 일어난다. • 각질형성주기는 28일이다. • 세라마이드로 구성된다.
색소형성 세포 (Melannocyte)	• 멜라닌을 생성한다. • 피부의 기저층에 있다(머리카락, 눈의 홍채, 내이 등 다른 부위에도 존재). • 생성된 멜라닌은 각질형성 세포(Keratinocytes)로 이동하는데, 이 과정에서 멜라닌은 피부 세포를 둘러싸며 보호하는 역할을 한다. • 인간의 멜라닌 세포 활동은 유전적 요인과 환경적 요인(특히 자외선 노출)에 따라 크게 달라질 수 있다. • 멜라닌 세포수는 인종과 피부색에 상관없이 같다. • 멜라닌은 티로신(Tirosin)이라는 아미노산에서 합성된다.
면역 세포 (Langerhans, 랑게르한스)	• 표피의 유극층(Stratum Spinosum)에 있는 특수한 면역 세포이다. • 피부를 통해 들어온 병원균이나 이물질(항원)을 포획하고 처리하여, 면역계의 T 세포에게 제시한다. • 랑게르한스 세포는 피부에서 항원을 포획한 후, 가까운 림프절로 이동한다.
촉각 세포 (Merkel)	• 피부의 감각 수용체 중 하나이다. • 피부의 표피층과 진피층의 경계 부근(기저층)에 있다. • 터치 수용체(Touch Receptor)로서 기능한다. • 신경 섬유와 연결되어 감각 정보를 신경계로 전달하는 역할을 한다.

개념 체크

피부는 다음 중 표피에 있는 것으로 면역과 가장 관계가 있는 세포는?
① 멜라닌 세포
② 랑게르한스 세포
③ 머켈 세포
④ 콜라겐

②

KEYWORD 03 진피 빈출

1) 진피의 구조

- 진피(Dermis)는 피부의 두 번째 층으로, 표피(Epidermis) 아래에 위치한다.

유두층 (Papillary Layer)	• 표피와 경계를 이루는 진피의 가장 상단 부분이다. • 주로 가는 콜라겐 섬유와 엘라스틴 섬유로 구성된다. • 형성하는 유두(Papillae)를 통해 표피와 밀접한 연결을 유지한다. • 혈관과 신경 종말이 풍부하여 표피에 영양을 공급한다. • 감각을 전달한다.

망상층
(Reticular Layer)
	• 진피의 대부분(80%)을 차지한다.
	• 더 굵고 조밀한 콜라겐 섬유와 엘라스틴 섬유로 구성된다.
	• 피부의 강도와 탄력성을 제공한다.
	• 섬유아세포(Fibroblasts), 콜라겐 섬유, 엘라스틴 섬유로 구성된다.
	  – 섬유아세포 : 단백질 섬유를 생성함
	  – 콜라겐 : 피부의 강도를 제공함
	  – 엘라스틴 : 탄력을 제공함

- 땀샘(에크린샘과 아포크린샘)과 피지샘(Sebaceous Glands)이 포함된다.
- 피부의 수분 유지와 보호 기능을 담당한다.
- 머리카락을 생성하는 모낭(Follicles)이 존재한다.

2) 진피의 구성 물질

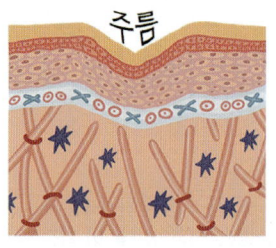
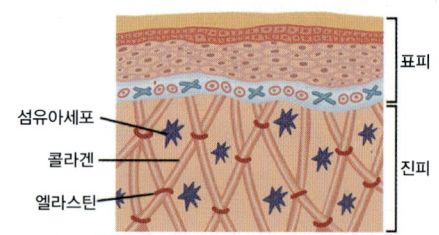

섬유아세포 (Fibroblasts)	• 콜라겐, 엘라스틴, 기타 단백질을 생성·분비하는 기능을 수행한다. • 피부, 힘줄, 그리고 인대와 같은 다양한 조직에 분포한다. • 손상된 조직의 치유 및 재생 과정에서 중요한 역할을 한다. • 상처 치유 시 콜라겐을 생성하여 상처 부위를 강화·회복시킨다.
콜라겐 (Collagen)	• 인체에서 가장 풍부한(진피의 70~80%를 차지함) 단백질이다. • 엘라스틴과 그물모양(Matrix)으로 짜여 있다. • 피부, 뼈, 인대, 연골, 혈관 벽 등 인체의 다양한 조직에 존재한다. • 인장(늘어남) 강도가 강하다. • 조직의 구조적 지지와 강도를 제공하는 데 중요한 역할을 한다.
엘라스틴 (Elastin)	• 주로 조직이 늘어나거나 수축할 때 탄력성을 제공하는 역할을 한다. • 조직이 원래의 형태로 돌아올 수 있도록 도움을 준다. • 피부의 탄력성과 회복력을 유지하는 데 중요하다.

피부의 인장(引張)

인장은 옆으로 잡아 당기는 힘인 장력(張)으로 끌어당겨질(引) 때, 늘어나는 정도를 의미한다. 잘 늘어나는 피부를 찹쌀떡에 비유할 수 있는 것은 바로 콜라겐의 인장 강도와 엘라스틴의 탄력성 덕이다.

세포 외 기질 (Extracellular Matrix, ECM)	• 세포 외부에 위치하는 복합물이다. • 콜라겐, 엘라스틴, 그리고 기타 단백질 및 다당류로 구성된다. • 세포들 사이의 공간을 채우며 상호작용 조절, 세포의 이동, 성장, 분화를 지원한다.
뮤코다당체 (Glycosaminoglycans, GAGs)	• 기질의 비섬유성 구성요소 중 하나이다. • 하이알루론산, 콘드로이틴 황산, 더마탄 황산, 케라탄 황산 등이 있다.

KEYWORD 04 피하조직

1) 피하조직(Subcutaneous Tissue)의 개념
- 피부 아래, 피부와 근육 사이에 위치한 조직으로, 주로 지방세포로 구성되어 있으며, 여러 가지 중요한 기능을 수행한다.
- 피하조직의 두께는 신체 부위와 사람에 따라 다양하며, 다양한 요인(나이, 성별, 영양 상태, 유전적 요인 등)에 영향을 받는다.

2) 피하조직의 주요 기능
- 피하조직은 체온을 조절한다.
- 지방세포는 에너지를 형태로 저장하는 주요 공간으로, 에너지가 필요할 때 지방세포가 에너지원으로 사용될 수 있다.
- 피하조직의 지방은 충격을 흡수하고 분산시키는 능력이 있어, 낙상이나 충돌 시 물리적 충격으로부터 내부 장기를 보호하는 완충 역할을 한다.
- 피부에 구조적 지지를 제공하며, 피부가 건강하고 탄력 있게 유지되도록 한다.

3) 피하조직의 구성

지방세포 (Adipocytes)	주요 구성 요소로, 에너지를 저장하고 보유하는 역할을 한다.
결합 조직	• 지방세포를 둘러싸고 있는 섬유성 단백질이다. • 조직의 구조적 지지를 제공한다.
혈관 및 신경	• 피하조직은 혈관과 신경이 풍부하게 분포한다. • 영양분과 산소를 공급하고, 감각 정보를 전달한다.

다이어트와 피하조직
비만이나 체중 감량은 피하조직의 두께와 분포에 직접적인 영향을 미치며, 이는 피부의 외형과 건강에도 영향을 줄 수 있다.

KEYWORD 05 | 피부의 pH지수

1) pH지수의 개념
- 수소 이온 농도(Power of Hydrogen Ion, Potential of Hydrogen)지수는 산성이나 염기성의 척도가 되는 수소 이온이 얼마나 존재하는지를 나타내는 지수이다.
- 0부터 14까지 나타내며, pH 7이 중성이며, 7보다 클수록 염기성(알칼리성)을, 7보다 작을수록 산성을 띤다.

2) 피부와 pH지수
- pH 5.5가 피부에는 가장 이상적인 농도이다.
- pH지수가 낮을수록 지성 피부가 될 가능성이 높다.
- pH지수가 높을수록 건성 피부, 민감 피부가 될 가능성이 높다.

▼ 산과 염기의 특성

구분	산	염기
정의	물에 녹았을 때 수소 이온(H^+)을 내놓는 물질	물에 녹았을 때 수산화 이온(OH^-)을 내놓는 물질
성질	• 신맛이 난다. • 물에 녹였을 때 전류가 흐른다. • 금속과 반응하면 수소 기체를 발생시킨다. • 석회질과 반응하면 이산화탄소 기체를 발생시킨다.	• 쓴맛이 난다. • 물에 녹였을 때 전류가 흐른다. • 금속과 반응하지 않는다. • 단백질을 녹이는 성질이 있어 피부에 묻으면 미끈거린다.
종류	염산(위액), 식초, 레몬즙, AHA 등	암모니아, 베이킹소다, 비누, 하수구세정제 등

▼ 대표적인 물질의 특성

산	HCl (염화수소)	• 위액의 성분이자, 자극성 냄새를 지닌 무색의 기체로, 물에 매우 잘 녹는다. • HCl의 수용액을 염산이라 한다. • 합성고무, 플라스틱, 의약품, 조미료, 화학약품 제조 등에 사용된다.
	CH_2COOH (아세트산)	• 17℃ 이하에서 얼며(빙초산), 신맛과 자극적인 냄새가 난다. • 부식성이 있어 금속을 부식시키며 피부에 손상을 가한다. • 식초, 조미료, 의약품 등에 사용된다.
염기	NaOH (수산화 나트륨)	• 흰색의 반투명한 고체로, 물에 녹이면 많은 열이 발생한다. • 조해성이 있어 공기 중의 수분을 흡수하여 스스로 녹아버린다. • 가성이 있어 여러 가지 물질을 깎아 내거나 삭게 하는 성질이 있다. • 대표적인 강염기이다. • 비누, 펄프, 염료, 유리 등의 원료로 사용된다.
	NH_3 (암모니아)	• 자극성이 강한 무색의 기체로, 공기보다 가볍고 물에 매우 잘 녹는다. • 대표적인 약염기이다. • 비료, 공업 약품의 제조에 사용한다.

> **개념 체크**
> 일반적으로 건강한 성인의 피부 표면의 pH는?
> ① 3.5~4.0
> ② 6.5~7.0
> ③ 7.0~7.5
> ④ 4.5~6.5
>
> ④

SECTION 04 피부부속기관

출제빈도 상 중 하
반복학습 1 2 3

빈출 태그 ▶ #땀샘 #피지선 #손톱

KEYWORD 01 한선(땀샘) 빈출

1) 한선(땀샘)의 특징

특징	• 진피의 망상층 아래 위치하며 전신에 분포한다. • 피부 표면에 개구부(땀구멍)가 있어 땀을 배출한다. • 체온조절에 중요한 역할을 한다. • 한선의 기능 이상은 다양한 피부 질환의 원인이 될 수 있다.
종류	• 에크린 한선(소한선) • 아포크린 한선(대한선)

2) 한선의 종류

에크린선 (소한선)	• 입술과 생식기를 제외한 전신(특히 손바닥, 발바닥, 이마)에 걸쳐 널리 분포한다. • 체온조절을 위해 물과 소량의 염분을 포함한 땀을 분비한다. • 피부 표면에서 증발하면서 체온을 낮춘다. • 에크린선에서 분비되는 땀은 대체로 무색투명하다.
아포크린선 (대한선)	• 주로 겨드랑이, 유두 주변, 생식기, 항문 주변 부위 등에 분포한다. • 스트레스나 감정적 긴장 상태에서 활성화되어 땀을 분비한다. • 아포크린선에서 분비되는 땀은 지방과 단백질을 포함한다. • 피부 표면의 박테리아와 결합할 때 특정 냄새를 발산한다. • 아포크린선의 분비물은 에크린선의 분비물보다 점도가 더 높다. • 미색이라도 색을 띨 수 있다. • 사춘기 이후에 활성화한다.

> **권쌤의 노하우**
> 참고로, 머리카락이나 체모(눈썹, 수염 등)도 피부부속기관에 속하니 참고해 두시는 것도 좋습니다.

KEYWORD 02 피지선 빈출

1) 피지선의 특징

- 진피층에 위치하며 손·발바닥을 제외한 전신(주로 얼굴, 가슴, 등 등)에 분포한다.
- 모낭(毛囊)에 연결돼 있으며, 피부 표면의 개구부로 피지를 분비하여, 모발과 피부를 윤택하게 한다.
- 하루에 약 1~2g 정도 분비돼, 피부 보호와 수분 유지에 중요한 역할을 한다.
- 피지선의 기능 항진은 여드름 등 피부 질환을, 피지선의 기능 저하는 피부 건조와 각질 증가를 초래한다.
- 체내 호르몬 변화에 민감하게 반응하여 피지 분비량이 변화한다.

2) 피지선과 호르몬

안드로겐	• 남성 호르몬의 총칭으로 대표적인 것으로 테스토스테론이 있다. • 피지선 활성화, 모발 성장, 근육량 증가 등을 촉진한다. • 남성의 2차 성징 발달과 유지에 핵심적인 역할을 한다. • 과다 분비 시 남성형 탈모, 여드름, 다모증 등 부작용이 유발된다.
에스트로겐	• 대표적인 여성호르몬으로 에스트라디올, 에스트론, 에스트리올 등이 있다. • 피지 분비를 억제한다. • 여성의 2차 성징과 발달, 생식 기능 유지에 필수적인 역할을 한다. • 에스트로겐 과다 분비 시, 유방암과 자궁내막암의 발병률이 증가한다.

KEYWORD 03 조갑(손 · 발톱)

1) 조갑의 구조

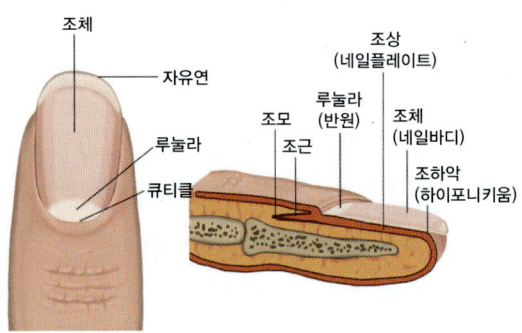

2) 조갑의 특징

특징		• 손가락과 발가락 끝의 피부가 각질화한 구조이며, 각질화된 상피세포로 구성된다. • 보호 기능, 촉각 기능을 수행한다. • 손톱과 발톱은 조모(매트릭스)라는 생성부에서 만들어진다. • 손톱과 발톱은 신체의 미용과 기능적 측면에 기여한다. • 손톱은 하루에 약 0.1mm 성장하며 발톱보다 빠르게 성장한다. • 가을 · 겨울보다는 봄 · 여름에, 낮보다는 밤에 더 빠르게 성장한다.
구성		• 얇게 여러 겹으로 쌓인 3개의 층(표면층, 중간층, 기저층)으로 이루어진다. • 경단백질인 케라틴으로 구성된다. • 12~18% 정도의 수분을 함유한다. • 약 0.1~0.3% 정도의 지방을 함유한다.
건강한 손톱의 조건	손톱	• 표면에 균열 · 박리 없이, 균일하고 매끄러워야 한다. • 색은 밝은 분홍색 또는 투명하여야 한다. • 재질이 단단하고 탄력이 있어야 한다. • 손톱 기부는 분홍색을 띠어야 하며, 선명하고 균일해야 한다. • 손톱 성장(길이, 재질, 속도 등)에 이상이 없어야 한다.
	손톱 피부	• 건조하거나 갈라지지 않아야 한다. • 염증이나 감염이 없어야 한다.

✓ 개념 체크

손톱의 구조 중 손톱의 성장 장소로 옳은 것은?
① 조소피
② 조근
③ 조하막
④ 조체

②

KEYWORD 04 유선

1) 유선(젖샘)의 개념과 기능
① 개념 : 땀샘이 변형된 피부 부속기관
② 젖의 생산·분비 : 주로 임신·출산 후에 활성화되며, 신생아에게 영양분과 면역력을 제공함
③ 호르몬 반응 : 에스트로겐·프로게스테론 등의 호르몬에 반응하여 발달하고, 기능이 조절됨

2) 유선의 발달
- 유선은 태아기부터 발달하기 시작하지만, 본격적인 발달은 사춘기에 시작된다.
- 사춘기에 에스트로겐과 같은 성호르몬의 영향으로 유선 조직이 증식하고 발달한다.
- 임신·출산 후에는 프로락틴과 옥시토신 등의 호르몬이 유선의 젖 생산·분비를 자극한다.

▼피부와 그 부속기관에 영향을 주는 호르몬

호르몬	내분비기관	역할
테스토스테론	정소	• 안드로겐계 호르몬의 하나다. • 남성의 특징을 유지하고 발달토록 하는 스테로이드계 호르몬으로, 피지 분비와 관계가 있다. • 과다 분비 시 여드름과 두피 탈모가 발생한다.
에스트로겐	난소	• 성호르몬이다. • 여성의 특징을 유지하고 발달토록 하는 스테로이드계 호르몬으로, 두피 탈모와 관계가 있다. • 분비 시 두피 탈모가 억제된다.
항이뇨호르몬	뇌하수체 후엽	• 체수분의 삼투압을 조절하는 호르몬이다. • 호르몬 분비에 이상이 생기면 피부나 특정 부위가 쉽게 붓는다.
에피네프린, 노르에피네프린	부신	• 세포호흡을 촉진해 체온을 상승케 한다. • 해당 호르몬으로 인해 체온이 상승하면 입모근이 느슨해져 한공과 모공이 열려 한선에서 땀이 분비된다.
옥시토신	뇌하수체 후엽	• 임신과 육아, 출산에 관련된 호르몬이다. • 자궁을 자극해 출산을 돕고, 유선을 자극해 유즙 분비를 촉진한다.
프로락틴	뇌하수체 전엽	• 육아에 관련된 호르몬이다. • 유선을 자극해 유즙 분비를 촉진한다.

SECTION 05 피부분석 및 상담

출제빈도 상 중 하
반복학습 1 2 3

빈출 태그 ▶ #피부분석 #피부상담

KEYWORD 01 피부분석의 목적 및 효과

1) 피부분석의 개념
- 피부분석은 피부의 상태와 특성을 평가하기 위해 실시하는 체계적인 검사 및 분석 과정이다.
- 이 과정은 피부의 구조, 기능, 문제점, 피부유형 등을 종합적으로 분석하여, 개인의 피부 건강을 이해하고 적절한 관리법을 제시하는 데 도움을 준다.

2) 피부분석의 목적
- 고객의 피부상태를 파악하고 관리를 통해 피부를 건강한 상태로 개선하고 유지하기 위함이다.
- 고객의 피부상태에 맞는 적절한 관리법을 선택하기 위함이다.
- 체계적인 피부관리를 하기 위한 기초자료로 사용하기 위함이다.
- 피부 검사나 테스트를 진행하기 전에 전반적인 사항을 확인하기 위함이다.

3) 피부분석의 고려 사항

피부유형	정상 피부, 건성 피부, 지성 피부, 복합성 피부, 민감성 피부, 색소침착 피부
피부상태	여드름의 상태, 모공의 상태, 피부질환, 피부의 pH, 감촉, 탄력성, 수분

4) 피부분석의 방법

① 진단의 대상
- 피부상태(피부 타입, 문제점 등)를 평가한다.
- 고객의 병력 및 알레르기 여부를 확인한다.

② 피부유형 분석법

문진	• 개념 : 고객의 피부상태에 영향을 줄 수 있는 여러 요소를 질문을 통하여 수집하고 정보를 얻는 방법 • 고객 기록 카드를 작성함으로써 피부유형을 판독하는 방법이다. • 가족, 인종(국가별), 나이(생년월일), 가족력, 병력(예 알레르기 등), 현재 피부에 대한 고민, 피부 치료·관리 이력 여부, 현재 사용하는 제품, 직업, 라이프스타일(생활 습관, 식습관, 스트레스 수준 등) 등을 파악할 수 있다. • 장점 : 고객의 전반적인 생활 습관과 피부상태를 종합적으로 이해할 수 있음 • 단점 : 주관적인 정보에 의존하기 때문에 정확도가 떨어질 수 있음

✅ **개념 체크**

건성 피부, 중성피부, 지성 피부를 구분하는 가장 기본적인 피부 유형 분석 기준은?
① 피부의 조직상태
② 피지분비 상태
③ 모공의 크기
④ 피부의 탄력도

②

✅ **개념 체크**

피부상담 시 고려해야 할 점으로 가장 거리가 먼 것은?
① 관리 시 생길 수 있는 만약의 경우에 대비하여 병력사항을 반드시 상담하고 기록해 둔다.
② 피부관리 유경험자의 경우 그동안의 관리 내용에 대해 상담하고 기록해 둔다.
③ 여드름을 비롯한 문제성 피부고객의 경우 과거 병원치료나 약물 치료의 경험이 있는지 기록해 두어 피부관리 계획표 작성에 참고한다.
④ 필요한 제품을 판매하기 위해 고객이 사용하고 있는 화장품의 종류를 확인한다.

④

견진	• 개념 : 자연광 또는 밝은 조명 아래에서 피부를 맨눈으로 보거나, 피부분석용 기기를 이용하여 피부상태를 판별하는 방법 • 피부의 색과 투명도, 피부의 각화 정도, 유·수분의 상태, 피지의 분비량, 피붓결, 모공의 크기, 색소침착의 부위, 모세혈관 확장 여부, 피부질환의 유무, 주름의 유무와 양상 등을 파악할 수 있다. • 장점 : 간단하고 빠르게 피부상태를 파악할 수 있음 • 단점 : 표면적인 정보만 확인할 수 있으며, 깊은 층의 피부 문제는 발견하기 어려움	
촉진	• 개념 : 고객의 피부를 손으로 직접 만져 보며 피부 표면의 상처와 유·수분 균형 및 탄력, 민감도, 촉감, 두께, 결, 온도 등의 상태를 체크하여 분석하는 방법 • 장점 : 피부의 물리적인 상태를 직접 확인할 수 있음 • 단점 : 숙련된 기술이 필요하며, 주관적인 평가가 될 수 있음	
검진	• 개념 : 전문적인 기기를 사용하여 피부상태를 정밀하게 분석하는 방법임 • 장점 : 정확하고 객관적인 데이터를 제공할 수 있음 • 단점 : 고가의 장비가 필요하며, 사용법에 대한 교육이 필요함	
	UV 카메라	자외선 아래에서 피부를 촬영하여 색소 침착, 잡티 등을 확인하는 기기이다.
	우드램프	• 특수 인공 자외선 A를 피부에 투과하여 수분, 피지, 면포, 각질 등의 피부상태를 다양한 색깔로 관찰하고 분석할 수 있는 기기이다. • 피부상태에 따른 우드램프의 색상을 확인하여 피부상태를 구분할 수 있다.
	확대경	• 피부의 표면을 확대하여 모공, 잔주름, 여드름, 기미 등의 피부상태와 비듬, 염증, 각질 등의 두피 상태를 판별하는 기기이다. • 맨눈으로 보는 것보다 3.5~10배로 확대하여 볼 수 있어 피부를 판독하는 데 도움이 된다.
	pH 측정기	• 피부 표면의 산도, 피부의 예민도, 유분을 측정하는 기기이다. • 건강한 피부는 pH 4.5~6.5의 약산성막으로 외부 환경에서 피부를 보호할 수 있다.
	유·수분 측정기	• 유분 측정기 : 진단기 테이프를 유분이 존재하는 부위에 밀착시켜 떼어낸 다음, 진단기 렌즈 부위에 밀착하여 컴퓨터 프로그램에 반영하면 측정값이 나타남 • 수분 측정기 : 피부의 수분량을 측정하는 기기로 기기마다 다를 수 있으나 대략 0~100의 수치로 변환되어 기기창에 숫자가 나타나는데, 숫자가 높을수록 수분의 전도계수가 높음 • 일반적인 각질층의 수분은 15~25%이며, 10% 아래로 떨어지면 건성 피부로 구분한다. • 환경에 따른 오차를 줄이기 위해 실내 온도 20~22℃, 습도 50~60%에서 측정한다.
	스킨스코프	• 실물의 800배 정도로 확대하여 분석할 수 있는 기기이다. • 피부의 주름 상태, 모공 크기, 피지량, 색소침착, 각질, 피붓결 등을 정확하게 관찰할 수 있다. • 피부와 두피는 50배율로, 모발과 모근은 200~300배율로 관찰할 수 있다. • 고객이 전문가와 자신의 피부상태를 직접 관찰하며 상담받을 수 있다.

피부상태별 우드램프 반응 색상
• **정상 피부** : 청백색
• **건성 피부** : 연보라색
• **민감성·모세혈관 확장 피부** : 진보라색
• **피지·여드름·지성 피부** : 오렌지색
• **노화 피부** : 암적색
• **각질 부위** : 흰색
• **색소 침착 부위** : 암갈색
• **비립종** : 노란색
• **먼지, 이물질** : 형광 흰색

✓ **개념 체크**

다음 중 피부분석의 방법이 아닌 것은?
① 문진
② 견진
③ 촉진
④ 청진

④

③ 피부상태 분석법

수분 함유량	피부를 엄지와 검지를 이용하여 집어 봄으로써 피부의 수분량을 파악한다.
유분 함유량	피부에 기름종이를 붙여서 가볍게 눌러 본 후 기름기의 양을 보고 피지 분비량을 파악한다.
탄력 상태	피부를 엄지와 검지를 이용하여 집어 봄으로써 피부의 탄력도를 파악한다.
각질화 상태	고객의 피부를 만져 봄으로써 각질화 상태를 파악한다.
모공의 크기	• 스킨스코프로 부위별 모공의 크기를 확인한다. − 정상 피부는 볼 부위보다 T존 부분의 모공 크기가 크다. − 지성 피부는 T존 부분과 얼굴 전면의 모공이 크다. − 건성 피부는 전체적으로 모공이 잘 보이지 않는다.
혈액순환 상태	• 고객의 코, 턱, 광대뼈 부분을 만져 순환상태를 측정한다. • 만졌을 때 차가운 느낌이 들면 순환이 좋지 않음을 알 수 있다.
예민도	고객의 턱밑에 스패출러로 가볍게 그어서 피부의 예민도를 측정한다.
피부의 두께	고객의 피부를 만져 봄으로써 피부의 두께를 파악한다.

5) 피부분석 시 주의 사항
- 피부분석 시 손을 소독 후 시행하며 고객의 클렌징 직후에 검사해야 한다.
- 화장품, 미용기기, 매뉴얼 테크닉 등의 피부 전문 지식과 기술을 보유해야 한다.
- 정확한 피부유형 측정과 전문적인 관리를 수행해야 한다.

KEYWORD 02 피부상담

1) 피부상담의 개념
문진, 견진, 촉진으로써 고객의 피부상태를 정확히 알고 평가해야 하며 피부상태를 상담한 후 기구나 도구를 활용해 조직의 두께, 유·수분 함량 등 각질 상태를 파악하여 피부의 유형을 판단하는 피부관리의 첫 번째 단계이다.

2) 피부상담의 목적
- 고객의 피부상태와 문제점을 파악하여, 적절한 관리 계획을 수립한다.
- 고객에게 관리의 필요성을 안내하고, 홈케어와 병행하여 체계적인 관리를 가능케 한다.
- 고객의 기대와 목표를 이해하여 전문적인 서비스를 제공한다.

3) 피부상담의 효과
- 관리 시 발생할 수 있는 여러 경우에 대비할 수 있다.
- 문제성 피부를 미리 파악하고 대처할 수 있고 진료가 필요한 경우 병원으로 안내할 수 있다.
- 과거의 피부관리 시 발생한 상황을 미리 파악할 수 있다.

4) 피부상담의 유의 사항 [빈출]

① 내담자의 유의 사항
- 알레르기나 특이사항은 미리 알려야 한다.
- 과거의 피부관리 경험과 현재 사용하는 제품을 공유해야 한다.

② 상담자의 유의 사항
- 상담자는 전문적인 지식과 기술을 갖추어야 한다.
- 상담자는 고객의 요청사항을 정확히 파악해야 한다.
- 상담자는 고객의 입장이 되어 소통에 중점을 두어야 한다.
- 고객의 개인정보를 유출하지 말아야 한다.
- 상담 시 다른 고객의 내용을 전달하지 말아야 한다.
- 가급적 고객과 사적으로 친목관계를 형성하지 말아야 한다.
- 전문가로서 지식과 경험을 바탕으로 관리방법과 절차를 친절하게 설명해야 한다.

> **메이크업아티스트가 익혀야 할 화술 7선**
> - 상대의 말을 경청하고 상대의 말이 끝난 후 이야기한다.
> - 상대가 원하는 것이 무엇인지 파악한다.
> - 4만(교만 · 자만 · 거만 · 오만)을 금한다.
> - 남(다른 손님, 다른 작업자, 다른 영업소 등)을 비방하지 않는다.
> - 불평불만하지 않고, 상대를 이해하려고 노력한다.
> - 칭찬, 격려, 감사의 말을 한다.
> - 실수했을 때는 잘못을 시인하고 빨리 사과한다.

SECTION 06 피부와 영양

빈출 태그 ▶ #영양소 #영양 #피부영양

KEYWORD 01 영양과 영양소

1) 영양(Nutrition)
① 개념 : 생명체가 생존하고 성장하며, 신체 기능을 유지하기 위해 필요한 물질을 섭취하고, 이를 신체 내에서 사용하는 과정
② 범위 : 음식물 섭취·소화·흡수·대사 등의 과정을 포함하며, 건강 유지와 질병 예방에 중요한 역할을 함
③ 영양의 주요 목표
- 에너지 공급 : 일상 활동과 생리적 기능을 유지하기 위한 에너지의 제공
- 성장 및 발달 : 세포와 조직의 성장, 유지 및 회복
- 신체 기능 조절 : 신체의 생리적 기능을 조절하는 데 필요한 물질 공급
- 질병 예방 : 다양한 영양소를 통해 면역 체계를 강화하고 질병을 예방

2) 영양소(Nutrients)
신체가 정상적으로 기능하고 건강을 유지하기 위해 필요한 화학물질이다.

3) 영양소의 분류

구성 영양소 (Building Nutrients)	신체 구조를 형성하고 유지하는 데 필요한 영양소이다. 예) 단백질(Proteins), 지방(Fats), 무기질(Minerals)
열량 영양소 (Macronutrients)	신체에 에너지를 공급하는 주요 영양소이다. 예) 탄수화물(Carbohydrates), 단백질(Proteins), 지방(Fats)
조절 영양소 (Micronutrients)	신체 기능을 조절하고 대사 과정을 지원하는 영양소이다. 예) 비타민(Vitamins), 무기질(Minerals), 물(Water)

> ✅ 개념 체크
> 75%가 에너지원으로 쓰이고 에너지가 되고 남은 것은 지방으로 전환되어 저장되는데 주로 글리코겐 형태로 간에 저장된다. 과잉섭취 시 혈액의 산도를 높이고 피부의 저항력을 약화하여 세균감염을 초래하여 산성 체질을 만들고 결핍됐을 때는 체중감소, 기력부족 현상이 나타나는 영양소는?
> ① 탄수화물
> ② 단백질
> ③ 비타민
> ④ 무기질
>
> ①

KEYWORD 02 3대 영양소

1) 탄수화물

특징	• 탄소-산소-수소 결합으로 구성된 물질이다 • 곡물·과일·채소 등에 풍부하며, 단맛이 나 음식의 단맛을 내는 데 쓴다. • 소화흡수율이 99%인 에너지원이다. • 단당류(포도당), 이당류, 다당류로 분류한다. • 입(아밀라아제)과 소장(말타아제)에서 소화된다.

기능	• 가장 중요한 에너지원(g당 4kcal)으로 에너지를 공급하고, 세포 대사를 지원한다. • 피부 세포 재생 및 성장을 촉진하고, 피부 수분 보유 능력을 향상한다.	
인체에 미치는 영향	과다 섭취	• 비만, 당뇨 등 대사 질환의 위험이 증가한다. • 피부 건조, 탄력 저하 등의 문제가 발생할 수 있다.
	부족 섭취	• 에너지가 부족하여, 피로감이 증가한다. • 피부 세포의 재생 및 성장이 저하된다.

2) 단백질

특징	• 탄수화물과 지방이 부족할 때 에너지원(g당 4kcal)으로 사용될 수 있다. • 필요에 따라 합성과 분해가 이루어져 항상성을 유지한다. • 20종의 아미노산이 펩타이드 결합으로 연결되어 있다. • 구조와 기능에 따라 다양한 종류의 단백질이 존재한다. • 위산과 소화효소에 의해 아미노산으로 분해되어 흡수된다. • 열과 산에 의해 잘 변성된다. • 필수 아미노산은 외부에서 공급받아야 한다. • 대사 시 요산(질소화합물)이 생성되어 간과 신장에서 처리된다.	
기능	• 세포와 조직 구성의 주요 성분으로 성장과 발달에 필수적이다. • 효소, 호르몬, 항체 등 다양한 생체 활동에 관여한다. • 혈장 단백질이 체액 삼투압 조절에 기여한다.	
인체에 미치는 영향	과다 섭취	• 대사 과정에서 요소가 많이 생성되어 신장에 부담을 준다. • 단백질의 과다 섭취가 칼슘 흡수를 방해하여 골밀도가 감소한다. • 단백질을 과다 섭취하면 지방으로 전환될 수 있다. • 단백질 대사 과부하로 간 기능이 저하될 수 있다.
	부족 섭취	• 단백질 부족으로 인해 세포 성장 및 조직 재생이 저하된다. • 항체 및 면역 세포 생성에 필요하므로 부족 시 면역력이 저하된다. • 근육 합성에 필수적이므로 부족 시 근육량 및 근력이 감소한다. • 에너지 생성 저하로 피로감이 증가한다.

3) 지방

특징	• 탄수화물이 부족할 때 에너지원(g당 9kcal)으로 사용될 수 있다. • 탄소-수소 결합으로 구성된 지방산이 주성분이다. • 지용성이어서 물에 녹지 않고 기름 상태로 존재한다. • 포화지방, 불포화지방, 트랜스지방 등으로 구분된다. • 인체 내에서 합성되거나 식품에서 섭취할 수 있다.	
기능	• 피하지방층이 체온 유지에 기여하며, 장기를 감싸고 보호하는 역할을 한다. • 필수 지방산은 체내에서 합성되지 않는다. • 지용성 비타민(A, D, E, K)의 흡수에 도움을 준다. • 세포막의 주요 성분으로 세포 기능을 유지한다.	
인체에 미치는 영향	과다 섭취	• 비만 및 만성 질환(심혈관 질환, 당뇨병, 고혈압 등)의 위험이 증가한다. • 지방간, 고지혈증 등의 대사 장애가 발생한다. • 관절염, 암 발생 위험이 증가한다.
	부족 섭취	• 성장이 지연되고, 피부가 건조해지며, 면역력이 저하된다. • 지용성 비타민의 흡수율이 저하된다. • 체온 유지 및 장기 보호 기능이 저하된다.

KEYWORD 03 비타민

1) 비타민의 기능과 특징
- 소량으로도 생명유지와 건강유지에 필수적인 영양소이다.
- 대부분 체내에서 합성되지 않아 식품으로 섭취해야 한다.
- 수용성 비타민(B군, C)과 지용성 비타민(A, D, E, K)으로 구분한다.
- 지용성 비타민은 독성이 있어 과다하게 섭취해서는 안 된다.

2) 수용성 비타민

비타민 B1 (티아민)	• 탄수화물 대사에 관여하여 에너지 생산에 중요한 역할을 한다. • 신경, 근육 기능 유지에 필요하다. • 식욕 증진, 소화 기능 개선에 도움을 준다. • 결핍증 : 각기병, 식욕 감퇴, 피로감, 말초신경병증, 심장 기능 저하
비타민 B2 (리보플라빈)	• 지방, 단백질, 탄수화물 대사에 관여한다. • 성장과 발달에 필요하다. • 피부와 점막의 건강 유지에 도움을 준다.
비타민 B3 (나이아신)	• 에너지 대사, 혈액순환 개선에 중요한 역할을 한다. • 피부와 신경 기능 유지에 필요하다. • 콜레스테롤 수치 개선에 도움을 준다. • 결핍증 : 구토, 설사, 피부염(펠라그라), 치매 유사 증상, 우울증
비타민 B6 (피리독신)	• 단백질 대사, 적혈구 생성에 관여한다. • 면역 기능 향상, 스트레스 해소에 도움을 준다. • 월경통 완화에 효과적이다. • 결핍증 : 피로감, 우울증, 면역력 저하, 빈혈
비타민 B7 (비오틴)	• 지방, 단백질, 탄수화물 대사에 관여한다. • 모발과 피부 건강 유지에 필요하다. • 신경계의 기능 개선에 도움을 준다.
비타민 B9 (엽산)	• 세포 분열과 성장에 필수적이다. • 태아의 신경관 형성에 중요한 역할을 한다. • 빈혈 예방과 치료에 효과적이다.
비타민 B12 (코발라민)	• 적혈구 생성, DNA 합성에 관여한다. • 신경계 기능 유지에 필요하다. • 피로 개선, 기억력 향상에 도움을 준다.
비타민 C (아스코르브산)	• 강력한 항산화 작용으로 면역력 증진에 도움을 준다. • 콜라겐 합성에 관여하여 피부 건강을 유지하는 데 중요한 역할을 한다. • 철분 흡수 증진, 스트레스 해소에 도움을 준다. • 결핍증 : 괴혈병(피부 출혈, 잇몸 출혈), 멍, 피로감, 면역력 저하
비타민 P (비타민 P 복합체)	• 혈관 기능 개선, 모세혈관 강화에 관여한다. • 항산화 작용으로 노화 지연에 도움을 준다. • 모세혈관 순환 개선 및 혈압 조절에 효과적이다.

✅ 개념 체크

항산화 비타민으로 아스코르브산(Ascorbic Acid)으로 불리는 것은?
① 비타민 A
② 비타민 B
③ 비타민 C
④ 비타민 D

③

3) 지용성 비타민

비타민 A (레티놀)	• 시력, 피부, 면역, 성장 등에 관여한다. • 상피세포의 형성에 관여한다. • 피부각화 정상화, 피지 분비 기능을 촉진한다. • 결핍증 : 야맹증, 피부 건조, 면역력 저하
비타민 D (칼시페롤)	• 칼슘·인 대사, 뼈 건강에 관여한다. • 자외선B(UVB)를 받아 피부에서 합성된다. • 결핍증 : 골연화증, 골다공증
비타민 E (토코페롤)	• 항산화, 면역력 증진에 관여한다. • 호르몬 생성, 생식기능에 관여한다. • 결핍증 : 신경계 이상, 빈혈 등
비타민 K (필로퀴논)	• 혈액 응고에 관여한다. • 결핍증 : 출혈 경향 증가

> **개념 체크**
>
> 비타민 중 거칠어지는 피부, 피부각화 이상에 의한 피부질환 치료에 사용되며 과용하면 탈모가 생기는 비타민은?
>
> ① 비타민 A
> ② 비타민 B1
> ③ 비타민 C
> ④ 비타민 D
>
> ①

KEYWORD 04 무기질 빈출

1) 기능
① 구조 형성 : 뼈와 치아 형성에 필수적인 성분임
② 체액 및 전해질 균형 유지 : 삼투압 조절, 신경 전달, 근육 수축 등에 관여함
③ 효소 활성화 : 효소의 보조인자로 작용하여 생화학반응을 조절함
④ 산화-환원 반응 조절 : 전자 전달계에서 중요한 역할을 함
⑤ 물질대사 조절 : 호르몬 생성, 에너지 대사 등에 관여함

> **개념 체크**
>
> 무기질의 설명으로 틀린 것은?
>
> ① 조절작용을 한다.
> ② 전해질과 산-염기의 평형 조절을 한다.
> ③ 뼈와 치아를 구성한다.
> ④ 에너지 공급원으로 이용된다.
>
> ④

2) 종류

다량 무기질	칼슘(Ca)	뼈와 치아 형성, 혈액 응고, 신경 전달, 근육 수축
	인(P)	뼈와 치아 형성, 에너지 대사, 세포막 구성, 인체 구성 무기질의 25%
	마그네슘(Mg)	삼투압 조절, 효소 활성화, 신경 및 근육 기능, 에너지 대사
	나트륨(Na)	체내 수분 조절, 삼투압 유지, 체액 균형, 신경 전달, 근육 수축
	칼륨(K)	삼투압 조절, 알레르기 완화, 체액 균형, 신경 전달, 근육 수축
	염소(Cl)	체액 균형, 소화 작용(위액의 조성), 신경 전달
미량 무기질	철(Fe)	헤모글로빈 및 마이오글로빈 합성, 산화-환원 반응
	아연(Zn)	효소 활성화, 면역 기능, 단백질 및 DNA 합성
	구리(Cu)	적혈구 생성, 신경 전달, 피부 및 모발 건강
	아이오딘(I)	갑상선 호르몬 합성, 대사 조절, 모세혈관 기능 정상화
	셀레늄(Se)	항산화 작용, 면역 기능, 갑상선 호르몬 대사
	망가니즈(Mn)	효소 활성화, 항산화 작용, 에너지 대사
	크로뮴(Cr)	탄수화물 및 지질 대사, 인슐린 작용 촉진

KEYWORD 05 물

1) 특징
- 무색, 무취, 무미의 액체로 생명체에 필수적인 물질이다.
- 지구상에서 가장 풍부한 물질 중 하나이며, 전 지구 표면의 약 71%를 차지한다.
- 생명체의 생존과 유지에 필수적이며, 신체 조성의 대부분(70%)을 차지한다.
- 생명체의 다양한 생리학적 기능을 수행하는 데 중요한 역할을 한다.

2) 주요 영양성분 및 함량
- 순수한 물은 수소(H) 원자 2개와 산소(O) 원자 1개로 이루어져 있어, 화학식 H_2O로 표현한다.
- 무기질, 비타민 등의 영양성분이 없다.

3) 체내에서 물의 기능
- 성인 체중의 약 70%가 물로 구성된다.
- 표피에는 10~20% 수분이 함유되어 있다.
- 세포, 조직, 장기 등 체내 모든 구성 요소에 포함된다.
- 체내 삼투압 조절, 체온조절, 영양분·노폐물 운반, 화학반응의 매체 등 다양한 기능을 수행한다.
- 섭취량 부족 시 탈수, 신장 기능 저하, 체온 조절 장애 등의 문제가 발생한다.

물이 피부계에서 수행하는 기능
- 보습
  - 피부의 수분 함량을 유지해 건조함을 예방하고 촉촉하게 만든다.
  - 피부 장벽 강화에 도움을 준다.
- 해독 및 세정 작용
  - 땀, 먼지, 노폐물을 씻어내어 청결을 유지한다.
  - 피부 재생을 돕고 트러블을 예방한다.
- 온도 조절 : 땀을 배출해 체온을 조절하고 피부를 보호한다.
- 탄력 유지 및 노화 방지
  - 충분한 수분 공급은 잔주름 완화와 피부 탄력 유지에 도움을 준다.
  - 혈액순환을 촉진해 피부의 톤을 개선한다.

SECTION 07 피부와 광선

빈출 태그 ▶ #가시광선 #자외선 #적외선

KEYWORD 01 가시광선

1) 특징
- 파장 범위는 약 380~780nm이다.
- 인간의 눈으로 감지할 수 있는 전자기파 영역이다.
- 태양광, 전구, 형광등 등에서 발생하는 빛의 주요 성분이다.
- 물질과 상호작용하여 다양한 현상(반사, 굴절, 산란 등)이 발생한다.

2) 종류

가시광선의 연속스펙트럼

- 빨간색(Red) : 약 620~780nm
- 노란색(Yellow) : 약 570~590nm
- 파란색(Blue) : 약 450~495nm
- 주황색(Orange) : 약 590~620nm
- 초록색(Green) : 약 495~570nm
- 보라색(Violet) : 약 380~450nm

길이의 단위
- 1㎛(마이크로미터) = 1,000nm
- 1,000,000nm(나노미터) = 1mm(밀리미터)
- 1,000mm = 1m(미터)

KEYWORD 02 자외선

1) 자외선의 종류

UVA (Ultraviolet A)	• 파장 범위는 320~400nm이다. • 피부 깊숙이 침투하여 피부 노화와 주름을 유발한다. • **피부암 발생 위험**이 있다. • 눈에 대한 영향도 있어 백내장 발생 가능성이 있다. • 장파장으로 오존층에 흡수되지 않는다.
UVB (Ultraviolet B)	• 파장 범위는 280~320nm이다. • 피부에서 **비타민 D를 합성**한다. • 피부 표면을 자극하여 홍반(붉은 반점), 일광화상 등을 유발한다. • 피부암 발생 위험이 높다. • 피부 색소 침착을 유발하여 피부 노화를 촉진할 수 있다. • 중파장으로 대부분 오존층에 흡수된다.

개념 체크

자외선 B는 자외선 A보다 홍반 발생 능력이 몇 배 정도인가?
① 10배
② 100배
③ 1000배
④ 10000배

③

UVC (Ultraviolet C)	• 파장 범위는 200~280nm이다. • 에너지 수준이 높아 피부와 눈에 심각한 손상을 줄 수 있다. • 인공적으로 발생되어 살균, 소독 등의 용도로 사용된다. • 단파장으로 오존층과 대기에 완전히 흡수된다.
극자외선 (Extreme Ultraviolet, EUV)	• 파장 범위는 10~121nm이다. • 피부와 눈에 심각한 손상을 줄 수 있다. • 대기 중에서 완전히 흡수되어 지표면에 도달하지 않는다. • 반도체 제조 공정에서 활용되는 등 특수한 용도로 사용된다.

2) 피부에 미치는 영향

긍정적 영향	• UVB는 비타민 D의 합성을 촉진한다. • 적정량의 자외선 노출은 피부 탄력 향상, 주름 개선 등의 효과가 있다. • 광선 요법을 통해 건선, 습진, 백반증 등의 치료에 활용한다.
부정적 영향	• 피부암을 유발한다. • 자외선에 의한 활성산소 증가로 피부 탄력 저하, 주름 생성 등이 촉진된다. • 일부 약물이나 화장품 성분과 반응하여 홍반, 부종, 가려움 등을 유발한다. • 눈에 대한 자외선 노출이 증가하면 백내장 발생 위험이 높아진다.

3) 자외선 차단제 [빈출]

① 차단지수

SPF (Sun Protection Factor)	• UVB의 차단 지표이다. • 피부에 도달하는 자외선B의 양을 얼마나 줄여 주는지 수치화한 것이다. • 예) SPF 30은 피부에 도달하는 자외선B를 97% 차단한다. • 예) SPF 50은 피부에 도달하는 자외선B를 98% 차단한다.
PA (Protection Grade of UVA)	• UVA의 차단 지표이다. • 4개의 등급(PA+, PA++, PA+++, PA++++)으로 구분한다.

② 차단제의 종류와 주요 성분

물리적 차단제	• 피부 표면에서 자외선을 물리적으로 반사 및 산란시켜 차단하는 방식이다. • 즉각적인 차단 효과가 있고, 안전성이 높으며, 민감성 피부에도 적합하다. • 흰색 농도감, 묻어남 현상이 있을 수 있다. • 주요 성분 : 이산화티타늄(TiO_2), 산화아연(ZnO) 등의 무기 화합물
화학적 차단제	• 자외선을 흡수하여 열에너지로 전환하여 차단하는 방식이다. • 비교적 가벼운 텍스처로, 흰색 농도감이 적다. • 피부에 자극을 줄 수 있어, 화학 성분에 민감한 사람에게는 부적합하다. • 주요 성분 : 옥시벤존, 아보벤존, 옥티노세이트 등의 유기 화합물

③ 자외선 차단지수 계산 공식

$$SPF = MED(\text{Protected Skin}) / MED(\text{Unprotected Skin})$$

- MED(Protected Skin) : 자외선 차단제를 사용한 피부에서 피부가 붉어지기 시작하는 최소 자외선 조사량

> **개념 체크**
>
> 자외선 차단제에 관한 설명으로 틀린 것은?
> ① 자외선 차단제는 SPF(Sun Protect Factor)의 지수가 매겨져 있다.
> ② SPF(Sun Protect Factor)는 차단지수가 낮을수록 차단지수가 높다.
> ③ 자외선 차단제의 효과는 멜라닌 색소의 양과 자외선에 대한 민감도에 따라 달라질 수 있다.
> ④ 자외선 차단지수는 제품을 사용했을 때 홍반을 일으키는 자외선의 양을 제품을 사용하지 않았을 때 홍반을 일으키는 자외선의 양으로 나눈 값이다.
>
> ②

- MED(Unprotected Skin) : 자외선 차단제를 사용하지 않은 피부에서 피부가 붉어지기 시작하는 최소 자외선 조사량
- SPF 30이라면 자외선 차단제를 사용하지 않은 피부에 비해 자외선 차단제를 사용한 피부가 30배 더 많은 자외선을 견딜 수 있다는 의미이다.
- SPF 1은 약 15분 정도 견딜 수 있다는 의미이다.

KEYWORD 03 적외선

1) 특징
- 전자기파의 하나로 가시광선보다 파장이 길다(700nm~1mm).
- 열로 느껴질 수 있는 에너지를 가지고 있다.
- 물질을 가열하여 온도를 높일 수 있어 열선이라고도 한다.

2) 종류

근적외선 (Near-infrared, NIR)	• 파장의 범위는 750~1,500nm이다. • 피부 깊이까지 침투하여 혈관을 확장하여 혈액순환을 증진한다. • 콜라겐 및 엘라스틴 생성을 촉진하여 피부 탄력을 향상한다. • 세포 활성화로 피부를 재생하고, 노화를 지연하는 효과가 있다.
중적외선 (Mid-infrared, MIR)	• 파장의 범위는 1,500~5,000nm이다. • 피부 표면의 수분 증발을 억제하여 보습하는 효과가 있다. • 피부 각질층을 개선하고 모공을 수축하는 효과가 있다.
원적외선 (Far-infrared, FIR)	• 파장의 범위는 5,000~1,000,000nm이다. • 피부 온도를 높여 혈액순환을 촉진한다. • 피부 노화를 억제하고 피부 장벽을 강화하는 효과가 있다. • 염증과 통증을 완화하는 효과가 있다.

피부와 관련된 빛의 성질

① 빛의 물리적 성질
- 파장(λ) : 광파(빛의 파동)의 이웃한 마루와 마루, 골과 골 사이의 거리 [단위 : m]
- 진동수(f) : 매질이 1초 동안 진동하는 횟수 [단위 : Hz]
- 빛 에너지의 세기와 투과력(직진성) : 진동수에 비례하고, 파장에 반비례함

② 빛의 물리적 성질과 피부 노화
- 빛(광선)은 파장과 진동수라는 특성을 띠는데, 그 특성에 따라 영향력이 달라진다. 빛은 파장이 짧을수록 진동수가 많아 그 에너지가 커지고, 이동거리가 짧아진다.
- UVB가 UVA보다는 파장이 짧고 진동수가 많아 표피에 즉각적으로 화상을 입히지만 진피까지 깊숙이 들어가지는 못한다.
- 반대로 UVA는 UVB보다 파장이 길고 진동수가 적어 피부에 해를 주는 정도가 덜하지만, 진피까지 깊숙이 들어가 영향을 줄 수 있어 노화의 원인이 된다.
- 한편, UVC는 파장도 가장 짧고, 진동수도 가장 많아서 에너지가 가장 강하므로 피부에 큰 영향을 줄 법도 하지만, 오존층에서 대부분 흡수되어 피부에 큰 영향을 주지는 않는다. 대신 인공적으로 만들어서 소독을 위한 자외선 살균 램프에 쓰인다.

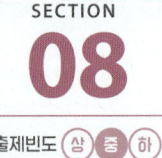

SECTION 08 피부면역

빈출 태그 ▶ #면역 #항원 #항체

KEYWORD 01 면역의 개념

1) 면역의 개념
면역(Immunity, 免疫)은 병원체나 외부 물질로부터 우리 몸을 보호하는 능력이다.

2) 항원과 항체

항원 (Antigen)	• 면역 반응을 유발할 수 있는 물질을 말한다. • 박테리아, 바이러스, 독소, 암세포 등이 대표적인 항원이다. • 면역 세포에 의해 인식되어 면역 반응을 일으킨다. • 특성에 따라 다양한 면역 반응이 나타날 수 있다.
항체 (Antibody)	• 면역 글로불린(Immunoglobulin)이다. • 면역 세포가 생산하는 단백질로, 특정 항원을 인식하여 중화하는 역할을 한다. • B 림프구에서 생성되며, 다양한 종류의 항체가 존재한다. • 항원과 결합하여 항원을 중화하거나 제거하는 데 도움을 준다. • 기억 세포에 의해 저장되어 향후 같은 항원 침입 시 신속한 면역 반응을 일으킬 수 있다.

KEYWORD 02 면역의 종류

1) 사람의 면역 체계

2) 특이적 면역

특정 항원에 대해 선택적으로 반응하는 면역 반응이다.

B 림프구	• 항체를 생산하는 세포로, 특이성 면역 반응을 담당한다. • 항원에 특이적으로 결합하는 항체를 분비하여 병원체를 직접 공격한다. • 항체는 병원체의 세포막을 파괴하거나 식균작용을 촉진하여 병원체를 제거한다. • 기억 B 림프구 : 이전에 접한 항원을 기억하여 재감염 시 빠른 면역 반응을 유도함
T 림프구	• 세포 매개 면역을 담당하는 세포이다. • 직접 병원체를 공격하거나 B 림프구를 활성화하여 특이성 면역 반응을 조절한다. • 세포독성 T 림프구 : 항원에 결합한 후 병원체 감염 세포를 직접 파괴함 • 보조 T 림프구 : B 림프구를 활성화하여 항체 생산을 촉진함 • 기억 T 림프구 : 이전에 접한 항원을 기억해 재감염 시 빠른 면역 반응을 유도함

3) 비특이적 면역

특정 항원에 구애받지 않고 광범위하게 반응하는 면역 반응이다.

제1 방어계	• 물리적, 화학적 방어막을 형성하여 병원체의 침입을 막는 비특이적 면역 반응이다. • 피부 : 물리적 장벽 역할을 하여, 병원체 침입을 차단함 • 점막 : 점액과 섬모 세포로 병원체를 체외로 배출함 • 분비액 : 위액, 침, 눈물과 같은 화학적 방어 물질을 분비함 • 정상균총 : 병원체 증식을 억제함
제2 방어계	• 병원체가 제1 방어계를 통과했을 때 작동하는 비특이적 면역 반응이다. • 특이성 면역 반응이 일어나기 전까지 중요한 역할을 한다. • 병원체 침입을 막지 못한 경우 이를 제거하고 격리하여 체내 확산을 방지한다. • 대식세포 : 병원체를 식균하여 제거함 • 보체계 : 병원체 세포막을 파괴하여 제거함 • 염증 반응 : 병원체 격리 및 제거를 위한 면역 세포를 동원함

> **알레르기 반응**
> • 개념 : 항원-항체반응이 병적으로 과민하게 일어나는 현상
> • 특징 : 면역체계의 이상으로 면역이 불균형해져서 생기는 현상으로 면역반응의 균형을 조절하는 것이 필수적임
> • 알레르기의 주요 항원 : 꽃가루, 약물, 식물성 섬유, 세균, 음식물, 염모제, 화학물질 등
> • 알레르기 질환의 예 : 영유아 습진, 아토피 피부염, 만성 두드러기 등

 개념 체크

피부의 면역에 관한 설명으로 맞는 것은?
① 세포성 면역에는 보체, 항체 등이 있다.
② T 림프구는 항원 전달 세포에 해당한다.
③ B 림프구는 면역 글로불린이라고 불리는 항체를 생성한다.
④ 표피에 존재하는 각질 형성 세포는 면역 조절에 작용하지 않는다.

③

SECTION 09 피부노화

빈출 태그 ▶ #노화 #광노화

남녀의 노화

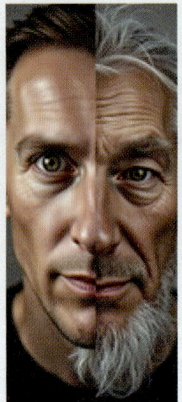

KEYWORD 01 피부노화의 개념과 가설

1) 피부노화

- 시간이 지나면서 나타나는 주름, 탄력 감소, 색소 침착, 건조 등의 피부 변화이다.
- 내인성 노화와 외인성 노화가 있으며, 특히 광노화에 의해 발생한다.

내인성 노화 (Intrinsic Aging)	• 내인성 노화는 자연적인 생리적 과정에 의해 발생한다. • 유전적 요인과 신체 내부의 변화에 의해 발생한다. • 피부의 콜라겐과 엘라스틴 섬유가 감소해 주름, 탄력저하, 처짐 현상이 나타난다. • 피지선 활동이 감소하여 피부가 건조해진다. • 피부가 얇아져 혈관이 더 잘 보이게 된다. • 피부톤이 균일하지 않게 되고, 나이 반점이 나타날 수 있다.
광노화 (Photoaging)	• 자외선(UV) 노출에 의해 발생하는 피부 노화 현상이다. • 이는 외부 요인에 의해 발생하는 외인성 노화의 한 형태이다. • 자외선에 의해 콜라겐과 엘라스틴이 손상되어 주름이 더 뚜렷하게 나타난다. • 피부의 탄력이 급격히 떨어지며, 처짐이 더욱 심해진다. • 기미, 주근깨, 검버섯 등의 색소 침착이 나타난다. • 피부가 두꺼워지고 거칠어지며, 각질이 많아진다. • 자외선에 의해 모세혈관이 확장되어 붉은 반점이 나타날 수 있다.

2) 노화의 가설

자유 라디칼가설	세포 내에서 생성되는 활성 산소종(ROS)이 세포 구성 성분을 손상시켜 노화를 유발한다는 가설이다.
유전자 변이 가설	시간이 지남에 따라 세포 내 유전자 변이가 누적되어 세포 기능이 저하되고 노화가 진행된다는 가설이다.
텔로미어 가설	염색체 끝부분인 텔로미어가 세포 분열을 거듭하면서 점점 짧아져 세포 노화를 유발한다는 가설이다.
면역 노화 가설	나이가 들면서 면역 기능이 점차 약화되어 감염, 암 등에 취약해지는 현상을 설명하는 가설이다.
소모설	세포와 조직이 지속적인 사용과 스트레스로 인해 점진적으로 손상되어 노화가 진행된다는 가설이다.
신경내분비계 조절설	뇌와 내분비계의 기능 저하가 발생하여 전체적인 생리적 기능 저하로 이어진다는 가설이다.
말단 소립자설	세포 내 미토콘드리아에서 생성된 활성 산소종(Free Radicals)이 세포 구성 물질을 손상시켜 노화를 유발한다는 가설이다.
자기 중독설	노화에 따라 체내에 독성 물질이 축적되어 세포와 조직에 손상을 주어 노화가 진행된다는 가설이다.

SECTION 10 피부장애와 질환

빈출 태그 ▶ #원발진 #속발진 #피부질환

KEYWORD 01 피부장애 빈출

 반흔(반점)
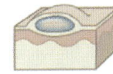 팽진
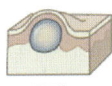 구진
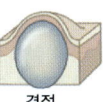 결절
 낭포/수포
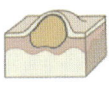 농포
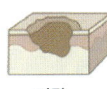 미란
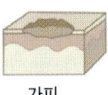 가피
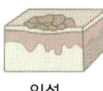 인설
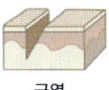 균열

1) 원발진(Primary Lesion, 原發疹)

피부에 나타나는 1차적 피부장애이다.

구진 (Papule)	• 피부 표면에 돌출된 단단한 융기 형태의 병변이다. • 크기는 보통 지름 0.5~1cm 정도이다. • 여드름, 습진, 건선 등에서 볼 수 있다.
결절 (Nodule)	• 구진보다 크고 깊게 자리 잡은 융기 형태의 병변이다. • 크기는 보통 지름 1~2cm 정도이다. • 지방종, 육아종, 결핵 등에서 볼 수 있다.
반 (Macule)	• 피부 색소 변화로 나타나는 편평한 병변이다. • 색깔은 홍색, 청색, 백색 등 다양할 수 있다. • 색소 침착, 발진, 전색반 등에서 볼 수 있다.
수포 (Vesicle)	• 액체가 차 있는 작은 주머니 형태의 병변이다. • 수포성 질환, 화상, 수두 등에서 볼 수 있다. 　– 대수포(Bulla) : 1cm 이상의 수포 　– 소수포(Vesicle) : 지름 1~10mm 크기의 수포
물집 (Bulla)	• 수포보다 크고 액체가 차 있는 병변이다. • 크기는 보통 지름 0.5~2cm 정도이다. • 수포성 천포창, 물집성 유천포창 등에서 볼 수 있다.
농포 (Pustule)	• 농(고름)이 차 있는 주머니 형태의 병변이다. • 크기는 보통 지름 0.5cm 이하이다. • 여드름, 화농성 육아종, 농가진 등에서 볼 수 있다.
팽진 (Edema)	• 피부나 피하조직의 수분 축적으로 인한 부종이다. • 피부가 부풀어 오르고 부드러워진다.
종양 (Tumor)	• 피부 조직의 과도한 증식으로 생긴 덩어리이다. • 크기와 모양이 다양하다. • 양성 종양과 악성 종양으로 구분된다.

피부 발진

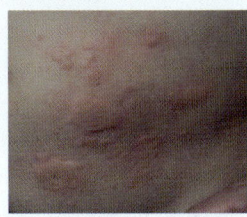

✓ 개념 체크

다음 중 원발진에 해당하는 피부변화는?
① 가피
② 미란
③ 위축
④ 구진

④

낭종 (Cyst)	• 피부 내부에 액체나 반고체 물질이 차 있는 둥근 융기된 병변이다. • 주머니 모양의 구조로 되어 있다. • 크기가 다양하며 단독 또는 다발성으로 나타날 수 있다.

2) 속발진(Secondary Lesion, 續發疹)

원발진이 진행하면서 나타나는 2차적인 병변이다.

홍반 (Erythema)	• 원발진 주변의 발적 및 충혈된 상태이다. • 피부가 붉게 변하고 온도가 높아진다. • 염증 반응의 결과로 발생한다.
인설 (Scale)	• 피부 표면의 각질화된 조직이 쌓여 있는 상태이다. • 피부가 두꺼워지고 쉽게 벗겨진다. • 건조하고 백색 또는 회색을 띤다.
가피 (Crust)	• 삼출물이 굳어져 형성된 딱지이다. • 피부 표면에 노란색 또는 갈색의 딱딱한 병변이다. • 감염 등의 결과로 삼출물이 건조되어 생성된다.
태선화 (Lichenification)	• 피부 두께와 주름이 증가한 상태이다. • 지속적인 긁거나 문지르는 행위로 발생한다. • 피부가 두꺼워지고 거칠어진다.
침윤 (Infiltration)	• 피부 병변의 경결감이 증가한 상태이다. • 피부가 단단해지고 만졌을 때 단단한 느낌이 든다. • 염증 반응이나 섬유화로 인해 발생한다.
찰상 (Excoriation)	• 긁어서 생긴 상처이다. • 피부 표면이 벗겨져 있는 선형의 병변이다. • 가려움증으로 인해 반복적으로 긁어서 발생한다.
반흔 (Scar)	• 피부 손상 후 남은 흔적이다. • 피부 색소 침착이나 함몰이 발생한다. • 각종 피부 질환이나 외상 후에 발생한다.
균열 (Fissure)	• 피부 표면에 갈라진 틈새가 생기는 경우이다. • 주로 건조하고 각질화된 피부에서 발생한다. • 통증이 동반될 수 있다.
미란 (Erosion)	• 표피층이 부분적으로 벗겨져 노출된 상태이다. • 상피 세포가 손실된 부위이다. • 삼출물이 나올 수 있다.
궤양 (Ulceration)	• 표피와 진피층까지 손상되어 생긴 깊은 상처이다. • 삼출물이 나오고 치유 과정이 지연될 수 있다. • 통증이 동반되는 경우가 많다.
위축 (Atrophy)	• 피부나 피부 부속기관의 정상적인 두께와 부피가 감소한 상태이다. • 얇고 주름진 피부 모습을 보인다. • 피지선, 모낭 등의 위축이 동반될 수 있다.
켈로이드 (Keloid)	• 상처 치유 과정에서 과도하게 증식한 흉터이다. • 융기된 모양의 붉은색 반흔이 관찰된다. • 통증, 가려움증이 동반될 수 있다.

삼출물(滲出物)

삼출은 환부 밖으로 몸속에 있는 것이 스며(滲) 나오는(出) 것이다. 피부질환에서의 삼출물에는 고름, 혈액, 혈장 등이 있다.

✅ **개념 체크**

장기간에 걸쳐 반복하여 긁거나 비벼서 표피가 건조하고 가죽처럼 두꺼워진 상태는?
① 가피
② 낭종
③ 태선화
④ 반흔

③

KEYWORD 02　피부질환

1) 여드름(Acne Vulgaris)

① 특징
- 가장 흔한 피부 질환 중 하나이다.
- 주로 청소년기에 많이 발생하지만 성인기에도 지속될 수 있는 만성 질환이다.
- 피지의 과다 분비, 모낭의 각질화, 여드름균의 증식, 염증 반응 등의 복합적인 요인에 의해 발생한다.

② 발생 과정

  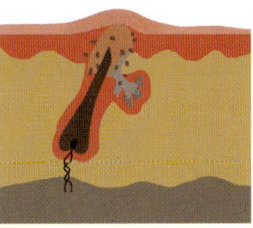

면포 → 구진 → 농포 → 결절 → 낭종

③ 원인

내적 요인	• 유전, 스트레스 • 호르몬 불균형 　– 사춘기에 증가하는 남성호르몬(안드로겐), 임신·월경·폐경 등과 같은 호르몬 변동 　– 테스토스테론 　　: 남성호르몬의 일종이다. 　　: 사춘기 때 증가하여, 피지 분비를 자극하고 여드름을 유발할 수 있다. 　　: 여성에게도 소량 존재하며, 과다 분비될 경우 여드름이 발생한다. 　– 프로게스테론 　　: 여성호르몬의 일종이다. 　　: 월경주기와 관련되어 있다. 　　: 프로게스테론 수치 변동으로 인해 월경 전후로 여드름이 악화될 수 있다.
외적 요인	• 화장품 및 피부관리 제품 • 환경오염(미세먼지, 유해물질 등) • 식단(고지방, 고당질) • 잘못된 피부관리 습관(과도한 화장, 압출 등)

2) 감염성 피부질환

① 세균성 피부질환

농가진 (Impetigo)	• 주로 얼굴, 팔다리 등에 나타나는 세균 감염으로 발생한다. • 황색포도상구균 또는 연쇄구균에 감염되어 발생한다. • 수포성 농가진과 비수포성 농가진으로 구분한다. • 전염성이 높아 주의가 필요하다.
모낭염 (Folliculitis)	• 모낭 주변의 피부에 세균 감염으로 발생한다. • 주로 황색포도상구균(Staphylococcus Aureus)에 감염되어 발생한다. • 표재성 모낭염, 심부 모낭염, 괴저성 모낭염 등 다양한 형태가 있다. • 욕조, 사우나 등에서 감염 위험이 높다.
연조직염 (Cellulitis)	• 피부와 피하조직의 세균 감염으로 발생한다. • 주로 연쇄구균(Streptococcus Pyogenes)에 감염되어 발생한다. • 홍반, 부종, 열감 등의 증상이 나타난다. • 심각한 경우 패혈증으로 진행될 수 있다.
봉소염 (Erysipelas)	• 주로 A군 연쇄구균(Streptococcus Pyogenes)에 감염되어 발생한다. • 황색포도상구균(Staphylococcus Aureus)에 의해서도 발생할 수 있다. • 갑작스러운 발열과 함께 붉게 부어오르는 피부 병변이 특징이다. • 주로 얼굴, 다리 등 피부 표면이 넓은 부위에 잘 발생한다. • 경계가 뚜렷하고 융기된 홍반성 병변이 특징적이다. • 피부 표면이 매끄럽고 통증이 동반되는 경우가 많다.
근피증 (Ecthyma)	• 세균이 깊은 피부층까지 침범하여 발생한다. • 주로 연쇄구균(Streptococcus Pyogenes)에 감염되어 발생한다. • 딱지가 생기고 궤양이 발생한다. • 치료가 지연되면 합병증이 발생할 위험이 높다.

② 진균성 피부질환

백선 (Tinea)	• 피부사상균(Dermatophytes)에 감염되어 발생한다. • 원형의 경계가 뚜렷한 홍반성 병변, 가려움증을 증상으로 한다. • 두부 백선 : 두피에 발생하는 백선 • 체부 백선 : 몸통, 사지 등에 발생하는 백선 • 사타구니 백선 : 사타구니 부위에 발생하는 백선 • 손발톱 백선 : 손발톱에 발생하는 백선
칸디다증 (Candidiasis)	• 칸디다 진균(Candida Species)에 감염되어 발생한다. • 홍반성 발진, 습진성 병변, 가려움증을 증상으로 한다. • 구강 칸디다증 : 구강 점막에 발생하는 칸디다증 • 질 칸디다증 : 질 점막에 발생하는 칸디다증 • 피부 칸디다증 : 피부에 발생하는 칸디다증
무좀 (Athlete's Foot, Tinea Pedis)	• 피부사상균(Dermatophytes)에 감염되어 발생한다. • 발바닥 및 발가락 사이의 홍반성 병변, 인설, 가려움증을 증상으로 한다. • 족부백선 : 흔한 진균성 피부질환, 습한 발에서 발생 빈도가 높음

> **개념 체크**
>
> 다음 중 전염성 피부질환인 두부 백선의 병원체는?
> ① 리케차
> ② 바이러스
> ③ 사상균
> ④ 원생동물
>
> ③

③ 바이러스성 피부 질환

단순 포진 바이러스 감염	• 단순 포진 바이러스(헤르페스) 1형, 2형에 감염되어 발생한다. • 원주로 입술, 생식기 등에 수포성 병변이 발생한다. • 원재발성 경향이 강하며, 면역저하자에게서 심각한 합병증이 발생할 수 있다.
대상포진	• 수두 바이러스(Varicella-zoster Virus)에 감염되어 발생한다. • 신경절을 따라 편측성으로 발생하는 수포성 발진을 특징으로 한다. • 주로 노인이나 면역저하자에게서 발생하며, 심한 신경통이 동반될 수 있다.
수두	• 수두 바이러스(Varicella-zoster Virus)에 감염되어 발생한다. • 전신에 발생하는 소양감(가려움증)을 동반한 수포성 발진을 특징으로 한다. • 주로 소아에게서 발생하며, 합병증으로 폐렴, 뇌염 등이 발생할 수 있다.
사마귀	• 사람 유두종 바이러스(Human Papillomavirus)에 감염되어 발생한다. • 피부와 점막에 발생하는 융기된 양상의 병변을 특징으로 한다. • 전염성이 강하며, 자연 소실되기도 하지만 재발이 잦다.
볼거리	• 볼거리 바이러스(Mumps Virus)에 감염되어 발생한다. • 턱 아래 부위의 부종과 통증을 증상으로 한다. • 드물게 뇌수막염, 난소염 등의 합병증이 발생할 수 있다.
홍역 (Measles)	• 홍역 바이러스(Measles Virus)에 감염되어 발생한다. • 발열, 기침, 콧물, 결막염, 특징적인 발진을 특징으로 한다. • 합병증으로 폐렴, 뇌염, 급성 중이염 등이 있다.
풍진 (Rubella)	• 풍진 바이러스(Rubella Virus)에 감염되어 발생한다. • 발열, 발진, 림프절 종대를 증상으로 한다. • 합병증으로 뇌염, 관절염이 있으며, 임신 중 감염 시 선천성 기형이 발생한다.

3) 색소이상증

① 과색소 침착

기저 색소 과다 침착 (Hyperpigmentation)	• 멜라닌 색소 생성량이 증가하여 발생한다. • 국소적 또는 전신적으로 피부가 어두워지는 현상이다. • 피부암, 에디슨병, 임신, 약물 부작용 등으로 발생한다.	
색소반 (Lentigines)	• 국소적인 멜라닌 색소 침착으로 인해 발생한다. • 갈색 또는 검은색의 둥근 반점 형태의 병변이 관찰된다. • 노인성 색소반, 선천성 색소반, 화학적 자극에 의한 색소반 등이 있다.	
	노인성 색소반	• 노인성 반점 : 장기간의 자외선 노출에 의한 색소 침착 • 검버섯 : 노화에 따른 멜라닌 색소 생성 증가
기미 (Chloasma)	• 호르몬 변화에 의해 멜라닌 색소 생성량이 증가하여 발생한다. • 주로 안면부에 불규칙한 갈색 반점의 병변이 관찰된다. • 임신성 기미, 호르몬 치료 후 발생하는 기미 등이 있다.	
후천성 색소 과다증 (Acquired Hyperpigmentation)	• 외부 자극(햇빛, 화학물질)에 의해 멜라닌색소 생성량이 증가하여 발생한다. • 염증 등에 의해서도 발생할 수 있다. • 일광 색소 침착, 화학물질 접촉성 색소 침착, 염증성 색소 침착 등이 있다.	

릴흑피증 (Melasma)	• 호르몬 변화에 의해 멜라닌 색소 생성량이 증가하여 발생한다. • 얼굴에 불규칙한 갈색 반점의 병변이 관찰된다. • 임신, 경구 피임약 복용 시에도 발생할 수 있다.
벌록 피부염 (Acanthosis Nigricans)	• 인슐린 저항성에 의해 멜라닌 색소가 침착되어 발생한다. • 목, 겨드랑이, 사타구니 등에 검은색 색소가 침착된다. • 비만, 당뇨, 내분비 질환 등과 관련되어 발생한다.

② 저색소 침착

백반증 (Vitiligo)	• 면역 체계의 이상으로 멜라닌 생성 세포(멜라노사이트)가 파괴되어 발생한다. • 피부에 경계가 뚜렷한 백색 반점이 발생하며, 점차 퍼져나가는 경향이 있다.
알비노증 (Albinism)	• 백피증, 백색증이라고 한다. • 멜라닌 합성 관련 유전자 이상으로 멜라닌 생성에 장애가 발생하는 것이다. • 전신적인 피부, 모발, 눈의 색소 결핍으로 매우 창백한 외모를 증상으로 한다.
색소성 건선 (Pityriasis Alba)	• 건선의 일종으로 만성 염증에 의해 국소적으로 색소가 감소한다. • 경계가 불분명한 백색 또는 분홍색 반점이 발생한다.
피부 섬유종 (Nevus Anemicus)	• 혈관 수축으로 인해 국소적으로 색소가 감소한다. • 피부 표면이 창백한 반점이나 반흔 모양으로 나타난다.

4) 기계적 손상에 의한 피부 질환

외반무지 (Hallux Valgus)	• 엄지발가락이 바깥쪽으로 기울어지는 변형이다. • 관절이 튀어나오며, 통증과 함께 굳은살이 생길 수 있다.
마찰성 수포 (Friction Blister)	• 반복적인 마찰로 인해 피부층 사이에 액체가 차오르는 상태이다. • 수포가 생기고 통증이 있으며, 감염의 위험이 있다.
굳은살 (Callus)	• 반복적인 마찰이나 압박에 의해 피부가 두꺼워지는 현상이다. • 주로 손바닥이나 발바닥에 생기며, 피부가 단단하고 거칠어진다.
티눈 (Corn)	• 굳은살의 한 형태로, 특히 발가락 부위에 생기는 원형의 굳은 피부이다. • 중앙부가 더 두꺼워지며, 통증이 있을 수 있다.
욕창 (Pressure Injury)	• 지속적인 압박에 의해 피부와 조직이 손상되는 상태이다. • 주로 뼈 돌출부위에 생기며, 피부 손상, 괴사, 감염 등이 발생할 수 있다.

5) 온열에 의한 피부 질환

① 화상

1도 화상 (표피 화상)	• 피부가 붉어지고 따끔거리는 증상이 있으며, 수포가 생기지 않는다. • 햇볕에 너무 오래 노출되어 생긴 화상이다.
2도 화상 (진피 화상)	• 피부가 붉고 물집이 생기며, 통증이 심하다. • 뜨거운 물에 덴 경우의 화상이다.
3도 화상 (진피하 화상)	• 피부가 검게 변하고 굳어지며, 신경이 손상되어 통증이 없다. • 불에 직접 닿아 생긴 심각한 화상이다.
4도 화상 (근육/골 화상)	• 피부뿐만 아니라 근육, 뼈까지 손상되어 괴사가 일어난다. • 폭발이나 전기 작용으로 인한 극심한 화상이다.

> **개념 체크**
>
> 화상의 구분 중 홍반, 부종, 통증뿐만 아니라 수포를 형성하는 것은?
>
> ① 제1도 화상
> ② 제2도 화상
> ③ 제3도 화상
> ④ 중급 화상
>
> ②

② 열성 발진(Heat Rash)
- 땀띠 또는 한진(汗疹)이라고도 한다.
- 땀샘이 막혀서 발생하는 작은 발진이다.
- 주로 덥고 습한 환경에서 발생하며, 가려움증을 동반한다.

③ 열성 홍반(Erythema Toxicum)
- 흔한 신생아 피부 질환의 일종으로, 저절로 호전되는 일시적인 피부 반응이다.
- 주로 출생 후 2~4일 사이에 나타나며, 생후 1주일 이내에 자연스럽게 사라진다.
- 붉은 반점이 몸 전체에 퍼져 나타나며, 반점 주변에 작은 혼입물(Papule)이 관찰된다.

6) 한랭에 의한 피부 질환

동상 (Frostbite)	• 추위로 인해 조직이 얼어 손상되는 상태이다. • 피부가 창백해지고 감각이 둔해지며, 심한 경우 괴사가 발생할 수 있다.
저체온증 (Hypothermia)	• 체온이 비정상적으로 낮아지는 상태이다. • 피부가 창백하고 차가워지며, 의식 저하, 근육 경직 등이 나타난다.
냉비증 (Chilblains)	• 추위에 노출된 피부가 붉어지고 부어오르는 상태이다. • 주로 손가락, 발가락, 귀 등에 발생하며 가려움과 통증이 있다.
냉부종 (Cold Edema)	• 추위에 노출되어 발생하는 하지의 부종이다. • 주로 다리나 발에 부종이 생기며, 통증이 동반될 수 있다.
한랭두드러기 (Cold Urticaria)	• 추위에 노출되어 발생하는 두드러기이다. • 피부가 붉게 부어오르고 가려움증이 동반된다.

7) 기타 피부 질환

알레르기	• 특정 물질에 대한 과민반응으로 발생하는 피부질환이다. • 가려움증, 붉은 반점, 부종 등이 나타난다. • 꽃가루, 화장품, 금속 등 알레르기 유발 물질에 노출되어 발생한다.
아토피 피부염	• 유전적 소인과 환경적 요인이 결합된 만성 피부질환이다. • 건조하고 가려운 피부 증상이 특징이다. • 주로 어린이에게 많이 나타나며, 성인까지 지속되기도 한다.
한관종	• 피부 표면에 작은 돌기나 결절이 생기는 양성 종양이다. • 주로 얼굴, 목, 팔 등에 발생하며 심미적 문제를 유발한다. • 제거 수술이 필요한 경우도 있다.
두드러기	• 갑작스럽게 나타나는 붉은 둥근 반점과 부종을 증상으로 한다. • 가려움증이 심하며, 원인이 다양하다(식품, 약물, 스트레스 등). • 대부분 일시적이지만 만성화되기도 한다.
비립종	• 코 주변에 생기는 지방종 형태의 피부 돌출물이다. • 무통성 종괴로 서서히 자라며 미용상 문제를 일으킬 수 있다. • 외과적 절제술로 치료한다.
지루성 피부염	• 두피, 얼굴, 가슴 등에 나타나는 만성 염증성 피부질환이다. • 붉은 비늘 모양의 피부 병변이 특징이다. • 스트레스, 계절 변화 등이 악화요인으로 작용한다.
쥐젖	• 목, 겨드랑이, 눈가, 사타구니 등에 나는 작은 돌기이다. • 마찰, 노화, 유전 등의 이유로 발생한다. • 통증은 없으나 미관상 제거 시술을 받는 경우가 흔하다. • 레이저나 냉동 치료 등으로 제거한다.

습진	• 얼굴, 손, 팔꿈치, 무릎 등에 잘 발생한다. • 붉은 발진, 가려움, 건조함을 주증상으로 하며, 심하면 진물이 나기도 한다. • 알레르기, 수분과의 과도한 접촉, 건조한 피부, 면역 이상 등의 이유로 발생한다. • 보습제, 항염제, 스테로이드 연고 등으로 치료한다.
주사	• 안면부에 주로 발생하는 만성 염증성 피부질환이다. • 붉게 부어오르는 증상이 특징이다. • 스트레스, 호르몬 변화 등이 주요 원인으로 알려져 있다.

주사(酒渣, Rosacea)
- 만성적인 염증성 피부질환으로, 주로 코와 뺨 등 안면부에 발생하며, 붉은 발진, 여드름과 유사한 발진, 구진이나 농포, 부종, 모세혈관 확장, 피부의 자극과 건조함을 동반한다.
- 주로 백인인 성인에게서 자주 나타나며, 온도 변화나 음식의 성분(맵고 자극적인 것) 또는 스트레스에 의해 증상이 악화할 수도 있다고 한다.
- 우리말 이름은 술이나 술지게미를 먹으면 중안부가 붉어지는 것에서 비롯되었고, 영문 이름은 얼굴이 장미꽃의 색처럼 붉어진다는 것에서 비롯되었다.

SECTION 11 화장품의 개념

출제빈도 상 중 하
반복학습 1 2 3

빈출 태그 ▶ #화장품 #피부학 #피부관리

KEYWORD 01 화장품의 개념

1) 화장품의 개념 [빈출]
- 인체를 청결, 미화하여 매력을 더하고 용모를 밝게 변화시키거나 피부·모발의 건강을 유지 또는 증진하기 위해 사용되는 물품이다.
- 인체에 바르거나 뿌리는 등 외용으로 사용되는 제품이다.
- 의약품과 달리 질병의 치료나 예방이 주된 목적은 아니다.

2) 화장품의 사용 목적

청결 유지	피부, 모발, 치아 등을 세정하여 청결을 유지하고 관리하는 목적으로 사용한다.
미화 및 미적 효과	• 용모를 아름답고 매력적으로 변화시키는 효과를 위해 사용한다. • 메이크업, 색조 화장품 등을 통해 외모를 보정하고 아름답게 변화시킨다.
피부 및 모발 보호	자외선 차단, 보습, 영양 공급을 통해 피부와 모발을 보호 건강하게 유지한다.
피부 및 모발 관리	• 노화, 피부 문제 등을 개선하고 관리하기 위해 사용한다. • 주름 개선, 미백, 탈모 방지 등의 효과를 기대할 수 있다.
향기 제공	향수, 탈취제 등을 통해 개인의 매력적인 향기를 연출한다.

> **권쌤의 노하우**
> 화장품 문제 역시 많이 나오는 부분이죠?

KEYWORD 02 화장품의 요건

1) 화장품의 4대 요건

안전성	• 화장품은 인체에 직접 사용되는 제품이므로 안전성이 가장 중요하다. • 화장품 원료 및 제품 전체가 인체에 유해하지 않아야 한다.
유효성	• 화장품은 표방하는 기능과 효과를 실제로 발휘해야 한다. • 제품 사용 시 피부나 모발에 실제적인 변화와 개선이 있어야 한다.
안정성	• 화장품은 유통기한 내에 품질이 변화 없이 안정적으로 유지되어야 한다. • 성분의 변질이나 분리, 변색 등이 일어나지 않아야 한다.
사용성(적합성)	• 화장품은 사용 목적, 피부 타입, 연령 등에 적합해야 한다. • 사용자의 개인적 특성과 요구사항에 부합해야 한다.

> **개념 체크**
> 세안용 화장품의 구비조건과 내용이 연결된 것으로 적절하지 않은 것은?
> ① 안정성 : 물이 묻거나 건조해지면 형과 질이 잘 변해야 한다.
> ② 용해성 : 냉수나 온수에 잘 풀려야 한다.
> ③ 기포성 : 거품이 잘 나고 세정력이 있어야 한다.
> ④ 자극성 : 피부를 자극하지 않고 쾌적한 방향이 있어야 한다.
>
> ①

유통기한과 소비기한

- 유통기한은 식품이나 화장품을 팔아도 되는 기한인데, 식품이나 화장품의 품질 변화 시점 기준으로 60~70% 앞선 기간으로 설정한다.
- 소비기한은 식품을 먹거나 화장품을 사용해도 되는 기한인데, 식품이나 화장품의 품질 변화 시점 기준으로 80~90% 앞선 기간으로 설정한다.
- 화장품의 유통기한이나 소비기한은 제품별로 다르니 상시 확인해야 한다.

2) 화장품 기재사항

제품명	화장품의 상품명 또는 브랜드명을 기재한다.
제조업자명 및 주소	화장품을 제조한 업체의 명칭과 주소를 기재한다.
책임판매업자명 및 주소	화장품을 판매하는 업체의 명칭과 주소를 기재한다.
제조번호 및 유통기한	제품의 제조일자 및 유통기한을 기재한다.
내용량 및 용량	화장품의 순 내용량 또는 용량을 기재한다.
주요 성분	화장품의 주요 원료 성분을 기재한다.
사용방법	제품의 사용법과 주의 사항 등을 기재한다.
기능성화장품의 경우 기능성 표시	기능성 화장품의 경우 해당 기능을 표시한다.
기타 정보	제품의 특성, 주의 사항, 보관방법 등 기타 정보를 기재한다.

3) 화장품의 소비기한

제품	개봉 전 소비기한	개봉 후 소비기한
기초 화장품	36개월	12개월
스킨클렌저	36개월	12~18개월
기초 메이크업	24개월	12개월
선크림	24개월	8~10개월
아이 메이크업	12개월	6개월
립스틱	36개월	18개월
매니큐어	24개월	12개월
향수	48개월	24개월
틴트	12개월	6개월

▼ 화장품 기재사항의 범위

화장품 기재사항

- 화장품의 명칭
- 상호 및 주소
- 제조번호
- 사용기간 또는 개봉 후 사용기간
- 화장품의 명칭

소용량 및 견본품(5가지)

- 해당 화장품 제조에 사용된 모든 성분
- 내용물 용량 또는 중량
- 해당 경우 '기능성화장품' 이라는 글자
- 사용시 주의사항
- 기타 총리령이 정하는 사항

SECTION 12 화장품의 제조

빈출 태그 ▶ #화장품의원료 #화장품제조

KEYWORD 01 화장품의 원료

1) 수성 원료

정제수 (Purified Water)	• 화장품의 주요 용매로 사용되는 가장 기본적인 원료이다. • 불순물이 제거된 고순도의 물로, 화장품의 품질과 안전성에 중요한 요소이다. • 화장품의 점도, 유동성, 안정성 등에 영향을 준다. • 화장품의 주성분으로 많이 사용되며, 수분감과 촉촉함을 제공한다.
에탄올 (Ethanol)	• 화장품에 사용되는 주요 용매 및 살균 목적의 원료이다. • 물과 섞이는 특성으로 인해 용해력이 뛰어나 다양한 화장품 원료를 잘 녹인다. • 항균, 항진균 효과가 있어 화장품의 보존성을 높인다. • 피부 표면에 냉감을 주어 수렴 효과가 있다. • 과도한 사용 시 피부 건조와 자극을 유발할 수 있어 적정량 사용이 중요하다.

> **개념 체크**
>
> 알코올에 대한 설명으로 틀린 것은?
> ① 항바이러스제로 사용된다.
> ② 화장품에서 용매, 운반체, 수렴제로 쓰인다.
> ③ 알코올이 함유된 화장수는 오랫동안 사용하면 피부를 건조화할 수 있다.
> ④ 인체 소독용으로는 메탄올(Methanol)을 주로 사용한다.
>
> ④

2) 유성 원료

① 오일

구분	종류	특징
천연 오일	식물성 오일	• 식물에서 추출한 천연 오일이다. • 영양 공급 및 보습 효과가 있다. 예 올리브유, 아르간오일, 호호바오일, 코코넛오일, 아보카도오일 등
	동물성 오일	• 동물성 지방에서 추출한 천연 오일이다. • 피부 보호와 회복에 좋다. 예 라놀린, 유지방, 어유 등
	광물성 오일	• 지하자원에서 추출한 천연 오일이다. • 피부를 보호하고, 유연성을 증진할 수 있다. 예 미네랄오일, 바셀린 등
합성 오일		• 화학적 방법으로 합성한 인공 오일이다. • 천연 오일보다 가격이 저렴하고 물성을 조절하기 쉽다. 예 실리콘오일, 에스테르오일, 파라핀오일 등

오일

② 왁스

구분	종류	특징
식물성 왁스	카나우바 왁스 (Carnauba)	• 브라질의 카나우바 야자나무 잎에서 추출한 왁스이다. • 경도가 높고 융점이 높아 경화제로 많이 사용된다. • 피부 보호와 유분 조절 효과가 있다.
	칸델릴라 왁스 (Candelilla)	• 멕시코의 칸델릴라 야자나무에서 추출한 왁스이다. • 카나우바 왁스와 유사한 특성을 가지며, 경도와 융점이 높다. • 유화, 피부 보호, 유분 조절 등에 사용된다.
	코코아 버터	• 코코아콩에서 추출한 식물성 지방이다. • 피부에 윤기와 보습감을 주며, 유화제로도 사용한다.
동물성 왁스	라놀린	• 양의 털에서 추출한 천연 왁스이다. • 피부 유사성이 높아 보습, 유연성 향상에 효과적이다. • 유화제, 보습제, 피부 보호제로 활용한다.
	밀랍	• 꿀벌이 만드는 천연 왁스이다. • 경도가 높고 융점이 높아 고체 상태로 사용한다. • 유화, 피부 보호, 유분 조절 등에 이용된다.

③ 합성 원료

구분	종류	특징
고급지방산	• 스테아르산 • 팔미트산 • 올레산	• 에멀전 안정화 및 유화제 역할을 수행한다. • 피부에 부드러운 느낌을 제공하며, 영양을 공급한다.
고급알코올	• 세틸알코올 • 스테아릴알코올 • 베헨알코올	• 크림 및 로션의 질감을 개선한다. • 유화 안정성을 높인다. • 피부에 부드러운 감촉을 제공하며, 자극이 적다.
에스테르류	• 이소프로필 미리스테이트 • 트리글리세리드 • 토코페릴 아세테이트	• 피부에 쉽게 흡수되어 부드러운 느낌을 준다. • 보습 효과가 뛰어나며, 피부의 유연성을 높인다. • 향료 및 기타 활성 성분의 전달을 돕는다.

3) 계면활성제

화장품에 사용되는 계면활성제는 물과 기름 사이의 경계면을 활성화하여 유화와 세정 등의 기능을 하는 중요한 원료이다.

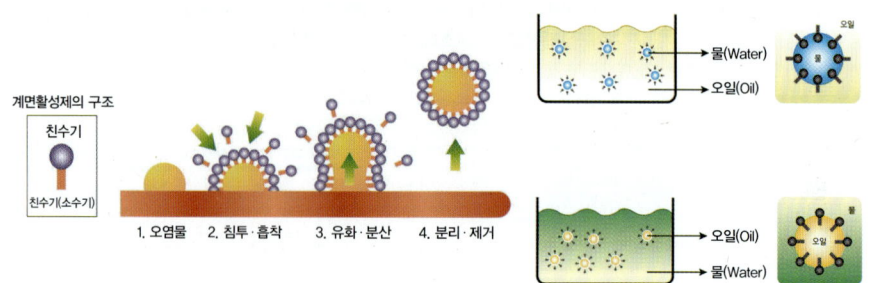

구분	특징	종류
양이온성 계면활성제 (Cationic Surfactant)	• 양이온이 있어 양전하를 띤다. • 살균, 소독 효과가 있다. • 자극이 강하다.	• 린스 • 컨디셔너 • 트리트먼트
음이온성 계면활성제 (Anionic Surfactant)	• 음이온이 있어 음전하를 띤다. • 거품을 형성한다. • 세정력이 강하다.	• 샴푸 • 세안제
양쪽이온성 계면활성제 (Amphoteric Surfactant)	• 양전하·음전하를 모두 띤다. • 세정력이 온화(중간 정도)하다. • 피부에 자극이 적다.	• 유아용 제품 • 민감성 피부용 제품
비이온성 계면활성제 (Nonionic Surfactant)	• 전하를 띠지 않는다. • 유화 작용을 한다. • 자극이 적다.	• 화장품 • 세정제

• 자극성이 높은 순서 : 양이온성 > 음이온성 > 양쪽성 > 비이온성
• 세정력이 높은 순서 : 음이온성 > 양쪽성 > 양이온성 > 비이온성

4) 보습제

① 특징
• 피부 수분 함량을 높여 피부를 촉촉하게 유지한다.
• 피부 장벽 기능을 강화하여 수분 증발을 방지한다.
• 피부 표면에 수분막을 형성하여 보습 효과를 제공한다.
• 피부 자체의 보습 능력을 높여 지속적인 보습 효과가 있다.

② 종류

천연 보습인자 (Natural Moisturizing Factor, NMF)	• 아미노산(Amino Acids) : 40% • 젖산(Lactic Acid) : 12% • 요소(Urea) : 7% • 기타 : 피롤리돈 카복실산(Pyrrolidone Carboxylic Acid, PCA), 아미노산(Amino Acids), 콜라겐(Collagen), 키틴(Chitin), 키토산(Chitosan)
고분자중합체	• 하이알루론산(Hyaluronic Acid), • 하이드록시에틸셀룰로오스(Hydroxyethyl Cellulose) • 하이드록시프로필메틸셀룰로오스(Hydroxypropyl Methylcellulose) • 폴리비닐알코올(Polyvinyl Alcohol) • 폴리비닐피롤리돈(Polyvinylpyrrolidone) • 폴리아크릴산(Polyacrylic Acid) • 폴리아크릴아마이드(Polyacrylamide) • 폴리에틸렌글리콜(Polyethylene Glycol) • 폴리프로필렌글리콜(Polypropylene Glycol)
폴리올	• 글리세린(Glycerin)　　　　　• 프로필렌 글리콜(Propylene Glycol) • 뷰틸렌 글리콜(Butylene Glycol)　• 소르비톨(Sorbitol) • 에리스리톨(Erythritol)　　　• 자일리톨(Xylitol) • 만니톨(Mannitol)　　　　　• 락티톨(Lactitol)

5) 방부제

① 역할
- 화장품 내에 미생물의 오염과 증식을 방지하여 제품의 보존성을 높인다.
- 미생물에 의한 변질, 부패, 악취 발생 등을 막아 제품의 품질과 안전성을 유지한다.

② 종류
- 파라벤류 : 메틸파라벤, 에틸파라벤, 프로필파라벤 등
- 이소티아졸리논류 : 메틸이소티아졸리논, 클로로메틸이소티아졸리논 등
- 알코올류 : 벤질알코올, 페녹시에탄올 등
- 기타 : 디하이드로아세트산, 소르브산, 벤조산 등

③ 사용 조건
- 화장품 제형, 사용 목적, 사용량 등에 따라 적절한 방부제를 선택해야 한다.
- 안전성이 검증된 방부제를 사용하되, 과도한 사용은 피해야 한다.
- 피부 자극성, 알레르기 반응 등의 부작용을 최소화하기 위해 저농도로 사용해야 한다.
- 규제 기준을 준수하여 사용량과 조합을 결정해야 한다.

6) 색소

염료 (Dye)	• 화학적으로 합성된 유기 색소이다. • 수용성이 높아 화장품에 쉽게 용해되어 착색이 잘 된다. 예) 페놀프탈레인, 에리트로신 등	
안료 (Pigment)	• 화학적 또는 천연 물질로 이루어진 불용성 입자이다. • 화장품에 균일하게 분산되어 착색 효과를 낸다. 예) 산화티타늄, 산화철, 카본블랙 등	
	무기안료 (Inorganic Pigments)	• 광물이나 금속 화합물로 이루어진 안료이다. • 화학적으로 안정하고 내열성, 내광성이 우수하다. • 산화티타늄 : 백색 안료로 가장 많이 사용됨 • 산화철 : 적색, 황색, 갈색 등 다양한 색상을 구현할 수 있음 • 산화크로뮴 : 녹색 계열의 색상 • 산화코발트 : 청색 계열의 색상
	유기안료 (Organic Pigments)	• 유기 화합물로 이루어진 안료이다. • 발색력이 강하고 다양한 색상 구현이 가능하다. • 발색력이 우수하나, 가격이 비싸고 화학적 안정성이 낮은 편이다. • 아조 계열 : 적색, 황색, 주황색 등의 색상 • 프탈로시아닌 계열 : 청색, 녹색 등의 색상 • 안트라퀴논 계열 : 자색, 적색 등의 색상
천연색소 (Natural Colorant)	• 식물, 동물, 미생물 등에서 추출한 천연 유래 색소이다. • 자연 유래 성분이라 안전성이 높지만 착색력이 낮다. 예) 카로티노이드, 클로로필, 안토시아닌 등	
레이크 (Lake)	• 수용성 염료에 금속염을 결합하여 만든 착색제이다. • 안료와 유사한 특성을 가지면서도 염료의 선명성을 갖추고 있다. • 알루미늄, 칼슘 등의 금속과 결합하여 제조된다.	

✅ **개념 체크**

유기합성 염모제에 대한 설명 중 틀린 것은?
① 유기합성 염모제 제품은 알칼리성의 제1액과 산화제인 제2액으로 나뉜다.
② 제1액은 산화염료가 암모니아수에 녹아 있다.
③ 제1액의 용액은 산성을 띠고 있다.
④ 제2액은 과산화수소로서 멜라닌색소의 파괴와 산화염료를 산화시켜 발색시킨다.

①

✅ **개념 체크**

화장품 성분 중 무기안료의 특성은?
① 내광성, 내열성이 우수하다.
② 선명도와 착색력이 뛰어나다.
③ 유기 용매에 잘 녹는다.
④ 유기 안료에 비해 색의 종류가 다양하다.

②

7) 폴리머

분자량이 크고 여러 개의 단량체가 결합된 고분자 화합물이다.

① 역할

점도 조절	• 화장품의 점도와 유변학적 특성을 조절한다. • 크림, 로션, 젤 등의 제형에 적절한 점도와 유동성을 부여한다.
유화 안정화	• 유화제와 함께 사용되어 유화 시스템의 안정성을 높인다. • 수용성 폴리머는 수상 부분을, 지용성 폴리머는 유상 부분을 안정화한다.
필름 형성	• 피부에 투명하고 균일한 필름을 형성하여 보습과 피부 보호 효과가 있다. • 메이크업 제품에 사용되어 지속력과 내수성을 향상한다.
감촉 개선	폴리머는 부드럽고 매끄러운 감촉을 부여하여 화장품의 사용감을 향상한다.

② 종류

점도 증가제 (점증제)		• 수용성이 높아 수용성 제품에 주로 사용된다. • 점도 증진, 유화 안정화에 효과적이다. 예) 아크릴레이트 코폴리머(Acrylate Copolymers), 셀룰로오스 유도체(Cellulose Derivatives), 하이드록시프로필메틸셀룰로오스, 하이드록시에틸셀룰로오스 등
유화 안정화		• 피막 형성제이다. • 점도 증진, 필름 형성, 습윤 효과가 있다. • 수용성 및 친유성 제품에 모두 사용할 수 있다. 예) 비닐 폴리머(Vinyl Polymers), 폴리비닐알코올, 폴리비닐피롤리돈 등
고분자 중합체	폴리우레탄 (Polyurethanes)	• 이소시아네이트와 폴리올의 축합 반응으로 제조한다. • 유화 안정화가 뛰어나고, 감촉 개선에 효과적이다. • 수용성 및 유용성 제품에 모두 사용할 수 있다.
	실리콘 폴리머 (Silicone Polymers)	• 실리콘 단량체로 이루어진 폴리머이다. • 감촉이 부드럽고, 피막 형성, 수분 증발 억제 효과가 있다. • 유용성이 높아 주로 에멀전 및 오일 제품에 사용된다.

8) 산화방지제

특징	• 화장품 내 성분의 산화를 억제하여 제품의 안정성과 보존성을 높인다. • 피부에 유해한 자유 라디칼의 생성을 억제하여 피부를 보호한다. • 화장품의 변질, 변색, 냄새 발생 등을 방지하여 제품 품질을 유지한다.
종류	• 비타민 C(Ascorbic Acid) : 강력한 환원력으로 산화를 억제함 • 비타민 E(Tocopherol) : 지용성 항산화제로 피부를 보호함 • 셀레늄(Selenium) : 항산화 효소를 활성화하여 산화를 억제함 • 폴리페놀 화합물(Polyphenol Compounds) : 강력한 항산화 작용으로 피부를 보호함 • BHT, BHA 등의 합성 항산화제 : 안정성이 높고 효과적이나 안전성 논란이 있음

9) 금속이온 봉쇄제

특징	• 화장품에 포함된 철, 구리 등의 금속이온과 결합하여 안정화한다. • 금속이온이 산화촉진제로 작용하는 것을 방지한다. • 화장품의 변질, 변색, 냄새 발생 등을 방지하여 제품의 안정성을 향상한다. • 금속이온에 의해 유발될 수 있는 피부 자극 및 알레르기 반응을 억제한다.
종류	• Citric Acid(구연산) • Gluconic Acid(글루콘산) • Phytic Acid(피틱산) • Phosphoric Acid(인산) • EDTA(Ethylenediaminetetraacetic Acid)

10) 향료

① 특징
- 화장품에 향취를 부여하여 사용감과 기분을 향상시킨다.
- 제품의 개성과 이미지 구축에 중요한 역할을 한다.
- 천연 또는 합성 성분으로 구성되며, 종류가 다양하다.

② 종류

식물성 향료	• 꽃, 과일, 나무 등 식물에서 추출한 천연 향료이다. • 자연스럽고 부드러운 향취를 제공한다. ⑩ 라벤더, 장미, 감귤, 바닐라, 편백 등
동물성 향료	• 동물의 분비물에서 추출한 천연 향료이다. • 고급스럽고 깊이 있는 향취를 제공한다. ⑩ 머스크, 아쿠아, 시베트 등
합성 향료	• 화학적으로 합성된 인공 향료이다. • 장미, 백합, 과일향 등 다양한 향취를 구현할 수 있고, 안정성이 높다. ⑩ BHT, 파라벤 등

11) 기타 주요성분

AHA (Alpha Hydroxy Acids)	• 과일산, 젖산 등의 알파 하이드록시산이다. • 각질 제거, 피부 재생 효과가 있다.
레시틴(Lecithin)	• 대두(콩), 달걀 등에서 추출된 지용성 성분이다. • 피부 장벽 강화, 보습 증진에 도움을 준다.
알부틴(Arbutin)	• 베어베리 추출물에서 유래된 미백 성분이다. • 멜라닌 생성을 억제하여 미백 효과가 있다.
아줄렌(Azulene)	• 캐모마일 추출물에서 유래된 성분이다. • 피부 진정, 항염증 효과가 있어 민감성 피부 제품에 사용된다.
소르비톨(Sorbitol)	• 당알코올의 일종으로 보습 및 점도 조절 효과가 있다. • 천연 유래 성분으로 피부 자극이 적다.
콜라겐(Collagen)	• 피부 구조 단백질로 탄력 증진에 기여한다. • 고분자와 저분자 콜라겐이 사용된다.
레티노산(Retinoid)	• 비타민 A 유도체로 주름 개선에 도움을 준다. • 레티놀, 레티닐 팔미테이트 등이 대표적이다.

KEYWORD 02 화장품 제조기술

1) 가용화(Solubilization)

물에 녹지 않는 유성분을 물에 녹이는 기술이다.

| 수용성 화장품 | • 계면활성제나 유기용매를 이용하여 유성분을 수용성화한 제품이다.
• 향수, 미스트, 토너, 아스트린젠트 등의 수용성 제형이 대표적이다. |

2) 유화(Emulsion)

성질이 다른 두 가지 이상의 액체를 균일한 상태로 만드는 기술이다.

O/W (Oil in Water)	• 기름 성분이 물속에 미세한 입자 형태로 분산되는 유화 방식이다. • 수용성 제형인 크림, 로션, 에센스 등에 많이 사용되며 피부에 보습감과 산뜻한 느낌을 준다. • 수용성 유화제를 사용하며 일반적으로 친수성이 강하다.
W/O (Water in Oil)	• 물 성분이 기름 속에 미세한 방울 형태로 분산되는 유화 방식이다. • 오일, 바, 스틱 등의 지용성 제형에 적용되며 피부에 유분감과 보호막을 형성한다. • 친유성 유화제를 사용하며 일반적으로 친유성이 강하다.
W/O/W (Water in Oil in Water)	• 물속에 기름이 분산되고, 그 안에 다시 물이 분산된 3중 유화 방식이다. • 수분과 유분을 동시에 함유하여 보습과 유분감을 준다. • 수용성과 친유성 유화제를 함께 사용한다.
O/W/O (Oil in Water in Oil)	• 기름 속에 물이 분산되고, 그 안에 다시 기름이 분산된 3중 유화 방식이다. • 유분감과 보습 효과가 높으며, 친유성 유화제를 주로 사용한다.

✓ 개념 체크

물과 오일처럼 서로 녹지 않는 2개의 액체를 미세하게 분산시켜 놓은 상태는?
① 에멀전
② 레이크
③ 아로마
④ 왁스

①

3) 분산(Dispersing)

물 또는 오일에 미세한 고체 입자가 계면활성제에 의해서 균일하게 분산되어 있는 상태이다.

현탁액 분산	• 고체 입자가 액체 상태에 분산된 형태이다. • 색상 표현, 피부 보호, 흡수력 증진 등의 효과가 있다. ㉠ 파우더, 선크림, 마스크팩, 파운데이션, 립스틱, 아이섀도 등
콜로이드 분산	• 미세한 입자가 균일하게 분산된 상태이다. • 투명성, 부드러운 감촉, 흡수력 등의 효과가 있다. ㉠ 면도크림, 헤어스프레이 등

현탁액(懸濁液, Suspension)
고체 입자가 액체에 고루 퍼져 섞여 있는 것이 맨눈이나 현미경으로 현격히(또렷이) 보일 정도로 탁한(흐린) 액체이다.

콜로이드(Colloid)
기체·액체·고체 속에 분산된 상태로 있는 혼합물의 일종으로, 완전히 섞이진 않았지만 그렇다고 쉽게 분리되지도 않는 혼합물이다.

▼ 가용화 vs. 유화 vs. 분산

구분	가용화	유화	분산
혼합 매체	계면활성제 (가용화제)	계면활성제 (유화제)	계면활성제 (분산제)
혼합 형태	**물**+오일 → 액상형 (물 > 오일)	**오일**+물 → 로션·크림형 (물 < 오일)	• **액체**+고체 → 메이크업 제품 • **액체**+기체 → 폼(Foam)제 • **액체**+액체 → 유화된 제품
여타 특성	• 유성성분의 함량이 적다. • 질감이 묽고 산뜻하다. • 상대적으로 투명하다.	• 유성성분의 함량이 많다. • 질감이 질고 되직하다. • 상대적으로 불투명하다.	• 일반적으로 분산은 액상 원료에 고형 원료를 분산한 것이다. • 가용화나 유화로는 만들 수 없는 다양한 제형의 화장품을 만들 수 있다. • 색상이나 질감을 표현하는 화장품에 쓰인다.
종류	토너, 향수, 미스트, 아스트린젠트 등	크림, 로션, 에센스, 세럼, 오일 등	파우더, 선크림, 마스크팩, 파운데이션, 립스틱, 아이라이너, 아이섀도, 면도크림, 헤어무스, 헤어스프레이 등

※ '혼합형태'에서 밑줄을 그은 부분이 베이스가 되는 원료의 상임

SECTION 13 화장품의 종류

빈출 태그 ▶ #화장품의분류 #기초화장품 #기능성화장품

KEYWORD 01 화장품의 분류 빈출

1) 기준별 화장품의 분류

법적 분류	• 「화장품법」에 따라 화장품을 구분한 것이다. • 일반화장품, 기능성화장품, 의약외품으로 분류한다.
사용 부위별 분류	• 피부, 두발, 손톱, 입술 등 사용 부위에 따라 분류한 것이다. • 페이스 메이크업, 바디 케어, 헤어 케어, 네일 케어 등으로 분류한다.
목적에 따른 분류	• 화장품의 사용 목적에 따라 분류한 것이다. • 기초 화장품(클렌징, 토너, 에센스 등), 메이크업 화장품(파운데이션, 아이섀도 등), 색조화장품(립스틱, 네일 폴리시 등), 시술 화장품(마사지크림, 팩 등) 등으로 분류한다.

2) 영양 공급 물질의 종류 빈출

효과	영양물
미백	비타민 C, 알부틴, 감초 추출물, 닥나무 추출물, 아스코빌글루코사이드, 나이아신아마이드, 알파-비사보롤, 에틸아스코빌에테르
주름개선	레티놀, 펩타이드, 하이알루론산, 콜라겐
보습·탄력	콜라겐, 엘라스틴, 펩타이드, 하이알루론산, 세라마이드, 스쿠알렌, 글리세린, 레시틴, 소르비톨, 뷰틸렌글라이콜
진정	캐모마일, 알란토인, 위치하젤, 프로폴리스, 아줄렌, 알로에, 감초 추출물, 당귀 추출물, 아보카도오일
재생	로열젤리, EGF(세포 생성 인자) 아데노신, 알란토인, 병풀 추출물, 엘라스틴
정화(항염)	캄퍼, 설퍼, 클레이, 살리실산, 티트리

3) 화장품의 피부 흡수율 빈출

낮다   분자량이 크다 〈 분자량이 작다
         광물성 오일 〈 동물성 오일 〈 식물성 오일   높다
         수분 〈 오일

※ 분자량은 분자의 크기를 나타내는 지표로, 분자의 상대적인 질량을 의미한다.
※ 분자량이 작은 오일(호호바 오일, 아르간 오일 등)은 피부에 빠르게 침투한다.

> **권쌤의 노하우**
> 화장품의 피부 흡수율은 분자량이 작고, 식물성이고 오일 성분이 많을수록 높아요!

KEYWORD 02 기초 화장품

> **개념 체크**
>
> 다음 중 기초 화장품의 주된 사용 목적에 속하지 <u>않는</u> 것은?
> ① 세안
> ② 피부정돈
> ③ 피부보호
> ④ 피부채색
>
> ④

1) 기능
① 피부 세정 : 피부 표면의 노폐물, 유분, 메이크업 잔여물 등을 제거하여 피부를 깨끗하게 함
② 피부 보습 : 피부 수분을 공급하고 유지하여 건조한 피부를 개선함
③ 피부 정돈 : 피부의 pH 밸런스를 조절하고 피붓결을 정돈함
④ 피부 보호 : 외부 자극으로부터 피부를 보호하고 피부 장벽을 강화함

2) 종류
① 클렌징 제품 : 클렌징 오일, 클렌징 폼, 클렌징 워터 등
② 토너 · 로션 : 피붓결을 정돈하고 보습 효과를 주는 제품
③ 에센스 · 세럼 : 피부에 집중적인 영양과 활성을 제공하는 제품
④ 크림 · 로션 : 피부에 수분을 공급하고 보호하는 제품
⑤ 아이크림 : 눈가 피부를 집중적으로 관리하는 제품
⑥ 마스크팩 : 집중적인 보습과 영양을 공급하는 제품

3) 마스크팩의 종류

구분	설명
필오프 타입	• 마스크팩이 완전히 건조된 상태에서 천천히 벗기면서 제거한다. • 피부에 자극이 적고 부드럽게 제거할 수 있다. • 마스크팩 잔여물이 남을 수 있어 추가적인 세안이 필요하다.
워시오프 타입	• 가장 일반적인 제거 방법이다. • 마스크팩을 얼굴에 붙인 후 미온수로 천천히 씻어내면서 제거한다. • 피부에 자극이 적고 부드럽게 제거할 수 있다.
티슈오프 타입	사용 후 티슈로 닦아 내는 방법이다.
시트 타입	• 마스크팩 시트가 얼굴에 직접 붙는 타입이다. • 마스크팩을 그대로 제거하는 방식이다. • 피부에 직접 닿는 부분이 많아 밀착력이 좋다. • 제거 시 마스크팩 성분이 피부에 남아 있을 수 있다.
패치 타입	• 마스크팩이 특정 부위에 붙는 타입이다. • 눈, 코, 이마 등 특정 부위에만 붙이는 형태이다. • 부위별로 맞춤형 관리가 가능하다. • 전체 얼굴에 붙이는 것보다 사용량이 적다.

KEYWORD 03 기능성 화장품

1) 특징

특정 기능 및 효과 보유	미백, 주름개선, 자외선 차단 등의 기능이 있다.
과학적 근거 필요	• 해당 기능이나 효과에 대한 과학적 근거가 필요하다. • 임상시험 등을 통해 기능성을 입증해야 한다.
엄격한 규제 대상	기능성 화장품은 식약처의 엄격한 심사와 관리 대상이 된다.
높은 안전성 요구	• 기능성 화장품은 피부에 미치는 영향이 크기 때문에, 안전성이 매우 중요하다. • 부작용 가능성이 낮고 피부 자극이 적어야 한다.
상대적으로 높은 가격	기능성 화장품은 원료 및 기술 개발 비용이 더 들기 때문에, 일반 화장품에 비해 상대적으로 가격이 높다.

2) 종류

종류	기능	성분
주름개선	노화로 인한 주름을 개선하고 예방한다.	레티놀, 펩타이드, 하이알루론산 등
미백	기미, 잡티를 개선하고 피부톤을 밝게 한다.	비타민 C, 나이아신아마이드, 멜라닌 생성 억제 성분
자외선 차단	자외선으로부터 피부를 보호한다.	화학적·물리적 자외선 차단제
태닝	피부가 균일하고 곱게 타게 한다.	• 화학적·물리적 자외선 차단제 • 오일류(코코넛 오일, 아르간 오일, 해바라기씨 오일 등)

KEYWORD 04 색조 화장품

1) 기능

① 피부 보정 : 피부의 결점을 가리고 균일한 피부톤을 연출하는 기능
② 피부 톤업 : 피부의 밝기와 화사함을 높이는 기능
③ 눈매 강조 : 눈을 크고 또렷하게 보이게 해 주는 기능
④ 입술 강조 : 입술의 모양과 색감을 돋보이게 해 주는 기능
⑤ 얼굴 윤곽 연출 : 얼굴의 입체감과 균형을 잡아 주는 기능

2) 종류

분류		기능	제품
베이스 메이크업		피부의 결점을 가리고 피부톤을 균일하게 정리한다.	파운데이션, 컨실러, BB크림, CC크림
포인트 메이크업	색조 메이크업	눈매를 강조하고 또렷하게 연출한다.	아이섀도, 아이라이너, 마스카라, 아이브로
	립 메이크업	입술 색감을 돋보이게 하고 입술 모양을 강조한다.	립스틱, 립글로스, 립라이너
	치크 메이크업	얼굴 윤곽을 연출하고 생기를 부여한다.	블러셔, 하이라이터, 컨투어링

> ✅ **개념 체크**
>
> 포인트 메이크업(Point Make-up) 화장품에 속하지 않는 것은?
> ① 블러셔
> ② 아이섀도
> ③ 파운데이션
> ④ 립스틱
>
> ③

KEYWORD 05 | 바디 화장품

1) 기능

① 보습 : 피부에 수분을 공급하고 보호하여 부드럽고 매끄러운 피부를 만듦
② 피부 진정 : 피부를 진정시키고 자극을 완화함
③ 피부 관리 : 피부 노화를 억제하고 피부 건강을 개선함
④ 향기(방향) : 함유된 향료로 기분 좋은 향을 피부에 남겨, 분위기나 기분을 전환할 수 있음
⑤ 피부 미백 : 색소 침착을 억제하여 피부를 환하게 밝힘

2) 종류

종류	특징
바디 로션/크림	• 피부 보습과 영양 공급을 위한 제품이다. • 바디 전체에 사용하는 기본적인 바디 케어 제품이다.
바디 오일	• 피부 보습과 윤기 개선을 위한 제품이다. • 마사지 오일로도 사용할 수 있다.
바디 스크럽	• 각질 제거와 피붓결 개선을 위한 제품이다. • 주기적인 사용으로 매끄러운 피부를 만들어 준다.
바디 마사지 크림/젤	• 근육 이완과 혈액순환 개선을 위한 제품이다. • 마사지 시 사용하여 피로 해소에 도움을 준다.
바디 미스트	• 향료를 함유하여 산뜻한 향을 남기는 제품이다. • 전신에 뿌려 향기를 연출한다.

KEYWORD 06   모발 화장품

1) 기능
- 모발 보습 및 영양 공급
- 모발 스타일링
- 두피 관리
- 모발 볼륨 및 윤기 연출
- 모발 손상 케어

2) 종류
① 샴푸 및 린스 : 모발과 두피를 깨끗하게 세정하고 보습해 주는 기본 제품
② 린스(컨디셔너) : 모발 손상을 집중적으로 케어하는 딥 컨디셔닝 제품
③ 트리트먼트 : 모발에 영양을 공급하고 윤기를 더해 주는 제품
④ 헤어 스프레이/젤 : 스타일링을 도와주고 고정력을 제공하는 제품
⑤ 헤어 로션 : 두피 관리와 모발 볼륨감 향상을 위한 제품

KEYWORD 07   네일 화장품

1) 기능
- 네일 보습 및 영양 공급
- 네일 큐티클 관리
- 네일 강화 및 손상 케어
- 네일 건조 및 고정력 제공

2) 종류
① 네일 에나멜 및 컬러 코트 : 네일에 색상을 입히고 보호하는 기본적인 제품
② 네일 베이스 코트 및 탑 코트 : 네일 컬러의 밀착력과 고정력을 높이는 보조 제품
③ 네일 큐티클 오일 및 크림 : 큐티클을 부드럽게 관리하고 영양을 공급하는 제품
④ 네일 강화제 및 하드너 : 연약하거나 손상된 네일을 강화하는 제품
⑤ 네일 리무버 및 클렌저 : 네일 컬러를 제거하고 네일을 깨끗하게 관리하는 제품

KEYWORD 08   방향 화장품 빈출

1) 기능
- 향기 부여
- 타인에게 호감 전달
- 기분 전환 및 심리적 안정
- 체취 및 냄새 제거

2) 종류

구분	부향률	지속시간	특징
퍼퓸 (Perfume)	15% 이상	6~8시간 이상	가장 농축된 형태의 향기 제품으로 오랜 지속력을 지닌다.
오 드 퍼퓸 (Eau de Parfum)	10~15%	4~6시간	향수에 비해 향기 농도가 낮은 제품으로 중간 정도의 지속력을 지닌다.
오 드 투알렛 (Eau de Toilette)	5~10%	3~4시간	향수와 오 드 퍼퓸의 중간 농도로 가벼운 향기를 제공한다.
오 드 콜롱 (Eau de Cologne)	2~5%	1~2시간	향기 농도가 가장 낮고 가벼운 제품으로 상쾌한 향을 선사한다.
바디 스프레이 (샤워 콜롱)	0.5~2%	1시간 미만	향기 지속력은 낮지만 간편하게 사용할 수 있다.

> **부향률(賦香率)**
> 부향률은 향수에서 향료의 '원액'이 차지하는(부담하는) 비율이다. 일반적으로 향수나 디퓨저는 향료와 에탄올을 혼합하여 만드는데, 이때 주성분인 '향료'의 비율이 얼마냐에 따라 발향력과 지속력이 달라진다. 부향률이 높으면 향이 오래 지속되지만, 잔향이 강해 다른 향과 섞이거나 좋지 않은 느낌을 줄 수 있다. 반면 부향률이 낮으면 은은한 향과 분위기를 낼 수 있지만 향이 오래 지속되지 않는다. 따라서 장소나 분위기, 날씨에 따라 방향 화장품을 달리 사용해야 한다.

개념 체크

다음 중 향수의 부향률이 높은 것부터 순서대로 나열된 것은?

① 퍼퓸 > 오 드 퍼퓸 > 오데코롱 > 오 드 투알렛
② 퍼퓸 > 오 드 투알렛 > 오 드 콜롱 > 오 드 퍼퓸
③ 퍼퓸 > 오 드 퍼퓸 > 오 드 투알렛 > 오 드 콜롱
④ 퍼퓸 > 오 드 콜롱 > 오 드 퍼퓸 > 오 드 투알렛

③

KEYWORD 09 오일

1) 아로마 오일 · 에센셜 오일(Essential Oils)

특징	식물의 꽃, 잎, 줄기 등에서 추출한 천연 오일이다.
기능	• 향기 제공 : 심리적, 감정적으로 안정하게 하는 효과가 있음 • 피부 관리 : 항균, 항염, 진정 등의 효과가 있음 • 건강 증진 : 면역력 강화, 스트레스 완화 등의 효과가 있음
종류별 효과	• 티트리 오일 : 항균, 항염, 여드름, 피부 트러블 개선 • 어성초 오일 : 항균, 항염, 여드름, 습진 개선 • 타임 오일 : 항균, 항바이러스, 감염 예방, 피부 재생, 진정 • 레몬 오일 : 항균, 소독, 피부 청결 및 여드름, 피부 밝기와 톤 개선 • 캐모마일 오일 : 피부 진정, 항우울, 민감성 피부 트러블 개선 • 라벤더 오일 : 진정, 수면 개선, 항우울 • 멘톨 오일 : 시원한 느낌, 근육통, 관절통 완화에 효과적

2) 캐리어 오일(Carrier Oils)

특징	• 식물의 씨앗, 열매, 견과류 등에서 추출한 오일이다. • 아로마 오일을 희석한 것이다.
기능	• 피부 보습 : 지용성 영양분을 공급하여 피부 보습 효과가 있음 • 피부 질환 완화 : 항균, 항염, 진정 등의 효과가 있음
종류별 효과	• **호호바 오일** : 보습, 진정, 항염 효과 • 아몬드 오일 : 비타민 E, 지방산 함유, 보습 및 영양 공급 • 올리브 오일 : 폴리페놀, 비타민 E, 항산화, 보습 • 맥아 오일 : 비타민 E, 불포화지방산, 피부 재생, 노화 방지 • 아보카도 오일 : 지용성 비타민, 지방산, 보습, 피부 재생, 탄력 개선 • 코코넛 오일 : 항균, 항염 효과, 여드름이나 피부 트러블 개선 • 로즈힙 오일 : 비타민 C, 비타민 A, 피부 노화 개선, 색소 침착 개선 • 칼렌듈라 오일 : 항균, 항염, 진정, 보습 민감성 피부에 적합

오일의 종류

공부하다 보면 도서에 오일의 종류가 두 번 등장한다는 것을 알 수 있을 것이다. SECTION 12에서는 오일을 '원료'의 시각으로, 추출된 원천에 따라 분류해 '천연 오일-합성 오일'로 나눈 것이다. 한편, SECTION 13에서는 오일을 '기능'의 시각으로, 시술 시 사용되는 목적에 따라 분류해 '에센셜(아로마) 오일-캐리어 오일'로 나눈 것이다.

캐리어 오일

캐리어 오일은 베이스 오일(Base Oil)이라고도 하는데, 오일 시술 전에 에센셜 오일과 향료를 희석하는 데 사용된다. 휘발성이 높은 에센셜 오일을 온전하게 피부에 전달(Carry)하는 운반자(Carrier) 역할을 하기 때문에 이러한 이름이 붙었다.

✓ 개념 체크

일반적으로 여드름의 발생 가능성이 가장 적은 것은?
① 코코바 오일
② 호호바 오일
③ 라놀린
④ 미네랄 오일

②

MEMO

CHAPTER

02

메이크업 고객 서비스

SECTION 01 고객응대
SECTION 02 메이크업 카운슬링
SECTION 03 퍼스널 이미지 제안

SECTION 01 고객응대

출제빈도 상 중 하
반복학습 1 2 3

빈출 태그 ▶ #고객관리 #고객응대기법 #고객응대절차

KEYWORD 01 고객관리

1) 고객관리의 중요성

- 장기적으로 이윤을 추구할 수 있다.
- 기존 고객 유지와 신규 소개 고객 확보가 가능해진다.
- 온라인과 오프라인 채널의 통합 서비스를 제공할 수 있게 된다.
- 고객의 개념의 변화로 공급이 수요보다 많아져 고객관리가 반드시 필요하다.

수요 > 공급	수요 = 공급	수요 < 공급
생산 지향적 단계	판매 지향적 단계	고객 지향적 단계

- 반복 구매율의 증가로 매출 증대라는 경제적인 효과가 발생한다.
- 입소문 효과, 고객 만족도를 통한 단골고객(충성고객) 유치 등의 부가효과가 발생한다.
- 고객관리를 함으로써 일반고객의 평생고객화로 매출을 드높일 수 있다.

▼ 고객관리와 수익의 관계

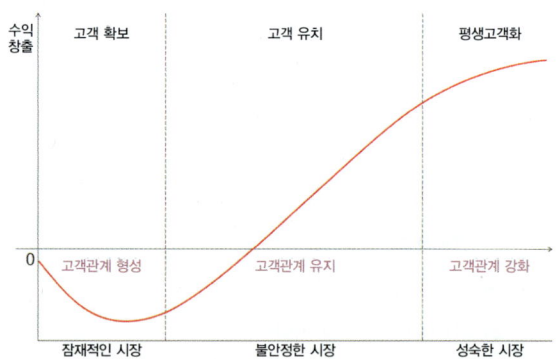

2) 고객의 분류에 따른 관리 방법

신규고객	• 기업의 긍정적인 이미지를 전달한다. • 고객 만족도를 조사한다.
재방문고객과 기존고객	• 고객에 대해 인지하고 친밀감을 유발한다. • 적극적인 서비스 정보와 이벤트를 제공한다. • 고객 우대 정책을 소개한다. • 이탈 방지 프로그램을 시작한다.

✅ 개념 체크

다음 중 고객관리의 목적에 포함되지 않는 것은?
① 신규 제품 개발
② 신규 고객 확보
③ 고객 선별
④ 고객과의 관계 형성

①

✅ 개념 체크

고객의 요구에 대한 서비스 방법으로 적합하지 않은 것은?
① 언제나 환영받고 싶은 고객의 기대를 위해 밝은 얼굴, 올바른 자세로 인사를 한다.
② 아티스트의 전문가적 감각을 기대하는 고객을 위해 되도록 화려하고 트렌디한 복장과 헤어스타일로 고객을 맞이한다.
③ 노련하고 정확한 기술을 기대하는 고객을 위해 전문가로서의 실력을 갖추도록 한다.
④ 고객 상담 시에는 적절한 아이콘택트와 리액션, 경청하는 자세로 고객을 응대한다.

②

✅ 개념 체크

매장을 처음 방문한 고객을 관리하는 방법으로 거리가 먼 것은?
① 해피콜 서비스를 실시하여 만족도를 조사한다.
② 고객DB를 확보하고 입력한다.
③ 이탈 방지 프로그램을 시작한다.
④ 매장의 긍정적 이미지를 전달한다.

③

단골고객 (충성고객)	• 고객 우대 정책 및 통합 관리를 시작한다. • 고객별로 차별화 서비스와 맞춤형 서비스를 제공한다. • 소개고객을 유치 시 우대 정책에 대해 전달한다. • 이탈 방지 프로그램을 시작한다.
이탈고객	• 현재 시점 자사의 서비스를 이용하지 않거나 이용할 의사가 없는 고객이다. • 이탈 원인(관리소홀, 서비스, 가격, 응대 불만)을 파악한 후 서비스를 개선한다. • 경쟁이탈 원인(경쟁사의 더 좋은 품질, 마케팅, 친분관계) 파악 후 서비스를 개선한다. • A/S(After Service)관리를 시행한다.

3) 고객관리 방법

- '고객 확보 → 고객 유지 → 평생고객화'를 목적으로 한다.
- 매장의 분위기를 청결하고 깨끗하게 관리한다.
- 방문한 고객에게 다양한 서비스를 제공한다.
- 고객이 입점했을 때부터 대기 시간, 서비스 종결 후 배웅 시까지 제공할 수 있는 서비스를 개발한다.
- 벤치마킹을 통해 더 나은 서비스, 새로운 서비스를 개발한다.
- 고객에게 새로운 서비스를 적용한다.
- 회의를 통해 새로운 서비스 적용의 장단점에 대해 의견을 나누고 개선 방향을 찾는다.
- 개선된 새로운 서비스를 고객에게 제공한다.
- 메이크업 사업장의 마케팅 전략을 세운다.
- 목표 고객층에게 맞는 서비스 메뉴를 기획한다.
- 만족도를 높이기 위한 고객관리를 한다.

4) 고객 관계 유지 5단계

인식 (Awareness)	고객이 매장에 들어서면 진열된 상표를 인식한다.
탐색 (Exploration)	• 구매자는 탐색을 하고 시연을 해 보며, 관계에서 최소한의 투자를 시작한다. • 규범과 기대가 발달하기 시작한다.
확장 (Expansion)	구매자와 판매자는 관계가 발전될수록 점차 상호의존적으로 변화한다.
개입 (Commitment)	관계를 지속시키기 위해서 서약(전용 미용사 계약 등)을 한다.
해체 (Dissolution)	• 고객유지 노력이 더 이상 이루어지지 않으면 고객과의 관계는 와해된다. • 우수 고객 보너스 제도 등을 실시한다.

개인정보보호법의 이념
개인정보의 처리 및 보호에 관한 사항을 정함으로써 개인의 자유와 권리를 보호하고, 나아가 개인의 존엄과 가치를 구현함을 목적으로 한다.

5) 고객카드 작성

- 고객의 메이크업 내용을 차트로 만들어 데이터베이스화한다.
- 메이크업 전후 상담, 대화 시 얻는 정보를 기록한다.
- 상담 시, 매장의 서비스 체계에 맞게 고객이 요구하는 서비스를 분류한다.

> 웨딩 메이크업(신랑, 신부 메이크업), 웨딩 촬영 메이크업(신랑, 신부 메이크업), 한복 메이크업(혼주 메이크업), 파티 메이크업, 가족 행사 메이크업, 사진 메이크업, 영상 메이크업 등

- 고객의 개인정보보호의 중요성을 인지하고 숙지한다.

6) 고객 상담 카드

고객 상담 카드				
			• 담당 아티스트 :	민지영
			• 상담 일자 :	2041.05.03.(금)
고객명	권리예	생년월일		2021.09.15.
나이	21	전화번호		010-1234-5678
직업	학생	성별		여
주소	서울특별시 서초구 잠원동	결혼여부		미혼
		E-mail		

고객의 특징 및 특이사항

- 면접 메이크업, 면접 예정일 : 2041.05.08. 수요일, 13시
- 요구사항 : 정장에 맞는 단아하고 깔끔한 스타일을 원함
- 면접 일정에 맞추려면 08시 30분까지 메이크업이 종료되어야 함

메이크업 시 고려사항

- 20××년 유행한 장원영 메이크업st 원하심
- 오른쪽 볼의 뾰루지에 신경 쓸 것
- 피부톤은 밝게 표현할 것
- 현재 눈썹과 머리색은 검은색임

기타 사항

- 면접에 입고 갈 정장이 감색이라고 함
- 당일에 머리를 단정히 묶고 간다고 함
- 면접 볼 회사가 금융계열의 기업이라 눈과 입술에 강한 색조 화장을 피해야 함

Beauty Makeup

✅ **개념 체크**

메이크업 고객의 상담에 대한 설명으로 옳지 않은 것은?
① 메이크업 시술 후에는 사후 관리 방법 및 예약 등의 고객관리 상담이 진행되어야 한다.
② 고객 상담은 소비자들의 심리를 분석하고 니즈를 파악하고 고객의 만족도를 높이는 기능을 한다.
③ 메이크업 시술 중에는 중간 점검을 통한 만족도 확인과 수정 사항 및 비용에 대한 상담이 진행되어야 한다.
④ 고객 상담은 고객에게 제대로 된 정보를 제공함으로써 브랜드 신뢰도를 확보하는 역할을 한다.

③

KEYWORD 02 고객 응대 기법

1) 방문 고객 응대
- 사업장을 방문하는 고객에게 인사를 한다.
- 고객의 소지품과 의복 등을 보관한다.
- 고객의 방문 사유를 확인한 후 서비스 공간으로 안내한다.
- 대기하고 있는 고객에게 다과 및 책자 등을 제공한다.
- 상담 후 예약이 필요한 경우 예약 카드를 작성한다.
- 작업이 종료된 후 고객에게 서비스한 내역과 요금을 안내한 후 정산한다.
- 고객에게 배웅 인사를 한다.

2) 전화고객 응대

① 전화 응대의 특성
- 음성언어의 특성상 직원의 어조, 어투, 발화 속도 등이 고객의 정서나 의사소통에 영향을 줄 수 있으므로 각별한 주의가 필요하다.
- 음성언어로만, 실시간으로 정보가 전달되기 때문에 정확한 정보로, 짜임새 있게 통화내용을 구성하는 것도 필요하다.

② 전화 응대 방법

통화 시작	• 전화를 받을 때 인사, 소속(메이크업 사업장명), 이름을 말한다. 　예 감사합니다. ○○뷰티입니다. • 밝고 경쾌하고 친절한 목소리로 통화한다. • 전화는 벨이 2번 울릴 때 받는 것이 가장 적절하다. • 고객을 오래 기다리게 했을 때에는 사과의 인사말을 전해야 한다. 　예 기다리게 해드려서 죄송합니다. • 전화기 옆에 메모지와 예약 일정표를 준비해 두어야 한다.
상대 신분 확인	• 상대가 자신의 신분을 밝혔을 경우 : 반갑게 인사함 　예 네, 고객님 안녕하세요! • 상대가 처음 매장으로 전화한 경우 : 예약을 원하는 고객의 신분을 확인함 　예 저, 혹시 성함이 어떻게 되시나요?
예약 내용 확인	예약 날짜, 시간, 메이크업 작업 내용, 담당 메이크업 작업자 등을 질문한다.
예약 확정	• 담당 메이크업 작업자가 있는 경우 : 담당의 일정을 확인한 후 예약을 확정함 • 담당 메이크업 작업자가 없는 경우 : 다른 메이크업 작업자의 일정을 확인한 후 예약을 확정함 • 예약 내용은 한 번 더 말하고, 예약 일정표에 정확하게 기록 후 확인한다. 　예 네, 11월 25일 월요일 오후 2시에 김○○ 선생님으로 면접 메이크업 예약해 두겠습니다.
끝인사	• 고객의 기타 궁금한 사항을 묻는다. 　예 혹시 추가로 문의하실 사항이 있으신가요? • 궁금한 사항이 없다면 끝인사를 한다. 　예 네, 그때 뵙겠습니다. 감사합니다.
통화 종료	• 고객이 먼저 끊은 것을 확인한다. • 수화기를 천천히 내려놓는다.

3) 온라인 고객 응대

- 대형 포털 사이트, SNS 등에 온라인 마케팅으로 신규 고객을 유치한다.
- 사업장의 플랫폼에서 정보 제공을 하며 1:1 채팅으로 상담을 진행한다.
- 시간대별 전문 온라인 상담사를 배치한다.
- 텔레마케터와 같이 기본 스크립트를 활용한다.
- 맞춤 이미지나 영상 제공으로 고객 만족도를 향상시켜야 한다.
- 텍스트만으로는 감정 표현에 오해를 불러올 수 있기에 전문성을 어필해야 한다.
- 친절함과 공감으로 친밀도를 향상시켜야 한다.

4) 불만 고객 응대

① 불만 고객 응대의 중요성 : 고객의 불편 행동을 잘 다루는 것은 고객 서비스의 핵심

② 불만의 사유 : 불쾌한 언행, 불확실하거나 잘못된 정보의 전달, 약속 불이행, 불친절한 태도, 서비스 본질에 대한 불만족 등

③ 불만 고객의 행동 특성

- 4명 중 1명의 고객은 일상적인 거래의 일부분에 불만족을 표한다.
- 불만 고객의 5%만이 회사에 불만을 제기한다.
- 대다수 침묵하는 고객들은 불만을 제기하기보다 거래처 변경을 택한다.
- 불만 고객이 1명 발생했다는 것은, 곧 평균 20명의 불만 고객이 있었다는 방증이 될 수 있다.

④ DISC 유형별 특징과 대처 방향

주도형 (Dominant)	특징	• 외향, 업무 지향의 유형이다. • 단도직입적으로 원하는 스타일이나 제품에 대해 질문한다. • 성격이 급하고 외향적이다. • 의사결정 시 본인의 생각이 가장 중요하다.
	대처	• 즉각적으로 응대한다. • 원하는 것의 가능성 여부를 즉각 알려 준다. • 일관성 있는 태도로 존중하고 인정하는 자세를 취한다. • 차분한 어조로 경청하며 어설픈 칭찬이나 농담은 피한다. • 주도형의 응대 용어를 사용한다.
사교형 (Influential)	특징	• 외향, 사람 지향의 유형이다. • 첫인상이 상냥하며 활발한 느낌이다. • 사람과의 접촉이 즐거우며 칭찬과 관심을 좋아한다. • 외향적인 면을 중시하며 좋아하는 브랜드에 과시적 성향을 보인다.
	대처	• 인간적인 감성을 자극하는 방향으로 응대해야 한다. • 칭찬을 하며 공감대를 형성한다. • 맞장구치며 호응한다. • 세부 사항은 반드시 메모로 전달한다. • 사교형의 응대 용어를 사용한다.

✅ **개념 체크**

다음 중 불만 고객의 응대법으로 옳지 않은 것은?

① 고객의 입장에서 불만사항을 끝까지 경청한다.
② 살롱의 방침이나 정책의 적합 여부를 검토한 후 신속한 해결책을 강구한다.
③ 정중한 태도로 자신의 의견을 말하고 고객의 요구사항을 물어본다.
④ 문제 발생에 대하여 사과하고 고객과 논쟁하지 않는다.

③

DISC 성격 유형 검사

인간의 행동을 '외향–내향' 및 '업무 지향–사람 지향'의 2가지 기준으로 4가지 분류하여 기술하는 검사이다.

안정형 (Steady)	특징	• 내향, 사람 지향의 유형이다. • 차분하게 매장에 들어와 자신의 의사를 직접적으로 표현하지 않는다. • '이게 좋아요'보다는 '이거 어때요?'라는 방식의 질문을 한다.
	대처	• 정적인 태도로 대화를 유도한다. • 온화하고 따뜻한 말투로 칭찬한다. • 이해와 수용의 제스처를 사용한다. • 질문에 차분히 응답한다. • 꾸준한 관계를 유지한다. • 안정형의 응대 용어를 사용한다.
신중형 (Conscientious)	특징	• 내향, 업무 지향의 유형이다. • 철저히 사전 조사, 비교, 분석하며 질문을 꼼꼼히 한다. • 안정적이며 예측 가능하고 통제 가능한 상황을 선호한다.
	대처	• 경청을 통하여 대화를 유도한다. • 체계적인 근거 자료로 접근한다. • 명확하고 구체적인 해결안을 제시한다. • 정확하고 간결하게 칭찬한다. • 질문에 전문가적인 답변을 한다. • 신중형의 응대 용어를 사용한다.

⑤ 고객 응대 8단계

사과	진정한 사과는 불만 고객 응대의 가장 중요한 포인트이다.
경청	• 불만 사항에 적극적으로 경청한다. • 고객의 말을 끊지 않도록 주의하며 불만의 원인을 파악한다. • 고객의 불만을 이해하고 있다는 인상을 제공한다.
공감	• 고객의 관점에서 어휘를 사용한다. • 고객과 대립 상황이 아니라 문제해결을 위해 고객의 입장에 서 있음을 인식시키고 공감대를 형성해야 한다.
원인 분석	• 문제 발생의 원인을 파악한다. • 고객의 잘못을 말하거나 자신의 의견이나 평가는 넣지 않는다. • 객관적으로 사실을 살피는 것이 필요하다.
해결책 제시	• 불만 사항에 대한 해결책을 찾는다. • 매장의 방침·규정 여부를 검토 후 신속한 해결책을 강구한다. • 해결책을 알기 쉬운 말로 제시한다.
고객 의견 경청	제시한 해결책에 대한 고객의 의견을 듣고 동조를 이끌어 낸다.
대안 제시	• 불만이 해결되지 않았다면 다시 대안을 제시한다. • 고객의 요구를 다 받아들이지 못할 경우 실현 가능한 최선의 대안을 제시한다.
감사 표시	고객이 이해해 준 것에 대해 감사를 표한다.

SECTION 02 메이크업 카운슬링

출제빈도 상 중 하
반복학습 1 2 3

빈출 태그 ▶ #카운슬링 #얼굴특성 #메이크업디자인제안

KEYWORD 01 얼굴특성 파악

1) 얼굴의 비율과 균형

① 가장 이상적인 비율 : 얼굴의 가로 길이와 세로 길이의 비가 1:1.618(황금비)

② 얼굴의 균형도 빈출

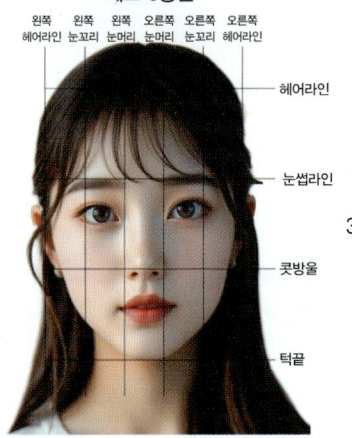

세로 5등분
왼쪽 헤어라인, 왼쪽 눈꼬리, 왼쪽 눈머리, 오른쪽 눈머리, 오른쪽 눈꼬리, 오른쪽 헤어라인

헤어라인
눈썹라인
가로 3등분
콧방울
턱끝

- 가로 분할 3등분
  - 1등분 : 헤어라인~눈썹
  - 2등분 : 눈썹~콧방울
  - 3등분 : 콧방울~턱끝

- 세로 분할 5등분
  - 1등분 : 왼쪽 헤어라인~왼쪽 눈꼬리
  - 2등분 : 왼쪽 눈꼬리~왼쪽 눈 앞머리
  - 3등분 : 왼쪽 눈앞머리~오른쪽 눈 앞머리
  - 4등분 : 오른쪽 눈앞머리~오른쪽 눈꼬리
  - 5등분 : 오른쪽 눈꼬리~오른쪽 헤어라인

3등분 기준의 명칭

헤어라인, 눈썹산, 눈썹꼬리, 눈썹머리, 눈꼬리, 눈머리, 콧방울

③ 부위별 얼굴의 명칭

- 헤어라인 : 귀의 앞부분부터 이마 방향으로 머리카락이 난 경계선
- T존 : 이마와 콧대를 연결하는 T자 모양의 부분
- O존 : 눈두덩이와 입 주변의 O자 모양의 부분
- Y존 : 눈 밑과 광대뼈 위의 Y자 모양의 부분
- S존 : 귓불에서 볼 부분을 지나 입꼬리를 향하는 S자 모양의 부분
- V(U)존 : 양쪽 입꼬리부터 턱을 지나 연결되는 V자 모양의 부분

✅ **개념 체크**

얼굴의 이상적인 균형도(Face Proportion)에 대한 설명으로 가장 적합한 것은?

① 세로 분할 4등분 기준 위치 : 관자놀이(좌)~눈동자(좌), 눈동자(좌)~코, 코~눈동자(우), 눈동자(우)~관자놀이(우)
② 세로 분할 4등분 기준 위치 : 관자놀이(좌)~구각(좌), 코, 코~구각(우), 구각(우)~관자놀이(우)
③ 가로 분할 3등분 기준 위치 : 헤어라인~눈, 눈~코, 코~턱끝
④ 가로 분할 3등분 기준 위치 : 헤어라인~눈썹, 눈썹~코끝, 코끝~턱끝

④

④ 이상적인 눈과 눈썹

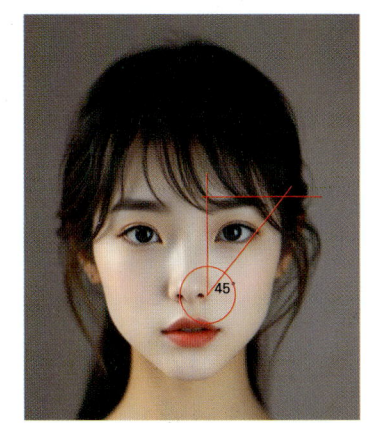

- 이상적인 미간 거리 : 눈의 가로길이와 같음
- 이상적인 눈머리 : 콧방울에서 수직으로 올라온 위치
- 이상적인 눈꼬리 : 눈머리에서 관자놀이 헤어라인까지의 약 ½
- 이상적인 눈썹의 길이 : 45°로 눈꼬리와 콧방울에서 만나는 지점까지의 직선

⑤ 이상적인 입술과 콧방울

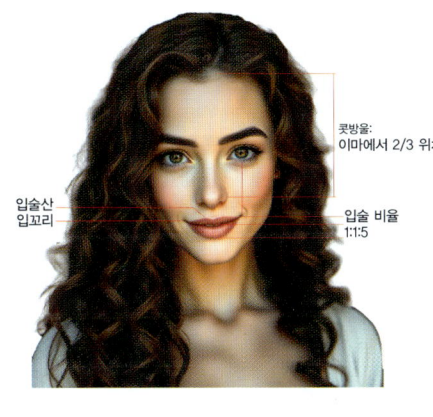

- 이상적인 입술
  - 입꼬리 : 정면을 바라볼 때 눈동자 가운데에서 그은 수직선과 일치함
  - 입술산 : 양 콧구멍을 중심으로 그은 수직선과 일치함
  - 이상적인 입술 비율 : 1:1.5(윗입술 : 아랫입술)
- 이상적인 콧방울
  - 높이 : 이마에서 ⅔ 지점
  - 양 콧방울의 너비 : 입술 가로길이의 약 ½

2) 얼굴의 골상학

① 골상학의 개념

얼굴의 구조를 보여 주는 것으로 튀어나온 부위와 들어간 부위를 알 수 있어 과학적인 메이크업 테크닉 연출이 이루어질 수 있는 바탕이 된다.

② 얼굴 골격의 명칭

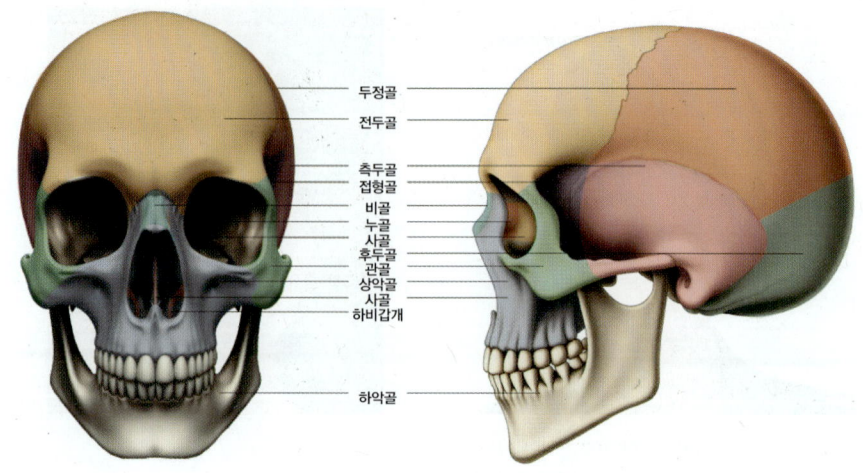

> **개념 체크**
> 다음 중 얼굴뼈에서 가장 큰 부분을 차지하는 뼈는?
> ① 전두골
> ② 상악골
> ③ 하악골
> ④ 측두골
>
> ②

돌출부	명칭	전두골(앞머리뼈, 이마뼈), 관골(광대뼈), 상악골(위턱뼈), 후두골(뒤통수뼈), 하악골(아래턱뼈)
	표현법	• 어두운 쪽(얼굴 바깥 선부분)에서 안쪽으로 밝아지게 그러데이션으로 처리한다. • 얼굴이 돌출되어 보이는 효과를 준다.
후퇴부	명칭	안두정골(마루뼈), 측두골(관자놀이뼈), 비골근(코뼈)
	표현	선을 진하고 굵게 사용하여 입체감을 표현한다.

③ 얼굴의 근육

안면근은 피부와 연결되어 개별 명칭처럼 다양한 움직임과 표정을 만들어 내는 역할을 한다.

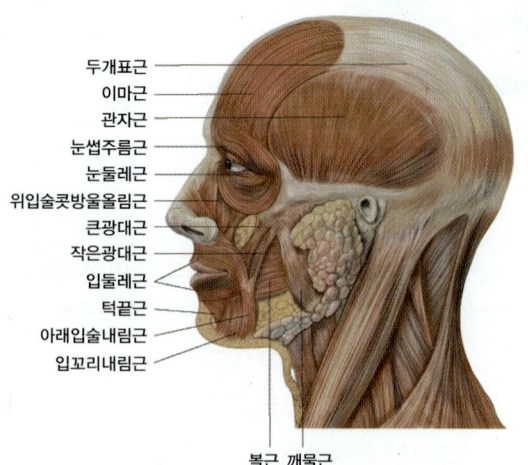

근육 이름	개정 전 용어	특징
표정근	안면근	얼굴신경(제7뇌신경)이 분포하며 표정을 조절하는 작용을 하는 골격근의 총칭이다.
머리덮개근	두개표근	모상건막과 이에 붙은 뒤통수이마근(후두전두근)과 관자마루근(측두두정근)이다.
이마근	전두근	이마를 주름지게 하고 눈썹을 올린다.
관자근	측두근	관자에 있는 씹기근육(저작근)중 하나다.
눈썹주름근	추미근	눈살을 찌푸리고 이마에 주름을 짓는다.
눈둘레근	안륜근	• 눈을 감고 눈꺼풀을 닫는다. • 표정을 짓는데 관여한다.
위입술콧방울올림근	상순비익거근	윗입술과 콧방울을 올린다.
큰광대근	대관골근	웃을 때 입을 위나 뒤로 들어올린다.
작은광대근	소괄곤근	윗입술을 바깥쪽과 약간 위로 당긴다.
입둘레근	구륜근	• 입술을 닫고, 혀로 음식을 밀어 넣는 데 도움을 주며, 발음과 표정을 만든다. • 표정을 짓는데 관여한다.
턱끝근	이근	턱을 들어올리고, 입술을 오므린다.
아랫입술내림근	하순하체근	아랫입술을 내린다.
입꼬리올림근	구각거근	• 입꼬리를 안쪽으로 올린다.
입꼬리당김근	소근	• 입꼬리를 가쪽으로 당긴다. • 웃을 때 사용되는 근육으로 감정을 표현하기 좋다.
입꼬리내림근	구각하체근	• 구각을 아래로 내린다. • 수축하여 아래로 내려가면 슬프거나 화난 표정이 된다.
볼근	협근	입꼬리를 뒤로 당기고 뺨을 납작하게 한다.
깨물근	교근	씹기를 담당하는 근육이다.

④ 얼굴형에 따른 이미지

계란형	둥근형	긴형
사각형	마름모형	역삼각형

계란형	• 가장 이상적인 얼굴형이다. • 얼굴의 길이와 너비 비율 1:1.5 정도이다. • 이마가 넓고, 턱이 둥글며, 전체적으로 부드러운 곡선을 이룬다. • 볼살이 적당히 있으며, 턱선이 부드럽고 자연스럽다. • 전체적으로 조화롭고 균형 잡힌 느낌을 준다.
둥근형	• 이마와 턱이 비슷한 너비로 비율이 1:1 정도이다. • 볼 부분이 가장 넓다. • 전체적으로 부드러운 곡선을 이룬다. • 귀여운 인상으로 주로 젊고 밝은 이미지를 연출할 수 있다.
긴형	• 이마와 턱이 길고, 볼은 좁으며, 얼굴의 길이가 너비에 비해 상대적으로 길다. • 턱선이 뾰족하며, 전체적인 비율이 길어 얼굴이 길고 슬림해 보인다. • 고급스러운 인상을 준다.
사각형	• 이마와 턱선이 넓고, 광대뼈가 뚜렷한 각진 형태이다. • 여러 얼굴형 중 특히 남성적인 느낌이 강하게 드는 얼굴형이다. • 턱선이 뚜렷하여 세련된 느낌을 준다.
마름모형	• 이마가 좁고 광대가 넓으며, 턱은 좁고 뾰족하다. • 얼굴의 상단과 하단이 좁고, 중앙이 넓은 구조이다. • 광대뼈가 강조되어 얼굴의 중앙 부분이 부각된다. • 시각적으로 고급스럽고 샤프한 인상을 준다.
역삼각형	• 얼굴이 위쪽이 넓고 아래쪽이 좁아지는 형태이다. • 강한 인상을 주며, 주로 뚜렷한 눈매와 입술이 강조된다. • 이마가 넓어 지적이고 세련된 느낌을 준다.

KEYWORD 02 메이크업과 색채

1) 색의 지각

① 감각과 지각

감각은 감각기관으로 바깥의 어떤 자극을 알아차리는 것이고, 지각은 감각을 바탕으로 사물을 인식하는 작용이다. 사람은 눈으로 빛을 감각한 다음, 자신의 심리 및 인지 체계속에 있는 '색체계'를 바탕으로 색을 지각한다.

- 빛(Light) : 물체에 닿아 반사되거나 투과되어 눈에 들어오는 전자기파(가시광선)
- 물체(Object) : 빛을 반사하거나 흡수하는 물질
- 눈(Eye) : 빛을 감지하고 신호로 변환하여 뇌로 전달하는 감각기관

② 빛(Light)

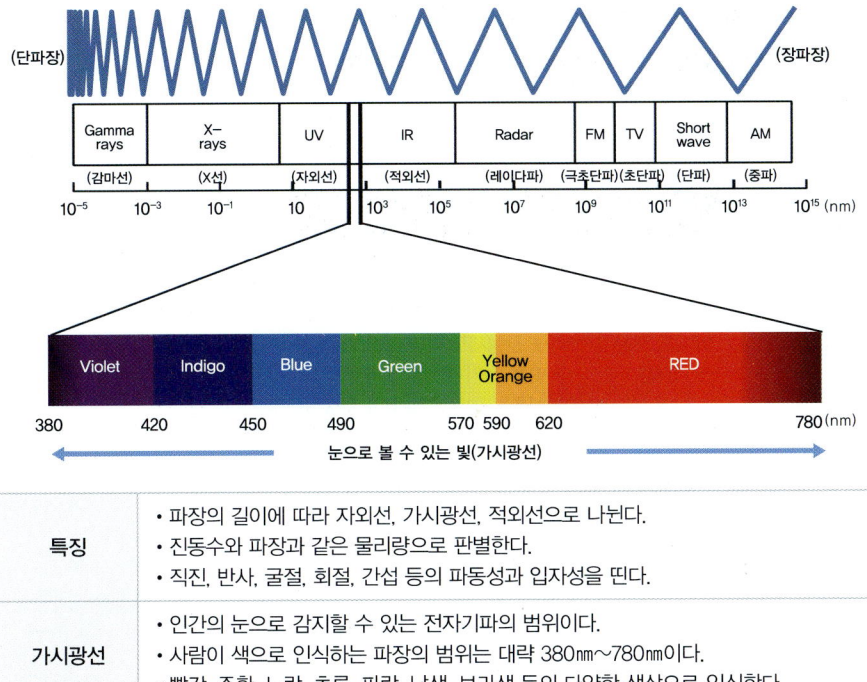

특징	• 파장의 길이에 따라 자외선, 가시광선, 적외선으로 나뉜다. • 진동수와 파장과 같은 물리량으로 판별한다. • 직진, 반사, 굴절, 회절, 간섭 등의 파동성과 입자성을 띤다.
가시광선	• 인간의 눈으로 감지할 수 있는 전자기파의 범위이다. • 사람이 색으로 인식하는 파장의 범위는 대략 380㎚~780㎚이다. • 빨강, 주황, 노랑, 초록, 파랑, 남색, 보라색 등의 다양한 색상으로 인식한다.
가시광선 이외의 빛	• 적외선은 열선이라고도 하며, 가시광선보다 파장이 긴 빛이다. • 자외선은 가시광선보다 파장이 짧은 빛이다.

③ 물체(Object)
- 특정한 파장의 빛을 반사하거나 흡수하여 색을 나타내는 물질이다.
- 물리적 성질(표면의 질감), 색상, 투명도에 따라 빛의 반사·흡수 방식이 달라진다.
- 물체는 주위의 빛과 상호작용하여 다양한 색을 자아낸다.

④ 눈(Eye)

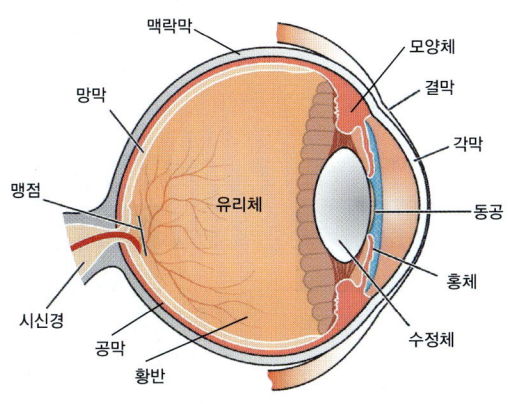

색 지각의 과정

빛 → 각막 → 수정체 → 유리체 → 망막 → 시세포 → 시신경 → 뇌

개념 체크

눈의 구조와 카메라의 구조 중 역할이 유사한 것을 바르게 연결한 것은?

① 수정체 – 조리개
② 각막 – 렌즈 본체
③ 홍채 – 필름
④ 망막 – 조리개

②

눈	카메라	역할
각막 (Cornea)	카메라 주 렌즈	• 빛을 굴절시켜 눈 안으로 들어오는 빛의 경로를 조정한다. • 외부 자극에 민감하게 반응해 안구를 보호한다.
홍채 (Iris)	조리개	• 동공의 크기를 조절한다. • 들어오는 빛의 양을 조절한다.
수정체 (Lens)	카메라 추가 렌즈	• 각막에서 굴절된 빛이 다시 굴절되는 곳으로, 수정체가 있어야 망막에 상이 맺힌다. • 모양체에 의해 그 두께가 조절되어 초점을 정확하게 맞출 수 있다.

망막
(Retina)
	카메라 이미지 센서
	(필름)
		• 빛을 감지하는 세포가 있다.
		  – 원추세포(원뿔세포) : 색을 감지함
		  – 간상세포(막대세포) : 명암을 인식함
		• 빛을 전기 신호로 변환한다.
		• 신호는 뇌로 전달되어 시각적으로 처리한다.

뇌 (Brain)	프로세서 (사진 현상 과정)	• 눈에서 전달된 신호는 뇌에서 처리된다. • 대뇌에서 적절한 이미지로 변환된다.

2) 색의 요소

색상 (Hue)	• 색상의 종류를 나타내는 요소이다. • 빨강, 파랑, 노랑 등 특정 색의 이름으로 구분한다. • 색의 근본적인 속성이다. 예 빨강, 파랑, 노랑, 초록 등
명도 (Brightness / Lightness)	• 색의 밝고 어두운 정도를 나타내는 요소이다. • 빛의 양에 의해 결정된다. • 색이 얼마나 밝거나 어두운지를 나타내며, 동일한 색상도 명도에 따라 다른 인상을 나타낸다. 예 밝은 노랑, 어두운 파랑 등
채도 (Saturation / Chroma)	• 색의 순수함이나 강도를 나타내는 요소이다. • 색이 얼마나 선명하고 강한지를 나타낸다. • 채도가 높을수록 색이 더 선명하고 강하며, 채도가 낮을수록 색이 흐릿하고 회색에 가까워진다. 예 강렬한 빨강, 흐릿한 파랑 등

개념 체크

색의 3요소 중 사람의 눈이 가장 민감하게 반응하는 것은?

① 명도
② 톤
③ 색상
④ 채도

③

개념 체크

색상에 대한 설명으로 틀린 것은?

① 유채색만이 갖는 속성
② 빛의 파장 차이로 다르게 보이는 속성
③ 무채색만이 갖는 속성
④ 다른 색과 구별하기 위한 색의 요소

③

3) 색의 분류

무채색(Achromatic color)	유채색(Chromatic color)
높은 명도　중간 명도　낮은 명도	
• 색상과 채도가 없이 명도만 존재하는 색이다. • 밝을수록 명도가 높고 어두울수록 명도가 낮다. 예 흰색, 검정, 회색	• 색의 3속성인 색상, 명도, 채도를 모두 갖고 있다. 예 무채색을 제외한 모든 색

4) 색의 혼합

① 혼합방식

가법혼합(Additive Color Mixture)	감법혼합(Subtractive Color Mixture)
• 색광혼합 : **빛의 혼합**으로 색을 만드는 방법 • 가산혼합 · 가법혼합 : 색을 섞을수록 **점점 밝아짐** • 모든 1차색을 혼합하면 **흰색**이 된다. ⑩ TV 화면, 컴퓨터 모니터	• 색료혼합 : **색소나 물감의 혼합**으로 색을 만드는 방법 • 감산혼합 · 감법혼합 : 색을 섞을수록 **점점 어두워짐** • 모든 1차색을 혼합하면 **검정색**이 된다. ⑩ 그림 물감, 프린터 잉크

② 혼합 전후의 색상

구분	개념	가변혼합	감법혼합
1차색 (Primary Colors)	다른 색을 혼합하여 만들 수 없는 기본색	• 빨강 • 초록 • 파랑	• 빨강 • 노랑 • 파랑
2차색 (Secondary Colors)	1차색끼리 혼합하여 만든 색	• 빨강 + 초록 = 노랑 • 빨강 + 파랑 = 마젠타 • 초록 + 파랑 = 시안	• 빨강 + 노랑 = 주황 • 빨강 + 파랑 = 보라 • 노랑 + 파랑 = 초록
3차색 (Tertiary Colors)	1차색과 2차색을 혼합하여 만든 색	• 빨강 + 노랑 = 주황 • 노랑 + 초록 = 연두	• 빨강 + 주황 = 다홍 • 노랑 + 초록 = 연두

개념 체크

감법혼색의 3원색으로 가장 적합한 것은?
① 마젠타, 그린, 옐로
② 마젠타, 그린, 블루
③ 마젠타, 시안, 옐로
④ 레드, 그린, 블루

③

③ 색의 혼합과 보색(Complementary Colors)

- 색상환에서 서로 마주 보는 색이다.
- 혼합하면 무채색(흰색, 회색, 검은색)을 만드는 색이다.

5) 색명법

색상을 체계적으로 분류하는 방법이다.

기본색명 (Basic Color Names)	• 보편적인 색상으로, 사람들이 쉽게 인식하는 색상이다. • 대부분의 문화에서 공통적으로 인식되는 색상이다. ⑩ 빨강, 파랑, 노랑, 초록, 검정, 하양 등
관용색명 (Common Color Names)	• 기본색명의 변형으로, 특정 색상을 설명하는 데 사용한다. • 기본색명의 변형이나 조합으로 이루어진다. • 특정 색상에 대한 일반적인 인식을 반영한다. ⑩ 하늘색, 진한 파랑, 연두색, 베이지색 등

> **개념 체크**
>
> 살구색, 카멜, 쑥색 등 옛날부터 관습적으로 사용되어 오던 사물이나 동물, 식물의 이름으로 표현하는 색명법은?
>
> ① 관용색명
> ② 고유색명
> ③ 기본색명
> ④ 계통색명
>
> ①

계통색명 (Systematic Color Names)	• 주로 색상, 채도, 명도를 기준으로 한다. • 디자인, 인쇄, 디지털 미디어 등에서 색상을 정확하게 구현하는 데 사용한다. 예) RGB 색상 모델(빨강, 초록, 파랑), CMYK 색상 모델(시안, 마젠타, 노랑, 검정), 색상 코드(예) HEX 코드)등

6) 색채 지각의 원리

명소시/명순응 (Light Adaptation)	• 눈의 감도 조절로 밝은 환경에 적응하는 과정이다. • 밝은 빛에 노출되면 눈의 원추세포가 활성화되어 색과 세부 정보를 인식한다(원추세포는 명도가 낮은 가시광선에서는 기능을 하지 않음). • 동공이 축소되어 눈에 들어오는 빛의 양을 줄인다.
암소시/암순응 (Dark Adaptation)	• 어두운 환경에 적응하는 과정으로, 간상세포가 활성화된다. • 어두운 곳에 들어가면 눈의 감도가 증가하여 미세한 빛도 감지할 수 있다.
색순응 (Color Adaptation)	• 특정 색상에 노출된 후 다른 색상을 인식하는 과정에서의 변화이다. • 특정 색에 지속적으로 노출되면 그 색에 대한 감도가 감소하고, 다른 색을 보다 잘 인식할 수 있게 된다. • 빨간색을 오랫동안 바라본 후 흰색을 보면 녹색의 잔상이 나타난다.
푸르킨예 현상 (Purkinje Effect)	• 낮과 밤의 조명 조건에서 색의 인식이 달라지는 현상이다. 예) 낮에는 빨강이 선명하게 먼 곳까지 보이고 파랑은 거무스름해 보인다. 예) 어두운 장소에서는 파랑이 선명하게 먼 곳까지 보이는 데 비해, 빨강은 거무스름해져 보인다.
명도 항상성 (Brightness Constancy)	• 조명 조건이 달라져도 물체의 밝기가 일정하게 인식되는 현상이다. • 뇌가 환경을 고려하여 색과 밝기를 보정하기 때문이다.
연색성 (Color Rendering)	• 조명 아래에서 물체의 색상이 얼마나 자연스럽게 보이는지의 척도이다. • 연색성이 높은 조명은 색상을 보다 진실하게 표현한다.
색상 항상성 (Color Constancy)	• 조명 조건이 변화하더라도 물체의 색상이 일정하게 인식되는 현상이다. • 물체의 색은 조명의 색온도에 영향을 받지만, 뇌는 환경의 조명을 보정하여 물체의 색을 일정하게 인식한다. • 햇빛과 인공 조명 아래에서도 같은 색으로 인식한다.
측시 (側視, Averted Vision)	• 주변시를 사용하여 희미한 물체를 보는 기술이다. • 대상을 직접 보는 것이 아니라, 대상에 계속 집중하면서 약간 옆으로 보는 것이다. • 장거리에 걸쳐 매우 희미한 빛을 볼 수 있는 이 기술은 서서 감시하는 임무를 맡은 선원들에게도 수백 세대에 걸쳐 전해졌는데, 이를 통해 밤에 다른 배나 해안 위치에서 희미한 빛을 더 잘 발견할 수 있게 됐다. 이 기술은 군사 훈련에도 사용됐다.
착시 (錯視, Optical Illusion)	• 시각적 자극이 실제와 다르게 인식되는 현상이다. • 색상, 형태, 크기, 위치 등의 요소가 왜곡되어 보인다. • 동일한 색상이 주변 색상에 따라 다르게 보이는 현상이다.
조건등색 (條件等色, Conditional Color)	• 특정 환경이나 조건에서 색상이 다르게 인식되는 현상이다. • 색상이 주변의 색상, 조명, 배경 등에 따라 다르게 보이는 현상이다. • 같은 색의 물체가 밝은 조명 아래와 어두운 조명 아래에서 다르게 보일 수 있다.

7) 색채 지각 특색

① 색의 대비

두 가지 색을 가까이 배치했을 때 두 가지 색이 차이가 커 보이는 현상으로, 동시대비와 계속대비(계시대비)로 나뉜다.

동시대비	색상대비		• 두 가지 이상의 색을 이웃하여 놓고 동시에 볼 때 일어나는 색의 대비 현상이다. • 같은 색을 다른 색상 위에 올려놓았을 때 두 색이 서로의 영향을 받아 색상 차이가 나 보이는 것이다. • 색상 · 명도 · 채도 · 연변 · 면적대비가 있다.
	명도대비		같은 색을 각각 다른 명도 위에 올려놓았을 때 서로의 영향을 받아 명도가 다르게 보이는 현상이다.
	채도대비		채도가 다른 두 색을 대비시켰을 때 색이 더 선명해 보이거나 탁해 보이는 현상이다.
	연변대비		• 나란히 단계적으로 균일하게 채색되어 있는 색의 경계 부분에서 일어나는 현상이다. • 인접색이 저명도인 경계부분은 더 밝아 보이고, 고명도인 경계부분은 더 어두워 보인다. • 유채색의 배열에서도 나타난다.
	면적대비		같은 색이라 하더라도 면적에 따라서 채도와 명도가 달라 보이는 현상이다.
	한난대비		차가운 색과 따뜻한 색이 함께 있을 때 두 색의 온도차가 더 크게 느껴지는 색의 대비 현상이다.
	보색대비		색상환에서 마주 보는 색으로 두 색을 가까이 두었을 때 각각의 색이 더욱 선명해 보이는 현상이다.
계시대비			어떤 색을 계속해서 본 후에 다른 색을 보면, 앞 색의 영향에 의해 뒤의 색이 다르게 보이는 현상이다.

② 색의 동화

두 색상이 서로 영향을 받아 인접 색과 유사해 보이는 것이다.

색상동화	명도동화	채도동화
주변 색의 영향을 받아 특정 색이 다르게 인식되는 현상이다.	주변 색의 밝기나 어둠에 따라 특정 색의 명도가 달라 보이는 현상이다.	• 주변 색의 채도가 영향을 미쳐 특정 색의 선명도나 탁도가 달라 보이는 현상이다. • 색의 순도가 주변 색에 의해 영향을 주어서 발생한다.

③ 색의 잔상

눈 앞에 보이던 대상(형체, 색 등)이 사라진 뒤에도 그 시각에 남아 있는 상(像)이다.

정의 잔상(Positive Afterimage)	부의 잔상(Negative Afterimage)
• 강한 색을 오랫동안 본 후, 그 색의 반대색이 시각적으로 남아 보이는 현상이다. • 시각 수용체의 피로로 인해 발생한 것이다. ㉠ 사진의 빛의 잔상 ㉠ 쥐불놀이 불의 잔상 ※ 출처 : 〈쥐불놀이〉, 한국민족문화대백과사전	색이 밝기와 색조의 측면에서 원래의 색과 보색관계의 색(반대색)으로 보이는 잔상이다. ㉠ 푸른색을 계속 보고, 다른 곳을 봤을 때 주황색의 상이 보임 ㉠ 의사의 수술복이 초록색인 이유는 혈액의 붉은 색으로 인한 부의 잔상을 줄이기 위한 것임

8) 색채의 느낌과 이미지

색에 따른 온도감

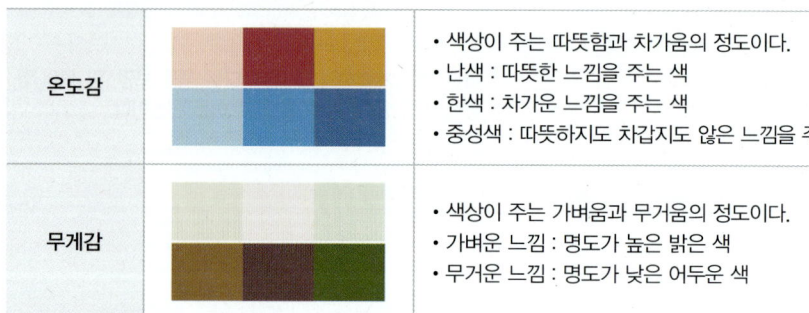

온도감		• 색상이 주는 따뜻함과 차가움의 정도이다. • 난색 : 따뜻한 느낌을 주는 색 • 한색 : 차가운 느낌을 주는 색 • 중성색 : 따뜻하지도 차갑지도 않은 느낌을 주는 색
무게감		• 색상이 주는 가벼움과 무거움의 정도이다. • 가벼운 느낌 : 명도가 높은 밝은 색 • 무거운 느낌 : 명도가 낮은 어두운 색

경연감		• 딱딱하거나 부드러움의 정도이다. • 부드러운 느낌 : 명도가 높고 채도가 낮은 색 • 딱딱한 느낌 : 중명도 이하로 명도가 낮고 채도가 높은 색
흥분감		• 흥분감 : 따뜻한 색 계열이면서 채도가 높은 색 • 진정감 : 차가운 색 계열이면서 채도가 낮은 색
시간감		• 색을 보았을 때 시간이 어느 정도 흐른 느낌이 드느냐에 대한 정도이다. • 긴 시간 : 난색(장파장) 계통의 색채 • 짧은 시간 : 한색(단파장) 계통의 색채
계절감		• 봄 : 푸른 초록과 초록 • 여름 : 초록, 연두, 노랑, 노란 주황 • 가을 : 주황, 붉은 주황, 빨강, 자주 • 겨울 : 보라, 남색, 파랑
시인성 (명시성)		주위 색과 차이가 뚜렷해서 눈에 쉽게 띄는 현상이다.
유목성 (주목성)		• 색이 시선을 끄는 정도를 나타낸다. • 유목성이 높음 : 난색(빨강, 주황, 노랑 등) • 유목성이 낮음 : 한색(초록, 파랑 등)
진출성과 후퇴성		• 진출색 : 배경색보다 앞으로 튀어나와 보이는 색 - 따뜻한 색, 밝은 색, 채도가 높은 유채색 • 후퇴색 : 뒤로 물러나 들어가 보이는 색 - 차가운 색, 어두운 색, 무채색
팽창성과 수축성		• 팽창색 : 실제 면적이 실제의 면적보다 크게 보이는 색 - 따뜻한 색, 밝은 색 • 수축색 : 실제 면적보다 작게 보이는 색 - 차가운 색, 어두운 색 • 배경색이 어두울수록 무늬색은 크게 보인다.

9) 색의 배색

① 배색의 개념

배색은 두 가지 이상의 색을 알맞게 섞어 조화롭게 배치하는 것이다.

② 배색의 요소

- 주조색 : 전체 색의 약 70% 이상을 차지하는 색
- 보조색 : 주조색을 보조하는 색으로 전체 색의 20% 정도를 차지하는 색
- 강조색 : 시각적으로 활기를 불어넣는 색으로, 10% 이내의 면적을 차지하는 색

③ 배색의 유형

유형		설명
동일 색상 배색		• 동일한 색상에 명도와 채도만 변화시킨 배색이다. • 무난한 느낌을 표현할 때 쓴다.
반대 색상 배색		• 색상환에서 거리가 멀거나 보색관계에 있는 배색이다. • 자극적이고 동적인 생동감을 준다.
반복 배색		• 둘 이상의 색을 일정하게 반복하면서 조화를 주는 방법이다. • 통일감을 표현할 때 쓴다.
톤 온 톤 (Tone on Tone)		• '톤을 겹치다'라는 의미이다. • 동일 색상에서 두 가지 톤의 명도차를 비교적 크게 둔 배색이다.
톤 인 톤 (Tone in Tone)		• 비슷한 톤의 조합에 의한 배색이다. • 동일 톤에서 인접 색상의 범위 내에서 선택하여 배색한다.
토널 배색 (Tonal)		• 기본톤에 중명도, 중채도인 중간색계의 톤을 사용한 배색이다. • 도미넌트 톤 배색, 톤 인 톤 배색과 같은 종류이다.
카마이유 배색 (Camaïeu)		• 언뜻 보면 같은 색으로 보일 정도로 미묘한 색차의 배색이다. • 톤 인 톤 배색과 같은 종류이다.

✓ 개념 체크

톤온톤 배색에 대한 내용으로 가장 올바르지 않은 것은?

① 동일 색상에 채도 차이를 변화시켜주는 배색이다.
② 2색 이상의 사용으로 일정한 질서 속에 반복되는 효과에 의해 조화되는 배색이다.
③ 유사 색상에 명도 차이를 변화시켜주는 배색이다.
④ 동일 색상에 명도나 채도 차이를 변화시켜 주는 배색이다.

②

✓ 개념 체크

미국의 색채학자 파버 비렌이 탁색계를 '톤' 이라고 부르고 있었던 것에서 유래한 배색기법은?

① 토널 배색
② 톤 온 톤배색
③ 비콜로르 배색
④ 톤 인 톤배색

①

배색		설명
포 카마이유 배색 (Faux Camaïeu)		• 카마이유 배색보다 색상과 톤이 약간의 변화가 있는 배색이다. • 다른 소재를 조합함에 따라 생기는 미묘한 색의 효과를 이용한 것이다.
도미넌트 (Dominant)		• 도미넌트는 '지배적, 우세'를 뜻한다. • 색의 공통된 요소를 갖춤으로써 통일감을 주는 배색이다.
세퍼레이션 (Separation)		• 세퍼레이션은 '분리, 격리'를 뜻한다. • 접하게 되는 색과 색 사이에 다른 한 색을 분리색으로 삽입하는 배색이다.
콘트라스트 (Contrast)		• 콘트라스트는 '대조'를 뜻한다. • 반대색을 조합함으로써 배색을 뚜렷하게 하는 효과를 이용한 것이다.
액센트 (Accent)		• 액센트는 '강조, 돋보임, 두드러짐, 눈에 띔'을 뜻한다. • 배색에 대조색을 소량 덧붙임으로써 전체 상태를 돋보이도록 하는 배색이다.
그러데이션 (Gradation)		한 방향으로 점진적인 변화를 나타내는 배색이다.
레피티션 (Repetition)		• 레피티션은 '반복, 되풀이'를 뜻한다. • 두 색 이상을 사용하여 일정한 질서를 갖게 하는 조화로운 배색이다.
비콜로르 (Bicolore)		강한 두 가지 색을 사용한 배색법이다.
트리콜로 (Tricolore)		세 가지 색을 이용하여 긴장감을 주기 위한 배색법이다.

도미넌트 배색(좌)과 그러데이션 배색(우)

✓ **개념 체크**

다음 중 그러데이션 배색을 설명한 내용으로 옳지 <u>않은</u> 것은?
① 단계적인 변화의 배색이다.
② 자연스러운 리듬감을 줄 수 있는 배색이다.
③ 채도와 명도 순으로 이루어지는 점진적 배색이다.
④ 저명도에서 고명도로 점진적인 변화의 배색이다.

③

색온도

- 색온도는 광원의 색을 절대온도를 이용해 숫자로 표시한 것이다.
- 붉은색 계통의 광원일수록 색온도가 낮고, 푸른색 계통의 광원일수록 색온도가 높다.
- 색온도는 절대온도의 단위인 켈빈(K)을 사용한다.

✓ 개념 체크

다음 중 조명에서 색온도 단위를 표시한 것으로 옳은 것은?

① N
② T
③ K
④ L

③

✓ 개념 체크

다음 중 조명 방식을 표현한 것이 아닌 것은?

① 직접 조명
② 간접 조명
③ 반경 조명
④ 반간접 조명

③

10) 색채와 조명

① 광원

	자연광 (Natural Light)	• 태양에서 발생하는 빛이다. • 시간에 따라 색온도와 강도가 변한다(강도가 높으면 선명도가 높고, 강도가 낮으면 선명도가 낮아져 푸른 계열로 보임). • 다양한 색상과 밝기를 제공하여 자연스러운 색 표현이 가능하다.
인공광	백열등 (Incandescent Light)	• 전구 내부의 필라멘트가 전기로 인해 발열하여 빛을 발생시킨다. • 색온도가 따뜻하여(약 2700K)로 아늑한 분위기를 준다. • 에너지 효율이 낮고, 열이 발생한다.
	형광등 (Fluorescent Light)	• 전자기 방사에 의해 형광 물질이 빛을 발산한다. • 상대적으로 긴 수명과 높은 에너지 효율을 특징으로 한다. • 일반적으로 색온도가 낮다.
	LED (Light Emitting Diode)	• 전류가 다이오드를 통과할 때 빛을 발산한다. • 높은 에너지 효율과 긴 수명을 특징으로 한다. • 색상과 밝기를 다양하게 조절할 수 있다.

② 조명 기법

직접 조명		• 상향광속이 0~10%, 하향 광속이 90~100%이다. • 경제적이고 능률적이다. • 음영이 강하고 눈이 부신다는 단점이 있다.
반직접 조명		• 상향광속이 10~40%, 하향 광속이 60~90%이다. • 그림자가 조금 생기고 눈부심도 조금 있다.
간접 조명		• 상향광속 90~100%, 하향광속 0~10%이다. • 작업면으로 오는 빛은 주로 천장면이나 벽면으로부터의 반사광이다. • 조도의 분포가 균등하고, 음영이나 눈부심이 적다. • 빛의 이용률은 직접조명의 ⅓ 수준이다.
반간접 조명		• 상향광속이 60~90%, 하향 광속이 10~40%이다. • 빛을 일부는 직접조명으로, 일부는 간접조명으로 하는 조명방식이다. • 간접조명에 비하여 비능률적, 비경제적이다. • 정숙하고 좋은 분위기를 조성한다.
전반확산 조명		• 확산성 덮개를 사용하여 모든 방향으로 똑같이 빛이 확산되도록 하는 방식이다. • 직접광과 반사에 의한 확산광이 비슷한 비율로 조사되어 입체감을 제공한다.
국부 조명		• 필요한 곳만을 강하게 조명하는 조명법으로 '핀조명'이라고도 한다. • 매우 높은 조도를 취하려면 국부조명을 선택해야 한다.

KEYWORD 03 색채조화이론

1) 색채조화이론의 개념
색채조화이론은 색채의 효과를 이루는 수많은 요인을 제어하고 조절하는 기본적인 틀이다.

2) 먼셀의 색채조화이론
① 개념 : 회전 혼색법을 사용하여 두 개 이상의 색을 배색했을 때 결과가 N5인 것이 가장 안정된 균형을 이룬다는 이론
② 먼셀 색체계 : 색지각을 기초로 색상, 명도, 채도의 색의 3속성에 따라 3차원 공간의 한 점에 대응시켜 측도를 정하여 만든 표색계
③ 먼셀 체계에서의 색 속성

색상 (Hue)	• 5가지 기본 색상 : R(Red), Y(Yellow), G(Green), B(Blue), P(Purple) • 5가지 중간 색상 : YR(Yellow Red), GY(Green Yellow), BG(Blue Green), PB(Purple Blue), RP(Red Purple) • 10가지 색상을 각기 10단계로 분류하여 총 100가지 색상으로 나타낸다. • 1~10까지의 숫자로 중간 단계인 5를 색상의 표준으로 정한다. 예 5R, 5YR, 5Y 등 색상 기호 앞에 5가 붙으면 기본 색상
명도 (Value)	검은색을 0, 이상적인 흰색을 10으로 등간격이 되도록 9단계의 무채색으로 분할해서 총 11단계 나타낸다. 예 N(Neutral, 무채색)을 붙여 N1, N2, N3 … N9.5
채도 (Chroma)	• 색의 순도에 따라 채도 값을 1~14단계로 표기한다. • 채도 값은 가장 순수한 색일 때 최대이다. • 빨강~노랑 등은 16단계, 청보라와 초록 등은 7~8단계로 나타낸다.

먼셀 표색계
미국의 화가 먼셀이 고안한 색체계로 국제적으로 가장 널리 사용되고 있는 색체계이다.

✓ **개념 체크**

먼셀의 색채 조화론의 내용으로 틀린 것은?
① 먼셀은 색채 조화에서 기본은 균형의 원리라고 보았다.
② 명도를 N10으로 나누고 중간 명도인 N5가 색들의 균형 있게 조화시킨다고 보았다.
③ 단색의 조화, 보색의 조화, 다색의 조화를 조화롭다고 했다.
④ 색상을 24색을 기본색으로 하여 색 삼각형을 만들어 색에 대한 규칙을 설명했다.

④

▼ 먼셀 표색계

H V / C
색상(Hue) 명도(Value) 채도(Chroma)

5R 4 / 14

순색	표기
빨강	5R 4/14
노랑	5Y 9/14
녹색	5G 5/8
파랑	5B 4/8
보라	5P 4/12

✓ **개념 체크**

먼셀 표색계에 대한 설명으로 가장 거리가 먼 것은?
① 1943년에는 초판의 문제점을 수정, 보완한 수정 먼셀 표색체계가 보급됐다.
② 먼셀의 명도 단계는 총 11단계로 이루어져 있다.
③ 먼셀의 색상환은 총 10색상으로 구성되어 있으며, 10가지 색상을 각기 10단계로 분류하여 100색상이 되게 했다.
④ 먼셀 표색기호는 명도, 색상, 채도의 순으로 표시한다.

④

3) 오스트발트의 색채조화이론

① 색채조화에 대한 오스트발트의 지론
- 조화는 질서와 같다.
- 두 가지 이상의 색들을 속성의 차이가 구별되도록 질서 있게 배열시키면 쾌감이 생겨 조화를 이룬다.

② 오스트발트 등색상 삼각형
- 명도와 채도는 따로 구분하여 표시하지 않고, 모든 색을 각 색상의 순색(C)과 흰색(W), 검정(B)의 혼합 정도로 나타낸 표이다.
- 순색(C)과 흰색(W), 검정(B)의 합은 100(C + W + B = 100)이다.

▼ 등색상 삼각형의 기호표기

기호	흰색양	검정양
a	89	11
c	56	44
e	35	65
g	22	78
i	14	86
l	8.9	91.1
n	5.6	94.4
p	3.5	96.5

▼ 오스트발트의 등색상면

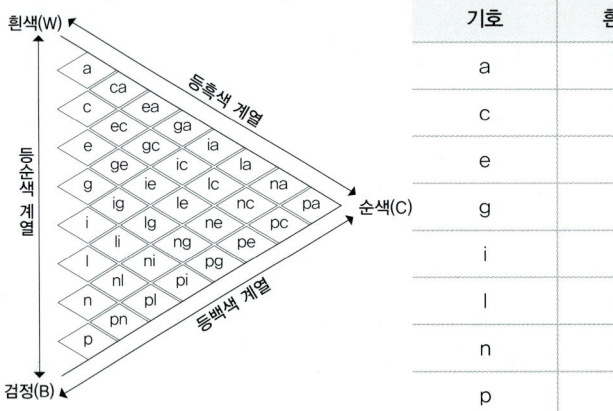

③ 색채조화에 대한 오스트발트의 분류

무채색에 의한 조화	명도 단계 간격에 따라 등간격과 이간격으로 나뉜다.	 

동일 색상의 조화	동일 색상에서 등백색 계열의 색과 등흑색 계열의 색에 따른 조화이다.	
무채색과 유채색과의 조화	동일 색상에서 등백색 계열의 색과 무채색, 등흑색 계열과 무채색과의 조화이다.	
등순 계열의 조화	동일 색상 삼각형의 수직축에 평행한 직선상의 색이다.	
등가치색 계열의 조화	색입체의 중심을 축으로 서로 반대편에 위치한 색이다.	
색상 간격이 유사한 조화	24색상환에서 색상차가 2~4 이내의 범위에 있는 색이다.	
이색 조화 (중간 대비)	24색상환에서 색상차가 6~8 이내의 범위에 있는 색이다.	

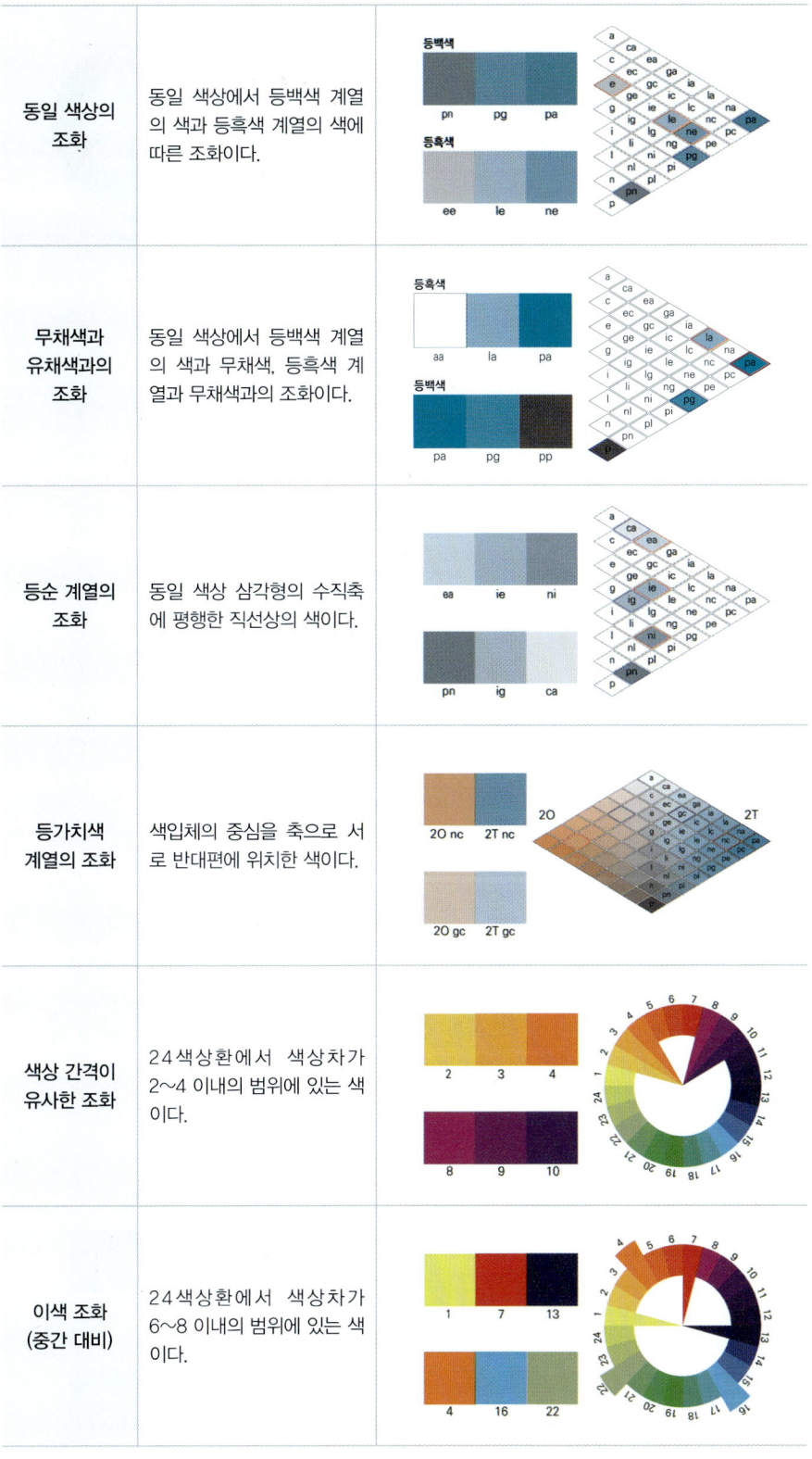

반대 조화 (강한 대비, 보색 조화)	24색상환에서 색상차가 12 이상인 경우의 색이다.	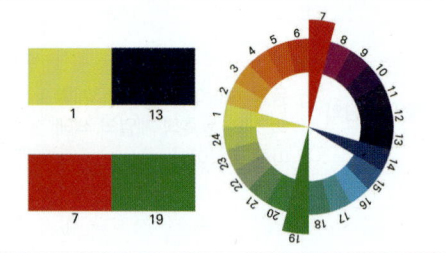

4) 문-스펜서의 색채조화이론

① 개념

미국 MIT 대학의 색채학자 문(P. Moon)과 스펜서(D. E. Spenser)가 먼셀 시스템을 바탕으로 한 색채조화이론

② 배색의 분류

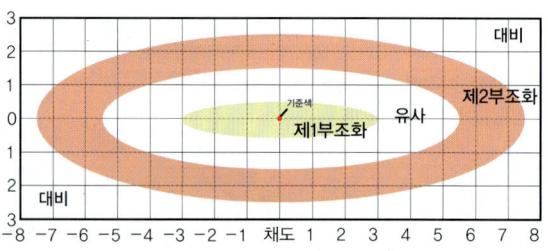

- 조화 배색 : 동일 조화, 유사 조화, 대비 조화로 분류함
- 부조화 배색 : 색의 3속성에 의한 차이가 애매하며 불쾌감을 주는 것으로 제1부조화, 제2부조화, 눈부심으로 분류함

5) 저드의 색채조화이론

① 색채조화에 대한 저드의 지론

색채조화는 좋고 싫음의 문제이며, 정서적인 반응은 사람에 따라 다르고, 또 같은 사람이라도 때에 따라 다르다. 우리는 오래된 배색에 싫증이 나면 어떠한 변화라도 좋게 생각하는 일이 있으며, 반대로 원래 무관심하던 색의 배합을 자주 보고 있으면 좋게 생각하는 일도 있다.

② 색채조화의 4가지 원리

질서의 원리	규칙적으로 선택된 색채의 요소가 일정하면 조화가 잘된다.
유사성의 원리	어떠한 색채라도 공통성이 있으면 조화가 잘된다.

친근감의 원리	자연환경의 색채처럼 사람에게 잘 알려진 색은 조화가 잘된다.
명료성의 원리	여러 색채의 관계가 모호하지 않고 명쾌하면 조화가 잘된다.

6) PCCS톤 체계

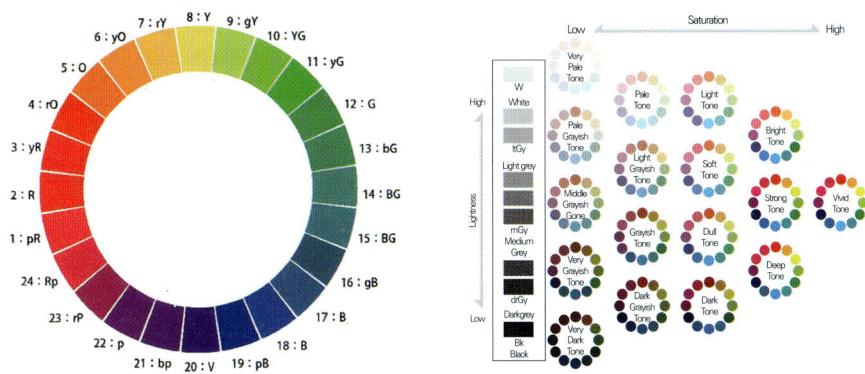

① 개념

일본 색채연구소가 1964년에 발표한 색체계로서 정식 명칭은 일본 색소 배색 체계(Practical Color Coordinate System)이며, 색채 교육용으로 만들어진 시스템이다.

② 특징
- 기존 체계와의 차이점
  - 기존의 색체계인 색상, 명도, 채도에 '톤(색조)'의 개념을 도입하였다.
  - 24색상환을 바탕으로, 보라 기미의 빨강을 1번, 붉은 보라를 24번으로 하여 색상에 고유 번호를 부여했다.
- 톤의 개념 : 명도와 채도를 융합하여 색의 상태를 표현하는 것
- 톤의 종류 : 아주 연함(Pale), 연함(Light), 밝음(Bright), 해맑음(Vivid), 기본(Strong), 부드러움(Soft), 칙칙함(Dull), 짙음(Deep), 어두움(Dark), 연한 잿빛(Light Grayish), 잿빛(Grayish), 어두운 잿빛(Dark Grayish)

③ 색의 표기

색상-명도-채도		톤-색상	
유채색	무채색(명도만 표기)	유채색	무채색(명도만 표기)
[기본 빨강] 2:R - 4.5 - 9s	[명도가 4.5인 회색] n - 4.5	[연한 녹색] lt12	[명도가 6.5인 회색] Gy - 6.5

④ 활용
- 일본에서는 산업, 디자인, 교육에 적용한다.
- 한국에서는 퍼스널컬러를 진단할 때 적용하는 곳이 있다.

KEYWORD 04 메이크업 이미지

1) 색채의 연상과 상징

빨강	행복, 사랑, 흥분, 충격적, 활동적, 강렬, 반항적, 권위, 강함, 공격적, 적대적
주황	따뜻함, 행복, 즐거움, 흥분, 자극적, 뜨거움, 불편함, 낡은, 불쾌한 느낌
노랑	자극적, 흥분, 활달, 즐거움, 명쾌함, 불쾌함, 공격적, 적대적
초록	젊음, 신선함, 여유로움, 안전함, 차분함, 평화로움, 안전
파랑	즐거움, 시원함, 편안함, 위안, 우호적, 우아함, 강함, 충만함
보라	우아함, 권위, 정력적, 부정적, 슬픔, 절망적, 우울, 불행, 침울
분홍	활기, 애정, 로맨틱, 행복, 부드러움, 젊음, 건강, 소녀다움, 조용함, 모성애
갈색	안전, 편안함, 충만, 슬픔, 부정적
하양	순수, 부드러움, 편안함, 진지함, 공허함
잿빛	불투명성, 우울한 현실, 수동적, 수도승
검정	슬픔, 우울, 모호함, 불행, 우아함, 권위, 강함, 힘찬, 적대적, 오래됨, 두려움

2) 색채의 이미지

로맨틱		• 여성스럽고 사랑스러운 낭만적인 이미지이다. • 분홍, 노랑, 살구, 핑크 등의 밝은 색으로 배색한다.
시크		• 도회적이고 세련된 느낌의 이미지이다. • 차분한 회색을 바탕으로 다른 톤과 배색한다.

엘레강스		• 우아하고 고급스러우며 품위가 돋보이는 이미지이다. • 회색이 들어간 보라와 분홍, 베이지색 등이 주조색이다.
내추럴		• 자연 발생적인 친근하고 편안한 이미지이다. • 중간색과 유사색으로 표현한다.
귀여움		• 달콤하고 사랑스러우며 즐거운 느낌의 이미지이다. • 난색 계통의 밝고 따뜻한 색으로 배색한다.
화려함		• 강한 반대 색상을 이용하여 화려하고 환상적인 이미지를 표현한다. • 원색을 위주로 하여 배색한다.

3) 이미지 기획을 위한 발상법

브레인스토밍 (Brainstorming)	• 창의적인 아이디어를 생산하기 위한 학습·회의 기법이다. • 각자의 사고나 개성으로 서로의 아이디어를 보완하는 방법이다.
연상법	• 하나의 주제에서 관련 있는 사물이나 생각의 것들을 연상하여, 한계까지 생각의 폭을 넓혀 가는 방법이다. • 집합 연상법, 연속 연상법 등이 대표적이다.
수사적 시각 사고	• 창의적인 아이디어 발상법이다. • 모든 아티스트에게 논리적 절차에 따라 창의적 사고를 제공한다.

KEYWORD 05 메이크업 디자인 요소

TPO에 맞는 메이크업

1) 메이크업의 조건
① T.P.O : 시간(Time), 장소(Place), 상황(Occasion)에 맞추어야 함
② 조화 : 각 요소(피부톤, 색상, 스타일)가 서로 잘 어우러져야 함
③ 대비 : 색상, 명도, 채도의 변화로 입체감을 부여함
④ 대칭 : 상하좌우가 잘 맞도록 메이크업함
⑤ 그러데이션 : 색상이나 톤이 부드럽고 자연스럽게 변하는 효과를 줌

2) 메이크업의 형태적 요소
얼굴 형태에 선, 면, 명암이 모여 조화로운 메이크업을 구성한다.

① 점(Spot)
- 기하학에서 점은 눈에 보이지 않는 본질이다.
- 점은 모든 형태적 요소의 기본이 되는데, 점이 모여 선이 되고, 선이 모여 면이 된다.

② 선(Line)
- 선의 요소 : 아이라인, 눈썹, 립라인 등
- 선의 종류

수평선	높이보다 폭을 강조함으로써 안정감과 평화롭고 조용한 느낌을 준다.
수직선	높이와 안정감, 중량감을 강조할 때 쓴다.
사선	• 주의력을 집중시키는 효과가 있다. • 율동적이며 운동감을 나타낸다.
곡선	• 섬세하고 부드러운 느낌을 준다. • 우아하고 낭만적이며 여성스러움/자연스러움을 표현한다.

③ 면(Plane)
- 면의 특징
  - 점의 확대나 선이 이동한 자취로 면은 형태를 생성하는 요소이다.
  - 질감이나 거리감, 색 등을 표현할 수 있다.
  - 면은 점과 선으로 구성되는 것으로 세 개 이상의 점들이 연결된 변이다.
  - 2차원의 평면 구성 및 3차원의 입체 형태 등 다양이다.
- 면의 요소 : 베이스, 파운데이션, 피부에 관련된 부분
- 면의 종류

넓은 면	좁은 면	볼록 면	오목 면
얼굴의 크기와 면적	메이크업의 포인트 부분	하이라이트 부분	섀딩 부분
이마 볼	입술, 눈	T존, 광대뼈	페이스라인, 헤어라인, 코의 옆면

④ 명암
- 명암의 효과 : 얼굴면에 입체감을 부여하는 효과가 있음
- 명암의 요소 : 입술, 치크, 섀딩, 하이라이트, 아이섀도 등

3) 색(Color)

구분	설명
감정 및 분위기 표현	• 색상은 감정과 분위기를 전달하는 데 큰 영향을 준다. • 따뜻한 색상(빨강, 주황)은 활기차고 에너지를 주며, 차가운 색상(파랑, 초록)은 차분하고 안정감을 준다.
얼굴 특징 강조	• 색상을 통해 얼굴의 특정 부분을 강조하거나 보완할 수 있다. • 밝은 색은 이목을 끌고, 어두운 색은 시각적으로 축소하는 효과가 있다. • 하이라이트와 셰이딩을 통해 얼굴의 입체감을 조절할 수 있다.
피부톤 보완	• 적절한 색상을 선택함으로써 피부톤을 보완할 수 있다. • 건강하고 자연스러운 외모를 연출할 수 있다.
조화와 균형	• 메이크업에서 색상이 조화를 이루어야 전체적인 균형을 유지할 수 있다. • 조화로운 색상 조합은 더 세련되고 자연스러운 느낌을 준다. • 보색이나 유사색을 조합함으로써 조화로운 룩을 완성할 수 있다.
스타일과 개성 표현	• 색상을 통해 개인의 스타일과 개성을 표현할 수 있다. • 메이크업에서 색상 선택은 개인의 취향과 스타일에 따라 변화한다. • 창의성을 발휘할 수 있는 기회를 제공한다.

4) 질감(Texture)

구분	설명
매트 (Matte)	• 빛 반사가 없는 평면적인 질감으로, 부드럽고 균일한 표면을 제공한다. • 매트 파운데이션, 매트 립스틱
글로시 (Glossy)	• 빛을 반사하여 윤기가 나는 질감, 피부나 입술에 생기와 촉촉함을 부여한다. • 립글로즈, 하이라이터
글리터링 (Glittering)	• 반짝이는 입자가 포함되어 있어 화려하고 눈에 띄는 효과를 주는 질감이다. • 글리터 아이섀도, 글리터 립글로즈
루미네이슨스 (Luminescence)	• 부드러운 빛을 반사하여 자연스럽고 건강한 광택을 주는 질감이다. • 피부에 생기를 더하고, 자연스러운 윤기를 강조한다.

5) 디자인 요소의 상징적 의미

디자인요소			상징적 의미
점			최소의 형태, 울림, 절대적, 순수, 확고, 중심
선	직선	수직선	높이와 도전, 중력, 고상함과 위엄
		수평선	넓이와 폭, 안정감
		사선	불안정함, 운동감, 흥미로움, 역동성
		지그재그선	예민함, 분주함, 날카로움, 경쾌
		방사선	확산, 집결, 분산, 집중
	곡선	기하학 곡선	우아, 고상, 매력, 젊음, 탄력적, 긴장, 이완
		나선	무한, 복잡, 변화, 역동, 생명력, 공상
각과 면		원, 둔각	완성, 자유로움, 영원함
		삼각, 예각	힘, 창의적, 역동적, 하늘, 피라미드, 우주, 신, 불
		사각, 직각	단단함, 소속감, 공간, 폐쇄, 안정감

6) 디자인 원리 (빈출)

조화 (Harmony)	두 개 이상의 디자인 요소가 서로 분리되지 않고 균형을 이루는 상태이다.
통일과 변화 (Unity & Variety)	• 디자인에 미적 질서와 형식을 부여하는 기본 원리이다. • 요소들 간의 반복과 연속 또는 변화로 디자인 대상에 흥미와 재미를 부여한다.
균형 (Balance)	시각적 무게감을 조화롭게 조합함으로써 작품의 안정감과 긴장감 사이의 균형을 유지할 수 있다.
강조와 대비 (Contrast)	• 분리, 대비, 배치, 색채에 의해 표현된다. • 집중 유도에 효과적이며, 대비는 강조와 변화의 효과를 꾀할 수 있다. • 질적·양적으로 대립되는 현상으로 유동적이고 강렬한 이미지이다.
율동 (Rhythm)	비슷한 모양들이 일정한 규칙, 질서를 유지할 때 나타나는 시각적 운동감이다.

SECTION 03 퍼스널 이미지 제안

빈출 태그 ▶ #퍼스널컬러 #컬러코디네이션

KEYWORD 01 퍼스널 컬러 파악

1) 퍼스널 컬러

① 퍼스널 컬러의 개념

개인의 피부톤, 눈동자 색, 머리카락 색 등을 기반으로 하여 가장 잘 어울리는 색상이다.

② 퍼스널 컬러의 이론적 배경

요하네스 이텐	• 개개인이 사용하는 색상과 그들의 신체 색상이 서로 관련이 있다는 것을 최초 발견했다. • 사람의 피부색을 사계절 색상으로 구분하여 사계절 색상 분석법을 고안했다.
로버트 도어	• Color Key Ⅰ(Blue Based)과 Color Key Ⅱ(Yellow Based)의 차가움과 따뜻함을 만들었다. • 사람의 신체 색을 옐로 베이스는 따뜻한 유형, 블루 베이스는 차가운 유형으로 분류했다.
캐롤 잭슨	• 퍼스널 컬러를 패션과 뷰티 분야에 접목했다. • 의상, 화장, 옷장 계획 등을 위한 가이드로 사계절 컬러 팔레트를 제공했다. • 신체 색의 톤에 따라 따뜻한 유형의 봄과 가을, 차가운 유형의 여름과 겨울로 세분했다.

2) 퍼스널 컬러 유형 분류

신체의 색을 따뜻하고 차가운 유형으로 분류한 것이다.

웜톤(Yellow Base)	웜톤(Yellow Base)
• 피부 색 : 따뜻한 색(황색, 복숭앗빛)을 띠고, 여름철 햇볕에 쉽게 타는 경향이 있다. • 눈동자 색 : 일반적으로 갈색, 호박색 또는 따뜻한 톤의 녹색 • 머리카락 색 : 금발(따뜻한 금색), 갈색(따뜻한 브라운), 레드 톤의 머리카락 • 따뜻한 색상(오렌지, 노랑, 골드, 브라운, 올리브 그린 등)이 잘 어울린다.	• 피부 색 : 차가운 색(분홍색, 붉은색, 푸른색)을 띠고, 여름철 햇볕에 덜 타는 경향이 있다. • 눈동자 색 : 일반적으로 파란색, 회색, 초록색 등 차가운 색조 • 머리카락 색 : 차가운 금발, 다크 브라운, 블랙 등 차가운 색조의 머리카락 • 차가운 색상(블루, 퍼플, 핑크, 그레이, 실버 등)이 잘 어울린다.

3) 퍼스널 컬러 유형별 신체 색상의 특징

유형		특징
봄 유형 (Spring Type)		• 노르스름한 피부에 옐로 베이지가 혼합된 피부이다. • 사계절 유형 중 피부색이 가장 밝다. • 피부 결이 섬세하고 투명하고, 볼에 복숭앗빛의 혈색이 돈다. • 볼의 주근깨는 주황색을 띠며, 쉽게 붉어지는 경향이 있다. • 신체 색상 사이에 콘트라스트가 적다. • 여성스럽고 귀여운 느낌을 주거나 동안으로 보이게 한다.
여름 유형 (Summer Type)		• 불그스름한 피부에 로즈 베이지가 혼합된 피부이다. • 피부톤이 밝거나 어둡기보다는 중간색이 많으며, 붉은 경향이 있다. • 자외선에 노출됐을 때에도 쉽게 붉어진다. • 신체 색상 간의 콘트라스트가 적어, 전체적으로 소프트하고 여성스러운 느낌을 준다.
가을 유형 (Autumn Type)		• 노르스름한 피부에 골든 베이지가 혼합된 피부이다. • 봄의 피부보다 짙은 피부색을 띠는 경향이 있다. • 멜라닌 색소가 많아 쉽게 타며, 잡티가 많고 혈색이 없다. • 신체 색상 사이에 콘트라스트가 적으며 차분하고 성숙하며 고상한 느낌을 준다.
겨울 유형 (Winter Type)		• 푸르스름하고 핑크 베이지가 혼합된 피부이다. • 피부가 유난히 희거나 푸른빛이 돌 정도로 창백하다. • 피부색이 올리브 계열로 회색이나 흑색이 가미된 짙은 색을 띤다. • 홍조를 띠지 않으며 피부 결이 얇고 혈관이 비칠 정도로 투명하다. • 사계절 피부 유형 중 유일하게 신체 색상 사이에 콘트라스트가 있어 선명하고 명쾌한 느낌을 준다.

KEYWORD 02 퍼스널 컬러 진단

1) 컬러 드레이핑
- 다양한 색상의 천(드레이프)을 사용하여 각 색상이 얼굴에 미치는 영향을 평가한다.
- 각 색상을 얼굴에 대었을 때의 변화(피부톤, 눈의 생기, 전체적인 인상)를 관찰한다.
- 컬러 드레이핑를 통해 더 진단적인 결과를 얻을 수 있다.

▼ 다양한 드레이프

| 봄 유형 드레이프 | 여름 유형 드레이프 | 가을 유형 드레이프 | 겨울 유형 드레이프 |

| 금색과 은색 드레이프 | 쿨톤 드레이프 | 웜톤 드레이프 |

2) 퍼스널 컬러 진단 시 유의사항

- 화장기 없는 맨얼굴에 실시해야 한다.
- 안경 및 액세서리 등은 착용하지 않은 상태에서 실시해야 한다.
- 햇살이 가장 좋은 오전 11시부터 오후 3시 사이에 진단하는 것이 효과적이다.
- 조명을 사용할 경우 95~100W의 중성광이 적당하다.

3) 퍼스널 진단 체크리스트

구분			금색	은색	브라운/아이보리	블랙/화이트	웜톤 드레이프		쿨톤 드레이프		유형
							봄	가을	여름	겨울	
조화	피부색 변화	밝아짐									웜톤 ( ) 봄 ( ) 가을 ( )
		맑아짐									
	얼굴 형태 변화	각이 부드러워짐									
		입체적									
		잡티가 흐려보임									
	인상 변화	부드러워짐									
		또렷해짐									
	기타										

✓ **개념 체크**

퍼스널 컬러 진단에 사용되는 분류 요인에 대한 설명으로 적절하지 않은 것은?

① 밝은 색은 봄 유형과 여름 유형에 속하며 봄 유형은 노랑, 여름 유형은 검정과 파랑이 혼합된다.
② 쿨톤은 이지적이면서도 부드러움을 지니고 있으며 모던하고 세련된 이미지이다.
③ 봄 유형과 겨울 유형의 색상은 선명한 색에 속하며 화려하고 자극적이며 에너지가 느껴진다.
④ 웜톤은 노랑과 황색이 섞여 있는 색으로 무채색과 실버는 포함되지 않는다.

①

✓ **개념 체크**

퍼스널 컬러 진단에 대한 설명으로 옳지 않은 것은?

① 퍼스널 컬러 진단은 컬러 드레이핑을 활용하여 신체 고유색과의 조화도를 분석하여 사계절 유형을 판단하는 것이다.
② 컬러 드레이핑을 활용하여 퍼스널 컬러 진단을 할 때에는 화장과 액세서리는 하지 않고 진단해야 한다.
③ 컬러 드레이핑을 이용한 퍼스널 컬러 진단은 중성광에서 본인의 의상을 입고 진행한다.
④ 컬러 드레이핑을 이용하여 퍼스널 컬러 진단을 진행할 때에는 선택이나 약물을 중단한 후 시행한다.

③

부조화	피부색 변화	어두워짐							쿨톤 ( ) 여름 ( ) 겨울 ( )
		붉어짐							
	얼굴 형태 변화	각이 두드러짐							
		평면적							
		잡티가 두드러짐							
	인상 변화	강해짐							
		흐릿해짐							
	기타								

4) 따뜻한 유형과 차가운 유형의 컬러 팔레트

색상	따뜻한 색		차가운 색	
	봄 색	가을 색	여름 색	겨울 색
빨강	원색의 레드, 옐로 계열 혼합 [다홍빛 레드]	원색의 레드, 골드 옐로 혼합	화이트가 혼합	블루나 블랙이 혼합
주황	레드, 옐로의 혼합	레드, 옐로의 혼합	차가운 계열이 없는 색	–
노랑	원색 옐로 [봄의 대표색]	골드 옐로가 혼합 [가을의 대표색]	옐로에 화이트와 블루의 혼합	옐로에 블루가 혼합 [레몬색]
초록	그린에 옐로가 혼합	그린에 황색이 혼합	그린에 블루가 혼합	그린에 블루와 블랙이 혼합
파랑	블루에 옐로가 혼합	블루에 골드 옐로가 혼합	코발트블루에 화이트가 혼합 [여름의 대표색]	코발트블루, 네이비 [겨울의 대표색]

보라				
	레드, 블루의 혼합, 퍼플에 옐로가 가미	레드, 블루의 혼합, 퍼플에 골드 옐로가 가미	블루, 레드의 혼합, 밝은 블루가 가미	블루, 레드의 혼합, 어두운 블루가 가미
핑크	따뜻한 레드 화이트의 혼합, 옐로가 가미 [피치 핑크]	따뜻한 레드, 화이트의 혼합, 골드 옐로가 가미	레드, 화이트의 혼합, 화이트가 가미	레드, 블루의 혼합, 선명한 색
브라운	옐로 레드에 크림색이 가미된 밝은 브라운	옐로 레드에 블랙이 가미된 옐로 골드	차가운 레드, 블랙과 화이트의 혼합	차가운 레드, 블랙 혼합
베이지	브라운 계열, 화이트 혼합	브라운 계열, 옐로 골드 혼합	브라운 계열, 블루의 혼합, 그레이가 가미	브라운 계열과 블루의 혼합, 화이트가 가미

KEYWORD 03 퍼스널 이미지 제안

1) 퍼스널 컬러 제안

① 유형별 어울리는 컬러

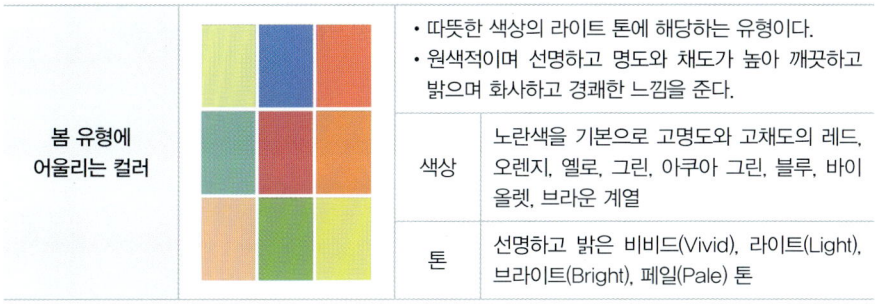

봄 유형에 어울리는 컬러		• 따뜻한 색상의 라이트 톤에 해당하는 유형이다. • 원색적이며 선명하고 명도와 채도가 높아 깨끗하고 밝으며 화사하고 경쾌한 느낌을 준다.
	색상	노란색을 기본으로 고명도와 고채도의 레드, 오렌지, 옐로, 그린, 아쿠아 그린, 블루, 바이올렛, 브라운 계열
	톤	선명하고 밝은 비비드(Vivid), 라이트(Light), 브라이트(Bright), 페일(Pale) 톤

✅ 개념 체크

다음 중 가을에 해당하지 않은 색조는?
① 그레이시
② 페일
③ 덜
④ 딥

②

> ✅ **개념 체크**
>
> 퍼스널 컬러의 유형 중 겨울 유형에 대한 설명으로 옳지 않은 것은?
>
> ① 피부는 유난히 희고 푸른빛의 창백한 피부를 가진다.
> ② 눈동자는 유난히 검은색이나 밝은 회갈색의 선명한 톤을 가진다.
> ③ 메이크업은 우너포인트 패턴을 활용하여 강한 대비를 연출한다.
> ④ 신체 색상 사이에 콘트라스트가 적어 부드럽고 여성적인 이미지이다.

> ✅ **개념 체크**
>
> 퍼스널 컬러의 유형 중 색의 명도와 채도가 모두 낮은 유형은?
>
> ① 봄
> ② 여름
> ③ 가을
> ④ 겨울
>
> ④ ③

여름 유형에 어울리는 컬러		• 차가운 색상의 라이트 톤에 해당하는 유형이다. • 명도는 높고 채도는 낮아 선명하지 않고 낭만적이며 여성스럽고 우아한 느낌을 준다.
	색상	흰색과 파랑을 기본 바탕으로 한 고명도, 중채도의 밝고 부드러운 옐로, 핑크, 아쿠아 블루, 블루, 바이올렛, 그레이, 브라운 계열 등
	톤	강하지 않은 파스텔과 중간의 라이트 그레이시(Light Grayish), 라이트, 덜(Dull) 톤
가을 유형에 어울리는 컬러		• 따뜻한 색상의 딥 톤에 해당하는 유형이다. • 명도와 채도가 낮아 선명하지 않고 우아하고 고전적인 여성스러운 느낌을 준다.
	색상	여러 가지 갈색 톤과 내추럴한 색, 깊이감 있는 컬러, 황색을 기본으로 저명도와 저채도의 골든 옐로, 오렌지, 레드, 올리브 그린, 레드 브라운, 다크 브라운 등
	톤	짙고 차분한 그레이시(Grayish), 스트롱(Strong), 딥(Deep), 덜(Dull) 톤
겨울 유형에 어울리는 컬러		• 차가운 색상의 딥 톤에 해당하는 유형이다. • 채도가 높고 선명한 밝은색과 짙은 색의 명도 차이가 분명해 세련된 도시적인 느낌을 준다.
	색상	파란색과 검은색을 기본으로 고채도, 고명도의 화이트, 블루, 아쿠아 블루, 핑크, 레드, 마젠타, 바이올렛, 블랙 등
	톤	선명하고 밝고 짙은 비비드, 베리 페일(Very Pale), 다크(Dark) 톤

② 퍼스널 컬러 적용 시의 변화

외모 변화	그 밖의 변화
• 피부가 건강하게 보인다. • 피부의 고르지 않은 부분이 적게 보인다. • 얼굴에 그림자 지는 부분이 적게 보인다. • 피부의 잡티가 적게 보인다. • 얼굴의 붉은빛이 적게 보인다. • 얼굴이 부드럽게 보인다. • 얼굴이 젊어(어려) 보인다. • 얼굴의 윤곽선이 선명해 보인다. • 눈동자가 빛나며 눈동자 색이 강하게 보인다.	• 자신감이 생긴다. • 시간과 돈이 절약된다. • 충동 구매가 줄어든다. • 주름살이 연하고 적게 보인다. • 유행을 지나치게 추구하지 않게 된다. • 모든 옷을 자유롭게 연출할 수 있게 된다. • 세련된 모습의 연출할 수 있게 된다.

2) 퍼스널 컬러 이미지 적용

① 봄 유형

계절별 퍼스널 컬러
- **봄** : 고명도, 고채도
- **여름** : 고명도, 저채도
- **가을** : 저명도, 저채도
- **겨울** : 저명도, 고채도

파운데이션

아이섀도

블러셔

립스틱

이미지		• 생동감이 있으며 경쾌하고 따뜻한 느낌을 준다. • 꽃봉오리와 새순 같은 느낌을 연상하게 한다. • 밝은 옐로 계열, 피치 계열, 그린 계열의 색으로 화사한 분위기의 귀엽고 로맨틱한 이미지를 연출한다.
메이크업	스타일	밝고 맑게 연출하며 밝은 색과 중간색으로 은은하고 부드럽게 표현한다.
	파운데이션	노란색을 띠는 웜 베이지(Warm Beige)와 라이트 베이지, 내추럴 베이지, 피치 베이지 계열
	아이라인	아이라인과 눈썹은 강하지 않게 표현한다.
	아이섀도	베이지, 아이보리, 피치 핑크, 코랄 핑크, 오렌지, 라이트 옐로, 옐로 그린, 블루 그린 계열
	블러셔	피치 베이지, 코랄 핑크, 핑크 베이지, 오렌지 계열
	립스틱	코랄 핑크, 피치, 오렌지 계열의 밝은 색
헤어	스타일	• 단발머리나 굵은 웨이브로 발랄하고 경쾌한 이미지를 연출한다. • 긴 스트레이트나 짧고 경직된 커트 스타일을 적용한다.
	색상	옐로 브라운, 코랄 브라운, 오렌지 브라운, 골든 브라운, 밝은 베이지, 밝은 갈색
패션	스타일	생동감과 경쾌한 색상으로 밝고 활동적인 이미지를 연출한다.
	색상	노란빛이 가미된 선명한 색과 중간색의 베이지, 아이보리, 코랄, 핑크 베이지, 피치, 오렌지, 오렌지 브라운, 코랄, 옐로, 옐로 그린, 블루 그린 등으로 밝고 화사한 색

② 여름 유형

이미지		• 자연스럽고 산뜻하며 여성스럽다. • 부드러운 블루, 퍼플, 핑크계열의 파스텔톤의 색을 이용해 부드럽고 자연스러우며 우아하고 여성스러운 이미지를 연출한다.
메이크업	스타일	• 화사하고 우아하게 깨끗한 느낌으로 연출한다. • 파스텔과 펄을 사용하여 여성스럽게 연출한다.
	파운데이션	• 흰색과 붉은색을 띠는 쿨 베이지(Cool Beige)의 파운데이션을 사용한다. • 내추럴 베이지, 핑크 베이지, 로즈 베이지 계열도 잘 어울린다.
	아이라인	아이라인과 눈썹은 강하지 않게 표현한다.
	아이섀도	흰색, 푸른색이 가미된 색조의 밝은 옐로, 화이트 핑크, 아쿠아 블루, 베이지 핑크, 핑크, 라벤더, 퍼플, 바이올렛, 블루 그레이 계열
	블러셔	붉은색이 가미된 색조의 코랄 핑크, 내추럴 브라운, 핑크, 로즈 핑크 계열
	립스틱	붉은색이 가미된 색조의 로즈 베이지, 베이지 브라운, 핑크 계열
헤어	스타일	긴 스트레이트 형이나 굵은 웨이브로 여성스럽고 낭만적인 스타일을 연출한다.
	색상	로즈 브라운, 그레이 브라운, 와인 블랙, 다크 브라운
패션	스타일	차갑지만 부드러운 색상으로 우아하고 세련된 이미지를 연출한다.
	색상	부드럽고 차가운 느낌의 파스텔 계열이나 크림 베이지, 라이트 핑크, 인디언 핑크, 로즈 핑크, 아쿠아 블루, 라벤더, 블루 그린, 퍼플, 블루, 그레이 등

③ 가을 유형

이미지		• 포근하고 부드러우며 차분한 느낌이 있다. • 골드, 브라운, 카키, 코랄 핑크, 와인 계열의 색을 사용해 중후하고 원숙한 느낌과 클래식하고 엘레강스한 느낌, 에스닉한 느낌을 연출한다. • 성숙하고 고급스러우며 품격 있는 이미지를 연출한다.
메이크업	스타일	• 이지적이며 성숙하게 연출한다. • 깊이 있는 색조와 그윽한 그러데이션으로 표현한다. • 포인트 메이크업은 권장하지 않는다.
	파운데이션	노란색과 황색을 띠는 웜 베이지 색조로 내추럴 베이지, 코랄 베이지, 골든 베이지 계열
	아이라인	아이라인과 눈썹은 전체적으로 색상의 톤을 맞추어 표현한다.
	아이섀도	황색이 가미된 색조의 베이지, 코랄 핑크, 코랄 베이지, 골드, 카키, 올리브 그린, 브라운 계열
	블러셔	코랄 핑크, 코랄, 레드 오렌지 계열
	립스틱	버건디, 레드 계열의 중간색이나 짙은 색
헤어	스타일	• 굵은 웨이브나 긴 머리에 볼륨감을 주어 고급스럽고 기품 있는 스타일을 연출한다. • 투톤 염색으로 그러데이션을 활용한다.
	색상	레드 브라운, 어번, 골든 브라운, 블랙 브라운, 진한 구릿빛 골드
패션	스타일	온화하고 차분한 색상으로 원숙하고 고급스러운 이미지를 연출한다.
	색상	황색 빛을 띠는 색으로 자연스럽고 차분한 계열의 골드, 오렌지, 베이지, 산호색, 살구색, 머스터드, 카키, 브라운, 코랄 핑크, 올리브 그린

④ 겨울 유형

	이미지	• 차갑고 강렬하다. • 블랙과 화이트, 네이비, 마젠타, 와인 계열의 색을 사용해 활동적이고 도회적인 느낌과 다이내믹, 액티브한 느낌을 준다.
메이크업	스타일	• 깔끔하고 또렷한 느낌으로 연출한다. • 강한 대비 효과 또는 선명하고 절제된 원포인트(One-point)로 눈매를 강하게 표현하고 입술을 자연스럽게 연출한다.
	파운데이션	흰색과 붉은색을 띠는 쿨 베이지와 화이트 베이지, 내추럴 베이지, 피치 베이지 계열
	아이라인	눈매와 입술에 대비를 주어 연출한다.
	아이섀도	흰색, 푸른색, 검은색이 가미된 색조의 밝은 옐로, 화이트 핑크, 퍼플, 바이올렛, 그레이, 코코아 브라운 계열
	블러셔	붉은색이 가미된 색조의 코랄 핑크, 내추럴 브라운, 화이트 핑크 계열
	립스틱	붉은색이 가미된 색조의 누드 핑크 베이지, 누드 베이지, 베이지 브라운, 버건디, 레드, 레드 브라운
헤어	스타일	심플하고 라인이 정확한 짧은 쇼트커트나 깨끗한 포니테일로 깔끔하고 세련된 스타일을 연출한다.
	색상	블루 블랙, 다크 브라운, 그레이 브라운, 실버 그레이
패션	스타일	차갑고 강렬하며 선명한 대비가 있는 색상으로 도시적이고 세련된 이미지를 연출한다.
	색상	푸른빛을 띠는 차가운 색조의 핑크, 블루, 퍼플, 버건디, 블루 그린, 마젠타, 화이트, 블랙, 실버, 그레이, 와인, 레드와인, 블루 그레이

CHAPTER

03

메이크업 시술

SECTION 01 기초 화장품 선택
SECTION 02 베이스 메이크업
SECTION 03 색조 메이크업
SECTION 04 속눈썹 메이크업
SECTION 05 본식웨딩 메이크업
SECTION 06 응용 메이크업
SECTION 07 트렌드 메이크업
SECTION 08 미디어 메이크업
SECTION 09 무대공연 메이크업

SECTION 01 기초 화장품 선택

빈출 태그 ▶ #기초화장품 #피부유형별화장품선택

KEYWORD 01 기초 화장품의 유형

1) 화장수
메이크업의 잔여물을 완전히 제거하기 위해 사용한다.

유연 화장수	• 피부를 유연하게 하고 보습한다. • 각질층에 수분을 공급하고 pH를 조절한다.
수렴 화장수	• 피부에 수렴작용을 하며 모공을 수축시키고 청량감을 느끼게 한다. • 피부 표면을 정리하며 pH를 조절한다.
소염 화장수	• 살균 소독작용을 하는 수렴화장수의 일종이다. • 모공 수축과 청량 효과가 있다.

2) 로션(Lotion)
- 피부의 유·수분 균형을 조절하여 피부의 항상성을 유지한다.
- 유분 함량에 따라 건성용 로션, 지성용 로션, 모든 피부용 로션 등으로 분류된다.

3) 에센스(Essence), 앰풀(Ampule), 세럼(Serum)
- 보습, 피부 보호, 영양 공급을 위한 미용 성분을 고도로 농축해 놓은 용제이다.
- 토너 타입, 유화 타입, 오일 타입, 젤 타입으로 구분한다.

4) 크림
- 소실된 천연 보호막을 일시적으로 보충하고 보습을 제공한다.
- 자극으로부터 피부 보호, 유효 성분으로 피부의 문제점을 개선하고 영양분을 공급한다.

▼ 크림의 종류

에몰리언트 크림	• 각질층에 침투하기 쉬운 유성 성분으로 구성되어 있다. • 보습제와 양면 작용하여 유연 효과가 있다. • 크림 피막이 피부 표면을 감싸고 적당히 수분 증발을 억제한다.
마사지 크림	친유성 크림으로, 마사지할 때 손동작을 원활히 하고 피부에 유연작용을 한다.
데이 크림	피부에 수분 공급 및 자외선이나 환경으로부터 피부를 보호한다.
나이트 크림	• 밤에 바르는 크림으로, 피부 유연 및 재생 효과가 있다. • 데이 크림에 비해 유성 성분의 함량이 조금 더 높다.
영양 크림	• 유성 성분이나 피부 재생 성분이 함유되어 있다. • 나이트 크림이나 리바이탈라이징(Revitalizing) 크림이라고 표현한다.

5) 자외선 차단제

피부를 보호하기 위해 자외선을 차단하는 제품으로, 주로 로션이나 크림, 밤(선스틱) 형태로 조제된다.

물리적 차단제 (산란제)	• 피부 표면에서 자외선을 물리적으로 반사 및 산란시켜 차단한다. • 주요 성분 : 이산화티타늄(TiO_2), 산화아연(ZnO) 등의 무기 화합물 • 백탁현상, 농도감, 묻어남 현상이 있을 수 있다. • 즉각적인 차단 효과가 있고 안전성이 높아, 민감성 피부에도 적합하다.
화학적 차단제 (흡수제)	• 자외선을 흡수하여 열에너지로 전환시켜 차단한다. • 주요 성분 : 옥시벤존, 아보벤존, 옥티노세이트 등의 유기 화합물 • 질감이 가벼워 백탁현상, 농도감, 묻어남 현상이 비교적 덜하다. • 피부 자극 가능성이 있어 화학 성분에 민감한 사람에게는 부적합하다.

> ✓ **개념 체크**
>
> 자외선 및 자외선 차단제에 대한 설명으로 옳지 않은 것은?
> ① PA지수는 UVA에 대한 차단지수로 '+'표시가 많을수록 UVA에 대한 차단력이 높다.
> ② 자외선으로부터 피부를 보호하기 위해서는 자외선 차단제를 도포하고 베타카로틴을 경구 투여하는 것이 도움이 된다.
> ③ UVC는 UVA의 1,000~10,000배에 달하는 강력한 소독 및 살균력을 가지고 있다.
> ④ SPF는 자외선 차단제를 사용했을 때 UVC로부터 보호할 수 있는 정도를 수치화한 것이다.
>
> ④

6) 클렌저

씻어내는 타입 (계면활성제형)	비누	• 전통적으로 전신용 세정제의 주류로, 사용이 간편하다. • 알칼리성(pH 9.0 정도)이기 때문에 사용 후 당김이 있다. • 사용 후 피부를 약산성 화장수로 정상 pH로 되돌려야 한다.
	페이스트	치약 같은 형태로, 세안에 주로 쓰이며 사용 시 거품이 잘 인다.
	젤	두발·바디 세정제의 주류이다.
	과립, 분말	사용하기 쉽고, 효소 등을 배합할 수 있다.
	에어로졸	발포형으로 셰이빙 폼에 주로 사용된다.
	폼	• 수성 세안제로 거품을 내어 그 거품으로 세안하는 타입이다. • 손바닥에 약간의 물을 섞어서 거품을 내서 사용한다.
닦아내는 타입 (용제형)	크림	• 유성성분의 크림상태(W/O)이다. • 정상 피부, 건성 피부에 적합하다. • 짙은 화장을 제거하기에 좋다. • 이중세안이 필요하다.
	로션 (유액)	• 친수성분의 에멀전 상태(O/W)이다. • 자극이 적어 건성 피부, 노화 피부, 민감성 피부에 적합하다. • 크림에 비해 사용감이 산뜻하나, 세정력이 떨어지는 편이다. • 이중세안이 불필요하다.
	젤	• 세정력이 우수하다. • 자극이 적어 지성 피부, 여드름 피부에 적합하다.
	파우더	• 지방과 단백질을 분해하는 효소 성분으로 구성된다. • 민감성 피부에도 사용이 가능하다.
	오일	• 마이크로 에멀션 타입과 수성 젤 타입의 두 종류가 있다. • 수용성 오일성분으로 수분이 부족한 피부에 적합하다. • 건성 피부, 민감성 피부 피부에 좋다.
	워터	• 끈적임이 없고 건성 피부에 적합하다. • 가벼운 메이크업을 제거하는 데 쓴다.
	티슈	휴대용으로 클렌징 성분을 물티슈에 적신 티슈이다.
	리무버	주로 포인트 메이크업 클렌저로 사용한다.
팩		건조 후 제거 시 피부 표면의 오염 물질을 흡착한다.

> ✓ **개념 체크**
>
> 비누의 세정작용과 가장 거리가 먼 것은?
> ① 비누 수용액이 오염물질과 사이에 침투한다.
> ② 세정에 따른 물리적인 힘에 오염이 제거된다.
> ③ 피부의 오염을 쉽게 떨어지게 한다.
> ④ 세정성보다는 발포성을 중시하며 면도 전에 사용하면 좋다.
>
> ④

KEYWORD 02 | 피부 유형별 기초 관리법 및 세안법

1) 일반적인 세안법

① 1차 세안(포인트 메이크업)

- 포인트 메이크업의 개념 : 아이섀도, 눈썹, 아이라인, 마스카라, 입술의 '색조 화장'
- 포인트 메이크업 클렌징 순서 (빈출)

(립 & 아이리무버 준비) → 아이섀도 → 눈썹 → 아이라인 → 마스카라 → 입술

- 포인트 메이크업 클렌징

아이섀도	한 손은 눈썹 앞머리를 눌러 고정한 후 눈두덩이에서 눈썹꼬리 방향으로 2~3회 가볍게 눌러 닦아 낸다.	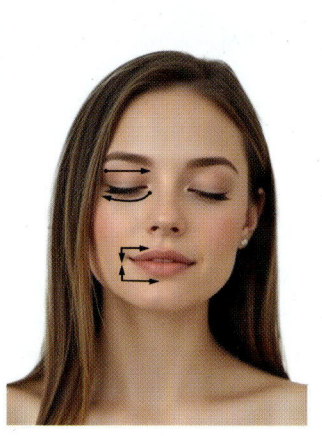
눈썹	한 손은 눈썹 앞머리를 눌러 고정한 후 눈썹 머리에서 눈썹꼬리 방향으로 가볍게 눌러 닦아 낸다.	
아이라인	면봉을 이용하여 눈꼬리 쪽으로 가볍게 닦아 낸다.	
마스카라	눈밑에 젖은 화장 솜을 받쳐 놓고 면봉을 위에서 아래로 닦아 낸 후 눈썹 쪽으로 접어 올려서 눈꼬리 쪽으로 닦아 낸다.	
입술	• 입술은 바깥쪽에서 안쪽으로 닦아 준다. • 한 손으로 입술 끝을 가볍게 누르고 윗입술은 위에서 아래로, 아랫입술은 밑에서 위로 닦아 준다.	

② 2차 세안(목과 안면)

- 순서 : 목 → 턱 → 뺨 → 코 → 이마 → 관자놀이
- 클렌징 로션 또는 크림을 손바닥에 덜어 따뜻하게 한다.
- 얼굴과 목에 펴 바른 후 가볍고 신속하게 순서대로 문질러서 지운다.
- 장시간 사용 시 피부에 흡수될 수 있다.

③ 3차 세안

- 클렌징 제품을 바르고 쓸어서 펴바르기, 밀착하여 펴바르기의 동작으로 가볍고 신속하게 닦아 낸다.
- 클렌징 동작은 근육이 움직이지 않도록 테크닉하는 것이 중요하다.
- 티슈로 가볍게 닦아 낸다.
- 해면을 이용하여 클렌징 제품 또는 잔여물을 닦아 낸다.
- 온습포로 닦아 낸다.
- 메이크업, 잔여물 또는 먼지나 이물질은 온습포를 사용하는 것이 좋다.
- 피부에 트러블이 있거나 염증 등의 문제가 있을 경우 냉습포를 사용하는 것도 좋다.

④ 4차 세안

- 토닉으로 잔여물을 제거하고 pH 밸런스를 찾는다.

2) 피부 유형별 피부관리법

① 기초 관리법

정상 피부	• 피부 보호 기능 및 유·수분 균형의 유지·관리를 목적으로 한다. • **천연보습인자**(NMF)가 함유된 제품을 사용하여 피부 건조와 노화를 방지한다. • 아침 : 세안 시 클렌저를 사용하지 않고 미지근한 물로 세안하며, 보습 크림을 얼굴 및 목 전체에 바른 후 자외선 차단제로 마무리 관리를 함 • 저녁 : 젤 클렌저를 사용하여 메이크업 화장품 및 피부의 분비물을 제거하는데, 주 1회 효소 클렌저를 이용하여 각질을 정리하고 수분 에센스와 보습 크림을 얼굴과 목 전체에 사용함
건성 피부	• 유·수분 균형을 정상화하는 관리가 필요하다. • 알칼리성 비누로 지나친 세안을 자제하고, 세안 후 보습 효과가 있는 화장품을 사용한다. • 아침 : 미지근한 물로 가볍게 세안한 후 건성 피부용 토너, 보습제 및 보호제, 자외선 차단제를 사용함 • 저녁 : 보습 에센스와 크림을 얼굴과 목 전체에 사용함
지성 피부	• 여드름을 예방하기 위해 모공 속 피지·노폐물 제거해야 한다. • 피지 조절과 표면 건조에 특히 신경 써야 하므로 유성성분의 화장품보다는 수분 에센스 사용하는 것이 좋다. • 아침 : 젤 타입의 클렌징 사용, 보습 크림, 피지 조절 크림으로 관리함 • 저녁 : 세안 시 이중 세안, 화장수와 보습 크림을 얼굴 및 목 전체에 사용함

② 피부 유형에 따른 세안법

피부 유형	특징	클렌저의 제형
정상	• 유분과 수분이 균형을 이루고 있다. • 피지가 정상적으로 분비된다. • 세안 후 피부 당김이 없다.	로션, 워터, 크림
지성	각질층이 두껍고 표피가 번들거린다.	젤, 로션, 워터
건성	세안 후 피부가 당기며 주름이 쉽게 진다.	워터, 로션, 크림, 오일, 폼
복합성	• T존에 유분이 많다. • 세안 후 눈가, 뺨 등의 부위가 심하게 당긴다.	젤, 로션, 워터, 폼
민감성	• 피부 조직이 섬세하고 얇으며 투명하다. • 피부가 잘 말라 당김이 심하고 외부 자극에 민감하다.	로션, 오일, 폼

SECTION 02 베이스 메이크업

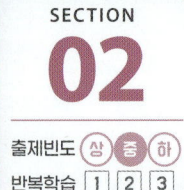

출제빈도 상 중 하
반복학습 1 2 3

빈출 태그 ▶ #메이크업베이스 #메이크업윤곽수정

메이크업 베이스

KEYWORD 01 베이스 메이크업의 개념

1) 베이스 메이크업(Base Make-up)

① 베이스 메이크업의 개념

피부 색조를 정돈하는 메이크업 베이스, 파운데이션, 컨실러, 음영 파운데이션, 파우더까지의 과정이다.

② 베이스 메이크업의 과정

파운데이션 → 컨실러 → 음영 파운데이션 → 파우더

2) 메이크업 베이스(Make-up Base)

① 개념 : 기초화장이 끝난 후 메이크업을 하기 전에 바르는 화장품
② 사용 목적 : 피부 색조 보정, 파운데이션의 퍼짐성, 밀착력, 지속력 등의 효과 증대

▼ 메이크업 베이스 컬러에 따른 피부 표현 효과

초록	붉은 기가 많은 피부(여드름 피부)를 중화한다.
핑크	희고 창백한 피부에 혈색을 부여한다.
흰색	칙칙하고 지저분한 피부를 밝게 표현한다.
노랑	어두운 피부를 중화시켜 밝게 표현한다.
보라	노란 피부를 화사하게 한다.
주황	건강한 느낌을 주는 태닝 피부를 표현한다.

3) 파운데이션(Foundation)

① 파운데이션의 사용 목적

- 피부를 보호한다.
- 피부색을 일정하게 조절한다.
- 입체감을 연출한다.
- 피부의 결점을 커버한다.
- 얼굴의 윤곽을 수정한다.

개념 체크

어두운 황갈색 피부를 가진 여성이 사용하기에 가장 적합한 메이크업 베이스의 컬러는?

① 옐로 컬러
② 그린 컬러
③ 블루 컬러
④ 핑크 컬러

①

② 파운데이션의 종류

파운데이션　　크림 파운데이션　　스틱 파운데이션　　투웨이 케이크　　비비크림

리퀴드 타입	• 수분 함량이 높아 얇고 투명하게 표현할 수 있다. • 커버력, 지속력이 약하다.
크림 타입	유분 함량이 높아 커버력, 지속력과 발림성이 좋다.
쿠션 타입	• 쿠션 형태의 스펀지를 피부에 찍어 바르는 형태이다. • 커버력과 지속력이 좋다. • 휴대가 간편하다.
스틱 타입	• 농축된 고체 타입으로 커버력이 좋다. • 강한 조명이 있는 무대나 연극에서 사용한다. • 사용 후에 브러시나 퍼프로 수정해야 한다.
스킨커버 타입	• 크림타입보다 커버력이 좋다. • 피부 결점, 주근깨, 여드름 흉터 등을 효과적으로 가려 준다.
케이크 타입	• 물에 강하여 지속력이 좋다. • 끈적임이 없고 커버력과 밀착력이 좋다. • 단독 사용보다는 리퀴드 타입 파운데이션과 섞거나 마무리 시에 사용한다
투웨이 케이크	• 파운데이션과 파우더가 결합된 형태이다. • 커버력과 지속력이 우수하다. • 물에 강하여 지속력이 좋다. • 자주 사용 시 피부가 건조해지므로 중년 여성에게 장기간 사용은 권하지 않는다.
파우더 타입	• 파우더 분말이 압축된 형태이다. • 파우더 형태라 건조함을 유발한다 • 건성피부나 민감성 피부에 사용하지 않는다.
비비크림 타입	• 블레미시 밤(Blemish Balm)이라고도 한다. • 색조가 있는 수분 공급 크림이다. • 프라이머, 모이스처라이저, 자외선 차단제, 피부톤 개선 기능을 통합한 일체형 크림이다.

③ 피부 색조에 따른 파운데이션 컬러

흰 피부	• 화사한 베이지 컬러로 차분하면서도 밀착된 피부를 표현한다. • 너무 밝은 색의 파운데이션은 들떠 보일 수 있다.
노란 피부	• 연한 핑크빛의 파운데이션으로 화사하면서도 건강하게 표현한다. • 일반 베이지색 파운데이션은 칙칙해 보일 수 있다.
붉은 피부	옐로 베이지 컬러의 파운데이션으로 피부의 홍조 커버 후 차분한 톤을 표현한다.
어두운 피부	• 연한 핑크빛의 자연스러운 베이지 컬러이다. • 진한 컬러의 파운데이션은 나이 들어 보일 수 있다.

> ✔ 개념 체크
>
> 다음 중 파운데이션에 대한 설명으로 적절하지 않은 것은?
>
> ① 흰 피부에는 라이트베이지 색상과 핑크베이지 색상의 파운데이션이 적합하다.
> ② 건성 피부에도 리퀴드 타입과 크림 타입의 파운데이션이 적합하다.
> ③ 팬케이크 타입의 파운데이션은 번들거림이 없고 가볍고 간편하게 피부 표현이 가능하다.
> ④ 핑크 컬러의 파운데이션은 흰 피부와 노란 피부의 화사한 피부 표현에 효과적이다.
>
> ③

> ✔ 개념 체크
>
> 베이스 메이크업 제품들의 사용법에 대한 설명으로 옳지 않은 것은?
>
> ① 파운데이션의 도포 시 피붓결을 따라 바르되 패팅과 슬라이딩 기법으로 밀착력을 높인다.
> ② 요철이 많은 피부에는 실리콘 타입의 프라이머를 사용하여 피부를 매끈하게 연출한다.
> ③ 투웨이 케이크 파운데이션은 번들거림이 없고 가볍고 간편하게 사용이 가능하여 중년 여성에게 적합하다.
> ④ 메이크업 시 메이크업 베이스를 발라 색조 화장의 색소 침착을 방지한다.
>
> ③

④ 음영 파운데이션의 기능

밝은 톤의 하이라이트용, 어두운 톤의 섀딩용 제품을 이용하여 얼굴을 입체적으로 표현한다.

베이스	피부색에 가까운 색상이나 피부색보다 한 톤 밝은 분홍색을 사용한다.
하이라이트	• 베이스 컬러보다 한 톤 밝은 색을 사용한다. • T존, 눈 밑, 낮은 부분, 좁은 부분에 사용한다.
섀딩	• 베이스 컬러보다 한 톤 어두운 색을 사용한다. • 이마, 뺨, 볼 뼈, 각진 턱, 코벽 부분에 사용한다.

⑤ 파운데이션 사용법

- 소량의 파운데이션과 오일을 1:1로 혼합하여 이마, 볼 등 넓은 부위부터 안에서 밖으로 피부 결을 따라 바른다.
- 슬라이딩 기법으로 바른 후 패팅 기법으로 밀착력을 높여 경계선이 보이지 않게 마무리한다.
- 2~3가지의 컬러 파운데이션으로 명암을 만들어 얼굴을 입체적으로 표현한다.
- 콧방울이나 눈과 입술 주변은 적은 양으로 꼼꼼하게 바른다.
- 얇게 덧바르는 게 효과적이다.

⑥ 파운데이션 테크닉

슬라이딩 (Sliding)	• 파운데이션을 피부 위에서 미끄러지듯이 펴 바르는 방법이다. • 주로 손가락이나 스펀지를 사용하여 자연스럽고 매끈한 피부를 표현한다.
패팅 (Patting)	• 가볍게 두드리며 파운데이션을 바르는 방법이다. • 피부에 파운데이션을 밀착시키고, 커버력을 높이는 데 효과적이다.
블렌딩 (Blending)	하이라이트나 섀딩의 경계를 부드럽게 처리하는 방법이다.
페더링 (Feathering)	• 경계선을 부드럽게 만들며 색상을 자연스럽게 그러데이션하는 기법이다. • 특히 립 메이크업에서 많이 사용한다.
선 긋기 (Lining)	• 파운데이션이나 컨투어링 제품을 사용해 얼굴의 선을 그리는 기술이다. • 이마, 뺨, 턱선 등을 강조하여 얼굴의 윤곽을 살리는 데 사용한다.
롤링 (Rolling)	• 스펀지나 브러시를 사용해 롤링하듯이 파운데이션을 바르는 방법이다. • 피부에 부드럽게 밀착되며, 마무리를 자연스럽게 한다. • 매트한 피부 표현에 좋다.
드래그 (Dragging)	• 파운데이션을 피부에 길게 쭉 끌어내려 바르는 기법이다. • 넓은 면적에 빠르게 바를 때 유용하다.
스탬핑 (Stamping)	• 피부에 살짝 눌러가며 파운데이션을 바르는 기법이다. • 파운데이션이 피부에 밀착되도록 하며, 자연스러운 커버를 제공한다.
믹싱 (Mixing)	• 서로 다른 종류의 파운데이션이나 제품을 섞어 사용하는 방법이다. • 다양한 질감과 색상을 조합하여 원하는 효과를 낼 수 있다.
핑크스 (Pinks)	• 파운데이션에 하이라이터나 블러셔를 섞어 사용하는 기법이다. • 자연스러운 발색을 주며, 생기 있는 룩을 연출하는 데 도움을 준다.

> ✓ 개념 체크
>
> 파운데이션의 테크닉과 그 설명으로 옳지 않은 것은?
> ① 슬라이딩 – 피붓결의 방향대로 펴 바르는 기법
> ② 페더링 – 브러시를 사용하여 선을 긋는 듯 바르는 기법
> ③ 블렌딩 – 하이라이트, 섀딩, 파운데이션을 베이스 색과 경계가 생기지 않도록 바르는 기법
> ④ 패팅 – 잡티가 많은 눈 밑, 볼 등 얼굴의 넓은 면을 스펀지 또는 손가락으로 가볍게 두드리는 기법
>
> ②

에어브러시 (Airbrush)	• 에어브러시 장비를 사용하여 파운데이션을 미세한 입자로 분사하는 기법이다. • 피부를 매끄럽고 자연스럽게 표현할 수 있다. • 커버력과 지속력이 좋다.

4) 컨실러(Concealer)

① 컨실러의 개념

파운데이션을 바르기 전이나 후에, 파운데이션만으로는 가려지지 않는 커다란 잡티(점, 흉터, 여드름, 뾰루지, 다크서클 등)를 가리는 데 사용하는 제품으로, 이름에 걸맞게 커버력이 우수하다.

② 컨실러의 분류

형태	스틱, 케이크, 팟, 리퀴드, 로션, 파우더 등
색상	• 그린 · 민트 · 올리브 : 홍조 커버, 붉은 피부 정돈 • 연보라 · 라벤더 : 노란 피부 정돈 • 노랑 : 기미, 잡티 커버 • 주황 : 어두운 피부의 다크서클 커버 • 코랄 핑크 · 피치 핑크 : 다크서클 커버 • 어두운 베이지 : 섀딩 • 일반적인 밝기의 베이지 · 바닐라 : 점 커버 • 펄 화이트 : 하이라이팅, 팔자주름 커버

③ 컨실러의 사용법

주의 사항	• 스폿 부분에 경계가 생기지 않도록 주의한다. • 적은 양을 붓으로 펴 바르거나 손가락으로 톡톡 두드려 시술한다.
결점 커버	• 다크서클 커버 : 파운데이션보다 밝은 톤의 리퀴드 · 크림 타입 컨실러 • 기미 · 주근깨, 잡티 커버 : 파운데이션 컬러와 비슷한 색의 펜슬 · 스틱 타입 컨실러 • 입술의 크기 조절 : 파운데이션 컬러와 비슷한 색의 립컨실러 • 립 제품의 발색 : 파운데이션 컬러와 비슷한 색의 립컨실러

5) 페이스 파우더(Face Powder)

① 페이스 파우더의 역할

- 지성 피부를 위한 제품으로, 파운데이션의 유분기를 제거하여 메이크업의 지속력을 높인다.
- 화장이 땀과 물에 얼룩지는 것을 방지한다.
- 외부의 유해 물질로부터 피부를 보호한다.

② 파우더의 종류

루즈 파우더 (Loose Powder)	• 압축되지 않은 파우더 제품이다. • 부드럽고 균일하게 발리고 표현력이 좋다. • 부피가 크고 쏟을 위험이 있기 때문에 사용하기 불편하다.
프레스트 파우더 (Pressed Powder)	• 압축된 파우더 제품이다. • 팩트라고 말하는 콤팩트 파우더가 프레스트 파우더의 일종이다.

컨실러

개념 체크

컨실러의 종류와 그 특징으로 옳지 않은 것은?

① 리퀴드 타입의 컨실러 – 수분 함량이 많고 얇게 표현되나 커버력이 다소 약하다.
② 크림 타입의 컨실러 – 커버력이 우수하여 붉은 반점이나 뾰루지, 잡티 등 피부 결점을 커버하여 효과적이다.
③ 스틱 타입의 컨실러 – 커버력이 우수하여 붉은 반점이나 뾰루지, 잡티 등 피부 결점을 커버하는 데 효과적이다.
④ 펜슬 타입의 컨실러 – 피부 톤과 같은 톤 색상으로 다크서클을 커버하는 데 효과적이다.

④

피니시 파우더 (Finish Powder)	마무리 시 사용하는 입체 파우더로 여러 색이 복합적으로 들어있다.
기타	• 펄 파우더(Pearl Powder) : 펄 성분이 섞여 있어 시머(Shimmer, 은은한 광채) 메이크업에 사용함 • 스타 파우더(Star Powder) : 펄 파우더보다 입자가 큰 글리터가 섞여 있어 화려한 메이크업에 포인트를 주기 위해 사용함

③ 피부 색조에 따른 파우더 컬러

페이스 파우더
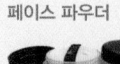

하이라이트 파우더

페이스 파우더	• 피부와 유사한 색상으로 바른다. • 파운데이션과 같은 톤으로 하거나 한 톤 밝게 선택한다.
투명 파우더	피부를 자연스럽게 표현한다.
화이트 파우더	• 피부를 밝고 화사하게 표현한다. • 투명하고 입체감을 강조한다.
핑크 · 오렌지 파우더	생기를 부여한다.
그린 파우더	피부를 투명하게 표현하고, 잡티를 커버한다.
퍼플 파우더	나이트 메이크업, 인공 조명 메이크업 시 사용한다.
브라운 파우더	섀딩 시 사용한다.
입체 파우더	• 기본 파우더 위에 덧발라 화사함을 표현한다. • 구슬 파우더, 모자이크 파우더가 입체파우더의 일종이다.

6) 베이스 메이크업용 화장품 선택

① 피부 유형과 베이스 메이크업용 화장품

정상 피부	• 리퀴드 타입의 메이크업 베이스를 선택한다. • 가볍고 깨끗한 이미지를 부각해 표현한다.
건성 피부	• 촉촉한 제형의 메이크업 베이스를 선택한다. • 크림 제형의 보습 크림과 섞어서 사용한다.
지성 피부	• 오일 프리 리퀴드 타입, 파우더 타입을 선택한다. • 모공이 클 경우, 지성 · 복합성 전용 모공 프라이머를 사용한다. • 파우더를 이용하여 마무리한다.

② 질감에 따른 베이스 메이크업 표현

글로시(Glossy)	• 광택이 나는 건강한 피부 표현하는 것이다. • 펄 베이스, 펄 파운데이션, 펄 파우더를 발라 광택을 준다.
매트(Matt)	• 유분기가 없는 피부 표현하는 것이다. • 파우더를 사용하여 피부를 깨끗하게 표현한다.
크리미(Creamy)/ 실키(Silky)	• 피부의 결을 고르고 매끈하게 표현하는 것이다. • 리퀴드 파운데이션 위에 파우더를 소량 사용한다. • 펄감이 함유된 제품으로 피부를 윤기 있게 표현한다.

KEYWORD 02 베이스 메이크업 도구

1) 베이스 메이크업 도구의 종류

스펀지 (Sponge)	• 메이크업 베이스와 파운데이션을 얼굴에 바르는 용도로 쓴다. • 커버력과 밀착력을 높이기 위해 사용한다. • 탄력성과 밀도가 높은 제품은 밀착력이 높다. • 라텍스 재질 : 화장품의 유·수분 흡수로 지속력을 높임
퍼프 (Puff)	• 벨벳 타입 퍼프 : 고운 입자 파우더에 적합함 • 면 퍼프 : 땀과 유분이 많을 때 적합함 • 에어 타입 퍼프 : 공기층이 있어 뭉침 없이 파우더가 밀착됨
스패츌러 (Spatulas)	• 메이크업 제품을 위생적으로 덜어 쓰기 위해 사용한다. • 짧을수록 손에 힘이 잘 실려 편하게 사용할 수 있다.
컨실러 브러시 (Concealer Brush)	• 잡티 커버 시술 시 사용한다. • 탄력 있고 힘이 있는 합성모가 사용된다.
컨투어 브러시 (Contour Brush)	• 메이크업 얼굴 윤곽을 잡아 주는 브러시이다. • 하이라이트 브러시, 노즈 브러시 등이 있다.
하이라이트 브러시 (Highlight Brush)	하이라이트를 줄 때 사용하는 브러시이다.
노즈 섀도 브러시 (Nose Shadow Brush)	음영을 줄 때 사용하는 사선형의 브러시이다.
파운데이션 브러시 (Foundation Brush)	• 파운데이션을 뭉침 없이 바르기 위해 사용한다. • 탄력이 좋으면서 납작한 것이 좋다.
파우더 브러시 (Powder Brush)	• 숱이 많고 둥글며 크고 부드러운 파우더용 브러시이다. • 촉감이 부드럽고 자극이 없는 것 선택한다.
팬 브러시 (Pan Brush)	파우더의 여분을 털어 낼 때 사용하는 부채꼴 모양의 브러시이다.
스크루 브러시 (Screw Brush)	뭉친 마스카라를 풀거나 눈썹의 결을 정리하는 나선형의 브러시이다.

2) 베이스 메이크업 도구의 세척법

천연모 브러시	• 미지근한 물에 브러시 전용 클렌저나 샴푸를 푼다. • 브러시를 담가 흔들거나 적당한 힘으로 눌러 메이크업 잔여물을 녹인다. • 잔여물이 나오지 않을 때까지 흐르는 물에 헹군다. • 타월로 감싸 물기를 제거한다. • 털끝을 아래로 향하게 해 그늘에서 건조한다.
인조모 브러시	• 클렌저를 손바닥에 덜고 물에 적신 브러시를 눌러 메이크업 잔여물을 녹인다. • 충분히 거품이 나면 흐르는 물에 잔여물이 나오지 않을 때까지 헹군다. • 린스를 바르고 린스가 남아 있지 않도록 헹군다. • 털끝을 아래로 향하게 해 그늘에서 건조한다.

스펀지

퍼프

스패츌러

컨실러브러시

컨투어브러시

하이라이트 브러시

노즈 섀도 브러시

파운데이션 브러시
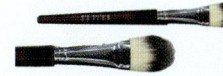

파우더 브러시

팬브러시

스크루 브러시

> **개념 체크**
>
> 다음 중 베이스 메이크업의 재료와 도구에 대한 설명으로 옳지 않은 것은?
>
> ① 합성 스펀지 – 유분을 흡수하는 능력은 떨어지나 탄성이 좋고 가격이 저렴하고, 사용 후 세척이 가능하다.
> ② 파운데이션 브러시 – 파운데이션을 뭉침 없이 펴 바를 때 사용하고 천연모로 탄성이 좋은 것을 선택한다.
> ③ 스패출러 – 제품을 덜 때나, 파운데이션 컬러를 피부톤에 맞추기 위해 제품을 섞을 때 사용한다.
> ④ 파우더 퍼프 – 파운데이션 후 유·수분을 잡기 위해 파우더와 함께 사용하는 면 100% 제품으로 촉감이 부드러운 것이 적합하다.
>
> ②

면 퍼프	• 미지근한 물에 퍼프를 적시고, 클렌저를 묻힌다. • 양손으로 퍼프를 잡고 클렌저를 펼쳐가며 오염된 부분을 제거한다. • 적당한 압력으로 주무르고 비벼가며 씻는다. • 흐르는 미온수에서 맑은 물이 나올 때까지 헹군다. • 마른 타월을 이용해 퍼프를 감싸 물기를 없앤다 • 통풍이 잘되는 그늘에서 건조한다.
스펀지	• 클렌저를 스펀지에 묻혀 양손으로 쥐고 엄지손가락으로 눌러 거품을 낸다. • 얼룩이 지워지면 흐르는 미온수에서 맑은 물이 나올 때까지 헹군다. • 마른 타월을 이용해 스펀지를 감싸 물기를 없앤다. • 통풍이 잘되는 그늘에서 건조한다.

KEYWORD 03 얼굴 윤곽의 수정

1) 윤곽 수정 메이크업

① 윤곽 수정 메이크업의 개념

얼굴에 입체감을 살리고 얼굴형을 수정·보완하는 메이크업 방법이다.

② 윤곽 수정 파운데이션 색상의 종류

베이스 (Base)	피부 색조와 유사한 컬러로 자연스럽게 표현한다.
섀딩 (Shading)	• 음영을 주기 위해 피부 색조보다 한두 톤 어두운 색을 선택한다. • 각진 턱 부분, 뺨 부분, 넓은 이마, 헤어 라인, 얼굴 라인, 코 벽 등을 표현한다.
하이라이트 (Highlight)	• 화사하고 입체감을 주기 위해 피부 색조보다 한두 톤 밝은 색을 선택한다. • T존, 눈밑 다크서클, 눈 아래 튀어나온 부분, 눈썹뼈 부분, 턱의 가장 튀어나온 부분 등을 표현한다.

③ 윤곽 수정 메이크업의 과정

- 피부에 윤기를 주고 파운데이션의 발색력을 높이는 메이크업 베이스를 바른다.
- 파운데이션으로 피부를 보정한다.
- 컨실러로 잡티, 주근깨, 점 등을 가린다.
- 얼굴형에서 덜어내고 싶은 부분에 본래의 피부색보다 어두운 색을 바른다.

▼ 컨투어링 메이크업 팁

- 컨투어링에 가장 흔히 쓰이는 제품은 프레스드 타입의 섀딩 팩트이다.
- 야외 촬영 메이크업에서는 T존과 눈 밑의 하이라이트를 주고, 턱 선과 이마에 섀딩을 하여 윤곽을 뚜렷하게 잡아준다.
- 얼굴 피부와 목선의 경계가 생기지 않도록 주의해야 한다.

섀딩과 하이라이트

2) 얼굴형에 따른 윤곽 수정 메이크업

① 계란형

특징	얼굴의 길이가 너비보다 길며, 전체적으로 부드러운 곡선으로 균형 잡힌 얼굴이다.
이미지	가장 이상적인 얼굴형, 우아하고 부드러운 느낌을 주며, 여성스러운 인상이다.
하이라이트	미간, 코, 눈밑, 눈썹 꼬리, 턱 끝 등에 하이라이트를 준다.
섀딩	코벽, 턱 밑, 헤어라인 등에 섀딩을 한다.

② 둥근형

특징	얼굴의 길이와 너비가 비슷하며, 전체적으로 부드러운 곡선을 이룬다.
이미지	어려 보이고 사랑스럽고 부드러운 느낌을 준다.
하이라이트	코가 길어 보이도록 이마에서 코 끝을 향해 하이라이트를 준다.
섀딩	양쪽 볼 측면에 섀딩을 한다.

> **개념 체크**
>
> 얼굴형이 둥근 신부를 위한 메이크업 수정 방법으로 가장 거리가 먼 것은?
> ① 노즈 섀도는 생략한다.
> ② 둥근 얼굴형을 시원하게 보이기 위해 얼굴 외곽을 섀딩 처리한다.
> ③ T존 부위를 하이라이트 처리하고 상승형의 눈썹을 그린다.
> ④ 관자놀이에서 광대뼈 앞쪽으로 세로형의 블러셔를 한다.
>
> ①

> **✅ 개념 체크**
>
> 긴 얼굴형의 윤곽 수정 표현 방법으로 가장 거리가 먼 것은?
> ① 콧등 전체에 하이라이트를 주어 입체감 있게 표현한다.
> ② 노즈 섀도는 짧게 표현한다.
> ③ 눈 밑은 폭넓게 수평형의 하이라이트를 준다.
> ④ 이마와 아래턱은 섀딩 처리하여 얼굴의 길이가 짧아 보이게 한다.
>
> ①

> **✅ 개념 체크**
>
> 다음의 얼굴형 중 성숙하고 고상한 이미지를 주는 얼굴형은?
> ① 사각 얼굴형
> ② 마름모 얼굴형
> ③ 역삼각 얼굴형
> ④ 긴 얼굴형
>
> ④

③ 긴형

특징	얼굴이 길고, 이마와 턱선이 비슷하며, 광대가 상대적으로 좁다.
이미지	성숙하고 세련되고 도시적인 느낌이 들고 우아하나, 나이 들어 보인다.
하이라이트	이마와 눈 밑 부분에 가로 방향으로 연출한다.
섀딩	헤어라인, 코끝, 턱 끝에 연출한다.

④ 역삼각형

특징	이마가 넓고 턱이 뾰족한 형태이다.
이미지	우아하고 여성스러운 느낌 지적이고 세련된 느낌이다.
하이라이트	콧등, 눈 밑, 양쪽 볼에 하이라이트를 준다.
섀딩	양쪽 이마 부분, 턱 끝을 섀딩한다.

⑤ 사각형

특징	이마선과 턱선이 각져 볼 선도 직선에 가깝다.
이미지	활동적이며 강렬하고 현대적인 느낌, 다소 남성적인 느낌이다.
하이라이트	T존에서 둥근 느낌으로 하이라이트를 준다.
섀딩	이마 양 옆, 턱의 각진 좌우측 부분을 섀딩한다.

⑥ 마름모형

특징	이마와 턱이 좁고, 광대가 가장 넓은 형태이다.
이미지	독특하고 개성 있는 느낌. 다양한 스타일이 잘 어울린다.
하이라이트	양쪽 이마, 양쪽 볼에 하이라이트를 준다.
섀딩	광대뼈, 턱 끝을 섀딩한다.

> **개념 체크**
>
> 얼굴형에 따른 섀딩 부위에 대한 설명으로 가장 적합한 것은?
>
> ① 사각형 - 헤어라인
> ② 긴 형 - 양볼 뒤쪽
> ③ 둥근형 - 이마 양쪽
> ④ 마름모형 - 광대뼈와 뾰족한 턱
>
> ④

3) 노즈 섀딩

기본형 짧은 코 긴 코

콧방울이 작은 코 콧방울이 퍼진 코

기본형	T존은 밝게, 눈썹뼈와 코가 이루는 골을 어둡게 섀딩한다.
짧은 코	콧방울만 어둡게 터치해 코끝이 높아 보이도록 표현한다.
긴 코	콧방울과 코끝을 가로 방향으로 섀딩한다.
콧방울이 작은 코	• T존은 밝게 하되 미간까지만 섀딩하고, 눈썹 머리 부분만 섀딩한다. • 콧방울은 어둡게 섀딩한다.
콧대가 낮고 콧방울이 굵은 코	• 눈썹 앞머리에서 콧대를 가볍게 섀딩한다. • 콧방울은 그러데이션으로 섀딩한다.
옆으로 휜 코	일자 형태로 보이게 코의 휜 방향의 반대쪽으로 섀딩한다.

SECTION 03 색조 메이크업

출제빈도 상 중 하
반복학습 1 2 3

빈출 태그 ▶ #아이브로메이크업 #속눈썹마스카라

합격강의

KEYWORD 01 아이브로 메이크업

색조 메이크업

1) 아이브로(Eyebrow) 메이크업의 기능
- 얼굴형과 눈매의 단점을 보완하고 인상을 결정한다.
- 얼굴의 이미지에 따른 개성을 연출한다.
- 얼굴의 좌우 균형을 이루게 하고 안정감을 제공한다.

2) 눈썹 모양에 따른 이미지

기본형 눈썹	기본적인 눈썹의 형태이다.
직선형 눈썹	• 활동적, 남성적인 느낌을 준다. • 긴 얼굴형이나 긴 네모형 얼굴형에 적합하다.
각진형 눈썹	• 단정하고 세련된 느낌을 준다. • 둥근 얼굴형, 넓은 삼각형 얼굴형에 적합하다.
아치형 눈썹	• 여성적이고 우아한 느낌을 준다. • 이마가 넓은 얼굴형, 각진 얼굴형, 역삼각형 얼굴형에 적합하다.
상승형 눈썹	• 역동적이며 개성 있고 강한 느낌을 준다. • 둥근 얼굴형, 각진 얼굴형에 적합하다.
처진 눈썹	온화하고 겸손해 보이는 느낌을 준다.
두꺼운 눈썹	이미지가 강하고 액티브하지만 여성미는 부족하다.
얇은 눈썹	• 온순하며 여성스러운 느낌을 준다. • 병약해 보일 수 있다.

> **개념 체크**
>
> 매혹적이면서 우아하고 여성스러운 메이크업 연출방법으로 가장 거리가 먼 것은?
> ① 눈썹은 블랙 아이브로 펜슬을 사용하여 깔끔하게 그려 준다.
> ② 여성스러운 아이 메이크업을 연출하기 위해 퍼플과 골드 계열의 아이섀도로 음영감 있는 눈매를 연출한다.
> ③ Y존과 눈 밑에 하이라이트를 주고 얼굴 윤곽에 섀딩을 처리하여 입체적이면서도 여성스러운 얼굴을 연출한다.
> ④ 입술산은 로즈 컬러로 각지지 않게 부드럽게 그려 주어 여성스러움을 표현한다.
>
> ①

미간이 넓은 눈썹		• 너그럽고 낙천적이며 온화한 느낌을 준다. • 어리석어 보일 수 있다.
미간이 좁은 눈썹		• 지적이며 세련된 이미지 • 답답하고 인색하며 소심해 보일 수 있다.

3) 눈썹 굵기, 길이에 따른 이미지

굵기	굵은 눈썹	강렬함, 개성미, 자신감, 건강미
	가는 눈썹	부드러움, 여성스러움, 귀여움, 청순함
길이	긴 눈썹	세련됨, 우아함, 이지적, 성숙함, 고상함
	짧은 눈썹	발랄함, 젊음, 경쾌함, 코믹함

4) 기본형 눈썹의 표현과 수정

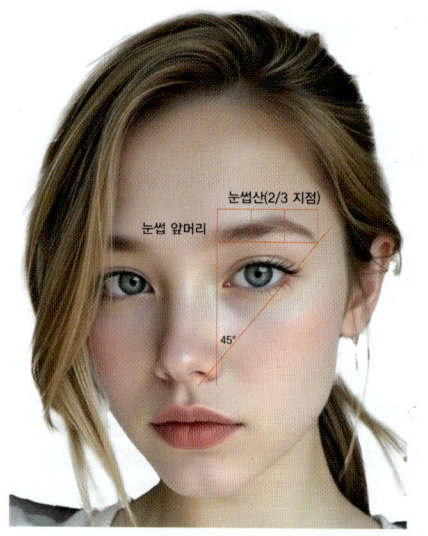

① 기본형 눈썹의 표현
- 얼굴형과 이미지를 고려하여 눈썹산과 눈썹 길이를 먼저 결정한다.
- 아이브로로 결을 먼저 정리 후, 아이브로 섀도를 이용하여 그려 준다.
- 눈썹산은 수직선 위에서 동공보다 안쪽으로 들어오지 않게 하며 눈썹산의 높이에 따라 이미지가 좌우되므로 유의한다.
- 눈썹꼬리는 눈썹 앞머리보다 아래로 내려오지 않고 눈 길이보다 약간 길게 그린다.

② 기본형 눈썹의 수정
- 스크루 브러시를 이용하여 눈썹모를 가지런히 정리한다.
- 모델의 얼굴형 및 본래의 아이브로 형태를 고려하여 원하는 눈썹 모양을 그린다.
- 아이브로 밑에 불필요한 부분을 아이브로 브러시로 빗겨 수정 가위로 잘라 낸다.
- 아이브로 주변의 지저분한 부분을 눈썹 칼을 이용해 정리한다.

5) 다양한 아이브로의 표현과 수정

① 얼굴 형태에 따른 아이브로 표현

계란형	• 이상적인 얼굴형이다. • 기본형의 아이브로를 자연스럽게 그린다.
둥근형	• 귀엽고 여성스러운 느낌의 얼굴형이다. • 눈썹산을 약간 높게 그리면 얼굴이 갸름해 보인다.
긴 형	• 지적이며 성숙한 느낌의 얼굴형이다. • 약간 도톰한 수평(일자)형으로 그린다.
삼각형	• 이마가 좁고 양 턱이 발달한 얼굴형이다. • 아이브로 꼬리 부분을 늘려 전체적으로 약간 긴 형태로 그린다.
역삼각형	• 차가워 보일 수 있는 느낌의 얼굴형이다. • 이마가 좁아 보이게 눈썹산을 약간 앞에 있는 형태로 그린다.
사각형	• 강하고 남성적인 느낌의 얼굴형이다. • 눈썹산을 둥글게 그려 여성스럽고 부드러워 보이게 한다.

② 아이브로 특징에 따른 수정 메이크업

숱이 두꺼운 눈썹	자신의 얼굴형에 맞게 자연스럽게 손질 회색과 갈색 섀도로 정리하고 나머지 눈썹 부분은 제거한다.
숱이 적은 눈썹	아이브로 펜슬로 자연스러운 형태로 그려 주고 회색과 갈색 섀도로 정리한다.
아래로 처진 눈썹	처진 눈썹을 정리하고 아이브로 펜슬로 자연스러운 형태로 그려 준다.
올라간 눈썹	올라간 눈썹을 정리하고 아이브로 펜슬로 자연스러운 형태로 그려 준다.
눈썹모가 불규칙한 눈썹	불규칙한 눈썹을 정리하고, 아이브로 펜슬로 자연스러운 형태로 그려 준 뒤 회색과 갈색 섀도로 정리한다.

6) 아이브로 제품 활용

① 제형별 종류

펜슬	• 눈썹 결을 살리며 원하는 대로 눈썹 라인을 정교하게 그릴 수 있다. • 대중적으로 에보니 펜슬을 많이 사용한다.
젤	• 젤의 지속력이 장점이다. • 숱이 옅고 모양이 흐릿한 눈썹, 유분기가 많은 눈썹에 적합하다.
마스카라	• 눈썹에 풍성한 볼륨을 제공한다. • 눈썹 결을 정돈하고 컬러를 입힐 때 사용한다. • 염색한 모발에 눈썹 색상을 맞출 때 적합하다. • 브로우 셰이퍼의 기능을 한다.
틴트	• 지속력이 뛰어난 틴트형 아이브로이다. • 눈썹의 길이가 짧거나 중간에 끊긴 눈썹에 사용하기 적합하다. • 틴트 특성상 피부에 스며든다. • 눈썹 모양을 잘못 잡은 경우 수정이 어렵다.
케이크	• 아이브로 젤과 아이섀도로 구성된 케이크이다. • 숱이 적거나 두께가 넓은 경우 눈썹에 숱과 컬러를 줄 때 적합하다.

아이브로

② 색상별 종류

블랙	• 단정함, 시크함, 중성적인 느낌을 준다. • 눈이 크고 흰 피부에 적합하다.
회갈색	• 동양인에게 가장 잘 어울리는 컬러이다. • 여느 색보다 단정하고 자연스럽다.
브라운	• 머리 색이나 눈동자 색이 밝은 경우에 쓴다. • 인상이 부드럽고 밝은 이미지를 표현하는 데 쓴다.
회색	노인이나 환자 분장에 사용한다.

KEYWORD 02 아이섀도

아이섀도

1) 아이섀도(Eye Shadow)를 사용하는 목적
- 눈에 음영을 주어 깊이감과 입체감을 표현한다.
- 눈매를 수정 및 보완한다.
- 메이크업 이미지를 좌우하는 매우 중요한 메이크업 요소이다.

2) 아이섀도의 시술 순서

베이스 컬러 → 메인 컬러 → 포인트 컬러

3) 아이섀도의 부위별 명칭

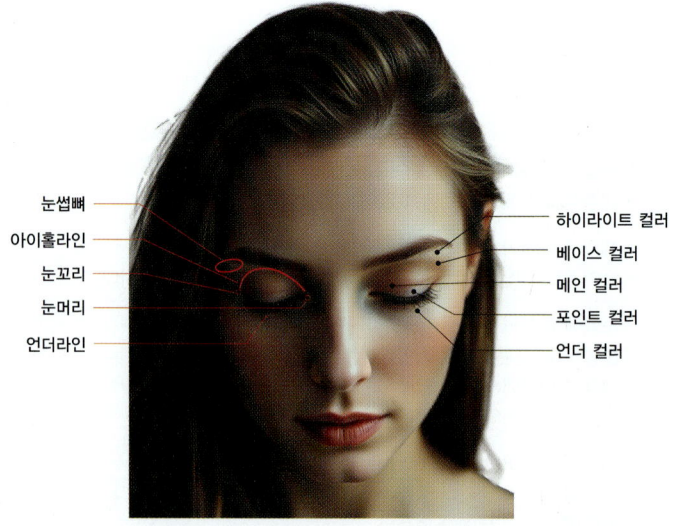

베이스 컬러	• 눈두덩 전체에 바르는 밝은 살구색이나 베이지, 연한 핑크색 등 뉴트럴 계열 컬러이다. • 메인 컬러가 정확한 색으로 고르게 발색되도록 도와준다.
메인 컬러	• 아이 메이크업 음영감의 주된 느낌을 주는 색상이다. • 피치, 핑크, 브라운, 진한 오렌지 등 베이스 컬러보다 약간 진한 중간 톤의 색상이다.
포인트 컬러	• 가장 진한 색 버건디, 다크 브라운, 블랙 등의 컬러이다. • 눈 앞머리와 뒤쪽, 눈 밑부분 삼각 존에 사용한다. • 눈매가 그윽해 보이는 효과를 낸다. • 아이라이너를 그리기 전 눈꼬리 영역을 잡는 가이드라인으로 사용한다.
하이라이트 컬러	눈썹뼈 아래, 눈앞머리, 눈동자 중앙에 입체감을 표현하기 위해 사용한다.
언더 컬러	• 메인, 포인트 컬러의 아이섀도를 눈 밑 언더라인에 바르는 색상이다. • 눈 윗부분과 언더 부분을 연결하여 눈매가 또렷하고 커 보이도록 한다.

4) 아이섀도의 제형별 타입 빈출

케이크 (프레스드 파우더)	• 파우더를 압축시켜 만든 콤팩트형 아이섀도이다. • 그러데이션이 쉽고 색상이 다양하다.
크림	• 유분 함유로 발림성이 좋고 발색력과 도포가 쉽다. • 뭉침이 있고 지속력이 미흡하다.
펜슬	• 휴대하기 좋고 발색력이 우수하다. • 그러데이션 표현이 어렵다.
파우더	• 광택 질감으로 화려한 느낌을 낸다. • 하이라이트 표현 시 사용한다. • 펄 날림이 있다.
스틱	• 전문가용으로 사용된다. • 색감, 표현력이 강하다.

5) 아이섀도의 색상과 특징

핑크 계열	흰 피부에 어울리는 소녀다움과 어려 보이는 느낌을 낸다.
오렌지 계열	• 경쾌하고 건강하고 따뜻한 느낌을 낸다. • 약간 검은 피부에 적합하다.
블루 계열	• 젊고 깨끗하고 시원하고 차가운 느낌을 낸다. • 여름 메이크업에 적합하다.
그린 계열	• 젊고 신선한 느낌을 낸다. • 봄 메이크업의 포인트 색으로 적합하다.
바이올렛 계열	• 흰 피부에 잘 어울리며 우아한 여성미가 강조되고 귀족적인 느낌을 낸다. • 파티 메이크업에 적합하다.
브라운 계열	• 모든 피부에 잘 어울리고 자연스럽고 차분한 느낌을 낸다. • 눈에 입체감을 준다.
회색 계열	• 흰 피부에 잘 어울리고 시크한 느낌을 낸다. • 스모키 메이크업에 사용한다.

6) 눈 모양에 따른 아이섀도 방법 (빈출)

눈 모양	방법
큰 눈	자연스러운 색상으로 아이홀을 따라 연하게 그러데이션 효과를 준다.
작은 눈	• 눈 전체를 밝은색으로 도포한다. • 눈 앞머리부터 꼬리까지 짙은 색으로 연장한다. • 아래, 위 라인을 방사형으로 그러데이션한다. • 눈 밑의 도톰한 부분, 즉 '애굣살'에 글리터나 시머(Shimmer)를 바르면 전체적으로 눈이 더 반짝이는 화려한 느낌으로 애굣살까지 눈으로 인식되어 전체적으로 커 보인다.
눈꼬리가 올라간 눈	• 눈 앞머리 부분은 짙은 색을 눈 중앙부터 꼬리까지 옅은 색을 쓴다. • 꼬리부분에 언더 컬러를 넓게 발라 시선을 분산한다.
눈꼬리가 내려간 눈	• 눈 앞머리보다 꼬리부분에 포인트를 준다. • 사선 방향으로 올려서 넓게 바른다. • 눈꼬리 언더 라인 부위에도 진하지 않게 그러데이션 효과를 준다.
쌍꺼풀이 없는 눈	• 쌍꺼풀 두께만큼 포인트 컬러를 준다. • 눈썹 뼈에 하이라이트를 준다. • 베이스 컬러는 눈썹 뼈 아래와 아이홀까지, 메인 컬러는 베이스 컬러의 절반 정도를 칠한다. • 전체적인 넓은 그러데이션 효과를 준다.
움푹 들어간 눈	눈 중앙에 포인트로 밝은 색이나 펄 아이섀도로 표현한다.
돌출된 눈	눈 중앙에 매트한 파스텔 브라운을 도포한다.
눈두덩이가 나온 눈	• 어두운 톤의 색상을 선택한다. • 펄은 사용하지 않으며 브라운이나 그레이 컬러로 아이홀 중심으로 넓게 도포한다. • 포인트 색상은 선명하게 표현한다.
눈 사이가 좁은 눈	• 눈 앞머리보다 꼬리부분에 포인트 컬러를 쓴다. • 포인트 컬러를 바르고 남은 양으로, 삼각존에 발라주면 뒤트임 효과를 낸다.
눈 사이가 먼 눈	• 눈 앞머리에 시머펄이나 하이라이터를 소량 도포하여 트여 보이는 효과를 낸다. • 진한 포인트 컬러를 눈 앞머리에 표현하고, 꼬리부분을 밝게 처리한다. • 노즈 섀딩을 강조하여 면을 분할하여 연출한다.

✅ **개념 체크**

눈앞머리 부분에 짙은 색 아이섀도를 바르고 눈 중앙에서 꼬리까지는 옅은 색 아이섀도를 바르며 언더는 꼬리 부분을 넓게 펴 바르는 방법으로 보완해야 하는 눈의 모양은?

① 눈과 눈 사이가 좁은눈
② 눈두덩이가 나온 눈
③ 눈꼬리가 내려간 눈
④ 눈꼬리가 올라간 눈

④

7) 아이섀도 기법

구분			설명
가로기법 (프레임 기법)			• 아이섀도 기법의 기본형이다. • 자연스럽고 부드럽고 차분한 분위기를 연출한다. • 돌출된 눈이나 부은 눈에 적합하다. • 메인 컬러 : 아이홀까지 전체적으로 적용 • 포인트 컬러 : 쌍커풀 라인까지 채우며 그러데이션
사선 기법			• 지적인 분위기를 연출하는 데 적합하다. • 메인 컬러 : 아이홀까지 전체적으로 적용 • 포인트 컬러 : 눈꼬리에서 사선모양으로 그러데이션
홀 기법	내측		눈에 홀라인을 잡은 후 아이홀 안쪽으로 그러데이션 효과를 준다.
	외측		• 눈에 홀라인을 잡은 후 아이홀 바깥쪽으로 그러데이션 효과를 준다. • 홀라인 안쪽은 밝은색으로 채운다.
	음영		• 눈에 홀라인을 잡은 후 아이홀 라인에 음영을 주며 그러데이션 효과를 준다. • 그윽한 눈매와 클래식함을 연출하는 데 쓴다.
실루엣 기법			• 눈 앞머리와 꼬리 부분에 포인트 기법이다. • 꼬리부분을 조금 더 넓고 강하게 연출한다. • 눈동자 부분에 하이라이트를 준다.

KEYWORD 03 아이라이너

1) 아이라이너(Eye Liner)의 개념과 역할

① 아이라이너의 개념

눈매를 강조하여 눈이 커 보이게 하거나 또렷하게 하고 눈매를 보정하는 화장품이다.

② 아이라이너 색상별 역할

블랙	브라운	기타 색
• 눈매를 선명하게 표현할 때 쓴다. • 두껍게 그리면 인상이 세 보인다.	부드럽고 자연스러운 이미지를 표현하는 데 쓴다.	분장이나 특수 상황에서 쓴다.

아이라이너의 종류

개념 체크

내수성과 방수성이 강하여 번짐 없이 장시간 지속되나 조명에 의해 광택감이 생겨 인위적인 눈매가 연출될 수 있는 아이라이너는?

① 케이크 타입
② 붓펜 타입
③ 리퀴드 타입
④ 젤 타입

③

개념 체크

위쪽 아이라인을 가늘게 그리고 아래쪽 눈꼬리 부분을 수평도는 살짝 아래로 그려야 하는 눈의 모양은?

① 지방이 많은 두툼한 눈
② 눈꼬리가 올라간 눈
③ 가늘고 긴 눈
④ 작은 눈

②

개념 체크

부위별 형태에 따른 메이크업의 테크닉에 대한 설명으로 적절하지 <u>않은</u> 것은?

① 부어 보이는 눈은 펄이 함유된 섀도는 피하고 붉은 계열의 브라운 컬러로 음영 처리한다.
② 가늘고 긴 눈은 아이라인은 눈동자가 위치한 눈의 중앙부분을 도톰하게 그리고 눈 앞머리와 꼬리는 자연스럽게 그린다.
③ 얇고 처진 입술은 입술라인보다 1~2mm 바깥쪽으로 그리되 구각을 살짝 올려 그리고 펄이 든 밝은 컬러의 립스틱을 사용한다.
④ 둥근형의 얼굴은 광대뼈에서 입꼬리 방향으로 사선 느낌이 들도록 치크를 연출한다.

①

2) 아이라이너 제품의 종류

펜슬	• 수정하기 쉬워서 초보자부터 전문가까지 가장 쉽게 사용한다. • 쉽게 지워지고 번짐 현상이 있다. • 워터프루프 타입과 일반적인 타입이 있다.
리퀴드	• 번짐 없이 섬세한 라인을 그릴 수 있고 지속력이 우수하고 색상이 선명하다. • 빛 반사가 나타나는 편이라 광택이 있고 수정이 어렵다.
젤	• 브러쉬를 사용해서 양을 조절한다. • 펜슬보다 또렷하고 정교해, 리퀴드 타입보다 자연스러운 라인을 연출할 수 있다. • 펜슬보다 짙은 라인을 연출할 수 있다.
붓펜	• 눈꼬리를 그리기 편해서 아이라인을 처음 그리는 사람이 사용하기 좋다. • 건조 시간이 짧다. • 수성 타입은 눈물이 나면 주위로 번져 소위 '판다'로 변신하기 쉽다. • 가격이 저렴하지만 라인이 흐리다. • 펜슬로 채우고 붓펜으로 꼬리만 만드는 경우도 많다.
케이크	• 붓에 물을 묻혀서 케이크 아이라이너를 개어서 사용한다. • 점성 조절이 가능하고, 발색이 부드러워 눈매를 자연스럽게 표현할 수 있다. • 분장용이 많으며 코스메틱용은 구하기 힘들다.

3) 눈 모양에 따른 아이라인 방법 (빈출)

큰 눈		속눈썹 가까이에 부각되지 않게 그린다.
작은 눈		• 위 아이라인과 언더라인 약간 굵게 그린다. • 눈 꼬리 부분에서 만나지 않게 연결한다.
눈꼬리가 올라간 눈		아이라인은 가늘게 아래 눈꼬리 부분은 수평이나 약간 아래로 그린다.
눈꼬리가 내려간 눈		• 위 눈꼬리 부분에서 약간 위로 그린다. • 언더라인은 생략이나 연하게 그린다.
두툼한 눈		눈 앞머리부터 꼬리까지 그리되 꼬리부분은 굵게 그린다.
가늘고 긴 눈		전체적으로 그리되 눈 중앙부분은 도톰하게 그려 연결한다.

KEYWORD 04　마스카라

1) 마스카라(Mascara)의 개념과 용도

① 마스카라의 사용 목적

속눈썹을 길고 풍성하게 만들어 눈이 커 보이게 하고 깊이감이 있는 눈매를 연출한다.

② 마스카라 색상별 용도

블랙	눈매를 또렷하고 강렬하게 표현한다.
브라운	자연스럽고 부드럽게 표현한다.
투명	속눈썹 결을 살리고 고정한다.
기타	메이크업 이미지나 계절에 따라 선택하여 연출한다.

2) 마스카라의 종류별 특성

컬링 마스카라	속눈썹을 올려 주는 효과가 뛰어나, 속눈썹이 처진 사람에게 유용하다.
볼륨 마스카라	• 속눈썹을 더욱 풍성하게 해 주는 효과가 있다. • 속눈썹 숱이 적은 사람에게 효과적이다.
롱래시 마스카라	섬유질이 있어 속눈썹이 길어 보이게 할 수 있다.
워터프루프 마스카라	• 물에 강해 눈 주위가 쉽게 번지는 사람에게 효과적이다. • 건조가 빠르고 내수성이 좋아 여름철에 사용하기에 유용하다. • 클렌징 시 오일 타입의 성분을 사용해야 한다.
투명 마스카라	• 마스카라가 잘 번지는 경우 투명 마스카라를 사용한다. • 아이브로 메이크업 시 빗겨 주면 눈썹을 자연스럽게 연출할 수 있다.

3) 속눈썹 타입별 마스카라의 선택 방법

긴 속눈썹	숱이 많고 두꺼운 오버사이즈 브러시
짧은 속눈썹	가늘고 얇은 솔로 된 브러시
가늘고 숱이 적은 속눈썹	끝이 점점 가늘어지는 원뿔 모양의 브러시
일자로 처진 속눈썹	볼록한 모양의 땅콩 브러시
컬링이 이미 된 속눈썹	살짝 휘어진 스푼 모양의 브러시
아래 속눈썹	나선 모양의 브러시

KEYWORD 05 립 메이크업

1) 립 메이크업의 중요성

이상적인 입술 위치
안쪽 눈동자 부분에서 수직으로 떨어지는 위치

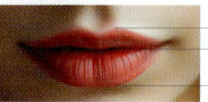
이상적인 입술 비율
1:1.5

- 얼굴 형태에서 이미지를 결정하는 데 중요한 역할을 한다.
- 이상적인 윗입술과 아랫입술의 비율은 1:1.5(2:3)이다.
- 립 라인을 교정할 때 본인의 입술에서 1~2㎜ 이내에서 해 주어야 자연스럽다.
- 입술산이 너무 뾰족하면 자칫 밋밋해 보일 수 있으므로 주의해야 한다.

2) 립 메이크업 모양

직선형 (Straight Curve)		• 구각에서 입술산까지의 선을 직선형으로 그려 준다. • 활동적이고 지적인 느낌을 낸다.
인 커브형 (In Curve)		• 원래의 입술보다 1~2㎜ 이내로 작게 그린다. • 입술이 두껍거나 큰 사람의 단점을 보완할 때 활용한다. • 귀엽고 여성스러운 느낌을 낸다.
아웃 커브형 (Out Curve)		• 원래 입술보다 크게 그리고, 입술선을 둥글게 그린다. • 입술이 얇고 작은 사람의 단점을 보완할 때 활용한다. • 성숙하고 여성스러운 느낌을 낸다.

3) 립 메이크업의 종류

립밤(Lip Balm)	빠르게 흡수되어 보습 효과가 뛰어나며 입술 주름을 완화한다.
립스틱(Lipstick)	가장 대중화되어 있으며 색감과 질감이 다양하고 사용하기 편리하다.
립글로스(Lip Gloss)	• 입술에 윤기를 주어 촉촉한 입술을 표현한다. • 보습, 윤기, 볼륨감을 주지만 지속력이 약하다.
립 라이너(Lip Liner)	• 입술의 경계를 그리는 용도로 쓴다. • 립스틱과 유사한 색이나 1~2단계 어두운 컬러로 선택해야 한다.
립 코트(Lip Coat)	립스틱 위에 발라 립스틱의 지속력을 도와준다.
립틴트(Lip Tint)	착색제의 일종으로 발색과 지속성이 뛰어나다.

✓ **개념 체크**

립라이너에 관한 설명으로 가장 적합한 것은?
① 립스틱의 색상과 유사한 색상을 선택한다.
② 색상이 다양하지 못하다.
③ 립스틱을 바른 입술 위에 광택을 줄 때 사용한다.
④ 립스틱의 색상과 상관없이 선택해도 무방하다.

①

4) 립 메이크업의 질감

표준 질감	색상의 변화가 적고 약간의 윤기가 있으며 대체적으로 무난하다.
매트	• 광택이 없고 색상이 강하게 나타나며 지속력이 좋다. • 건조해지기 쉽다.
롱래스팅	색소 성분이 강화되어 지속성이 높다.
모이스처라이징	• 보습 성분이 있어 촉촉하며 윤기가 있다. • 오일성분이 많아 번짐 발생으로 지속성이 낮다.
글로스	• 오일성분이 많아 색이 진하고 번들거린다. • 건조가 빨라 자주 덧발라야 한다.

5) 립 메이크업 순서

입술 모양 수정	• 입술 보호제를 발라 입술 주변을 정리한다. • 컨실러와 파운데이션으로 입술 라인 정리 후 파우더로 유분 제거한다.
윗입술	윗입술 중앙부터 좌우 대칭이 맞게 입술산을 그린 후 좌우 끝 부분을 향해 그린다.
아랫입술	아랫입술 중앙부터 맞춘 후 좌우 끝 부분을 향해 그린다.
입꼬리	입술을 벌려 윗 입술과 아랫입술 구각을 연결한다.
마무리	• 유분이 많은 경우 티슈로 유분기를 제거 후 파우더를 칠한다. • 필요시 글로스나 하이라이트, 틴트 등으로 그러데이션 효과를 준다.

6) 입술 유형별 테크닉

두꺼운 입술	• 입술을 파운데이션이나 컨실러로 커버한다. • 매트한 짙은 색 립스틱으로 입술라인보다 1~2mm 안쪽으로 그린다.
얇은 입술	• 엷은 파스텔이나 펄이 들어간 립스틱 사용한다. • 입술라인보다 1~2mm 바깥쪽으로 그린다.
돌출형 입술	• 짙은 색 립라이너로 라인을 잡는다. • 짙은 색 립스틱을 사용하여 1~2mm 안쪽으로 그린다.
입꼬리 처짐	• 펄이 든 밝은 컬러의 립스틱을 사용한다. • 구각을 살짝 올려 그린다.
작은 입술	• 핑크, 오렌지 계열의 밝고 따뜻한 색 립스틱을 사용한다. • 전체 길이와 넓이를 1~2mm 정도 넓혀서 그린다. • 아랫입술 중앙에 펄이나 립글로스를 사용으로 입체감을 형성한다.
두꺼운 윗입술	• 윗입술 라인을 짙은 립라이너로 1~2mm 안쪽으로 그린다. • 아랫입술 라인을 1~2mm 바깥쪽으로 그린다. • 아랫입술 중앙에 펄이나 립글로스를 사용으로 입체감을 형성한다.
주름이 심한 입술	• 연한 색상의 매트한 립스틱을 사용한다. • 파우더로 유분기를 제거한 후 립라이너로 라인을 선명하게 그린다.
흐린 입술 라인	• 선명한 컬러의 립스틱을 사용한다. • 립라이너로 입술을 또렷하게 연출한다.

> ✅ **개념 체크**
>
> 다음 중 립 메이크업에 대한 설명으로 옳지 <u>않은</u> 것은?
> ① 입술색을 최대한 파운데이션으로 커버한 후 립스틱을 도포한다.
> ② 파우더를 사용하여 입술의 유분기를 제거한 후 립스틱을 도포한다.
> ③ 립스틱으로 입술 안쪽을 채운 후 메이크업 티슈로 유분기를 제거하여 지속력을 높인다.
> ④ 주름이 많은 입술은 주름이 도드라져 보이지 않게 립글로스를 사용한다.
>
> ④

기본 치크 위치

KEYWORD 06 치크 메이크업

1) 치크 메이크업의 목적
- 얼굴에 건강하고 활력 있어 보이게 혈색을 부여한다.
- 얼굴에 입체감을 주고 얼굴형을 보정하는 효과가 있다.
- 기본적인 치크 위치는 눈동자 중앙선보다 바깥쪽, 콧방울보다 위쪽이다.

2) 제형별 치크 화장품의 종류

케이크	• 일반적으로 가장 많이 사용되는 압축파우더 형태이다. • 색감을 표현이 쉽다. • 혈색을 나타내거나 윤곽을 수정하는 데 사용된다. • 치크 브러시를 사용하여 파우더 처리 후에 사용한다.
크림	• 케이크 타입보다 지속력과 발색력이 좋고 그러데이션 효과를 내기에 용이하다. • 글로시한 질감을 표현할 수 있다. • 유분기가 있어 파우더 처리 전 발색 시 사용한다.
리퀴드	• 크림 타입보다 발림성과 발색이 좋다. • 바른 후 손이나 퍼프를 이용해 그러데이션 처리한다.

3) 얼굴형에 따른 치크 메이크업 방법

① 치크 메이크업의 터치 방법

둥근형 (애플존)	• 볼의 가장 중앙 부분에 동그랗게 바른다. • 귀엽고 사랑스러운 느낌을 준다.
가로형	• 볼뼈 아랫부분에 수평으로 발라 광대뼈가 길어 보이게 표현한다. • 동적이며 발랄한 느낌을 준다.
사선형	• 볼뼈를 감싸듯이 사선으로 발라 얼굴을 길어 보이게 표현한다. • 지적이고 여성스러운 느낌을 준다.

② 얼굴형별 치크 메이크업

계란 얼굴형, 둥근 얼굴형   긴 얼굴형, 사각 얼굴형   역삼각 얼굴형, 마름모 얼굴형

계란형	다양한 블러셔로 연출할 수 있다.
둥근형	광대뼈에서 입꼬리 방향으로 사선 처리한다.
긴형	귀 앞부분에서 입꼬리 방향으로 사선 처리한다.
사각형	광대뼈 아랫부분에서 둥글리듯 처리한다.

개념 체크

블러셔 제품의 사용 방법으로 가장 거리가 먼 것은?
① 건강하고 생동감 있는 표정에는 오렌지 계열이 잘 어울린다.
② 촉촉하고 부드러운 느낌을 주기 위하여 크림 타입을 사용한다.
③ 귀엽고 사랑스러운 느낌을 위하여 핑크색을 사용한다.
④ 크림 타입의 블러셔는 파우더를 바른 후 사용하여 촉촉함을 유지시켜 준다

④

숙취 메이크업

- 일본과 국내 인스타에서 인기가 있었던 메이크업이다.
- 일본 메이크업 아티스트 이가리 시노부가 유행시켰다.

역삼각형	광대뼈 윗부분에서 부드럽게 처리한다.
마름모형	광대뼈를 감싸듯 둥글려 부드럽게 처리한다.

KEYWORD 07   색조 메이크업 도구

1) 아이브로 메이크업

아이브로 브러시	• 눈썹을 그릴때 사용하는 브러시로, 사선형태의 브러시이다. • 천연모와 합성모가 혼합된 브러시가 적합하다.	
아이브로 콤 브러시	눈썹의 방향과 형태를 정리하는 브러시로, 콤 부분은 눈썹을 다듬거나 뭉친 마스카라 제거하는 용도로 사용한다.	
스크루 브러시	눈썹 그리기 전 눈썹을 정리하는 브러시로, 눈썹을 빗거나 뭉친 마스카라 제거하는 용도로 사용한다.	
눈썹 가위	눈썹 모양을 정리하고 길이 조절할 때 사용한다.	
족집게	눈썹을 정리하거나 인조 속눈썹 부착 시 사용한다.	
눈썹칼	불필요한 눈썹을 제거할 때 사용한다.	

권쌤의 노하우

치크 메이크업 팁을 드립니다. 블러셔 바르는 방법은 유행따라 계속 변하고 있어요. 유행을 모르더라도 바를 때 코 끝, 턱 끝에도 약간씩 칠하면 더 자연스럽답니다.

2) 아이 메이크업

아이섀도 브러시	• 아이섀도를 펴바를 때 사용한다. • 베이스용은 납작하고 둥근 모양이다. • 포인트용은 좀 더 작고 촘촘하고 탄력이 있다.	
아이라이너 브러시	가늘고 얇고 탄성이 좋은 브러시이다.	
팁 브러시	• 포인트용으로 사용한다. • 가루날림이 적어 초보자가 사용하기 좋다.	
아이래시 컬러 (뷰러)	• 마스카라 전 속눈썹의 컬을 주기 위한 용도로 쓴다. • 한 번에 강하게 잡으면 속눈썹이 끊어짐으로 뿌리부터 끝으로 3~4회 나눠서 집는다.	
샤프너	펜슬형 라이너를 다듬을 때 사용하는 연필깎이이다.	

✓ 개념 체크

다음 중 아이섀도 연출 시 가루 날림이 적어 초보자가 사용하기에 용이하고 강한 포인트 컬러를 밀착감 있게 표현할 때 적합한 브러시는?
① 포인트 아이섀도 브러시
② 팁 브러시
③ 사선 브러시
④ 베이스 아이섀도 브러시

②

면봉	메이크업 수정용으로 사용한다.
인조 속눈썹	• 아름다운 눈매 연출을 위해 만들어진 속눈썹이다. • 종류가 다양하고 필요에 따라 선택할 수 있다.
속눈썹 풀	인조 속눈썹을 부착하는 접착제이다.

3) 립&치크 메이크업

립 브러시	• 립 메이크업 제품을 바를 때 사용한다. • 탄력이 좋고 휘어지지 않는 것이 좋다. • 라운드형과 스트레이트형으로 나뉜다.
치크 브러시	• 천연모를 권장한다. • 크고 둥근형 : 볼의 넓은 부위 연출 시 사용함 • 끝이 수평형 : 강하고 정확한 색상 표현 시 사용함 • 사선형 : 윤곽 수정 시 사용함

KEYWORD 08 얼굴 유형별 색조 메이크업

계란형		여러 테크닉을 사용해 다양한 분위기를 연출할 수 있다.
둥근형	아이브로	눈썹산을 약간 높게 그리면 얼굴이 갸름해 보인다.
	아이섀도	눈꼬리가 처져 보이지 않도록 상승형으로 그러데이션 처리를 한다.
	치크	광대뼈에서 입꼬리 방향으로 사선 처리한다.
	코	콧등에서 코 끝까지 하이라이트 처리한다.
긴형	아이브로	약간 도톰한 수평 형태의 일자형으로 그린다.
	아이섀도	가로 기법을 활용해 아이라인 수평으로 약간 길게 연출한다.
	치크	귀 앞부분에서 입꼬리 방향으로 사선 처리한다.
	코	코의 길이가 짧아 보이게 코 끝에 섀딩한다.
사각형	아이브로	눈썹산을 아치형으로 둥글게 그려 여성스럽고 부드러워 보이게 한다.
	아이섀도	아이홀 방향으로 둥글게 그러데이션 처리한다.
	치크	광대뼈 아랫부분에서 둥글리듯 처리한다.
	립	립라인을 곡선으로 그린다.
역삼각형	아이브로	이마가 좁아 보이게 눈썹산을 약간 앞에 있는 아치 형태로 그린다.
	아이섀도	밝고 엷은 색 아이섀도를 사용한다.
	치크	광대뼈 윗부분에서 부드럽게 처리한다.

마름모형	아이브로	광대뼈가 부각되어 보이지 않게 눈썹앞머리에 포인트를 준다.
	아이섀도	눈앞머리에 포인트를 준다.
	치크	광대뼈를 감싸듯 둥글려 부드럽게 처리한다.

▼ 메이크업 초보자를 위한 꿀팁

화장은 누구나 처음이 어렵습니다. 얼굴형 상관 없이 아래의 원칙만 지킨다면 자연스러운 메이크업을 하실 수 있을 거예요.

1. **기초가 탄탄해야 메이크업도 잘 먹는다**
- 메이크업 전에 스킨케어(보습 크림 필수)를 하고 프라이머를 사용하면 지속력이 높아진다.
- 피부 타입에 맞게 파운데이션/쿠션을 선택(지성 → 매트, 건성 → 촉촉)해야 한다.

2. **아이브로는 무조건 '자연스럽게' 그려야 한다.**
- 초보자는 눈썹 펜슬보다 파우더 타입이 자연스럽고 실수를 덜 한다.
- 눈썹을 너무 진하게 그리기보다 빈 곳을 채운다는 느낌으로 그린다.

3. **아이섀도는 2~3가지 색만 사용해도 충분하다.**
- 베이스(연한 색) → 음영(중간 색) → 포인트(진한 색) 순으로 바르면 실패 확률이 낮다.
- 펄이 많으면 부어 보일 수 있으니 조절하는 것이 좋다.

4. **아이라인은 '점 찍고 연결하기' 기법을 사용한다.**
- 한 번에 길게 그리기 어렵다면, 점을 찍고 연결하면 더 자연스럽다.
- 눈꼬리는 너무 길게 빼지 말고 눈매에 맞춰 살짝만 바른다.

5. **치크 & 섀딩은 '연하게 시작해서 덧바르기' 기법을 사용한다.**
- 처음부터 진하게 바르면 수정하기 어렵다.
- 브러시에 묻힌 후 한 번 털고 바르면 과하지 않게 발린다.

6. **립은 틴트 & 립밤부터 시작한다.**
- 립스틱이 부담스럽다면 틴트나 립밤부터 연습한다.
- 입술 중앙부터 바르고 손가락으로 퍼뜨리면 자연스럽게 발린다.

SECTION 04 속눈썹 메이크업

빈출 태그 ▶ #속눈썹디자인 #속눈썹위생관리

권쌤의 노하우

메이크업의 완성은 속눈썹이라고도 할 수 있죠.

KEYWORD 01 인조 속눈썹 디자인

1) 인조 속눈썹 디자인의 시술 목적
- 인조 속눈썹은 가공된 속눈썹으로, 길이와 굵기, 모양, 형태 등이 매우 다양하므로, 속눈썹 하나로도 얼굴의 분위기를 바꿀 수 있다.
- 속눈썹을 더 길고 풍성하게 표현할 수 있다.
- 눈매가 더 또렷하고 커 보이는 효과가 있다.

2) 메이크업 목적에 따른 인조 속눈썹

기본인조 속눈썹	• 길이 : 10~11mm 정도 내외 • 속눈썹 숱이 많지 않은 자연스러운 형태이다.
결혼·파티용 인조 속눈썹	• 한복 착용 시 길이 : 단아하고 단정한 느낌의 10~11mm 정도 • 드레스 착용 시 길이 : 12mm 정도의 길이 • 파티용 길이 : 큐빅, 깃털, 펄, 글리터 등이 부착된 속눈썹
무대용 인조 속눈썹	• 길이 : 눈매를 강렬하게 보이도록 15~16mm 정도의 긴 길이 • 공연, 연극, 뮤지컬, 콘서트 등의 다양한 무대 행사에서 사용한다. • 강한 느낌을 주는 포인트 디자인의 무대용 인조 속눈썹을 사용한다.

3) 인조 속눈썹의 종류

스트립 래시

인디비주얼 래시

연장용 래시

스트립 래시 (Strip Lash)	• 눈 모양으로 휘어진 띠에 인조 속눈썹이 붙어 있는 형태이다. • 눈 길이에 맞게 띠를 잘라 사용한다. • 길이와 모양, 색상 등이 다양하여 메이크업 디자인과 이미지에 맞추어 선택한다.
인디비주얼 래시 (Individual Lash)	• 인조 속눈썹 한 가닥 또는 두세 가닥이 한 올을 이루는 형태이다. • 본래의 속눈썹 사이사이에 부착한다. • 필요한 만큼 양을 조절할 수 있어 자연스러운 이미지 표현에 적당하다.
연장용 래시 (Extension Lash)	• 기존 속눈썹 위에 인조 속눈썹을 한 올씩 연장하는 속눈썹이다. • 짧은 속눈썹을 더 길어 보이도록 하는 역할을 한다. • 방법에 따라 2~4주 정도 지속 가능하다.

✓ 개념 체크

인조 속눈썹에 대한 설명으로 옳지 않은 것은?

① 인디비주얼 래시는 속눈썹 사이사이에 붙여 속눈썹을 풍성하게 만든다.
② 연장용 래시는 취급 방법에 따라 2~4주 정도 지속이 가능하다.
③ 파티용 인조속눈썹은 12mm 정도의 길이에 인조 보석이나 깃털로 화려함을 더한다.
④ 눈 길이가 길고 크기가 작은 눈은 뒷부분에 포인트를 준 스트립 래시로 눈의 단점을 보완한다.

④

4) 인조 속눈썹 부착을 위한 도구

아이래시 컬	• 인조 속눈썹을 부착하기 전에 사용한다. • 속눈썹이 구부러지는 정도를 조절한다.
핀셋	• 인조 속눈썹을 부착하거나 제거할 때 사용한다. • 속눈썹 케이스에서 속눈썹을 떼어 낼 때 모양이 망가지지 않기 위해 사용한다.
속눈썹 접착제	• 인조 속눈썹을 붙일 때 사용한다. • 흰색과 검은색이 있으나 바른 후에는 투명해진다.
눈썹 가위	인조 속눈썹을 재단하거나 자를 때 사용한다.
면봉이나 스틱	인조 속눈썹 부착 시 접착제의 양을 조절하거나 부착할 때 활용한다.
아이라이너와 마스카라	• 인조 속눈썹 부착 후 반드시 부착 부위에 아이라이너를 발라서 속눈썹 접착제 부위를 자연스럽게 감추는 데 필요하다. • 마스카라는 인조 속눈썹을 부착한 전후의 눈 상태 확인 후 적용한다.

KEYWORD 02 인조속눈썹 작업

1) 디자인 선택
- T.P.O와 메이크업 이미지에 맞는 인조 속눈썹을 선택한다.
- 스트랩 래시 디자인 : 눈에 형태에 따라 3등분, 5등분으로 잘라서 사용하면 더욱 자연스럽게 연출 가능함
- 인디비주얼 래시 디자인 : 1명당 여분을 포함해 15개 이상 준비함(케이스 한 세트는 약 30개)

2) 인조 속눈썹 재단
- 눈의 형태와 모양, 길이에 따라 재단해서 사용한다.
- 3~5등분 잘라서 사용하면 자연스럽고 이질감이 덜하다.
- 속눈썹을 더 짧게 가닥가닥 잘라서 필요한 부분에만 붙이는 것도 자연스럽다.
- 눈동자가 커 보이게 하려면 눈동자 윗부분에만 해당 부분의 속눈썹을 붙인다.

3) 인조 속눈썹을 부착하는 방법

① 소독하기
- 소독은 모든 시술의 기본이다.
- 손을 비롯해 주변, 도구, 시술부를 반드시 소독해야 한다.

② 인조 속눈썹 부착하기
- 일자 핀셋으로 인조 속눈썹을 집어 필요시 재단하고 스틱을 활용해 안쪽에 일회용 글루를 바른다.
- 모델의 시선을 아래로 향하게 하고 손목에 힘을 빼고 눈 앞머리부터 5㎜ 떨어져 속눈썹 가까이 부착한다.

- 중간 부분과 눈꼬리 부분 순서대로 아이라인에 맞춰서 붙여 간다.
- 면봉이나 스틱을 활용하여 한 번 더 접착 부위를 지그시 누른다.
- 부착 후 인조 속눈썹이 아래로 처져 있는 경우 아이래시 컬을 이용해 기존 속눈썹과 인조 속눈썹을 같이 컬링한 후 마스카라를 발라 두 속눈썹이 자연스럽게 연결할 수 있다.

③ 언더 인조 속눈썹 부착하기
- 언더라인에 너무 앞부분까지 꽉 채워서 붙이면 인위적이고 부자연스럽다.
- 정면을 보고 눈동자 앞부분 언더부터 붙이면 자연스럽다.

4) 인조 속눈썹의 제거와 관리

① 무리하게 뜯지 말아야 함
- 메이크업 리무버 또는 스킨이나 진정제를 이용해 패딩을 하여 눈 부위를 진정시키면서 눈꼬리에서 눈 앞머리를 향해 잡고 떼어 낸다.
- 시술부에 상처가 발생하거나, 속눈썹이 망그러져 제거가 더욱 어려워질 수 있다.

② 떼어 낸 인조 속눈썹은 묻어 있는 접착제와 마스카라를 깨끗이 제거한 후 보관함
- 묻어 있는 접착액과 마스카라 액이 충분히 리무버에 불려 녹도록 하루 정도 담가 둔다.
- 핀셋을 이용하여 담가 놓았던 인조 속눈썹을 꺼내 티슈에 댄 후 손으로 이물질을 제거 후 핀셋으로 접착액과 마스카라의 여분과 유분기를 제거한다.

③ 케이스에 담아 보관함
- 속눈썹의 양 끝부분에 속눈썹 접착액을 발라 원래 케이스에 고정해 보관한다.
- 참고로 속눈썹 세트는 1개당 30개의 속눈썹으로 구성되어 있다.

가모 연출 디자인
- 베이직 디자인

- 포인트 디자인

- 믹스 디자인

- 라운드 디자인

KEYWORD 03 속눈썹 연장

1) 속눈썹 연장 도구와 재료

① 속눈썹 가모(연장모)

천연모	인모	• 사람의 모발로 만든 속눈썹이다. • 유지 기간이 길지만 가격이 비싸다. • 모의 큐티클이 살아 있어 가볍고 자연스러우며 밀착력이 우수하다.
	동물털	• 밍크나 래미와 같은 동물의 털을 가공하여 만든 속눈썹이다. • 인모보다 가격이 저렴하지만 인모와 비슷한 효과를 낸다.
합성섬유 가모	실크 가모	• PBT(Polybutylene Terephthalate Fiber) 원사를 가공한 것이다. • 부드럽고 탄성이 좋으며 컬 유지력이 우수하다.
	일반 가모	가공 열처리를 많이 하여 다소 무겁다.
	소프트 가모	굵기에 비례해 부드러움에 초점을 둔 제품이다.

② 시술 도구

속눈썹 글루 (접착제)		• 속눈썹에 가모를 붙이는 접착제로 공인 인증 기관에서 자가 번호를 부여받은 제품이다. • 미개봉 시에는 6개월 이내, 개봉한 후에는 1개월 이내에 모두 사용해야 한다. • 냉장 보관 또는 서늘한 곳에서 세워 보관해야 한다.
전처리제		• 시술 전 속눈썹에 유분기와 먼지 등을 제거할 때 사용한다. • 밀착력을 높이고 연장된 속눈썹을 오래 지속시키는 효과가 있다.
소독제		손 및 도구를 소독할 때 사용한다.
글루 리무버		• 가모를 제거할 때 사용한다. • 초보자인 경우에는 크림 타입의 리무버를 사용한다.
글루판 (옥돌판)		글루를 덜어서 쓰는 판이다.
트위저 (핀셋)		가모를 잡아 부착하기 위해 사용하는 도구이다.
	일자 핀셋	• 가장 보편적으로 사용하는 핀셋이다. • 자연모를 가르는 데 사용한다.
	곡자 핀셋 (45°곡자 핀셋)	일자 핀셋으로 자연모를 가른 후 곡자 핀셋으로 속눈썹을 연장하는 데 사용한다.
유리판 (속눈썹 판)		시술이 용이하도록 가모의 길이를 단계별로 구분하여 부착한다.
송풍기 (속눈썹 드라이어)		• 시술 완성 후 글루를 건조할 때 사용한다. • 시술 후 눈썹모의 접착 상태를 빠르게 건조하는 제품도 있다. • 전동 드라이어와 수동 드라이어가 있다.
아이 패치		• 피부와 아래 속눈썹을 보호하기 위해 사용한다. • 주름 개선, 다크서클 완화, 눈가 보습 등의 효과가 있다.
팬 브러시		시술 전후 이물질이나 잔여물을 털어내기 위해 사용한다.
속눈썹 브러시		완성된 속눈썹을 정리 및 빗질할 때 사용한다.
마이크로 브러시		글루 리무버를 묻혀 가모를 제거할 때 사용한다.
우드 스패츌러		전처리제나 글루 리무버 사용 시 눈썹 아래에 대고 사용한다.
탈지면		용기 손, 도구 소독에 필요한 탈지면을 보관하는 용기이다.
헤어 터번		시술 시 고객의 피부에 손이 닿지 않도록 터번을 얹은 후 움직이지 않도록 고정하는 데 사용한다.
스킨 테이프		• 위·아래 속눈썹이 붙지 않도록 아래 속눈썹을 고정하는 데 쓴다. • 위 눈꺼풀을 당겨 주는 업 테이프용으로 사용한다. • 3M 테이프, 코팅 테이프 등을 주로 사용한다. • 접착력이 강하지 않고 자극이 적은 제품을 사용한다. • 눈밑 라인에 맞추어 붙여 주되 눈 점막에 닿지 않도록 주의한다.
속눈썹 코팅제		• 시술 후 속눈썹을 코팅하여 연장 가모와 속눈썹모의 재접착을 유도한다. • 시술이 끝난 후 살짝 말린 후에 시술 부위에 도포한다.

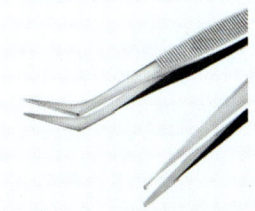

곡자 핀셋과 일자 핀셋

KEYWORD 04 속눈썹 연장 디자인

KC(Korea Certification) 마크

1) 동양 여성과 서양 여성의 속눈썹 비교

구분	동양 여성	서양 여성
속눈썹 배열	2~3열	2~4열
속눈썹 수량	150여개	170여개
속눈썹 굵기	0.2mm 이상	0.1mm 이상
속눈썹 형태	직모	C컬 혼합모
속눈썹이 휘어진 각도	10~30° 내외	30~60° 내외
속눈썹 간격	1.0~1.5mm	0.5~1.0mm

2) 가모의 길이

가모의 길이는 8~15mm까지 다양하며, 일반적으로 10~12mm를 가장 선호한다.

길이	특징
8mm	눈썹의 앞머리와 사이사이의 짧은 눈썹에 사용한다.
9mm	본인 속눈썹 정도의 자연스러운 길이이다.
10mm	적당한 길이를 원할 때 적합하다.
11mm	눈매 포인트로 매혹적인 긴 눈썹 길이를 원할 때 적합하다.
12mm	긴 속눈썹으로 화려하게 표현할 때 적합하다.

3) 가모의 굵기

일반적으로 0.1~0.2mm의 굵기를 가장 많이 사용한다.

굵기	특징
0.10mm	마스카라를 약 2번 덧바른 느낌으로 자연스러운 느낌을 낸다.
0.15mm	마스카라를 약 3번 덧바른 느낌으로 또렷한 느낌을 낸다.
0.20mm	마스카라를 약 4번 덧바른 느낌으로 눈매가 진하고 풍성한 느낌을 낸다.

4) 가모의 컬의 정도

J컬		• 가장 자연스러운 기본 컬이다. • 내추럴한 이미지에 적합하다. • 일반적으로 많이 사용한다.
JC컬		• J컬과 C컬의 중간 형태로 세련된 이미지에 적합하다. • 선호도가 가장 높다. • J컬에 볼륨이 들어가 있는 형태로 아이래시 컬을 사용한 느낌을 준다. • 눈매가 확장되어 보이는 효과가 있다.

✓ 개념 체크

다음 중 속눈썹 연장에 대한 설명으로 적절하지 않은 것은?

① J컬은 20° 정도의 각도를 이루는 가장 자연스러운 컬로 내추럴 이미지에 적합한 가모이다.
② 특별한 날 다른 굵기와 섞어 포인트로 연출하기 위해서는 0.15mm 굵기의 가모를 선택한다.
③ 올라간 눈의 속눈썹을 연장할 때에는 J컬 가모로 눈앞머리 부분이 포인트가 되도록 밀도를 주어 연장한다.
④ 가모에 글루를 묻힐 때 글루판에서 양을 조절하여 방울이 생기지 않도록 주의해야 한다.

②

C컬		• JC컬보다 한 단계 높은 컬로 볼륨감이 있고 생기 있고 발랄한 이미지에 적합 20~30대에 선호도가 높다. • 눈이 동그랗게 보이는 효과가 있다.
CC컬		• C컬보다 더 높게 올라간 상태로 가장 풍성한 볼륨과 컬링감으로 화려한 스타일을 표현하고자 할 때 적합하다. • 조금 인위적이나 눈매를 부각하고 더욱 커 보이게 한다 뷰어컬이라고도 하며 처진 직모를 교정할 때도 사용한다.
L컬		• 일반적인 라운드 형태 가모보다 접착부분이 길어 유지기간이 길고 자연스러움과 화려함을 동시에 연출할 수 있다. • 눈이 처진 경우 속눈썹을 올리기 위해 사용하면 효과적이다.

5) 눈 모양에 따른 속눈썹 연출

눈의 단점을 보완하여 아름다워 보이도록 연출한다.

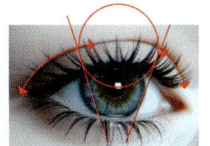 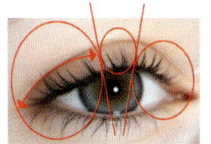 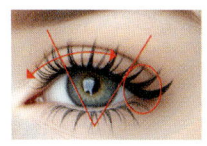 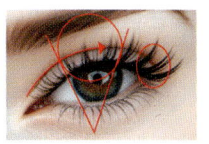

돌출된 눈 　　 작은 눈 　　 긴 눈 　　 눈꼬리가 올라간 눈

내추럴 속눈썹 이미지

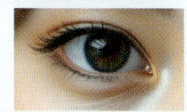

시크 속눈썹 이미지

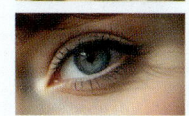

큐트 속눈썹 이미지

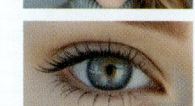

눈의 모양	연장 디자인 연출	이미지
둥근 눈	• J컬의 가모로 눈꼬리 지점이 포인트가 되도록 한다. • 길이와 밀도를 높여 눈이 길어 보이도록 연장한다.	명랑, 발랄, 귀여움, 밝음
가는 눈	• J, C컬의 가모를 사용하여 눈 중앙이 포인트가 되도록 한다. • 길이를 높여 눈이 커 보이도록 부채꼴 모양으로 연장한다.	섬세함, 냉정, 예리함
돌출된 눈	• 약간 긴 J컬의 가모로 눈 앞머리와 눈꼬리 부분에 포인트를 주어 부드러운 이미지로 연장한다. • 돌출된 눈을 보완하기 위해 전체적으로 자연스럽게 연출한다. • 조금 짧은 가모를 선택한다.	고집, 심술, 통명
꺼진 눈	J, C컬의 가모로 눈 중앙 부위에 길이와 밀도를 높여 연장한다.	성숙, 피곤, 세련
큰 눈	J컬의 가모로 부채꼴 모양으로 연장한다.	시원, 명랑, 정열, 감수성 높음
작은 눈	J, C컬의 가모로 눈 중앙에서 눈꼬리 부분에 길이와 밀도를 높여 포인트가 되도록 연장한다.	답답함, 완고함, 소극적
올라간 눈	J, C, CC컬 등을 혼합하여 눈 앞쪽이 포인트가 되도록 밀도를 높여 풍성하게 부채꼴 모양이 되도록 적절히 사용한다.	날카로움, 예리함, 고집
처진 눈	• C, CC, L컬 등 컬링이 많이 들어간 가모를 사용한다. • 눈꼬리가 올라가 보이도록 연장한다. • 길이가 너무 길지 않도록 주의해야 한다.	온순, 순진, 장난기 가득함, 미숙함
외꺼풀 눈	JC, C컬의 다소 긴 가모로 연장한다.	고집, 고전, 냉정

6) 이미지별 디자인

이미지	컬의 종류	길이	시술 방법
내추럴 이미지	J컬	10~11mm	• 전체적으로 인모와 대비하여 고르게 시술한다. • 자연스러운 시술로 뒷부분을 앞부분보다 길게 시술한다.
시크 이미지	J컬 또는 JC컬	7~12mm	• 뒷머리에 포인트를 두고 중앙은 사이드에 포인트를 둔다. • 앞머리 숱을 적게 하고 뒷머리로 갈수록 숱의 풍성함을 표현한다.
큐트 이미지	CC컬	6~12mm	눈 중앙에 포인트를 두며 앞머리와 뒷머리는 사이드에 포인트를 둔다.

KEYWORD 05 속눈썹 연장 과정

1) 속눈썹 상태에 따른 시술 방법

속눈썹의 상태	가모의 두께	대처 방안
선천적으로 힘이 없거나 노화로 가늘어진 모	0.07~0.1mm 싱글가모	고객의 요구에 맞추어 가늘고 가벼운 모를 추천한다.
외부의 자극으로 약해진 모 (마스카라, 뷰어 등)	0.10mm Y래시 싱글가모	• 눈썹이 일정하지 않아 Y래시의 가벼운 모를 사용한다. • 심한 손상모의 경우 숱을 자연스럽게 하거나 시술을 멈추는 것을 추천한다.
두껍고 처진 모 (직모가 심한 경우)	0.15mm 싱글 가모	• 두꺼운 자연모는 컬의 힘을 받지 못한다. • CC컬 L컬 뷰러 컬을 이용한다. • 처진 눈썹을 올려 준다.
정상적인 속눈썹	눈매에 따라 결정	다양한 컬과 길이를 상담한 후 결정한다.

2) 속눈썹 연장 시술

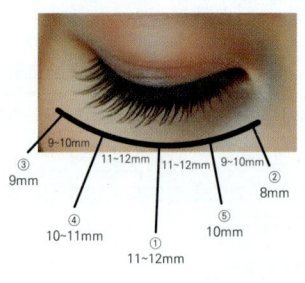

순서	위치	길이
①	중앙 (눈매 기준점)	11~12mm
②	앞머리	8mm
③	눈꼬리	9mm
④	앞부분	9~10mm
⑤	뒷부분	9~10mm

소독	손과 재료 및 도구를 소독한다.
터번 감싸기	시술자와 피시술자의 피부 접촉을 피하기 위해 이마에 터번을 감싼다.
아이패치	눈 밑에 아이패치를 붙인다.
전처리	면봉에 전처리제를 묻혀 아이라인과 모근, 눈썹 모 사이의 유분기를 제거한다.
접착제	• 가모와 자연 속눈썹 간의 접착 부분에 골고루 접착제를 묻힌다. • 모의 ⅓ 지점에서 시작하여 끝부분까지 위로 쓸어 준다. • 접착제를 위아래로 2회 이상 쓸어 주어 잘 부착되도록 한다.
눈매 기준점 잡기	• 눈매의 폭, 모양, 눈의 지방 처짐 상태, 속눈썹 모의 탈모 상태를 고려한다. • 눈매의 아이라인 길이를 3등분으로 분할한다. • 각 부분에 맞는 컬, 길이, 숱의 양을 적용하여 시술한다. • 눈매 앞부분, 눈매 중앙(눈매 기준점), 눈매 뒷부분의 포인트별로 눈매 기준점을 잡고 기초 디자인 모양의 시술한다.

가모 부착		• 자연 인모의 ⅔ 지점에서 시작한다. • 끝부분까지 위로 밀어 주듯이 글루를 묻힌다. • 아이라인에서 1~2mm 떨어진 간격에서 인모 뿌리를 고정한다. • 눈의 형태에 따라 속눈썹의 길이를 선택한다. • 가운데에서 양끝을 채워 나가는 방식으로 글루가 엉기지 않도록 주의한다. • 밀착과 고정이 끝나면 인모 아랫부분을 핀셋으로 쓸어 마무리한다.
	중앙 (눈매 기준점)	• 중앙(눈매 기준점) 부분은 인모에서 가장 가운데 위치한다. • 탑 부분에 가장 긴 길이의 가모를 시술하여 기준으로 한다. • 가모의 방향은 직선을 유지한다.
	앞부분	• 앞부분에 가모의 길이는 뒷부분의 가모 길이보다 짧게 한다. • 눈의 가장 앞머리 부분은 8mm를 시술한다. • 앞부분 중심의 가모 길이가 길면 눈의 앞쪽이 불편하게 된다. • 방향은 눈의 안쪽을 향하면 눈을 찌르니 직선을 유지한다.
	뒷부분	• 가모의 길이는 앞부분의 가모 길이보다는 길고 중앙(눈매 기준점)의 가모 길이보다는 길이가 짧다. • 바깥쪽으로 휘어져 있다.
	앞부분	• 앞부분과 중앙(눈매 기준점) 사이에서 중심이 되는 부분을 10mm 정도의 가모로 시술한다. • 가모의 방향은 앞부분 쪽으로 자연스러운 직선으로서 약간의 사선을 유지한다.
	뒷부분과 중앙 사이의 중간모	• 뒷부분과 중앙(눈매 기준점) 사이의 중심 부분을 11mm로 시술한다. • 가모의 방향은 뒷부분과 중앙(눈매 기준점) 사이의 중간모는 톱 라인(90°)에서 뒷부분 쪽으로 각도가 2~3°의 사선 방향이 되도록 시술한다.
	디자인 완성	• 중앙(눈매 기준점)들을 완성한 후 기준점들 사이로 가모를 채워 나가면서 속눈썹 숱을 채운다. • 10~12mm 길이 : 10mm, 11mm, 12mm • 8~10mm 길이 : 8mm, 9mm, 10mm
마무리		• 속눈썹 드라이어로 접착제를 빠르게 건조한다. • 접착제가 눈에 들어가지 않게 주의해야 한다. • 시술 중 고객이 눈물을 흘리게 되면 백화 현상이 나타나 유지 기간이 짧아지므로 주의해야 한다.

✅ **개념 체크**

속눈썹 연장 방법을 설명한 내용 중 옳은 것은?

① 모근의 형태와 방향을 잘 고려하여 2모씩 작업한다.
② 가모의 길이는 눈앞 쪽을 기준으로 뒤로 갈수록 점점 짧아진다.
③ 속눈썹 시작점부터 1~1.5mm 떨어진 지점부터 붙인다.
④ 인증된 글루만을 사용하며 한 방울 정도씩 눈꺼풀에 덜어 사용한다.

③

접착제의 백화 현상
순간접착제 일부가 굳기 전에 증발하여 공기 중의 수분과 만나서 접착부의 주변에 미세한 가루로 붙어 굳는 현상이다.

▼ 눈매 기준점 설정
① 눈매 앞부분 → ② 눈매 중앙(눈매 기준점) → ③ 눈매 뒷부분 각 포인트별 설정

▼ 가모 부착
중앙(눈매 기준점) → 눈머리 → 눈꼬리 → 눈 머리부터 중앙 사이 중간모 → 뒷부분과 중앙 사이의 중간모 → 디자인 완성

3) 연장 속눈썹의 제거
① 아이패치를 피부에 붙이고 그 위에 테이프 처리를 한다.
② 속눈썹 접착제 리무버를 면봉을 이용하여 자연모와 가모 전체에 고르게 도포한다.
③ 리무버에 글루가 부드러워진 것을 확인 후 핀셋을 이용해 가모를 제거한다.
④ 연장 속눈썹을 제거한 후 눈 주위를 깨끗이 마무리

> **개념 체크**
>
> 속눈썹 연장 시 리터치에 대한 설명으로 옳지 않은 것은?
> ① 가는 속눈썹은 0.07~0.10mm 정도의 가늘고 가벼운 싱글 가모로 리터치한다.
> ② 두껍고 처진 속눈썹은 0.15mm 정도 굵기의 가모를 사용하여 리터치한다.
> ③ 속눈썹 연장 리터치 시술 후 6시간 정도는 세안하지 않도록 한다.
> ④ 외부 자극으로 약해진 속눈썹은 0.05mm 이하의 Y래시 같은 가벼운 가모를 선택한다.
>
> ④

KEYWORD 06 속눈썹 연장 리터치

1) 속눈썹 리터치의 개념
연장모를 제거한 후 가모가 탈락한 부분에 새로운 가모를 재부착하여 아름답게 재시술하는 것이다.

2) 속눈썹 상태에 따른 리터치

정상적인 속눈썹	• 일반적인 리터치 주기는 4주이다. • 4주 이후 리터치를 할 때 전체를 제거한 후 재시술한다.
모발이 얇아진 경우 (노화 등)	• 리터치 주기는 길게 권장한다. • 글루의 탈부착이 잦아질수록 속눈썹 상태는 불안정해진다.
외부 자극으로 약해진 경우 (견인성 탈모 등)	• 리터치 주기는 1~2주로 빠르게 진행한다. • 건강상태에 따라 제품과 시술 방법을 결정한다.

3) 연령대별 리터치 시술의 특징

20대 리터치 시술	• 건강한 속눈썹모를 보유하고 있다. • 숱이 많고 긴 길이의 화려하고 풍성한 속눈썹 스타일을 선호한다.
30~40대 리터치 시술	• 사회 활동이 활발한 고객의 경우에는 시술을 빠르게 해야 한다. • 가정주부의 경우에는 자연스러운 길이와 속눈썹 모의 숱을 선호한다.

50~60대 리터치 시술	• 노화로 눈꺼풀의 지방층 처짐 현상 및 성장이 원활하지 않다. • 자연모 상태 확인 후 눈매 교정을 위한 길이와 컬을 시술한다.

4) 속눈썹 연장 후 가모 탈락의 요인

- 사우나, 찜질방 등 습도가 높은 곳은 글루의 접착력을 떨어뜨린다.
- 엎드려 자면 가모에 구김이나 부담이 가게 되므로 주의해야 한다.
- 눈 주변을 강하게 문지르면 가모가 쉽게 탈락된다.
- 오일 성분의 클렌징의 경우 입자가 작아 가모가 일찍 분리되어 탈락된다.
- 아이래시 컬 사용 시 컬이 꺾이거나 가모에게 무리를 주어 쉽게 탈락된다.
- 마스카라는 속눈썹 전용 수성 마스카라를 사용해야 한다.
- 바닷물의 염분은 글루를 딱딱하게 굳게 하므로 가모가 더 쉽게 탈락한다.
- 겨울보다는 여름에 탈락이 촉진된다.
- 수영이나 땀을 많이 흘리는 과격한 운동은 가모의 탈락을 촉진한다.

KEYWORD 07 연장 속눈썹 제거

1) 속눈썹 연장 제거
속눈썹 연장에서 사용하는 글루는 시아노아크릴레이트(순간접착제) 성분을 함유하고 있다.

2) 속눈썹 제거의 요인
- 시간이 지나 가모가 거의 탈락하고 몇 가닥만 남아 지저분할 경우
- 속눈썹 시술 후 완성된 모습이 마음에 들지 않는 경우
- 시술 후 불편함을 느끼거나 이상 증상이 나타나는 경우

3) 리무버의 종류

젤 타입	• 적당한 점도로 사용하기 쉽다. • 강한 제거력으로 좁은 부분의 제거에 적합하다.
크림 타입	• 초보자가 사용하기 좋다. • 점도가 높고 넓게 도포가 용이해 전체 제거에 적합하다.
액상 타입	• 침투력이 좋아 신속한 제거가 가능하다. • 눈에 들어갈 위험이 높아 초보자에게 부적합하다. • 사용 전 충분히 흔들어 사용한다.

✅ 개념 체크

속눈썹 연장용 가모 제거 시 사용되는 글루 리무버 중 넓게 도포하기가 용이하여 가모 전체를 제거할 때 사용하기 적합한 타입의 리무버는?
① 리퀴드 타입
② 크림 타입
③ 젤 타입
④ 파우더 타입

②

4) 속눈썹 시술 시 발생할 수 있는 증상과 주의사항

증상	• 눈이 시리다. • 눈가 피부가 가렵고 따갑다. • 눈이 건조하고 뻑뻑한 느낌이 오래 지속된다. • 눈이 빨갛게 충혈되고 눈에 이물감이 느껴진다. • 눈에 통증이 느껴지고 눈 주변의 점막이 붓는다. • 속눈썹의 모공에 염증과 고름이 생긴다.
주의 사항	• 쌍꺼풀 수술 후 매몰법의 경우는 약 2주 후 시술할 수 있다. • 절개의 경우는 약 3~4주일 후에 시술할 수 있다. • 라식과 라섹 수술을 받은 경우에는 최소 3개월 이후 시술할 수 있다. • 반영구 아이라인 시술을 한 경우에는 각질이 모두 탈락한(1~2주) 후에 시술할 수 있다. • 안구 건조증이 있는 경우에는 가모 연장은 권하지 않는다. • 알레르기가 있는 경우에는 권하지 않는다. • 마스카라 및 눈 화장품에 민감하고 예민한 경우에는 권하지 않는다.

> **개념 체크**
>
> 속눈썹 연장술로 인해 발생할 수 있는 직접적인 병변이 아닌 것은?
> ① 피부염
> ② 황반변성
> ③ 안구건조증
> ④ 소양증
>
> ②

5) 속눈썹 연장 제거 방법

소독	손과 재료 및 도구를 소독한다.
터번 감싸기	시술자와 피시술자의 피부 접촉을 피하기 위해 이마에 터번을 감싼다.
아이패치	눈 밑에 아이패치를 붙인다.
부분 제거	• 제거할 모를 선정한다. • 오른손의 핀셋으로 속눈썹을 가른다. • 제거할 한 올을 왼손의 면봉 위에 올린다. • 마이크로 브러시에 젤 리무버를 바른다. • 면봉 위의 가모에 바른 후 부드럽게 쓸어 주듯이 발라 가모를 분리한다.
전체 제거	• 속눈썹과 연장 모의 접착면 전체에 크림 타입의 리무버를 도포한다. • 리무버가 침투할 때까지 약 5분간 대기한다. • 아이 패치가 눈 점막에 닿지 않도록 주의하고 불편함이 없는지 점검해야 한다. • 마이크로 브러시로 가모의 모근에서 모 끝 방향으로 밀어내듯 가모를 분리한다.
마무리	• 새 면봉과 마이크로 브러시에 정제수를 묻혀 남아 있는 리무버를 닦아내야 한다. • 영양제를 발라 마무리한다.

SECTION 05 본식웨딩 메이크업

출제빈도 상 중 하
반복학습 1 2 3

빈출 태그 ▶ #웨딩메이크업 #혼주메이크업

KEYWORD 01 본식웨딩

1) 본식 웨딩 메이크업의 고려사항

① 예식 장소

정형 웨딩 장소	결혼식이 항시 가능하도록 모든 조건을 갖추고 있는 시설이다. 예 하우스 웨딩 홀, 채플 웨딩 홀, 웨딩 컨벤션 등
비정형 혼례 장소	• 전통 혼례가 가능한 시설 : 민속촌, 민속박물관, 한옥 마을, 고궁(운현궁) 등 • 종교 시설 : 성당, 교회, 절 등 • 고급 시설 : 호텔

② 조명

주광 조명	• 태양광을 이용하여 공간과 사물을 비추는 조명이다. • 직사광 : 장애물 없이 비치는 광선, 조도의 변동이 심함 • 천공광 : 대기권 입자성분(구름, 안개 등)에 의한 산란광, 일반적으로 인공 조명과 함께 사용함
인공 조명	인공 광원에 의한 인공 조명이다. 예 직접 조명, 간접 조명, 반간접 조명 등
조명의 색	• 조명의 색은 신랑 신부와 전체적인 분위기에 큰 영향을 준다. • 조명색과 메이크업 색이 혼합됐을 때 나타나는 색을 예측하고 작업해야 한다.

2) 조명에 따른 적용 메이크업

구분		조명	공간 형태
실내	웨딩홀	LED, 핀 조명, 인물 조명	버진 로드 중심의 돔 형태
	소규모 웨딩	LED, 핀 조명	장소별로 다양함
	성당, 교회	촛불 조명, 어두운 조명, 오렌지 레드 톤의 조명	채플 의자
실외	호텔	LED, 핀 조명, 샹들리에 조명	버진 로드 중심, 연회장
	야외 웨딩	태양광 조명	조경을 배경으로한 버진 로드
	전통 혼례	태양광 조명	한국 전통 가옥

정형 혼례 장소
• 웨딩 컨벤션센터

• 하우스 웨딩

비정형 혼례 장소
• 성당

• 민속촌

KEYWORD 02 신부 본식 메이크업

1) 웨딩 메이크업의 특징
- 결혼식은 장시간 소요되기에 메이크업의 지속력과 밀착력이 중요하다.
- 신부의 이미지는 피부톤, 웨딩 드레스, 계절을 고려해 메이크업 색조를 결정해야 한다.
- 강한 색상과 과도한 윤곽 수정, 눈 화장은 피해야 한다.
- 보디 메이크업은 얼굴 톤과 차이가 나지 않도록 주의해야 한다.
- 피부톤은 좀 더 밝고 화사하게 표현하고 피부 결점은 완벽히 커버해야 한다.
- 자연스럽고 화사하고 깨끗함을 강조하는 메이크업이 트렌드이다.

2) 장소별 메이크업 특징

① 실내

호텔	화사한 색감과 펄로 엘레강스한 이미지를 연출해야 한다.
예식장	화사한 자연스러운 핑크 계열로 사랑스럽고 로맨틱한 이미지를 연출해야 한다.
성당, 교회	차분한 컬러로 우아한 이미지를 연출해야 한다.

② 실외

야외 식장	• 과도한 펄감이 있는 화장 방법과 과한 색조 사용은 자제해야 한다. • 햇빛에 유분기가 올라와 번들거리고 끈적임이 발생할 수 있기 때문이다. • 베이스 메이크업 : 속은 촉촉하게 겉은 세미 매트 질감으로 완성함
주의사항	• 강한 셰이딩이나 하이라이트는 부자연스러운 느낌을 준다. • 아이 메이크업 : 펄 제품은 사용하지 않음 • 치크 : 붉은 계열은 햇볕에 더 강하게 보임 • 공간에 초록이 많은 경우 : 붉은 계열이 보색 작용으로 선명해 보임

3) 웨딩 컬러 이미지와 연출

① 로맨틱(Romantic)한 이미지

이미지	전체적으로 청순하고 사랑스러운 느낌으로 메이크업한다.
어울리는 색상	
베이스	• 핑크 톤 업 크림으로 전체 피부톤을 정리한다. • 베이스 컬러보다 한 톤 밝은 톤의 파우더 팩트를 사용한다.
아이	• 아이섀도 : 핑크 베이지, 핑크, 퍼플, 살구 계열 • 아이라인 : 브라운 컬러
치크	피부 베이스 단계에서 크림 타입으로 웃을 때 올라오는 광대 부분에 자연스럽게 피부 느낌과 어려 보이는 느낌을 표현한다.
립	립 라인을 잡고 입술 안쪽부터 핑크 계열의 색감을 짙게 하여 입술 라인까지 자연스럽게 그러데이션 처리를 한다.

✅ 개념 체크

30대 후반 여성이 로맨틱 풍의 젊어 보이는 신부 메이크업을 의뢰해 왔을 경우, 이 신부를 메이크업할 때 주의해야 할 사항으로 가장 거리가 먼 것은?

① 잡티가 늘어나는 시기이므로 얼굴 전체에 스틱 파운데이션을 다소 두껍게 발라 완벽하게 피부를 커버했다.
② 귀엽고 사랑스러운 신부 이미지 연출을 위해 볼 중앙 부위에 화사하게 블러셔를 해주었다.
③ 20대 여성에 비해 피부 탄력이 떨어져 있으므로 기초 제품 선택 시 충분한 유·수분 밸런스를 잡아 주었다.
④ 눈썹을 그릴 때, 아이섀도를 이용하여 과장되지 않게 자연스러운 모양으로 그렸다.

①

로맨틱한 이미지

② 내추럴(Natural)한 이미지

이미지	자연스러우면서도 신부의 순결함이 묻어나는 청초한 느낌으로 메이크업한다.
어울리는 색상	
베이스	• 피부톤을 한 톤 정도 밝고 화사하게 표현한다. • 피부를 최대한 얇게 표현하기 위해 리퀴드 파운데이션을 사용한다. • 파우더는 소량 도포한다.
아이	• 순결한 이미지를 표현하기 위해 색조를 최대한 배제한다. • 아이라인, 컬링된 속눈썹으로 또렷한 눈매를 표현한다.
치크	수줍은 신부를 표현하기 위해 볼에 연한 핑크로 은은하게 표현한다.
립	슈거 핑크 틴트로 물들이고 립글로스로 광택을 연출한다.

내추럴한 이미지

③ 엘레강스(Elegance)한 이미지

이미지	차분하고 세련된 느낌으로 메이크업한다.
어울리는 색상	
베이스	• 피부톤보다 한 톤 밝은 파운데이션으로 표현한다. • 핑크 파우더를 이용하여 화사하게 표현한다. • 리퀴드 파운데이션과 컨실러를 믹스하여 컨투어링 메이크업을 하고 부드러운 피부를 표현한다.
아이	• 아이섀도 : 핑크 베이지, 핑크, 그레이, 퍼플 계열 • 쌍커풀 라인 : 퍼플과 브라운 컬러
치크	• 광대뼈 하단 부분 : 미디엄 브론즈로 셰이딩 • 애플 존 : 피치 톤
립	• 내추럴 컬러의 립 라이너로 입술 라인을 표현한다. • 골드 피치 톤으로 표현한다.

엘레강스한 이미지

④ 클래식(Classic)한 이미지

이미지	단아하면서도 고급스럽고, 전형적이면서도 기품 있는 느낌으로 메이크업한다.
어울리는 색상	
베이스	깨끗한 피부 표현과 윤광 피부로 고급스럽게 표현한다.
아이	• 베이지나 브라운 톤으로 은은하게 색감으로 표현한다. • 과하지 않은 아이라인과 속눈썹으로 깨끗하게 표현한다.
치크	로즈 핑크처럼 단아한 컬러로 생기 있게 표현한다.
립	체리 핑크나 코럴 오렌지 등으로 윤기 있게 표현한다.

클래식한 이미지

⑤ 모던(Modern)한 이미지

이미지	도시적이며 세련되고 현대적 여성의 자아를 표현한다.
어울리는 색상	
베이스	• 피부톤에 맞춰 차분한 피부톤으로 피붓결을 표현한다. • 파우더로 약간의 유분만 잡아 준다.
아이	• 누드 베이지, 베이지, 브라운 계열을 사용한다. • 다크 브라운, 블랙 색상으로 아이라인에 포인트를 준다. • 선의 느낌이 너무 강하지 않게 눈매의 길이를 길게 표현한다. • 아이라인 : 다크 브라운과 블랙 젤 라인을 믹스한다.
치크	베이지 브라운 계열로 연하게 음영만 표현한다.
립	레드와 와인 컬러로 표현한다.

⑥ 트래디셔널(Traditional)한 이미지

트래디셔널한 이미지

이미지	한복의 고전적인 느낌을 극대화하되, 단아하고 절제된 은은한 메이크업을 한다.
어울리는 색상	
베이스	• 베이스 단계에서 크림 블러셔로 자연스러운 피부톤을 연출한다. • 파운데이션 : 밝고 화사하게 표현함 • 파우더 : 너무 건조하지 않도록 유분기를 조절함
아이	• 한복 깃과 한복의 고름 색상을 고려하여 표현한다. • 아이라인 : 점막 부분 • 눈매 : 라인 교정
치크	소프트한 느낌의 컬러를 이용하여 광대뼈가 강조되지 않도록 한복의 기본 컬러에 맞춘 컬러로 화사하게 마무리한다.
립	입술은 살짝 붉은색으로 자연스럽게 입술을 표현한다.

4) 웨딩드레스 컬러와 메이크업

화이트	핑크 베이지톤으로 깨끗하고 순수한 내추럴 이미지로 표현한다.
핑크, 아이보리	립과 치크에 포인트를 준 귀엽고 로맨틱한 이미지로 표현한다.
크림	피치와 골드로 우아하고 고급스러운 이미지로 표현한다.

✅ **개념 체크**

넓고 고급스러운 인테리어와 화려한 조명이 갖추어진 예식 장소에서 진행되는 웨딩 메이크업 테크닉으로 적절하지 않은 것은?

① 베이스 메이크업 시 음영을 넣어 윤곽을 뚜렷하게 강조한다.
② 베이지 계열의 메이크업 베이스와 파운데이션으로 피부를 연출한다.
③ 우아하고 여성스럽게 화사하고 밝은 색조의 메이크업으로 연출한다.
④ 아이 메이크업 연출 시 화사한 색감과 은은한 펄감이 있는 제품을 사용한다.

②

KEYWORD 03   신랑 본식 메이크업

1) 신랑 메이크업

자연스러운 메이크업을 위해 완벽한 피부상태로 만드는 것이 중요하다.

이미지	인물 중심의 인위적이지 않은 자연스러운 이미지를 연출한다.
베이스	• 스킨과 로션을 가볍게 발라 유·수분 밸런스를 조절한다. • 피부톤과 유사한 컬러의 베이스와 파운데이션으로 자연스럽고 균일한 피부톤을 연출한다. • 피부톤에 맞는 색상의 파우더를 소량 사용한다.
눈썹	• 눈썹 정리 : 지저분한 잔털을 눈썹 전용 칼로 정리 • 눈썹 메이크업 : 눈썹 컬러와 유사한 색상으로 아이브로 펜슬로 눈썹의 빈 부분을 채우듯이 그림
윤곽 수정	• 피부톤보다 어두운 브론즈 컬러를 사용한다. • 페이스 라인 외곽부분 : 안쪽 방향으로 쓸어 주듯 펴 윤곽을 표현
노즈 섀이딩	• 피부색보다 두 톤 어두운 섀도를 쓴다. • 눈썹머리 부분부터 아래로 가볍게 쓸어 주며 자연스러운 음영을 준다.
립	입술 컬러보다 생기있고 촉촉한 컬러로 자연스럽게 연출한다.

KEYWORD 04   혼주 메이크업

1) 혼주 메이크업 특징

① 특징

- 중년 여성을 대상으로 한다.
- 한복을 입는 경우가 많아 한복과 색조를 맞춰야 한다.

② 중년 여성의 피부 특징과 주의사항

특징	• 피부 탄력성이 낮고 주름과 색소침착 현상이 관찰된다. • 피부가 거칠고 건조하다. • 자외선에 의한 광노화 현상이 보인다.
주의 사항	• 기초 제품을 피부에 충분히 흡수해야 한다. • 주름이 강조될 수 있어 베이스 제품을 최소화해야 한다. • 눈썹과 눈 처짐은 쌍꺼풀 테이프 이용해야 한다. • C존을 화사하게 연출하여 리프팅해야 한다. • 한복 컬러와 맞춰 립 컬러를 선택해야 한다.

2) 연령별 메이크업

40대	기초	수분 크림을 사용한다.
	베이스	• 핑크빛 파운데이션을 사용한다. • T존과 눈밑에 피부톤보다 한 톤 밝은색으로 입체감을 표현한다. • 파우더 : 약하게 마무리함
	눈썹	• 체격이 왜소하거나 인상이 강함 : 둥근 형태 브라운 색상으로 그림 • 얼굴에 살이 많고 뚱뚱한 체형 : 처지지 않은 각진 형태로 그림 • 진한 눈썹 : 회색과 브라운으로 진하지 않게 표현함
	아이	• 한두 가지 색상만 사용하면 주름이 두드러진다. • 펄은 눈가의 주름이 더 두드러져 보인다. • 눈썹 뼈 부분에는 아이보리 섀도로 산뜻해 보이게 정리한다.
	치크	• 아이섀도 색상과 유사한 색상이나 한복 색을 고려하여 선택한다. • 은은하게 귀 뒤쪽에서 부터 코끝과 입술 사이를 향해 둥글게 굴려준다.
	립	핑크색이나 피치색 등 난색 계통의 색상으로 은은하게 표현한다.
50대	기초	수분 크림을 사용한다.
	베이스	• 유·수분이 있는 크림 파운데이션으로 화사하게 표현한다. • 핑크 계열 파우더로 약간의 유분기를 제거한다.
	눈썹	• 옅은 그레이시 톤이나 브라운 색상의 아이섀도를 사용한다. • 둥근 느낌의 상승형으로 그린다.
	눈	피치 색상이나 연한 오렌지색 자연스럽고 차분한 컬러를 사용 후 와인이나 브라운 컬러로 눈매를 강조한다.
	볼	연한 오렌지나 피치 색상으로 얼굴형에 맞게 둥글거나 사선으로 길게 터치하여 혈색과 생동감을 부여한다.
	립	립라인은 연한 오렌지나 핑크로 라인을 살려 자연스럽게 마무리한다.

SECTION 06 응용 메이크업

출제빈도 상 중 하
반복학습 1 2 3

빈출 태그 ▶ #패션메이크업 #TPO

KEYWORD 01 패션이미지에 따른 메이크업

1) 패션이미지 메이크업

① 내추럴한 이미지

이미지		• 자연스럽고 부드러워 싫증이 나지 않도록 편안한 느낌을 낸다. • 소박한 감각에 맞게 온화하고 차분한 이미지를 연출한다.
패션		• 자연의 아름다움과 편안한 실루엣을 추구한다. • 따뜻하고 부드러운 소재로 소박하면서 자연스러운 스타일로 연출한다.
	톤	베이지, 카멜, 카키 계열의 소프트한 색상과 라이트 그레이시, 그레이시
	의상	울, 면, 마, 니트 자연스러운 소재의 의상
	소품	캔버스 천이나 부드러운 가죽 소재의 가방이나 모자
	헤어	부드러운 긴 웨이브
메이크업	베이스	베이스 제품과 액상 파운데이션을 이용하여 가볍게 처리함
	음영	모델의 얼굴형을 보완하는 하이라이트와 섀딩
	눈썹	• 색 : 베이지 브라운 • 특징 : 기본형
	아이섀도	• 색 : 베이지, 핑크, 피치 • 특징 : 소프트
	아이	자연스러운 아이라인과 속눈썹 마스카라
	치크	• 색 : 핑크 또는 피치 • 특징 : 부드러운 느낌
	립	• 색 : 누드 톤, 라이트 그레이시, 라이트 톤 • 특징 : 촉촉, 소프트

개념 체크

다음 중 패션이미지에 다른 메이크업 테크닉으로 옳지 않은 것은?

① 액티브 이미지의 립 컬러는 눈 메이크업 색상을 다소 소프트하게 표현했다면 비비드한 레드, 핑크 색상의 립스틱으로 포인트를 준다.
② 매니시한 이미지의 아이브로는 다크 그레이 색상을 이용하여 각진 눈썹을 연출한다.
③ 내추럴한 이미지의 치크는 코럴 브라운 계열로 광대뼈에서 입꼬리를 향해 사선으로 연출한다.
④ 엘레강스한 이미지의 립은 소프트한 핑크베이지 색상도는 레드 계열로 입술산이 각지지 않게 완만한 아웃커브로 연출한다.

③

② 클래식한 이미지

이미지		• 복고적인 패션 스타일이다. • 고유의 독창성을 유지한 채, 유행에 관계없이 지속된다. • 전통성과 윤리성을 존중하고 풍요로움을 지닌 고전적인 스타일이다.
패션		• 테일러드 수트와 같이 유행에 좌우되지 않는 전통적인 패션 스타일이다. • 몸의 선을 강조하거나 장식이 강하지 않은 것이 특징이다.
	톤	무채색, 브라운, 딥 그린 등의 컬러를 사용하여 완성한다.
	의상	울, 벨벳, 트위드 소재의 테일러 수트
	소품	유행에 민감하지 않은 디자인의 소품, 스카프, 악세서리
	헤어	업스타일, 굵은 단발 웨이브
메이크업	베이스	• 결점은 컨실러로 커버한다. • 파운데이션으로 피부 표현을 하고 파우더를 칠한다. • 윤곽을 강조하고 실키/매트하게 표현한다.
	음영	T존에는 하이라이트를, 헤어라인과 네크라인은 섀딩을 한다.
	눈썹	• 색 : 다크 브라운 • 특징 : 각진 눈썹
	아이섀도	• 색 : 덜, 디프, 다크톤 • 특징 : 매트한 질감
	아이	선명한 아이라인, 볼륨감 있는 마스카라
	치크	• 색 : 핑크 브라운, 매트 • 특징 : 광대뼈를 중심으로 사선으로 처리함
	립	• 색 : 레드 또는 레드 브라운, 디프 톤 • 특징 : 직선으로 선명하게 라인을 강조하고, 소프트하고 매트한 질감으로 표현함

③ 엘레강스한 이미지

> **개념 체크**
>
> 직선이나 사선보다 약간 아웃커브 정도의 립라인을 연출해야 하는 메이크업 이미지는?
> ① 엘레강스한 이미지
> ② 로맨틱한 이미지
> ③ 액티브한 이미지
> ④ 에스닉한 이미지
>
> ①

이미지		• 엘레강스는 '우아한', '고상한'을 뜻하는 프랑스어이다. • 성숙하고 품위 있는 여성의 아름다움을 표현한다.
패션		• 부드러운 곡선을 살린 실루엣으로 우아하고 기품있는 고급스러움을 기조로 한다. • 단정하면서 흘러내리는 듯한 우아한 드레이핑 형태가 특징이다.
	톤	소프트한 톤과 퍼플, 와인계열
	의상	광택있는 부드러운 곡선의 의상
	소품	실크 스카프, 악세서리, 토트백
	헤어	업스타일
메이크업	베이스	• 실키 파운데이션
	음영	부드럽게 감싸는 듯이 하이라이트와 섀딩 처리를 함
	눈썹	• 색 : 그레이 브라운 • 특징 : 부드러운 아치형
	아이섀도	• 색 : 페일, 라이트톤, 소프트한 색상 • 특징 : 샤이니, 매트
	아이	두껍지 않은 아이라인과 마스카라
	치크	• 색 : 핑크 베이지, 레드, 피치, 핑크 브라운 • 특징 : 고급스러운 느낌
	립	• 색 : 페일, 브라이트 • 특징 : 소프트

> **개념 체크**
>
> 다음에서 설명하는 패션이미지 메이크업은?
>
> - 직선보다 둥근 곡선형이나 완만한 사선을 사용하는 메이크업이다.
> - 은은한 펄감이나 자연스럽고 생기가 느껴지는 글로시한 느낌을 강조한다.
> - 핑크 계열 또는 페일 톤, 라이트 톤의 채도를 사용한다.
> - 핑크나 오렌지 계열로 촉촉한 입술을 연출한다.
>
> ① 클래식한 이미지
> ② 로맨틱한 이미지
> ③ 엘레강스한 이미지
> ④ 모던한 이미지
>
> ②

④ 로맨틱한 이미지

이미지		• 로맨틱이란 '공상적인', '비현실적인'이라는 뜻이다. • 비현실적이며 아름답고 달콤하며 꿈꾸는 듯한 분위기, 소녀의 마음을 잃지 않은 듯한 낭만적 이미지를 기조로 한다.
패션		부드러운 색조와 플레어스커트, 프릴이나 드레이프가 있는 원피스, 블라우스, 가벼운 소재와 꽃무늬, 레이스, 리본 등의 장식으로 낭만적인 이미지를 연출한다.
	톤	베이비 핑크, 크림 옐로, 피치, 부드러운 파스텔 톤, 페일 톤
	의상	시폰, 보일, 론 등의 부드럽고 가벼운 의상
	소품	프릴, 리본, 코사지, 레이스
	헤어	브레이드, 긴 웨이브
메이크업	베이스	한 톤 밝은 파운데이션과 윤광
	음영	모델의 얼굴형을 보완하는 하이라이트와 섀딩
	눈썹	• 색 : 브라운 색상 • 특징 : 둥근 기본형
	아이섀도	• 색 : 화이트와 파스텔 톤, 페일, 라이트 톤 • 특징 : 소프트
	아이	부드럽고 동그란 아이라인
	치크	• 색 : 핑크, 피치 • 특징 : 부드러운 둥근형
	립	• 색 : 페일, 브라이트 톤 • 특징 : 글로시, 매트

⑤ 모던한 이미지

이미지		전위성이 강하고 유행을 앞서가는 심플하고 샤프하며 개성적인 '현대적, 도회적, 이지적'인 이미지이다.
패션		• 포스트모던(Postmodern), 하이테크(Hightech), 퓨처리스트 룩(Futurist Look) • 무채색을 주색, 블루를 포인트 색상으로 하여 차갑고 도회적인 이미지를 연출한다.
	톤	직선적인 형태, 단색, 줄무늬, 기하학적인 무늬, 체크
	의상	민무늬의 차가운 단색 의상
	소품	실버
	헤어	스트레이트, 짧은 단발
메이크업	베이스	매트
	음영	모델의 얼굴형을 보완하는 하이라이트와 셰딩
	눈썹	• 색 : 그레이 브라운 • 특징 : 각진형
	아이섀도	• 색 : 무채색 계열 • 특징 : 실키
	치크	• 색 : 베이지 브라운 • 특징 : 사선 방향
	립	• 색 : 누드 톤, 와인 톤, 라이트 그레이시, 덜 톤 • 특징 : 라인 강조, 소프트하고 매트한 질감 처리

> **개념 체크**
>
> 패션 이미지와 메이크업 스타일의 연결로 가장 거리가 먼 것은?
>
> ① 오리엔탈 룩 – 에스닉 메이크업, 젠 메이크업
> ② 페미닌 룩 – 파스텔 메이크업, 큐트 메이크업
> ③ 미니멀 룩 – 누드 메이크업, 내추럴 메이크업
> ④ 매니시 룩 – 엘레강스 메이크업, 펑키 메이크업
>
> ④

⑥ 매니시한 이미지

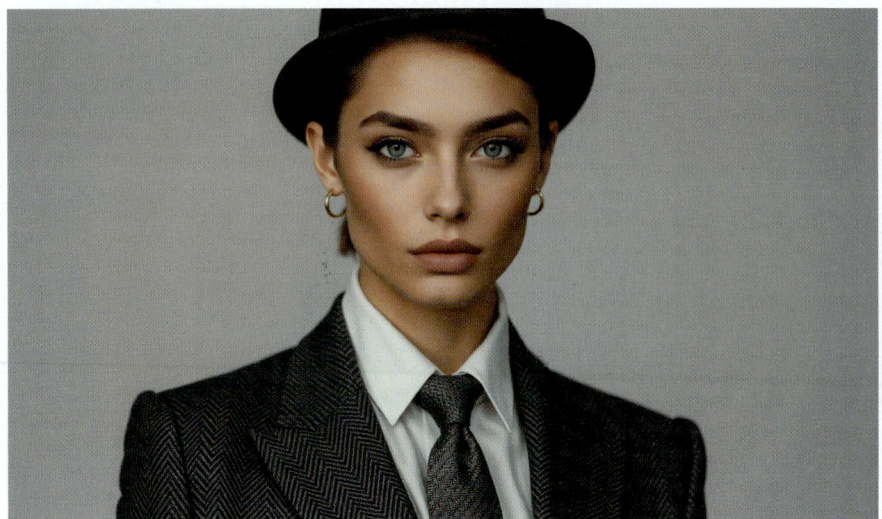

이미지		• 매니시(Manish)란 '남성풍의', '남자 같은'이라는 뜻이다. • 여성적인 면보다 남성적인 특징이 강하게 드러나는 이미지를 기조로 한다.
패션		• 여성의 활발한 사회 활동이 시작되면서 독립심을 표현해 주는 스타일이다. • 남성적인 이미지를 연출하는 앤드로지너스, 유니섹스를 지향하는 스타일이다. • 중절모, 넥타이 등의 소품, 직선적인 남성 수트를 이용한다.
	톤	무채색이나 딥 그레이시 톤의 색상
	의상	무채색, 헤링본 무늬 신사복
	소품	넥타이, 중절모, 두꺼운 벨트
	헤어	시뇽, 쇼트커트
메이크업	베이스	컨투어링을 강하게 하고, 질감을 매트하게 처리함
	음영	모델의 얼굴형을 보완하는 하이라이트와 섀딩
	눈썹	• 색 : 다크 그레이 • 특징 : 각진 상승형
	아이섀도	• 색 : 무채색 계열 • 특징 : 매트
	아이	직선 검정 아이라인
	치크	• 색 : 베이지 브라운 • 특징 : 매트한 느낌, 사선
	립	• 색 : 누드 톤, 라이트 그레이시, 딥 톤 • 특징 : 각진 라인

⑦ 액티브한 이미지

이미지		젊음과 건강미, 생동감, 경쾌함을 특징으로 한다. 적극적이고 활동적이며 경쾌하고 밝은 분위기의 이미지를 기조로 한다.
패션		• 활동하기 편안한 디자인과 부드러운 소재에 스포티하고 발랄한 패턴이 대부분이다. • 재킷에 바지나 스커트를 조합한 활동적인 스타일이 대부분이다. • 티셔츠, 면바지, 카디건 등을 활용해 친밀하게 코디네이션한다.
	톤	비비드한 톤
	의상	데님, 면, 기하학적 패턴, 스포티 의상
	소품	배낭, 양말, 모자 포인트
	헤어	시뇽, 쇼트커트
메이크업	베이스	글로시
	음영	모델의 얼굴형을 보완하는 하이라이트와 섀딩
	눈썹	• 색 : 브라운 • 특징 : 각진 기본형, 상승형
	아이섀도	• 색 : 비비드, 스트롱, 브라이트 톤, 오렌지, 핑크, 블루, 그린 • 특징 : 실키, 글로시
	아이	원 포인트 눈 메이크업
	치크	• 색 : 핑크, 피치, 브라운 • 특징 : 사선
	립	• 색 : 스트롱, 브라이트 톤, 비비드 레드, 핑크 • 특징 : 매트, 글로시 립글로스

> **개념 체크**
>
> 다음 중 패션이미지에 따른 메이크업 테크닉으로 옳지 <u>않은</u> 것은?
>
> ① 액티브한 이미지의 립 컬러는 눈 메이크업 색상을 다소 소프트하게 표현했다면 비비드한 레드, 핑크 색상의 립스틱으로 포인트를 준다.
> ② 매니시한 이미지의 아이브로는 다크그레이 색상을 이용하여 각진 눈썹을 연출한다.
> ③ 내추럴한 이미지의 치크는 코럴브라운 계열로 광대뼈에서 입꼬리를 향해 사선으로 연출한다.
> ④ 엘레강스한 이미지의 립은 소프트한 핑크베이지 색상 도는 레드 계열로 입술산이 각지지 않게 완만한 아웃커브로 연출한다.
>
> ③

패치워크

작은 조각천이나 큰 조각천을 이어 붙여 1장의 천을 만드는 수예이다.

✅ **개념 체크**

양 갈래로 땋은 머리나 두건을 활용한 헤어스타일과 민족적이고 이국적 느낌의 의상을 스타일링했을 때 적용하기 적합한 메이크업 이미지는?

① 아방가르드한 이미지
② 에스닉한 이미지
③ 모던한 이미지
④ 내추럴한 이미지

②

⑧ 에스닉한 이미지

이미지	• 에스닉(Ethnic)은 '민족 특유의', '민속의'란 뜻이다. • 소박하고 전원적인 민속 문화와 관습을 강조하는 이미지이다. • 잉카의 기하학적인 문양, 인도네시아의 바틱, 인도의 사리, 중국의 차이나 칼라, 유럽의 자수 문양, 아랍권의 민속 의상, 아프리카의 토속 의상 등을 기조로 한다.	
패션	각 나라의 풍속과 민족을 상징하는 문양과 기하학적, 추상적 패턴을 기조로 하여 토속적이며 민족적인 이미지를 표현한다.	
	톤	동양적, 이국적, 열대, 민속적인 분위기를 나타내는 배색
	의상	자수, 아플리케, 패치워크 민족적 의상
	소품	민속풍 장신구, 두건
	헤어	부드러운 긴 웨이브, 브레이드
메이크업	베이스	윤광, 매트
	음영	모델의 얼굴형을 보완하여 하이라이트와 섀딩
	눈썹	• 색 : 레드 브라운, 다크 브라운 • 특징 : 일자형
	아이섀도	• 색 : 그레이시, 덜, 딥 톤 • 특징 : 매트, 글로시
	아이	볼륨 마스카라
	치크	• 색 : 피치, 레드 브라운 • 특징 : 사선
	립	• 색 : 그레이시, 덜 톤, 투명 립글로스, 레드 브라운 • 특징 : 매트하고 글로시한 질감 처리

⑨ 아방가르드한 이미지

이미지		• 기존의 예술사적 전통을 거부하고 극단적 새로움을 추구한다. • 예술과 비예술의 틀을 없애 자유롭게 표현한 급격한 진보적 성향을 띤다.
패션		독특한 재단과 스타일, 비대칭적이고 과장된 실루엣, 미니멀리즘과 볼륨감 있는 스타일의 조화, 혁신적인 감각을 특징으로 한다.
	톤	무채색, 다크, 다크 그레이시 톤
	의상	비대칭적, 과장된 실루엣, 독특한 재단의 의상
	소품	과장된 액서서리와 모자
	헤어	볼륨 다이렉트 컬
메이크업	베이스	매트, 글로시
	음영	모델의 얼굴형을 보완하는 하이라이트와 섀딩
	눈썹	• 색 : 블랙 • 특징 : 상승형
	아이섀도	• 색 : 다크 그레이시, 다크 톤, 어두운 무채색, 강렬한 원색, 펄 • 특징 : 과장된, 매트, 글로시
	치크	• 색 : 브라운 색상 • 특징 : 사선, 매트
	립	• 색 : 다크 그레이시, 누드 톤, 다크 톤 • 특징 : 라인 강조, 글로시, 매트

데이 메이크업(좌)과
나이트 메이크업(우)

✅ 개념 체크

나이트 메이크업에 대한 설명으로 가장 적합한 것은?

① 낮의 일상생활을 위해 연출되는 메이크업이다.
② 데이 메이크업의 눈썹과 눈보다 선을 약하고 부드럽게 표현한다.
③ 데이 메이크업에 비해 색상이나 선을 조금 강하게 표현한다.
④ 전체적으로 자연스러운 색상을 사용하는 것이 좋다.

③

KEYWORD 02 TPO 메이크업

1) 시간(T ; Time)에 따른 메이크업

구분	데이 메이크업(Day Make-up)	나이트 메이크업(Night Make-up)
기조	• 낮에 하는 일상적인 메이크업으로 면(面) 위주의 메이크업이다. • 자연광이 조사되기 때문에 자연스러운 느낌으로 메이크업한다. • 계절이나 의상, 헤어에 따라 변화하며 동일색 또는 유사색으로 표현한다.	• 인공조명이 조사되는 메이크업으로 선(線)을 강조한 메이크업이다. • 메이크업 톤이 조명에 의해 낮아지기 때문에 색을 좀 더 진하게 표현한다. • 상황에 따라 펄이나 글로시한 제품으로 화려함을 표현한다.
베이스	• 베이스와 액상 파운데이션으로 가볍게 처리한다. • 투명이나 베이지 파우더로 가볍게 유분을 제거한다.	• 컨실러로 잡티를 가리고 커버력이 좋은 파운데이션을 사용한다. • 파운데이션으로 셰이딩 부위를 한 톤 낮게 표현하기도 한다. • 핑크와 투명 파우더로 유분기를 제거한다.
음영	펄 입자가 너무 큰 제품보다는 은은한 광채를 내는 제품을 사용하는 것이 좋다.	T존과 V존에 하이라이트와 윤곽을 표현한다.
아이브로	베이지 브라운과 그레이로 자연스럽게 표현한다.	브라운 계열로 자연스럽지만 선명하게 표현한다.
아이섀도	베이지 계열, 브라운으로 은은하게 그러데이션 처리한다.	• 색감이 있는 아이섀도 사용으로 선명한 그러데이션을 표현한다. • 포인트 컬러로 표현한다. • 눈썹뼈와 눈동자 중앙 부분에 펄이나 밝은 계열로 하이라이트 처리한다.
아이라인	펜슬 타입으로 눈매만 표현하여 자연스러움을 연출한다.	리퀴드 아이라이너로 눈매를 선명하게 수정한다.
치크	과하지 않게 브라운 계열로 광대 부위에 자연스러운 음영을 표현한다.	• TPO에 맞춘 선명한 색상으로 표현한다. • 화사한 피니시 파우더로 T존과 V존에 한번 더 표현한다.
립	누드 톤, 라이트 그레이시로 부드럽고 촉촉하게 표현한다.	선명한 색상을 사용하고 립그로스로 글로시한 느낌을 표현한다.

2) 장소(P ; Place)에 따른 메이크업

실내	실외
• 인공조명에 맞게 메이크업해야 한다. • 피부는 글로우하게, 포인트 메이크업은 자연스럽고 부드러운 색조와 적당한 강조로 화사함을 표현한다. • 실내에서는 습기나 바람이 적어 지속력에 대한 요구가 상대적으로 낮다.	• 자연광에 맞게 메이크업해야 한다. • 메이크업이 더 도드라져 보이므로, 피부표현, 포인트 메이크업을 자연스럽게 표현한다. • 지속력이 높은 제품을 사용해야 한다.

3) 상황(O ; Occasion)에 따른 메이크업

소셜 메이크업	• 사교모임 등의 짙은 메이크업이다. • 자연스러운 피부 표현과 또렷한 눈매, 생기 있는 립 컬러를 사용하여 전체적으로 조화로운 이미지를 연출한다.
그리스 페인트	• 무대용 화장, 스테이지 메이크업, 페인트 메이크업 등을 가리킨다. • 얼굴에 그림을 그리듯 화려하고 과감한 색조를 사용하여 개성을 표현한다.
컬러 포토	• 컬러 사진 촬영 시 얼굴의 장점을 부각하고 단점을 커버하는 메이크업이다. • 피부톤을 균일하게 하고, 윤곽을 또렷하게 하여 입체적인 얼굴을 연출한다.
직장 · 비즈니스	• 프로페셔널하고 깔끔한 인상을 표현한다. • 깔끔한 피부 표현과 자연스러운 눈매, 차분한 립 컬러를 사용하여 전문적인 이미지를 연출한다.
데이트	• 매력적인 분위기를 살려주는 메이크업이다. • 촉촉한 피부 표현과 생기 있는 볼, 반짝이는 눈매를 연출하여 상대방에게 호감을 준다.
파티 · 이벤트	• 화려하고 눈에 띄는 메이크업이다. • 글리터, 펄, 강렬한 색조 등을 사용하여 특별한 날에 더욱 돋보이게 한다.
스포츠 · 야외	• 간단하고 실용적인, 땀과 햇빛에 강한 메이크업이다. • 워터프루프 제품을 사용하여 지속력을 높이고, 자외선 차단제를 꼼꼼히 발라 피부를 보호한다.

그리스 페인트

✅ **개념 체크**

T.P.O에 맞는 메이크업에 관한 설명으로 가장 거리가 먼 것은?

① 커리어 우먼의 메이크업은 강한 인상을 줄 수 있도록 스모키 메이크업이나 포인트 메이크업으로 색상을 강하게 사용한다.
② 파티 메이크업은 펄 섀도와 펄 글로스로 화려한 아이와 립을 표현한다.
③ 바캉스 메이크업은 외부 활동이 많으므로 자외선 차단제를 꼼꼼히 바르고 발랄한 느낌의 팝아트 컬러로 표현한다.
④ 면접 메이크업은 자연스럽고 생기 있는 메이크업으로 면접관에게 좋은 인상을 줄 수 있도록 정돈되고 깨끗한 이미지로 신뢰감을 주어야 한다.

①

SECTION 07 트렌드 메이크업

빈출 태그 ▶ #메이크업트렌드 #시대별메이크업

KEYWORD 01 트렌드 조사

1) 트렌드 자료 수집·분석의 개념
- 최근 3년간 메이크업 및 메이크업 산업의 트렌드 정보를 수집하여 조사·분석하는 것이다.
- 시즌별 메이크업 컬러 기획 자료를 수집하여 색상의 변화를 분석하는 것이다.
- 차별화된 국내 메이크업 산업의 특징을 분석하는 것이다.
- 인쇄 매체 광고, 각종 미디어에서 나타나는 메이크업 자료 분석하는 것이다.
- 트렌드의 변화와 흐름, 향후 메이크업 트렌드를 예측하는 것이다.

2) 트렌드의 구분

메가트렌드(Megatrend)	마이크로트렌드(Microtrend)
• 다수의 고객이 선호한다. • 트렌드가 10년 이상 오래 지속된다.	• 다수보다는 특정 고객의 선호로 구성된다. • 지속 기간이 길거나 짧다.

3) 트렌드 정보수집 방법

- 인쇄매체(잡지, 서적, 신문, 브로셔, 팸플릿 등)를 통해 수집한다.
- 각종 컬렉션 및 박람회를 통해 수집한다.
- 영상매체(영화, TV) 및 뉴미디어(인터넷, 스마트폰, 전자 신문, 유튜브)를 통해 수집한다.

KEYWORD 02 트렌드 메이크업

1) 스모키 메이크업

스모키 메이크업

특징		• 눈화장에 깊이감이 있다. • 다크한 색상으로 눈에 음영을 주고, 눈꼬리를 올려 주어 세련된 인상을 준다.
방법	피부	• 파운데이션을 고르게 바른 후, 컨실러로 결점을 커버한다. • 피부톤에 맞는 파우더로 유분기를 조절한다. • 윤곽을 자연스럽게 셰이딩한다. • 부드럽고 자연스러운 색상 블러셔로 가볍게 처리한다.
	눈썹	• 눈썹을 그릴 때 자연스럽게 그리되, 약간의 각도와 볼륨으로 뚜렷하게 표현하여 인상을 강렬하게 한다. • 아이섀도와 조화를 이루도록 어두운 톤의 색상을 사용한다.
	아이섀도	• 다크한 아이섀도로 눈의 주름 부위와 눈꼬리 외측에 음영을 준다. • 그러데이션을 통해 부드럽게 연결한다. • 중앙에는 약간의 메탈릭 또는 글리터 색상으로 포인트를 준다. • 하이라이트 컬러로 눈썹 뼈와 눈 안쪽을 강조한다.
	속눈썹	• 마스카라를 여러 겹 발라서 볼륨감과 길이감을 연출한다. • 필요에 따라 인조 속눈썹을 추가한다.
	립	• 어두운 색상이나 누드 톤을 사용한다. • 립 라이너로 입술의 윤곽을 강조한다. • 립스틱이나 립글로스로 입술을 표현한다.

2) 원 포인트 메이크업

원 포인트 메이크업

특징		• 메이크업의 한 부분(눈, 입술 등)을 강조하여 시선을 집중시킨다.
방법	피부	• 가벼운 파운데이션이나 BB크림을 사용하여 톤을 자연스럽게 표현한다. • 컨실러를 사용하여 잡티를 감추고, 파우더로 유분을 조절한다. • 부드러운 색상의 블러셔로 자연스러운 혈색을 표현한다.
	눈썹	• 자연스럽고 깔끔하게 정리한다. • 눈썹의 결은 눈썹 펜슬이나 파우더로 두껍지 않게 처리한다. • 필요한 경우, 눈썹 젤로 고정한다.
	아이섀도	• 베이스 컬러는 눈두덩이, 포인트 컬러는 눈꼬리나 중앙에 집중적으로 표현한다. • 포인트 컬러는 메탈릭하거나 밝은 색상을 선택한다. • 그러데이션으로 부드럽게 연결한다.
	속눈썹	• 마스카라로 속눈썹을 강조한다. • 볼륨감 있는 마스카라로 풍성하게 표현한다. • 필요에 따라 인조 속눈썹을 추가한다.
	립	• 강렬한 색상(레드, 핑크)이나 독특한 질감(글로시, 매트 등)으로 표현한다. • 포인트를 주고 싶은 립 컬러를 선택한다. • 립 라이너로 윤곽을 정리하고, 립스틱이나 글로스로 처리한다.

글로시 메이크업

3) 글로시 메이크업

특징		빛나는 피부와 윤기 있는 표현으로 자연스럽고 건강한 인상을 주는 스타일이다.
방법	피부	• 피부는 윤기가 흐르고 촉촉하게 보이도록 연출한다. • 글로우 효과가 있는 제품이나 하이라이터를 사용하여 자연스러운 광채를 강조한다. • 피부의 결점은 최소화한다.
	눈썹	• 자연스럽고 부드러운 느낌을 낸다. • 눈썹의 결은 펜슬이나 파우더로 강하지 않게 처리한다. • 눈썹 젤을 사용해 윤기와 자연스러운 모양을 유지한다.
	아이섀도	• 눈두덩이에 부드럽고 은은한 색상으로 처리한다. • 메탈릭이나 시머한 텍스처의 아이섀도로 광택을 처리한다. • 눈꼬리 부분에 음영을 주어 깊이감을 준다.
	속눈썹	• 마스카라로 볼륨과 길이를 강조한다. • 촉촉한 마스카라로 글로시한 느낌을 낸다. • 필요시 인조 속눈썹을 추가하여 풍성하게 표현한다.
	립	• 립글로스 또는 글로시 립스틱을 사용하여 윤기를 강조한다. • 립 라이너로 윤곽을 정리하고, 글로스를 덧발라 빛나는 느낌을 낸다.

4) 미니멀 메이크업

미니멀 메이크업

특징		간결하고 자연스러운 아름다움을 강조하는 스타일이다.
방법	피부	• 결점을 최소화하며 자연스럽고 건강한 윤기를 강조한다. • 가벼운 파운데이션이나 BB크림으로 투명한 느낌을 유지한다. • 파우더는 최소한으로 사용해 자연스럽게 마무리한다.
	눈썹	• 눈썹 펜슬이나 파우더로 자연스럽게 결을 처리한다. • 너무 두껍지 않게, 자연스럽고 부드럽게 그리는 것이 포인트이다. • 필요에 따라 눈썹 젤로 고정한다.
	아이섀도	• 베이지, 브라운으로 눈두덩이에 자연스럽게 음영을 처리한다. • 최소한 사용, 과도한 색상은 피하고 자연스러운 그러데이션한다. • 하이라이트 컬러는 눈썹 아래나 눈의 안쪽 모서리에 처리한다.
	속눈썹	• 가볍게 마스카라로 한두 겹만 발라 속눈썹을 강조한다. • 인조 속눈썹은 사용하지 않고, 자연스러운 속눈썹의 느낌을 표현한다.
	립	• 자연스러운 색상의 틴트, 립밤, 누드 톤 립스틱을 사용한다. • 윤곽을 강조하지 않고, 자연스럽게 그러데이션한다.

5) 샤이니 메이크업

샤이니 메이크업

특징		빛나는 피부와 화려한 포인트로 주목받는 스타일이다.
방법	피부	• 촉촉하고 윤기 있게 표현하되, 자연스러운 광채가 중요하다. • 글로우 효과가 있는 파운데이션이나 BB크림을 사용한다. • 하이라이터로 광택을 추가한다. • 파우더는 최소한 사용하여 윤기를 유지한다.
	눈썹	• 자연스럽고 선명하게 약간의 각도를 주어 세련된 느낌을 강조한다. • 눈썹의 결은 펜슬이나 젤을 사용하여 처리한다. • 필요시 눈썹 젤로 고정하여 윤을 낸다.
	아이섀도	• 샤이니 메이크업의 포인트이다. • 메탈릭하거나 시머한 텍스처를 선택한다. • 중앙이나 눈꼬리에 밝은 색상이나 글리터를 추가한다. • 그러데이션으로 자연스럽게 연결하고, 눈의 깊이를 강조한다.
	속눈썹	• 볼륨감 있는 마스카라를 선택한다. • 필요에 따라 인조 속눈썹을 추가한다.
	립	• 글로시한 립글로스 또는 메탈릭 립스틱을 사용하여 윤기를 강조한다. • 생기 있는 핑크, 레드를 선택하여 입술을 강조한다. • 윤곽 정리 후 글로스로 더욱 빛나는 느낌을 부여한다.

6) 실키 메이크업

실키 메이크업

특징		• 부드럽고 매끄러운 질감을 강조한다. • 자연스럽고 세련된 아름다움을 추구한다.
방법	피부	• 매끄럽고 부드럽게 표현하되, 자연스러운 광택을 강조한다. • 가벼운 포뮬러의 파운데이션이나 BB크림을 사용한다. • 하이라이터로 얼굴의 특정 부위를 강조하고, 피부의 윤기를 유지한다.
	눈썹	• 자연스럽고 부드러운 곡선을 강조한다. • 눈썹의 결은 펜슬이나 파우더로 부드럽게 처리한다. • 눈썹 젤을 사용하여 고정하고, 자연스럽게 윤을 낸다.
	아이섀도	• 부드러운 색상으로 자연스러운 음영을 표현한다. • 시머한 텍스처로 눈의 중앙이나 눈꼬리 부분에 포인트를 준다. • 하이라이트 컬러를 눈썹 아래와 눈의 안쪽 모서리에 처리한다.
	속눈썹	• 마스카라로 자연스럽게 길고 풍성한 속눈썹을 강조한다. • 인조 속눈썹은 사용하지 않으며 자연스러운 느낌을 유지한다.
	립	• 누드 톤이나 소프트 핑크, 코랄 색상으로 부드럽게 처리한다. • 립 라이너로 윤곽을 정리한 후, 립스틱 · 틴트로 그러데이션 처리한다. • 글로시한 립 제품을 사용하여 입술에 윤을 낸다.

메탈릭 메이크업

7) 메탈릭 메이크업

특징		반짝임과 광택을 강조하여 화려하고 세련된 룩을 연출하는 것이다.
방법	피부	• 피부는 매끄럽고 윤기 있게 표현하고, 자연스러운 광채를 강조한다. • 가벼운 파운데이션이나 BB크림으로 피부톤을 처리한다. • 하이라이터로 특정 부위를 강조한다. • 매트한 파우더는 최소한으로 사용한다. • 필요시 촉촉한 피니시 스프레이로 윤기를 유지한다.
	눈썹	• 눈썹은 뚜렷하고 세련되게 처리한다. • 눈썹의 결은 펜슬이나 젤을 사용해 처리한다. • 약간의 반짝임이 있는 제품을 사용한다.
	아이섀도	• 메탈릭한 아이섀도를 사용하여 눈꺼풀에 강렬한 포인트를 준다. • 실버, 골드, 브론즈 등을 활용하여 눈의 깊이를 강조한다. • 눈두덩이에 메탈릭 색상, 눈꼬리 부분에 더 진한 색상으로 음영을 준다. • 하이라이터 컬러를 눈썹 아래와 눈의 안쪽 모서리에 처리한다.
	속눈썹	• 마스카라로 속눈썹을 풍성하게 강조한다. • 필요시 인조 속눈썹을 추가한다.
	립	• 메탈릭 립스틱 또는 립글로스를 사용한다. • 강렬한 색상(레드, 핑크, 브론즈 등)으로 포인트를 준다. • 립 라이너로 윤곽을 정리한 후, 메탈릭 립 제품을 발라 입술을 강조한다.

KEYWORD 03 시대별 메이크업

1) 1900년대

풍파두르 스타일(Pompadour-Style)
머리 전체를 올려 목덜미에 느슨한 볼륨을 준 후 조화, 리본, 진주로 장식하는 업스타일이다.

1900년대

뷰티 아이콘		릴리언 러셀
메이크업의 특징		• 피부를 희고 깨끗하게 표현했다. • 눈썹의 형태를 다듬고 펜슬로 눈썹을 진하게 그려서 눈의 윤곽을 처리했다.
패션		• 디자이너 : 폴 푸아레(Paul Poiret)와 마들렌 비오네(Madeleine Vionnet) • S자형의 아르누보 스타일이나 깁슨 걸 스타일, 호블 스커트가 유행했다.
헤어		• 일반적으로 풍성하고 느슨하며 높이보다는 너비를 강조했다. • 풍파두르 스타일(Pompadour Style)이 대표적이었다.
소품		베일이 달린 모자, 터번, 깃털 장식
메이크업 방법	이미지	부드럽고 관능적인 모습이 유행이었다.
	피부	피부를 매트하고 창백하게 표현했다.
	눈썹	관능적인 모습을 위해 눈썹 손질 후 눈썹 펜슬로 짙게 표현했다.
	아이섀도	베이지색 아이섀도를 이용하여 눈에 음영을 표현했다.
	속눈썹	검정 아이라인과 속눈썹으로 눈을 강조했다.
	립	붉은 색상의 립스틱으로 관능미를 표현했다.

2) 1910년대

뷰티 아이콘	테다 바라(Theda Bara), 폴라 네그리(Pola Negri)	
메이크업의 특징	• 검은 펜슬로 눈썹을 새까맣게 일자형으로 그렸다. • 콜(Kohl) 메이크업이 등장했다.	
패션	• 터번과 소매 없는 망토, 신비스러운 베일이 유행했다. • 918년, 샤넬은 직물과 재질에 변화를 가져온 저지(Jersey)로 만든 의상을 발표했다.	
헤어	단순하고 기능성을 추구하는 보브(Bob) 스타일이 유행했다.	
소품	창이 넓고 깃털 장식을 한 모자, 모자산이 높고 챙이 좁은 토크(Toque)형 모자	
메이크업 방법	피부	피부를 하얗고 창백하게 표현했다.
	눈썹	• 진하고 검은 일자형 눈썹이 유행했다. • 눈썹 끝부분이 다소 처지게 그려 우울한 이미지를 표현했다.
	아이섀도	검정과 다크 브라운 색상을 이용하여 음영을 강하게 줬다.
	속눈썹	마스카라와 인조 속눈썹으로 눈매를 신비롭고 그윽하게 표현했다.
	립	어두운 붉은 색상의 립스틱으로 입술을 얇고 작게 표현했다.

1910년대

✓ 개념 체크

콜을 사용하여 관능적 매력의 팜므파탈룩을 연출한 시대는?
① 1910년대
② 1930년대
③ 1950년대
④ 1970년대

①

3) 1920년대

뷰티 아이콘	클라라 보우(Clara Bow), 글로리아 스완슨(Gloria Swanson), 루이스 브룩스(Louise Brooks)	
메이크업의 특징	• 밀가루를 바른 것처럼 하얗고 매트하게 피부를 표현했다. • 가늘고 진한 아치형 눈썹으로 졸린 듯한 눈을 표현했다.	
패션	• 보이시(Boyish), 가르송(Garçonne), 플래퍼(Flapper) 스타일이 유행했다. • 스타킹과 구두가 유행했다.	
헤어	'더 촙(The chop)'이라고 부르는 짧은 헤어스타일이 유행했다.	
소품	• 짧게 자른 머리 위에 터번식 모자와 종 모양의 모자가 유행했다. • 얇은 와이어로 만든 바비핀이 발명됐다.	
메이크업 방법	피부	• 밝은 색 파운데이션을 이용해 피부를 밝게 표현했다. • 컨실러로 잡티 커버 후 파우더로 마무리했다.
	눈썹	검은 수평 눈썹 또는 눈썹 꼬리 부분이 눈썹 머리보다 처지게 표현했다.
	아이섀도	• 아이홀에 음영을 처리하되, 위아래 아이라인 주위는 검정으로 처리했다. • 눈 꼬리가 올라가 보이지 않게 표현했다.
	속눈썹	마스카라와 인조 속눈썹으로 눈매를 깊게 표현했다.
	립	붉은 립스틱 인커버로 꽃봉오리같이 표현했다.

1920년대

1930년대

4) 1930년대

뷰티 아이콘	그레타 가르보(Greta Garbo), 마를레네 디트리히(Marlene Ditrich), 진 할로(Jean Harlow), 조안 크로포드(Joan Crawford)	
메이크업의 특징	• 신비로운 분위기를 표현했다. • 활 모양의 둥근 눈썹과 아이홀의 깊은 음영과 긴 속눈썹으로 여성스러움을 강조했다. • 입술을 꽃봉오리같이 붉게 표현했다.	
패션	• 스커트의 길이가 길어지면서 몸에 꼭 맞고 어깨는 넓으며 네모로 각이 진 날씬하고 긴 롱 앤 슬림(Long and Slim)의 여성적인 실루엣이 나타났다. • 소품으로 베레모를 사용하는 것이 유행이었다.	
헤어	• 퍼머넌트 웨이브와 아이론을 이용해 성숙한 이미지를 표현했다. • 페이지보이 보브(Pageboy Bob), 롱 보브(Long Bob), 금발 염색이 유행했다.	
메이크업 방법	이미지 피부	• 피부를 창백하고 밝게 표현했다. • 하이라이트와 섀딩을 넣어 얼굴에 음영을 줬다. • 파우더로 피부를 매트하게 마무리했다.
	눈썹	더마 왁스로 눈썹을 완벽하게 커버 후 아치형으로 그렸다.
	아이섀도	펄이 없는 갈색 계열의 아이홀 후 그러데이션 처리를 했다.
	속눈썹	인조 속눈썹으로 눈매 교정하여 그윽한 느낌을 연출했다.
	치크	• 브라운 색으로 광대뼈 아래쪽을 강하게 표현했다. • 얼굴 전체를 핑크톤으로 처리한 후 섀딩으로 얼굴의 윤곽과 얼굴선을 정리하고, 노즈 섀딩을 했다.
	립	레드 브라운 컬러로 유분감 있게 인커브로 표현했다.

1940년대

5) 1940년대

뷰티 아이콘	리타 헤이워드(Rita Hayworth), 베로니카 레이크(Veronica Lake), 베티 그레이블(Betty Grable), 잉그리드 버그만(Ingrid Bergman)	
메이크업의 특징	• 전쟁 중 : 성적 매력 강조, 두껍고 또렷한 곡선의 눈썹 형태와 속눈썹을 강조 • 전쟁 후 : 하얀 피부, 두껍고 부드러운 곡선형 눈썹, 아이라인으로 우아함 표현	
패션	밀리터리 룩(Military Look), 볼드 룩(Bold Look), 뉴룩(New Look)이 유행했다.	
헤어	머리 꼭대기에 묶은 머리를 안으로 빗어 넘겨 한쪽으로 부드럽게 말아 올렸다.	
소품	부드러워진 베일이나 깃털로 장식한 필 박스나 베레모가 유행했다.	
메이크업 방법	피부	파운데이션과 컨실러로 완벽하게 커버하고 파우더로 마무리했다.
	눈썹	눈썹은 두껍고 또렷한 곡선 형태를 띠었다.
	아이섀도	눈두덩이에 베이지톤으로 음영을 표현했다.
	속눈썹	마스카라와 인조 속눈썹을 사용했다.
	치크	• 하이라이트와 섀딩으로 얼굴에 입체감을 줬다. • 광대뼈 아래에서 구각으로 사선형으로 표현했다.
	립	• 레드 브라운 색상이 유행했다. • 입술 라인은 크고 선명하게 한 후 색을 채워 줬다.

6) 1950년대

뷰티 아이콘		• 오드리 헵번 : 사랑스럽고 소녀 같은 이미지의 굵은 눈썹을 유행시킴 • 마릴린 먼로(Marilyn Monroe) : 윤기 있는 빨간 입술과 밝은 금발로 성적 매력을 강조함 • 기타 : 브리짓 바르도(Brigitte Bardot), 엘리자베스 테일러(Elizabeth Rosemond Taylor), 소피아 로렌(Sophia Loren), 에바 가드너(Ava Gardner)
패션		• 크리스찬 디올(C. Dior), 피에르 발망(P. Balmain)이 대표적이었다. • 라인(H, A, Y, F-line), 로큰롤 룩(Rock'n Roll Look), 맘보 스타일이 유행했다.
헤어		• 픽스 컷(Fix Cut) : 앞머리를 짧게 하여 경쾌한 느낌을 주는 오드리 헵번의 보이시한 컷 • 마릴린 먼로 스타일 : 밝은 금발을 짧게 컬하여 둥근 버블 스타일 • 입체감을 살리고 풍부한 웨이브의 헤어스타일
메이크업의 특징과 방법	오드리 헵번	
	피부	• 밝은 색상의 파운데이션을 사용해 피부를 하얗게 표현했다. • 컨실러로 잡티를 커버하고, 파우더로 얼굴을 매트하게 마무리했다.
	눈썹	• 다크 브라운 컬러로 눈썹산을 각지고 눈썹 전체를 두껍게 그렸다. • 눈썹과 아이라인을 눈꼬리까지 길고 두껍게 그려 눈을 강조했다.
	아이섀도	• 베이지·브라운 색상으로 음영을 주었다. • 화이트 색상으로 눈썹산 아래에 하이라이트를 주었다.
	속눈썹	마스카라와 인조 속눈썹을 사용했다.
	치크	핑크톤으로 광대뼈와 얼굴 윤곽을 감싸듯이 발랐다.
	립	붉은 색상으로 입술을 도톰하게 그렸다.
	마릴린 먼로	
	피부	• 밝은 핑크 톤의 파운데이션으로 피부를 표현했다. • 컨실러로 잡티를 커버하여 깨끗한 피부를 표현했다. • 섀딩과 하이라이트로 윤곽을 수정했다. • 파우더로 매트하게 마무리했다.
	눈썹	눈썹은 양미간이 좁지 않게 각지게 그렸다.
	아이섀도	• 핑크와 베이지 컬러로 아이홀을 그러데이션으로 표현했다. • 아이홀 안쪽 눈꺼풀에 화이트 색상으로 입체감을 줬다. • 언더에는 베이지 계열의 섀도를 사용했다. • 아이라인을 굵게 끝을 올려 그렸다.
	속눈썹	모델의 눈보다 길게 올라간 인조 속눈썹을 사용했다.
	치크	핑크톤으로 광대뼈보다 아래쪽으로 구각을 향해 사선으로 처리했다.
	립	• 유분기가 있는 붉은 컬러로 아웃커브 형태로 그렸다. • 특유의 점을 찍어 개성 있는 메이크업을 완성했다.

마릴린 먼로

오드리 헵번

브리짓 바르도(상)와 트위기(하)

7) 1960년대

뷰티 아이콘		브리짓 바르도, 트위기
메이크업의 특징		60년대 후반에는 '히피(Hippie)' 메이크업이 유행했다.
패션		• 메리 퀀트(Mary Quant)의 초미니 스커트가 인기였다. • 스페이스 룩(Space Look), 시스루 룩(See-through Look)이 인기였다.
헤어		• 앞머리는 낮게 하고 뒷머리는 백코밍(Back-combing)을 하여 과도하게 부풀리는 '비하이브(Beehive, 벌집) 스타일'이 유행했다. • 트위기의 짧은 머리, 비달 사순(Vidal Sassoon)의 기하학적 커트, '아프로 스타일(Afro Style)', '에스닉(Ethnic)풍'의 땋은 머리가 유행했다.
소품		화려하고 원색적인 팝 아트나 단순하면서도 기하학적이고 추상적인 문양이 유행했다.
메이크업의 방법	브리짓 바르도	
	피부	컨실러와 파운데이션을 이용하여 피부 커버 후 파우더로 마무리했다.
	눈썹	결을 따라 자연스럽게 그렸다.
	아이섀도	눈두덩이에는 녹색 아이섀도를 그리고, 아이라인은 길게 그려 눈꼬리를 섹시하게 강조했다.
	속눈썹	진한 마스카라와 인조 속눈썹을 사용했다.
	치크	하이라이트와 섀딩 후 핑크 피치 색상으로 표현했다.
	립	누드 톤 색상으로 입술을 관능적으로 표현했다.
	트위기	
	피부	리퀴드 파운데이션으로 얇고 고르게 자연스러운 피부를 표현했다.
	눈썹	눈썹산을 강조한 자연스러운 색상으로 그렸다.
	아이섀도	핑크, 네이비, 그레이 톤으로 인위적인 쌍꺼풀 라인을 그렸다.
	속눈썹	• 마스카라 후 인조 속눈썹을 붙였다. • 과장된 속눈썹 표현을 위하여 언더 속눈썹을 그렸다.
	치크	핑크와 브라운 섀도를 바르고, 펜슬로 주근깨를 표현했다.
	립	핑크로 누드 톤의 입술을 표현했다.

> **1960년대 한국 메이크업의 특징**
> • 서구적 메이크업 유행 : 트위기 스타일의 인조 속눈썹, 창백한 피부 표현, 굵은 아이라인 등 서구적인 메이크업이 유행함
> • 단순하고 깨끗한 피부 표현 : 두꺼운 파운데이션보다는 얇고 깨끗한 피부 표현을 선호함
> • 눈 강조 : 눈매를 강조하는 아이라인과 마스카라를 사용하여 크고 또렷한 눈을 연출함
> • 자연스러운 립 : 옅은 핑크나 코랄 색상의 립스틱을 사용하여 자연스러운 입술을 표현함

✅ 개념 체크

시대별 메이크업에 대한 설명으로 옳은 것은?
① 1920년대 – 블랙 펜슬로 진하고 긴 일자형의 눈썹으로 연출했다.
② 1930년대 – 아이홀에 음영을 넣고 아이라인 주위를 블랙으로 연출한 후 마스카라와 인조속눈썹으로 졸린 듯한 눈매를 표현했다.
③ 1950년대 – 관능적 매력의 팜므파탈룩을 연출하기 위해 콜 메이크업을 했다.
④ 1960년대 – 쌍꺼풀 라인과 인조 속눈썹으로 위아래 속눈썹 모두 강조하여 인형 같은 눈매를 연출하고 흐린 누드핑크로 창백한 입술을 표현했다.

④

8) 1970년대

1970년대

뷰티 아이콘	펑크	
메이크업의 특징	창백한 피부, 직선의 상승형 눈썹, 블랙 섀도, 다크 브라운 레드 립	
패션	레이어드 룩(Layered Look), 루즈 룩(Loose Look), 페전트 룩(Peasant Look), 에스닉 룩(Ethnic Look), 펑크 룩(Punk Look), 글래머러스 룩(Glamorous Look), 블루진이 유행했다.	
헤어	• 아프로 스타일, 자연스러운 미디엄이나 롱 레이어 스타일, 짧은 파마 스타일, 모발에 층을 낸 양파 커트가 유행했다. • 70년대 후반에는 펑크(Punk) 스타일의 영향으로 뻗친 머리 형태와 질감이 가미된 다양한 색상의 레이어가 유행했다.	
메이크업 방법	이미지	펑크 스타일이 유행했다.
	피부	• 화이트 베이스와 파운데이션으로 피부를 창백하게 표현했다. • 투명ㆍ화이트 파우더로 마무리했다.
	눈썹	검정 펜슬로 직선적이고 상승형으로 그렸다.
	아이섀도	화이트, 그레이, 블랙 섀도의 그러데이션으로 올라간 눈꼬리를 표현했다.
	속눈썹	마스카라와 인조 속눈썹으로 볼륨감을 표현했다.
	치크	블랙과 그레이를 믹스매치해 직선적인 느낌을 표현했다.
	립	검정으로 각진 립 라인을 그리고, 다크 레드 브라운 색상으로 그러데이션 처리했다.

> **1970년대 한국 메이크업의 특징**
> • 다양한 스타일 공존 : 자연주의 메이크업과 펑크 메이크업 등 다양한 스타일이 공존함
> • 자연스러운 메이크업 : 자연스러운 피부 표현과 부드러운 색조를 사용하여 자연스러운 아름다움을 추구함
> • 개성 표현 : 펑크 메이크업을 통해 개성을 자유롭게 표현하는 젊은 세대가 등장함
> • 색조 화장 강조 : 눈과 입술에 강렬한 색조를 사용하여 포인트를 주는 메이크업이 유행함

마돈나

다이애나 공비

1990년대 메이크업

케이트 모스

9) 1980년대

뷰티 아이콘	마돈나
메이크업의 특징	두꺼운 눈썹, 진한 입술, 눈과 볼에 펄이 들어가 있는 색상으로 강하고 화려한 메이크업이 유행했다.
패션	빅 룩(Big Look), 앤드로지너스 룩(Androgynous Look)과 파워 수트(Power Suit), 운동복을 일상복으로 착용했다.
헤어	• 뷰티 살롱이 대중화했다. • 다이애나 스펜서(영국의 공비) 스타일, 긴 머리를 땋아 내린 스타일, 기하학적인 커트, 모호크족(Mohawk) 스타일, 끝이 뾰족한 스파이키(Spiky) 스타일이 유행했다.
소품	자연을 모티프로 한 그린, 블루 컬러와 천연 소재 직물이 유행했다.

(마돈나의) 메이크업 방법	피부	피부색과 질감을 살려 윤곽을 표현하여 얼굴에 입체감을 부여했다.
	눈썹	눈썹은 브라운 색상을 이용해 자연스럽게 그렸다.
	아이섀도	• 눈두덩이에 블루 또는 퍼플 색상의 아이섀도를 사용해 언더라인 그러데이션 처리를 했다. • 검정 아이라인으로 눈을 선명하게 표현했다. • 하이라이트 부분에 펄로 화려함을 연출했다.
	속눈썹	마스카라와 인조 속눈썹으로 눈매를 풍성하게 마무리했다.
	치크	피치 색상을 이용해 생기를 표현했다.
	립	다크 레드로 립라인을 그리고 붉은 립스틱으로 안을 채웠다.

10) 1990년대

뷰티 아이콘	케이트 모스
메이크업의 특징	• 다양한 스타일이 공존하는 경향을 보였다. • 화려한 메이크업에서부터 내추럴 메이크업까지 TPO에 따라 적절히 표현했다.
패션	에콜로지, 에스닉, 네오히피, 네오클래식, 그런지(Grunge), 복고풍, 미니멀리즘, 네오아방가르드
헤어	• 밝은 색상의 자연스러운 롱웨이브와 뱅(Bang) 쇼트커트가 유행했다. • 미니멀리즘(Minimalism) 유행, 긴 스트레이트, 긴 굵은 웨이브로 윤기 있으며 빛나는 머릿결을 중시했다.

메이크업 방법	피부	잡티 커버하고 피부를 내추럴하게 표현했다.
	눈썹	얼굴형을 수정 보완하는 자연스러운 색상을 사용했다.
	아이섀도	• 눈두덩이에 베이지, 핑크 베이지, 브라운 색상을 가볍게 표현했다. • 아이라인은 속눈썹 뿌리 부분만 가볍게 칠했다.
	속눈썹	마스카라를 주로 사용했다.
	치크	생기 있어 보이는 색상을 골라 썼다.
	립	핑크 베이지 색상의 립스틱 또는 립글로스를 이용하여 촉촉하고 자연스럽게 마무리했다.

SECTION 08 미디어 메이크업

출제빈도 상 중 하
반복학습 1 2 3

빈출 태그 ▶ #미디어캐릭터 #분장 #연출

KEYWORD 01 미디어의 개념

1) 미디어의 개념
미디어는 어떤 사실이나 정보를 담아서 수용자들에게 보내는 역할을 하는 것으로, '매체'라고도 한다.

2) 미디어의 종류

미디어 촬영

영화	• 장르 : 공상 과학 영화(Science Fiction Films), 멜로 영화(Melodramatic Movie), 판타지 영화(Fantasy Film), 공포 영화(Horror Film), 코미디 영화(Comedy Film), 액션 영화(Action Film), 전쟁 영화(War Film) • 형식 : 흑백, 무성, 유성, 3D, 4D, 단편, 시리즈 • 카테고리 : 다큐, 교육, 패러디, 저예산, 독립, 애니메이션
드라마	• 형태 : 일일 연속극, 주간 연속극, 주말 연속극, 단막극, 미니 시리즈, 대하드라마 • 주제 : 홈드라마, 역사극, 멜로드라마, 치정극, 수사극, 사회극, 농촌 드라마
광고	• 상업 광고(Commercial Advertisement) : 특정 상품에 대한 정보 전달과 소비자의 구매를 설득하기 위한 것 • 공익 광고(Public Service Advertisement) : 기업이나 단체 또는 정부가 공공 봉사, 교육 환경의 조성, 환경 보호 등 공공복지와 이익 향상을 위해 제작한 것 • 동영상(CF ; Commercial Film) : 상품, 서비스, 이념 등을 알려 매출 및 원하는 목적을 이루기 위한 것 • 지면 광고 : 인쇄 매체를 통하여 표현되는 광고, 신문, 잡지 화보, 포스터의 총칭
웹(Web)	• 텍스트, 그림, 동영상, 소리 등을 모두 지원한다. • 원하는 정보를 쉽게 찾아볼 수 있다. • 웹 드라마 : 모바일 기기 또는 웹으로 보기에 최적화된 드라마로, 회당 상영 시간이 짧은 경향이 있음 • 웹 광고 : 인터넷에 게재되는 온라인 광고의 형태

3) 미디어의 제작 환경

실내 세트장 (Movie Set)	• 영화나 텔레비전 프로그램을 촬영하는 데 필요한 실내 촬영장이다. • 각각의 장면(신, Scene)에 필요한 다양한 세트장뿐 아니라 메이크업과 의상 등을 시행하는 장소를 포함한다.
오픈 스튜디오 (Open Studio)	• 시나리오의 시대적 배경 및 성격에 맞게 야외에 임시로 설치한 촬영장이다. • 태양광을 이용할 수 있도록 천장이나 벽면이 열리는 스튜디오이다.
로케이션 (Location)	• 야외 촬영, 해외 촬영, 자연 경치, 거리 등을 배경으로 한 촬영장이다. • 스튜디오에서는 표현할 수 없는 사실성과 현장감을 담을 수 있다.

4) 미디어 촬영 카메라와 장비와 기능

스튜디오 카메라	• 방송국 스튜디오에서 사용하는 카메라이다. • 전자식 파인더가 있어 촬영 시 광경이 비치므로 구도를 잡기에 편리하다.
ENG 카메라	• Electronic News Gathering Camera • 휴대하기 쉽게 제작된 카메라로, 아날로그와 디지털 방식으로 나뉜다.
크레인	카메라를 수직 수평으로 이동 가능한 촬영 보조 기구이다.
지미 집	리모콘으로 조정하는 무인 카메라 크레인이다.
스테디캠	핸드헬드 촬영 시 물리적으로 카메라를 흔들림 없게 만들어 주는 장치이다.
짐벌	전자장치로 카메라를 흔들림 없게 만들어 주는 장치이다.
달리	• 트래킹(Tracking)이라고 하며, 바퀴가 달려 레일에 따라 움직이며 촬영하는 것이다. • 연기자를 관찰하는 시점, 많은 사람이 한 공간에서 촬영할 때, 주위를 돌거나 동적인 장면을 연출할 때 많이 사용한다.

5) 촬영을 위한 조명 세팅

① 삼점조명(三點照明)

인물 촬영을 위한 기본적인 조명 세팅 방식이다.

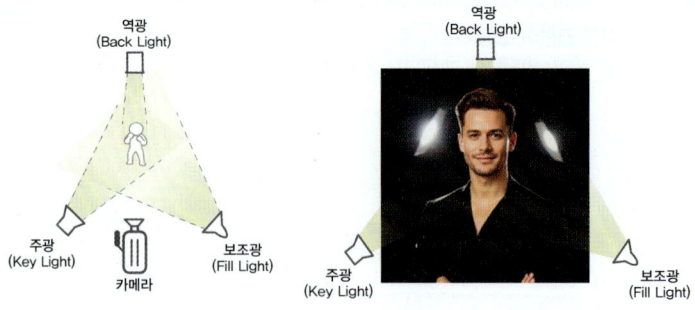

주광	• 주광의 위치는 피사체의 정면에서 45°에 위치한다. • 주광의 역할은 물체의 모습을 밝게 비추는 것으로 피사체 앞쪽에서 직접 비추는 주조명이다.
보조광	• 피사체 측면에서 비추며 주로 주광보다는 약하고 부드러운 조명 • 반사판을 이용하여 그림자나 어두운 부분을 밝게 하고 빛을 부드럽게 한다. • 주광원의 광선이 피사체를 부드럽고 디테일하게 표현하는 효과가 있다.
역광	• 피사체를 등지고 비치는 빛이다. • 피사체가 배경과 분리되어 피사체의 공간감과 깊이감이 살아나 입체적으로 표현된다.

② 여러 가지 조명

브로드 조명	• 가장 기본적인 조명 스타일이다. • 모델의 오른쪽 또는 왼쪽으로 약 15~45°에 위치시켜, 얼굴 측면으로 떨어뜨리는 빛이다.
쇼트 조명	카메라와 먼 쪽에 빛이 떨어져 얼굴의 좁은 영역이 밝고 근접한 부분이 어둡게 형성된다.
루프 조명	• 광대뼈 아래 움푹 팬 볼이 잘 드러나도록 조명을 높게 배치하는 방식이다. • 얼굴 전체에 고르게 빛이 들어가므로 코의 그림자가 브로드 조명과 쇼트 조명에 비해서 단절되는 느낌이 적게 표현된다.
렘브란트 조명	코 옆에 그림자가 깊게 지며, 어두워진 쪽의 뺨에 밝은 역삼각형의 하이라이트가 만들어져 사색에 잠긴 듯한 분위기를 연출한다.
측면 조명	• 옆에서 빛을 주는 방법이다. • 극적이면서 섬세한 분위기를 연출하여 입체적으로 표현할 수 있다.
버터플라이 조명	• 카메라 렌즈 바로 위에 설치한다. • 모델의 얼굴을 정면으로 비추어 코 아래에 그림자가 나비 형태로 나타난다.

KEYWORD 02 미디어 메이크업의 종류

스트레이트 메이크업 (Straight Makeup)	매체를 통해 볼 때는 메이크업이 되지 않은 듯 느끼게 최대한 자연스럽게 연출한다.
캐릭터 메이크업 (Character Makeup)	• 캐릭터에 맞게 연기자에게 외형적 변화를 부여한다. • 연기자의 연령, 직업, 성격, 건강 등을 표현한다. • 연령별 메이크업, 대머리, 상처 메이크업, 직업별 메이크업, 수염 등이 이에 해당한다.
무대 메이크업 (Theatrical Makeup)	• 연극이나 뮤지컬처럼 조명이 강한 무대에서 배우의 표정이 잘 보이도록 강조하는 메이크업이다. • 일반적으로 얼굴의 윤곽을 더욱 뚜렷하게 만들고, 눈과 입술을 강조하는 편이다.
특수효과 메이크업 (SFX Makeup)	• 인간 이외의 캐릭터나, 괴물을 표현할 때 사용하는 분장이다. • 라텍스, 실리콘, 왁스 등의 재료를 사용해 현실적인 효과를 만든다. • 요정, 좀비, 판타지 분장 등이 이에 해당한다.

KEYWORD 03 　볼드캡 메이크업

1) 볼드캡(Bald Cap)의 개념과 목적

① 개념 : 대머리 캐릭터를 표현하기 위해 머리에 구조물을 씌우는 작업
② 목적 : 특수 분장 작업 시 얼굴 캐스팅(Casting, 본뜨기)을 위한 사전 작업

2) 볼드캡의 유형

대머리 캐릭터	유전(탈모), 직업(스님, 성직자), 환경 등의 요소를 고려하여 표현한다.
특수 캐릭터	화상, 질병 및 치료로 인한 탈모와 같은 캐릭터의 외형 변화와 SF 영화 속의 캐릭터, 외계인, 괴물 등 특수한 캐릭터 특징을 표현한다.

3) 볼드캡의 재료

라텍스 캡 (Latex Cap)	• 개념 : 라텍스는 천연고무에 황과 암모니아 등을 섞어 만든 것 • 장점 : 제작이 간편함(속건성, 저렴함) • 단점 : 이음새가 표시가 남
플라스틱 캡 (Plastic Cap)	• 개념 : 플라스틱액에 아세톤을 첨가하여 농도를 조절하여 제작하는 것 • 장점 : 완성도 높은 표현이 가능함 • 단점 : 제작 비용이 비싸고 신축성이 없어 연기자별로 개별제작해야 함

✓ 개념 체크

볼드캡 제작 및 볼드캡을 활용한 캐릭터 표현 시 유의점에 대한 설명으로 옳지 않은 것은?

① 대머리 캐릭터 분장 시에는 유전적으로 머리카락이 없는지, 종교적 이유의 대머리인지, 개인적 스타일링의 이유인지를 고려하여 표현한다.
② 대머리 캐릭터 분장을 위한 볼드캡 제작 시에는 레드헤드의 이음새를 사포로 문질러 표면을 고르게 정리한다.
③ 볼드캡이 쉽게 떨어지는 것을 방지하기 위해 볼드캡의 이마 헤어라인 가장자리 부분은 횟수를 조절하여 두껍게 제작한다.
④ 대머리 캐릭터 분장 시에는 작업 전에 모델의 피부를 청결히 닦아 유분으로 인한 볼드캡의 떨어짐을 방지한다.

③

✓ 개념 체크

액체 플라스틱을 이용하여 볼드캡을 제작할 때 액체 플라스틱의 농도를 조절하기 위해 사용하는 것은?

① 아세톤
② 글라잔
③ 글리세린
④ 바셀린

①

KEYWORD 04 　연령별 캐릭터 표현

1) 연령별 캐릭터의 표현 기법

명암법	• 음영을 이용하여 착시 효과를 통해 노인처럼 보이게 하는 방법이다. • 정면의 표현은 가능하지만 측면은 자연스럽지 않다. • 배우의 실제 나이보다 20년 이상 차이나는 표현은 불가능하다. • 분장 재료 : 크림 파운데이션, 파우더, 펜슬, 브러시, 헤어 화이트너
라텍스 빌드 업 (Latex Build Up)	• 라텍스로 피부의 주름을 사실적으로 만들어 주는 방법이다. • 명암법에 비해 세심하고 자연스럽게 연출할 수 있다. • 분장 재료 : 라텍스, 헤어드라이어, 베이비파우더, R.M.G(Rubber Mask Grease), 캐스터 오일, 알코올 베이스 화장품, 에틸알코올, 메이크업 재료
플라스틱 빌드 업 (Plastic Build Up)	• 액체 플라스틱에 아타겔(파우더)를 이용하여 농도를 조절 후 주름의 두께에 따라 발라 피부의 주름을 표현하는 방법이다. • 라텍스 빌드 업에 비해 사실적이고 시간이 적게 걸린다. • 분장 재료 : 액체 플라스틱, 아타겔, 베이비파우더, 알코올 베이스 화장품, 실리콘 베이스 화장품, 에틸알코올, 에어브러시, 컴프레셔, 헤어드라이어, 메이크업 재료, 아세톤

✓ 개념 체크

노인 캐릭터는 메이크업을 라텍스 빌드업 기법으로 표현할 때 채색에 사용되는 재료는?

① 아쿠아컬러
② CMC
③ RMC
④ IPM젤

③

어플라이언스 메이크업 (Appliance Makeup)	• 핫 폼(Hot Foam), 실리콘 슬래브(Silicone Slab)을 피부에 부착하는 방법이다. • 극사실적인 분장이 필요할 때 사용한다. • 비용이 많이 들고 분장 시간이 길다. • 분장 재료 : 핫 폼(Hot Foam), 실리콘 슬래브(Silicone Slab), 전용 접착제, 리무버(Remover), 알코올 베이스 화장품, 에어브러시, 컴프레셔, 메이크업 재료

아이백과 스마일 라인
- 아이백은 노화로 인해 눈 밑의 지방이 처지고 검어져서 작은 주머니처럼 보이는 부분이다.
- 스마일 라인은 익히 알고 있는 팔자 주름을 가리키는 말이다. 미소를 짓거나 입을 벌릴 때 입가에 생기는 굵고 깊은 주름이다.

2) 연령별 캐릭터 표현의 실제

청장년기	• 피부가 점점 건조해진다. • 청년기에는 노화의 진행이 거의 보이지 않는다. • 장년기로 들어서면서 아이백(Eyebag), 스마일 라인(Smile Line)에 연한 주름이 생긴다.
중년기	• 얼굴에 골격이 드러나기 시작한다. • 아이홀 부분의 윤곽이 깊어지며 눈밑 주름이 형성되기 시작한다. • 볼이 꺼지고 콧방울 옆의 볼 주름이 생긴다. • 눈썹의 굵기가 가늘어지기 시작하며, 눈썹이 후반으로 갈수록 흐려진다. • 남자의 경우 수염 자국이 짙어진다.
노년기	• 이마, 스마일 라인, 아이백 등에 큰 주름이 생긴다. • 코, 귀의 연골이 내려앉아 젊었을 때에 비해 코가 길어지고 귀가 커진다. • 턱선, 아이백, 스마일 라인 주변의 근육이 처진다. • 피부가 얇아지면서 거칠어지고 변색(검버섯) 또는 탈색이 발생한다. • 흰머리가 생기며 머리카락이 가늘어지고 숱도 적어진다. • 흰머리는 귀밑머리와 앞머리에서 뒤쪽으로 진행(뒷머리가 가장 늦게 진행)된다.
연령별 캐릭터의 특징	• 20~25세 : 노화 진행이 거의 없다. • 25~30세 : 콧방울과 스마일 라인에 노화가 나타난다. • 30~35세 : 아이백이 앞부분에 살짝 생긴다. • 35~40세 : 스마일 라인과 아이백이 살짝 생긴다. • 40~45세 : 아이백, 스마일 라인이 깊어지기 시작한다. • 45~50세 : 아이백이 조금 진해진다. • 50~55세 : 이마와 미간에 주름이 진해진다. • 55~60세 : 이마, 미간, 아이백, 눈꼬리, 스마일 라인에 주름이 생긴다. • 60세 이후 : 주름이 모두 깊게 형성되고 검버섯이 생긴다.

✓ 개념 체크
미디어 메이크업에서 노인 캐릭터를 표현할 때 피부표현 방법으로 가장 적합한 것은?
① 주름을 강조해야 하므로 피부색은 밝게 표현한다.
② 혈색을 부여하여 핑크 빛이 도는 피부색을 표현한다.
③ 환경적 요인을 충분히 고려해 피부를 표현해 준다.
④ 노인 피부임을 감안하여 무조건 어둡게 표현한다.

✓ 개념 체크
다음 중 영화 촬영을 위한 노인 메이크업에 대한 설명으로 적절하지 않은 것은?
① 캐릭터의 연령, 직업, 환경, 건강 상태를 고려하여 기본 베이스를 바른다.
② 검버섯과 피부 잡티 등을 표현한 후에 파우더로 마무리한다.
③ 이마, 눈썹뼈, 콧등, 광대뼈 위, 관자놀이가 돌출되어 뵈도록 하이라이트를 준다.
④ 흰머리는 헤어 화이트너를 칫솔이나 브러시에 묻혀 자연스럽게 연출한다.

③

KEYWORD 05 수염 메이크업

1) 수염 메이크업의 목적
현대극이나 사극에서 작품 속의 캐릭터에 적합한 이미지를 만들기 위해 시행한다.

2) 수염 메이크업의 종류

직접 붙이는 방법	• 수염 접착제를 이용하여 피부에 직접 시행하는 방법이다. • 비교적 미리 제작된 수염에 비해 가격이 저렴하다. • 미리 제작된 수염에 비해 붙이는 시간이 오래 걸리며 신의 연결이 힘들다.

생사

인조사

인모

야크 헤어

크레이프 울

제작된 수염을 붙이는 방법	• 제작된 수염은 수염 망 또는 액체 플라스틱을 사용하여 만든 것이다. • 미리 제작되어 촬영현장에서 분장 시간이 절약되고, 재사용이 가능하다. • 제작 기간이 오래 걸리며 제작 비용이 발생한다.

3) 수염에 사용되는 털의 종류

생사	• 누에고치에서 생산된 실크(비단)를 염색하여 만든 것이다. • 실제 수염과 가장 비슷한 느낌을 낸다. • 소재 자체가 매우 가늘어 붙이기 힘들어 인조사와 섞어서 사용한다. • 가격이 비싼 편이다.
인조사	• 플라스틱 베이스의 원사로 주로 가발에 사용되는 재료이다. • 수염 메이크업에 사용할 경우 분장하기 쉽게 손질하는 과정이 필요하다. • 생사에 비해 가격이 저렴하다.
인모	• 다른 털의 종류에 비해 무겁고 굵어 망수염 제작에 적합하다. • 모발이 비교적 가는 북유럽, 인도인들의 인모가 많이 사용된다.
야크 헤어 (Yak Hair)	• 야생 들소의 털로, 인모와 성질이 비슷하다. • 털이 두껍고 뻣뻣하여 가루 수염, 짧은 수염, 망 수염 제작에 쓴다.
크레이프 울 (Crepe Wool)	• 양털을 가공한 것으로, 털이 가늘고 가벼워 부착하기 쉽다. • 동양인보다는 서양인의 수염을 표현하는 데 효과적이다.

4) 수염 메이크업의 표현 방법

그리는 방법	• 펜슬이나 브러시를 이용하여 표현하는 방법이다. • 빠르게 연출할 수 있다.
찍는 수염	수염이 난 피부 또는 바싹 깎은 머리나 체모의 파릇한 느낌을 주거나 면도 후의 모습을 표현하는 방법이다.
가루 수염	• 면도 후 1시간~하루 정도 지난 정도의 수염을 표현하는 방법이다. • 야크 헤어, 인조사 등을 1~2mm 정도로 짧게 잘라 활용한다.
생사 · 인조사 부착	미리 재료를 가공하여 수염 접착제를 이용하여 부착하는 방법이다.
망 수염	• 실제 수염과 비슷한 효과를 주며 사용이 간편하다. • 길이 · 형태 · 색 · 양 등의 변화를 주어, 극 중 성격에 맞게 다양한 콧수염과 턱수염을 표현할 수 있다.

5) 수염 메이크업의 형태

선비 수염	모양이 가지런하고 질감이 부드럽고 차분하다.
간신 수염	수염의 양은 적고 길이가 형태가 짧다.
산적 수염	양이 많으며 질감이 거칠며 정리되지 않는 느낌이 든다.
무관 수염	비교적 길이가 짧고 거칠어 활동적인 인상을 준다.
평민 수염	수염의 양은 적고 길이는 짧게 표현한다.
왕 수염	중간 정도의 길이로 콧수염과 턱수염을 연결하여 차분하며 근엄한 느낌을 표현한다.
산신령 수염	흰 수염을 길고 많게 표현한다.

> ✓ 개념 체크
>
> 망수염 부착 후 수염의 형태를 고정하기 위해 헤어스프레이 대신 사용할 수 있는 재료는?
> ① 콜로디온
> ② 라텍스
> ③ 더마왁스
> ④ 오브라이트
>
> ②

KEYWORD 06 상처 메이크업

1) 상처 메이크업의 목적
- 미디어에서 관객의 극적인 긴장감과 배우의 연기 몰입을 유도하기 위한 목적으로 시행한다.
- 캐릭터의 특징, 연기자의 특성, 제작 기간, 메이크업의 소요 시간, 부착 후의 활동성, 현장 상황, 캐릭터의 사실성 등을 고려하여 시행한다.
- 상처의 특성(원인, 흉기의 종류, 강도·깊이·크기, 시점 등)에 맞는 적절한 재료와 방법을 결정한다.

2) 상처 메이크업의 종류
상처의 종류와 마찬가지로 타박상(멍), 찰과상(긁힘), 꿰맨 상처, 흉터, 교상(물림), 총상, 절상(잘림), 자상(찔림), 열상(찢기고 터짐), 화상, 동상 등이 있다.

① 타박상

상태	• 외부의 충격으로 연부 조직과 근육 등에 손상을 입은 상태이다. • 피부 조직 내에 출혈이 생기고 부종이 보이는 상태이다.
재료	크림 라이너, 글레이징 젤, FX 팔레트, 오렌지 스펀지, 브러시
시술 순서	• 시간에 흐름에 맞는 적합한 색상 선택해야 한다. • 스펀지나 브러시를 이용하여 질감표현을 하며 단계별로 색상을 표현한다.

▼ 멍의 색상변화

시간의 흐름	1시간 후~3일		3일~10일		10일~	
색상의 변화	레드	머룬	퍼플	그린	옐로(브라운)	원래 살빛
모식						

② 찰과상

상태	긁히거나 마찰에 의하여 피부나 점막 표면의 세포층이 손실되어 발생하는 상처이다.
재료	크림 라이너, FX 팔레트, 블랙 스펀지, 왁스, 인조 피, 에틸알코올
시술 순서	• 메이크업 부위를 알코올로 소독 후 정리한다. • 블랙 스펀지에 적합한 색상을 바르고 원하는 방향으로 긁듯이 바른다. • 깊이 있는 상처를 만들 경우 왁스로 피부를 표현한 다음 그 위에 시술한다. • 표현된 상처 위에 인공 피를 발라 사실감을 표현한다.

✓ 개념 체크

굵힌 상처를 표현하기 위하여 사용되는 재료로 가장 거리가 먼 것은?
① 라이닝 칼라
② 블랙 스펀지
③ 스플리트 검
④ 라텍스

③

✓ 개념 체크

굵힌 상처의 분장에 대한 설명으로 옳지 않은 것은?
① 상처 분장 전에 알코올로 분장 부위를 청결히 닦은 후 분장을 한다.
② 강하게 굵힌 상처 위에 면봉으로 묽은 피를 살짝 발라 사실적으로 연출한다.
③ 라텍스 스펀지에 붉은색, 적갈색, 보라색 등의 라이닝 컬러를 묻힌 다음 연출하고자 하는 방향으로 긁어 표현한다.
④ 깊게 패인 상처 표현을 위해서는 상처 위에 묽은 피와 커피 가루를 살짝 발라 피딱지를 연출한다.

③

3rd Degree
입체적인 피부 특수분장을 위한 실리콘 제품이다.

③ 절상과 자상

상태	칼, 금속기, 유리 파편 등의 날붙이에 잘리거나(절상) 찔린(자상) 상처이다.
재료	3rd Degree, 왁스, 크림라이너, FX 팔레트, 인조 피, 에틸알코올, 스패출러
시술 순서	• 메이크업 부위를 알코올로 소독 후 정리한다. • 스패출러를 이용하여 3rd Degree 또는 왁스를 도포한 후 자연스럽게 마무리한다. • 스패출러를 이용하여 베인 모양을 디자인하고 레드 스펀지를 이용하여 질감을 표현한다. • 크림라이너, FX 팔레트로 붉은 색의 깊이감을 표현한다. • 표현된 상처 위에 인공 피를 발라 사실감을 표현한다.

④ 교상과 열상

구분	교상 메이크업	열상 메이크업
특징	• 이(빨)에 물려 치아의 자국이 원형으로 남는다. • 멍과 출혈을 동반한다.	• 물건에 찔리거나, 외부 압력이 가해져 찢어진 상처이다. • 상처의 모양이 불규칙하다.
피부색 변화	붉은색(피부 손상) – 보라색(멍) – 노란빛(멍 회복 과정) – 살색(회복)	선홍색(속살, 출혈), 검붉은색(주변에 멍이나 부어오른 부분) – 보라색 – 노란색 – 살색
질감 표현	• 이빨 자국 • 치악력에 의해 움푹 패인 조직 • 찢어진 피부	• 좁게 벌어지고 깊이 찢어진 피부 • 부기나 피딱지로 인해 가장자리가 살짝 들뜬 느낌
재료	• 스펀지(멍의 질감) • 붉은색 · 보라색 페인트, 인조 피(혈액과 홍조)	라텍스, 왁스, 붉은색 페인트, 피 연출용 젤
추가 효과	• 침이 묻은 듯한 반짝임을 표현해야 한다. • 이빨 형태를 뚜렷하게 표현해야 한다.	• 마른 피와 번진 피를 표현해야 한다. • 살짝 벌어진 피부를 표현해야 한다.

⑤ 화상과 동상

구분	화상 메이크업	동상 메이크업
특징	• 열기로 혈관이 확장되어 피가 맺힌 듯한 색을 띤다. • 열기나 불꽃에 조직이 익거나 탄다. • 물집이 잡힌다.	• 조직이 얼어 단단해지고 핏기가 없어진다. • 심하면 피부가 검푸르게 변하면서 썩는다.
피부색 변화	붉은색 – 갈색 – 검은색(심한 경우)	창백한 피부 – 붉은색 – 푸른색 – 보라색
질감 표현	물집, 부어오름, 갈라진 피부 표현	얼어붙은 듯한 피부 질감, 갈라진 피부
재료	라텍스, 왁스, 젤라틴, 붉은색 · 검은색 페인트	흰색 · 푸른색 페인트, 젤 메이크업, 분말(눈가루)
추가 요소	• 살이 익고 문드러져 찢어진 부분과 검게 탄 피부를 표현해야 한다. • 물집을 표현할 때, 껍질과 진물 또는 혈액도 표현해야 한다.	• 눈이 묻어 있는 경우 하얀 파우더를 칠해야 한다. • 괴사되어 검게 변한 조직을 표현해야 한다.

⑥ 총상

특징	• 총알이 박히거나 관통한 상처로 상처의 입구는 둥글고 작으나, 출구는 크고 불규칙하다. • 화약 잔여물로 인해 주변에 검게 탄 흔적이 있다.
질감 표현	깊이 파인 상처, 출혈, 타버린 조직
재료	라텍스, 왁스, 검은색 · 갈색 · 붉은색 페인트, 젤 블러드
추가 요소	출입구 주변에는 튄 피를 표현하고, 출구 상처는 더 크게 표현한다.

⑦ 꿰맨 상처와 흉터

구분	꿰맨 상처	흉터
특징	실로 꿰맨 자국이 남아 있다.	오래된 상처가 아문 자국이다.
피부색 변화	붉은색, 부어오른 느낌	살색보다 연하거나 어두운 톤
질감 표현	• 부풀어 오른 상처 • 실이 박힌 느낌	매끈하거나 울퉁불퉁한 질감
재료	• 꿰맨 자국 : 라텍스, 왁스, 검은 실 • 핏자국 : 붉은색 & 보라색 페인트, 인조 피	• 아문 자국 : 실리콘 왁스 • 살성이 변한 곳 : 베이지 & 브라운 페인트, 스펀지
추가 효과	실 주변에 번진 피와 딱지를 표현해야 한다.	피부 함몰 효과와 색 변화 과정을 잘 표현해야 한다.

SECTION 09 무대공연 메이크업

빈출 태그 ▶ #캐릭터개발 #공연캐릭터표현

개념 체크

배우의 얼굴이 자세히 보이므로 세밀하고 꼼꼼한 메이크업이 필요하고 패션쇼 무대에 주로 많이 사용되는 무대의 형태는?

① 액자 무대
② 가변 무대
③ 돌출 무대
④ 원형 무대

③

KEYWORD 01 미디어의 개념

1) 무대 형태에 따른 분류

액자 무대

돌출 무대

원형 무대

가변형 무대

액자 무대	• 3면이 막힌 무대 구조이다. • 연극, 오페라, 뮤지컬 등에서 주로 사용한다.
돌출 무대	• 관객이 무대의 3면을 둘러싸고 앉아 보게 되는 구조이다. • 패션쇼 무대 등에서 주로 사용한다.
원형 무대	• 관객이 무대를 완전히 둘러싸는 무대 구조이다. • 배우와 관객의 친밀도를 높이는 무대이다.
가변 무대	작품의 특성에 무대의 형태를 변형시킬 수 있는 무대이다.

2) 무대 크기에 따른 분류

소극장	200석 이하	• 관객과 배우의 거리가 가깝다. • 명암법보다 세밀하고 자연스러운 메이크업이 필요하다. 예) 국립극장(별오름극장), 소극장
중극장	1,000석 이하	• 눈썹과 아이라인을 강조하고 얼굴 윤곽을 강조하는 명암법이 사용된다. • 뒷자리의 관객들이 배우의 얼굴을 인지할 수 있도록 메이크업해야 한다. 예) 국립극장(달오름극장, 하늘극장의 원형무대), 문예회관, 호암아트홀
대극장	1,000석 이상	• 소극장과 중극장의 중간 정도 명암법을 사용한다. • 스크린으로 배우의 얼굴을 보여 주는 경우 너무 과하지 않게 메이크업해야 한다. 예) 예술의 전당, 국립극장(해오름극장)

3) 무대 공연 조명

① 조명색에 따른 메이크업 색상 변화

구분	레드톤	옐로 톤	그린 톤	블루 톤	바이올렛 톤
레드 조명	흐려짐	레드	어두워짐	어두워짐	옅은 레드
오렌지 조명	밝아짐	조금 흐려짐	어두워짐	어두워짐	밝아짐
옐로 조명	화이트	화이트 또는 흐려짐	어두워짐	바이올렛	핑크
그린 조명	어두워짐	어두운 그레이	옅은 그린	밝아짐	옅은 블루
블루 조명	어두운 그레이	어두운 그레이	어두은 그린	옅은 블루	어두워짐
바이올렛 조명	블랙	어두운 그레이	어두운 그레이	바이올렛	매우 옅어짐

> **개념 체크**
>
> 다음의 4가지 조명 중 옐로 메이크업 색상이 다르게 보이는 것은?
>
> ① 오렌지 조명
> ② 그린 조명
> ③ 퍼플 조명
> ④ 블루 조명
>
> ①

② 빛의 방향에 따른 무대 조명

각광 (Foot Light)	• 배우의 발아래에서 위쪽을 향해 빛을 주는 조명이다. • 얼굴에 그림자가 없고 눈은 커 보여 기괴하거나 부자연스러운 느낌을 준다.
전광 (Front Light)	• 배우를 향하여 정면으로 빛을 주는 조명이다. • 얼굴이 뚜렷하게 보이지만 평면적으로 보인다.
후광 (Back Light)	• 무대 뒷부분에서 앞을 향해 빛을 주는 조명이다. • 얼굴은 보이지 않고 전체적인 실루엣만 보인다.
측광 (Side Light)	• 측면으로 빛을 주는 조명이다. • 45° 측면에서 빛을 비추면 음영이 첨가되어 자연스럽고 입체적인 느낌을 준다.
두광 (Top Light)	• 배우의 머리 위에서 비추는 조명이다. • 얼굴이 그늘져 보이고 키가 작아 보이게 한다.

> **개념 체크**
>
> 공연장의 무대 조명이 노란 조명일 경우 그린 컬러의 아이섀도는 어떻게 보이는가?
>
> ① 본래 색보다 어둡게 보인다.
> ② 옅은 그린으로 보인다.
> ③ 어두운 그레이로 보인다.
> ④ 옅은 블루로 보인다.
>
> ③

4) 무대 공연 소품

가발 (헤어스타일)	• 작품 캐릭터를 표현할 때 중요한 표현 수단이다. • 작품 캐릭터의 완성도를 높여 주는 요소 중 하나다.
수염	배우의 성격 및 시대적 특징을 잘 표현할 수 있는 방법이다.
장신구	• 공연 메이크업과 헤어스타일, 의상과 어울리는 장신구는 작품의 캐릭터를 더욱 돋보이게 한다. • 왕관, 비녀, 모자, 베일, 족두리, 반지, 홀, 지팡이 등이 대표적인 장신구이다.

5) 인종에 따른 메이크업

백인

황인

흑인

구분	백인(Caucasian)	황인(Asian)	흑인(Black/African)
신체적 특징	• 붉은 기가 도는 얇고, 밝은 피부를 특징으로 한다. • 눈동자의 색이 다양하다. • 코가 높고 아이 홀이 깊다. • 금발 및 갈발의 곱슬머리이다.	• 노란 기가 도는 중간~밝은 피부를 특징으로 한다. • 눈동자의 색이 어둡다(갈색, 흑갈색, 흑색). • 얼굴이 너부데데하고 코가 낮다. • 흑발 및 흑갈발의 직모이다.	• 피부톤이 대체로 톤이 어둡고 진하다. • 움푹 들어간 깊은 눈, 낮고 콧방울이 넓은 코, 두꺼운 입술을 특징으로 한다. • 흑발의 곱슬머리이다.
베이스 메이크업	붉은 기를 줄이기 위해 뉴트럴/옐로우 베이스를 사용한다.	노란 기를 보완하는 핑크 톤의 프라이머를 사용한다.	피부 표현 시 자연스러운 광채를 표현하며, 매트한 파운데이션 활용한다.
컨투어 & 하이라이트	콧대, 턱 라인을 강조하여 입체감을 부여한다.	너무 어둡지 않은 제품을 사용하여, 자연스럽게 섀딩한다.	밝은 하이라이터로 이마, 광대, 콧대를 강조한다.
아이 메이크업	음영을 깊게 주어 또렷한 눈매를 연출한다.	브라운과 핑크 톤의 제품을 활용하여 과한 음영보다 자연스러운 느낌을 연출한다.	골드, 브론즈, 메탈릭 컬러가 잘 어울린다.
블러셔	코랄, 로즈, 핑크 계열을 사용한다.	살구, 로즈 계열로 자연스러운 혈색을 연출한다.	오렌지, 딥 레드, 플럼 계열을 활용한다.
립 메이크업	핑크, 누드, 레드 컬러가 잘 어울린다.	코랄, 핑크 계열의 컬러가 잘 어울린다.	체리 레드, 버건디, 브라운 계열이 잘 어울린다.

KEYWORD 02 작품 캐릭터 개발

1) 작품(시나리오) 분석과 무대연출

① 작품의 요소
- 지문 : 대사를 제외한 괄호 안의 지시문이나 캐릭터의 속마음, 행동을 기록한 것
- 대화 : 배우가 하는 말로, 대사를 통해 대화 및 극의 전개가 이뤄짐
- 액션 : 표정, 동작 등과 같은 비언어적인 표현
- 배경 : 작품의 배경이 되는 시대적 상황과 환경

② 무대연출의 개념
무대 연출은 대본과 작품 분석을 기초로 하여 배우의 연기, 무대 장치, 세트, 조명, 음악 등을 종합하여 무대 공연을 지도하는 일이다.

2) 캐릭터의 직업 분석

① 개념 : 캐릭터의 직업을 분석 파악하여 메이크업을 선정하는 것
② 직업의 예시 : 경찰, 작가, 판사, 의사, 농부, 직장인 등

3) 캐릭터의 연령 분석

20~30대	얼굴에 굴곡이 생기기 시작한다.
40~50대	• 얼굴빛의 변화가 시작된다. • 이마, 눈 주위, 입 주위, 콧등 위로 굵은 주름과 잔주름이 생긴다.
50~60대	• 피부 조직이 얇아져 늘어진다. • 검버섯과 잡티가 생김, 주름이 깊어진다.
70대 이후	• 피부의 탄력이 떨어져 눈밑에 깊은 주름이 생기고 코가 늘어진다. • 볼이 꺼지고(파이고) 광대뼈는 두드러진다. • 검버섯과 잡티가 많이 생긴다.

4) 얼굴 특성에 다른 캐릭터의 성격 분석

① 눈썹의 형태에 따른 성격 특징

두꺼운 눈썹	뚜렷한 개성, 강한 의지, 적극적
일자형 눈썹	실질적, 엄격하고 무뚝뚝함, 현명함
각진 눈썹	절도있음, 박력, 활동적, 엄격함, 날카로움
아치형 눈썹	온화함, 부드러움, 고전적임
긴 눈썹	고상함, 안정감, 인품
짧은 눈썹	불안정, 횡포, 명랑, 날렵함, 경쾌
가는 눈썹	연약함, 우유부단함, 섬세함, 세련미
처진 눈썹	우울함, 인색함, 어리석음
미간이 넓은 눈썹	여유 있어 보임, 온화함
미간이 좁은 눈썹	속이 좁아 보임, 급함, 고집 있어 보임, 소심함

② 눈의 형태에 따른 성격 특징

큰 눈	뛰어난 관찰력, 겁쟁이
작은 눈	둔감함, 보수적, 통찰력, 소극적, 귀여움
동그란 눈	발랄, 경쾌, 불안, 공포
가느다란 눈	섬세함, 예리함, 관찰력, 냉정, 인내력
튀어나온 눈	현저함, 예술가, 심미안
들어간 눈	뛰어난 관찰력, 분석력
처진 눈	온순, 순진, 부드러움, 소극적, 내성적

③ 코의 형태에 따른 성격 특징

높은 코	독단적, 독선적, 자신감
낮은 코	의존적, 둔감함, 수동적, 소심함
긴 코	책임감, 경계적, 조심스러움, 인내심
짧은 코	명랑함, 낙천적

④ 입의 형태에 따른 성격 특징

큰 입술	생활력, 지도력, 통솔력, 활동력
작은 입술	보수적, 소심, 의존적
얇은 입술	겸손함, 정확함, 냉정함
두꺼운 입술	온화, 풍부한 정서, 애교가 있음
올라간 입술	명랑, 쾌활, 공격적, 사교성이 풍부함
처진 입술	비관적, 진지함, 고집이 있음

밤의 여왕의 이미지

자라스트로의 이미지

파파게노의 이미지

타미노의 이미지

5) 작품(시나리오)의 전체적인 줄거리 분석

목적	연출자의 의도, 무대의 분위기, 소품 등을 파악한다.
첫 번째 읽기	전반적인 줄거리, 캐릭터 성격, 인물 관계도 등을 파악하며 읽는다.
두 번째 읽기	시각적인 단어, 캐릭터의 미세한 감정을 상상하며 읽는다.
세 번째 읽기	무대의 전체적인 분위기, 의상, 소품 등을 생각하며 읽는다.

6) 작품 분석의 실제

① 마술피리 작품 속 등장인물 분석

배역	극 중 성격과 설정	분장과 헤어 이미지
밤의 여왕	• 밤의 세계를 지배하며 자라스트로의 영역을 넘보는 자이다. • 세상을 어둠의 왕국으로 만들고자 하는 카리스마 넘치고 사악하지만 화려하고 신비한 캐릭터이다.	창백하고 흰 피부, 길게 땋은 머리, 청색과 실버의 글리터
자라스트로	신성한 사원의 사제로 파미나를 밤의 여왕으로부터 보호하는 개성 있는 캐릭터이다.	뚜렷한 눈썹과 눈매, 흰 칠을 한 머리, 구레나룻, 수염
파파게노	• 먹고 사는 데에만 집중하는 세속적인 캐릭터이다. • 고집 있고 낙천적인 노총각, 몸에 새의 깃털이 나 있는 코믹한 캐릭터이다.	건강한 피부색, 붉게 상기된 볼, 머리와 구레나룻, 눈에 그린 색으로 컬러감 보강
타미노	• 밤의 여왕의 부탁으로 그녀의 딸 파미나 공주를 구하러 가는 남자 주인공이다. • 극을 이성적으로 이끌어 나가는 캐릭터이다.	깔끔하고 단정한 이미지

② 메이크업 방향성의 결정

- 의상 디자인을 참고로 배우의 메이크업 색상을 미리 결정한다.
- 사실적 표현인지, 현대적으로 재해석된 표현인지에 따라 메이크업의 방향을 설정한다.
- 의상 디자이너와 함께 배우의 헤어 장신구에 대해서 반드시 사전 협의 후 메이크업의 방향을 결정한다.

③ 무대 디자인의 분석
- 무대 디자인은 관객이 가장 먼저 만나게 되는 무대 예술이다.
- 무대 디자인은 공연 전체의 색깔을 파악해 메이크업 아티스트, 조명 디자이너, 의상 디자이너에게 영감을 주는 중요한 요소이다.
- 작품의 시대적 배경, 주인공의 환경 등을 미리 짐작하게 한다.
- 연출자의 의도와 배우의 동선을 사전에 확인해야 한다.

④ 무대공연 메이크업의 디자인
- 캐릭터 표현과 실제 메이크업을 하기 위한 작업 계획도를 그리듯이 메이크업 디자인을 시행한다.
- 연령에 따른 골격의 변화, 성격에 따른 눈썹의 형태, 건강에 따른 피부색 표현, 직업, 환경, 인종, 시대적 배경에 따른 헤어스타일 등을 고려해야 한다.

⑤ 메이크업 계획의 협의와 디자인 수정
- 성격 분석표와 분장 작업표를 참고하여 프레젠테이션 자료를 준비해야 한다.
- 캐릭터 메이크업 디자인의 특징을 설명 후 연출자와 관계자들의 요구 사항을 파악한 후 필요에 따라 메이크업 디자인을 수정해야 한다.

KEYWORD 03 캐릭터 메이크업 실행

1) 공연 메이크업에 사용하는 도구
무대공연 메이크업에는 컨투어링 브러시(Contouring Brushes)를 주로 사용한다.

1cm(Flat)	어두운 색 파운데이션을 발라 깊이감을 주어 명암 표현에 효과적이다.
0.6cm(Flat)	밝은 색 파운데이션을 발라 입체감을 표현하는 데 효과적이다.
0.3cm(Flat)	굵은 주름을 그릴 때 주로 사용한다.
세필	잔주름을 표현할 때 사용한다.

2) 캐릭터 메이크업 시행
① 캐릭터 메이크업 시안을 작성하고 양식에 맞추어 메이크업 계획서를 작성한다.
② 피부의 먼지와 유분기를 제거한 후 기초 화장품을 바른다.
③ 셰이딩을 먼저 표현한다.
④ 캐릭터에 맞는 베이스를 선택하여 바른 후 이마, 콧대 앞쪽, 눈두덩이, 인중, 턱, V존 등 돌출되어야 할 부위에 하이라이트를 주고, 파우더를 사용하여 유분기를 제거한다.
⑤ 눈썹을 그리고 아이라인을 먼저 그린 후 그러데이션 처리를 한다.
⑥ 아이 메이크업과 립을 완성한다.

✅ **개념 체크**

윤곽 수정과 커버력이 우수하여 대극장의 무대분장 시에 사용하기에 가장 적합한 베이스 메이크업 제품은?

① 컨실러
② 리퀴드 파운데이션
③ 프라이머
④ 스틱 파운데이션

④

3) 캐릭터에 맞는 가발 적용

① 모델의 머리카락을 땋아 위로 올려 고정한 후 가발 망을 씌워 핀으로 고정한다.
② 가발의 정중앙 위치를 확인하여 머리 앞쪽부터 자리를 잡고 손으로 고정한 후 뒷목 방향으로 당겨 가발을 씌운다.
③ 양옆 귀 부분의 가발을 먼저 핀으로 고정한 후에 좌·우·뒷목 등의 가발에 핀을 사용하여 고정한다.
④ 사용한 가발은 헤어핀, 장신구 등을 모두 제거한 후 세척하여 가발 상자에 보관한다.

4) 캐릭터에 맞는 턱수염 부착

개략적인 순서	수염 준비 → 접착제 → 아래턱선(구레나룻선까지) → 아랫입술 → 윗입술과 인중 → 코 → 빗질 → 핀셋 정리 → 가위질 → 마무리
주의 사항	• 접착제를 바를 부분에는 파운데이션을 바르지 않는다. • 중심선을 기준으로 좌우대칭이 중요하다. • 손가락의 체온으로 스플릿검을 녹인다. • 가위는 항상 눕혀서 사용한다. • 나머지 손으로 가위질하는 손을 받쳐 안정감을 준다. • 핀셋으로 털이 뭉친 부분을 적당히 풀어준다. • 잘못 붙어 있는 수염들을 뽑아 정리할 때, 쓸어내리듯 수염을 밑으로 잡아 당긴다. • 경우에 따라 헤어드라이어로 볼륨을 줄 수도 있다.

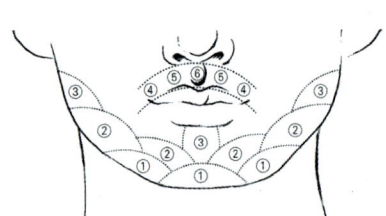

① 제작된 망수염을 준비한다.
② 모델의 얼굴을 깨끗하게 닦는다.
③ 수염을 부착할 위치를 선정한다.
④ 망수염을 부착할 부위에 올려 크기와 모양을 확인한다.
⑤ 피부에 스플리트 검을 펴 바른다.
⑥ 턱 밑, 턱 위, 턱선을 따라서 스플리트 검을 꼼꼼하게 펴 바른다.
⑦ 스펀지로 스플리트 검을 바른 부위를 두드려 접착력을 높인다.
⑧ 턱수염의 중심을 턱의 중심에 고정하고 턱 밑을 망이 울지 않도록 당겨 고정시킨다.
⑨ 좌우 턱선을 따라서 균형을 잡아 망이 울지 않도록 붙인다.
⑩ 망의 가장자리 이음새를 확인하여 뜨는 부위에는 접착제를 다시 바른다.
⑪ 스펀지를 이용하여 뜨는 부분이 없도록 눌러 고정한다.
⑫ 수염 빗을 사용하여 수염을 빗어 가지런히 정리한다.
⑬ 수염 가위를 이용하여 길이를 조절한다.
⑭ 헤어스프레이를 손 또는 수염 빗에 뿌려 수염 형태를 잡는다.
⑮ 턱수염을 완성한다.

개념 체크

무대 캐릭터 메이크업에 대한 설명으로 옳지 않은 것은?
① 혈색은 코선을 기준으로 위쪽으로만 넣어 주는 것이 좋다.
② 배우와 관객과의 거리가 형성되므로 관객의 위치에 따라 메이크업의 강약을 조절한다.
③ 대본을 기본으로 연출자의 의도, 무대의 분위기, 소품 등을 미리 파악하여 메이크업을 디자인한다.
④ 공연의 시간이 긴 작품인 경우 파우더 타입의 섀도와 치크로 매트하게 메이크업한다.

④

개념 체크

다음 중 캐릭터를 표현하기 위해 수염을 붙일 때 작업순서로 가장 적절한 것은?
① 수염 붙이기 → 그러데이션 처리하기 → 스플리트 검 바르기 → 마무리하기
② 스플리트 검 바르기 → 그러데이션 처리하기 → 수염 붙이기 → 마무리하기
③ 수염 붙이기 → 스플리트 검 바르기 → 그러데이션 처리하기 → 마무리하기
④ 스플리트 검 바르기 → 수염 붙이기 → 그러데이션 처리하기 → 마무리하기

④

5) 캐릭터에 맞는 콧수염 부착

① 제작된 망으로 제작된 콧수염을 준비한다.
② 모델의 얼굴을 깨끗하게 닦는다.
③ 콧수염을 부착할 위치를 선정한다.
④ 망으로 제작된 콧수염을 부착할 부위에 올려 크기와 모양을 확인한다.
⑤ 피부에 스플리트 검을 펴 바른다.
⑥ 스펀지로 스플리트 검 바른 부위를 두드려 접착력을 높인다.
⑦ 망으로 제작된 콧수염의 중심을 먼저 고정한 후 양쪽으로 균형을 맞춰 붙인다.
⑧ 망의 가장자리 이음새를 확인하여 뜨는 부위에는 접착제를 다시 바른다.
⑨ 스펀지를 이용하여 뜨는 부분이 없도록 눌러 고정한다.
⑩ 수염 가위를 이용하여 길이를 조절하고 형태를 잡는다.
⑪ 콧수염을 완성한다.

6) 캐릭터에 맞는 속눈썹 부착

① 속눈썹의 밴드 부분에 속눈썹용 풀을 고르게 바른다.
② 눈 길이에 맞춰 길이를 조정한 속눈썹을 눈꼬리 부분이 살짝 올라가도록 붙인다.
③ 속눈썹의 컬이 올라가 보이도록 붙여야 시야가 방해되지 않는다.

7) 무대공연 메이크업 수정 보완

전환표 확인	① 출연자의 장면 전환표를 확인한다. ② 퀵체인지가 있는지 확인하고 시간이 총 몇 분인지 확인한다. ③ 퀵체인지를 하는 무대의 위치를 확인한다. ④ 체인지되는 공연에 필요한 메이크업 수정 재료와 가발, 수염, 장신구 등을 확인한다. ⑤ 무대의 등·퇴장 출구에서 배우의 메이크업이 유지되도록 관리한다.
시간표 작성	① 공연 전 출연자들의 등장 순서를 확인하여 메이크업 시간표를 작성한다. ② 남자 주·조역 배우들은 헤어스타일링을 포함하여 30~40분, 여자 주·조역 배우들은 40~50분이 넘지 않도록 수행하며, 공연 10~20분 전에는 모두 마무리한다. ③ 무대공연 메이크업 시간표 배정은 누가 제일 먼저 등장하는지를 파악하여 프롤로그 또는 1막 1장 출연자 순으로 배정하여 작성한다. ④ 일반적으로 무용, 코러스, 연기자, 합창, 어린이 순으로 시간표를 배정한다. ⑤ 코러스는 한 명당 보통 15~20분 정도의 시간을 배정하여 공연 전까지 7~10명 정도를 메이크업한다. ⑥ 모든 작업은 빠르고 정확하게 할 수 있도록 미리 준비한다. ⑦ 무대공연 메이크업 시간표는 최소 리허설 3일 전에는 조연출에게 전달한다.
메이크업 수행	① 메이크업해야 할 배역의 디자인을 미리 숙지하여 필요한 재료를 미리 준비하고 정리한다. ② 무대공연 중 수정 메이크업을 진행한다. ③ 극 전개상 막과 장 사이의 변화에 따라 필요한 메이크업, 헤어, 의상 등을 동시에 수정하여 전환한다. ④ 메이크업을 맡은 배우의 전환 시점, 전환 장소, 수정 메이크업 등을 미리 파악하여 준비한다. ⑤ 무대공연 중간 휴식 시간을 이용하여 변화가 많은 의상, 헤어, 메이크업 등을 수정한다. ⑥ 2막에 가장 먼저 등장하는 배우나 중요 배역을 미리 파악하여 먼저 수정한다.
리허설 후 수정 보완	① 연출, 예술 감독, 의상 감독, 분장 감독, 조명 감독 등과 최종적으로 회의한다. ② 다음 무대 공연 메이크업의 보완점을 확인한다. ③ 리허설 후 연출자와의 피드백으로 메이크업을 수정한다.

MEMO

CHAPTER 04

공중위생관리

SECTION 01 공중보건
SECTION 02 질병관리
SECTION 03 감염병
SECTION 04 가족 및 노인보건
SECTION 05 환경보건
SECTION 06 식품위생
SECTION 07 보건행정
SECTION 08 소독
SECTION 09 미생물
SECTION 10 공중위생관리법규

SECTION 01 공중보건

빈출 태그 ▶ #공중보건 #보건학 #질병

KEYWORD 01 공중보건의 개념

1) 윈슬로우의 정의
공중보건학은 지역사회 조직화를 통해 질병을 예방하고, 수명을 연장하며, 신체적·정신적·사회적 건강을 증진하는 것을 목적으로 하는 과학이자 실천 분야이다.

2) 특징
① 질병 예방과 건강 증진 : 공중보건학의 목적은 질병을 예방하고 건강을 증진하는 것임
② 지역사회 접근 : 공중보건학은 지역사회 전체를 대상으로 함
③ 학제적 접근 : 의학, 사회학, 심리학 등 다양한 학문 분야를 아우름
④ 실천 중심 : 단순한 이론이 아니라 실제적인 실천 활동을 강조함
⑤ 전인적 건강 : 신체적, 정신적, 사회적 건강을 모두 포괄함

3) 공중보건학의 범위

환경보건 분야	환경위생, 환경오염, 산업보건, 식품위생
질병관리 분야	감염병 관리, 역학, 기생충 관리, 성인병 관리, 비감염병 관리
보건관리 분야	보건행정, 모자보건, 가족보건, 노인보건, 보건영양, 보건교육, 의료정보, 응급치료, 사회보장제도, 의료보호제도, 보건통계, 정신보건, 가족관리

윈슬로우(Charles-Edward Amory Winslow)
- 공중보건학자
- 예일대학교 공중보건학 교수 (1915~1945)
- 미국 공중보건협회(APHA) 회장(1920~1921)
- 미국 공중보건학회(ASPH) 초대 회장(1941~1942)

✓ 개념 체크
다음 중 공중보건학의 개념과 가장 유사한 의미를 갖는 표현은?
① 치료의학
② 예방의학
③ 지역사회의학
④ 건설의학

③

✓ 개념 체크
공중보건사업의 개념상 그 관련성이 가장 적은 내용은?
① 가족계획 및 모자보건사업
② 검역 및 예방접종사업
③ 결핵 및 성병관리사업
④ 선천이상자 및 암환자의 치료

④

KEYWORD 02 건강과 보건수준

1) WHO(세계보건기구)의 건강의 정의
건강은 단순히 질병이나 허약함이 없는 상태가 아니라, 신체적·정신적·사회적으로 완전히 안녕한 상태를 의미한다.

2) 보건 수준 지표

① 인구통계

조출생률 (Crude Birth Rate)	• 일정 기간의 총 출생아 수를 해당 기간의 평균 총 인구로 나눈 값이다. • 산식 : (출생아 수 / 총 인구) × 1,000 • 전체 인구 규모에 대한 출생 수준을 나타낸다. • 연령 구조의 영향을 받는다. • 국가 간 비교가 가능하다.
일반출생률 (General Fertility Rate)	• 가임기 여성(15~49세) 1,000명당 출생아 수이다. • 산식 : (출생아 수 / 15~49세 여성 인구) × 1,000 • 여성 가임 인구에 대한 출생 수준을 나타낸다. • 연령 구조의 영향을 적게 받는다. • 출산력을 보다 직접적으로 반영한다.

② 사망통계

조사망률	• 일정 기간의 총 사망자 수를 해당 기간의 평균 총 인구로 나눈 값이다. • 산식 : (사망자 수 / 총 인구) × 1,000 • 전체 인구 규모 대비 사망 수준을 나타낸다.
연령별 사망률	• 특정 연령층의 사망자 수를 해당 연령층 인구로 나눈 값이다. • 산식 : (특정 연령층 사망자 수 / 해당 연령층 인구) × 1,000 • 연령별 사망 수준을 파악할 수 있다.
영아사망률	• 출생 1년 이내 사망한 영아 수를 해당 기간의 총 출생아 수로 나눈 값이다. • 산식 : (1세 미만 사망자 수 / 총 출생아 수) × 1,000 • 영유아 보건 수준을 나타내는 대표적인 지표
비례 사망 지수	• 50세 이상 사망자수를 대입해 인구 고령화 수준을 간접적으로 보여 주는 지표로 활용한다. • 산식 : (특정 연령대 사망자 수 / 전체 사망자 수) × 100
기대수명	• 출생 시의 평균 생존 기간을 나타낸다. • 전반적인 건강 수준을 종합적으로 보여 준다. • 완전생명표 작성을 통해 산출한다. • 완전생명표 : 연령별 사망률, 생존확률, 기대수명을 산출한 것

> **한 지역이나 국가의 보건 수준을 나타내는 3대 지표**
> • 영아 사망률
> • 평균 수명
> • 비례 사망 지수
>
> **국내 암 사망률 순위**
> • 1위 : 폐암
> • 2위 : 간암
> • 3위 : 대장암
> • 4위 : 췌장암
> • 5위 : 위암

KEYWORD 03 질병 빈출

1) WHO(세계보건기구)의 질병의 정의

질병(Disease)은 신체 구조나 기능의 장애로 인해 발생하는 병리적 상태이다.
① 병리적 변화 : 신체 구조나 기능의 비정상적인 변화
② 기능 장애 : 일상생활이나 활동에 지장을 주는 상태
③ 원인 요인 : 병원체, 유전, 환경 등 질병의 발생 원인

>  개념 체크
>
> 질병발생의 요인 중 숙주적 요인에 해당하지 않는 것은?
> ① 선천적 요인
> ② 연령
> ③ 생리적 방어기전
> ④ 경제적 수준
>
> ④

2) 질병의 3가지 요인

병원체 (Agent)	• 병인 • 바이러스, 박테리아, 기생충 등 병원체의 특성 • 병원체의 독성, 감염력, 전파력 등
숙주 (Host)	• 개인의 면역력, 영양 상태, 유전적 감수성 등 • 연령, 성별, 기저 질환 유무 등 개인의 특성
환경 (Environment)	• 물, 공기, 토양 등 물리적 환경 요인 • 사회경제적 수준, 생활습관, 직업 등 사회환경 요인 • 기후, 기온, 계절 등 자연환경 요인

3) 병원체 요인

생물학적 요인	• 바이러스, 세균, 곰팡이, 기생충 등 • 병원체의 독성, 전염력, 내성 등
물리적 요인	• 방사선, 자외선, X선, 감마선 등의 전자기 방사선 • 온도, 기계적 손상, 전기, 소음, 진동 등
화학적 요인	화학물질, 독성물질, 방사선 등
사회학적 요인	• 스트레스 • 외상성 경험 : 신체적, 정서적, 성적 학대, 전쟁, 재난, 사고 등의 경험 • 외상 후 스트레스 장애(PTSD) • 심리사회적 요인 : 가족 갈등, 대인관계 문제, 사회적 고립, 소외감 등 • 정신병리 : 불안, 우울, 강박, 정신질환 등 • 유전적, 신경생물학적 요인 : 약물, 알코올 남용 • 인지적 요인 : 비합리적 신념, 부적응적 사고방식, 지각 및 정보처리의 왜곡

4) 숙주적 요인

생물학적 요인	• 유전적 요인 : 유전자 변이나 유전적 소인 • 생리적 요인 : 신체 기능의 이상이나 노화 과정
사회학적 요인	• 사회경제적 요인 : 빈곤, 교육 수준, 직업 등 사회경제적 상황 등 • 생활습관 : 식이, 운동, 흡연, 음주 등의 생활습관 등 • 문화적 요인 : 문화적 가치관이나 행동 양식

5) 환경적 요인

기후 및 계절적 환경	온도, 습도, 강수량 등의 변화가 질병 발생률 및 전파 양상에 영향을 준다.
지리적 환경	지역, 기후, 지형 등의 특성이 특정 질병의 발생 분포와 연관된다.
사회경제적 환경	생활수준, 영양 상태, 주거 환경이 질병 발생과 중증도에 영향을 준다.

KEYWORD 04 인구 보건

1) 인구 증가

인구증가	• 인구증가 = 자연증가 + 사회증가 • 인구증가 = (출생률 − 사망률) + (유입률 − 유출률)
자연증가	• 자연증가 = 출생률 − 사망률 • 출생률이 사망률보다 높으면 자연증가가 발생한다.
사회증가	• 사회증가 = 순 이동률(순 유입률) = 유입률 − 유출률 • 지역 간 인구 이동으로 인한 인구 변화를 의미한다. • 유입률이 유출률보다 높으면 사회증가가 발생한다.

2) 인구 증가의 문제

양적 문제	• 3P : 인구(Population), 빈곤(Poverty), 공해(Pollution) • 3M : 기아(Malnutrition), 질병(Morbidity), 사망(Mortality)
질적 문제	• 교육 및 보건 수준의 저하 • 사회 계층화 심화 • 환경 및 자원 문제 • 문화적 정체성 약화

3) 인구 피라미드

유형	피라미드	특징
피라미드형	(남/여 피라미드 그래프)	• 14세 이하 인구가 65세 이상 인구의 2배를 초과 • 인구 증가형 • 후진국형
종형	(남/여 종형 그래프)	• 14세 이하 인구가 65세 이상 인구의 2배 정도 • 인구정지형 • 이상형
항아리형	(남/여 항아리형 그래프)	• 14세 이하 인구가 65세 이상 인구의 2배 이하 • 인구감소형 • 선진국형

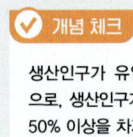

개념 체크

생산인구가 유입되는 도시형으로, 생산인구가 전체 인구의 50% 이상을 차지하는 인구 구성 형태는?

① 피라미드형
② 항아리형
③ 종형
④ 별형

④

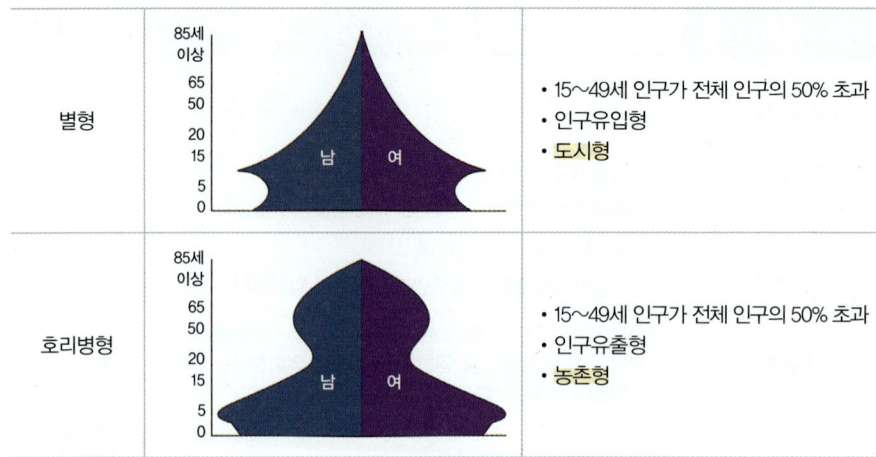

4) 고령사회의 기준

고령화 사회 (Aging Society)	전체 인구 중 65세 이상 노인 인구의 비율이 7% 이상인 사회
고령사회 (Aged Society)	전체 인구 중 65세 이상 노인 인구의 비율이 14% 이상인 사회
초고령사회 (Super-aged Society)	전체 인구 중 65세 이상 노인 인구의 비율이 20% 이상인 사회

SECTION 02 질병관리

빈출 태그 ▶ #역학 #질병 #병원체

KEYWORD 01 역학

1) 역학의 정의
- 질병, 건강 상태, 건강 관련 사건의 분포와 결정 요인을 연구하는 학문이다.
- 개인과 집단의 건강 수준을 이해한다.
- 질병의 원인을 파악한다.
- 질병 예방과 건강 증진을 목적으로 한다.

2) 역학의 역할
- 질병의 발생률, 유병률, 사망률 등 질병의 분포를 파악한다.
- 질병의 위험 요인과 결정 요인을 규명한다.
- 질병의 확산 과정 및 전파 경로를 분석한다.
- 질병 예방 및 건강 증진을 위한 전략을 수립한다.

3) 감염병의 발생 단계
병원체 → 병원소 → 병원소에서 병원체 탈출 → 병원체의 전파 → 새로운 숙주로 침입 → 감수성 있는 숙주의 감염

KEYWORD 02 병원체

1) 병원체의 개념
인체나 생물체에 질병을 일으킬 수 있는 미생물이다.

2) 병원체의 종류

구분	호흡기계	소화기계	피부 점막계
바이러스	인플루엔자, 코로나, 호흡기 세포융합(RSV), 아데노	로타, 노로, 엔테로, 아스트로	단순 포진, 수두, 사람 유두종, 우두, 에이즈, 일본뇌염, 광견병
리케차	발진열, 큐열	발진열	발진열, 발진티푸스, 발진열, 쯔쯔가무시

세균	폐렴연쇄구균, 레지오넬라 폐렴균, 마이코플라즈마 폐렴균	살모넬라균, 대장균, 클로스트리듐 디피실레균, 캄필로박터균(식중독 유발)	포도상구균, 연쇄구균, 임질, 파상풍, 페스트, 매독
진균	아스페르길루스 곰팡이, 크립토코쿠스 곰팡이	칸디다균(칸디다증 유발)	백선균, 칸디다균, 아스페르길루스 곰팡이(피부 진균증)
원충류	폐포자충(폐포자충 폐렴)	지아르디아증, 크립토스포리디움, 아메바성 이질 유발	주혈흡충(피부 침입 및 피부 병변 유발)

KEYWORD 03 병원소 빈출

1) 병원소(Reservoir, 病原巢)의 개념
병원체가 정상적으로 살아가며 증식할 수 있는 생물학적 환경이다.

> **권쌤의 노하우**
> 쉽게 말해서 병원체(病原)의 '소굴(巢)'입니다.

2) 병원소의 종류

① 인간 병원소(Human Reservoir)

인간이 병원체의 주요 생존처이며, 병원체가 인간 내부에서 증식할 수 있는 경우이다.

건강 보균자 (Healthy Carrier)	• 병원체에 감염됐지만 임상증상이 없는 상태로 병원체를 지속적으로 배출하는 보균자이다. • 외관상 건강해 보이지만 실제로는 병원체를 보유하고 있는 경우이다. 예 대장균 O157 보균자, 장티푸스 보균자 등
잠복기 보균자 (Incubatory Carrier)	• 감염됐지만 아직 증상이 발현되지 않은 상태의 보균자이다. • 잠복기 동안 병원체를 배출할 수 있어 타인에게 전파될 수 있다. 예 에이즈 바이러스 잠복기, 말라리아 잠복기 등
회복기 보균자 (Convalescent Carrier)	• 질병에서 회복된 상태이지만 여전히 병원체를 배출하는 보균자이다. • 증상은 소실됐지만 균 배출이 지속되는 경우이다. 예 장티푸스 회복기 보균자, 디프테리아 회복기 보균자 등

② 동물 병원소(Animal Reservoir)

동물이 병원체의 주요 생존처이며, 병원체가 동물 내부에서 증식할 수 있는 경우이다.

• 포유류(Mammalia)

동물	병원체
소, 양, 염소	브루셀라증, 탄저, 결핵, 큐열 등
돼지	브루셀라증, 결핵, 일본 뇌염, 크로이츠펠트-야콥병, 살모넬라증, 포크 바이러스성 설사병, 트리히넬라증 등
말, 낙타	말 바이러스성 뇌염, 탄저 등
개, 고양이	광견병, 톡소플라즈마증, 피부사상균증

야생 고양이, 너구리	광견병, 라임병, 렙토스피라증
늑대, 여우	광견병, 탄저, 견과독
쥐	렙토스피라증, 쥐 공격성 바이러스, 출혈열, 폐쇄성 호흡기 증후군
다람쥐	라임병, 바베시아증
토끼	야토병
박쥐	광견병, 에볼라 출혈열, 코로나19

- 절지동물(Arthropoda)

동물	병원체
모기	말라리아, 뎅기열, 지카 바이러스 감염증, 치쿤구니야열, 황열
진드기	라임병, 중증열성혈소판감소증후군(SFTS), 발진열, 신증후군출혈열, 쯔쯔가무시증
파리	장티푸스, 콜레라, 이질, 결핵, 파라티푸스, 트리코마
이	발진열, 피로스병, 재귀열
빈대	쯔쯔가무시증, 발진열, 페스트, 트리파노소마병
바퀴벌레	살모넬라증, 이질 장티푸스, 장염, 포도상구균 감염증, 폐렴
벼룩	페스트, 발진열

③ 환경 병원소(Environmental Reservoir)

토양, 물, 공기 등의 비생물적 환경이 병원체의 주요 생존처인 경우이다.

토양	• **파상풍균**, 탄저균, 유행성출혈열 바이러스 등이 토양에서 생존할 수 있다. • 감염된 동물의 배설물로 오염된 토양이 병원체 전파 경로가 될 수 있다.
물	• 콜레라균, 장티푸스균, 지카 바이러스 등이 물을 통해 전파된다. • 오염된 식수나 수영장수가 감염 경로가 될 수 있다.
공기	• 결핵균, 폐렴균, 바이러스 등이 먼지 입자에 부착되어 전파될 수 있다. • 특히 건조한 환경에서 병원체가 먼지와 함께 공기 중으로 퍼질 수 있다.

3) 병원소로부터 병원체 탈출 경로

호흡기계	• 기침과 재채기 → 결핵균, 인플루엔자 바이러스, SARS-CoV-2 • 호흡 중 방출된 비말/객담 → 결핵균, 폐렴구균
소화기계	• 구토 → 노로바이러스, 로타바이러스 • 대변 → 장티푸스균, 이질균, 살모넬라균 • 침 분비 → 폴리오바이러스, 엔테로바이러스
생식기관	• 성 접촉 → 임질균, 매독균, HIV, HPV • 체액 배출 → HIV, B형 간염 바이러스, 헤르페스 바이러스
상처	• 피부 접촉 → 화농성 연쇄구균, 포도상구균, 연조직 감염균 • 혈액 노출 → B형 간염 바이러스, C형 간염 바이러스, HIV 등

주사기 수혈	수혈 → B형 간염 바이러스, C형 간염 바이러스, HIV 등
곤충의 흡혈	• 모기 : 말라리아, 뎅기열, 지카 바이러스 등 • 진드기 : 라임병, 발진열, 크리미안-콩고 등 • 빈대 : 쯔쯔가무시병, 발진열 등

KEYWORD 04 전파

1) 직접전파

접촉 전파	감염된 사람이나 동물과 피부나 점막을 직접 접촉하면서 병원체가 전파된다. 예 매독, 홍역, 수두 등의 전파
비말 전파	감염된 사람이 기침, 재채기 등을 통해 배출한 비말이 다른 사람의 호흡기에 직접 들어가면서 전파된다. 예 인플루엔자, 코로나19, 결핵 등의 전파
수직 전파	감염된 임산부에서 태아나 신생아로 직접 병원체가 전파된다. 예 HIV, B형 간염, 풍진 등의 수직 전파
성 접촉 전파	성 접촉을 통해 감염된 사람에게서 병원체가 직접 전파된다. 예 HIV, 매독, 임질 등의 성 접촉 전파

2) 간접전파

매개체 전파	모기, 진드기, 파리 등의 벡터가 병원체를 옮기면서 전파된다. 예 말라리아, 뎅기열, 라임병 등의 매개체 전파
공기 전파	감염된 사람이 배출한 에어로졸이나 먼지가 공기 중에 떠다니다가 다른 사람에게 흡입되어 전파된다. 예 결핵, 홍역, 수두 등의 공기 전파
오염된 물/식품 전파	오염된 물이나 식품을 섭취하면서 병원체가 전파된다. 예 콜레라, 장티푸스, 살모넬라 등의 수인성 전파
오염된 환경 전파	감염된 사람이나 동물의 분비물로 오염된 환경(표면, 기구 등)을 통해 병원체가 전파된다. → '개달물(介達物)을 통한 개달전염(介達傳染)' 예 노로바이러스, C형 간염, 성홍열 등의 환경 전파

KEYWORD 05 면역 (민중)

1) 면역의 종류

① 선천적 면역

개인, 인종, 종족에 따라 습득되는 면역력이다.

② 후천적 면역 〈빈출〉

인공	능동	• 백신 접종을 통해 능동적으로 형성되는 면역이다. • 백신 내의 약화된 병원체로 인해 면역 체계가 스스로 항체를 생산하게 된다.
	수동	• 항체를 직접 주입하여 즉각적으로 면역력을 얻는 방식이다. • 주로 응급 상황이나 면역력이 약한 사람에게 사용된다.
자연	능동	• 실제 병원체에 감염되어 스스로 면역력을 획득하는 경우이다. • 자연 감염을 통해 형성되는 능동적인 면역 반응이 이에 해당한다.
	수동	• 출생 전 모체로부터 항체를 받는 면역이다. • 태반을 통해 모체의 항체가 태아에게 전달되는 경우가 이에 해당한다.

• 인공능동면역

생균백신	약독화된 생병원체를 사용하여 실제 감염과 유사한 면역 반응을 유도한다. 예 홍역, 볼거리, 풍진 백신(MMR), 경구 폴리오 백신(OPV), BCG 백신(결핵)
사균백신	열이나 화학물질로 비활성화한 병원체를 사용하여 면역 반응을 유도한다. 예 인플루엔자 백신, 콜레라 백신, A형 간염 백신, 광견병 백신, 경피 폴리오 백신(IPV)
순화독소	병원체가 분비하는 독소를 무독화하여 사용, 독소에 대한 항체를 형성한다. 예 디프테리아 백신, 파상풍 백신

✓ 개념 체크

장티푸스, 결핵, 파상풍 등의 예방접종은 어떤 면역인가?
① 인공 능동면역
② 인공 수동면역
③ 자연 능동면역
④ 자연 수동면역

①

• 자연능동면역

영구면역	일생 동안 지속되는 강력한 면역 반응을 나타내는 경우이다. 예 홍역, 볼거리, 풍진, 수두, 파상풍
일시면역	일정 기간만 면역력이 유지되는 경우이다. 예 독감(인플루엔자), 폐렴, 장티푸스, 콜레라, 말라리아

2) 출생 후 주요 감염병 접종 시기

B형 간염	출생 직후, 1개월, 6개월
BCG(결핵)	생후 4주 이내 신생아
DTP(DTaP)	• 디프테리아(Diphtheria), 백일해(Tetanus), 파상풍(Pertussis) • 2, 4, 6, 15~18개월, 만 4~6세
폴리오(IPV)	2, 4, 6개월, 만 4~6세
HIB(뇌수막염)	2, 4, 6개월, 12~15개월
MMR(홍역)	12개월, 만 4~6세
폐렴구균	2, 4, 6개월, 12~15개월
수두	12개월
일본뇌염(생백신)	12~36개월 1~2차
로타바이러스(RV)	생후 2~6개월 영아

SECTION 03 감염병

빈출 태그 ▶ #법정감염병 #기생충 #검역

KEYWORD 01 법정감염병

1) 제1급 감염병(17종)

- 생물테러감염병 또는 치명률이 높거나 집단 발생의 우려가 커서 발생 또는 유행 즉시 신고하여야 하고, 음압격리와 같은 높은 수준의 격리가 필요한 감염병을 말한다.
- 갑작스러운 국내 유입 또는 유행이 예견되어 긴급한 예방·관리가 필요하여 질병관리청장이 보건복지부장관과 협의하여 지정하는 감염병을 포함한다.
- 종류

  에볼라바이러스병, 마버그열, 라싸열, 크리미안콩고출혈열, 남아메리카출혈열, 리프트밸리열, 두창, 페스트, 탄저, 보툴리눔독소증, 야토병, 신종감염병증후군, 중증급성호흡기증후군(SARS), 중동호흡기증후군(MERS), 동물인플루엔자 인체감염증, 신종인플루엔자, 디프테리아

2) 제2급 감염병(21종)

- 전파가능성을 고려하여 발생 또는 유행 시 24시간 이내에 신고하여야 하고, 격리가 필요한 감염병을 말한다.
- 갑작스러운 국내 유입 또는 유행이 예견되어 긴급한 예방·관리가 필요하여 질병관리청장이 보건복지부장관과 협의하여 지정하는 감염병을 포함한다.
- 종류

  결핵(結核), 수두(水痘), 홍역(紅疫), 콜레라, 장티푸스, 파라티푸스, 세균성이질, 장출혈성대장균감염증, A형 간염, 백일해(百日咳), 유행성이하선염(流行性耳下腺炎), 풍진(風疹), 폴리오(소아마비), 수막구균 감염증, B형 헤모필루스인플루엔자, 폐렴구균 감염증, 한센병, 성홍열, 반코마이신내성황색포도알균(VRSA) 감염증, 카바페넴내성장내세균목(CRE) 감염증, E형 간염

3) 3급 감염병(28종)

- 그 발생을 계속 감시할 필요가 있어 발생 또는 유행 시 24시간 이내에 신고하여야 하는 감염병을 말한다.
- 갑작스러운 국내 유입 또는 유행이 예견되어 긴급한 예방·관리가 필요하여 질병관리청장이 보건복지부장관과 협의하여 지정하는 감염병을 포함한다.

- 종류

  파상풍(破傷風), B형 간염, 일본뇌염, C형 간염, 말라리아, 레지오넬라증, 비브리오패혈증, 발진티푸스, 발진열(發疹熱), 쯔쯔가무시증, 렙토스피라증, 브루셀라증, 공수병(恐水病), 신증후군출혈열(腎症侯群出血熱), 후천성면역결핍증(AIDS), 크로이츠펠트-야콥병(CJD) 및 변종크로이츠펠트-야콥병(vCJD), 황열, 뎅기열, 큐열(Q熱), 웨스트나일열, 라임병, 진드기매개뇌염, 유비저(類鼻疽), 치쿤구니야열, 중증열성혈소판감소증후군(SFTS), 지카바이러스 감염증, 엠폭스(Mpox), 매독(梅毒)

4) 4급 감염병(23종)

- 제1급 감염병부터 제3급 감염병까지의 감염병 외에 유행 여부를 조사하기 위하여 표본감시 활동이 필요한 감염병을 말한다.
- 질병관리청장이 지정하는 감염병을 포함한다.
- 종류

  인플루엔자, 회충증, 편충증, 요충증, 간흡충증, 폐흡충증, 장흡충증, 수족구병, 임질, 클라미디아감염증, 연성하감, 성기단순포진, 첨규콘딜롬, 반코마이신내성장알균(VRE) 감염증, 메티실린내성황색포도알균(MRSA) 감염증, 다제내성녹농균(MRPA) 감염증, 다제내성아시네토박터바우마니균(MRAB) 감염증, 장관감염증, 급성호흡기감염증, 해외유입기생충감염증, 엔테로바이러스감염증, 사람유두종바이러스 감염증, 코로나바이러스감염증-19

5) 기타 감염병 분류

① 인수공통감염병

개념	사람과 동물 간 전파되는 병원체에 의해 발생되는 감염병이다.
종류	광견병, 탄저병, 브루셀라병, 결핵, 큐열, 렙토스피라증, 신증후군출혈열, 조류독감(AI), 돼지인플루엔자, 보빈해면양뇌증(BSE), 중증열성혈소판감소증후군(SFTS), 지카바이러스 감염증, 라임병

② 성매개감염병

개념	주로 성접촉을 통해 전파되는 감염병이다.
종류	에이즈(HIV/AIDS), 성기 헤르페스, 임질, 클라미디아 감염증, 매독, 성기 사마귀, 트리코모나스 감염증, B형 간염, C형 간염

KEYWORD 02 주요 감염병의 특징

1) 호흡계

결핵	• 만성 기침, 객혈, 체중 감소, 피로감 등을 증상으로 한다. • 장기간 항결핵약물 치료가 필요하다. • 투베르쿨린 검사로 감염 여부를 확인한다.
홍역	• 발열, 발진, 기침, 콧물, 결막염 등을 증상으로 한다. • 합병증으로 폐렴, 뇌염 등이 발생할 수 있다.

유행성 이하선염 (볼거리)	• 귀밑의 이하선(침샘 중 귀밑샘) 부종이 특징이다. • 발열, 두통, 근육통 등의 증상을 특징으로 한다.
디프테리아	• 목 부위에 가성막 형성, 호흡곤란을 증상으로 한다. • 독소에 의한 합병증이 발생할 수 있다.
백일해	• 지속적인 발작성 기침이 특징이다. • 합병증으로 폐렴, 뇌증 등이 발생할 수 있다.
인플루엔자 (독감)	• 갑작스러운 고열, 근육통, 두통, 피로감 등을 증상으로 한다. • 합병증으로 폐렴, 심부전 등이 발생할 수 있다.
폐렴	• 다양한 병원체에 의해 발생한다. • 기침, 객담(가래), 호흡곤란, 발열 등을 증상으로 한다. • 세균성, 바이러스성, 곰팡이성 등 다양한 원인이 있다.
호흡기세포융합 바이러스(RSV)	• 영유아에게서 주로 발생한다. • 기침, 콧물, 발열, 천명(쌕쌕거림) 등을 증상으로 한다. • 폐렴, 기관지염 등의 합병증이 발생할 수 있다.

2) 소화계

폴리오 (소아마비)	• 주로 어린이에게서 발생한다. • 마비 증상이 특징적이다. • 백신으로 예방할 수 있다.
장티푸스	• 살모넬라 장티푸스균에 감염되어 발생한다. • 발열, 두통, 복통, 설사 등을 증상으로 한다. • 오염된 식수나 음식물을 통해 감염된다. • 항생제 치료가 필요하다.
콜레라	• 비브리오 콜레라균에 감염되어 발생한다. • 심한 설사와 탈수가 특징이다. • 오염된 식수나 음식물을 통해 감염된다. • 항생제 치료와 수분 보충이 중요하다.
이질	• 시겔라균에 감염되어 발생한다. • 혈성 설사, 복통, 발열을 증상으로 한다. • 주로 오염된 식수나 음식물을 통해 감염된다. • 항생제 치료가 필요하다.

> ✓ **개념 체크**
>
> 고열과 구역질을 동반한 감염병으로 바퀴벌레와 파리에 의해 전파되기도 하며 경구로 전염되는 감염병이 아닌 것은?
>
> ① 이질
> ② 콜레라
> ③ 장티푸스
> ④ 말라리아
>
> ④

KEYWORD 03 감염병의 매개

1) 포유동물 매개

광견병 (공수병)	• 광견병 바이러스에 감염된 동물(개, 늑대, 여우 등)에 물리거나 긁힐 때 전파된다. • 물에 대한 공포감, 과흥분, 경련, 혼수 등 중추신경계 증상이 특징이다.
탄저병	• 탄저균에 감염된 동물(소, 양, 염소 등)과 접촉, 오염된 고기 섭취 시 전파된다. • 피부병변, 폐렴, 패혈증 등 다양한 임상 양상이 관찰된다.

렙토스피라증	• 설치류(쥐, 고양이 등)의 소변에 오염된 물이나 토양에 접촉 시 전파된다. • 발열, 두통, 근육통, 구토, 설사 등 비특이적 증상이 특징이다. • 간 및 신장 기능 장애, 황달, 출혈 등의 합병증이 발생할 수 있다.

2) 절지동물 매개

페스트	• 매개체 : 쥐벼룩 • 증상 : 림프절 종창, 폐렴, 패혈증 등 • 특징 : 치사율이 높은 중증 감염병임
발진티푸스	• 매개체 : 이 • 증상 : 발열, 두통, 발진 등 • 특징 : 중증 감염 시 신경계 및 심혈관계 합병증이 발생함
말라리아	• 매개체 : 말라리아 모기 • 증상 : 발열, 오한, 두통, 구토 등 • 특징 : 뇌말라리아 등의 합병증이 발생할 수 있음
쯔쯔가무시	• 매개체 : 털진드기 • 증상 : 발열, 발진, 림프절 종대 등 • 특징 : 중증 감염 시 폐렴, 뇌수막염 등의 합병증이 발생함
뎅기열	• 매개체 : 흰줄숲모기 • 증상 : 발열, 근육통, 관절통, 발진 등 • 특징 : 출혈열 등의 중증 합병증이 발생할 수 있음
라임병	• 매개체 : 참진드기 • 증상 : 발열, 발진, 관절통 등 • 특징 : 신경계 및 심장 합병증이 발생할 수 있음
출혈열	• 매개체 : 설치류, 진드기 등 • 증상 : 발열, 출혈, 쇼크 등 • 특징 : 치사율이 높은 중증 감염병임
일본뇌염	• 매개체 : 작은빨간집모기 • 증상 : 발열, 두통, 의식 저하, 경련 등 • 특징 : 신경계 합병증이 발생하고, 사망률이 높음

KEYWORD 04 기생충 질환 빈출

1) 선충류

① 특징
- 선형(線形)의 동물로, 몸이 실 모양으로 길쭉하다.
- 주로 소화기관(장관) 내부에 기생하며 토양 내에서 발육한다.
- 개인 위생과 식수 관리 등을 불량하게 하여 전파된다.

② 종류

회충	• 길이 15~35㎝ 정도의 큰 선충이다. • 주로 소장에 기생하며, 성충이 장관 내에 서식한다. • 배란과 수정이 이루어져 충란이 배출되고, 토양에서 발육한다. • 증상으로는 복통, 설사, 영양실조 등이 나타날 수 있다.
편충	• 성충 암컷의 길이는 8~13㎜ 정도이다. • 가려움증, 복통, 불면증 등의 증상이 나타날 수 있다.
요충	• 성충 암컷의 길이는 3~5㎝ 정도이다. • 주로 소장에 부화하여, 맹장과 상행결장에 기생한다. • 항문 주변으로 이동하여 산란한다. • 복통, 설사, 빈혈, 항문소양증 등의 증상이 나타날 수 있다. • 산란과 동시에 감염능력이 있어 집단감염이 잘 일어난다.
유구조충	• 소장에 기생하는 선충이다. • 성충 암컷의 길이는 1~2㎝ 정도이다. • 소장 점막에 부착하여 혈액을 섭취한다. • 철결핍성 빈혈, 복통, 설사 등의 증상이 나타날 수 있다.
십이지장충	• 십이지장과 공장에 기생하는 선충이다. • 성충 암컷의 길이는 2~3㎜ 정도이다. • 토양에서 유충이 발육하여 피부를 통해 침입한다. • 복통, 설사, 흡수장애 등의 증상이 나타날 수 있다. • 면역저하자에게서 심각한 전신감염으로 이어질 수 있다.
말레이 사상충	• 폐동맥에 기생하는 선충이다. • 성충 암컷의 길이는 20~35㎜ 정도이다. • 주로 민물 달팽이를 통해 감염되며, 사람은 우연숙주이다. • 주요 증상으로 신경계 증상(두통, 경부강직, 마비 등)이 있다. • 드물지만 치명적일 수 있는 질환이다.

2) 흡충류

① 특징

• 몸이 납작하고 원반 모양이다.
• 몸 표면에 빨판 구조가 있어 숙주에 단단히 달라붙을 수 있어 숙주의 몸에 달라붙어 기생한다.

② 종류

간흡충	• 경로 : 쇠우렁이(제1 중간숙주) → 잉어, 붕어, 피라미(제2 중간숙주) → 사람 • 증상 : 만성 간염, 간암 등의 간 질환
폐흡충	• 경로 : 조개류(제1 중간숙주) → 가재, 게(제2 중간숙주) → 사람 • 증상 : 폐렴, 각혈, 흉막삼출 등의 폐 질환
요코가와흡충	• 경로 : 다슬기, 조개(제1 중간숙주) → 은어, 붕어(제2 중간숙주) → 사람 • 증상 : 복통, 설사, 위장관 출혈 등의 장 질환

3) 조충류

① 특징
- 몸이 긴 테이프 모양이다.
- 두부(머리)에 갈고리나 흡반이 있어 숙주의 소화기관에 단단히 부착되어 기생한다.

② 종류

무구조충	• 경로 : 소 → 사람 • 증상 : 복통, 설사, 구토, 체중감소 등의 소화기 증상 • 특징 : 장폐색, 장천공 등의 심각한 합병증이 발생할 수 있음

유구조충	• 경로 : 돼지 → 사람
	• 증상 : 복통, 설사, 구토, 체중감소 등의 소화기 증상
	  – 간낭미충증 : 간 비대, 복통, 발열 등
	  – 뇌낭미충증 : 두통, 경련, 의식장애 등

광절열두조충	• 경로 : 물벼룩(제1 중간숙주) → 송어, 연어, 숭어, 농어(제2 중간숙주) → 사람 • 증상 : 복통, 설사, 위장관 출혈 등의 장 질환

KEYWORD 05 검역

1) 개념

검역(檢疫, Quarantine)은 감염병을 예방하기 위한 조치로, 우리나라로 들어오거나 외국으로 나가는 사람, 운송수단 및 화물에 대해 전염병의 유무를 진단·검사·소독하는 절차이다.

2) 검역의 목적과 근거

① 목적과 근거법령(검역법 제1조)

> 이 법은 우리나라로 들어오거나 외국으로 나가는 사람, 운송수단 및 화물을 검역(檢疫)하는 절차와 감염병을 예방하기 위한 조치에 관한 사항을 규정하여 국내외로 감염병이 번지는 것을 방지함으로써 국민의 건강을 유지·보호하는 것을 목적으로 한다.

② 검역에 대한 국가의 책무(검역법 제3조)

국가는 검역감염병이 국내외로 번지는 것에 신속하게 대처하기 위한 대응 방안을 수립하여야 한다.

③ 검역에 대한 국민의 권리·의무(검역법 제3조의2)
- 국민은 검역감염병 발생상황, 예방 및 관리 등에 대한 정보와 대응 방법을 알 권리가 있다.
- 국민은 검역감염병으로 격리 등을 받은 경우 이로 인한 피해를 보상받을 수 있다.
- 국민은 검역감염병이 국내외로 번지는 것을 막기 위한 국가와 지방자치단체의 시책에 적극 협력하여야 한다.

3) 검역의 대상
① 운송수단 : 자동차, 선박, 항공기, 열차 등
② 화물(공산품, 농산물, 축산물, 수산물, 식품 등)과 수하물
③ 생물 : 사람, 동물, 식물, 병원체(검역감염병)
④ 방사능에 오염된 것

▼ 검역감염병(검역법 제2조 제1호)

대상	• 국내 유입 시 전국적인 유행이 우려되는 감염병 • 검역 조치를 통해 효과적으로 차단할 수 있는 감염병 • 세계보건기구(WHO)가 지정한 국제적 공중보건 위기상황 유발 가능성이 있는 감염병
감시 기간	• 콜레라 : 120시간(5일) • 페스트 : 144시간(6일) • 황열 : 144시간(6일) • 중증 급성호흡기 증후군(SARS) : 240시간(10일) • 동물인플루엔자 인체감염증 : 240시간(10일) • 신종인플루엔자 : 최장 잠복기(7일) • 중동 호흡기 증후군(MERS) : 14일 • 에볼라바이러스병 : 21일

SECTION 04 가족 및 노인보건

빈출 태그 ▶ #가족보건 #모자보건 #노인보건

KEYWORD 01 가족보건

1) WHO(세계보건기구)의 가족보건의 정의
가족 구성원 개개인의 건강과 복지를 증진하고, 가족 간의 상호작용과 가족 기능을 강화하여 가족 전체의 건강과 안녕을 도모하는 것이다.

2) 가족계획의 필요성
- 가족 내 건강한 상호작용과 기능은 개인의 신체적, 정신적, 사회적 건강에 긍정적 영향을 준다.
- 가족의 건강한 생활습관과 환경은 지역사회와 국가 전체의 건강 수준 향상으로 이어진다.

3) 내용
- 가족 구성원 개개인의 신체적, 정신적, 사회적 건강을 증진한다.
- 임신, 출산, 육아 등의 가족생활주기 전반에 걸쳐 건강을 관리한다.
- 가족 간 상호작용과 의사소통 증진을 통해 가족기능을 강화한다.
- 가족의 건강한 생활양식 및 환경을 조성한다.
- 가족의 권리와 책임 및 자원 활용 등에 대해 교육하고 지원한다.

4) 방법
- 임신, 출산, 육아 등 가족생활주기별 보건의료 서비스를 제공한다.
- 가족 구성원 개개인의 건강관리 및 건강증진 교육을 실시한다.
- 가족 간 의사소통과 상호작용 증진을 위한 가족 상담 및 교육 프로그램을 운영한다.
- 가족의 건강한 생활양식 및 환경 조성을 위한 지역사회 자원을 연계한다.
- 가족의 건강권과 책임, 자원 활용 등에 대한 정보를 제공한다.
- 취약계층 가족에 대한 보건의료, 복지, 교육 등 통합적 지원 체계를 구축한다.

KEYWORD 02 모자보건

1) WHO(세계보건기구)의 모자보건의 정의
임산부, 출산부, 산욕부 및 영유아의 건강과 복지를 보호하고 증진하는 것이다.

2) 모자보건의 필요성
- 임신, 출산, 양육은 여성과 아동의 생명과 건강에 직결되는 중요한 시기이다.
- 모자보건 관리를 통해 산모와 영유아의 건강을 증진하고, 사망률을 낮출 수 있다.
- 건강한 미래 세대 육성을 위해 모자보건 관리는 필수적이다.
- 여성과 아동의 건강권 보장 및 삶의 질 향상에 기여한다.

3) 내용
- 산전 관리, 안전한 분만, 산후 관리 등 임신 및 출산을 관리한다.
- 신생아 관리, 예방접종, 성장발달 모니터링 등 신생아 및 영유아를 관리한다.
- 가족계획 및 피임 서비스를 제공한다.
- 취약계층 모자 대상 보건의료 서비스를 지원한다.

4) 방법
- 산전 진찰, 산후 관리 등 임신·출산 전 과정에서 의료서비스를 제공한다.
- 신생아 집중치료, 영유아 건강검진 등의 영유아 건강관리 체계를 구축한다.
- 가족계획 및 피임 상담, 피임기구 보급 등의 가족보건 서비스를 제공한다.
- 취약계층 모자 대상 보건의료, 영양, 교육 등의 통합적 지원 체계를 마련한다.
- 지역사회 기반 모자보건 관리 체계를 구축하고, 지원 인프라를 확충한다.

KEYWORD 03 노인보건

1) WHO(세계보건기구)의 노인보건의 정의
노화와 관련된 건강 문제를 예방하고 관리하며, 노인의 건강과 삶의 질을 증진하는 것이다.

2) 노인보건의 필요성
- 전 세계적으로 인구 고령화가 빠르게 진행되어 노인 인구가 증가하고 있다.
- 노인의 건강 및 의료 수요가 급증하고 있어 이에 대한 대책이 필요하다.
- 노인의 건강한 삶을 지원하고 사회적 부담을 줄이기 위해 노인보건을 강화해야 한다.

3) 내용
- 노화에 따른 질병(만성질환, 장애, 치매 등)을 예방 및 관리한다.
- 노인의 기능적(신체적, 정신적, 사회적 기능) 능력을 유지 및 증진한다.
- 노인 친화적 보건의료체계를 구축하고, 지역사회를 기반으로 한 돌봄 체계를 마련한다.
- 보건의료, 사회서비스 등 노인의 자립적인 생활을 지원한다.
- 노인의 권리를 보호하고 사회참여를 증진한다.

4) 방법

- **개별접촉**으로 건강검진, 예방접종, 건강교육 등의 예방적 건강관리 서비스를 제공한다.
- 만성질환 관리, 재활 서비스, 돌봄 서비스 등의 포괄적 의료·돌봄 서비스를 제공한다.
- 노인 친화적 시설 및 환경을 조성하여 지역사회 기반 통합 돌봄 체계를 구축한다.
- 노인 권리 보장 및 사회활동 지원을 통해 사회참여 기회를 확대한다.

> **개념 체크**
>
> 지역사회에서 노인층 인구에 가장 적절한 보건교육 방법은?
> ① 신문
> ② 집단교육
> ③ 개별접촉
> ④ 강연회
>
> ③

5) 노령화의 문제

건강 문제	• 만성질환, 장애, 치매 등의 발생으로 돌봄 필요성이 증대됐다. • 노인 질환으로 인해 신체적·정신적 기능과 자립성이 저하한다.
경제적 문제	소득 감소, 의료비 지출 증가로 인해 가족 부양에 대한 부담이 증가한다.
사회적 문제	• 고립감, 소외감, 우울증 등 정신건강 문제가 발생한다. • 사회참여 기회 부족으로 인한 역할 상실이 발생한다.

> **우리나라 보건정책의 법적 근거**
> - 가족보건 : 아동복지법 제4조(국가와 지방자치단체의 책무)
>   - 국가와 지방자치단체는 아동의 안전·건강 및 복지 증진을 위하여 아동과 그 보호자 및 가정을 지원하기 위한 정책을 수립·시행하여야 한다.
>   - 국가와 지방자치단체는 장애아동의 권익을 보호하기 위하여 필요한 시책을 강구하여야 한다.
> - 모자보건 : 모자보건법 제3조(국가와 지방자치단체의 책임)
>   - 국가와 지방자치단체는 모성과 영유아의 건강을 유지·증진하기 위한 조사·연구와 그 밖에 필요한 조치를 하여야 한다.
>   - 국가와 지방자치단체는 모자보건사업에 관한 시책을 마련하고 모성과 영유아의 보호자에게 적극적으로 홍보하여 국민보건 향상에 이바지하도록 노력하여야 한다.
> - 노인보건 : 노인복지법 제4조(보건복지증진의 책임)
>   - 국가와 지방자치단체는 노인의 보건 및 복지증진의 책임이 있으며, 이를 위한 시책을 강구하여 추진하여야 한다.
>   - 국가와 지방자치단체는 규정에 의한 시책을 강구함에 있어 법률에 규정된 기본이념이 구현되도록 노력하여야 한다.
>   - 노인의 일상생활에 관련되는 사업을 경영하는 자는 그 사업을 경영함에 있어 노인의 보건복지가 증진되도록 노력하여야 한다.

SECTION 05 환경보건

출제빈도 상 중 하
반복학습 1 2 3

빈출 태그 ▶ #환경보건 #기후 #산업보건

KEYWORD 01 환경보건

1) WHO(세계보건기구)의 환경보건의 정의
- 인간의 건강과 안녕에 영향을 미치는 물리적·화학적·생물학적 요인을 파악하고 평가하며, 이를 통제하는 것을 목적으로 하는 학문 분야이다.
- 대기·물·토양·폐기물·화학물질·방사선 등 다양한 환경 요인이 인체에 미치는 영향을 연구하고, 이를 바탕으로 환경 관리 정책을 수립하여 인간의 건강과 안녕을 증진하고, 지속가능한 환경을 조성하는 것이 환경보건의 핵심적인 목표이다.

KEYWORD 02 기후 빈출

1) 기후의 3대 요소

기온	• 기후를 결정하는 가장 중요한 요소 • 실내 쾌적 기온 : 18±2℃
기습	• 공기 중에 포함된 수증기량을 나타내는 지표 • 실내 쾌적 기습(습도) : 40~70%
기류	기류는 공기의 움직임을 나타내는 지표
	쾌적한 기류	• 실외 : 일반적으로 바람의 속도가 1~5㎧ 정도인 경우 • 실내 : 일반적으로 0.1~0.5㎧ 사이의 속도가 적절함 • 0.1~0.3㎧ : 공기를 부드럽게 순환시켜 쾌감감을 느낄 수 있는 기류 • 0.3~0.5㎧ : 실내에서는 약간 강한 편으로 실내 공기를 더욱 효과적으로 순환시킬 수 있지만, 지나치면 냉감을 느낌
	불감 기류	• 0.1㎧ 미만 : 완전히 정지된 상태로 느껴지는 수준 • 0.2㎧ : 가벼운 공기의 움직임을 겨우 감지할 수 있는 수준 • 0.5㎧ : 피부에 약간의 공기의 움직임을 느낄 수 있는 수준

 개념 체크

다음 중 기후의 3대 요소는?
① 기온-복사량-기류
② 기온-기습-기류
③ 기온-기압-복사량
④ 기류-기압-일조량

②

2) 기후요소와 체감온도
- 기후요소 중 인간의 체온 조절에 중요한 요소에는 '기온, 기습, 기류, 복사열'이 있다.
- 다양한 요인들이 복합적으로 작용하여 실제 느껴지는 온도를 나타내는 지표를 '체감온도'라고 한다.

3) 보건적 실내온도와 습도

실내온도	병실	21±2℃
	거실	18±2℃
	침실	15±1℃
온도별 실내습도	15℃	70~80%
	18~20℃	60~70%
	24℃이상	40~60%

4) 불쾌지수(Discomfort Index)

개념	기온과 상대습도를 고려하여 실내 또는 실외 환경의 열적 불쾌감을 나타내는 지수
공식	불쾌지수(DI) = 0.72 × (Td + Tw) + 40.6
범위와 상태	• DI < 68 : 쾌적 • 68 ≤ DI < 75 : 다소 불쾌 • 75 ≤ DI < 80 : 불쾌 • 80 ≤ DI : 매우 불쾌

불쾌지수와 관련된 사항
- RH(Relative Humidity) : 상대습도
$$RH(\%) = \frac{현재 수증기량}{포화수증기량} \times 100$$
- 건구온도(T_d) : 온도계의 구부를 공기 중에 직접 노출시켜 측정하는 온도
- 습구온도(T_w) : 온도계의 구부를 물에 적신 얇은 천으로 감싼 후에 측정하는 온도
$$T_w = T_d - 0.4 \times (T_d - 10) \times (1 - \frac{RH}{100})$$

KEYWORD 03 대기오염

1) 대기의 조성

질소(N_2)	• 구성비 : 약 78.09% • 공기의 주성분으로 연소와 호흡에 직접 관여하지 않는다.
산소(O_2)	• 구성비 : 약 20.93% • 생물의 호흡에 필수적인 기체로, 연소 반응에 필요하다.
아르곤(Ar)	• 구성비 : 약 0.93% • 비활성 기체로 화학적으로 매우 안정하다.
이산화탄소(CO_2)	• 구성비 : 약 0.04% • 식물의 광합성에 필요하며, 과도하게 증가하면 온실효과를 일으킨다.
기타 성분	메테인(CH_4)	• 농도 : 약 1.8ppm • 강력한 온실가스로 지구온난화의 주요 원인이다.
	일산화탄소(CO)	• 농도 : 약 0.1ppm • 무색·무취의 독성 기체로, 연소 과정에서 발생한다.
	미량기체	수증기(H_2O), 네온(Ne), 헬륨(He), 크립톤(Kr), 제논(Xe), 수소(H_2) 등

실내공기질 관리법
다중이용시설, 신축되는 공동주택 및 대중교통 차량의 실내공기질을 알맞게 유지하고 관리함으로써 그 시설을 이용하는 국민의 건강을 보호하고 환경상의 위해를 예방함을 목적으로 한다.

2) 기체로 발생할 수 있는 질병

일산화탄소 중독	• 산소보다 먼저 헤모글로빈과 결합하여 산소 공급을 방해하므로 매우 위험하다. • 자동차 배기가스, 가정용 난방기구, 공장 등에서 발생된다. • 밀폐된 공간에서 축적되면 중독 사고의 위험이 있다.
질소 중독	• 감압병, 잠함병(잠수병)과 같이 압력이 급격히 감소할 때 발생한다. • 주로 잠수부나 고공 비행을 한 사람에게서 나타난다. • 피부 발진 및 가려움증, 관절 통증 및 근육 경련, 호흡 곤란, 두통, 어지럼증, 구토, 설사, 의식 저하, 혼수 등의 증상이 발생한다.
군집독	• 실내 공간에 수용 인원이 초과되는 경우 각종 오염물질과 열이 축적되어 군집독 현상이 발생한다. • 이산화탄소 중독, 산소 부족, 열 중독, 두통, 어지럼증, 구토, 피부 발진 등의 증상이 발생한다.

3) 대기 오염물질

1차 오염 물질	질소산화물 (NO$_x$)	• 질소와 산소가 결합한 화합물로 대표적인 1차 오염물질이다. • 자동차, 발전소, 산업시설에서 주로 배출된다. • 호흡기 질환, 산성비, 광화학스모그를 유발한다.
	황산화물 (SO$_x$)	• 황과 산소가 결합한 화합물로 주로 연료의 연소 시 발생한다. • 산성비, 가시거리 악화, 호흡기 질환을 유발한다. • 특히 석탄 연소 시 다량 배출된다.
	일산화탄소 (CO)	• 탄소와 산소가 1:1로 결합한 무색·무취의 기체이다. • 자동차, 난방, 산업공정 등에서 배출된다. • 혈액 내 헤모글로빈과 결합하여 질식을 유발한다.
	미세먼지 (PM10, PM2.5)	• 입자의 크기가 10μm, 2.5μm 이하인 먼지이다. • 자동차, 건설현장, 산업공정 등에서 배출된다. • 호흡기 질환, 심혈관 질환을 유발한다.
	염화불화탄소 (CFC)	• 인위적으로 제조되어 대기 중으로 직접 배출되는 화학물질이다. • 에어컨의 냉매로 쓰이며 프레온(Freon)이라고도 한다. • 대기 중에서 안정적으로 존재한다. • 성층권의 오존층을 파괴하는 주요 원인 물질로 알려져 있다.
2차 오염 물질	오존 (O$_3$)	• 질소산화물과 휘발성유기화합물의 광화학반응으로 생성된다. • 강한 산화력으로 인해 호흡기 질환을 유발한다. • 식물의 광합성을 저해하여 작물 피해를 초래한다.
	황산염 (SO$_4^{2-}$)	• 황산화물이 산화되어 생성된 입자상 물질이다. • 산성비, 가시거리 악화, 호흡기 질환을 유발한다.
	질산염 (NO$_3^-$)	• 질소산화물이 산화되어 생성된 입자상 물질이다. • 산성비, 가시거리 악화, 호흡기 질환을 유발한다.

4) 대기오염 현상

산성비	• 황산화물(SO$_x$)과 질소산화물(NO$_x$)이 대기 중에서 산화되어 황산과 질산을 형성하고, 이것이 강수에 녹아 내리는 현상이다. • 호수와 강, 토양, 건물 등에 피해를 준다. • 생태계 파괴, 작물 피해, 건물 부식 등을 일으킨다.

황사	• 중국 내륙 지역의 황토 등이 편서풍을 타고 한반도로 유입되는 현상이다. • 미세먼지(PM10, PM2.5) 농도가 매우 높아진다. • 호흡기 질환, 안구 자극, 농작물 피해 등을 일으킨다.
열섬 현상	• 도시 지역에서 건물, 도로, 아스팔트 등 인공 구조물이 열을 흡수하고 방출하여 주변보다 온도가 높아지는 현상이다. • 에너지 사용 증가, 열 스트레스 유발, 대기오염 심화 등의 문제를 야기한다.
광화학 스모그	• 질소산화물(NO_x)과 휘발성유기화합물(VOCs)이 태양빛에 의해 광화학반응을 일으켜 오존(O_3)을 생성하는 현상이다. • 눈·코·목 자극, 호흡곤란 등의 건강 문제를 유발한다. • 식물 생장 저해, 가시거리 악화 등의 환경 문제를 초래한다.
기온역전	• 정상적인 대기 상태에서는 지표면에서 높이가 상승할수록 온도가 낮아지는데, 기온역전 시 야간에 지표면이 빠르게 냉각되면 지표면 부근의 공기가 차가워진다. → 상대적으로 상층부의 공기가 더 따뜻해지는 현상이 발생한다. • 기온역전이 발생하면 대기 중 오염물질이 확산되지 못하고 지표면 부근에 갇힌다. • 대기오염 농도가 급격히 높아지는 현상이 나타난다. • 주로 겨울철 안정된 고기압하에서 많이 발생하며, 대도시 지역에서 나타난다.

5) 대기오염물질 기준 농도와 측정법

종류	기준 농도	측정법
이산화황(SO_2)	• 1시간 평균 기준 : 0.15ppm 이하 • 24시간 평균 기준 : 0.05ppm 이하 • 연간 평균 0.02ppm 이하	자외선 형광법
일산화탄소(CO)	8시간 평균 9ppm 이하	비분산적외선 분석법
이산화질소(NO_2)	연간 평균 0.03ppm 이하	화학발광법
미세먼지(PM10)	연간 평균 50μg/m³ 이하	• 베타선 흡수법 • 중량법
초미세먼지(PM2.5)	연간 평균 15μg/m³ 이하	
오존(O_3)	8시간 평균 0.06ppm 이하	자외선 광도법
납(Pb)	연간 평균 0.5μg/m³ 이하	• 원자흡수분광법 • 유도결합 플라즈마 질량분석법
벤젠	연간 평균 3μg/m³ 이하	• 가스크로마토그래피법 • 고성능 액체크로마토그래피법

KEYWORD 04 수질오염

1) 수질오염의 개념

물의 물리적, 화학적, 생물학적 특성이 변화하여 물의 본래 용도나 기능을 저해하는 상태로 수생생태계의 건강성이 손상되어 수서생물의 생육이나 생식에 악영향을 미치는 상태이다.

개념 체크

다음 중 하수에서 용존산소(DO)가 아주 낮다는 의미는?
① 수생식물이 잘 자랄 수 있는 물의 환경이다.
② 물고기가 잘 살 수 있는 물의 환경이다.
③ 물의 오염도가 높다는 의미이다.
④ 하수의 BOD가 낮은 것과 같은 의미이다.

③

개념 체크

수질오염의 지표로 사용하는 "생물학적 산소요구량"을 나타내는 용어는?
① BOD
② DO
③ COD
④ SS

③

개념 체크

수돗물로 사용할 상수의 대표적인 오염지표는? (단, 심미적 영향물질은 제외함)
① 탁도
② 대장균수
③ 증발잔류량
④ COD

②

2) 수질오염의 지표

DO (용존산소량)	• 물속에 녹아 있는 산소의 양을 나타내는 지표이다. • 수생물 서식에 필수적이며, 값이 낮을수록 오염이 심각함을 나타낸다.
BOD (생물학적 산소요구량)	• 미생물에 의해 유기물이 분해될 때 필요한 산소량을 나타내는 지표이다. • 유기물 오염도를 반영하며, 값이 클수록 오염이 심각함을 나타낸다. • 하천, 호수 등의 수질 관리 기준으로 활용된다.
COD (화학적 산소요구량)	• 산화제에 의해 유기물이 산화될 때 필요한 산소량을 나타내는 지표이다. • BOD에 비해 더 광범위한 유기물 오염을 반영한다. • 산업폐수 등의 유기물 오염도 측정에 활용한다. • 값이 클수록 오염이 심각함을 나타낸다.
SS (부유물질)	• 물 속에 떠있는 입자상 물질의 양을 나타내는 지표이다. • 탁도와 관련되며, 수생태계에 악영향을 줄 수 있다.
pH (수소이온농도, 산도)	• 물의 산성도 또는 염기도를 나타내는 지표이다. • pH 7은 중성, 7 미만은 산성, 7 초과는 염기성을 나타낸다. • 수생 생태계에 적합한 pH 범위는 6.5~8.5이다.
대장균	• 대장균의 개체수를 나타내는 지표이다. • 주로 음용수, 수영장, 하천 등의 위생 상태를 평가하는 데 사용한다. • 대장균수가 많다는 것은 분변 오염이 심각하다는 것을 의미한다.

3) 물의 화합물 오염

물질	영향
수은	• 미나마타병 • 두통, 피로감, 시야 장애, 감각 이상, 운동 실조, 발음 장애 등
카드뮴	• 이타이이타이병(골연화증) • 구토, 설사, 복통, 신장 기능 저하, 골연화증
납	• 납 중독, 납 중독성 뇌병증 • 두통, 복통, 구토, 변비, 신경계 증상(운동실조, 사지마비 등)
크로뮴	• 크로뮴 중독 • 피부 자극, 구토, 설사, 복통, 신장·간 기능 저하
비소	• 비소 중독, 비소 중독성 피부병 • 구토, 설사, 복통, 피부 색소 침착, 신경계 증상(감각 이상, 마비 등)

4) 상수 처리

취수 및 전처리	• 원수 취수 : 하천, 호수, 지하수 등에서 원수를 취수함 • 침사지 : 큰 입자성 물질을 제거함 • 혼화지 : 응집제 주입 후 약품과 물이 잘 혼합되도록 함 • 응집/침전 : 응집제에 의해 작은 입자가 뭉쳐 큰 플록이 되어 침전함 • 여과 : 침전 후 남은 부유물질을 모래 여과기로 제거함
정수 처리	• 소독 : 염소, 오존 등으로 병원성 미생물을 제거함 • 활성탄 여과 : 유기물, 냄새, 맛을 제거함 • 이온교환 : 경도를 낮추고, pH를 조정함 • 막여과 : 바이러스, 박테리아 등을 제거함

배수 및 송수	• 배수지 : 정수된 물을 저장함 • 가압펌프 : 물을 가압하여 배수함 • 배수관로 : 가정 및 기관으로 물을 공급함
수질 관리	• 잔류 염소 농도를 관리함 • pH, 탁도, 색도 등 수질을 모니터링함 • 배수관로 세척, 소독 등을 관리함

5) 하수 처리

취수 및 전처리	스크린 여과와 모래 등 중량 물질을 침전시킴
1차 처리 (기계적 처리)	침전지에서 부유물질이 가라앉아 제거됨
2차 처리 (생물학적 처리)	• 생물학적 처리로, 미생물이 유기물을 분해 · 산화함 • 활성슬러지법, 활성오니법, 생물막법 등의 방식으로 처리함
3차 처리 (고도 처리)	• 인, 질소 등 영양물질을 제거함 • 여과, 흡착, 막 분리 등의 방식으로 처리함
소독 및 방류	• 최종적으로 염소 소독 등으로 병원성 미생물을 제거함 • 처리된 물은 하천, 바다 등으로 방류함

> **개념 체크**
>
> 도시 하수처리에 사용되는 활성오니법의 설명으로 가장 옳은 것은?
>
> ① 상수도부터 하수까지 연결되어 정화시키는 법
> ② 대도시 하수만 분리하여 처리하는 방법
> ③ 하수 내 유기물을 산화시키는 호기성 분해법
> ④ 쓰레기를 하수에서 걸러내는 법
>
> ③

6) 경도

물에 녹아 있는 칼슘이온(Ca^{2+})과 마그네슘이온(Mg^{2+})의 농도를 나타내는 지표

경수 (센물)	일시적 경수	• 탄산칼슘($CaCO_3$)과 탄산마그네슘($MgCO_3$)이 녹아 있는 물이다. • 열을 가하거나 pH를 높이면 이들 이온들이 침전되어 경도가 낮아진다. • 비누 사용 시 거품이 잘 나지 않으나, 비누를 충분히 사용하면 거품이 생긴다.
	영구적 경수	• 황산칼슘($CaSO_4$)과 황산마그네슘($MgSO_4$)이 녹아 있는 물이다. • 열을 가해도 이온들이 침전되지 않는다. • 비누 사용 시 거품이 잘 생기지 않고, 비누를 많이 사용해도 거품이 잘 생기지 않는다. • 이온 교환기나 역삼투 처리 등으로 제거하기 어렵다.
연수 (단물)		• 경수와 반대로 칼슘, 마그네슘 이온이 거의 없는 물이다. • 이온 교환 장치나 역삼투 처리를 통해 경수를 연수로 만들 수 있다. • 비누 사용 시 거품이 풍부하게 생기고, 세탁이나 요리에 적합하다.

KEYWORD 05 주거환경

1) 천장의 높이 : 일반적으로 2.4~2.7m

2) 자연조명, 창

• 창문은 가능한 한 남향이나 동 · 서향으로 내는 것이 좋다.

> **개념 체크**
>
> 주택의 자연조명을 위한 이상적인 주택의 방향과 창의 면적은?
>
> ① 남향, 바닥면적의 1/7~1/5
> ② 남향, 바닥면적의 1/5~1/2
> ③ 동향, 바닥면적의 1/10~1/7
> ④ 동향, 바닥면적의 1/5~1/2
>
> ①

- 창의 면적은 바닥면적의 14~20%($\frac{1}{7}$~$\frac{1}{5}$) 정도가 적절하다.
- 창문의 높이는 바닥에서 0.8~1.2m 정도가 적절하다.

3) 인공조명

유형	특징
직접조명	조명기구에서 빛이 직접 공간으로 향하는 방식이다.
간접 조명	조명기구에서 나온 빛이 천장이나 벽면에 반사되어 간접적으로 공간을 밝히는 방식이다.
반간접 조명	• 직접 조명과 간접 조명의 중간 형태이다. • 조명기구에서 나온 빛의 일부는 직접 공간으로 향하고, 일부는 천장이나 벽면에 반사되어 비친다.

4) 작업장 적정 조명 기준

구분	초정밀	정밀	보통
조도	1,000~2,000ℓx	500~1,000ℓx	300~500ℓx
색온도	5,000~6,500K	4,000~6,500K	3,500~4,500K

KEYWORD 06 산업보건

1) 산업피로

① 개념

작업 수행 능력이 감소하고, 작업에 대한 동기와 흥미가 저하되며, 정신적, 신체적 증상(두통, 어지럼증, 근육통 등)이 나타나는 피로 상태이다.

② 원인

장시간 노동, 작업 강도 증가, 불규칙한 작업 스케줄, 열악한 작업 환경 등이 있다.

③ 종류

신체적 피로	근육통, 관절통, 두통, 어지러움, 피로감, 졸음 등
정신적 피로	집중력 저하, 기억력 저하, 판단력 저하, 반응 시간 지연
감정적 피로	우울감, 불안감, 짜증, 무관심, 감정 기복 등
사회적 피로	의사소통의 어려움, 사회적 상호작용 회피 등

④ 산업피로의 대책
- 작업 시간 관리
- 작업 환경 개선
- 교육 및 훈련 강화
- 작업 강도 조절
- 근로자 건강관리

> **개념 체크**
>
> 조도불량, 현휘가 과도한 장소에서 장시간 작업하면 눈에 긴장을 강요함으로써 발생되는 불량 조명에 기인하는 직업병은?
>
> ① 안정피로
> ② 근시
> ③ 원시
> ④ 안구진탕증
>
> ①
>
> **안정피로**
> 눈에 피로가 누적되어, 원래라면 피로를 느끼지 않을 정도의 사용에도 눈이 쉽게 피로해지는 증상

2) 산업재해

① 원인

인적 요인	• 부주의, 실수, 무경험 • 피로, 스트레스, 음주 등 근로자 상태	• 안전수칙 미준수, 안전의식 결여 • 부적절한 작업 방법이나 습관
환경적 요인	• 위험한 기계, 설비, 공구 등 • 위험물질, 유해 요인 노출	• 부적절한 작업 환경(온·습도, 조명, 소음 등) • 비상 대응 체계 미흡
기타 요인	• 관리 감독 부실 • 위험 요인 사전 파악 및 개선 미흡 • 작업 공간 및 작업 방식 부적절	• 안전 교육 및 훈련 부족 • 안전 관리 체계 및 제도 미비

② 산업재해 관련 지표

산업재해 발생률	• 근로자 100명당 발생한 재해 건수를 나타내는 지표 • 산식 : (재해 건수 / 근로자 수) × 100
재해 강도율	• 100명의 근로자가 1년 동안 손실한 근로일수를 나타내는 지표 • 산식 : (근로손실일수 / 근로자 수) × 100
재해 도수율	• 100만 시간 근로 시 발생한 재해 건수를 나타내는 지표 • 산식 : (재해 건수 / 총 근로시간) × 1,000,000
사망만인율	• 10만 명의 근로자 중 사망한 근로자 수를 나타내는 지표 • 산식 : (사망자 수 / 근로자 수) × 100,000
업종별 재해율	• 특정 업종의 재해 발생 수준을 나타내는 지표 • 산식 : (해당 업종 재해 건수 / 해당 업종 근로자 수) × 100

③ 하인리히의 재해 비율(1 : 29 : 300의 법칙)

개념	중대 재해 1건당 경미한 부상 29건, 무상해 사고 300건이 발생한다는 비율이다.
의의	• 중대 재해를 예방하기 위해서는 경미한 부상과 무상해 사고에 주목해야 한다. • 경미한 부상과 무상해 사고를 예방하면 중대 재해도 예방할 수 있다. • 사고는 연쇄적으로 발생하므로, 사소한 사고에 대한 관심과 예방이 중요하다.

④ 소음허용 한계

2시간 작업 시 소음 한계치	4시간 작업 시 소음 한계치	8시간 작업 시 소음 한계치
91dB(A) 이하	88dB(A) 이하	85dB(A) 이하

SECTION 06 식품위생

출제빈도 상 중 하
반복학습 1 2 3

빈출 태그 ▶ #식품위생 #식중독 #독

KEYWORD 01 식품위생

1) WHO(세계보건기구)의 식품위생의 정의
식품을 안전하고 건전하며 영양가가 있는 상태로 생산, 가공, 보관, 유통, 조리 및 소비되도록 하는 모든 조건과 수단이다.

2) 식품위생법의 의의
식품으로 인하여 생기는 위생상의 위해(危害)를 방지하고 식품영양의 질적 향상을 도모하며 식품에 관한 올바른 정보를 제공함으로써 국민 건강의 보호 · 증진에 이바지함을 목적으로 한다(식품위생법 제1조).

3) 식품위생법에서 정의하는 식품위생
'식품위생'이란 식품, 식품첨가물, 기구 또는 용기 · 포장을 대상으로 하는 음식에 관한 위생을 말한다(식품위생법 제2조 제1항).

KEYWORD 02 식품위생관리

1) 해썹(HACCP, Hazard Analysis and Critical Control Point, 위해요소중점관리기준)
식품의 생산, 가공, 조리, 유통 등 전 과정에서 발생할 수 있는 위해요소를 사전에 분석하고, 그 위해요소를 효과적으로 관리할 수 있는 중요 관리점(Critical Control Point)을 설정하여 식품의 안전성을 확보하는 예방적 위생관리 시스템이다.

2) 식품의 변질

변질 (變質)	• 식품의 품질이나 영양가가 저하되는 현상이다. • 화학적 반응, 미생물 작용, 효소 활성 등에 의해 발생한다. • 단백질의 변성 등이 대표적인 사례이다. • 변패(變敗), 산패(酸敗), 부패(腐敗), 발효(醱酵) 등이 있다.
변패	• 식품의 외관, 질감, 향미 등이 변화하는 현상이다. • 미생물, 효소, 화학반응 등 다양한 요인에 의해 발생한다. • 과일, 채소, 유제품 등에서 주로 발생한다.

✅ 개념 체크

일반적으로 식품의 부패(Putrefaction)란 무엇이 변질된 것인가?
① 비타민
② 탄수화물
③ 지방
④ 단백질

④

산패	• 지방이나 유지의 산화에 의한 현상이다. • 식품의 향미와 품질이 저하되는 것이 특징이다. • 튀김유, 견과류, 유지 등에서 주로 발생한다.
부패	• 주로 세균에 의해 발생하는 변질 현상이다. • 단백질이 분해되어 악취가 발생하는 것이 특징이다. • 육류, 어류 등에서 주로 일어나는 현상이다.
발효	• 미생물이 식품 성분을 분해하여 새로운 물질을 생성하는 현상이다. • 치즈, 술, 김치 등 발효식품에서 의도적으로 일어나는 변화이다. • 미생물 대사산물에 의해 향미, 질감 등이 변화한다.

3) 식품의 보존방법

물리적 처리법	저온처리	• 냉장/냉동 처리하는 방법이다. • 저온에서 식품의 미생물 증식과 화학적 반응을 억제하여 보존한다. • 냉장(0~10℃), 냉동(-18℃ 이하)으로 구분한다. • 육류, 수산물, 유제품 등에 널리 사용한다.
	열처리	• 가열을 통해 식품 내 미생물을 사멸시켜 보존하는 방법이다. • 살균(70~100℃), 멸균(121℃ 이상) 등으로 구분한다. • 통조림, 레토르트 식품 등에 활용한다.
	건조처리	• 식품 내 수분을 제거하여 미생물 증식을 억제하는 방법이다. • 열풍건조, 동결건조, 감압건조 등의 방법을 사용한다. • 곡물, 과일, 채소 등에 적용한다.
	방사선 조사	• 감마선이나 전자선을 조사하여 미생물을 살균하는 방법이다. • 식품의 저장성을 향상할 수 있다. • 육류, 채소, 향신료 등에 활용한다.
	포장처리	• 식품을 공기, 빛, 습기 등으로부터 차단하여 보존하는 방법이다. • 진공포장, 가스치환포장, 활성포장 등의 방법을 사용한다. • 다양한 식품에 적용 가능하다.
화학적 처리법	염장	• 식품에 소금을 첨가하여 수분활성도를 낮추어 보존하는 방법이다. • 미생물 증식을 억제하고 효소 작용을 억제한다. • 육류, 어류, 채소 등에 적용한다.
	훈연	• 식품을 연기에 노출시켜 보존하는 방법하는 방법이다. • 연기 속의 페놀, 유기산 등이 미생물 생장을 억제한다. • 육류, 어류 등에 사용한다.
	첨가물 사용	• 식품 보존을 위해 인위적으로 화학물질 첨가하는 방법이다. • 산화방지제, 방부제, 방충제 등이 대표적이다. • 다양한 식품에 적용할 수 있다.
	pH 조절	• 식품의 산성도(pH)를 조절하여 보존하는 방법이다. • 유기산 첨가, 발효 등을 통해 pH를 낮춘다. • 식초, 김치 등에 활용한다.
	저수분 처리	• 식품의 수분 함량을 낮춰 미생물 생장을 억제하는 방법이다. • 농축, 건조, 동결건조 등의 방법을 사용한다. • 잼, 건조식품, 분말식품 등에 적용한다.

설탕 처리법		• 설탕을 첨가하여 식품의 수분활성도를 낮추는 방법이다. • 미생물 생장을 억제하여 보존성을 높일 수 있다. • 잼, 과일통조림, 건과류 등에 사용한다.
가스 저장법		• 식품을 특정 가스에 노출하여 저장하는 방법이다. • 이산화탄소, 질소, 아르곤 등의 가스를 사용한다. • 호흡 억제, 미생물 증식 억제 등의 효과가 있다. • 신선 과일, 채소, 육류 등에 적용한다.
발효		• 젖산균, 효모 등의 미생물을 이용하여 식품을 발효시키는 방법이다. • 발효 과정에서 생성되는 유기산, 알코올 등이 식품을 보존한다. • 대표적으로 김치, 치즈, 와인, 된장 등이 있다.
숙성		• 식품을 일정 기간 숙성시켜 품질을 향상하는 방법이다. • 미생물 작용으로 향미, 조직감 등의 변화가 일어난다. • 치즈, 햄, 와인 등의 숙성 과정에 활용한다.
유산균 첨가		• 유산균을 식품에 첨가하여 보존성을 높이는 방법이다. • 유산균이 생성하는 유기산이 미생물 증식을 억제한다. • 요구르트, 프로바이오틱 제품 등에 활용한다.
박테리오신 첨가		• 박테리오신이라는 항균성 단백질을 식품에 첨가하는 방법이다. • 병원성 세균의 생장을 선택적으로 억제한다. • 치즈, 육가공품 등에 적용한다.

KEYWORD 03 식중독 빈출

1) 식중독의 개념
병원성 미생물, 독 물질 등이 오염된 식품을 섭취함으로써 발생하는 급성 질병이다.

2) 분류

① 세균성 식중독

감염형 식중독	살모넬라 식중독	• 잠복기 : 12~72시간 • 감염 경로 : 오염된 달걀, 육류, 유제품 섭취 • 증상 : 구토, 설사, 복통, 발열 등의 위장관 증상
	장염비브리오 식중독	• 잠복기 : 12~72시간 • 감염 경로 : 오염된 해산물 섭취 • 증상 : 급성 설사, 복통, 구토, 발열 등
	병원성 대장균 식중독	• 잠복기 : 1~10일 • 감염 경로 : 오염된 식품 및 물 섭취 • 증상 : 수양성 설사, 복통, 발열, 구토 등
독소형 식중독	포도상구균 식중독	• 잠복기 : 1~6시간 • 원인 : 독소를 생성하는 포도상구균 감염 • 증상 : 구토, 설사, 복통 등의 위장관 증상

> ✓ 개념 체크
>
> 식품을 통한 식중독 중 독소형 식중독은?
> ① 포도상구균 식중독
> ② 살모넬라균에 의한 식중독
> ③ 장염 비브리오 식중독
> ④ 병원성 대장균 식중독
>
> ①

독소형 식중독	보툴리누스 식중독	• 잠복기 : 12~72시간 • 원인 : 보툴리눔 독소 섭취 • 증상 : 복시, 구음장애, 호흡곤란 등 신경학적 증상 • 특징 : 식중독 중 치사율이 가장 높음(5~10%)
	웰치균 식중독	• 잠복기 : 6~24시간 • 원인 : 웰치균 감염 • 증상 : 복통, 설사, 구토, 발열 등의 위장관 증상

② 기타 식중독

바이러스성 식중독	노로바이러스 식중독	• 잠복기 : 12~48시간 • 원인 : 오염된 식품 섭취, 환자와의 접촉 • 증상 : 구토, 설사, 복통, 발열 등
	로타바이러스 식중독	• 잠복기 : 1~3일 • 원인 : 오염된 물, 식품 섭취 • 증상 : 설사, 구토, 복통, 발열 등
화학성 식중독	중금속 중독	• 잠복기 : 수분~수시간 • 원인 : 중금속 함유 식품 섭취 • 증상 : 구토, 설사, 두통, 근육경련 등
	농약 중독	• 잠복기 : 수분~수시간 • 원인 : 농약 오염 식품 섭취 • 증상 : 두통, 구토, 설사, 근육경련 등
곰팡이성 식중독	곰팡이 독소 중독	• 잠복기 : 수분~수시간 • 원인 : 곰팡이 독소 오염 식품 섭취 • 증상 : 구토, 설사, 두통, 어지럼증 등

중금속(Heavy Metal)
비중이 물보다 큰(4 이상) 금속으로, 수은·납·카드뮴·크로뮴이 대표적이다.

3) 자연독

구분	종류	독성물질
식물성	버섯	무스카린(Muscarine), 아마니타(Amatoxin), 파롤린(Phallodin)
	감자	솔라닌(Solanine)
	목화씨	고시폴(Gossypol)
	독미나리	시큐톡신(Cicutoxin)
	맥각	에르고톡신(Ergotoxine)
	매실	아미그달린(Amygdalin)
동물성	복어	테트로도톡신(Tetrodotoxin)
	섭조개, 대합	삭시톡신(Saxitoxin)
	모시조개, 굴, 바지락	베네루핀(Venerupin)

SECTION 07 보건행정

빈출 태그 ▶ #보건 #보건소

KEYWORD 01 보건행정

1) 보건행정의 정의

WHO	보건행정은 개인, 가족, 지역사회의 건강을 증진하고 보호하기 위해 다양한 보건의료 자원을 계획, 조직, 지휘, 통제하는 과정이다.
미국 보건복지부	보건행정은 보건의료 체계의 효과적이고 효율적인 운영을 위해 관리, 기획, 정책 수립, 재정 관리, 인력 관리 등의 기능을 수행하는 분야이다.
한국 보건행정학회	보건행정은 보건의료 분야의 계획, 조직, 인사, 지휘, 통제 등의 관리 기능을 수행하여 국민 건강 증진을 도모하는 학문이자 실천 분야이다.

개념 체크

보건행정의 정의에 포함되는 내용이 아닌 것은?
① 국민의 수명연장
② 질병예방
③ 수질 및 대기보전
④ 공적인 행정활동

③

2) 보건행정의 특성

① 공공성 : 국민 건강 증진을 목적으로 하는 공공부문의 행정임
② 포괄성 : 개인·가족·지역사회 전체의 건강 문제를 다루며, 질병 예방, 건강 증진, 보건의료 서비스 제공 등 다양한 기능을 수행함
③ 전문성 : 보건의료, 역학, 사회복지, 경영학 등 다양한 학문 분야의 지식과 기술이 요구됨
④ 상호의존성 : 다른 분야(교육, 복지, 환경 등)와 밀접한 관련이 있음

3) 보건기획 과정

전제 → 예측 → 목표설정 → 구체적 행동계획

4) 보건행정기관

① 중앙 보건행정조직

보건 복지부	특징	• 국민의 보건과 복지에 관한 정책을 총괄하는 중앙행정기관이다. • 보건의료와 사회복지 분야의 최고 정책결정기관이다. • 보건의료, 사회복지, 인구, 가족, 아동, 노인, 장애인 등 광범위한 분야를 관장한다.
	역할	• 보건의료 정책 및 제도를 수립한다. • 국민건강증진 및 질병예방 사업을 계획 및 추진한다. • 의약품, 의료기기 등 의료관련 품목을 관리한다. • 국민연금, 건강보험 등 사회보장제도를 운영한다. • 저소득층, 노인, 장애인 등 취약계층 지원 정책을 수립한다. • 보건복지 관련 법령을 제·개정 및 감독한다. • 보건복지 관련 통계를 생산하고 정보를 관리한다.

식품 의약품 안전처	특징	• 식품, 의약품, 화장품, 의료기기 등 국민 생활과 밀접한 제품의 안전관리를 담당한다. • 국무총리 산하 기관으로, 식품과 의약품 분야의 전문성을 갖춘 기관이다. • 식품·의약품 안전정책을 수립하고 관련 법령을 제·개정하는 역할을 수행한다.
	역할	• 식품, 의약품, 화장품, 의료기기 등의 안전기준을 마련하고 관리한다. • 식품·의약품 등의 허가, 검사, 시험, 검정 등 안전관리 업무를 수행한다. • 식품·의약품 등의 부작용 모니터링하고 리콜 조치를 한다. • 식품·의약품 등의 안전성 및 유효성을 평가한다. • 식품·의약품 관련 정보를 수집하고 제공한다. • 식품·의약품 관련 법령을 제·개정하고, 행정처분을 내린다.

② 지방 보건행정조직

시·도 보건행정조직	• 시·도 보건복지국(과) 또는 보건정책관실 등 • 시·도 단위의 보건의료 정책을 수립 및 시행한다. • 보건소 및 보건지소 등 하위기관을 관리·감독한다.
시·군·구 보건행정조직	• **보건소** : **시·군·구 보건행정조직** • 역주민의 보건의료 및 건강증진 서비스를 제공한다. • 보건지소, 보건진료소 등 하위기관을 관리한다. • 지역 보건의료계획을 수립 및 시행한다.
보건지소 및 보건진료소	• **보건지소** : 읍·면 단위의 보건행정 조직 • **보건진료소** : 리 단위의 도서·벽지의 보건행정 조직 • 보건소 관할하에 있는 지역 의료기관이다. • 의사가 근무하지 않는 오지나 도서·벽지에 설치한다. • 간호사가 주로 근무하며 기초적인 의료서비스를 제공한다.

③ 보건소의 주요 업무

지역보건 및 건강증진 사업	• 지역주민 건강증진 및 질병예방 프로그램을 운영한다. • 예방접종, 건강검진, 건강교육 등을 실시한다. • 모자보건, 노인보건, 정신보건 등의 특화 사업을 추진한다.
감염병 예방 및 관리	• 감염병의 발생을 감시하고, 예방 대책을 수립한다. • 역학조사를 실시하고, 환자를 관리한다. • 방역소독, 예방접종 등의 감염병 예방 활동을 한다.
공중보건 위생관리	• 식품위생, 공중위생업소를 관리한다. • 환경보건 및 수질관리 업무를 수행한다.
응급의료 체계 구축	• 응급의료기관을 지정 및 관리한다. • 응급의료정보센터를 운영한다.
보건의료 행정지원	• 보건소 내 진료 및 검사 업무를 수행한다. • 보건의료인력 관리 및 교육을 실시한다.

KEYWORD 02 사회보장제도

국민건강보험제도
- 구 의료보험 제도
- 1988년 지방 시행, 1989년 전국적 시행으로 국내 거주하는 국민(외국인 포함)이 건강보험 가입자 또는 피부양자가 됐다.

국민의 생활 안정과 복지 증진을 위해 마련된 제도이다.

사회보험	국민연금	노령, 장애, 사망에 대비한 소득보장
	건강보험	질병, 부상에 대한 의료비 지원
	고용보험	실업급여 지원, 직업능력개발 등
	산재보험	업무상 재해에 대한 보상 및 재활 지원
공공부조	국민기초생활보장제도	생계, 의료, 주거 등 지원
	긴급복지지원제	갑작스러운 위기상황에 대한 지원
	장애인연금	중증장애인의 생활안정을 위한 현금 지원
서비스	보육서비스	어린이집, 유치원 등 육아 지원
	노인장기요양보험	노인의 돌봄 서비스 제공
	장애인활동지원	장애인의 자립생활을 위한 활동 보조
기타	아동수당	만 7세 미만 아동에게 지급하는 현금 지원
	양육수당	어린이집, 유치원 등 이용하지 않는 아동에게 지급

SECTION 08 소독

출제빈도 상 중 하
반복학습 1 2 3

빈출 태그 ▶ #소독법 #화학적소독법 #물리적소독법

KEYWORD 01 소독

1) 소독(Disinfectant, 消毒)의 정의
질병을 일으키는 병원체(세균, 바이러스 등)를 죽이거나 제거하여 물건이나 장소를 깨끗하게 만드는 과정이다.

2) 소독 용어

멸균	병원성 또는 비병원성 미생물 및 포자를 가진 것을 전부 사멸하게 하거나 제거한다.
살균	유해한 병원 미생물을 물리·화학적 작용에 의해 생활력을 파괴하여 감염의 위험성을 제거하는 조작으로, 포자(아포)는 잔존할 수 있다.
소독	사람에게 유해한 병원 미생물을 물리·화학적 작용에 의해 생활력을 파괴시켜 감염의 위험성을 제거하는 조작으로 포자(아포)는 파괴하지 못한다.
방부	병원성 미생물의 발육과 그 작용을 제거하거나 정지시켜서 음식물의 부패나 발효를 방지한다.

※ 소독의 세기 : 멸균 〉 살균 〉 소독 〉 방부

3) 소독에 미치는 요인

온도	• 온도가 높을수록 소독 효과가 향상된다. • 대부분의 병원균은 높은 온도에 취약하다. • 열에 의한 단백질 변성, 세포막 파괴 등으로 사멸된다.
시간	• 충분한 접촉 시간이 확보되어야 소독이 완료된 것이다. • 병원균 종류에 따라 필요한 최소 접촉 시간이 상이하다. • 시간이 길수록 소독 효과가 향상된다.
수분	• 적정 수분 조건이 유지되어야 소독 효과가 발휘된다. • 건조한 환경에서는 소독력이 저하된다. • 어느 정도의 수분이 있어야 화학소독제가 원활히 작용한다.
유기물 농도	• 유기물(혈액, 분비물 등)이 많으면 소독제 활성이 저하된다. • 유기물이 소독제와 반응하면 소독력이 저하된다. • 철저한 세척이 선행되어야 효과적으로 소독할 수 있다.

4) 소독제의 농도

퍼센트(%)	• 백분율을 나타내는 단위 • 소독액 100mL 속에 포함된 소독제의 양

권쌤의 노하우

소독은 매우 자주 출제되는 부분입니다!

개념 체크

소독과 멸균에 관련된 용어 해설 중 틀린 것은?

① 살균 : 생활력을 가지고 있는 미생물을 여러 가지 물리·화학적 작용에 의해 급속히 죽이는 것을 말한다.
② 방부 : 병원성 미생물의 발육과 그 작용을 제거하거나 정지시켜서 음식물의 부패나 발효를 방지하는 것을 말한다.
③ 소독 : 사람에게 유해한 미생물을 파괴하여 감염의 위험성을 제거하는 비교적 강한 살균작용으로 세균의 포자까지 사멸하는 것을 말한다.
④ 멸균 : 병원성 또는 비병원성 미생물 및 포자를 가진 것을 전부 사멸 또는 제거하는 것을 말한다.

③

퍼밀(‰)	• 천분율을 나타내는 단위 • 소독액 1,000mL 속에 포함된 소독제의 양
피피엠(ppm)	• 백만분율을 나타내는 단위 • 소독액 1,000,000mL 속에 포함된 소독제의 양

5) 소독제의 조건

살균력	• 다양한 세균, 바이러스, 곰팡이 등을 효과적으로 사멸시킬 수 있어야 한다. • 미생물에 대한 광범위한 살균력을 갖추어야 한다.
안전성	• 소독제는 사용자와 환경에 대한 독성이 낮아야 한다. • 피부 자극, 눈 자극, 호흡기 자극 등이 최소화되어야 한다.
사용 편의성	• 소독제는 사용이 간편하고 조작이 쉬워야 한다. • 부식성이 낮아 기구나 표면에 손상을 주지 않아야 한다.
경제성	• 소독제의 가격이 적절하고 경제적이어야 한다. • 소량으로도 효과적인 소독이 가능해야 한다.
안정성	• 소독제는 장기간 보관 시에도 살균력이 유지되어야 한다. • 온도, 습도 등 환경 변화에 안정적이어야 한다.
환경친화성	• 소독제는 환경오염이 적고 생분해가 잘되어야 한다. • 폐기 과정에서 2차 오염을 일으키지 않아야 한다.

6) 소독의 작용 기전

산화	차아염소산나트륨(차아염소산), 과산화수소, 오존 등
가수분해	알코올, 과산화수소, 과초산 등
단백질 응고	알코올, 포름알데히드, 글루타르알데히드 등
탈수	알코올, 포름알데히드, 글루타르알데히드 등
효소 비활성화	알코올, 페놀, 암모늄화합물 등
중금속염 형성	승홍수, 염화수은, 질산은 등
핵산 작용	자외선, 방사선, 포르말린, 에틸렌옥사이드
삼투성 변화	암모늄화합물, 페놀, 차아염소산나트륨(차아염소산) 등

KEYWORD 02 물리적 소독법 빈출

1) 건열에 의한 방법

화염멸균법	• 직접 불꽃을 이용하여 미생물을 소독하는 방법이다. • 실험실 기구, 주사기, 메스 등의 소독에 사용한다. • 기구 표면만 소독되므로 내부 오염은 제거되지 않는다. • 기구 손상의 가능성이 있다.

소각법	• 폐기물을 고온에서 완전히 태워 없애는 방법이다. • 의료폐기물, 실험실 폐기물 등의 처리에 사용한다.
직접건열 멸균법	• 고온의 건조한 열을 직접 미생물에 가하여 살균하는 방법이다. • 170~180°C에서 1~2시간 처리한다. • 유리기구, 금속기구, 건조된 약물 등에 적용한다.

2) 습열에 의한 방법

자비소독법	• 100°C 끓는 물에 담가 15~20분간 가열하는 방법이다. • 포자형성균에는 효과적이지 않다. • 소독효과 증대를 위해 석탄산(5%), 탄산나트륨(1~2%), 붕소(2%), 크레졸 비누액(2~3%) 등을 넣기도 한다.

고압증기 멸균법	• 가장 널리 사용되는 멸균 방법이다.
	• 고온고압 증기를 이용하여 미생물을 사멸시키는 방법이다.
	  – 10lbs(파운드) : 115°C에서 25~30분
	  – 15lbs(파운드) : 121°C에서 20~25분
	  – 20lbs(파운드) : 126°C에서 10~15분
	• 포자형성균을 포함한 모든 미생물을 완전히 사멸시킬 수 있다.

저온소독법	• 63~65°C에서 30분간 가열한다. • 우유, 과일 주스 등 식품의 병원성 미생물을 사멸시켜 안전하게 섭취할 수 있도록 한다. • 1860년대 프랑스의 루이 파스퇴르가 개발한 저온 살균 방법이다.
증기 소독법	• 물이 끓는 수증기를 이용하여 미생물을 사멸시키는 방법이다. • 100°C에서 30분간 소독 처리한다.
간헐 멸균법	• 내열성 저장 용기에 넣어 매일 약 15분에서 20분 동안 3일 연속으로 100°C로 끓이는 방법이다. • 나머지 시간 동안에는 상온 보관한다. • 1900년대 통조림, 식품 캔 멸균을 위해 사용했다.

자비(煮沸)
자비는 펄펄 끓는(沸) 물에 삶는다(煮)는 뜻이다.

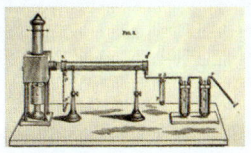

존 틴달에 의해 1860년에 개발된 간헐멸균법(Tyndallization) 장치
※ 출처 : WIKIMEDIA

3) 무가열에 의한 방법

일광 소독법	• 태양의 자외선(UVB, UVC)으로 미생물의 DNA를 파괴하는 방법이다. • 일반적으로 UVC 영역(200~290nm)이 가장 살균력이 강하다.
자외선 살균법	• UVB(290~320nm) 파장의 자외선을 이용하여 미생물의 DNA를 파괴하는 방법이다. • 공기, 물, 기구 및 용기 표면 살균에 사용한다. • 자외선 노출 시간이 중요하며 그늘진 부분은 살균할 수 없다.
방사선 살균법	• 감마선, X선 등의 방사선을 이용하여 미생물의 DNA를 파괴하는 방법이다. • 의료기구, 식품, 화장품 등의 살균에 사용한다. • 포자형성균을 포함한 모든 미생물을 완전히 사멸시킨다. • 복잡한 시설과 장비가 필요하여 비용이 높다.
초음파 살균법	• 20~100㎑의 고주파 초음파를 이용하여 미생물을 사멸시키는 방법이다. • 액체 및 고체 표면 살균에 사용한다.

권쌤의 노하우

일반적인 도구 소독 시 열을 가하면 안 되는 도구는 세척 후 자외선 소독기에 소독하고 열을 가해도 되는 경우 자비소독이나 일광소독을 실시합니다!

세균여과법	• 미세 공극을 가진 여과막을 통과시켜 미생물을 제거한다. • 혈청, 주사액, 안약, 수액 등의 무균 처리에 사용한다. • 0.2~0.45μm 크기의 공극을 가진 멤브레인 필터를 사용한다. • 바이러스는 세균보다 작아 제거하기 어렵다.

KEYWORD 03 화학적 소독법 빈출

> **권쌤의 노하우**
> 화학적 소독법과 물리적 소독법은 꼭 농도와 사용처를 외워 가야 합니다!

1) 소독제에 의한 방법

석탄산 (Phenol)	• 페놀이라고 하며 모든 소독제의 지표로 사용한다. • 강력한 살균력을 가지며, 단백질을 응고시키는 성질이 있다. • 일반적으로 3% 농도로 희석하여 사용한다. • 독성이 있어 인체에 사용하지 않는다. • 금속을 부식시키는 성질이 있고 포자에는 효과가 없다. • 고무제품, 가구, 의류 소독에 사용한다.
크레졸 (Cresol)	• 석탄산보다 살균력이 강하며, 지방 용해력이 있다. • 이·미용실 바닥청소나 도구 소독 시 3% 농도로 희석하여 사용한다. • 피부에 자극은 없지만 냄새가 매우 강하다.
승홍수 (HgCl$_2$)	• 강력한 살균력과 소독력을 가지며, 단백질을 응고시킨다. • 일반적으로 0.1% 농도로 희석하여 사용한다. • 독성이 강하고 금속을 부식시키므로 인체나 금속에 부적합하다.
염소 (Chlorine)	• 강력한 산화력으로 인한 살균 및 소독 효과가 우수하다. • 자극적인 냄새가 나며 잔류성이 크다. • 상·하수 소독, 식수 처리, 수영장 소독, 표백제, 살균제 등에 사용한다.
에탄올 (Ethanol)	• 단백질 변성 작용 및 세포막 파괴 작용으로 강력하게 살균한다. • 일반적으로 70% 농도로 사용한다. • 피부 소독, 의료기구 소독, 이·미용 기구 소독 등에 사용한다.
과산화수소 (Hydrogen Peroxide)	• 산화력이 강해 세균, 바이러스, 곰팡이 등을 효과적으로 제거한다. • 3% 농도로 주로 사용한다. • 포자형성균에 효과가 있다. • 자극이 적고 창상 소독, 치과 처치, 표면 소독, 식품 살균 등에 사용한다.
생석회 (Calcium Oxide)	• 강알칼리성으로 단백질을 응고시켜 살균 효과가 있다. • 산화칼슘 98% 이상의 백색 가루(표백분)의 형태이다. • 하수처리, 토양 소독, 병원 폐기물 소독 등에 사용한다.
포르말린 (Formalin)	• 강력한 살균 및 소독 효과를 가지며, 단백질을 응고시킨다. • 일반적으로 36% 포름알데히드 수용액으로 쓴다. • 포자형성균에 효과가 있다. • 병리 표본 고정, 조직 보존, 살균 및 소독 등에 사용한다.
머큐로크롬 (Mercurochrome)	• 항균 및 창상 치료 효과가 있는 염료 성분이다. • 2% 수용액으로 주로 사용한다. • 피부 소독, 창상 치료, 상처 소독 등에 사용한다.

2) 가스에 의한 방법

포름알데히드 (Formaldehyde)	• 강력한 살균 및 소독 효과가 있다. • 주로 밀폐된 공간에서 가스 형태로 사용한다. • 바이러스, 세균, 곰팡이, 아포 등 다양한 미생물을 사멸시킨다. • 인체에 유해하므로 철저한 안전 관리가 필요하다.
오존 (Ozone, O_3)	• 산화력이 강력한 기체이다. • 세균, 바이러스, 곰팡이 등을 효과적으로 사멸시킨다. • 공기 중이나 물에 오존을 주입하여 소독을 진행한다. • 인체에 유해하므로 사용 후 충분한 환기가 필요하다.
에틸렌옥사이드 (Ethylene Oxide, E.O.)	• 약 50℃ 이하의 저온에서도 소독할 수 있다. • 세균, 바이러스, 곰팡이, 아포 등 다양한 미생물을 사멸시킨다. • 포장재나 기구의 내부까지 깊이 침투하여 소독이 가능하다. • 적정 농도(450~1200mg/L)와 처리 시간(1~6시간)이 필요하다. • 인체에 매우 유해한 물질이므로 안전 관리가 매우 중요하다.

> **권쌤의 노하우**
>
> E.O(에틸렌옥사이드)는 저온살균에 사용하는 기체로 파스퇴르가 발명했어요!

3) 비누

역성비누	• 음이온 계면활성제인 일반비누와는 반대로 양이온 계면활성제인 비누이다. • 세균, 바이러스, 곰팡이 등 다양한 미생물을 효과적으로 제거한다. • 세척력, 살균력, 소독력이 우수하여 의료기관, 식품 산업 등에 사용된다. • 피부 자극이 적고 안전성이 높은 편이다.
약용비누	• 비누에 석탄산, 살리실산, 황 등의 약제를 혼합한 것이다. • 살균 및 소독 효과가 있다. • 항염증, 항진균, 항균 효과가 있어 여드름, 건선, 습진 등에 사용한다.

KEYWORD 04 미용기구 위생·소독

1) 도구 및 환경 소독

가위, 칼, 트위저	• 사용 후 즉시 세척하여 소독한다. • 70% 알코올 용액에 10~15분간 담그거나 끓는 물에 5~10분간 소독한다.
브러시, 빗	• 세제와 미온수로 깨끗이 세척한 뒤 70% 알코올 용액에 30분 이상 담그거나 자외선 소독기로 소독한다. • 건조 시 음지에서 브러시모가 아래로 향하게 해서 말린다.
타월, 가운	• 세탁기로 세탁하고 고온에서 건조한다. • 세탁 시 락스나 차아염소산나트륨 등의 소독제를 함께 사용한다.
스펀지, 퍼프	• 사용 후 세제와 미온수로 깨끗이 세척하고 자외선 소독기로 소독한다. • 주기적으로 교체해야 한다.
유리제품 (거울, 병 등)	• 세제와 물로 깨끗이 닦은 뒤 70% 알코올 용액이나 락스 희석액(1:100)으로 추가 소독한다. • 건열멸균기를 사용한다.

기구함, 작업대 등 환경 소독	세제와 물로 깨끗이 세척한 뒤 락스 희석액(1:100)으로 닦는다.
전체적인 주의 사항	• 소독 후 완전히 건조해야 한다. • 소독제 사용 시 반드시 환기해야 한다. • 기구나 물품 간 교차 오염이 되지 않도록 주의해야 한다.

2) 대상물에 따른 소독 방법

대상물	소독 방법
화장실, 쓰레기통	석탄산, 크레졸, 생석회
대소변, 배설물, 토사물	소각법, 석탄산, 크레졸, 생석회
의류, 침구류, 모직	일광 소독, 자비 소독, 증기 소독, 석탄산, 크레졸
유리, 목죽제품, 도자기류	자비 소독, 증기 소독, 석탄산, 크레졸
플라스틱, 고무, 가죽	석탄산, 역성비누, 에틸렌옥사이드, 포르말린
환자	석탄산, 크레졸, 역성비누, 승홍수
병실	석탄산, 크레졸, 포르말린
모시조개, 굴, 바지락	베네루핀(Venerupin)

SECTION 09 미생물

출제빈도 상 중 하
반복학습 1 2 3

빈출 태그 ▶ #세균 #바이러스

KEYWORD 01 미생물

1) 미생물의 개념
- 매우 작아서 육안으로 관찰할 수 없는 0.10㎜ 이하의 미세한 생물체이다.
- 세균, 곰팡이, 리케차, 미코플라스마, 바이러스, 효모, 원생동물 등이 포함된다.

2) 미생물의 크기

곰팡이 〉 효모 〉 스피로헤타 〉 세균 〉 리케차 〉 바이러스

3) 미생물 연구의 역사

보일	• 생물체의 자연발생설을 반박하고 생물체의 유전체 재생산을 주장했다. • 이를 통해 생물학 발전의 토대를 마련했다.
레벤 후크	현미경 개발을 통해 세균, 원생동물 등 미생물을 최초로 관찰했다.
스팔란차니	자연발생설을 반박하고 미생물의 존재와 역할을 입증했다.
리스터	• 외과 수술 시 세균 감염을 줄이기 위해 소독법을 개발하여 수술 후 사망률을 크게 낮추었다. • 외과 수술의 안전성을 높이고 무균 수술법의 기반을 마련했다.
제멜바이스	• 산원에서 의사들의 손 씻기로 인한 산모 사망률 감소를 주장했다. • 병원 내 감염 예방의 중요성을 강조, 의료진의 위생관리 필요성을 제시했다.
제너	• 두창 예방 접종법을 개발하여 전 세계적으로 두창 퇴치에 기여했다. • 백신 개발의 시초가 됐으며, 예방 의학의 발전에 큰 영향을 끼쳤다.
파스퇴르	• 1864년 발효와 부패에 미생물이 관여한다는 사실을 밝혔다. • 1885년 광견병 백신을 개발하여 미생물 질병 예방의 기반을 마련했다. • 저온 멸균법, 간헐 멸균법, 고압 증기 멸균법, 건열 멸균법 등을 고안했다.

KEYWORD 02 미생물의 종류

1) 세균(Bacteria)
바이러스보다 크지만 현미경으로 관찰해야 하는 가장 작은 단세포이다.

구균	세포 모양이 공모양인 세균 예 포도상구균, 연쇄상구균, 폐렴구균, 임질균, 수막구균
간균	세포 모양이 막대모양인 세균 예 대장균, 결핵균, 탄저균, 클로스트리디움 속 세균, 살모넬라균
나선균	세포 모양이 나선형인 세균 예 비브리오균, 나선균속, 트레포네마균, 헬리코박터균, 보렐리아균

2) 바이러스(Virus)

- 세포 구조가 없고 유전물질(DNA 또는 RNA)과 단백질로만 구성되어 숙주 세포 내에서만 증식할 수 있는 기생체이다.
- 크기가 매우 작아 광학현미경 대신 전자현미경으로 관찰해야 한다.
- 바이러스 내의 유전물질에 따라 DNA형 바이러스·RNA형 바이러스, 기생하는 숙주에 따라 동물바이러스·식물바이러스·세균바이러스로 구분한다.

종류	질병
DNA형 바이러스	파르보 바이러스, 파포바 바이러스, 하데노 바이러스, 헤르페스 바이러스 등
RNA형 바이러스	인플루엔자 바이러스, 홍역 바이러스, 일본뇌염 바이러스, 광견병 바이러스, 풍진 바이러스 등
동물 바이러스	인플루엔자 바이러스, 에이즈 바이러스(HIV), 홍역 바이러스, 폴리오 바이러스 등
식물 바이러스	담배모자이크 바이러스, 감자바이러스, 토마토 잎말림 바이러스, 벼멸구 바이러스 등
세균 바이러스	T4 박테리오파지, λ(람다) 파지, M13 파지, 포도상구균 파지 등

3) 리케차(Rickettsia)

- 세균과 바이러스의 중간 크기의 미생물이다.
- 세포 내 기생체로, 숙주 세포 내에서만 증식할 수 있다.

종류	질병
발진열군 리케차	발진열, 지중해 점상열, 일본 점상열
발진티푸스군 리케차	발진티푸스, 유행성 발진티푸스, 유행열
Q열 리케차	Q열
쯔쯔가무시	쯔쯔가무시(유행열)

4) 진균

진핵생물, 세포벽 존재, 포자 형성, 호기성 대사의 특징이 있다.

표재성 진균	피부와 그 부속기관을 감염시키는 진균이다. 예 백선균, 칸디다 등
피하성 진균	피하조직을 감염시키는 진균이다. 예 마이세토마, 크로모블라스토미코시스 등

심재성 진균	내부 장기를 감염시키는 진균이다. 예) 히스토플라즈마증, 콕시디오이데스진균증 등

5) 미코플라스마(Mycoplasma)

특징	• 세포벽이 없는 세균으로 가장 작은 자율생존 세균이다. • 항생제 내성이 높고 배양이 어렵다.
종류	• Mycoplasma Pneumoniae : 폐렴 유발균 • Mycoplasma Genitalium : 비임균성 요도염 유발균

6) 클라미디아(Chlamydia)

특징	• 세포 내부기생체로 독립적인 생존이 불가능하다. • 세포 내에서만 증식하며 세포 밖에서는 비활성 상태로 존재한다.
종류	• Chlamydia Trachomatis : 성병, 트라코마 유발 • Chlamydia Pneumoniae : 폐렴 유발

7) 스피로헤타(Spirochetes)

특징	• 나선형 구조의 그람음성 세균이다. • 운동성이 강하고 숙주 침투력이 높다.
종류	• Treponema Pallidum : 매독 유발 • Borrelia Burgdorferi : 라임병 유발 • Leptospira : 렙토스피라증 유발

그람음성균
덴마크의 세균학자 한스 그람이 고안한 그람염색으로써 미생물을 구분할 때, 염색시약의 색을 유지하지 못하는 미생물의 부류이다.

8) 효모

- 단세포성 진핵생물로, 세포의 모양이 구형이나 계란형이다.
- 빵효모, 맥주효모, 발효, 생물공학 등에 산업적으로 이용한다.

9) 곰팡이(진균류)

특징	• 다세포성 진핵생물로 균사체(Hypha)라는 가늘고 긴 실 모양의 구조로 되어 있다. • 식품 발효, 의약품 생산, 토양 분해 등에 활용된다.
종류	푸른곰팡이(Penicillium), 아스퍼길루스(Aspergillus)

10) 원생동물

특징	• 단세포 진핵생물로 동물과 유사한 특징을 가진다. • 다양한 감염성 질환(아메바성 이질, 말라리아, 톡소플라즈마증 등)을 유발한다.
종류	아메바, 트리코모나스, 트리파노소마, 레이시아, 크립토스포리디움 등

KEYWORD 03 미생물의 번식 환경

1) 산소의 필요에 따른 분류

호기성 세균	산소가 필요하여 산소 존재하에서만 생장할 수 있는 세균이다. 예 녹농균, 결핵균, 백일해균 등
혐기성 세균	• 산소가 없어야만 생장할 수 있는 세균이다. • 산소가 있으면 생장할 수 없거나 사멸한다. 예 파상풍, 보툴리누스, 클로스트리디움속 세균, 박테로이데스속 세균 등
통성혐기성 세균	• 산소가 있으면 호기성, 없으면 혐기성으로 생장할 수 있는 세균이다. • 산소가 있으면 호기성 호흡을, 없으면 발효나 혐기성 호흡을 한다. 예 대장균, 폐렴구균, 포도상구균 등

> **개념 체크**
> 산소가 있어야만 잘 성장할 수 있는 균은?
> ① 호기성균
> ② 혐기성균
> ③ 통기혐기성균
> ④ 호혐기성균
>
> ①

2) 온도에 따른 분류

저온균	• 0~20℃의 낮은 온도에서 잘 자라는 세균이다. • 극지방, 심해, 빙하 등 저온 환경에서 발견된다. 예 아르티코모나스속, 알트로모나스속
중온균	20~45℃의 온도 범위(실온)에서 잘 자라는 세균이다. 예 일반적인 환경에서 가장 흔하게 발견되는 세균이다.
고온균	• 45~80℃의 높은 온도에서 잘 자라는 세균이다. • 온천, 화산 지대, 발전소 등의 고온 환경에서 발견된다. 예 바실루스속, 아쿼팩스속
초고온성균	• 80℃ 이상의 극한 고온 환경에서 자라는 세균이다. • 주로 해저 온천, 화산 주변, 온천 등에서 서식한다. 예 피로코쿠스속, 서로로버스속

3) pH에 따른 분류

호염기성 세균	pH 7 이상의 염기성 환경에서 잘 자라는 세균이다. 예 바실루스속, 나트로노모나스속
중성균	pH 6~8 정도의 중성 환경에서 잘 자라는 세균이다. 예 대부분의 일반적인 세균
호산성 세균	pH 5 이하의 산성 환경에서 잘 자라는 세균이다. 예 황산화세균, 히스토플라즈마
극호산성 세균	pH 3 이하 극도의 강산성 환경에서 자라는 세균이다. 예 티오박터리움속, 아시도바실루스속

> **권쌤의 노하우**
> 대부분의 세균은 중성균이고, pH 5.0 이하에서는 생육이 저하됩니다.

4) 유익한 미생물 분류

박테리아	• 유산균 : 요구르트, 치즈 등의 발효에 사용되며 장내 건강에 도움을 줌 • 프로바이오틱스 : 장내 유익균을 증식시켜 장 건강을 증진함 • 질소 고정 박테리아 : 토양 내 질소 고정에 도움을 줌
진균	• 효모 : 빵, 술, 치즈 등의 발효에 사용됨 • 버섯 : 식용 버섯은 영양가가 높고 약효가 있음 • 곰팡이 : 페니실린 등 항생제 생산에 이용됨
고세균	• 메탄 생성균 : 가축의 소화기관에서 메탄 생산에 기여함 • 염생 고세균 : 염전에서 소금 생산에 관여함
원생생물	토양에서 유해 미생물을 먹이로 하여 토양 정화에 기여함

5) 미생물의 증식 곡선

지연기 (Lag Phase)	• 미생물이 새로운 환경에 적응하는 단계이다. • 세포 크기가 증가하고 대사 활동이 활발해진다.
대수증식기 (Exponential Phase)	• 미생물이 가장 빠르게 증식하는 단계이다. • 세포 분열이 지속적으로 일어나 개체수가 지수적으로 증가한다. • 환경 조건이 최적일 때 이 단계가 나타난다.
정지기 (Stationary Phase)	• 증식 속도가 감소하여 개체수가 일정하게 유지되는 단계이다. • 영양분 고갈, 대사 산물 축적 등으로 생장이 멈춘다.
쇠퇴기 (Decline Phase)	• 환경 악화로 미생물이 사멸하기 시작하는 단계이다. • 사멸률이 증식률을 초과하여 개체수가 감소한다.
사멸기 (Death Phase)	• 거의 모든 미생물이 사멸하여 개체수가 극도로 감소하는 단계이다. • 일부 내성 세포만 생존할 수 있다.

6) 미생물의 증식

영양소	• 탄소, 질소, 인, 황 등의 영양소가 충분할 때 가장 빠르게 증식한다. • 영양소 부족 시 생장이 느려지고 사멸률이 증가한다.
수분	• 적정 수분 함량이 유지되어야 미생물 활동이 활발하다. • 50~80% 수분 함량이 가장 좋은 것으로 알려져 있다. • 과도한 건조 또는 습윤 상태는 미생물 생장을 억제한다.
온도	• 일반적으로 20~40℃에서 가장 빠른 증식을 보인다. • 온도가 높거나 낮을수록 생장이 느려진다.

SECTION 10 공중위생관리법규

빈출 태그 ▶ #법령 #공중위생관리

KEYWORD 01 공중위생관리법

1) 목적
이 법은 공중이 이용하는 영업의 위생관리 등에 관한 사항을 규정함으로써 위생수준을 향상시켜 국민의 건강증진에 기여함을 목적으로 한다.

2) 정의
① 공중위생영업 : 다수인을 대상으로 위생관리서비스를 제공하는 영업으로서, 숙박업·목욕장업·이용업·미용업·세탁업·건물위생관리업을 말함
② 숙박업 : 손님이 잠을 자고 머물 수 있도록 시설 및 설비 등의 서비스를 제공하는 영업을 말함
③ 목욕장업 : 물로 목욕을 할 수 있는 시설 및 설비 등의 서비스나 맥반석·황토·옥 등을 직접 또는 간접 가열하여 발생되는 열기 또는 원적외선 등을 이용하여 땀을 낼 수 있는 시설 및 설비 등의 서비스를 손님에게 제공하는 영업을 말함
④ 이용업 : 손님의 머리카락 또는 수염을 깎거나 다듬는 등의 방법으로 손님의 용모를 단정하게 하는 영업을 말함
⑤ 미용업 : 손님의 얼굴, 머리, 피부 및 손톱·발톱 등을 손질하여 손님의 외모를 아름답게 꾸미는 영업을 말함
⑥ 세탁업 : 의류 기타 섬유제품이나 피혁제품 등을 세탁하는 영업을 말함
⑦ 건물위생관리업 : 공중이 이용하는 건축물·시설물 등의 청결유지와 실내공기정화를 위한 청소 등을 대행하는 영업을 말함

KEYWORD 02 영업의 신고 및 폐업

1) 영업신고
① 공중위생영업을 하고자 하는 자는 공중위생영업의 종류별로 보건복지부령이 정하는 시설 및 설비를 갖추고 시장·군수·구청장에게 신고하여야 한다.
② 첨부서류 : 영업시설 및 설비개요서, 위생교육 수료증, 면허증 원본, 임대차 계약서, 신분증
③ 신고서를 제출받은 시장·군수·구청장은 행정정보의 공동이용을 통하여 건축물대장, 토지이용계획확인서, 면허증을 확인해야 한다.

④ 보건복지부령이 정하는 중요한 사항을 변경하고자 하는 때에도 시장·군수·구청장에게 신고하여야 한다.

▼ 이·미용업 시설기준

- 미용기구는 소독을 한 기구와 소독을 하지 아니한 기구를 구분하여 보관할 수 있는 용기를 비치하여야 한다.
- 소독기·자외선살균기 등 미용기구를 소독하는 장비를 갖추어야 한다.
- 공중위생영업장은 독립된 장소이거나 공중위생영업 외의 용도로 사용되는 시설 및 설비와 분리(벽이나 층 등으로 구분하는 경우) 또는 구획(칸막이·커튼 등으로 구분하는 경우)되어야 한다.

▼ 변경신고 사항

- 영업소의 명칭 또는 상호
- 미용업 업종 간 변경 또는 추가
- 영업장 면적의 3분의 1 이상의 증감
- 대표자의 성명 또는 생년월일
- 영업소의 소재지

> **권쌤의 노하우**
>
> '미용업 업종 간 변경 또는 추가'는 다음의 경우를 말하는 거예요.
> - 한 미용업을 다른 미용업으로 바꿀 때
> - 기존의 미용업에 별도로 다른 미용업을 추가할 때

2) 폐업

① 공중위생영업의 신고를 한 자(이하 공중위생영업자)는 공중위생영업을 폐업한 날부터 20일 이내에 시장·군수·구청장에게 신고하여야 한다.

② 이용업 또는 미용업의 신고를 한 자의 사망으로 이 법에 의한 면허를 소지하지 아니한 자가 상속인이 된 경우에는 그 상속인은 상속받은 날부터 3개월 이내에 시장·군수·구청장에게 폐업신고를 하여야 한다.

③ 시장·군수·구청장은 공중위생영업자가 「부가가치세법」 제8조에 따라 관할 세무서장에게 폐업신고를 하거나 관할 세무서장이 사업자등록을 말소한 경우에는 보건복지부령으로 정하는 바에 따라 신고 사항을 직권으로 말소할 수 있다.

④ 시장·군수·구청장은 직권말소를 위하여 필요한 경우 관할 세무서장에게 공중위생영업자의 폐업여부에 대한 정보 제공을 요청할 수 있다. 이 경우 요청을 받은 관할 세무서장은 「전자정부법」 제36조 제1항에 따라 공중위생영업자의 폐업여부에 대한 정보를 제공하여야 한다.

3) 영업의 승계

① 공중위생영업자가 그 공중위생영업을 양도하거나 사망한 때 또는 법인의 합병이 있는 때에는 그 양수인·상속인 또는 합병 후 존속하는 법인이나 합병에 의하여 설립되는 법인은 그 공중위생영업자의 지위를 승계한다.

② 민사집행법에 의한 경매, 「채무자 회생 및 파산에 관한 법률」에 의한 환가나 국세징수법·관세법 또는 「지방세징수법」에 의한 압류재산의 매각 그 밖에 이에 준하는 절차에 따라 공중위생영업 관련시설 및 설비의 전부를 인수한 자는 이 법에 의한 그 공중위생영업자의 지위를 승계한다.

③ ① 또는 ②의 규정에 불구하고 이용업 또는 미용업의 경우에는 이 법에 의한 면허를 소지한 자에 한하여 공중위생영업자의 지위를 승계할 수 있다.

④ ① 또는 ②의 규정에 의하여 공중위생영업자의 지위를 승계한 자는 1월 이내에 보건복지부령이 정하는 바에 따라 시장·군수 또는 구청장에게 신고하여야 한다.

KEYWORD 03   영업자 준수사항

1) 이·미용업자(공중위생영업자)의 위생관리의무

- 점빼기·귓볼뚫기·쌍꺼풀수술·문신·박피술 그 밖에 이와 유사한 의료행위를 하여서는 아니 된다.
- 피부미용을 위하여 「약사법」에 따른 의약품 또는 「의료기기법」에 따른 의료기기를 사용하여서는 아니 된다.
- 미용기구 중 소독을 한 기구와 소독을 하지 아니한 기구는 각각 다른 용기에 넣어 보관하여야 한다.
- 1회용 면도날은 손님 1인에 한하여 사용하여야 한다.
- 영업장안의 조명도는 75럭스 이상이 되도록 유지하여야 한다.
- 영업소 내부에 미용업 신고증 및 개설자의 면허증 원본을 게시하여야 한다.
- 영업소 내부에 최종지급요금표를 게시 또는 부착하여야 한다.
- 신고한 영업장 면적이 66제곱미터 이상인 영업소의 경우 영업소 외부에도 손님이 보기 쉬운 곳에 「옥외광고물 등 관리법」에 적합하게 최종지급요금표를 게시 또는 부착하여야 한다. 이 경우 최종지급요금표에는 일부항목(5개 이상)만을 표시할 수 있다.
- 3가지 이상의 미용서비스를 제공하는 경우에는 개별 미용서비스의 최종 지급가격 및 전체 미용서비스의 총액에 관한 내역서를 이용자에게 미리 제공하여야 한다. 이 경우 미용업자는 해당 내역서 사본을 1개월간 보관하여야 한다.
- 이용업자는 이용업소표시등을 영업소 외부에 설치해야 한다.

2) 공중위생영업자의 불법카메라 설치 금지

공중위생영업자는 영업소에 「성폭력범죄의 처벌 등에 관한 특례법」 제14조 제1항에 위반되는 행위에 이용되는 카메라나 그 밖에 이와 유사한 기능을 갖춘 기계장치를 설치해서는 아니 된다.

3) 이·미용기구의 소독기준 및 방법

① 일반기준(공중위생관리법 시행규칙 별표3)

- 자외선소독 : 1㎠당 85μW 이상의 자외선을 20분 이상 쬐어 줌
- 건열멸균소독 : 100℃ 이상의 건조한 열에 20분 이상 쬐어 줌
- 증기소독 : 100℃ 이상의 습한 열에 20분 이상 쬐어 줌
- 열탕소독 : 100℃ 이상의 물속에 10분 이상 끓여 줌
- 석탄산수소독 : 석탄산수(석탄산 3%, 물 97%의 수용액)에 10분 이상 담가 둠
- 크레졸소독 : 크레졸수(크레졸 3%, 물 97%의 수용액)에 10분 이상 담가 둠
- 에탄올소독 : 에탄올수용액(에탄올이 70%인 수용액)에 10분 이상 담가 두거나 에탄올수용액을 머금은 면 또는 거즈로 기구의 표면을 닦아 줌

② 공통기준(보건복지부 고시)

- 소독을 한 기구와 소독을 하지 아니한 기구로 분리하여 보관한다.

- 소독 전에는 브러시나 솔을 이용하여 표면에 붙어 있는 머리카락 등의 이물질을 제거한 후, 소독액이 묻어있는 천이나 거즈를 이용하여 표면을 닦아 낸다.
- 사용 중 혈액이나 체액이 묻은 기구는 소독하기 전, 흐르는 물에 씻어 혈액 및 체액을 제거한 후 소독액이 묻어있는 일회용 천이나 거즈를 이용하여 표면을 닦아 물기를 제거한다.

▼ 기타 사항

- 각 손님에게 세탁된 타월이나 가운(덧옷)을 제공하여야 하며, 한번 사용한 타월이나 가운(덧옷)은 사용 즉시 구별이 되는 용기에 세탁 전까지 보관하여야 한다.
- 사용한 타월이나 가운(덧옷)은 세제로 세탁한 후 건열멸균소독·증기소독·열탕소독 중 한 방법을 진행한 후 건조하거나, 0.1% 차아염소산나트륨용액(유효염소농도 1000ppm)에 10분간 담가 둔 후 세탁하여 건조하기를 권장한다.
- 혈액이 묻은 타월, 가운(덧옷)은 폐기하거나 0.1% 차아염소산나트륨 용액(유효염소농도 1000ppm)에 10분간 담가 둔 후 세제로 세탁하고 열탕소독(100℃ 이상의 물속에 10분 이상 끓여 줌)을 실시한 후 건조하여 재사용해야 한다.
- 스팀타월은 사용 전 80℃ 이상의 온도에서 보관하고, 사용 시 적정하게 식힌 후 사용하고 사용 후에는 타월 및 가운(덧옷)과 동일한 방법으로 소독한다.

③ 기구별 소독기준

기구명	위험도	소독 방법
• 가위 • 바리캉·클리퍼 • 푸셔 • 빗	피부감염 및 혈액으로 인한 바이러스 전파우려	• 표면에 붙은 이물질과 머리카락 등을 제거한다. • 위생티슈 또는 소독액이 묻은 천이나 거즈로 날을 중심으로 표면을 닦는다. • 마른 천이나 거즈를 사용하여 물기를 제거한다.
• 토우 세퍼레이터 • 라텍스 • 퍼프 • 해면	감염매체의 전달이나 자체 감염 우려	• 천을 이용하여 표면의 이물질을 닦아 낸다. • 세척 후 소독액에 10분 이상 담근 후 흐르는 물에 헹구고 물기를 제거한다. • 자외선 소독 후 별도의 용기에 보관한다.
브러시 (화장·분장용)	감염매체의 전달이나 자체 감염 우려	• 표면의 이물질을 제거한다. • 세척제를 사용하여 세척한다. • 자외선 소독 후 별도의 용기에 보관한다.

④ 영업종료 후

이물질 등을 제거하고 일반기준에 의해 소독작업 후, 별도의 용기에 보관하여 위생적으로 관리하여야 한다.

KEYWORD 04 면허

1) 면허발급

- 이용사 또는 미용사가 되고자 하는 자는 다음에 해당하는 자로서 보건복지부령이 정하는 바에 의하여 시장·군수·구청장의 면허를 받아야 한다.
  - 전문대학 또는 이와 같은 수준 이상의 학력이 있다고 교육부 장관이 인정하는 학교에서 이용 또는 미용에 관한 학과를 졸업한 자

- 「학점인정 등에 관한 법률」 제8조에 따라 대학 또는 전문대학을 졸업한 자와 같은 수준 이상의 학력이 있는 것으로 인정되어 같은 법 제9조에 따라 이용 또는 미용에 관한 학위를 취득한 자
- 고등학교 또는 이와 같은 수준의 학력이 있다고 교육부 장관이 인정하는 학교에서 이용 또는 미용에 관한 학과를 졸업한 자
- 초 · 중등교육법령에 따른 특성화고등학교, 고등기술학교나 고등학교 또는 고등기술학교에 준하는 각종 학교에서 1년 이상 이용 또는 미용에 관한 소정의 과정을 이수한 자
- 「국가기술자격법」에 의한 이용사 또는 미용사의 자격을 취득한 자

2) 면허 결격 사유

- 아래에 해당하는 자는 이용사 또는 미용사의 면허를 받을 수 없다.
  - 피성년후견인
  - 「정신건강증진 및 정신질환자 복지서비스 지원에 관한 법률」 제3조 제1호에 따른 정신질환자
  - 공중의 위생에 영향을 미칠 수 있는 감염병환자로서 보건복지부령이 정하는 자
  - 마약 기타 대통령령으로 정하는 약물 중독자
  - 면허가 취소된 후 1년이 경과되지 아니한 자

3) 기타 사항

- 면허증을 발급받은 사람은 다른 사람에게 그 면허증을 빌려주어서는 아니 되고, 누구든지 그 면허증을 빌려서는 아니 된다.
- 누구든지 면허증을 빌려주거나 빌리는 금지된 행위를 알선하여서는 아니 된다.

4) 면허증 재발급 신청 사유

- 면허증을 잃어버린 경우
- 면허증이 헐어서 사용하지 못하는 경우
- 면허증의 기재사항이 변경된 경우

5) 면허취소와 정지

① 시장 · 군수 · 구청장은 이용사 또는 미용사가 다음에 해당하는 때에는 그 면허를 취소하거나 6월 이내의 기간을 정하여 그 면허의 정지를 명할 수 있다.

면허 취소	면허 정지
• 피성년후견인 • 「정신건강증진 및 정신질환자 복지서비스 지원에 관한 법률」 제3조 제1호에 따른 정신질환자(다만, 전문의가 이용사 또는 미용사로서 적합하다고 인정하는 사람은 그러하지 아니함) • 마약 기타 대통령령으로 정하는 약물 중독자 • 「국가기술자격법」에 따라 자격이 취소된 때 • 이중으로 면허를 취득한 때(나중에 발급받은 면허) • 면허정지처분을 받고도 그 정지 기간에 업무를 한 때	• 면허증을 다른 사람에게 대여한 때 • 「국가기술자격법」에 따라 자격정지처분을 받은 때(「국가기술자격법」에 따른 자격정지처분 기간에 한정) • 「성매매알선 등 행위의 처벌에 관한 법률」이나 「풍속영업의 규제에 관한 법률」을 위반하여 관계 행정기관의 장으로부터 그 사실을 통보받은 때

② 규정에 의한 면허취소·정지처분의 세부적인 기준은 그 처분의 사유와 위반의 정도 등을 감안하여 보건복지부령으로 정한다.

KEYWORD 05 업무 빈출

1) 업무의 범위

① 규정에 의한 이용사 또는 미용사의 면허를 받은 자가 아니면 이용업 또는 미용업을 개설하거나 그 업무에 종사할 수 없다. 다만, 이용사 또는 미용사의 감독을 받아 이용 또는 미용 업무의 보조를 행하는 경우에는 그러하지 아니하다.

▼ 업무 보조 범위
- 이·미용 업무를 위한 사전 준비에 관한 사항
- 이·미용 업무를 위한 기구제품 등의 관리에 관한 사항
- 영업소의 청결 유지 등 위생관리에 관한 사항
- 그 밖에 머리감기 등 이·미용 업무의 보조에 관한 사항

② 이용 및 미용의 업무는 영업소 외의 장소에서 행할 수 없다. 다만, 보건복지부령이 정하는 특별한 사유가 있는 경우에는 그러하지 아니하다.

▼ 특별한 사유
- 질병 고령 장애나 그 밖의 사유로 영업소에 나올 수 없는 자에 대하여 이용 또는 미용을 하는 경우
- 혼례나 그 밖의 의식에 참여하는 자에 대하여 그 의식 직전에 이용 또는 미용을 하는 경우
- 사회복지시설에서 봉사활동으로 이용 또는 미용을 하는 경우
- 방송 등의 촬영에 참여하는 사람에 대하여 그 촬영 직전에 이용 또는 미용을 하는 경우
- 특별한 사정이 있다고 시장·군수·구청장이 인정하는 경우

③ ①의 규정에 의한 이용사 및 미용사의 업무범위와 이용·미용의 업무보조 범위에 관하여 필요한 사항은 보건복지부령으로 정한다.

KEYWORD 06 행정지도감독

1) 보고 및 출입·검사

① 특별시장·광역시장·도지사(이하 시·도지사) 또는 시장·군수·구청장은 공중위생관리상 필요하다고 인정하는 때에는 공중위생영업자에 대하여 필요한 보고를 하게 하거나 소속공무원으로 하여금 영업소·사무소 등에 출입하여 공중위생영업자의 위생관리의무이행 등에 대하여 검사하게 하거나 필요에 따라 공중위생영업장부나 서류를 열람하게 할 수 있다.

② 시·도지사 또는 시장·군수·구청장은 공중위생영업자의 영업소에 법령에 따라 설치가 금지되는 카메라나 기계장치가 설치됐는지를 검사할 수 있다. 이 경우 공중위생영업자는 특별한 사정이 없으면 검사에 따라야 한다.

③ ②의 경우에 시·도지사 또는 시장·군수·구청장은 관할 경찰관서의 장에게 협조를 요청할 수 있다.
④ ②의 경우에 시·도지사 또는 시장·군수·구청장은 영업소에 대하여 검사 결과에 대한 확인증을 발부할 수 있다.
⑤ ① 및 ②의 경우에 관계공무원은 그 권한을 표시하는 증표를 지녀야 하며, 관계인에게 이를 내보여야 한다.
⑥ ① 및 ②의 규정을 적용함에 있어서 「관광진흥법」 제4조에 따라 등록한 관광숙박업의 경우에는 해당 관광숙박업의 관할행정기관의 장과 사전에 협의하여야 한다. 다만, 보건위생관리상 위해요인을 방지하기 위하여 긴급한 사유가 있는 경우에는 그러하지 아니하다.

2) 영업의 제한

시·도지사 또는 시장·군수·구청장은 공익상 또는 선량한 풍속을 유지하기 위하여 필요하다고 인정하는 때에는 공중위생영업자 및 종사원에 대하여 영업시간 및 영업행위에 관한 필요한 제한을 할 수 있다.

3) 위생지도 및 개선명령

- 시·도지사 또는 시장·군수·구청장은 다음의 어느 하나에 해당하는 자에 대하여 보건복지부령으로 정하는 바에 따라 기간을 정하여 그 개선을 명할 수 있다.
  - 공중위생영업의 종류별 시설 및 설비기준을 위반한 공중위생영업자
  - 위생관리의무 등을 위반한 공중위생영업자

4) 영업소의 폐쇄

① 시장·군수·구청장은 공중위생영업자가 다음의 어느 하나에 해당하면 6월 이내의 기간을 정하여 영업의 정지 또는 일부 시설의 사용중지를 명하거나 영업소 폐쇄 등을 명할 수 있다.
- 영업신고를 하지 아니하거나 시설과 설비기준을 위반한 경우
- 변경신고를 하지 아니한 경우
- 지위승계신고를 하지 아니한 경우
- 공중위생영업자의 준수사항을 지키지 아니한 경우
- 불법 카메라나 기계장치를 설치한 경우
- 영업소 외의 장소에서 이용 또는 미용 업무를 한 경우
- 보고를 하지 아니하거나 거짓으로 보고한 경우 또는 관계 공무원의 출입, 검사 또는 공중위생영업 장부 또는 서류의 열람을 거부·방해하거나 기피한 경우
- 개선명령을 이행하지 아니한 경우
- 「성매매알선 등 행위의 처벌에 관한 법률」, 「풍속영업의 규제에 관한 법률」, 「청소년 보호법」, 「아동·청소년의 성보호에 관한 법률」, 「의료법」 또는 「마약류 관리에 관한 법률」을 위반하여 관계 행정기관의 장으로부터 그 사실을 통보받은 경우

② 시장·군수·구청장은 다음의 어느 하나에 해당하는 경우로서 신분증의 위·변조 또는 도용으로 청소년인 사실을 알지 못하였거나 폭행 또는 협박으로 청소년

임을 확인하지 못한 사정이 인정되는 때에는 보건복지부령으로 정하는 바에 따라 해당 행정처분을 면제할 수 있다.
- 공중위생영업자가 영업자의 준수사항을 위반한 경우
- 공중위생영업자가 「청소년 보호법」을 위반한 경우

③ 시장·군수·구청장은 영업정지처분을 받고도 그 영업정지 기간에 영업을 한 경우에는 영업소 폐쇄를 명할 수 있다.

④ 시장·군수·구청장은 다음의 어느 하나에 해당하는 경우에는 영업소 폐쇄를 명할 수 있다.
- 공중위생영업자가 정당한 사유 없이 6개월 이상 계속 휴업하는 경우
- 공중위생영업자가 「부가가치세법」 제8조에 따라 관할 세무서장에게 폐업신고를 하거나 관할 세무서장이 사업자등록을 말소한 경우
- 공중위생영업자가 영업을 하지 아니하기 위하여 영업시설의 전부를 철거한 경우

⑤ 행정처분의 세부기준은 그 위반행위의 유형과 위반 정도 등을 고려하여 보건복지부령으로 정한다.

⑥ 시장·군수·구청장은 공중위생영업자가 규정에 의한 영업소폐쇄명령을 받고도 계속하여 영업을 하는 때에는 관계공무원으로 하여금 해당 영업소를 폐쇄하기 위하여 다음의 조치를 하게 할 수 있으며, 신고를 하지 아니하고 공중위생영업을 하는 경우에도 또한 같다.
- 해당 영업소의 간판 기타 영업표지물의 제거
- 해당 영업소가 위법한 영업소임을 알리는 게시물 등의 부착
- 영업을 위하여 필수불가결한 기구 또는 시설물을 사용할 수 없게 하는 봉인

⑦ 시장·군수·구청장은 영업소를 봉인을 한 후 봉인을 계속할 필요가 없다고 인정되는 때와 영업자등이나 그 대리인이 해당 영업소를 폐쇄할 것을 약속하는 때 및 정당한 사유를 들어 봉인의 해제를 요청하는 때에는 그 봉인을 해제할 수 있으며, 위법한 영업소임을 알리는 게시물 등의 제거를 요청하는 경우에도 또한 같다.

5) 과징금처분

① 시장·군수·구청장은 규정에 의한 영업정지가 이용자에게 심한 불편을 주거나 그 밖에 공익을 해할 우려가 있는 경우에는 영업정지 처분에 갈음하여 1억원 이하의 과징금을 부과할 수 있다. 다만, 「성매매알선 등 행위의 처벌에 관한 법률」, 「아동·청소년의 성보호에 관한 법률」, 「풍속영업의 규제에 관한 법률」, 「마약류 관리에 관한 법률」 또는 이에 상응하는 위반행위로 인하여 처분을 받게 되는 경우를 제외한다.

② 규정에 의한 과징금을 부과하는 위반행위의 종별·정도 등에 따른 과징금의 금액 등에 관하여 필요한 사항은 대통령령으로 정한다.

③ 시장·군수·구청장은 규정에 의한 과징금을 납부하여야 할 자가 납부기한까지 이를 납부하지 아니한 경우에는 대통령령으로 정하는 바에 따라 과징금 부과처분을 취소하고, 영업정지 처분을 하거나 「지방행정제재·부과금의 징수 등에 관한 법률」에 따라 이를 징수한다.

④ ①의 규정에 의하여 시장·군수·구청장이 부과·징수한 과징금은 해당 시·군·구에 귀속된다.
⑤ 시장·군수·구청장은 과징금의 징수를 위하여 필요한 경우에는 다음의 사항을 기재한 문서로 관할 세무관서의 장에게 과세정보의 제공을 요청할 수 있다.
- 납세자의 인적사항
- 사용목적
- 과징금 부과기준이 되는 매출금액

6) 행정제재처분효과의 승계
① 공중위생영업자가 그 영업을 양도하거나 사망한 때 또는 법인의 합병이 있는 때에는 종전의 영업자에 대하여 위반을 사유로 행한 행정제재처분의 효과는 그 처분기간이 만료된 날부터 1년간 양수인·상속인 또는 합병후 존속하는 법인에 승계된다.
② 공중위생영업자가 그 영업을 양도하거나 사망한 때 또는 법인의 합병이 있는 때에는 위반을 사유로 하여 종전의 영업자에 대하여 진행중인 행정제재처분 절차를 양수인·상속인 또는 합병 후 존속하는 법인에 대하여 속행할 수 있다.
③ ①과 ②에도 불구하고 양수인이나 합병 후 존속하는 법인이 양수하거나 합병할 때에 그 처분 또는 위반사실을 알지 못한 경우에는 그러하지 아니하다.

7) 같은 종류의 영업 금지
① 불법카메라 설치 금지, 「성매매알선 등 행위의 처벌에 관한 법률」·「아동·청소년의 성보호에 관한 법률」·「풍속영업의 규제에 관한 법률」·「청소년 보호법」 또는 「마약류 관리에 관한 법률」(이하 '「성매매알선 등 행위의 처벌에 관한 법률」 등')을 위반하여 폐쇄명령을 받은 자(법인인 경우에는 그 대표자를 포함)는 그 폐쇄명령을 받은 후 2년이 경과하지 아니한 때에는 같은 종류의 영업을 할 수 없다.
② 「성매매알선 등 행위의 처벌에 관한 법률」 등 외의 법률을 위반하여 폐쇄명령을 받은 자는 그 폐쇄명령을 받은 후 1년이 경과하지 아니한 때에는 같은 종류의 영업을 할 수 없다.
③ 「성매매알선 등 행위의 처벌에 관한 법률」 등의 위반으로 폐쇄명령이 있은 후 1년이 경과하지 아니한 때에는 누구든지 그 폐쇄명령이 이루어진 영업장소에서 같은 종류의 영업을 할 수 없다.
④ 「성매매알선 등 행위의 처벌에 관한 법률」 등 외의 법률의 위반으로 폐쇄명령이 있은 후 6개월이 경과하지 아니한 때에는 누구든지 그 폐쇄명령이 이루어진 영업장소에서 같은 종류의 영업을 할 수 없다.

8) 이용업소표시등의 사용제한
누구든지 시·군·구에 이용업 신고를 하지 아니하고 이용업소표시등을 설치할 수 없다.

9) 위반사실 공표

시장·군수·구청장은 행정처분이 확정된 공중위생영업자에 대한 처분 내용, 해당 영업소의 명칭 등 처분과 관련한 영업 정보를 대통령령으로 정하는 바에 따라 공표하여야 한다.

10) 청문

보건복지부장관 또는 시장·군수·구청장은 다음의 어느 하나에 해당하는 처분을 하려면 청문을 하여야 한다.
- 이용사와 미용사의 면허취소 또는 면허정지
- 영업정지명령, 일부 시설의 사용중지명령 또는 영업소 폐쇄명령

> ✅ 개념 체크
>
> 다음 중 청문을 실시하여야 할 경우에 해당되는 것은?
> ① 영업소의 필수불가결한 기구의 봉인을 해제하려 할 때
> ② 폐쇄명령을 받은 후 폐쇄명령을 받은 영업과 같은 종류의 영업을 하려 할 때
> ③ 벌금을 부과 처분하려 할 때
> ④ 영업소 폐쇄명령을 처분하고자 할 때
>
> ④

KEYWORD 07 업소의 위생등급

1) 위생서비스수준의 평가

① 시·도지사는 공중위생영업소(관광숙박업의 경우를 제외)의 위생관리수준을 향상시키기 위하여 위생서비스평가계획을 수립하여 시장·군수·구청장에게 통보하여야 한다.
② 시장·군수·구청장은 평가계획에 따라 관할지역별 세부평가계획을 수립한 후 공중위생영업소의 위생서비스수준을 평가하여야 한다.
③ 시장·군수·구청장은 위생서비스평가의 전문성을 높이기 위하여 필요하다고 인정하는 경우에는 관련 전문기관 및 단체로 하여금 위생서비스평가를 실시하게 할 수 있다.
④ 위생서비스평가의 주기·방법, 위생관리등급의 기준 기타 평가에 관하여 필요한 사항은 보건복지부령으로 정한다.

평가의 주기	2년
방법	• 평가계획에 따라 관할 지역별 세부평가계획을 수립한 후 평가한다. • 관련 전문기관 및 단체로 하여금 위생서비스평가를 실시할 수 있다.
위생관리 등급	• 최우수업소 : 녹색 등급 • 우수업소 : 황색 등급 • 일반관리대상업소 : 백색 등급

> ✅ 개념 체크
>
> 공중위생영업소 위생관리 등급의 구분에 있어 최우수업소에 내려지는 등급은 다음 중 어느 것인가?
> ① 백색 등급
> ② 황색 등급
> ③ 녹색 등급
> ④ 청색 등급
>
> ③

2) 위생관리등급 공표

① 시장·군수·구청장은 보건복지부령이 정하는 바에 의하여 위생서비스평가의 결과에 따른 위생관리등급을 해당 공중위생영업자에게 통보하고 이를 공표하여야 한다.
② 공중위생영업자는 규정에 의하여 시장·군수·구청장으로부터 통보받은 위생관리등급의 표지를 영업소의 명칭과 함께 영업소의 출입구에 부착할 수 있다.

③ 시·도지사 또는 시장·군수·구청장은 위생서비스평가의 결과 위생서비스의 수준이 우수하다고 인정되는 영업소에 대하여 포상을 실시할 수 있다.
④ 시·도지사 또는 시장·군수·구청장은 위생서비스평가의 결과에 따른 위생관리등급별로 영업소에 대한 위생감시를 실시하여야 하는데, 이 경우 영업소에 대한 출입·검사와 위생감시의 실시주기 및 횟수 등 위생관리등급별 위생감시기준은 보건복지부령으로 정한다.

3) 공중위생감시원

① 관계공무원의 업무를 행하게 하기 위하여 특별시·광역시·도 및 시·군·구(자치구에 한함)에 공중위생감시원을 둔다.
② 규정에 의한 공중위생감시원의 자격·임명·업무범위 기타 필요한 사항은 대통령령으로 정한다.

- 다음 어느 하나에 해당하는 소속 공무원 중에서 공중위생감시원으로 임명한다.
  - 위생사 또는 환경기사 2급 이상의 자격증이 있는 사람
  - 「고등교육법」에 따른 대학에서 화학·화공학·환경공학 또는 위생학 분야를 전공하고 졸업한 사람 또는 법령에 따라 이와 같은 수준 이상의 학력이 있다고 인정되는 사람
  - 외국에서 위생사 또는 환경기사의 면허를 받은 사람
  - 「1년 이상 공중위생 행정에 종사한 경력이 있는 사람
- 시·도지사 또는 시장·군수·구청장은 위에 해당하는 사람만으로는 공중위생감시원의 인력확보가 곤란하다고 인정되는 때에는 공중위생 행정에 종사하는 사람 중에서 공중위생 감시에 관한 교육훈련을 2주 이상 받은 사람을 공중위생 행정에 종사하는 기간 동안 공중위생감시원으로 임명할 수 있다.
- 공중위생감시원의 업무
  - 시설 및 설비의 확인
  - 공중위생영업 관련 시설 및 설비의 위상상태 확인·검사
  - 공중위생영업자의 위생관리 의무 및 영업자준수사항 이행 여부 확인
  - 공중위생영업소의 영업의 정지, 일부 시설의 사용중지 또는 영업소 폐쇄명령 이행 여부의 확인
  - 위생교육 이행 여부의 확인

4) 명예공중위생감시원

① 시·도지사는 공중위생의 관리를 위한 지도·계몽 등을 행하게 하기 위하여 명예공중위생감시원을 둘 수 있다.
② ①의 규정에 의한 명예공중위생감시원의 자격 및 위촉방법, 업무범위 등에 관하여 필요한 사항은 대통령령으로 정한다.

- 명예공중위생감시원은 시·도지사가 다음에 해당하는 자 중에서 위촉한다.
  - 공중위생에 관한 지식과 관심이 있는 자
  - 소비자단체, 공중위생관련 협회 또는 단체의 소속 직원 중에서 당해 단체 등의 장이 추천하는 자

> **권쌤의 노하우**
> 공중위생감시원과 명예공중위생감시원의 차이는 구분해 주셔야 합니다!

- 명예공중위생감시원의 업무
  - 공중위생감시원이 행하는 검사대상물의 수거 지원
  - 법령 위반행위에 대한 신고 및 자료 제공
  - 그 밖에 공중위생에 관한 홍보 계몽 등 공중위생관리업무와 관련하여 시·도지사가 따로 정하여 부여하는 업무
- 시·도지사는 명예감시원의 활동 지원을 위하여 예산의 범위 안에서 시·도지사가 정하는 바에 따라 수당 등을 지급할 수 있다.
- 명예감시원의 운영에 관하여 필요한 사항은 시·도지사가 정한다.

5) 공중위생 영업자단체의 설립
공중위생영업자는 공중위생과 국민보건의 향상을 기하고 그 영업의 건전한 발전을 도모하기 위하여 영업의 종류별로 전국적인 조직을 가지는 영업자단체를 설립할 수 있다.

KEYWORD 08 위생교육

1) 위생교육
① 공중위생영업자는 매년 위생교육을 받아야 한다.
② 규정에 의하여 신고를 하고자 하는 자는 미리 위생교육을 받아야 한다. 다만, 보건복지부령으로 정하는 부득이한 사유로 미리 교육을 받을 수 없는 경우에는 영업개시 후 6개월 이내에 위생교육을 받을 수 있다.
③ ① 및 ②에 따른 위생교육을 받아야 하는 자 중 영업에 직접 종사하지 아니하거나 2 이상의 장소에서 영업을 하는 자는 종업원 중 영업장별로 공중위생에 관한 책임자를 지정하고 그 책임자로 하여금 위생교육을 받게 하여야 한다.
④ ①~③에 따른 위생교육은 보건복지부장관이 허가한 단체 또는 공중위생영업자단체가 실시할 수 있다.
⑤ ①~④에 따른 위생교육의 방법·절차 등에 관하여 필요한 사항은 보건복지부령으로 정한다.

KEYWORD 09 처벌

1) 벌칙

1년 이하의 징역 또는 1천만원 이하의 벌금	• 신고를 하지 아니하고 공중위생영업(숙박업은 제외)을 한 자 • 영업정지명령 또는 일부 시설의 사용중지명령을 받고도 그 기간중에 영업을 하거나 그 시설을 사용한 자 또는 영업소 폐쇄명령을 받고도 계속하여 영업을 한 자

개념 체크

관련 법상 이·미용사의 위생교육에 대한 설명 중 옳은 것은?
① 위생교육 대상자는 이·미용업 영업자이다.
② 위생교육 대상자에는 이·미용사의 면허를 가지고 이·미용업에 종사하는 모든 자가 포함된다.
③ 위생교육은 시·군·구청장만이 할 수 있다.
④ 위생교육 시간은 분기 당 4시간으로 한다.

②

위생교육
- 미용업 위생교육은 매년 3시간 받아야 하며, 영업신고 전에 받아야 한다.
- 위생교육 미수료시 60만원의 과태료 처분을 받는다(200만원 이하의 과태료 처분).
- 2025년 기준으로 20만원의 과태료 처분을 받는다.

6월 이하의 징역 또는 500만원 이하의 벌금	• 변경신고를 하지 아니한 자 • 공중위생영업자의 지위를 승계한 자로서 규정에 의한 신고를 하지 아니한 자 • 건전한 영업질서를 위하여 공중위생영업자가 준수하여야 할 사항을 준수하지 아니한 자
300만원 이하의 벌금	• 다른 사람에게 이용사 또는 미용사의 면허증을 빌려주거나 빌린 사람 • 이용사 또는 미용사의 면허증을 빌려주거나 빌리는 것을 알선한 사람 • 다른 사람에게 위생사의 면허증을 빌려주거나 빌린 사람 • 위생사의 면허증을 빌려주거나 빌리는 것을 알선한 사람 • 면허의 취소 또는 정지 중에 이용업 또는 미용업을 한 사람 • 면허를 받지 아니하고 이용업 또는 미용업을 개설하거나 그 업무에 종사한 사람

2) 양벌규정

① 법인의 대표자나 법인 또는 개인의 대리인, 사용인, 그 밖의 종업원이 그 법인 또는 개인의 업무에 관하여 제20조의 위반행위를 하면 그 행위자를 벌하는 외에 그 법인 또는 개인에게도 해당 조문의 벌금형을 과(科)한다.

② 다만, 법인 또는 개인이 그 위반행위를 방지하기 위하여 해당 업무에 관하여 상당한 주의와 감독을 게을리하지 아니한 경우에는 그러하지 아니하다.

3) 과태료

300만원 이하의 과태료	• 규정에 의한 보고를 하지 아니하거나 관계공무원의 출입·검사 기타 조치를 거부·방해 또는 기피한 자 • 개선명령에 위반한 자 • 이용업 신고를 하지 아니하고 이용업소표시등을 설치한 자
200만원 이하의 과태료	• 이용업소의 위생관리 의무를 지키지 아니한 자 • 미용업소의 위생관리 의무를 지키지 아니한 자 • 영업소 외의 장소에서 이용 또는 미용업무를 행한 자 • 위생교육을 받지 아니한 자

KEYWORD 10 행정처분 기준

> **권쌤의 노하우**
> 행정처분의 내용은 '공중위생관리법 시행규칙 별표7'에 있습니다.

위반행위	행정처분 기준			
	1차 위반	2차 위반	3차 위반	4차 이상 위반
1) 영업신고를 하지 않거나 시설과 설비기준을 위반한 경우				
① 영업신고를 하지 않은 경우	영업장 폐쇄 명령			
② 시설 및 설비기준을 위반한 경우	개선명령	영업정지 15일	영업정지 1월	영업장 폐쇄 명령

2) 변경신고를 하지 않은 경우

① 신고를 하지 않고 영업소의 명칭 및 상호, 미용업 업종간 변경을 했거나 영업장 면적의 3분의 1 이상을 변경한 경우	경고 또는 개선 명령	영업정지 15일	영업정지 1월	영업장 폐쇄 명령
② 신고를 하지 않고 영업소의 소재지를 변경한 경우	영업정지 1월	영업정지 2월	영업장 폐쇄 명령	
3) 지위승계신고를 하지 않은 경우	경고	영업정지 10일	영업정지 1월	영업장 폐쇄 명령

4) 공중위생영업자의 위생관리의무등을 지키지 않은 경우

① 소독을 한 기구와 소독을 하지 않은 기구를 각각 다른 용기에 넣어 보관하지 않거나 1회용 면도날을 2인 이상의 손님에게 사용한 경우	경고	영업정지 5일	영업정지 10일	영업장 폐쇄 명령
② 피부미용을 위하여 「약사법」에 따른 의약품 또는 「의료기기법」에 따른 의료기기를 사용한 경우	영업정지 2월	영업정지 3월	영업장 폐쇄 명령	
③ 점빼기, 귓불뚫기, 쌍꺼풀수술, 문신·박피술 그 밖에 이와 유사한 의료행위를 한 경우	영업정지 2월	영업정지 3월	영업장 폐쇄 명령	
④ 미용업 신고증 및 면허증 원본을 게시하지 않거나 업소 내 조명도를 준수하지 않은 경우	경고 또는 개선 명령	영업정지 5일	영업정지 10일	영업장 폐쇄 명령
⑤ 개별 미용서비스의 최종 지급가격 및 전체 미용서비스의 총액에 관한 내역서를 이용자에게 미리 제공하지 않은 경우	경고	영업정지 5일	영업정지 10일	영업정지 1월
5) 카메라나 기계장치를 설치한 경우	영업정지 1월	영업정지 2월	영업장 폐쇄 명령	

6) 면허 정지 및 면허 취소 사유에 해당하는 경우

① 피성견후견인, 정신질환자, 감염병환자, 약물 중독자인 경우	면허취소			
② 면허증을 다른 사람에게 대여한 경우	면허정지 3월	면허정지 6월	면허취소	
③ 「국가기술자격법」에 따라 자격이 취소된 경우	면허취소			
④ 「국가기술자격법」에 따라 자격정지처분을 받은 경우(「국가기술자격법」에 따른 자격정지처분 기간에 한정)	면허취소			
⑤ 이중으로 면허를 취득한 경우(나중에 발급 받은 면허)	면허취소			
⑥ 면허정지처분을 받고도 그 정지 기간 중 업무를 한 경우	면허취소			

7) 영업소 외의 장소에서 미용 업무를 한 경우	영업정지 1월	영업정지 2월	영업장 폐쇄명령	
8) 보고를 하지 않거나 거짓으로 보고한 경우 또는 관계 공무원의 출입, 검사 또는 공중위생영업 장부 또는 서류의 열람을 거부·방해하는 경우	영업정지 10일	영업정지 20일	영업정지 1월	영업장 폐쇄명령
9) 개선명령을 이행하지 않은 경우	경고	영업정지 20일	영업정지 1월	영업장 폐쇄명령

10) 「성매매알선 등 행위의 처벌에 관한 법률」, 「풍속영업의 규제에 관한 법률」, 「청소년 보호법」, 「아동·청소년의 성보호에 관한 법률」 또는 「의료법」을 위반하여 관계 행정기관의 장으로부터 그 사실을 통보받은 경우

① 손님에게 성매매알선 등 행위 또는 음란 행위를 하게 하거나 이를 알선 또는 제공한 경우	영업소	영업정지 3월	영업장 폐쇄명령	
	미용사	영업정지 3월	면허취소	
② 손님에게 도박 그 밖에 사행행위를 하게 한 경우	영업정지 1월	영업정지 2월	영업장 폐쇄명령	
③ 음란한 물건을 관람, 열람하게 하거나 진열 또는 보관한 경우	경고	영업정지 15일	영업정지 1월	영업장 폐쇄명령
④ 무자격 안마사로 하여금 안마사의 업무에 관한 행위를 하게 한 경우	영업정지 1월	영업정지 2월	영업장 폐쇄명령	
11) 영업정지처분을 받고 그 영업정지 기간에 영업을 한 경우	영업장 폐쇄명령			
12) 공중위생영업자가 정당한 사유 없이 6개월 이상 계속 휴업하는 경우	영업장 폐쇄명령			
13) 공중위생영업자가 「부가가치세법」 제8조에 따라 관할 세무서장에게 폐업신고를 하거나 관할 세무서장이 사업자등록을 말소한 경우	영업장 폐쇄명령			
14) 공중위생영업자가 영업을 하지 않기 위하여 영업시설의 전부를 철거한 경우	영업장 폐쇄명령			

PART 02

자주 출제되는 기출문제 200선

자주 출제되는 기출문제 200선

01 | 메이크업의 이해

메이크업의 정의
얼굴 등 신체의 화장, 분장 및 의료기기나 의약품을 사용하지 아니하는 눈썹손질을 하는 영업

메이크업의 4대 목적
본능적, 신앙적, 실용적, 표시적

메이크업의 기원
종교설, 보호설, 신부표시설, 위장설, 장식설, 미화설

메이크업의 어원
17세기 영국의 시인 리처드 크라쇼(Richard Crashaw)가 여성의 매력을 돋우어 주는 행위로 'Make-up'이라는 용어를 최초로 사용한 것에서 비롯됐다.

---

001 화장품의 정의로 옳은 것은?

① 인체를 청결 미화해 인체의 질병 치료를 위해 인체에 사용되는 물품으로서 인체에 대해 작용이 강력한 것을 말한다.
② 인체를 청결·미화해 인체의 질병 치료를 위해 인체에 사용되는 물품으로서 인체에 대해 작용이 경미한 것을 말한다.
③ 인체를 청결·미화해 인체의 질병 진단을 위해 인체에 사용되는 물품으로서 인체에 대해 작용이 경미한 것을 말한다.
④ 인체를 청결·미화해 피부·모발 건강을 유지 또는 증진하기 위해 인체에 사용되는 물품으로서 인체에 대해 작용이 경미한 것을 말한다.

> 화장품은 그 작용이 경미한 것이므로, 인체를 변형하거나 손상시켜서는 안 된다. 일정 수준 이상의 작용은 의약품이 해야 한다.

002 메이크업의 사회적 기능으로 틀린 것은?

① 사회적 예절·예의를 표현한다.
② 성격이나 가치추구의 방향을 표현한다.
③ 신분과 직업을 표현한다.
④ 사회적 관습과 풍습을 표현한다.

> 메이크업의 개인적 표현에 해당한다. 이는 메이크업의 심리적 기능으로 더 적합한 설명이다.

003 다음에 해당하는 메이크업의 가설은?

> 메이크업은 얼굴이나 몸을 치장해 매력적이고 아름답게 보이기 위해 신체를 장식한 것에서 비롯된 것이다.

① 이성유인설
② 종교주술설
③ 신체보호설
④ 신분표시설

> '치장, 매력, 장식' 등과 같은 키워드에서 '이성유인설'임을 유추할 수 있다. 해당 이론은 다양한 문화에서 아름다움에 대한 기준이 다르지만, 궁극적으로 외적인 아름다움을 위해 메이크업을 사용하게 됐다고 본다.

004 뷰티 메이크업에 대한 설명 중 적절하지 않은 것은?

① 17세기 리처드 크라쇼가 처음으로 '메이크업(Make-up)'이라는 용어를 사용했다.
② 메이크업의 의미는 얼굴을 중심으로 한 개념에서 벗어나 자신의 정체성을 표현하기 위한 역할이나 목적도 포함한다.
③ 신체에 색을 부여해 신체 외관의 형태를 변형시키는 작업이다.
④ '제작하다, 보완하다'라는 뜻으로 화장품과 도구를 사용해 신체의 아름다운 부분을 돋보이도록 한다.

> 신체에 색을 더하거나 외관의 형태를 보완하는 것은 메이크업의 특징이 맞지만, 외관의 형태를 변형시키는 작업은 일반적인 분장보다는 특수분장에 더 가깝다.

02 | 한국의 메이크업 역사

고대 삼국
- 고구려 : 고분벽화(쌍영총)로 화장 형태 확인
- 백제 : 시분무주(분은 바르되 연지는 찍지 않음)
- 신라 : 영육일치 사상(남녀가 깨끗한 몸과 단정한 옷차림을 추구)

중세 고려
영육일치 계승, 면약(화장품) 사용, 여염집(엷은 메이크업), 기생(분대 화장)

근세 조선
궁녀와 기생 중심으로 메이크업 기술 발달, 규합총서(청결법, 화장품·음식 등의 제조법 수록)

005 조선시대 화장문화에 대한 설명으로 틀린 것은?

① 여염집 여성의 화장과 기생신분의 여성의 화장이 구분됐다.
② 영육일치 사상의 영향으로 남녀 모두 미에 대한 관심이 높았다.
③ 미인박명 사상이 문화적 관념으로 자리잡음으로써 미에 대한 부정적인 인식이 형성됐다.
④ 이중적인 성 윤리관이 화장문화에 영향을 주었다.

영육일치 사상은 몸과 마음의 조화를 중시하는 사상으로, 남성보다는 여성의 미에 대한 관심이 주로 강조됐다. 이 사상에서는 여성의 미가 내면적인 도덕성과 조화를 이루는 것이 중요시했기 때문에, 남녀 모두에게 미에 대한 관심이 높았다는 설명은 틀리다. 대신, 여성에 대한 미적 기준이 강조됐고, 여성의 화장은 주로 도덕적 아름다움과 결합돼 있었다고 고치면 옳은 답이 된다.

006 시대별 메이크업의 특성으로 적절하지 않은 것은?

① 고려 – 분대화장과 비분대화장으로 나뉘어졌다.
② 고구려 – 시분무주, 즉 엷고 은은한 화장을 좋아했다.
③ 백제 – 일본인들이 화장품 제조기술과 화장기술을 배워간 후 화장을 시작했다는 기록이 있다.
④ 신라 – 영일치 사상으로 깨끗한 몸과 단정한 옷차림을 추구했다.

시분무주는 백제인들의 화장법이다.

03 | 해외 메이크업의 역사

고대
- 이집트 : 미용의 발상지, 사회적 지위, 미적 효과, 헤나, 콜
- 그리스 : 자연미 표현, 히포크라테스의 피부연구
- 로마 : 향수 사용, 화장 선호

중세(금욕주의, 종교 영향)
- 르네상스 : 미의 발전, 파운데이션(달걀, 백납, 유황) 사용
- 바로크 : 남녀 모두 과도한 장식과 화장
- 로코코 : 화려하고 무분별한 화장, 가능성의 극한에 도전하던 시기
- 빅토리아 : 역사상 가장 검소하고 제한된 시기

근·현대
화장품 성분과 제조술의 개선, 비누의 보급

007 로코코 시대에 대한 설명으로 적절하지 않은 것은?

① 머리에 깃털, 리본, 조화 등으로 장식했다.
② 로코코의 어원은 정원의 장식으로 사용된 조개껍데기, 곡선을 의미한다.
③ 넓은 이마가 유행이어서 눈썹을 밀었다.
④ 대표적 인물은 마담 퐁파두르와 마리앙투아네트가 있었다.

넓은 이마가 유행한 시기는 로코코보다 이전인 르네상스 시대의 특징이다. 로코코 시대에는 눈썹을 강조하거나 자연스럽게 표현하는 경향이 있었다.

008 다음의 메이크업 특징을 설명하고 있는 시대는?

> - 콜(Kohl)을 이용한 눈 화장을 하고 붉은 진흙을 기름에 반죽해서 붓으로 발랐으며, 뺨에는 분홍색과 입술에는 홍색을 칠하는 세련되고 강한 색채가 특징이었다.
> - 피부 관리와 화장, 향수, 장신구에 이르기까지 완벽하게 치장했다.

① 고대 그리스
② 고대 이집트
③ 고대 로마
④ 중세 로마네스크

고대 이집트 시대 메이크업의 특징
- 이집트 사람들은 외모와 관련된 치장이 신성함, 건강, 아름다움의 상징으로 여겨졌다.
- 콜(Kohl)을 이용한 눈 화장 : 검은색 안료인 콜을 사용해 눈을 선명하게 강조했으며, 이는 태양으로부터 눈을 보호하거나 주술적 의미를 담고 있었다.
- 붉은 진흙과 기름을 사용한 메이크업 : 뺨과 입술을 붉게 강조하며, 피부를 더욱 돋보이게 했다.
- 완벽한 치장 : 화장뿐만 아니라 피부 관리, 향수, 그리고 화려한 장신구까지 포함한 치장이 일반적이었다.

009 다음에서 설명하는 시대는?

> - 사교를 위해 화장이 필수조건이었던 시대로 남녀 모두 화장을 즐겼다. 분말과 점토, 마스크 팩, 백납분 등을 사용해 피부를 하얗게 유지했다.
> - 이마에는 정맥을 그려서 투명하고 희게 보이게 했다.

① 근세 로코코
② 고대 로마
③ 근세 바로크
④ 근세 르네상스

근세 르네상스 시대에는 세속적인 생활이 종교적 편견을 압도하고, 의복은 신분과 물질적 풍요의 표현 수단이 됐다. 이와 더불어 종교적 생활보다 향장학 연구를 통해 미에 대한 발전을 유도해서 화장술과 의학이 연계되고, 화장품의 원료가 개발되기 시작했던 시기이다.

010 실용성과 청결보다는 예술성에 우위를 둔 시기는?

① 바로크 시대
② 엠파이어 시대
③ 르네상스 시대
④ 로코코 시대

로코코 시대는 예술성과 장식성을 중시한 시기로 실용성보다는 예술성을 우위에 두었다고 할 수 있다.

011 근세 시대의 메이크업에 관한 설명으로 적절하지 않은 것은?

① 르네상스 시대 – 눈썹을 뽑거나 밀고 각이 없는 아치의 눈썹을 그렸다.
② 바로크 시대 – 홍조를 띠거나 붉은 연지를 칠하고 꽃처럼 미색의 입술을 그렸다.
③ 로코코 시대 – 화려한 가발이 성행했고 사치와 화장의 무분별함이 극에 달했다.
④ 엘리자베스 시대 – 화장을 지운 자연스러운 모습으로 얇게 화장을 했다.

엘리자베스 시대(16C)에는 자연스러운 화장보다는 과장된 화장이 특징이었다. 이 시기의 여성들은 하얀 피부를 중요하게 여겨 백납을 이용해 얼굴을 하얗게 만들고, 강렬한 붉은색을 볼과 입술에 사용해 극적인 효과를 추구했다. 또한 눈썹을 밀고 하얗게 만든 후, 인위적인 붉은색으로 강조하는 방식이 일반적이었다.

012 고대 이집트인들의 안티모니(Antimony) 화장법의 기원에 대한 설명으로 가장 적절한 것은?

① 녹색의 눈화장은 상류층의 컬러로 파라오와 신관 계급의 권력의 상징이었다.
② 물고기 문양의 눈화장은 다산을 상징하는 종교적인 목적으로 남성의 지배계층에서 시작됐다.
③ 온몸에 바른 휘안석의 안티모니는 자외선을 완벽하게 차단해 주는 차단기능이 뛰어났다.
④ 모든 남녀가 눈가에 발라 눈물샘을 자극해 모래바람과 안질로부터 눈을 보호했다.

고대 이집트인들은 안티모니(Antimony, 질소계의 준금속 원소)를 사용해 눈 화장을 했다. 이 화장법은 단순히 미용을 위한 것이 아니라, 눈을 보호하는 기능도 했다. 특히 이집트는 사막 지역이라, 모래먼지와 안질(눈병)로부터 눈을 보호해야 했기에, 안티모니를 발라 눈 주변을 보호하고 눈물샘을 자극해 눈을 건강하게 관리했었다.

013 메이크업의 기원에 대한 설명으로 적절하지 않은 것은?

① 원시시대에는 얼굴과 신체를 치장, 문신하는 것으로 전투에서 적을 위협하는 용맹성과 우월감을 과시했다.
② 시대별 미의 기준은 달랐으나 이성에게 관심을 끌기 위해 얼굴과 몸을 채색하고 장신구로 치장했다.
③ 메이크업이 최초로 나타난 해는 고대 그리스로 여인들은 유두에 붉은 칠로 화장을 했으나 입술은 붉게 칠하지 않았다.
④ 인간은 다양한 색채의 진흙이나 식물의 재료를 사용해 얼굴과 몸에 바르기 시작했다.

고대 그리스에서의 메이크업은 다양한 방법으로 사용됐으나, 유두에 붉은 칠을 했다는 주장은 사실이 아니다. 고대 그리스 여성들은 피부를 하얗게 만들기 위해 백납을 사용하거나, 눈에 섀도를 발랐으며 입술을 붉게 칠하는 것도 일반적인 방법이었다. 유두에 붉은 칠을 했다는 구체적인 기록은 없다.

014 군집독 발생이 가능한 실내에서 가장 필요한 조치는?

① 조명
② 환기
③ 실내소독
④ 청결

군집독을 예방하는 데 환기가 가장 중요하다. 적절한 환기는 실내 공기를 순환시켜 병원균이나 오염물질을 외부로 배출하고, 실내 공기의 질을 향상시켜 감염의 위험을 줄이는 데 중요한 역할을 한다.

015 메이크업 숍 내에서 소독 방법으로 적절하지 않은 것은?

① 에어브러시 기기는 반드시 분리해 물로 세척 후 천이나 거즈로 닦는다.
② 눈썹 가위는 알코올로 세척 후 자외선 소독기에 보관한다.
③ 아이래시컬러는 사용할 때마다 알코올이나 토너를 티슈에 묻혀 세척한다.
④ 브러시는 이물질을 제거한 후 소독액에 담가 보관 후 햇볕에 말린다.

소독액에 담갔다가 건조시킬 때는 알코올과 같은 소독제가 포함된 방법을 사용해 빠르게 건조시키는 것이 일반적이며, 소독액에 담가 보관하는 것은 잘못된 소독 방법이다.

04 | 메이크업 위생관리

메이크업 작업 환경의 유해요인
실내공기(분진, 이산화탄소), 작업환경(다수 인원이 사용), 실내환경(바닥, 대기실, 화장실 등의 오염) 등

환기와 온·습도 관리
- 자연환기 : 실내외 온도 차 5℃
- 인공환기 : 급기, 배기, 환풍, 공조, 공기청정기)
- 약 18℃의 기온, 40~70%의 습도

조도 관리
법정 조도는 75ℓx 이상

위생관리
- 개인 : 외모, 복장, 체취, 손 씻기 관리
- 도구 : 사용 전후 도구와 제품 관리

05 | 피부의 구조 – 표피의 부속기관

- 각질층 : 각질형성 세포, 천연보습인자, 세라마이드
- 투명층 : 엘라이딘
- 과립층 : 각화유리질
- 유극층 : 랑게르한스 세포
- 기저층 : 멜라닌형성 세포, 각질형성 세포

016 피부의 흉터와 관계가 깊은 층은?

① 기저층
② 투명층
③ 과립층
④ 각질층

피부의 흉터는 주로 표피와 진피 사이의 기저층에서 발생하는 상처나 손상으로 인해 형성된다. 흉터는 주로 진피에 영향을 미치며, 피부 재생이 이루어지는 기저층에서 발생하는 경우가 많다.

017 표피에 약 2~4% 정도 존재하고 면역작용에서 결정적인 역할을 하며, 항원을 탐지하는 세포는?

① 각질형성 세포
② 멜라닌 세포
③ 머켈 세포
④ 랑게르한스 세포

오답 피하기
① 각질형성 세포는 세포의 상피화를 담당한다.
② 멜라닌 세포는 피부의 색을 결정하는 멜라닌 색소를 생산한다.
③ 머켈 세포는 감각 수용기의 역할을 한다.

018 감각세포라고도 하며, 표피에 있는 세포는?

① 머켈 세포
② 각질형성 세포
③ 섬유아 세포
④ 비만 세포

오답 피하기
② 각질형성 세포는 세포의 상피화를 담당한다.
③ 섬유아 세포는 콜라겐, 엘라스틴, 기타 단백질을 생성·분비한다.
④ 비만 세포는 혈관에서 면역에 관여하는 히스타민을 분비한다.

019 다음 중 입모근과 가장 관련 있는 것은?

① 호르몬 조절
② 수분 조절
③ 피지 조절
④ 체온 조절

입모근(털세움근)은 체온 조절과 관련이 있다. 추운 환경에서는 입모근이 수축해 털이 일어나 체온을 보존한다.

020 피부에 손상을 미치는 활성산소는?

① 하이알루론산
② 글리세린
③ 비타민
④ 슈퍼옥사이드

슈퍼옥사이드는 활성산소의 일종으로, 피부의 노화 및 손상을 유발할 수 있다. 슈퍼옥사이드는 체내에서 산화 반응을 일으키며, 세포를 손상시킬 수 있다.

021 혈액 응고에 관여하고 비타민 P와 함께 모세혈관벽을 튼튼하게 하는 것은?

① 비타민 C
② 비타민 K
③ 비타민 B
④ 비타민 E

비타민 K에 대한 설명이다. 이는 주로 비타민 P와 함께 모세혈관을 튼튼하게 해 출혈이 쉽게 일어나지 않도록 한다.

---

06 | 피부노화
합격 강의

주근깨(Freckles)
- 자외선에 의해 활성화된 멜라닌이 피부 표면에 축적돼 나타나는 작은 갈색 반점이다.
- 과색소 침착에 해당한다.

기미(Melasma)
- 여성에게 흔히 나타나는 과색소 침착 질환이다.
- 자외선 노출이나 호르몬 변화로 인해 피부에 갈색이나 회갈색의 얼룩이 생긴다.

점(Moles)
- 피부에 멜라닌 세포가 모여서 형성된 어두운 반점이다.
- 자연적으로 생기기도 하지만 자외선이나 다른 요인으로 과색소 침착이 생길 수 있다.

022 자외선과 노화에 의한 과색소 침착이 아닌 것은?

① 백반증
② 주근깨
③ 기미
④ 점

백반증은 색소결핍성 질환이다.

023 피부노화로 인한 표피 변화 중 틀린 것은?

① 표피의 두께가 얇아진다.
② 멜라닌 세포수의 감소로 자외선 방어능력이 줄어든다.
③ 랑게르한스 세포수가 감소돼 피부면역력이 감소한다.
④ 섬유아 세포수의 감소로 콜라겐 생성이 저하된다.

섬유아 세포(Fibroblast)는 진피층에 위치해 콜라겐과 엘라스틴을 생성하는 역할을 한다.
섬유아 세포의 변화는 표피가 아닌 진피에서 발생하므로, 표피 변화로 보기 어렵다.

024 노화 현상에 해당하지 않는 것은?

① 호흡할 때 잔기용적(Residual Volume) 감소
② 시력 저하
③ 위산 분비량 감소
④ 혈관의 탄력성 감퇴

노화로 인해 폐의 유연성이 떨어져 잔기용적이 증가하는 경향이 있다.

권쌤의 노하우
잔기용적(殘氣容積)은 숨을 내쉬고 난 다음에 폐에 남아 있는(殘) 공기(氣)의 양(부피, 容積)입니다.

07 | 피부장애와 질환

검은 면포(Open Comedo, 블랙헤드)
- 모공이 열려 있어 피지가 외부 공기와 접촉하고 산화되면서 검은색으로 변한 것이다.
- 특히 T존(코 등)에서 자주 나타난다.

흰 면포(Closed Comedo, 화이트헤드)
- 모공이 막혀 있어 공기와 접촉하지 않은 상태의 피지 덩이다.
- 흰색이나 피부색을 띠며 표면 아래에 있다.

구진(Papule)
- 염증이 있는 작고 붉은 돌기이다.
- 면포가 악화돼 생기는 염증성 병변이다.

팽진(Wheal)
- 알레르기 반응 등에 의해 나타나는 일시적인 피부 부종이다.
- 면포(面包)와는 관련이 없다.

025 비립종에 대한 설명으로 틀린 것은?

① 단단하고 흰 알갱이가 표피에 들어 있다.
② 모공을 막고 있는 분비물 및 각질 덩어리이다.
③ 주로 눈 주변에서 많이 볼 수 있다.
④ 칼슘염과 각질로 이루어져 있다.

비립종은 각질 단백질(케라틴)로 구성돼 있으며, 칼슘염은 없다. 칼슘염은 주로 입안의 편도에서 생성되는 편도결석이나 신장에서 생성되는 신장결석의 주성분이다.

026 여름철의 피부상태를 설명한 것으로 틀린 것은?

① 각질층이 두꺼워지고 거칠어진다.
② 버짐이 생기며 혈액순환이 둔화된다.
③ 고온다습한 환경으로 피부에 활력이 없어지고 피부가 지친다.
④ 표피의 색소침착이 뚜렷해진다.

버짐(건조로 인한 피부 탈락 현상)은 건조한 겨울철에 주로 나타나며, 여름철은 습도가 높아 상대적으로 피부가 건조해지는 일이 적다. 또한, 여름철 고온으로 인해 오히려 혈액순환이 활성화될 가능성이 높다.

027 공기의 접촉 및 산화에 의한 피부변화로 가장 적절한 것은?

① 흰 면포 ② 검은 면포
③ 구진   ④ 팽진

> 피지는 모공이 열려 있어 외부 공기와 접촉하고 산화되면서 검은색으로 변한다. 이 현상은 특히 코와 같은 T존 부위에서 자주 나타난다.

---

08 | 화장품의 개념과 특성

화장품법에서 정의하는 화장품의 개념
인체를 청결하고 아름답게 하며, 매력을 더하거나 용모를 밝게 변화시키고, 피부나 모발을 건강하게 유지 또는 증진하기 위해 사용하는 물품

화장품의 4대 특성
- 안전성 : 인체에 유해하지 않아야 하며, 알레르기 반응·독성·미생물 오염 등이 없어야 한다.
- 안정성 : 물리·화학적 변화 없이 장기간 품질이 유지돼야 한다.
- 유효성 : 기능성 화장품의 경우, 표시된 효과를 실제로 발휘해야 한다.
- 사용성 : 사용 시 피부 자극이 없고, 질감·발림성·흡수도 등이 소비자에게 만족감을 주어야 한다.

---

028 화장품의 정의로 옳은 것은?

① 인체를 청결·미화해 인체의 질병 치료를 위해 인체에 사용되는 물품으로서 인체에 대해 작용이 강력한 것을 말한다.
② 인체를 청결·미화해 인체의 질병 치료를 위해 인체에 사용되는 물품으로서 인체에 대해 작용이 경미한 것을 말한다.
③ 인체를 청결·미화해 인체의 질병 진단을 위해 인체에 사용되는 물품으로서 인체에 대해 작용이 경미한 것을 말한다.
④ 인체를 청결·미화해 피부, 모발 건강을 유지 또는 증진하기 위해 인체에 사용되는 물품으로서 인체에 대해 작용이 경미한 것을 말한다.

> **화장품의 정의**
> - 화장품은 인체를 청결하고 아름답게 하며, 매력을 더하거나 용모를 밝게 변화시키고, 피부나 모발을 건강하게 유지 또는 증진하기 위해 사용하는 물품이다.
> - 작용이 경미해야 하며, 의약품처럼 강력하게 질병을 치료하거나 예방하는 것이 목적이 아니다.

---

029 화장품에서 요구되는 4대 품질 특성의 설명으로 옳은 것은?

① 안전성 : 미생물 오염이 없을 것
② 보습성 : 피부표면의 건조함을 막아줄 것
③ 안정성 : 독성이 없을 것
④ 사용성 : 사용이 편리해야 할 것

> 보습성은 4대 특성에 해당하지 않는다.

---

030 화장품을 선택할 때에 검토해야 하는 조건이 아닌 것은?

① 보존성이 좋아서 잘 변질되지 않는 것
② 피부나 점막, 모발 등에 손상을 주거나 알레르기 등을 일으킬 염려가 없는 것
③ 사용 중이나 사용 후에 불쾌감이 없고 사용감이 산뜻한 것
④ 구성 성분이 균일한 성상으로 혼합돼 있지 않은 것

> 화장품은 균일한 성상으로 혼합돼 있어야 품질이 일정하게 유지되며, 효과가 고르게 발휘된다. 균일하지 않은 성상은 성능 저하나 변질의 원인이 될 수 있다.

---

031 피부에 보습효과를 높여 피부를 매끈하고 촉촉하게 하는 데 가장 적절한 것은?

① 유연화장수
② 소염화장수
③ 수렴화장수
④ 세정용 화장수

> 피부를 보습하며, 촉촉하고 매끈한 피부를 유지하는 데 적합하다. 주로 피부에 수분을 공급하고 유지케 하는 역할을 한다.

032 린스의 성분 중 다음의 기능을 하는 성분은?

> 린스의 기본 기능을 발휘하는 데 가장 중요한 역할을 하는 성분으로, 모발에 잘 흡착돼 모발을 부드럽게 만들고 정전기를 방지하는 작용을 한다.

① 실리콘
② 양이온 계면활성제
③ 알카놀 아미드
④ 글리세린

양이온 계면활성제의 효과
- 모발 부드러움 유지 : 손상된 모발 표면을 매끄럽게 만든다.
- 정전기 방지 : 모발의 정전기를 감소시켜 관리가 용이하게 만든다.
- 큐티클 보호 : 큐티클 손상을 방지하고 윤기를 더한다.
- 엉킴 방지 : 모발이 엉키는 것을 방지해 빗질이 잘되게 한다.

033 피지분비의 과잉을 억제하고 피부를 수축시켜 주는 것은?

① 영양 화장수
② 수렴 화장수
③ 소염 화장수
④ 유연 화장수

수렴 화장수의 주요 효과
- 모공 수축 : 과도한 피지 분비로 확장된 모공을 수축시킨다.
- 피지 억제 : 피부의 유분기를 감소시켜 번들거림을 완화한다.
- 피부 정돈 : 깨끗하고 산뜻한 피부상태를 유지케 한다.
- 트러블 예방 : 피지 과잉으로 인한 여드름 등의 문제를 완화한다.
- 주성분 : 알코올, 위치하젤, 알루미늄염 등

09 ㅣ 화장품 제조

안료의 기능
화장품의 안료는 색을 내는 중요한 성분으로, 화장품의 색상·질감·커버력을 결정하는 데 핵심적인 역할을 한다.

안료 선택 시 고려사항
- 피부 안정성 : 자극을 최소화하고 안전한 성분을 사용한다.
- 내구성 : 오랜 시간 색상이 유지될 수 있도록 안정적이어야 한다.
- 발색력 : 원하는 색상을 정확히 표현할 수 있어야 한다.
- 혼합성 : 다른 성분과 잘 섞이는지 확인한다.

안료의 유형
- 체질 안료(Extender Pigment)
  - 역할 : 색상을 내는 기능보다는 사용감과 질감을 개선하는 데 도움을 준다.
  - 특징 : 피부에 매끄럽게 발리도록 하고, 화장품의 밀착력을 높이며 매트한 효과를 제공한다.
- 백색 안료(White Pigment)
  - 역할 : 밝은 색상을 표현하거나 다른 색상을 조절해 커버력을 높인다.
  - 특징 : 피부 잡티를 가리고 자연스러운 톤을 만들어 준다.
- 착색 안료(Organic Pigment)
  - 역할 : 생생하고 선명한 색상을 표현한다.
  - 특징 : 발색이 강해, 립스틱·블러셔·아이섀도 등 선명한 색상이 필요한 제품에 사용된다.
- 펄 안료(Pearl Pigment)
  - 역할 : 빛 반사를 통해 화사하고 입체적인 효과를 낸다.
  - 특징 : 아이섀도, 하이라이터, 립글로스 등에서 빛나는 효과를 강조하기 위해 사용된다.
- 무기 안료(Inorganic Pigment)
  - 역할 : 안정성과 피부 안전성을 높이고, 주로 피부에 직접 닿는 제품에서 사용한다.
  - 특징 : 발색이 자연스럽고 자극이 적어 파운데이션, 컨실러 등에 적합하다.
- 천연 안료(Natural Pigment)
  - 역할 : 천연에서 유래한 성분으로 자연스러운 발색을 표현한다.
  - 특징 : 식물성·광물성 원료를 사용하며, 친환경 화장품에 주로 활용한다.

034 메이크업 화장품에서 색상의 커버력을 조절하기 위해 주로 배합하는 것은?

① 체질 안료
② 펄 안료
③ 백색 안료
④ 착색 안료

메이크업 제품에서 백색 안료는 피부 결점(잡티, 주근깨 등)을 덮고 균일한 톤을 만드는 데 효과적이다. 체질 안료나 펄 안료는 텍스처와 마무리감을 보완하며, 착색 안료는 생동감 있는 색조를 제공한다.

035 에탄올이 화장품 원료로 사용되는 이유가 <u>아닌</u> 것은?

① 에탄올은 유기용매로서 물에 녹지 않는 비극성 물질을 녹이는 성질이 있다.
② 탈수 성질이 있어 건조 목적이 있다.
③ 공기 중의 습기를 흡수해서 피부 표면 수분을 유지시켜 피부나 모발의 건조를 방지한다.
④ 소독작용이 있어 수렴화장수, 스킨로션, 남성용 애프터 셰이브 등으로 쓰인다.

에탄올은 화장품 원료로 자주 사용되지만, 수분을 유지시켜 건조를 방지하는 성질은 없다. 오히려 에탄올은 휘발성과 탈수 성질이 강해 피부를 건조하게 만들 수 있다.

10 | 화장품의 종류
합격 강의

기초 화장품(스킨케어 제품)
- 피부의 건강과 상태를 유지, 개선하는 데 중점을 둔 제품
- 클렌징 제품 : 피부의 세정(오일, 워터, 폼, 크림)
- 토너/스킨 : 세안 후 피부 결의 정리와 수분 공급
- 에센스/세럼 : 피부 고민(미백, 주름, 수분 등)의 집중적인 관리
- 크림/로션 : 수분과 영양 공급, 피부 보호
- 아이크림 : 눈가의 민감한 피부 관리
- 선크림 : 자외선 차단 및 산란

색조 화장품(메이크업 제품)
- 피부톤 보정, 색감 표현 및 미적 효과를 위한 제품이다.
- 베이스 메이크업
  - 프라이머 : 표면 정리, 메이크업 지속력 향상
  - 파운데이션 : 톤 균일화 및 결점 커버
  - 컨실러 : 특정 부위의 결점 커버
  - 파우더 : 메이크업 고정, 피부 유분 제거
- 색조 메이크업
  - 아이섀도 : 눈꺼풀에 색감 추가
  - 아이라이너 : 눈매를 또렷하게 강조
  - 마스카라 : 속눈썹을 길고 풍성하게 표현
  - 블러셔 : 혈색 부여
  - 립스틱/틴트 : 입술에 색과 윤기 부여

특수 화장품
- 특정 기능을 목적으로 사용되는 제품이다.
- 미백 화장품 : 톤과 밝기 개선
- 주름 개선 화장품 : 피부 탄력 강화
- 여드름 관리 화장품 : 트러블 피부 개선
- 남성용 화장품 : 남성 피부 특성에 맞춘 스킨 케어 및 메이크업 제품

헤어 및 바디 화장품
- 헤어 : 샴푸, 컨디셔너, 헤어 마스크, 스타일링제
- 바디 : 바디 로션, 바디 오일, 바디 스크럽
- 손발 : 핸드크림, 풋크림

네일 화장품
- 손발톱의 보습 및 영양 공급, 강화 및 손상 케어, 장식을 위해 사용하는 제품이다.

방향 화장품
- 체취를 보완하거나 개인의 이미지를 표현하는 제품이다.

036 화장품에 사용되는 성분에 대한 설명으로 틀린 것은?

① 식물성 성분에는 허브, 과일, 나무수액 등이 있다.
② 비타민 A · B와 같은 비타민류는 피부보호 제품에 폭넓게 사용된다.
③ 동물성 성분에는 콜라겐, 라놀린, 엘라스틴 등이 있다.
④ 산화아연, 카올린, 탈크 등 미네랄은 화장품 성분으로 사용하지 않는다.

산화아연은 자외선 차단제, 카올린은 클레이 마스크, 탈크는 파우더에 사용된다.

037 진흙 성분의 머드팩에 주로 함유돼 있는 성분은?

① 카올린   ② 멘톨
③ 유황   ④ 레시틴

카올린은 진흙 성분의 머드팩에 주로 포함돼 있는 성분으로, 피부를 부드럽게 하고 피지를 제거하는 데 도움을 준다.

038 화장품 원료로 심해 상어의 간유에서 추출한 성분은?

① 레시틴   ② 스쿠알렌
③ 파라핀   ④ 라놀린

스쿠알렌(Squalene)
• 심해 상어의 간유에서 추출되는 성분으로, 피부 친화성이 높고 보습 효과가 뛰어나다.
• 산화에 강한 특성이 있어 피부 보호막을 강화하고, 피부를 부드럽게 유지하는 데 사용된다.

039 여드름 피부에 적합한 화장품 성분으로 적절하지 않은 것은?

① 하마멜리스
② 로즈마리 추출물
③ 알부틴
④ 캄퍼

알부틴은 주로 미백 화장품의 성분으로 사용된다.

040 클렌징 제품에 대한 설명 중 적절하지 않은 것은?

① 클렌징 오일은 건성 피부에 적합하다.
② 클렌징 폼은 클렌징 크림이나 클렌징 로션으로 1차 클렌징 후에 사용하면 좋다.
③ 클렌징 크림은 건성 피부에 적합하다.
④ 클렌징 워터는 포인트 메이크업의 클렌징 시 많이 사용되고 있다.

포인트 메이크업의 클렌징은 클렌징 워터보다는 유성 리무버가 많이 사용되고 있다.

041 화장품의 피부 흡수에 대한 설명으로 옳은 것은?

① 세포간지질에 녹아 흡수되는 경로가 가장 중요한 흡수경로이다.
② 피지선이나 모낭을 통한 흡수는 시간이 지나면서 점차 증가하게 된다.
③ 분자량이 높을수록 피부 흡수가 잘 된다.
④ 피지에 잘 녹는 지용성 성분은 피부 흡수가 안 된다.

피부는 각질층으로 이루어져 있으며, 이 층을 통과하는 주된 경로는 세포간지질을 통한 확산이다. 특히 지용성 성분이 세포 사이의 지질에 녹아 효과적으로 흡수된다.

042 자외선 차단 성분의 기능이 아닌 것은?

① 미백작용 활성화
② 일광화상 방지
③ 노화방지
④ 과색소 침착방지

자외선 차단 성분은 미백 작용을 활성화하지 않는다. 미백 효과는 주로 비타민 C, 나이아신아마이드 같은 별도의 성분에 의해 이루어진다.

오답 피하기
자외선 차단 성분의 주요 기능
① 일광화상 방지 : 자외선(UVB)으로 인해 발생하는 피부 화상을 예방한다.
② 노화 방지 : UVA로 인한 광노화를 줄이고 피부 탄력을 보호한다.
③ 과색소 침착 방지 : 자외선으로 인한 색소침착(기미, 주근깨 등)을 억제한다.

043 일반적으로 여드름의 발생 가능성이 가장 적은 것은?

① 코코바 오일
② 호호바 오일
③ 라놀린
④ 미네랄 오일

호호바 오일은 모공을 막을 가능성이 적고(Non-comedogenic), 피부에 가볍게 흡수된다. 또한, 피지와 구조와 성분이 비슷해 피부를 균형상태로 되돌리는 데 도움을 줄 수 있다.

044 자외선 차단제와 관련한 설명으로 틀린 것은?

① 자외선의 강약에 따라 차단제의 효과시간이 변한다.
② 기초제품 마무리 단계 시 차단제를 사용하는 것이 좋다.
③ SPF라 한다.
④ SPF 1이란 대략 1시간을 의미한다.

SPF 수치는 시간이 아니라, UVB로 인한 피부 손상을 지연시키는 정도를 나타낸다. 예를 들어, SPF 30은 차단제를 바르지 않았을 때보다 약 30배 더 오랜 시간 동안 자외선 B에 견딜 수 있음을 뜻한다. 하지만 이는 이론적인 수치이며, 실제 효과는 차단제의 양, 도포 방법, 활동량 등에 따라 달라질 수 있다.

권쌤의 노하우
SPF 1은 대략 15분 정도 유지된다고 해석하기도 합니다.

045 자외선 차단제의 성분이 아닌 것은?

① 벤조페논-3
② 파라아미노안식향산
③ 알파하이드록시산
④ 옥틸디메틸파바

AHA는 주로 각질 제거와 피부톤 개선을 위해 사용되는 성분으로, 자외선 차단과는 관련이 없다.

11 | 고객응대

합격 강의

프로페셔널한 자세 유지
- 언제나 차분하고 침착한 태도로 응대해야 하며, 자신감 있게 기술을 선보여야 한다.
- 고객이 불편함을 느끼지 않도록 신속하고 정확히 작업을 수행한다.
- 최신 트렌드와 기술을 숙지하고, 고객에게 최적의 스타일을 제안할 수 있도록 준비한다.
- 고객의 피부상태나 선호도에 맞춰 맞춤형 메이크업을 제시해야 한다.

자세한 설명과 피드백
- 고객이 원하지 않는 스타일이나 색상이 있을 경우, 이를 미리 확인하고 설명한다.
- 메이크업 중간에 고객에게 피드백을 받아 조정해, 고객이 만족할 수 있도록 한다.
- 고객의 메이크업에 대한 고민이나 질문을 친절하고 명확하게 응답한다.
- 메이크업 후, 간단한 관리법이나 유지 방법에 대해 고객에게 안내해 준다.

고객의 요구 사항 경청
- 고객이 원하는 메이크업 스타일, 색상, 분위기 등을 주의 깊게 듣고 파악한다.
- 고객의 피부톤, 얼굴형, 선호도를 반영해 맞춤형 서비스를 제공한다.

편안한 분위기 조성
- 고객이 편안하게 느낄 수 있도록 대화를 부드럽고 친근하게 유도한다.
- 긴장을 풀 수 있는 편안한 환경을 제공하고, 고객이 즐겁게 메이크업을 받을 수 있도록 돕는다.

위생 관리
- 메이크업 도구는 청결하게 유지하고, 일회용 제품으로 위생적인 환경을 조성한다.
- 손 세정을 자주 사용하고, 고객에게 청결한 상태에서 작업을 진행한다.

046 메이크업 작업 자세에 대한 설명으로 옳지 않은 것은?

① 모델의 45° 옆에서 시작해 좌우로 이동하지 말고 시작한 자세에서 끝낸다.
② 모델보다 조금 높은 위치에서 마주보고 메이크업을 한다.
③ 모델의 뒤에 서서 양쪽 눈썹의 대칭을 체크한다.
④ 모델의 옆에서 시작해 아티스트의 기분에 따라 자세를 바꿔 준다.

'아티스트의 기분에 따라 자세를 바꾸는 것'은 전문성과 일관성을 해칠 수 있으므로 적절하지 않다. 메이크업 작업 자세는 작업의 효율성과 정확성을 높이고 모델의 편안함을 위해 일정한 기준을 따라야 한다.

047 고객에게 전화응대를 할 때, 정확한 발음을 전달하기 위해 고려해야 하는 요소가 아닌 것은?

① 조음
② 음색
③ 억양
④ 웃음

전화 응대에서 정확한 발음을 전달하기 위해서는 조음(발음), 음색, 억양, 빠르기, 어조 등과 같은 언어적 요소를 적절히 조절해야 한다.

오답 피하기
웃음은 비언어적(정서적) 요소로, 대화의 분위기와 고객의 기분을 파악할 때 사용되는 요소이다.

048 고객의 불만을 처리하는 기본 4단계를 바르게 나열한 것은?

① 준비 – 경청 – 대안 제시 – 만족 확인
② 준비 – 대안 제시 – 만족 확인 – 경청
③ 준비 – 대안 제시 – 경청 – 만족 확인
④ 준비 – 경청 – 만족 확인 – 대안 제시

준비 – 경청 – 대안 제시 – 만족 확인 순으로 불만을 처리해야 한다.

12 | 이상적인 얼굴

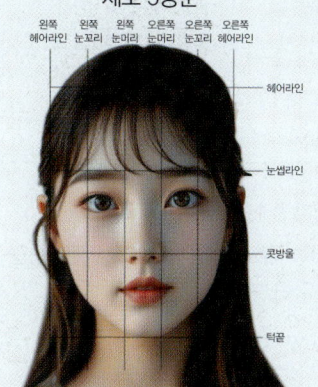

이상적인 얼굴형
- 가장 이상적인 얼굴 비율은 1:1.618(황금비)이다.

이상적인 입술
- 이상적인 입술 비율(윗입술:아랫입술) = 1:1.5 = 2:3
- 입꼬리 : 정면을 바라볼 때 눈동자 가운데와 수직선
- 입술산 : 양 콧구멍을 중심으로 둔 수직선

이상적인 콧방울
- 높이 : 이마에서 ⅔ 지점
- 양 콧방울의 너비 : 입술 가로길이의 약 ½

049 얼굴의 이상적인 균형도(Face Proportion)에 대한 설명으로 가장 적절한 것은?

① 세로분할 4등분 기준위치 : 관자놀이(좌)~눈동자(좌), 눈동자(좌)~코, 코~눈동자(우), 눈동자(우)~관자놀이(우)
② 세로분할 4등분 기준위치 : 관자놀이(좌)~구각(좌), 구각(좌)~코, 코~구각(우), 구각(우)~관자놀이(우)
③ 가로분할 3등분 기준위치 : 헤어라인~눈, 눈~코, 코~턱끝
④ 가로분할 3등분 기준위치 : 헤어라인~눈썹, 눈썹~코끝, 코끝~턱끝

가로분할 3등분 기준은 '헤어라인 ↔ 눈썹 ↔ 코끝 ↔ 턱끝'으로 얼굴을 가로로 삼등분하는 방법으로, 일반적으로 얼굴의 이상적인 균형을 맞추는 기준이다.

050 얼굴형에 따른 이미지의 특징에 관한 설명이 틀린 것은?

① 둥근형 – 여성스럽고 귀여운 이미지
② 계란형 – 표준적인 미인형, 부드러운 이미지
③ 긴형 – 성숙하고 여성적인 이미지
④ 역삼각형 – 남성적이며 활동적인 이미지

남성적이고 활동적인 이미지의 얼굴형은 사각형에 가깝다.

051 얼굴의 부위와 명칭의 연결로 틀린 것은?

① 아이홀 – 눈두덩이 움푹 파인 부분
② I존 – 이마와 콧대 부분
③ V존 – 눈밑~볼, 턱부분
④ 눈썹산 – 눈썹의 ½ 지점

눈썹산의 위치는 눈썹의 ⅔ 지점을 말한다.

13 | 색의 요소와 혼합

색의 삼요소
- 색상 : 색상의 종류를 나타내는 요소
- 명도 : 색의 밝고 어두운 정도를 나타내는 요소
- 채도 : 색의 순수함이나 강도를 나타내는 요소
  - 유채색 : 색의 3속성인 색상, 명도, 채도를 모두 갖는 색(빨강, 노랑, 초록, 파랑, 보라 등)
  - 무채색 : 색상과 채도가 없이 명도만 존재하는 색(흰색, 회색, 검정색)
- 보색 : 색상환표에서 서로 마주보는 색으로 섞으면 무채색이 되는 색(빨강–청록, 주황–파랑, 노랑–남색 등)

색의 혼합
- 가법혼합 : 빛의 혼합으로 색을 만드는 방법(1차색 : 빨강, 초록, 파랑)
- 감법혼합 : 색소의 혼합으로 색을 만드는 방법(1차색 : 마젠타, 시안, 옐로)

색의 명명
- 기본색명 : 보편적인 색상(빨강, 파랑, 노랑 등)
- 관용색명 : 일반적인 인식의 색상(하늘색, 연두색, 상아색 등)
- 계통색명 : 색상, 채도, 명도로 표현(RGB, CMYK, HEX 등)

052 옛날부터 사용돼 온 동물·식물·광물·자연물·지명·인명 등 이름을 따서 만든 고유색명을 뜻하는 것은?

① 계통색명
② 고정색명
③ 관용색명
④ 일반색명

관용색명은 특정한 고유한 이름으로 오랜 시간 사용해 온 색을 말하며, 이러한 이름은 종종 역사·문화적 배경을 바탕으로 형성된다. 예를 들어, '장미색, 청동색' 등은 관용색명에 해당한다.

053 색의 3속성 중 사람의 눈이 가장 민감하게 반응하는 것은?

① 명도
② 톤
③ 색상
④ 채도

명도는 색의 밝고 어두운 정도를 나타내며, 사람의 눈은 명도의 변화를 가장 민감하게 감지한다. 특히 어두운 색에서 밝은 색으로 변화하는 것을 시각적으로 매우 뚜렷하게 인식한다.

054 색상에 대한 설명으로 틀린 것은?

① 유채색만이 갖는 속성
② 빛의 파장 차이로 다르게 보이는 속성
③ 무채색만이 갖는 속성
④ 다른 색과 구별하기 위한 색의 요소

명도는 색의 밝고 어두운 정도를 나타내는 속성으로, 유채색(빨강, 파랑 등)과 무채색(흰색, 검은색, 회색 등) 모두에 적용된다. 즉, 명도는 유채색과 무채색 모두에 해당하는 속성이기 때문에 '무채색만이 갖는 속성'이라 할 수 없다.

055 감법혼색의 3원색으로 가장 적절한 것은?

① 마젠타, 그린, 옐로
② 마젠타, 그린, 블루
③ 마젠타, 시안, 옐로
④ 레드, 그린, 블루

감법혼색(감산혼합, 색료혼합)
• 감법혼색은 색이 합쳐져 갈수록 어두워지고, 주로 인쇄나 색의 물리적 혼합에서 사용된다.
• 이 경우 마젠타·시안·옐로는 각각 빨강·파랑·초록의 보완색으로 사용되며, 이를 혼합하면 다양한 색을 만들 수 있다.
• 이 세 색은 인쇄에서의 기본 색상(인쇄 3원색)으로 사용된다.

14 | 색의 대비 – 한난대비

 합격 강의

한난대비의 개념

색채 이론에서 한색과 난색이 서로 대비되는 현상이다.

한색과 난색의 개념
• 한색(Cool Color) : 차가운 색(청록·파랑·남색 등)
• 난색(Warm Color) : 따뜻한 색(빨강·주황·노랑 등)
• 중성색(Neutral Color) : 섞는 색에 따라 느낌이 달라지는 색상(초록, 보라 등)

한난대비의 특징
• 한색과 난색이 서로 대비될 때, 한색은 더 차가운 느낌을 주고, 난색은 더 따뜻한 느낌을 주는 시각적 현상이다.
• 이 효과는 강렬한 색조 대 색조에서 발생하며, 색들이 상호작용할 때 상대적인 온도감이 강조된다.

056 한난대비에 대한 설명으로 옳은 것은?

① 한색과 난색이 대비됐을 때 난색은 더욱 따뜻하게, 한색은 더욱 차게 느껴지는 현상이다.
② 동일한 색이 면적의 크기에 따라 명도와 채도가 다르게 보인다.
③ 자극을 받은 후 남게 되는 시각상의 흥분 상태이다.
④ 한색과 난색의 경계부의 대비가 약하게 나타나는 것이다.

한난대비는 차가운 색(한색)과 따뜻한 색(난색)이 대비될 때 나타나는 시각적 현상으로, 한색과 난색이 서로 대비되면 난색은 더 따뜻하게 느껴지고, 한색은 더 차갑게 느껴진다. 이 대비 효과는 색의 상대적인 느낌을 강하게 만들어 주기 때문에, 색을 배치할 때 효과적으로 사용된다.

오답 피하기
② 면적대비에 대한 설명이다.
③ 잔상에 대한 설명이다.
④ 연변대비에 대한 설명이다.

15 | 색채 조화론

먼셀의 이론

- 색상 : R, Y, G, B, P, YR, GY, BG, PB, RP 색상(각 10단계씩 총 100가지)
- 명도 : 검은색을 0, 흰색을 10, 총 11단계로 표현
- 채도 : 색의 순도에 따라 채도 값을 1~14단계로 표현
- 표현 : HV/C[색상·명도/채도]

오스트발트의 이론

두 가지 이상의 색들을 속성의 차이가 구별되도록 질서 있게 배열한 것이다.

057 먼셀 표색계에 대한 설명으로 적절하지 않은 것은?

① 1943년에는 초판의 문제점을 수정, 보완한 수정 먼셀 표색체계가 보급됐다.
② 먼셀의 명도 단계는 총 11단계로 이루어져 있다.
③ 먼셀의 색상환은 총 10가지 색상으로 구성돼 있으며, 10가지 색상을 각기 10단계로 분류해 100가지가 되게 했다.
④ 먼셀 표색기호는 명도, 색상, 채도의 순으로 표시한다.

먼셀 표색계는 '색상, 명도, 채도'의 순으로 표현한다.

058 먼셀 표색계에서의 '6.5BG 5/8'에 대한 설명으로 가장 적절한 것은?

① 명도는 8단계이다.
② 명도는 BG이다.
③ 명도는 5단계이다.
④ 명도는 6.5단계이다.

- 먼셀 색상 체계에서 '6.5BG 5/8'은 색상을 표현하는 방법이다.
- 6.5BG에서 BG는 청록색 계열을 나타내고, 6.5는 색상의 농도를 나타낸다.
- 5/8에서 5는 명도를 나타내며, 8은 색상의 채도를 나타낸다. 따라서 명도는 5단계이다.

059 오스트발트의 색채 조화론에 관한 설명으로 틀린 것은?

① 동일한 흑색양으로 기호와 문자가 같은 색들은 서로 조화된다.
② 흰색으로부터 같은 거리에 있는 색들은 서로 조화된다.
③ 무채색 축에 평행한 수직선상의 색들은 서로 조화된다.
④ 순색과 백색은 조화롭지만 순색과 흑색은 조화롭지 않다.

오스트발트의 색채 조화론에 따르면, 순색(채도가 높은 색)과 백색은 잘 조화를 이루지만, 순색과 흑색도 조화를 이룰 수 있다. 즉, 흑색도 무채색 축 상에서 색의 조화를 돕는 요소로 작용할 수 있으며, 순색과 흑색이 반드시 조화롭지 않다는 것은 옳지 않다.

16 | 퍼스널 이미지 제안

퍼스널컬러 분류

웜톤	• 피부가 따뜻한 느낌 • 따뜻한 색상이 잘 어울림
쿨톤	• 피부가 차가운 느낌 • 차가운 색상이 잘 어울림

퍼스널컬러 진단

컬러 드레이핑, 맨얼굴, 액세서리 미착용, 햇살이 좋을 때, 중성광

퍼스널컬러 제안

봄 유형에 어울리는 컬러	
여름 유형에 어울리는 컬러	
가을 유형에 어울리는 컬러	
겨울 유형에 어울리는 컬러	

---

060 얼굴이 축소돼 보이기 위해 수정할 때 활용되는 색의 속성으로 가장 적절한 것은?

① 입술 색상은 저명도, 고채도의 색을 사용한다.
② 메이크업의 전체적인 색상은 딥 톤의 색을 사용한다.
③ 색조 메이크업은 중채도, 중명도의 색을 선택하고, 베이스 색상은 피부색보다 한 톤 밝은 색을 사용한다.
④ 부드러운 이미지를 위해 색조 메이크업은 저명도의 색만을 사용한다.

딥 톤의 색상은 얼굴을 시각적으로 축소시키고, 선을 강조해 더 조밀하고 세밀한 느낌을 줄 수 있다. 이는 얼굴을 더 작은 느낌으로 보이게 하는 데 효과적이다.

061 여성스럽고 우아한 느낌의 메이크업을 표현하기 위해 사용한 색상과 톤으로 가장 적절한 것은?

① 입술 색상은 저명도, 고채도의 색을 쓴다.
② 메이크업의 전체적인 색상은 딥 톤의 색상을 쓴다.
③ 색조 메이크업은 중채도, 중명도의 색을 선택하고, 베이스 색상은 피부색보다 한 톤 밝은 색을 쓴다.
④ 부드러운 이미지를 위해 색조 메이크업은 저명도의 색만을 쓴다.

중채도, 중명도의 색상은 자연스럽고 부드러운 느낌을 주며, 우아하고 세련된 이미지를 연출하는 데 적합하다. 또한 베이스 색상은 피부톤보다 한 톤 밝은 색을 사용하면 자연스럽고 깨끗한 피부 표현을 할 수 있어 여성스럽고 우아한 느낌을 강조할 수 있다.

062 피부표현은 밝고 화사하게 하고, 색상표현은 그린과 연분홍 등의 파스텔 색조를 사용하기에 가장 적합한 계절은?

① 봄
② 여름
③ 가을
④ 겨울

봄은 자연에서 밝고 화사한 색조가 특징인 계절로, 파스텔톤의 색상이 잘 어울린다. 봄에 맞는 색조는 부드럽고 가벼운 느낌을 주는 색상들이며, 연분홍 · 민트그린 · 하늘색 등의 파스텔톤이 많이 사용된다.

063 퍼스널컬러 중 여름 로맨틱 이미지를 연출하려고 할 때 틀린 것은?

① 진주나 부드러운 빛의 비즈를 곁들인 섬세한 액세서리로 장식한다.
② 라이트톤의 프릴이나 드레이프가 있는 원피스로 섬세하고 우아하게 연출한다.
③ 비비드한 색조의 원피스나 블라우스로 액티브하게 표현한다.
④ 핑크, 로즈, 퍼플 계열의 밝고 은은한 배색이 어울린다.

여름 퍼스널컬러는 차가운 색조가 특징이며, 로맨틱 이미지를 연출하려면 부드럽고 섬세한 톤이 어울린다. 비비드한 색조는 여름 타입에 잘 맞지 않으며, 로맨틱한 이미지를 주기보다는 더 강렬하고 활동적인 인상을 줄 수 있다. 따라서 여름 로맨틱 스타일에는 차분하고 우아한 색상이 적합하다.

064 계절에 따른 메이크업 색상으로 적절하지 <u>않은</u> 것은?

① 가을 : 베이지, 브라운, 골드
② 여름 : 화이트, 블루, 바이올렛
③ 겨울 : 레드, 오렌지, 옐로
④ 봄 : 옐로, 오렌지, 그린 계열

겨울 계절에 어울리는 메이크업 색상은 일반적으로 차가운 톤의 색상이 잘 어울린다. 레드와 오렌지 색상은 가을이나 여름에 더 적합하고, 겨울에는 레드 계열도 차가운 블루 톤이 어울리며, 옐로는 겨울에는 잘 맞지 않는 색상이다.

065 브라운 컬러에 골드 펄을 가미해 깊이 있는 눈과 차분하고 럭셔리한 분위기를 연출하는 것이 어울리는 계절 메이크업은?

① 겨울
② 여름
③ 가을
④ 봄

브라운 컬러에 골드 펄을 가미해 깊이 있는 눈과 차분하고 럭셔리한 분위기를 연출하는 메이크업은 가을에 가장 어울린다. 가을은 따뜻하고 풍성한 느낌의 색상들이 잘 어울리며, 브라운과 골드 펄은 가을의 차분하면서도 따뜻한 분위기를 강조하는 데 적합하다.

066 여름 메이크업 표현법과 적절하지 <u>않은</u> 것은?

① 쉬운 세안을 위해 물에 잘 지워지는 제품을 사용한다.
② 자외선을 차단할 수 있는 제품을 사용한다.
③ 땀이 나면 얼룩질 수 있으므로 두껍지 않게 파운데이션을 골고루 섬세하게 펴 바른다.
④ 블루, 민트 등의 한색을 선택한다.

여름 메이크업에서는 땀과 피지로 인해 메이크업이 지워지거나 흐를 수 있기 때문에 물에 잘 지워지는 제품을 사용하는 것은 적합하지 않다. 여름에는 '오일 프리, 롱 웨어' 제품을 사용하는 것이 더 효과적이다. 물에 잘 지워지는 제품은 여름의 땀과 습기 속에서 쉽게 지워져 메이크업이 유지되기 어려울 수 있다.

067 색조 팔레트에 해당하는 퍼스널컬러 유형으로 가장 적절한 것은?

- 파운데이션 : 웜 베이지, 내추럴 베이지, 코랄 베이지, 골든 베이지
- 아이섀도 : 골드, 카키, 올리브 그린, 브라운 계열
- 블러셔 : 코랄 핑크, 레드 오렌지 계열
- 립스틱 : 버건디, 레드 계열

① 겨울 유형
② 가을 유형
③ 봄 유형
④ 여름 유형

가을의 퍼스널컬러는 따뜻하고 깊은 톤이 특징이다. 웜 베이지·골드·카키·올리브 그린·브라운 계열의 색조 팔레트, 코랄·레드 오렌지 계열의 블러셔, 버건디·레드 계열의 립스틱은 모두 가을 타입에 적합한 색상이다. 이 색상들은 따뜻하고 자연스러운 느낌을 주며, 가을 퍼스널컬러에 잘 어울린다.

068 퍼스널컬러 유형별 메이크업과 어울리는 색상을 연결한 것으로 옳지 <u>않은</u> 것은?

① 봄 메이크업 : 오렌지, 피치, 핑크
② 여름 메이크업 : 화이트, 블루, 골드
③ 가을 메이크업 : 아이보리, 카키, 브라운
④ 겨울 메이크업 : 화이트, 레드, 와인

여름의 퍼스널컬러는 부드럽고 차가운 파스텔톤, 쿨톤의 색상이 어울린다. 화이트와 블루는 적합할 수 있지만, 골드는 따뜻한 계열로 여름 타입보다는 가을 타입에 어울리는 색상이다. 여름 메이크업에는 라벤더, 로즈 핑크, 연한 블루, 소프트한 회색 계열의 색상이 더 적합하다.

069 겨울 메이크업에 가장 어울리는 색상은?

① 파스텔 그린
② 딥 레드
③ 레드 오렌지
④ 브라운

겨울 메이크업에 가장 어울리는 색상은 딥레드이다. 겨울은 차가운 톤의 계절로, 딥레드나 블루 톤의 레드가 잘 어울린다. 딥레드는 겨울 메이크업에 강렬하면서도 세련된 느낌을 주어, 겨울철 메이크업에 자주 사용된다.

070 봄 계절에 어울리는 아이섀도의 색상과 톤으로 가장 적절한 것은?

① 주황 – 덜(Dull) 톤
② 파랑 – 그레이시(Grayish) 톤
③ 초록 – 라이트(Light) 톤
④ 빨강 – 딥(Deep) 톤

봄 계절에 어울리는 아이섀도는 밝고 화사한 색상과 톤이 특징이다. 봄에는 라이트 톤의 색상이 자연스럽고 신선한 느낌을 주며, 초록 계열의 색상은 봄의 생동감과 잘 어울린다. 특히, 라이트 그린은 밝고 부드럽게 피부에 어울리며, 봄의 분위기를 잘 표현한다.

---

17 | 기초화장품 선택 합격 강의

정상 피부
피부 보호 능력 저하의 최소화, 보습 유지·관리에 도움이 되는 제품을 사용한다.

건성 피부
유수분 균형을 정상화하는 데 도움이 되는 제품을 사용한다.

지성 피부
모공 속 피지·노폐물 제거, 여드름 예방, 피지 조절에 도움이 되는 제품(수분 에센스)을 사용한다.

---

071 보습효과가 높은 화장수와 영양성분이 높은 크림을 기초화장품으로 적용해야 할 피부유형으로 가장 적절한 것은?

① 복합성 피부
② 건성 피부
③ 정상 피부
④ 지성 피부

건성 피부는 수분과 영양이 부족한 상태이므로, 보습과 영양이 풍부한 화장수와 크림을 사용해 피부를 촉촉하고 건강하게 유지하는 것이 중요하다. 반면, 복합성 피부, 정상 피부, 지성 피부는 보습과 영양보다는 유분 조절이나 가벼운 텍스처의 제품이 더 적합할 수 있다.

---

072 단순 지성 피부와 관련한 내용으로 틀린 것은?

① 지성 피부에서는 여드름이 쉽게 발생할 수 있다.
② 세안 후에는 충분하게 헹구어 주는 것이 좋다.
③ 일반적으로 외부의 자극에 영향이 많아 관리가 어려운 편이다.
④ 다른 지방 성분에는 영향을 주지 않으면서 과도한 피지를 제거하는 것이 원칙이다.

단순 지성 피부는 피지 분비가 많은 상태로, 피부가 비교적 두껍고 외부 자극에 대해 강한 편이다. 외부 환경이나 자극에 의해 쉽게 영향을 받는 피부는 민감성 피부에 해당한다. 따라서 지성 피부는 일반적으로 관리가 어렵다고 보기 어렵다.

---

18 | 베이스 메이크업 합격 강의

베이스메이크업의 목적
피부 색조를 정돈하는 것이다.

메이크업 베이스
피부 색조 보정, 파운데이션의 퍼짐성·밀착력·지속력 등의 증진 등의 효과가 있다.

---

073 메이크업 베이스와 관련한 설명으로 가장 적절한 것은?

① 핑크 컬러의 베이스는 모세혈관 확장으로 울긋불긋한 피부와 잡티가 많은 피부, 여드름 자국이 심한 피부에 사용한다.
② 지성 피부에는 리퀴드 타입의 메이크업 베이스가 적합하다.
③ 파운데이션을 고르게 펴 바를 때 색이 섞이면서 피부색과 자연스럽게 중화해 주므로 파운데이션 사용 후 사용한다.
④ 창백하고 혈색이 없는 피부를 화사하게 연출하기 위해서는 그린 컬러의 베이스가 적합하다.

지성 피부는 리퀴드 타입의 베이스를 사용하기 전에 프라이머를 활용하면 더욱 좋다.

074 긴 얼굴형의 윤곽 수정 방법으로 적절하지 않은 것은?

① 콧등 전체에 하이라이트를 주어 입체감 있게 표현한다.
② 노즈 섀도는 짧게 칠한다.
③ 눈 밑은 폭넓게 수평형의 하이라이트를 준다.
④ 이마와 아래턱은 섀딩 처리해 얼굴의 길이가 짧아 보이게 한다.

콧등 전체에 하이라이트를 주면 중심인 코가 부각돼 얼굴이 오히려 더욱 길어 보일 수 있다.

075 파운데이션 사용법에 대한 설명으로 가장 적절한 것은?

① 크림 파운데이션은 적당한 유분감과 커버력이 있어 중년층과 건성 피부의 여성이 사용하기에 좋고, 커버력을 높이기 위해서 패팅 기법으로 두드리듯 발라 준다.
② 파우더 파운데이션은 휴대가 용이하며 적당한 유분감으로 건성 피부에 많이 사용한다.
③ 잡티 커버를 위해 무스 타입의 파운데이션을 파운데이션 브러시로 가볍게 발라 준다.
④ 스틱 파운데이션은 고형 제품으로 커버력은 강하나 지속력이 떨어져 전문가용으로 사용된다.

크림 파운데이션은 보통 유분감이 있어 건성 피부나 중년층에게 적합하며, 커버력이 뛰어나기 때문에 패팅 기법을 사용해 두드리며 바르면 더욱 고르게 발리고 자연스러운 커버가 가능하다.

076 파운데이션의 일반적인 기능으로 적절하지 않은 것은?

① 피지의 분비를 억제해 화장물이 오랫동안 발려 있게 한다.
② 자외선으로부터 피부를 보호한다.
③ 피부색을 기호에 맞게 바꿔 준다.
④ 피부의 기미, 주근깨 등의 결점을 커버한다.

파운데이션 자체는 피지 분비를 억제하는 기능이 없다. 피지 분비를 조절하려면 프라이머나 매트 피니시 제품, 또는 스킨케어 단계에서 피지 조절 제품을 사용하는 것이 일반적이다.

077 얼굴형에 따른 섀딩 부위에 대한 설명으로 가장 적절한 것은?

① 사각형 – 헤어라인
② 긴 형 – 양볼 뒤쪽
③ 둥근형 – 이마 양쪽
④ 마름모형 – 광대뼈와 뾰족한 턱

마름모형 얼굴은 광대뼈와 뾰족한 턱이 특징인 얼굴형이다. 이 얼굴형은 섀딩을 통해 광대뼈와 턱을 시각적으로 부드럽게 하고, 얼굴이 더 균형 잡히도록 만든다.

078 둥근형 얼굴을 표준형에 가깝게 만들기 위한 부위별 수정화장법으로 가장 적절한 것은?

① 콧등을 길게 해 얼굴이 갸름해 보이도록 어둡게 표현한다.
② 눈썹은 눈썹산을 약간 올려 상승형으로 그린다.
③ 이마와 턱의 중간 부위는 어둡게 해 준다.
④ 얼굴의 양 관자놀이 부분을 밝게 해 준다.

둥근형 얼굴은 보통 얼굴의 길이에 비해 폭이 넓고 둥글게 보인다. 이를 갸름하게 보이도록 수정하는 방법으로 눈썹을 상승형으로 그려 얼굴이 더 길어 보이게 한다.

079 수정 메이크업 기법에 관한 설명으로 적절하지 않은 것은?

① 역삼각형 얼굴 – 이마 양끝과 턱 끝에 섀딩, 양볼에 하이라이트를 한다.
② 큰 입술 – 짙은 색상의 립스틱을 선택해 발라 준 후 펄이 든 립글로스로 한 번 더 발라 준다.
③ 작은 눈 – 눈 길이가 길어 보이도록 눈의 ½ 지점에서 눈꼬리 쪽으로 짙은 색 섀도를 연장해 발라 준다.
④ 짧은 코 – 눈썹 앞머리 부분에서부터 코 끝까지 하이라이트를 주어 길어 보이게 한다.

큰 입술에는 짙은 색상을 피하고, 자연스럽게 입술을 작게 보이게 하는 방법이 필요하다. 짙은 색 립스틱은 입술을 더 강조하고 커 보이게 할 수 있으므로, 큰 입술에는 자연스러운 색상이나 밝은 색상을 사용하는 것이 좋다. 또한, 펄이 든 립글로스를 추가하는 것은 입술을 더 도톰하고 눈에 띄게 할 수 있어, 큰 입술을 작게 보이게 하는 데 적합하지 않다.

080 브러시 사용법과 보관법에 관한 설명 중 **틀린** 것은?

① 미지근한 물에서 브러시 전용 세척제를 묻혀 결대로 세척한다.
② 브러시 모를 부드럽게 하기 위해 린스와 물을 섞은 물에 헹구어 마무리할 수 있다.
③ 브러시는 사용 후 즉시 물과 알코올의 1대1 혼합액을 뿌린 티슈로 닦아내는 것이 좋다.
④ 말릴 때는 물기를 제거한 후 손으로 모양을 잡고 털끝을 위로 세워서 말린다.

브러시는 말릴 때 털끝이 아래로 향하게 하거나 수평으로 눕혀서 말리는 것이 좋다. 털끝을 위로 세우면 물이 브러시 손잡이 내부로 흘러들어 가 접착제를 약화시키고 브러시를 손상시킬 수 있다.

19 | 메이크업 도구 세척 – 브러시의 세척
합격 강의

물 세척
- 브러시의 모의 끝만 물에 살짝 적신다.
- 물에 닿지 않도록 핸들 부분은 물에 닿지 않게 주의한다.

세제 세척
- 세제를 손바닥에 덜고, 브러시 끝부분을 가볍게 문지르며 세척한다.
- 너무 강하게 문지르지 않도록 주의한다.

헹구기
미온수로 세제 잔여물이 남지 않도록 충분히 헹군다.

건조
- 브러시를 수평으로 놓고 자연 건조시킨다.
- 브러시 끝이 아래로 향하도록 타월 위에 놓는다.

세척 주기
- 매일 사용하는 브러시는 1주일에 한 번 세척한다.
- 자주 사용하는 브러시일수록 더 자주 세척해야 한다.

20 | 색조 메이크업
합격 강의

색조 메이크업의 기능
- 피부톤을 보정한다.
- 얼굴에 색을 더해 입체감을 준다.
- 얼굴의 자연스러운 윤곽을 강조한다.
- 다양한 색상을 사용해 개성 있는 스타일을 연출할 수 있게 한다.

색조 메이크업의 요소
아이 메이크업, 치크 메이크업, 립 메이크업

081 차분하고 수수한 느낌을 주는 색조 메이크업으로 가장 적절한 것은?

① 중명도와 중채도의 색조 메이크업
② 저명도와 고채도의 색조 메이크업
③ 고명도와 고채도의 색조 메이크업
④ 저채도와 고명도의 색조 메이크업

중명도와 중채도의 색조는 너무 밝거나 어둡지 않으며, 너무 강렬하거나 부드럽지도 않아 자연스럽고 차분한 느낌을 준다. 이는 수수하고 세련된 이미지를 연출하는 데 적합하다.

21 | 아이브로 메이크업(Eyebrow Makeup)

아이브로 메이크업의 개념
아이브로 메이크업은 눈썹을 다듬고, 채워 넣어서 얼굴의 윤곽을 살리고, 전체적인 메이크업을 완성하는 중요한 과정이다.

아이브로 메이크업 팁
- 균형감 : 얼굴의 인상에 큰 영향을 미치므로, 자연스럽고 균형 있게 표현하는 것이 중요하다.
- 자신의 눈썹 모양에 맞춰 그리기 : 눈썹은 각자의 자연스러운 모양을 바탕으로 다듬고 그려야 하며, 너무 각지지 않게 부드러운 곡선으로 그리는 것이 중요하다.
- 색상 선택 : 눈썹 색상은 머리카락 색상에 맞춰 선택해야 자연스럽다. 머리카락이 어두운 색일 경우 조금 더 진한 색을 선택하고, 머리카락 색이 밝을 경우 조금 더 연한 색을 사용한다.
- 과도한 손길은 금물 : 너무 강한 선이나 과도한 양을 사용하면 인위적으로 보일 수 있으므로, 가벼운 터치로 점차적으로 색을 쌓아 가며 작업한다.

082 역삼각형 얼굴형에 어울리는 아이브로 메이크업으로 적절하지 <u>않은</u> 것은?

① 눈썹산을 다소 앞으로 당겨 그린다.
② 아치형으로 그린다.
③ 일자형 눈썹을 그린다.
④ 다소 가늘게 그린다.

역삼각형 얼굴형은 보통 광대뼈가 넓고 턱이 뾰족한 특징이 있다. 광대와 뾰족한 느낌을 보완하기 위해 일자형보다는 아치형을 추천한다.

083 눈썹을 그릴 때 주의사항으로 적절하지 <u>않은</u> 것은?

① 눈썹꼬리는 눈썹 앞머리보다 내려서 그린다.
② 본래의 눈썹 색상과 비슷한 색상을 선택한다.
③ 눈썹 앞머리를 각지게 그리거나 색상을 강하게 표현하지 않는다.
④ 일직선으로 한 번에 그리지 말고 결대로 한올 한올 심듯이 그린다.

눈썹을 그릴 때 눈썹꼬리를 눈썹 앞머리보다 내려서 그리면 부자연스럽고 처진 인상을 줄 수 있으므로 피해야 한다. 눈썹꼬리는 눈썹 앞머리보다 약간 위쪽으로 올라가거나, 적어도 동일 선상에 있도록 그려야 얼굴이 생기 있고 조화로운 인상을 줄 수 있다.

084 눈썹이 굵고 진한 여성의 문제점을 해결하기 위해 가장 좋은 메이크업의 방법은?

① 투명마스카라를 이용해 눈썹결을 살려 빗어주고 고르지 않은 부분은 펜슬로 그려준다.
② 앞의 눈썹을 제거하고 눈썹 뒷부분을 가늘게 그려 준다.
③ 눈썹가위로 눈썹 끝을 조금만 잘라 주어 자연스럽게 손질한다.
④ 아이섀도나 펜슬로 눈썹 앞머리를 그려주고 뒷부분은 자연스럽게 둔다.

굵고 진한 눈썹이기 때문에 정리되지 않은 눈썹 끝만 깔끔하게 정리해 주고 자연스럽게 손질하는 것이 좋다.

22 | 아이 메이크업

아이섀도(Eyeshadow)
- 눈꺼풀에 색을 더해 눈을 강조하는 제품이다.
- 여러 색상과 질감이 있으며, 눈의 모양과 크기에 맞는 색조를 선택하는 것이 중요하다.

아이라이너(Eyeliner)
- 눈의 형태를 강조하고, 눈을 더욱 또렷하게 하는 제품이다.
- 눈썹과 눈의 라인을 따라 그리며, 눈의 크기나 모양에 따라 다양한 스타일을 만들 수 있다.

마스카라(Mascara)
- 속눈썹을 길고 풍성하게 하는 제품이다.
- 눈을 강조하고, 눈을 더욱 선명하게 보이게 하는 데 중요한 역할을 한다.

085 다음에서 설명하는 메이크업에 가장 적합한 눈의 형태는?

아이라인은 젤 타입으로 라인을 다소 두껍게 그렸으며, 아이라인에 경계가 생기지 않게 아이섀도를 이용해 그러데이션하고 아이섀도 컬러는 펄이나 붉은 색상을 피했다.

① 올라간 상승형의 눈
② 움푹 들어간 눈
③ 눈두덩이가 두둑한 눈
④ 양미간이 넓은 눈

눈두덩이가 두둑한 눈은 두꺼운 아이라인을 그리거나 아이섀도로 라인을 자연스럽게 그레이데이션하는 스타일이 잘 어울린다. 두둑한 눈두덩이는 아이라인 경계가 드러나기 쉽기 때문에, 아이라인의 경계를 자연스럽게 흐리기 위해 아이섀도를 사용해 라인을 부드럽게 연결하는 것이 좋다.

086 아이섀도의 언더컬러 표현 방법으로 가장 적절한 메이크업 방법은?

① 아이섀도 색상 중 가장 어두운 색으로 표현한다.
② 검은색으로 넓게 펴 바른다.
③ 포인트 컬러와 자연스럽게 연결되도록 표현한다.
④ 많은 양의 아이섀도를 사용해 두껍게 펴 바른다.

아이섀도의 언더컬러는 상단의 포인트 컬러와 자연스럽게 연결되도록 발라 주는 것이 가장 이상적이다. 이렇게 하면 전체적인 메이크업이 조화롭고 부드럽게 이어지며, 과하지 않게 눈을 강조할 수 있다.

087 부은 눈을 보완하기 위한 아이섀도 메이크업 방법으로 가장 적절한 것은?

① 붉은 계열의 아이섀도는 피하고 중간 톤의 브라운 계열로 눈 전체를 자연스럽게 펴 바른다.
② 아이섀도의 포인트를 크게 잡고 아이라인도 비교적 두껍게 그려 준다.
③ 밝은색의 아이섀도를 사용한다.
④ 아이라인을 본연의 눈꼬리보다 약간 올려 그려 준다.

부은 눈은 자연스럽게 음영을 줘서 부기를 덜 부각하는 것이 중요하다. 중간 톤의 브라운 계열은 자연스럽게 음영 효과를 만들어 부은 느낌을 완화해 준다.

088 다음에서 설명하는 아이섀도 제품의 제형은?

- 장시간 지속효과가 있다.
- 기온변화로 번들거림이 생기는 단점이 있다.
- 유분이 함유돼 부드럽고 매끄럽게 펴바를 수 있다.
- 제품 도포 후 파우더로 색을 고정해 지속력과 색의 선명도를 향상할 수 있다.

① 파우더 타입
② 크림 타입
③ 펜슬 타입
④ 케이크 타입

'유분, 번들거림, 파우더 사용' 등의 키워드는 크림의 성분과 제형에서 드러나는 특징이다.

089 마스카라를 사용하는 목적은?

① 속눈썹을 하나씩 분리하는 것이다.
② 속눈썹을 매끄럽지 않게 하는 것이다.
③ 속눈썹을 짧게 하는 것이다.
④ 속눈썹을 짙고 길게 보이게 해 매력적인 눈을 연출한다.

마스카라의 주된 목적은 속눈썹을 강조해 눈을 더욱 돋보이게 만드는 것이다. 속눈썹을 더 길고 풍성하게 보이게 하며, 볼륨과 컬링 효과를 통해 눈매를 또렷하고 매력적으로 연출한다.

090 블러셔 제품의 사용 방법으로 적절하지 <u>않은</u> 것은?

① 건강하고 생동감 있는 표정에는 오렌지 계열이 잘 어울린다.
② 촉촉하고 부드러운 느낌을 주기 위해 크림 타입을 사용한다.
③ 귀엽고 사랑스러운 느낌을 위해 핑크색을 사용한다.
④ 크림 타입의 블러셔는 파우더를 바른 후 사용해 촉촉함을 유지시켜 준다.

크림 타입의 블러셔는 일반적으로 파우더 타입의 제품을 바르기 전에 사용하는 것이 적합하다. 크림 타입을 파우더 제품 후에 사용하면 파우더와 크림이 섞여 발림이 고르지 않거나 뭉칠 수 있다. 크림 타입 블러셔는 보통 파우더 전에 사용해 피부에 촉촉한 느낌을 주고, 처리 후에는 파우더로 마무리해 지속력을 높일 수 있다.

23 | 립 메이크업

자연스러운 립(Nude Lips)
- 자연스럽고 자연스러운 립 메이크업은 주로 핑크, 베이지, 코랄 톤의 립스틱을 사용한다.
- 립라인이 뚜렷하지 않고, 피부색과 유사한 색상으로 표현된다.
- 자연스러운 립 메이크업은 일상적이고 세련된 이미지를 준다.

매트 립(Matte Lips)
- 매트 립은 더욱 강렬하고, 완벽한 립 라인을 강조하는 스타일이다.
- 비비드한 레드, 버건디, 딥 플럼 등 고강도의 색상이 특징이며, 립스틱에 매트한 질감이 주는 세련됨과 고급스러운 느낌이 돋보인다.
- 매트 립은 오랫동안 지속돼 데일리 메이크업뿐만 아니라 파티 메이크업에도 적합하다.

글로시 립(Glossy Lips)
- 광택이 나는 립스틱이나 립글로스를 사용해 촉촉하고 반짝이는 입술을 강조한다.
- 글로시 립은 청순하고 건강한 이미지를 연출하며, 특히 핑크나 코랄, 베이지 톤으로 자연스럽게 표현할 수 있다.

그러데이션 립(Gradient Lips)
- 그러데이션 립은 입술 안쪽에 더 진한 색을 바르고 바깥쪽은 자연스럽게 풀어 주는 기법이다.
- 자연스럽게 번진 듯한 색상이 특징으로, 과하지 않으면서도 사랑스러운 이미지를 강조한다. 주로 연한 핑크나 코랄 색상을 많이 사용한다.

091 립라이너에 관한 설명으로 가장 적절한 것은?

① 립스틱의 색상과 유사한 색상을 선택한다.
② 색상이 다양하지 못하다.
③ 립스틱을 바른 입술 위에 광택을 줄 때 사용한다.
④ 립스틱의 색상과 상관없이 선택해도 무방하다.

립라이너는 립스틱의 색상과 유사한 색상을 선택해 입술의 선을 강조하고, 립스틱이 번지지 않도록 고정하는 역할을 한다. 립스틱 색상과 맞춰 선택하면 자연스럽고 깔끔한 룩을 완성할 수 있다.

092 두꺼운 입술을 보완하기에 가장 적합한 립스틱은?

① 핑크색의 립스틱
② 글로시한 질감의 립스틱
③ 펄이 있는 립스틱
④ 펄이 없고 매트한 립스틱

두꺼운 입술을 보완하려면 시각적으로 입술을 더 도드라지게 하지 않는 제품을 선택해야 한다. 매트한 질감의 립스틱은 빛을 반사하지 않아서 입술을 더 작고 단정해 보이게 하는 효과가 있다. 반면에 펄이나 글로시한 제품은 입술을 더 강조하고 볼륨감이 있어 보이게 만들기 때문에 두꺼운 입술 보완하기에는 적합하지 않다.

093 립스틱 색상을 선택할 때 유의사항과 관련한 설명으로 적절하지 <u>않은</u> 것은?

① 잇몸이 많이 드러나는 사람은 스킨 계열의 색상을 선택하는 것이 좋다.
② 흰 피부의 여성은 핑크, 퍼플 계열의 립 색상을 선택하면 혈색을 보완할 수 있다.
③ 치아가 누런 사람은 핑크 계열의 색상을 선택하도록 한다.
④ 노란기가 도는 피부는 오렌지 또는 브라운 계열의 색상을 선택하는 것이 좋다.

핑크계열의 색상보다는 퍼플계열에 짙은 컬러를 사용하는 것을 추천한다.

24 | 치크 메이크업

치크 메이크업의 개념
블러셔(크림, 파우더, 젤, 스틱 등)를 사용해 볼에 색감을 추가하는 것이다.

치크 메이트업의 기본적인 기법
- 자연스러운 혈색을 표현하기 위해, 피부톤에 맞는 색상을 선택하는 것이 중요하다.
- 지나치게 강한 색보다는 피부에 자연스럽게 녹아드는 색(핑크 등)을 선택하는 것이 좋다.

치크 색상 선택
- 쿨톤 피부에는 핑크·로즈·베리 계열 색상이 잘 어울린다.
- 웜톤 피부에는 코랄·피치·오렌지 계열 색상이 잘 어울린다.

094 얼굴형에 따른 치크 메이크업 테크닉 시 얼굴이 갸름해 보이도록 광대뼈 아래부터 입꼬리를 향해 사선으로 표현해야 하는 얼굴형은?

① 긴형
② 둥근형
③ 역삼각형
④ 사각형

둥근형 얼굴은 부드러운 곡선을 가지며, 얼굴이 짧고 넓어 보이는 특징이 있다. 이 경우, 치크를 광대뼈 아래에서 입꼬리를 향해 사선으로 표현하면 얼굴이 갸름하고 길어 보이는 효과를 줄 수 있다. 이 테크닉은 얼굴에 음영감을 더해 윤곽을 강조하고, 둥근형 얼굴의 넓어 보이는 인상을 보완한다.

095 치크 메이크업을 표현할 때 주의해야 할 점으로 적절하지 않은 것은?

① 반드시 볼 안쪽 가까이까지 표현해야 한다.
② 적은 양을 여러 번 덧발라 주어 경계지지 않게 한다.
③ 전체적인 색조화장 톤과 동색 계열의 색으로 표현한다.
④ 지나치게 강한 것보다 혈색이 느껴질 정도로 은은하게 하는 것이 효과적이다.

치크 메이크업에서 볼 안쪽(코 가까이)까지 색을 표현하면 얼굴이 답답하고 부자연스러워 보일 수 있다. 치크는 일반적으로 광대뼈 중심에서 바깥쪽으로 퍼지게 표현해야 자연스럽고 세련된 이미지를 연출할 수 있다.

096 얼굴형에 따른 블러셔의 위치 및 방법으로 가장 적절한 것은?

① 다이아몬드형 : 둥근 느낌으로 광대뼈를 감싸듯이
② 긴형 : 입꼬리를 향해서
③ 둥근형 : 둥근 느낌으로 코끝을 향해서
④ 역삼각형 : 사선으로 턱끝을 향해서

오답 피하기
② 긴형 : 귀 앞부분에서 입꼬리 방향으로 사선처리한다.
③ 둥근형 : 광대뼈에서 입꼬리 방향으로 사선처리한다.
④ 역삼각형 : 광대뼈 윗부분에서 부드럽게 처리한다.

25 | 인조 속눈썹 메이크업

속눈썹 연장의 과정
클렌징 – 아이패드 부착 – 속눈썹 연장 – 건조 및 마무리

속눈썹 연장의 종류
- 싱글 속눈썹 연장 : 각 속눈썹에 하나씩 붙이는 방식으로, 자연스럽고 세련된 효과를 준다.
- 볼륨 속눈썹 연장 : 여러 개의 얇은 속눈썹을 하나의 속눈썹에 부착하는 방식으로, 풍성하고 볼륨감 있는 속눈썹을 연출한다. 특히 3D, 6D, 9D 등 다양한 볼륨 기법이 있다.
- 러시안 볼륨 : 여러 개의 얇은 속눈썹을 클러스터로 만들어 하나의 속눈썹에 붙이는 방식으로, 볼륨감을 극대화하는 방법이다.
- 컬러 속눈썹 : 기본적인 검은색 외에도 다양한 색상의 속눈썹을 사용해 개성을 더할 수 있다.

097 속눈썹 연장 방법을 설명한 내용 중 옳은 것은?

① 모근의 형태와 방향을 고려해 2모씩 작업한다.
② 가모의 길이는 눈앞 쪽을 기준으로 뒤로 갈수록 점점 짧아진다.
③ 속눈썹 시작점부터 1~1.5㎜ 떨어진 지점부터 붙여 준다.
④ 인증된 글루만을 사용하며 한 방울 정도씩 눈꺼풀에 덜어 사용한다.

속눈썹 연장 시, 속눈썹의 시작점부터 1~1.5㎜ 떨어진 지점에 인조 속눈썹을 붙이는 것이 중요하다. 이는 눈에 부담을 주지 않으며 자연스럽게 속눈썹을 연장할 수 있도록 도와준다. 또한, 눈꺼풀에 직접적인 자극을 주지 않도록 해, 속눈썹 연장이 오랜 시간 지속되도록 할 수 있다.

098 속눈썹 연장술로 인해 발생할 수 있는 직접적인 병변이 아닌 것은?

① 피부염
② 황반변성
③ 안구건조증
④ 소양증

황반변성은 주로 나이가 들어감에 따라 발생하는 안구 속의 황반에 발생하는 질환으로, 속눈썹 연장술과 직접적인 관련은 없다.

오답 피하기
속눈썹 연장술로 인해 발생하는 질환은 안구 밖과 눈 주변에 발생하는 피부염(①), 안구건조증(③), 소양증(④)과 같은 질환이다.

099 속눈썹 연장 시 주의해야 할 사항으로 적절하지 않은 것은?

① 속눈썹 전용 전처리제를 우드스틱에 묻혀 위아래 속눈썹 모근을 닦아낸 후 아이패치를 붙인다.
② 접착제 도포 후 이상 반응 시 바로 응급처치를 한다.
③ 글루를 수직으로 세워 글루판에 1~2방울 떨어뜨려 사용한다.
④ 눈의 양쪽 가장자리에서 1.5~2㎜ 정도 공간을 두고 붙여야 한다.

전처리제를 마이크로 면봉에 묻혀 우드스틱과 함께 속눈썹을 닦아낸다.

---

26 | 본식웨딩 메이크업

웨딩 메이크업에서 주의할 점
- 지속력 : 결혼식은 오랜 시간 지속되므로, 메이크업이 하루 종일 지속될 수 있도록 세팅 파우더나 메이크업 픽서를 사용해 준다.
- 조명 고려 : 결혼식에서는 강한 조명이나 플래시가 많기 때문에, 메이크업이 지나치게 반사되거나 끈적이지 않도록 적당한 양을 사용하는 것이 중요하다.
- 피부 타입에 맞는 제품 사용 : 신부의 피부 타입에 따라 건성인 경우에는 수분감 있는 제품을, 지성인 경우에는 유분을 잡아주는 제품을 사용하는 것이 좋다.
- 자연스러움과 화려함의 균형 : 너무 과한 메이크업보다는 자연스럽고 고급스러운 느낌을 주되, 결혼식의 특별한 날을 기념할 수 있는 화려함을 덧붙여야 한다.

본식 웨딩 메이크업 스타일
- 로맨틱한 스타일 : 부드러운 핑크나 코랄 톤의 색감을 사용해 신부의 여성스럽고 사랑스러운 느낌을 강조한다.
- 클래식한 스타일 : 내추럴하고 우아한 분위기의 메이크업으로, 주로 뉴트럴 톤과 차분한 입술 색이 특징이다.
- 글래머러스한 스타일 : 좀 더 드라마틱한 메이크업으로, 짙은 아이라인과 강한 섀딩, 눈에 띄는 립 컬러로 강렬한 이미지를 표현할 수 있다.

---

100 웨딩 메이크업 작업 시 얼굴형을 보완하는 블러셔 모양을 바르게 짝지은 것은?

① 긴 얼굴형 – 광대뼈 사선 방향
② 각진 얼굴형 – 광대뼈 사선 형태
③ 동그란 얼굴형 – 앞볼 중앙 동그란 형태
④ 긴 얼굴형 – 앞볼 가로 방향

긴 얼굴형은 얼굴이 길어 보이는 특징이 있으므로, 앞볼을 가로 방향으로 블러셔를 발라 얼굴이 넓어 보이도록 만들어 준다. 가로로 퍼지는 블러셔는 얼굴의 길이를 시각적으로 줄여 주고, 균형을 맞추는 데 도움이 된다.

101 둥근 얼굴형을 가진 신부를 위한 메이크업 수정법으로 적절하지 않은 것은?

① 노즈 섀도는 생략한다.
② 둥근 얼굴형을 시원하게 보이기 위해 얼굴 외곽을 섀딩 처리한다.
③ T존을 하이라이트 처리하고 상승형의 눈썹을 그린다.
④ 관자놀이에서 광대뼈 앞쪽으로 세로형의 블러셔를 한다.

둥근 얼굴형을 가진 사람은 얼굴을 길어 보이게 하기 위해서 얼굴 외곽에 음영을 주는 것이 중요하다. 노즈 섀도는 코를 슬림하게 보이게 할 수 있는 중요한 테크닉이므로 생략하지 않고 적절히 활용하는 것이 좋다.

102 신랑 메이크업으로 적절하지 않은 것은?

① 강한 조명을 고려해 본인 피부톤보다 한 톤 밝은 파운데이션으로 표현한다.
② 눈썹은 인위적이지 않게 자연스럽게 그려 준다.
③ 입술은 립글로스와 입술색과 같은 색으로 가볍게 표현한다.
④ 전체적으로 최대한 자연스럽게 표현해 주는 것이 중요하다.

자연스럽게 하는 것은 좋지만 최대한 자연스럽게 표현하는 것이 아니라 신랑의 피부톤에 맞춰 적절한 제품을 사용해 표현해 준다.

103 본식 웨딩의 한복 메이크업 시 유의해야 할 내용으로 적절하지 <u>않은</u> 것은?

① 화려한 원색 계열의 한복은 너무 강하거나 화려한 색상의 메이크업을 피해 절제되도록 표현한다.
② 눈썹은 아치형으로 그려 우아해 보이도록 표현한다.
③ 피부는 한 톤 어둡게 표현해 자연스러운 피부톤을 연출하도록 한다.
④ 한복의 색상과 조화를 이루도록 은은하고 자연스러운 색조를 선택하는 것이 좋다.

> 한복 메이크업은 전통미와 단아함을 강조하기 위해 피부를 깨끗하고 밝게 표현하는 것이 일반적이다. 피부를 한 톤 어둡게 표현하는 것은 한복 메이크업의 방법과 거리가 멀다.

104 30대 후반 여성이 로맨틱풍의 젊어 보이는 신부 메이크업을 의뢰해 왔을 경우, 이 신부를 메이크업할 때 주의해야 할 사항으로 적절하지 <u>않은</u> 것은?

① 잡티가 늘어나는 시기이므로 얼굴 전체에 스틱 파운데이션을 다소 두껍게 발라 완벽하게 피부를 커버했다.
② 귀엽고 사랑스러운 신부 이미지 연출을 위해 볼 중앙 부위에 화사하게 블러셔를 칠해주었다.
③ 20대 여성에 비해 피부 탄력이 떨어져 있으므로 기초 제품 선택 시 충분한 유·수분 밸런스를 잡아 주었다.
④ 눈썹형은 아이섀도를 이용해 과장되지 않고 자연스럽게 그렸다.

> 신부 메이크업에서 피부 표현 시 자연스러움과 생기를 강조해야 한다. 얼굴 전체에 스틱 파운데이션을 두껍게 바르는 것은 오히려 피부를 답답하고 무겁게 보이게 하며, 주름이나 피붓결이 도드라지게 할 수 있다. 커버가 필요한 부위는 컨실러를 활용해, 피부를 전체적으로 얇고 자연스럽게 표현하는 것이 중요하다.

105 웨딩 메이크업에 대한 설명으로 적절하지 <u>않은</u> 것은?

① 교회나 성당일 경우 T존과 베이스를 한 톤 밝게 표현한다.
② 목이 파인 드레스인 경우 사진 촬영을 위해 비교적 밝고 화사하게 연출한다.
③ 야외 결혼식일 경우 피부톤은 핑크 계열로 밝게 표현한다.
④ 목과 어깨 부분도 파운데이션을 발라 준다.

> 야외 결혼식에서는 자연광 아래에서의 메이크업을 고려해야 한다. 너무 밝고 핑크톤 위주의 피부 표현은 과도해 보일 수 있으므로, 자연스럽고 차분한 톤으로 연출하는 것이 일반적이다. 피부톤은 야외 조명과 어울리도록 적당히 자연스러워야 한다.

106 부드러운 오건디(Organdy)나 레이스를 배합한 프린세스 라인 드레스의 로맨틱한 이미지가 어울리는 신부의 메이크업 스타일로 가장 적절한 것은?

① 파스텔 계열의 부드러운 메이크업
② 브라운 계열의 차분한 메이크업
③ 컬러풀하고 선명한 메이크업
④ 회색빛이 감도는 세련된 메이크업

> 오건디와 레이스 소재는 부드럽고 로맨틱한 분위기를 연출하며, 프린세스 라인 드레스는 신부를 우아하고 사랑스럽게 돋보이도록 하는 스타일이다. 이와 어울리는 메이크업은 파스텔 계열의 부드러운 톤으로, 자연스러우면서도 화사한 이미지를 강조하는 것이 적합하다.

27 | 혼주 메이크업

혼주 메이크업의 팁
- 지속력 : 결혼식은 시간이 길므로, 메이크업 픽서나 세팅 스프레이를 사용해 메이크업을 고정해 준다.
- 헤어와 메이크업의 조화 : 혼주 메이크업은 헤어 스타일과도 조화를 이루어야 하므로 너무 과하지 않으면서도 세련된 헤어 스타일을 함께 고려해 전체적인 이미지를 완성한다.
- 조명과 사진 : 결혼식에서 촬영되는 사진과 영상에 대비해, 메이크업이 과하지 않으면서도 사진에 잘 표현될 수 있도록 자연스러운 톤을 사용하는 것이 좋다.

혼주 메이크업 스타일
- 자연스러움 강조 : 신부의 어머니로서 자연스럽고 우아한 이미지를 강조하는 스타일이 일반적이며 과하지 않은 색조로 부드러운 느낌을 주고, 섬세한 블러셔와 입술 색상을 사용한다.
- 고급스러운 느낌 : 부드러운 골드, 피치, 로즈 계열의 색을 사용해 고급스러우면서도 세련된 느낌을 줄 수 있다.

107 혼주의 한복 메이크업에 대한 설명으로 가장 적절한 것은?

① 양가 혼주의 한복 치마색만을 참고해 컬러 포인트의 색상을 결정한다.
② 고급스럽고 화려한 연출을 위해 펄과 글리터로 포인트를 준다.
③ 촉촉함과 우아한 이미지를 위해 파우더는 생략해 광택을 준다.
④ 축복받는 날이므로 피부톤은 화사하게 하되 밀착이 잘되도록 마무리한다.

혼주의 메이크업은 축하의 의미를 담고 고급스러움을 강조하는 동시에 자연스러운 아름다움을 표현해야 한다. 피부톤을 화사하게 하고 밀착이 잘되도록 마무리하면, 혼주로서의 품격과 우아함을 잘 표현할 수 있다.

28 | 응용 메이크업 – 패션 이미지

패션 이미지의 개념
- 패션 이미지는 패션쇼, 촬영, 광고, 스타일링 등에서 특정한 스타일이나 분위기를 강조하기 위해 사용되는 메이크업이다.
- 패션 이미지에서의 메이크업은 단순히 얼굴을 꾸미는 것을 넘어, 의상과 함께 전체적인 컨셉을 완성하고, 모델의 개성을 돋보이게 하며, 특정한 메시지나 감정을 전달하는 역할을 한다.
- 이런 메이크업은 트렌드, 색감, 소재, 분위기 등을 반영한 창의적이고 독특한 접근이 필요하다.

패션 이미지 메이크업의 스타일 예시
- 빈티지 스타일 : 복고풍 메이크업 스타일로, 1950년대의 고전적인 레드 립과 아이라인을 강조한 메이크업이다.
- 모던 및 퓨처리즘 스타일 : 금속의 색상(실버, 골드)이나 네온 색조를 사용한 강렬하고 실험적인 메이크업이다.
- 보헤미안 스타일 : 자연스럽고 자유로운 느낌의 메이크업으로, 피부는 자연스럽게 표현하고, 브론즈·코랄 계열의 색상으로 연출한다.
- 고딕 스타일 : 어두운 색을 강조한 메이크업으로, 블랙·다크 퍼플 립과 스모키 아이를 사용해 고딕틱한 이미지를 만든다.

패션 이미지 메이크업에서의 중요한 점
- 의상과의 조화 : 메이크업은 의상과 함께 전체적인 스타일을 완성하는 역할을 하므로 컬러 매칭과 스타일의 일치가 중요하며, 의상의 디자인에 맞는 메이크업이 필요하다.
- 촬영 분위기: 패션 촬영에서는 조명과 각도에 맞춰 메이크업을 조정해야 하므로, 조명에 맞는 메이크업을 고려해야 한다. 예를 들어, 하이라이트와 셰딩을 통해 입체감을 강조하는 등의 작업이 필요할 수 있다.

108 세련되고 지적인 커리어우먼의 메이크업으로 가장 적절한 것은?

① 각진형의 눈썹에 스트레이트형의 입술, 블러셔는 볼 뼈 아래쪽에 포인트를 길게 잡고 볼뼈 위쪽은 하이라이트를 주어 윤곽을 강조한다.
② 각진형의 눈썹에 아웃커브형 입술, 블러셔는 볼 뼈 아래쪽에 포인트를 길게 잡고 볼뼈 위쪽은 하이라이트를 주어 윤곽을 강조한다.
③ 아치형의 눈썹에 인커브형 입술, 블러셔는 볼 뼈 중심에서 관자놀이 쪽으로 부드럽게 곡선형으로 펴 바른다.
④ 표준형의 눈썹에 아웃커브형 입술, 블러셔는 볼 뼈 아래쪽에 포인트를 길게 잡고 볼뼈 위쪽은 하이라이트를 주어 윤곽을 강조한다.

지문 중 세련되고 지적인 커리어 우먼의 메이크업으로 가장 가깝다.

109 패션 이미지와 메이크업 스타일의 연결로 적절하지 않은 것은?

① 오리엔탈 룩 – 에스닉 메이크업, 젠 메이크업
② 페미닌 룩 – 파스텔 메이크업, 큐트 메이크업
③ 미니멀 룩 – 누드 메이크업, 내추럴 메이크업
④ 매니시 룩 – 엘레강스 메이크업, 펑키 메이크업

매니시 룩은 남성적인 스타일을 반영하는 패션 이미지로, 강렬하고 중성적인 느낌의 메이크업이 주로 어울린다. 엘레강스 메이크업은 부드럽고 우아한 여성미를 강조하는 스타일로 매니시 룩과는 다소 어울리지 않는다. 펑키 메이크업은 화려하고 개성적인 스타일로, 매니시 룩과의 연결이 일반적이지 않다.

29 | 응용 메이크업 – TPO

TPO와 TPO 메이크업의 개념
- TPO : Time(시간)·Place(장소)·Occasion(상황)의 두문자이다.
- TPO메이크업 : TPO에 맞는 메이크업은 특정한 시간대나 장소, 행사에 알맞은 스타일과 분위기를 반영하는 메이크업을 의미하며, 이는 사회적 예절과도 연관이 있다.

TPO별 메이크업의 중요성
- 시간(Time) : 하루 중 시간대에 따라 메이크업을 달리할 수 있다. 예를 들어, 오전에는 좀 더 자연스럽고 신선한 느낌을, 저녁에는 강렬하고 세련된 느낌을 줄 수 있다.
- 장소(Place) : 장소의 분위기나 환경에 맞춰 메이크업을 조정한다. 예를 들어, 실내와 야외에서는 조명과 환경에 따라 메이크업을 달리할 필요가 있다.
- 상황(Occasion) : 특정한 상황에 맞게 메이크업을 조정한다. 예를 들어, 결혼식, 파티, 비즈니스 미팅, 데이트 등 각기 다른 상황에서 적절한 스타일의 메이크업을 해야 한다.

110 T.P.O에 따른 메이크업에 대한 설명으로 적절하지 않은 것은?

① 스튜디오 메이크업은 인공조명의 영향으로 색상을 제대로 연출할 수 없기 때문에 명도대비를 이용한 메이크업을 해야 한다.
② 비즈니스 메이크업은 직업, 의상색, 개인적 취향 등을 고려한다.
③ 파티 메이크업은 강하고 개성 있는 색상 대비와 보색 대비를 이용한 화려한 컬러로 연출해도 좋다.
④ 데이 메이크업은 밝은 외부 환경을 고려해 본인 피부톤보다 한 톤 반 정도 밝게 표현하고 음영은 자연스럽게 주도록 한다.

데이 메이크업은 본인에게 맞는 파운데이션을 사용해 자연스럽게 보이도록 한다.

111 T.P.O에 맞는 메이크업에 관한 설명으로 적절하지 <u>않은</u> 것은?

① 커리어우먼의 메이크업은 강한 인상을 줄 수 있도록 스모키 메이크업이나 포인트 메이크업으로 색상을 강하게 사용한다.
② 파티 메이크업은 펄 섀도와 펄 글로스로 화려한 아이와 립을 표현한다.
③ 바캉스 메이크업은 외부 활동이 많으므로 자외선 차단제를 꼼꼼히 바르고 발랄한 느낌의 팝아트 컬러로 표현한다.
④ 면접 메이크업은 자연스럽고 생기 있는 메이크업으로 면접관에게 좋은 인상을 줄 수 있도록 정돈되고 깨끗한 이미지로 신뢰감을 주어야 한다.

커리어우먼의 메이크업은 일반적으로 세련되고 깔끔한 이미지를 강조하며, 너무 강한 색상이나 스모키 메이크업은 너무 튀거나 과할 수 있다. 자연스럽고 정돈된 메이크업이 더 적합하다.

112 나이트 메이크업에 대한 설명으로 가장 적절한 것은?

① 낮의 일상생활을 위해 연출되는 메이크업이다.
② 데이 메이크업의 눈썹과 눈보다 선을 약하고 부드럽게 표현한다.
③ 데이 메이크업에 비해 색상이나 선을 조금 강하게 표현한다.
④ 전체적으로 자연스러운 색상을 사용하는 것이 좋다.

나이트 메이크업은 저녁 시간대나 특별한 행사에서 강조되는 메이크업 스타일로, 조명 아래에서 돋보이도록 색상과 선을 좀 더 강하게 표현한다. 특히 눈, 입술, 얼굴 윤곽을 강조해 드라마틱한 효과를 주는 것이 특징이다.

---

30 | 트렌드 메이크업의 특징

- **시대적 흐름 반영**: 트렌드 메이크업은 특정 시대나 문화적 흐름을 반영해 스타일과 색상에 변화를 준다.
- **기술적 혁신**: 새로운 뷰티 기술과 제품이 등장하면서 메이크업 트렌드가 바뀌기도 한다.
- **다양한 뷰티 아이템**: 트렌드 메이크업은 다양한 아이템과 제품이 포함된다.

113 메이크업 산업의 정보 분석에 대한 설명으로 적절하지 <u>않은</u> 것은?

① 수집된 정보를 바탕으로 직접 매장에 나가 유행하는 화장품을 분석한다.
② 트렌드를 예측하기 위해서는 과거의 역사적 자료를 토대로 한다.
③ 소비자의 구매행동은 유행에 따라 일부 동조현상을 나타내므로 조사하지 않아도 무방하다.
④ 정보 분석을 위해 관련 서적 등의 문헌을 숙지하는 것이 필요하다.

소비자는 유행에 영향을 받을 수 있지만, 구매 행동은 개인의 취향·경제적 여건·사회적 환경 등 다양한 요인에 의해 결정된다. 따라서 소비자의 구매 행동을 조사하고 분석하는 것은 메이크업 산업에서 매우 중요한 요소이다.

114 매혹적이면서 우아하고 여성스러운 메이크업 연출방법으로 적절하지 <u>않은</u> 것은?

① 눈썹은 블랙 아이브로 펜슬을 사용해 깔끔하게 그려 준다.
② 여성스러운 아이 메이크업을 연출하기 위해 퍼플과 골드 계열의 아이섀도로 음영감 있는 눈매를 연출한다.
③ I존과 눈 밑에 하이라이트를 주고 얼굴 윤곽에 셰딩을 처리해 입체적이면서도 여성스러운 얼굴을 연출한다.
④ 입술산은 로즈 컬러로 각지지 않게 부드럽게 그려 주어 여성스러움을 표현한다.

블랙 컬러로 눈썹을 그리면 강하고 딱딱한 인상을 줄 수 있어 매혹적이거나 우아한 분위기와는 잘 어울리지 않는다. 대신 브라운 계열의 부드러운 색상을 사용하면 자연스럽고 여성스러운 느낌을 더할 수 있다.

115 한복 메이크업 시 유의해야 할 내용으로 옳은 것은?

① 눈썹을 아치형으로 그려 우아해 보이도록 표현한다.
② 피부는 한 톤 어둡게 표현해 자연스러운 피부톤을 연출하도록 한다.
③ 한복의 화려한 색상과 어울리는 강한 색조를 사용해 조화롭게 보이도록 한다.
④ 입술을 아웃커브로 그려 여유롭게 표현하는 것이 좋다.

지문 중 가장 옳은 설명에 가깝다. 한복의 곡선미에 맞춰 부드러운 느낌의 눈썹을 선호한다.

31 | 미디어 메이크업

합격 강의

텔레비전 및 방송 메이크업
- 방송에서의 메이크업은 조명과 카메라를 고려한 정밀한 기술이 필요하다.
- 뉴스 프로그램이나 예능 방송에서는 방송 환경에 맞는 정갈하고 깔끔한 메이크업이 요구된다.
- 이때 피부 표현이 중요하며, 화려한 눈 화장이나 강한 립 컬러는 피하는 것이 좋다.

영화 및 드라마 메이크업
- 영화나 드라마에서의 메이크업은 배경, 시대, 캐릭터의 성격에 맞는 스타일로 표현된다.
- 극적인 효과를 주기 위해 헤어스타일과 분장이 함께 작업된다.
- 영화에서 특정 캐릭터를 표현하기 위한 노화 메이크업, 괴물 분장 등이 포함될 수 있다.

사진 촬영 메이크업
- 사진 촬영에서는 디테일이 중요하다.
- 카메라가 가까이서 촬영하기 때문에 피부 결점을 완벽하게 커버하고 얼굴의 입체감을 살리는 메이크업이 필요하다.
- 이때 하이라이트와 셰이딩을 잘 활용해 얼굴을 더 선명하고 또렷하게 만들 수 있다.

광고 촬영 메이크업
- 광고에서의 메이크업은 모델의 이미지와 브랜드의 스타일에 맞춰야 하며, 화면에서 강렬한 인상을 줄 수 있도록 메이크업이 조정된다.
- 간결하지만 강한 인상을 주는 스타일을 선호하며, 광고의 콘셉트에 맞는 메이크업이 필요하다.

116 미디어 매체의 종류와 그에 따른 설명이 **잘못** 연결된 것은?

① 매스미디어 – 신문, 잡지, TV, 라디오
② 카탈로그 – 책자 형식의 상품목록 상품을 소개하는 인쇄물
③ 전단지 – 광고주가 전문가에게 의뢰해서 만드는 상품소개 책자
④ 개인미디어 – SNS를 기반으로 하는 개인의 채널

전단지는 간단하고 짧은 내용의 광고나 홍보지로, 보통 광고주가 직접 제작하거나 저비용으로 빠르게 배포할 수 있는 형태이다. 한편 카탈로그는 전단지보다는 훨씬 구체적이고 정교한 인쇄물로, 일반적으로 광고주가 전문가에게 의뢰해서 만드는 것이 맞지만, 전단지에 대한 설명으로는 적합하지 않다.

117 미디어 메이크업의 분야에 해당하지 <u>않는</u> 것은?

① 카탈로그 메이크업
② CF 메이크업
③ 아나운서 메이크업
④ 무대 메이크업

무대 메이크업은 연극이나 공연을 위한 메이크업으로, 무대 조명에서도 잘 보이도록 한 메이크업이다.

118 미디어 메이크업에 관한 설명으로 적절하지 <u>않</u>은 것은?

① 전파 매체 촬영의 경우에는 조명에 따라 육안으로 보이는 색상과 차이가 날 수도 있다.
② 메이크업을 완성한 후, 카메라(모니터)를 통해 비춰지는 메이크업이 결과물이므로 그에 맞게 완성해야 한다.
③ 신문, 잡지, 도서 등의 인쇄매체와 TV, 라디오, 영화 등의 시청각매체(또는 전파매체)에서 이루어지는 메이크업을 말한다.
④ 인쇄 매체 촬영의 경우에는 인쇄에 따라 선명도와 색감이 달라지며, 보정 작업을 진행하니 섬세함보다는 과감한 표현이 더 중요하다.

인쇄 매체 메이크업은 사진을 통해 출력되기 때문에 섬세하고 정교한 표현이 필수적이다. 조명, 카메라, 인쇄 후 보정의 과정을 거치더라도, 메이크업의 완성도와 섬세함이 결과물의 질에 크게 영향을 미친다. 과감한 표현보다는 정밀한 터치와 디테일을 살려야 좋은 결과를 얻을 수 있다.

119 아나운서 메이크업에 대한 설명으로 적절하지 않은 것은?

① 남성 아나운서 메이크업의 경우 많은 화장이 필요하지 않지만, 화장을 한 흔적이 보이지 않도록 주의해야 한다.
② 베이스보다 하이라이트와 섀딩의 단계는 1~3단계 정도 밝고, 어둡게 표현해 입체감을 표현해 얼굴을 작아 보이게 연출한다.
③ TV 화면에서는 차가운 색보다는 따뜻한 적색, 오렌지, 황갈색 등이 잘 어울린다.
④ 아나운서 메이크업은 시청자의 이목을 집중시키는 다양한 색으로 표현해야 한다.

아나운서 메이크업은 시청자의 이목을 끌기보다는 자연스럽고 세련되게 보이도록 해야 한다. 따라서 다양한 색을 사용해 시선을 집중시키는 것보다는 단정하고 균형 잡힌 메이크업이 필요하다. 아나운서는 중요한 정보를 전달하는 역할을 하므로, 메이크업은 과하지 않게, 피부톤에 맞고 자연스러운 색상을 사용하는 것이 중요하다.

120 증명사진 메이크업 표현으로 틀린 것은?

① 단점을 커버하고 보완해 최대한 자연스럽게 표현 한다.
② 유분으로 인한 조명반사를 피하기 위해 파우더를 발라 준다.
③ 얼굴 부분과 목 부분이 경계가 생기지 않도록 표현한다.
④ 펄 섀도나 글로시한 립스틱을 사용해 광택이 보이도록 한다.

증명사진은 자연스럽고 단정한 이미지를 강조해야 하므로, 펄 섀도나 글로시한 립스틱을 사용하면 얼굴에 광택이 반사돼 사진이 부자연스럽게 보일 수 있다. 또한, 증명사진에서는 피붓결이나 메이크업의 경계가 너무 드러나지 않도록 해야 하므로, 매트한 제품이 더 적합하다.

121 화보 촬영 메이크업 시 유의사항으로 틀린 것은?

① 잡지의 구독 연령대와 콘셉트에 맞는 메이크업을 하는 것이 중요하다.
② 뷰티 화보 촬영 시 클로즈업 촬영이 대부분이므로 촬영 후반 CG 보정작업을 위해 최대한 자연스럽게 메이크업 한다.
③ 조명에 의한 색상이나 명암 변화를 고려해 메이크업을 해야 한다.
④ 패션 화보 촬영 시 의상 콘셉트와 배경, 조명 모델의 특성을 잘 파악해 세련되고 트렌디한 메이크업을 한다.

뷰티 화보 촬영에서는 클로즈업이 많기 때문에 세부적인 피부 표현, 색감, 디테일이 매우 중요하다. CG 보정에 의존하지 않고 메이크업 자체로 완성도를 높이는 것이 필요하다. 자연스럽기보다는 촬영에 적합한 정교하고 완벽한 메이크업을 해야 한다.

122 TV 프로그램 촬영 시 남자 출연자를 위한 메이크업으로 가장 적절한 것은?

① 남자 메이크업에는 립은 전혀 건들지 않는다.
② 자연스러운 상태를 유지하도록 피부톤과 유사한 크림 파운데이션을 사용한다.
③ 남성적 이미지에 맞게 눈썹을 다소 진하게 표현해 준다.
④ 조명이 밝아 얼굴을 한 톤 어둡게 표현하도록 한다.

오답 피하기
① 립밤을 사용해 입술의 수분감을 준다.
③ 헤어 컬러에 맞는 아이브로 색상을 사용한다.
④ 남자 메이크업의 경우 자연스러워야 하므로 피부톤과 유사하게 표현하는 것이 좋다.

123 작품의 제작 전체를 감독하며 기획부터 대본, 촬영, 편집까지 이끌어가는 책임자로 가장 적절한 것은?

① 기획자(Producer, PD)
② 연출자(Director)
③ 조연출(Assistant Director, AD)
④ 무대감독(Floor Director, FD)

PD는 기획자는 제작 전반의 관리를 담당하며, 예산·일정·인력 관리 등을 책임진다. 행정적인 책임이 크고, 실제 제작 과정에서는 연출자와 협력한다.

124 지면광고 메이크업을 할 때의 주의사항이 <u>아닌</u> 것은?

① 눈썹은 강렬한 인상을 위해 인위적으로 각지고 길게 그려 주어야 한다.
② 광고 콘셉트에 맞추어 아이섀도 형태와 컬러를 정한다.
③ 립글로스가 너무 번들거려 조명에 반사되지 않도록 주의한다.
④ 커버력과 지속력이 우수한 파운데이션을 사용해 매트하게 피부표현을 한다.

지면광고 메이크업에서는 자연스럽고 깔끔한 인상을 주는 것이 중요하다. 눈썹을 인위적으로 각지고 길게 그리는 것보다는 얼굴에 어울리는 자연스러운 눈썹 모양을 강조하는 것이 좋다.

125 TV 메이크업 시 알아 두어야 할 점을 설명한 것으로 적절하지 <u>않은</u> 것은?

① 영상을 위한 색조 메이크업에 너무 강한 색이나 형광색은 피한다.
② TV 화면에서는 따뜻한 계열의 색보다 차가운 색인 파랑, 남색, 청록색 등이 잘 표현된다.
③ 밝은 색 옷을 입은 출연자의 경우 얼굴색도 다소 밝게 메이크업을 한다.
④ 피부색은 조명, 배경색, 세트색과 카메라의 위치, 재현색 등을 고려해 자연스럽고 깔끔하게 표현한다.

밝은 옷을 입은 경우라도 얼굴색을 밝히는 것보다 옷의 색상과 메이크업이 조화롭게 이루어지게 해야 한다.

126 광고 촬영 시 모델의 립스틱이 오래 지속되도록 해 주고자 할 때의 방법으로 <u>틀린</u> 것은?

① 립 라인 펜슬로 외곽을 잡아 주고 립스틱 위에 립 코트를 발라 준다.
② 립스틱을 바른 후 티슈로 유분기를 걷어 내는 동작을 반복해 원하는 색상이 표현되도록 한다.
③ 립스틱을 바른 후 립글로스를 발라 촉촉하고 윤기 있는 입술을 표현해 준다.
④ 립스틱을 바른 후에 투명 파우더를 발라 지속력을 높여 준다.

광고 촬영 시 모델의 립스틱을 오래 지속시키기 위해서는 립글로스를 사용하는 것은 지속성에 도움이 되지 않는다. 립글로스는 윤기와 촉촉함을 주지만, 시간이 지나면 번지거나 지워지기 쉽다. 대신 매트한 립스틱을 선택하고, 파우더나 립 코트를 사용하는 방법이 지속력을 높이는 데 더 효과적이다.

127 미디어 메이크업에서 노인 캐릭터를 표현할 때 피부표현 방법으로 가장 적절한 것은?

① 주름을 강조해야 하므로 피부색은 밝게 표현한다.
② 핑크빛을 부여해 혈색이 도는 피부색을 표현한다.
③ 환경적 요인을 충분히 고려해 피부를 표현해 준다.
④ 노인 피부임을 감안해 무조건 어둡게 표현한다.

노인 캐릭터를 표현할 때는 환경적 요인을 고려해 피부를 자연스럽고 현실적으로 표현하는 것이 중요하다. 노인의 피부는 나이가 들면서 피부의 탄력과 혈색이 변하고 주름과 피부의 변화가 두드러지기 때문에, 이를 자연스럽게 반영해야 한다. 예를 들어, 피부가 건조하고 주름이 깊어지는 현상에 따라 적절히 하이라이트와 섀딩을 사용해 피부를 표현할 수 있다.

32 | 분장

분장의 개념
분장은 특정한 캐릭터나 이미지를 표현하기 위해 얼굴과 신체를 변형하거나 꾸미는 작업이다.

분장의 특성
- 일반적인 메이크업과는 달리, 분장은 특별한 효과나 변화를 추구하며, 공연·영화·텔레비전·연극 등에서 특정 인물의 성격이나 특징을 극대화하기 위해 사용된다.
- 분장은 특수분장과 일반 분장으로 나뉘며, 매우 다양한 기술이 요구된다.

주요 분장의 종류
- 일반 분장(Character Makeup) : 특정한 캐릭터를 표현하기 위한 분장이다. 연극·뮤지컬·영화 등에서 등장인물의 성격이나 특징을 강조하기 위해 사용하는 메이크업이다.
- 특수 분장(Special Effects Makeup, SFX) : 영화·드라마·뮤직비디오 등에서 초능력·괴물·상처·노화·변형 등을 표현할 때 사용되며 매우 사실적이고 입체적인 효과를 구현하기 위해 다양한 도구와 재료가 사용된다.
- 변장(Disguise) : 인물의 신원을 숨기기 위한 분장으로, 위장과 관련된 분장은 종종 스파이 영화나 범죄 드라마에서 등장한다.

128 긁힌 상처를 표현하기 위해 사용되는 재료로 적절하지 않은 것은?

① 라이닝 컬러 ② 블랙 스펀지
③ 스플리트 검 ④ 라텍스

스플리트 검은 수염을 부착할 때 사용하는 접착제이다.

129 극중 캐릭터를 표현하기 위해 수염을 붙일 때 작업순서로 가장 적절한 것은?

① 수염 붙이기 – 그러데이션하기 – 스플리트 검 바르기 – 마무리하기
② 스플리트 검 바르기 – 그러데이션하기 – 수염 붙이기 – 마무리하기
③ 수염 붙이기 – 스플리트 검 바르기 – 그러데이션하기 – 마무리하기
④ 스플리트 검 바르기 – 수염 붙이기 – 그러데이션하기 – 마무리하기

손가락으로 스플리트 검을 약간씩 녹여서 수염을 붙이고 피붓결을 정리한 후, 수염을 다듬고 마무리를 하는 것이 일반적인 수염분장의 절차이다.

33 | 무대·공연 메이크업

무대·공연 메이크업의 개념
무대·공연 메이크업은 공연의 성격·조명·관객과의 거리·캐릭터의 특성을 고려해 얼굴을 강조하고 표현력을 극대화하는 메이크업이다. 이는 배우나 공연자가 관객에게 감정과 메시지를 효과적으로 전달할 수 있도록 돕는 중요한 요소이다.

무대·공연 메이크업의 특징
- 강한 색조와 대비 : 조명 아래에서는 색이 덜 보이거나 얼굴의 입체감이 사라질 수 있으므로, 눈·입술·뺨 등 주요 부위에 강한 색조를 사용한다.
- 명확한 윤곽 : 컨투어링(셰이딩)과 하이라이트를 활용해 얼굴의 구조를 선명하게 표현한다. 이렇게 하면 무대 조명 아래에서도 얼굴이 잘 보인다.
- 오래 지속되는 메이크업 : 공연 중 움직임과 땀을 고려해 방수성과 지속력이 뛰어난 제품을 사용한다.
- 캐릭터와 테마 반영 : 캐릭터의 성격, 시대 배경, 공연의 분위기에 따라 메이크업 스타일을 조정한다. 예를 들어, 악역은 날카로운 윤곽과 어두운 색조를, 밝은 캐릭터는 화사한 색상과 부드러운 표현을 사용할 수 있다.
- 조명과 관객 거리 고려 : 조명은 색상을 다르게 보이게 하고, 관객과의 거리가 멀수록 세부적인 표현이 덜 보이므로, 원거리에서도 뚜렷하게 보이도록 메이크업을 한다.

130 무대공연에서 에어브러시로 메이크업 할 때 유의 사항이 아닌 것은?

① 콤프레서의 연결 상태를 확인하고 다이얼 등이 잘 작동하는지 체크한다.
② 눈과 입, 코에 에어브러시를 직접 분사하지 않는다.
③ 에어브러시 메이크업이 끝난 후에는 반드시 정교하게 리터치를 해 준다.
④ 모델에게 직접 에어브러시 메이크업을 시행하기 전 공중에 분사해 소리와 공기의 힘 등을 체크한다.

기기의 상태와 작동 여부를 확인하는 것은 필수적인 준비 작업이며, 손등에 공기의 양과 압력을 체크해야 한다.

131 광원 아래에서 메이크업을 할 때 주의점이 바르게 연결된 것은?

① 형광등 – 장파장의 붉은 기운을 중화시키기 위해 푸른색의 제품을 활용한다.
② 백열등 – 붉은색이나 갈색, 베이지색, 핑크색 등은 실제의 색보다 진하게 나타나므로 주의한다.
③ 수은등 – 황색계열이나 베이지색은 좀 더 과감하게 사용해도 좋다.
④ 백열등 – 따뜻한 톤을 경감하므로 차가운 컬러를 사용해 메이크업을 연출하도록 한다.

백열등은 따뜻한 색감을 가진 조명으로, 붉은색이나 갈색 계열, 베이지색, 핑크색 등의 색상이 실제보다 더 진하게 보일 수 있다. 따라서 이러한 색상들을 사용할 때는 자연스러운 톤을 맞추기 위해 주의해야 한다.

132 윤곽 수정과 커버력이 우수해 대극장의 무대분장 시에 사용하기에 가장 적합한 베이스 메이크업 제품은?

① 컨실러
② 리퀴드 파운데이션
③ 프라이머
④ 스틱 파운데이션

스틱 파운데이션은 높은 커버력과 윤곽 수정 효과가 뛰어나 대극장 무대처럼 강한 조명 아래에서도 피부를 매끄럽고 균일하게 표현할 수 있다. 또한, 사용이 간편하고 발림성이 좋아 무대 메이크업에 적합하다.

133 조명색이 빨강이며 메이크업 색상이 녹색일 때 보이는 메이크업 색상은?

① 어두운 청색
② 밝은 주황색
③ 어두운 녹색
④ 붉은 보라색

빨강 조명과 녹색 메이크업은 서로 보색 관계에 있다. 보색 관계인 색은 조명 아래에서 서로 상쇄되며, 그 결과 명도가 낮아지고 어두운 색상으로 보인다.

34 | 공중보건

공중보건의 개념
공중보건은 미용사가 작업하는 환경과 고객의 건강을 보호하기 위해 필요한 위생 관리와 안전 수칙을 의미한다.

공중보건의 중요성
고객과 미용사 모두의 건강을 유지하고, 작업장에서 발생할 수 있는 질병·감염·사고 등을 예방하기 위해 중요한 요소이다.

공중보건 주요 요소
- 위생 관리 : 개인 위생, 도구 위생, 작업 환경 관리
- 감염병 예방 : 손 소독제 사용, 소독 규정 준수, 전염병 고객 대응
- 화학물질 안전 : 제품 사용법 숙지, 환기, 보호 장비, 화학물질 보관
- 고객 안전
- 미용사의 건강 관리

134 보건행정의 특성과 거리가 먼 것은?

① 과학성과 기술성
② 조장성과 교육성
③ 독립성과 독창성
④ 공공성과 사회성

보건행정은 공공의 건강을 관리하고 증진하는 과정으로, 대부분의 경우 정부나 공공기관에 의해 수행된다. 이에 따라 보건행정은 공공성과 사회성, 과학성과 기술성, 조장성과 교육성 등의 특성을 가지며, 독립성과 독창성보다는 협력과 사회적 역할이 강조된다.

135 Winslow가 정의한 공중보건학의 학습내용에 포함되는 것으로만 구성된 것은?

① 환경위생향상 – 개인위생교육 – 질병예방 – 생명연장
② 환경위생향상 – 전염병치료 – 질병치료 – 생명연장
③ 환경위생향상 – 개인위생교육 – 질병치료 – 생명연장
④ 환경위생향상 – 개인위생교육 – 생명연장 – 사후처치

Winslow는 공중보건의 핵심 요소로 환경위생 향상, 개인위생 교육, 질병 예방, 생명 연장을 중요시했다. 이 네 가지는 공중보건학의 주요 학습 내용으로 포함된다.

136 인구 피라미드의 유형 중 구성 중 14세 이하가 65세 이상 인구의 2배 정도이며 출생률과 사망률이 모두 낮은 것은?

① 피라미드형(Pyramid Form)
② 별형(Accessive Form)
③ 종형(Bell Form)
④ 항아리형(Pot Form)

중간 연령대가 많고, 출생률과 사망률이 낮은 고정적인 형태로, 주로 선진국에서 나타나는 인구구조이다.

137 사망률과 관련해 보건 수준이 가장 높을 때의 A-index 값은?

① 1.0에 가까울 때
② 2.0에 가장 가까울 때
③ 1.0 이상 ~ 2.0 이하일 때
④ 2.0 이상 ~ 3.0 이하일 때

A-index는 사망률과 관련해 보건 수준을 평가하는 지표로, 보통 1.0에 가까울수록 보건 수준이 가장 높다고 평가된다. A-index는 사망률의 비교적 낮은 수준을 의미하며, 보건 수준이 우수할 때 수치가 1.0에 가깝다.

138 인구의 사회증가를 나타낸 것은?

① 고정인구 – 전출인구
② 출생인구 – 사망인구
③ 전입인구 – 전출인구
④ 생산인구 – 소비인구

전입인구와 전출인구의 차이는 특정 지역이나 국가 내에서의 인구 이동을 나타낸다. 전입인구는 해당 지역으로 이주해 온 사람들을 의미하며, 전출인구는 그 지역에서 다른 곳으로 이주한 사람들을 의미한다.

139 우리나라의 건강보험제도의 성격으로 가장 적절한 것은?

① 의료비의 과중 부담을 경감하는 제도
② 공공기관의 의료비 부담
③ 의료비를 면제해 주는 제도
④ 의료비의 전액 국가 부담

건강보험제도는 모든 국민에게 의료서비스를 제공하면서 개인이 감당해야 할 의료비의 부담을 경감하는 제도로, 국민이 일정 부분 보험료를 납부하고, 이를 통해 발생하는 의료비를 일부 지원받는 시스템이다. 전액을 국가가 부담하는 것이 아니라, 개인과 국가가 함께 부담하는 형태로, 과중한 의료비 부담을 덜어 주는 목적이다.

35 | 질병관리

합격 강의

질병관리의 개념
감염병과 같은 질환의 발생과 확산을 예방하고, 건강한 환경을 유지하기 위해 적용되는 제도적, 개인적, 사회적 실천 방법을 포함한다.

질병관리의 중요성
질병관리는 개인의 건강뿐 아니라 지역사회 전체의 건강을 보호하는 중요한 역할을 한다.

질병별 관리법
- 호흡기 감염병 관리
  - 손 씻기, 마스크 착용, 기침 예절을 철저히 준수한다.
  - 환기와 공기 정화로 실내 환경을 청결히 유지한다.
  - 감염이 의심되면 신속히 진단 후 격리 조치한다.
  - 예) 감기, 독감, 코로나19 등
- 수인성 및 식품 매개 질병 관리
  - 깨끗한 물과 안전한 식품을 섭취한다.
  - 조리 전 손을 깨끗이 씻고, 음식을 충분히 익혀서 섭취한다.
  - 오염된 음식물은 즉각 폐기한다.
  - 예) 장티푸스, 콜레라, 식중독 등
- 혈액 매개 감염병 관리
  - 일회용 주사기를 사용하고, 집기 등을 철저히 소독한다.
  - 수혈 전에 반드시 감염 여부를 확인한다.
  - 개인 위생 도구(면도기, 칫솔 등)를 공유하지 않는다.
  - 예) B형 간염, C형 간염, 에이즈 등
- 해충 매개 감염병 관리
  - 모기, 진드기 등의 매개체를 제거한다.
  - 방충망을 사용하고, 살충제를 살포한다.
  - 감염 위험 지역을 방문할 때는 예방조치(주사, 복약)를 한다.
  - 예) 말라리아, 뎅기열 등

140 경련 발작과 정신 발작을 야기하며 알코올 중독, 매독 감염 등 외적인 요인이 작용하는 정신질환은?

① 뇌전증(간질)
② 조현병(정신분열증)
③ 조울증
④ 신경증

뇌전증(간질)은 경련 발작과 정신 발작을 특징으로 하는 신경학적 질환이다. 이 질환은 뇌의 전기적 활동이 비정상적으로 발생해 발작을 일으키며, 알코올 중독이나 매독 감염 등 외적 요인이 발작을 유발할 수 있다.

141 질병 발생의 요인 중 숙주적 요인에 해당하지 않는 것은?

① 연령
② 주택시설
③ 선천적 요인
④ 생리적 방어기전

숙주적 요인은 질병 발생에 영향을 미치는 숙주의 특성에 관련된 요인이다. 숙주적 요인에는 연령, 선천적 요인, 생리적 방어기전 등이 포함된다. 반면, 주택시설은 환경적 요인에 해당하며, 숙주적 요인과는 무관하다.

36 | 감염병의 예방 및 관리법

감염병 예방 기본 원칙
- 감염 경로 차단 : 병원체가 전파되지 않도록 환경 위생을 철저히 관리한다.
- 개인 위생 강화 : 손 씻기, 기침 예절, 개인 보호 장비 착용 등을 철저히 한다.
- 면역 강화 : 예방접종을 통해 주요 감염병에 대한 면역력을 갖춘다.

예방 접종
- 전염성이 높은 감염병(예 홍역, 독감, B형 간염)을 예방하기 위해 정기적으로 예방접종을 실시한다.
- 지역사회의 집단면역을 확보해 감염병의 대규모 확산을 막는다.

소독 및 방역
- 소독 : 병원체가 있는 표면, 물체, 공간을 소독제나 자외선 소독기를 이용해 처리한다.
- 방역 : 특정 지역에서 유해 조수(예 모기, 쥐 등)을 방제해 질병의 매개체를 차단한다.

142 다음 감염병 중 감수성(접촉감염) 지수가 가장 높은 것은?

① 디프테리아
② 성홍열
③ 백일해
④ 홍역

홍역은 공기 전파가 가능해 전염성이 매우 강하며, 95% 이상의 사람에게 감염될 수 있을 정도이다. 특히 백신 접종을 하지 않은 경우에는 매우 쉽게 확산될 수 있다. 따라서 감수성 지수가 가장 큰 감염병이다.

오답 피하기
디프테리아(①), 성홍열(②), 백일해(③) 역시 전염성이 있지만, 홍역보다는 전파 속도와 범위가 상대적으로 덜하다.

권쌤의 노하우
감수성(접촉감염) 지수는 질병의 전염성을 나타내는 척도입니다. 감수성 지수가 높을수록 질병은 빠르게 전염될 수 있음을 알 수 있습니다.

143 다음 중 질환을 매개하는 연결 관계가 **틀린** 것은?

① 벼룩 – 페스트
② 모기 – 황열
③ 파리 – 장티푸스
④ 진드기 – 발진티푸스

발진티푸스는 이가 매개가 된다.

144 감염병 유행조건에 해당하지 것은?

① 감염경로
② 감염원
③ 감수성숙주
④ 예방인자

감염병의 유행 조건은 감염원, 감수성 숙주, 감염경로 등이 포함된다. 이 세 가지 요소가 결합될 때 감염병이 유행할 수 있다.

145 환자 및 병원체 보유자와 직접 또는 간접접촉을 통해서 혹은 균에 오염된 식품, 바퀴벌레, 파리 등을 매개로 하여 경구감염으로 전파되는 것은?

① 이질
② B형 간염
③ 결핵
④ 파상풍

이질(Shigellosis)은 위생 상태가 좋지 않은 환경에서 발생할 수 있는 질병으로, 경구 감염되어 발병한다. 환자나 병원체 보유자와의 직접 또는 간접 접촉, 오염된 음식물·바퀴벌레·파리와 같은 매개체를 통해 전염될 수 있다.

146 성매개감염병이 <u>아닌</u> 것은?

① 연성하감
② 임질
③ 레지오넬라증
④ 클라미디아감염증

레지오넬라증은 성매개감염병이 아닌 호흡기계 감염병이다. 주로 오염된 물이나 에어컨 시스템을 통해 전파된다.

오답 피하기
① **연성하감** : 4급 법정감염병으로 성매개 감염병에 속하며 헤모필루스 두크레이균 감염으로 인해 발생한다. 주요 증상은 성기 포진이다.
② **임질** : 임균 감염으로 인해 요도염이나 자궁경부염이 발생하며 고름을 띤 소변을 보게 되며 소변을 볼 때 따끔거리는 증상이 있다.
④ **클라미디아 감염증** : 클라미디아에 감염돼 요도염, 자궁경부염의 형태로 나타나는 성매개성 질환이다.

147 감염병의 예방 및 관리에 관한 법률상 즉시 신고해야 하는 감염병이 <u>아닌</u> 것은?

① 두창
② 디프테리아
③ 중증급성호흡기증후군(SARS)
④ 말라리아

감염병의 예방 및 관리에 관한 법률에 따르면, 즉시 신고해야 하는 감염병은 전염성이 매우 강하고 즉각적인 대응이 필요한 질병들이 포함된다.

148 다음 중 투베르쿨린 반응이 양성인 경우는?

① 건강 보균자
② 나병 보균자
③ 결핵 감염자
④ AIDS 감염자

투베르쿨린 반응(Tuberculin Skin Test, TST)은 결핵에 대한 노출 여부를 확인하기 위한 검사이다. 결핵에 감염되면 면역 체계가 결핵균에 대해 반응해 피부에 염증 반응을 일으키기 때문에 검사 시 결핵균(Mycobacterium Tuberculosis)에 감염된 적이 있는 사람에게 양성으로 나타난다.

---

37 | 환경보건 합격 강의

환경보건의 개념
환경보건은 환경과 인간의 건강 간의 상호작용을 연구하고, 환경적 요인이 인간의 건강에 미치는 영향을 관리·예방하는 학문 및 실천 분야이다.

환경보건의 목표
이는 인간이 생활하는 물리적, 화학적, 생물학적 환경을 개선함으로써 질병을 예방하고 삶의 질을 높이는 것을 목표로 한다.

환경보건의 주요 영역
- 공기질 관리
- 수질 및 식수 관리
- 토양 및 환경생태 관리
- 폐기물 관리
- 화학물질 및 독성물질 관리
- 식품 위생
- 소음 및 진동 관리
- 기후 변화 및 건강

149 성층권의 오존층을 파괴하는 대표적인 기체는?

① 이산화탄소(CO_2)
② 일산화탄소(CO)
③ 아황산가스(SO_x)
④ 염화불화탄소(CFC)

염화불화탄소(CFC)는 프레온 가스라고도 하며, 성층권에 방출되면 오존층을 파괴하는 주요 원인 물질로 알려져 있다. CFC는 화학적으로 매우 안정해서 성층권까지 도달하고, 그곳에서 자외선의 영향으로 분해되면서 염소 원자를 방출하고, 이 염소가 오존 분자를 파괴한다.

150 기온과 기류의 흐름이 일정할 때 감각온도를 지배하는 직접적인 요소는?

① 태양의 남중고도
② 습도
③ 기압
④ 구름의 상태

감각온도는 실제 기온과 사람의 몸이 느끼는 온도 사이의 차이를 나타내며, 습도가 중요한 역할을 한다. 습도가 높을 경우 땀이 잘 증발하지 않아서 더 덥게 느껴지며, 반대로 습도가 낮으면 땀이 쉽게 증발해 기온보다 더 시원하게 느껴진다.

151 대기 중의 고도가 상승함에 따라 기온도 상승해 상부의 기온이 하부보다 높게 되는 현상을 무엇이라 하는가?

① 열섬 현상
② 기온 역전 현상
③ 지구 온난화
④ 오존층 파괴

기온 역전(Temperature Inversion)은 대기 상층부의 기온이 하층부보다 높아지는 비정상적인 상태를 의미한다. 이는 대기가 안정돼 대류가 억제되고, 오염물질이 지표면 부근에 갇히는 현상을 초래한다. 주로 맑고 바람이 적은 날에 발생한다.

152 현대 환경오염의 특성에 해당하지 않는 것은?

① 다발화   ② 다양화
③ 누적화   ④ 지역화

지역화는 특정 지역에 국한된 오염을 의미한다. 현대의 환경오염은 전 세계적으로 확산되는 경향이 강하기 때문에 지역화는 현대 환경오염의 특성에 해당하지 않는다.

오답 피하기
현대 환경오염의 특성은 다발화(①), 다양화(②), 누적화(③)로 설명된다. 즉, 환경오염은 여러 지역에서 동시에 발생하고, 다양한 형태로 나타나며, 시간이 지나면서 오염이 누적되는 경향이 있다는 것이다.

153 일산화탄소(CO)에 대한 설명으로 틀린 것은?

① 헤모글로빈과의 결합능력이 뛰어나다.
② 물체가 불완전 연소할 때 많이 발생된다.
③ 확산성과 침투성이 강하다.
④ 공기보다 무겁다.

일산화탄소(CO)는 공기보다 가벼운 기체이다. CO의 분자량은 약 28.01이며, 공기의 평균 분자량은 약 29.92이므로 CO는 공기보다 가벼워. 대기 중에서 쉽게 퍼진다. 따라서 공기보다 무겁다고 말할 수 없다.

154 다음 중 물의 일시경도를 나타내는 원인 물질은?

① 염화물   ② 중탄산염
③ 황산염   ④ 질산염

일시경도는 물에 녹아 있는 칼슘(Ca^{2+})이나 마그네슘(Mg^{2+}) 이온이 중탄산염과 결합해 일시적으로 물의 경도를 일으키는 현상이다. 중탄산염(HCO_3^-)은 물의 일시경도의 주요 원인 물질로, 물이 가열되거나 pH가 변화할 때 쉽게 침전된다.

38 | 식품위생

식품위생의 개념
식품의 생산, 가공, 조리, 저장, 유통 및 섭취 전 과정에서 식품이 안전하고 건강에 유익하도록 관리하는 체계를 의미한다.

식품오염의 목표
식중독·식품 오염 및 기타 건강상의 문제를 예방하고, 소비자에게 안전한 식품을 공급하는 것을 목표로 한다.

주요 식품 오염원
- 물리적 오염: 외부 물질(머리카락, 유리 조각, 금속 조각, 먼지 등)에 의한 오염
- 화학적 오염 : 농약, 중금속(납, 수은 등), 첨가물, 세제 잔여물 등이 저장 및 조리 과정에서 접촉·오염되어 발생
- 생물학적 오염 : 세균(살모넬라, 대장균, 리스테리아 등), 바이러스, 곰팡이, 기생충 등 미생물에 의한 오염

155 세균성 식중독의 특성이 아닌 것은?

① 감염병보다 잠복기가 길다.
② 다량의 균에 의해 발생한다.
③ 수인성 전파는 드물다.
④ 2차 감염률이 낮다.

세균성 식중독의 잠복기는 감염성 질병보다 짧다.

156 우리나라에서 일반적으로 세균성 식중독이 가장 많이 발생할 수 있는 때는?

① 5~9월
② 9~11월
③ 1~3월
④ 계절과 무관함

세균성 식중독은 주로 고온다습한 여름철에 발생하기 쉽다. 이 시기에는 세균이 빠르게 증식할 수 있는 환경이 돼, 음식물에 세균이 번식할 가능성이 높아지기 때문이다. 특히 5~9월은 온도와 습도가 높은 시기로, 살모넬라, 대장균, 클로스트리디움 퍼프린젠스와 같은 세균들이 활발히 증식하는 시기이다. 이 시기의 높은 기온은 식품을 잘못 보관하거나 조리하는 과정에서 세균의 증식을 촉진하여 식중독을 유발할 수 있다.

39 | 소독

소독의 개념
소독은 병원체(세균, 바이러스, 곰팡이 등)와 같은 감염원을 제거하거나 그 활동을 억제해 질병 전파를 예방하고, 건강한 환경을 유지하기 위한 중요한 방역 조치이다.

소독의 원리
소독은 물리적 방법 또는 화학적 방법을 통해 미생물의 세포벽을 파괴하거나 단백질과 효소를 변성시켜 병원체를 제거한다.

주요 소독법
- 물리적 소독
  - 열 소독 : 고온을 이용해 병원체를 죽이는 방법이다.
  예) 끓이기(100℃), 고온 세척, 스팀 소독
  - 자외선(UV) 소독 : 자외선을 활용해 미생물의 DNA를 손상시켜 번식을 억제하는 방법이다.
  예) 병원, 실험실, 물 소독
  - 필터 소독 : 특정 크기 이상의 미생물을 걸러내는 필터를 사용하는 방법이다.
  예) 공기청정기, 정수기
- 화학적 소독
  - 알코올 소독(에탄올, 이소프로판올) : 70~80% 농도의 알코올은 세균과 바이러스를 효과적으로 제거하는 방법이다.
  예) 손 소독제, 피부 소독
  - 염소 소독(차아염소산나트륨) : 물과 표면의 미생물을 제거하는 방법이다.
  예) 수영장, 하수 처리, 공공장소 바닥 청소
  - 페놀 화합물 : 세균과 바이러스를 제거하며, 의료기기와 실험실 환경에서 사용하는 방법이다.
  예) 의료기구, 화장실
  - 과산화수소(H_2O_2) 소독 : 산화작용으로 미생물을 파괴하는 방법이다.
  예) 의료기기, 공기 중 소독
  - 쿼터너리 암모늄 화합물(QAC) : 저독성 소독제로 가벼운 소독에 적합한 방법이다.
  예) 가정용 소독제, 식품 조리기구

---

157 다음 중 이·미용업소의 실내 바닥을 닦을 때 가장 적합한 소독제는?

① 크레졸수   ② 과산화수소
③ 알코올   ④ 염소

크레졸수는 바닥 소독에 적합한 강력한 살균제로, 바닥이나 일반적인 비다공성 표면의 소독에 사용된다. 특히 이·미용업소처럼 위생이 중요한 환경에서 효과적으로 사용된다.

158 EO(Ethylene Oxide) 가스 소독의 특징으로 옳은 것은?

① 열에 약한 물품에는 사용하지 못한다.
② 부식성이 있고 물품에 손상을 줄 수 있다.
③ 멸균시간이 증기보다 오래 걸린다.
④ 취급하기가 까다롭다.

EO 가스 소독은 멸균시간이 증기소독에 비해 상대적으로 길다.

159 이·미용업소에서 공기 중 비말전염으로 가장 쉽게 옮겨질 수 있는 감염병은?

① 장티푸스
② 인플루엔자
③ 뇌염
④ 대장균

비말전염은 감염된 사람이 기침이나 재채기를 할 때 공기 중으로 배출되는 비말(작은 침방울)을 통해 전염되는 방식이다. 인플루엔자는 비말을 통해 전염되는 대표적인 감염병으로, 기침이나 재채기, 대화 등을 통해 쉽게 퍼질 수 있다. 미용업소와 같은 밀폐된 공간에서 여러 사람이 접촉할 수 있는 환경에서는 인플루엔자가 쉽게 전파될 수 있다.

오답 피하기
장티푸스(①)·뇌염(③)·대장균(④)은 주로 식수나 오염된 음식물을 통해 전파되는 질병이며, 비말전염으로 쉽게 전염되지 않는다.

160 고압증기멸균기의 소독대상물로 적절하지 <u>않은</u> 것은?

① 의류
② 분말 제품
③ 약액
④ 금속성 기구

고압증기멸균기는 고온과 고압의 증기를 이용해 소독 및 멸균을 수행한다. 이 과정은 물질의 열 안정성과 내습성이 요구되므로, 분말 제품은 증기에 의해 쉽게 변형되거나 품질이 손상될 수 있어 부적합하다.

161 건열멸균에 대한 설명으로 가장 옳은 것은?

① 건열멸균기 내부를 완전히 채워 멸균한다.
② 300℃ 이상으로 해 멸균한다.
③ 고압멸균기를 사용한다.
④ 주로 유리기구 등의 멸균에 이용된다.

건열멸균은 고온의 건조한 공기를 사용해 멸균하는 방법으로, 유리기구와 같은 고온에 견딜 수 있는 물품을 멸균할 때 사용된다. 건열멸균기는 일반적으로 160~180℃에서 멸균을 진행하며, 고압을 사용하지 않는다.

---

162 공중위생관리법상 이·미용기구 소독 방법의 일반 기준에 해당하지 않는 것은?

① 방사선소독
② 증기소독
③ 크레졸소독
④ 자외선소독

공중위생관리법에서 규정하는 이·미용기구 소독 방법의 일반 기준에는 주로 물리적 소독 방법과 화학적 소독 방법이 포함된다.
• 물리적 방법: 방사선 소독, 증기 소독, 자외선 소독 등
• 화학적 방법: 알코올, 염소계 소독제 등

---

163 소독약의 검증 혹은 살균력의 비교에 가장 흔하게 이용되는 방법은?

① 석탄산계수 측정법
② 최소 발육저지농도 측정법
③ 시험관 희석법
④ 균수 측정법

석탄산계수 측정법은 소독약의 살균력을 기준물질인 석탄산(페놀)과 비교해 상대적으로 평가하는 방법이다. 이 방법은 소독약의 효능을 표준화하는 데 오랫동안 사용돼 온 전통적인 방법이다.

---

164 석탄산 90배 희석액과 어느 소독제 135배 희석액이 같은 살균력을 나타낸다면 이 소독제의 석탄산계수는?

① 2.0   ② 1.5
③ 0.5   ④ 1.0

석탄산계수를 구하려면 석탄산과 소독제의 희석 배수를 비교해야 한다. 석탄산계수는 두 희석 배수의 비율로 계산할 수 있다.
$$\text{석탄산계수} = \frac{\text{소독제의 희석 배수}}{\text{석탄산의 희석 배수}}$$
문제의 석탄산의 희석 배수는 90배이고, 소독제의 희석 배수는 135배이므로,
∴ 석탄산계수 = 135 / 90 = 1.5

---

165 재사용이 가능한 기구를 소독하는 방법으로 적절하지 않은 것은?

① 자비소독법
② 자외선멸균법
③ 소각소독법
④ 유통증기멸균법

소각소독법은 기구를 고온에서 태워서 소독하는 방법으로, 소독 후 기구가 손상되므로 재사용이 불가능하다.

---

166 비누의 세정작용과 관련된 설명으로 적절하지 않은 것은?

① 비누 수용액이 오염물질과 사이에 침투한다.
② 세정에 따른 물리적인 힘에 오염이 제거된다.
③ 피부의 오염을 쉽게 떨어지게 한다.
④ 세정성보다는 발포성을 중시하며 면도 전에 사용하면 좋다.

비누의 세정작용은 주로 오염물질을 제거하는 데 초점이 맞춰져 있다. 비누의 주요 작용은 수용액이 오염물질과 침투해 기름기와 먼지 등을 제거하는 것이다. 또한 비누는 물리적인 힘을 통해 오염물질을 떨어뜨리고, 피부의 오염을 쉽게 떨어지게 하는 특성이 있다. 면도 전에 사용되는 제품은 보통 면도 크림이나 면도 폼과 같이 거품성이 강조되는 제품이지만, 비누는 그 자체의 세정성이 중요한 역할을 한다.

---

167 가청주파수 영역을 넘는 주파수를 이용해 미생물을 비활성화할 수 있는 소독 방법은?

① 고압증기멸균법
② 초음파멸균법
③ 방사선멸균법
④ 전자파멸균법

초음파멸균법은 가청주파수 영역을 넘는 주파수인 고주파를 이용해 미생물을 비활성화하는 방법이다. 초음파의 물리적 특성인 음파의 진동을 이용해 미생물 세포벽을 파괴하거나 내부 구조를 변화시켜 비활성화하는 방식이다.

168 석탄산계수가 2인 소독제 A를 석탄산계수 4인 소독제 B와 같은 효과를 내게 하려면 그 농도를 어떻게 조정하면 되는가? (단, A, B의 용도는 같음)

① A를 B보다 4배 짙게 조정한다.
② A를 B보다 50% 묽게 조정한다.
③ A를 B보다 2배 짙게 조정한다.
④ A를 B보다 25% 묽게 조정한다.

석탄산계수가 A가 2이고 B가 4인 경우, A의 농도를 B와 동일한 효과를 내기 위해서는 A를 B보다 2배 더 농축해야 한다. 따라서 A의 농도를 2배 짙게 조정하면 같은 효과를 낼 수 있다.

권쌤의 노하우
석탄산계수는 소독제의 살균력을 나타내는 지표로, 석탄산(페놀)의 살균력과 비교해 상대적인 값을 부여합니다. 석탄산계수가 높을수록 살균력이 더 강한데요, 살균력은 농도와 석탄산 계수의 곱으로 산출할 수 있습니다.

169 할로겐계에 속하지 <u>않는</u> 소독제는?

① 표백분
② 염소 유기화합물
③ 석탄산
④ 차아염소산 나트륨

석탄산(Phenol)은 페놀계 소독제에 속하며, 단백질 변성을 통해 살균 효과를 나타낸다. 이는 할로겐 원소를 포함하지 않으므로 할로겐계 소독제로 분류되지 않는다.

권쌤의 노하우
'할로겐'은 플루오린(불소), 염소, 브로민(브롬), 취소)등의 원소들을 말하는 것입니다. 이들은 주로 소독제나 표백제로 많이 씁니다.

40 | 미생물 관리

미생물의 개념
- 미생물은 세균, 바이러스, 곰팡이, 원생동물 등과 같이 맨눈으로 볼 수 없는 아주 작은 생물이다.
- 이들은 질병을 유발하거나(병원성 미생물), 반대로 환경과 건강에 유익한 역할을 하기도 한다.

미생물 관리의 개념
인간과 환경의 건강에 중요한 영향을 미치는 미생물을 이해하고 관리하는 것을 의미한다.

미생물의 종류
- 세균(Bacteria)
  - 1~10㎛ 정도의 단세포 생물이다.
  - 병원균으로 질병을 유발하며, 유익균(프로바이오틱스)은 소화 및 면역 기능을 강화한다.
  - 예) 결핵균(결핵), 대장균(식중독), 살모넬라(식중독)
- 바이러스(Virus)
  - 약 20~300㎚로 세균보다 작다.
  - 숙주 세포에 기생하며 질병을 전파하나, 백신 개발로 질병 치료와 예방이 가능하다.
  - 예) 인플루엔자 바이러스(독감), 코로나바이러스(COVID-19), HIV(에이즈)
- 곰팡이(Fungi)
  - 단세포(효모) 또는 다세포(곰팡이) 형태이다.
  - 환경 정화에 기여(유기물 분해)하나, 면역력이 약한 사람에게 기회감염을 유발한다.
  - 예) 칸디다균(칸디다증), 아스페르길루스(폐 곰팡이증)
- 원생동물(Protozoa)
  - 10~100㎛의 단세포 생물이다.
  - 식수와 음식물 오염을 통해 감염병을 유발한다.
  - 예) 말라리아 원충(말라리아), 지아르디아(소화기 감염) 등
- 기타 미생물
  - 리케차 : 세균과 바이러스의 중간 형태로, 진드기 매개 감염병을 유발한다.
  - 프리온 : 비정상적인 단백질로 광우병 등의 신경퇴행성 질환을 유발한다.

170 ( ) 안에 들어갈 수치로 알맞은 것은?

> 미생물이란 일반적으로 육안의 가시한계를 넘어선 ( )mm 이하의 미세한 생물체를 총칭하는 것이다.

① 1
② 0.01
③ 0.1
④ 10

일반적으로 0.1mm 이하의 미세한 생물체를 총칭한다.

171 다음 중 세균의 기본형이 아닌 것은?

① 진균
② 나선균
③ 간균
④ 구균

진균은 핵막의 유무에 따라 분류했을 때의 이름이다. 세균은 핵막이 없는 원핵생물이고, 진균은 핵막이 있는 진핵생물이다.

오답 피하기

세균을 형태로 구분할 때, 나선균(나선형)·간균(막대형)·구균(구형) 등의 이름을 붙인다.

172 다음이 설명하는 소독제는 무엇인가?

> 세균, 포자, 곰팡이, 원충류 및 조류 등과 같이 광범위한 미생물에 대한 살균력을 갖고 페놀에 비해 강한 살균력을 갖는 반면, 독성은 훨씬 적은 소독제이다.

① 수은 화합물
② 무기염소 화합물
③ 유기 염소 화합물
④ 요오드 화합물

요오드 화합물은 광범위한 미생물(세균, 포자, 곰팡이, 원충류, 조류 등)에 대해 페놀에 비해 살균력이 뛰어나며, 독성도 훨씬 적다.

권쌤의 노하우

요오드 화합물은 단백질과 결합해 효소를 비활성화하고 세포막을 파괴하는 방식으로 작용합니다. 흔히 사용되는 포비돈 요오드는 이러한 특성 덕분에 의료, 위생, 상처 소독 등 다양한 분야에서 널리 사용됩니다.

173 인체 병원성 미생물에 해당하는 것은?

① 고온성균
② 초저온성균
③ 저온성균
④ 중온성균

인체 병원성 미생물은 일반적으로 중온성균에 속한다. 중온성균은 20~45℃의 온도에서 잘 자라며, 인간의 체온(약 37℃)에서도 활동할 수 있다.

오답 피하기

① 고온성균은 높은 온도에서 자란다.
② 초저온성균은 매우 낮은 온도에서 성장할 수 있다.
③ 저온성균은 차가운 환경에서 자란다

174 미생물의 증식을 억제하는 영향의 고갈과 건조 등의 불리한 환경 속에서 생존하기 위해 세균이 생성하는 것은?

① 점질층
② 세포벽
③ 아포
④ 협막

아포(포자)는 미생물이 불리한 환경에서 생존하기 위해 생성하는 내구성이 매우 강한 구조물이다. 아포는 세균이 불리한 환경(극단적인 온도, 건조, 방사선, 화학물질 등)에서 생존할 수 있게 한다. 아포는 세균이 생리학적으로 비활성 상태에 있을 때 형성되며, 미생물이 다시 유리한 환경에서 활동을 재개할 수 있게 한다.

41 | 공중위생관리법

공중위생관리법의 개념
이 법은 공중이 사용하는 시설, 공간, 서비스의 위생 상태를 체계적으로 관리해 감염병 예방과 건강한 환경을 유지하기 위한 법적 기준과 규정이다.

공중위생관리법의 역할
이 법은 국민의 건강과 생명을 보호하기 위해 다양한 공중위생 관련 사업장과 시설에 위생적인 기준을 적용하고, 위반 시 제재를 가하는 기준이 된다.

공중위생관리법의 목적
- 공중의 건강 보호
- 환경 개선
- 감염병 예방
- 위생 문화 조성

공중위생영업 업종
- 숙박업
- 이·미용업
- 건물위생관리업
- 목욕업
- 세탁업

175 〈보기〉의 (ㄱ), (ㄴ)에 들어갈 용어로 알맞은 것은?

> 공중위생관리법 제1조(목적)
> 이 법은 공중이 이용하는 영업의 (ㄱ) 등에 관한 사항을 규정함으로써 (ㄴ)을/를 향상시켜 국민의 건강증진에 기여함을 목적으로 한다.

	(ㄱ)	(ㄴ)
①	위생	시설관리
②	시설관리	위생
③	위생관리	위생수준
④	위생수준	위생관리

> 공중위생관리법 제1조(목적)
> 이 법은 공중이 이용하는 영업과 시설의 **위생관리** 등에 관한 사항을 규정함으로써 **위생수준**을 향상시켜 국민의 건강증진에 기여함을 목적으로 한다.

176 공중위생관리법상 이용업과 미용업은 다룰 수 있는 신체범위가 구분돼 있다. 다음 중 법령상 미용업이 손질할 수 있는 손님의 신체 범위를 가장 잘 정의한 것은?

① 머리, 피부, 손톱, 발톱
② 얼굴, 손, 머리
③ 얼굴, 머리, 피부 및 손톱, 발톱
④ 손, 발, 얼굴, 머리

> 공중위생관리법에 따르면, 미용업은 손님의 얼굴, 머리, 피부 및 손톱, 발톱을 손질하거나 아름답게 하는 업무를 포함한다.

177 공중위생감시원의 업무 중 틀린 것은?

① 공중위생영업 관련 시설 및 설비의 위생 상태 확인·검사
② 위생교육 이행 여부의 확인
③ 이·미용업의 개선 향상에 필요한 조사 연구 및 지도
④ 위생지도 및 개선명령 이행 여부의 확인

> 공중위생감시원의 주요 업무는 공중위생과 관련된 사업체 및 시설의 위생 상태를 관리하고 점검하는 일이다. 주로 위생 상태 점검, 교육 이행 여부 확인, 지도 및 개선 명령 이행 여부 확인 등의 업무를 수행한다. 하지만 이·미용업의 개선 향상에 필요한 조사 연구 및 지도는 일반적으로 공중위생감시원의 역할보다는 전문 연구자나 관련 기관의 역할에 해당한다.

178 위생교육에 관한 설명으로 틀린 것은?

① 위생교육 실시단체의 장은 위생교육을 수료한 자에게 수료증을 교부하고, 교육실시 결과를 교육 후 즉시 시장·군수·구청장에게 통보해야 하며, 수료증 교부대장 등 교육에 관한 기록을 1년 이상 보관·관리해야 한다.
② 위생교육의 내용은 「공중위생관리법」 및 관련 법규, 소양교육(친절 및 청결에 관한 사항을 포함), 기술교육, 그 밖에 공중위생에 관해 필요한 내용으로 한다.
③ 위생교육을 받아야 하는 자 중 영업에 직접 종사하지 아니하거나 2 이상의 장소에서 영업을 하는 자는 종업원 중 영업장별로 공중위생에 관한 책임자를 지정하고 그 책임자로 하여금 위생교육을 받게 해야 한다.
④ 위생교육 대상자 중 보건복지부장관이 고시하는 도서·벽지에서 영업을 하고 있거나 하려는 자에 대해서는 위생교육 실시단체가 편찬한 교육교재를 배부해 이를 익히고 활용하도록 함으로써 교육을 갈음할 수 있다.

> 수료증 교부대장 등 교육에 관한 기록을 2년 이상 보관·관리해야 한다.

179 영업신고를 하려는 자로서 영업신고 후에 위생교육을 받을 수 있는 경우가 <u>아닌</u> 것은?

① 업무상 국외출장으로 위생교육을 받을 수 없는 경우
② 천재지변으로 위생교육을 받을 수 없는 경우
③ 교육장소와의 거리가 멀어서 위생교육을 받을 수 없는 경우
④ 본인의 질병·사고로 위생교육을 받을 수 없는 경우

영업신고 후 위생교육을 받을 수 없는 경우는 업무상 국외출장, 천재지변, 또는 본인의 질병·사고와 같은 불가피한 사유에 해당할 때로, 교육장소와의 거리가 멀어서 위생교육을 받을 수 없는 경우는 해당하지 않는다. 교육은 반드시 이수돼야 하므로, 거리가 멀다는 이유로 면제되지는 않는다.

180 공중위생감시원의 자격으로 <u>틀린</u> 것은?

① 위생사 이상의 자격증이 있는 사람
② 「고등교육법」에 따른 대학에서 화학·화공학·환경 공학 또는 위생학 분야를 전공하고 졸업한 사람
③ 6개월 이상 공중위생 행정에 종사한 경력이 있는 사람
④ 외국에서 환경기사의 면허를 받은 사람

1년 이상 공중위생 행정에 종사한 경력이 있는 사람이다.

181 공중위생영업자는 공중위생영업을 폐업한 날로부터 며칠 이내에 신고해야 하는가?

① 20일
② 15일
③ 30일
④ 7일

공중위생관리법에 따라 공중위생영업자는 영업을 폐업한 날로부터 20일 이내에 시장·군수·구청장에게 폐업 신고를 해야 한다.

182 이·미용업을 하는 자가 지켜야 하는 사항으로 맞는 것은?

① 이·미용사 면허증을 영업소 안에 게시해야 한다.
② 부작용이 없는 의약품을 사용해 순수한 화장과 피부미용을 해야 한다.
③ 이·미용기구는 소독해야 하며 소독하지 않은 기구와 함께 보관하는 때에는 반드시 소독한 기구라고 표시해야 한다.
④ 1회용 면도날은 사용 후 정해진 소독기준과 방법에 따라 소독해 재사용해야 한다.

오답 피하기
② 이·미용업에서 의약품을 사용하는 것은 제한적이며, 약사법에 따른 의약품을 사용해 피부미용을 하는 것은 금지된다.
③ 소독한 기구와 소독하지 않은 기구를 함께 보관해서는 안 된다.
④ 1회용 면도날을 재사용해서는 안 된다.

183 이·미용 영업소 폐쇄명령을 받고도 계속 영업을 할 때 관계공무원으로 하여금 조치하는 사항이 <u>아닌</u> 것은?

① 이·미용사 면허증을 부착할 수 없게 하는 봉인
② 해당 영업소의 간판 기타 영업표지물의 제거
③ 해당 영업소가 위법한 영업소임을 알리는 게시물의 부착
④ 영업을 위해 필수 불가결한 기구 또는 시설물을 사용할 수 없게 하는 봉인

영업소 폐쇄명령을 받고도 영업을 계속하는 경우 관계 공무원이 취할 수 있는 조치는 영업소의 영업 활동을 제한하거나 이를 알리는 방법에 초점이 맞춰진다. 그러나 면허증 자체를 봉인하거나 부착을 방해하는 것은 적절한 조치로 규정돼 있지 않다.

184 위생서비스 평가 결과 위생서비스의 수준이 우수하다고 인정되는 영업소에 포상을 실시할 수 있는 자가 아닌 것은?

① 보건소장
② 군수
③ 구청장
④ 시·도지사

위생서비스의 수준이 우수하다고 인정되는 영업소에 대한 포상의 수여자로 보건소장은 해당하지 않는다.

185 명예공중위생감시원의 위촉대상자가 아닌 자는?

① 소비자단체장이 추천하는 소속직원
② 공중위생관련 협회장이 추천하는 소속직원
③ 공중위생에 대한 지식과 관심이 있는 자
④ 3년 이상 공중위생 행정에 종사한 경력이 있는 공무원

명예공중위생감시원은 공중위생관리법에 따라 일반적으로 공중위생 관련 활동에 관심과 자격을 갖춘 민간인을 대상으로 위촉된다. 그러나 공중위생 행정에 종사한 공무원은 이미 관련 행정업무를 수행하고 있는 현업 종사자로, 명예공중위생감시원의 대상이 되지 않는다.

186 영업소 이외의 장소라 하더라도 이·미용의 업무를 행할 수 있는 경우로 옳은 것은?

① 학교 등 단체의 인원을 대상으로 할 경우
② 영업상 특별한 서비스가 필요할 경우
③ 혼례에 참석하는 자에 대해 그 의식 직전에 행할 경우
④ 일반 가정에서 초청이 있을 경우

공중위생관리법에 따르면, 이·미용 영업소 외의 장소에서 업무를 행할 수 있는 예외적인 경우는 제한적이다. 혼례에 참석하는 자를 대상으로 그 의식 직전에 이·미용 서비스를 제공하는 것은 법령에서 허용된 경우 중 하나이다. 이는 의식의 특수성을 고려한 예외 조항으로, 다른 일반적인 상황에서 영업소 외 장소에서의 업무는 허용되지 않는다.

187 이·미용업자가 준수해야 하는 위생관리 기준 중 거리가 가장 먼 것은?

① 피부미용을 위해 약사법에 따른 의약품을 사용해서는 아니 된다.
② 영업소 내부에 개설자의 면허증 원본을 게시해야 한다.
③ 발한실 안에는 온도계를 비치하고 주의사항을 게시해야 한다.
④ 영업장 안의 조명도는 75럭스 이상이 되도록 유지해야 한다.

발한실에 온도계를 비치하고 주의사항을 게시하는 규정은 목욕장업의 위생기준에 해당한다.

188 공중위생 영업소의 위생서비스 평가 계획을 수립하는 자는?

① 대통령
② 시·도지사
③ 행정안전부장관
④ 시장·군수·구청장

공중위생관리법에 따라 위생서비스 평가 계획은 시·도지사가 수립하게 돼 있다. 시·도지사는 관할 지역 내 공중위생 영업소의 위생 수준을 평가하고 개선을 위한 계획을 마련할 책임이 있다. 이를 통해 지역 주민들에게 보다 나은 위생 서비스를 제공할 수 있도록 관리·감독한다.

189 법인의 대표자나 법인 또는 개인의 대리인, 사용인 기타 총괄해 그 법인 또는 개인의 업무에 관해 벌금형에 행하는 위반행위를 한 때에 행위자를 벌하는 외에 그 법인 또는 개인에 대해도 동조의 벌금형을 과하는 것을 무엇이라 하는가?

① 양벌규정 제도
② 형사처벌 규정
③ 과태료처분 제도
④ 위임제도

양벌규정 제도는 법인 또는 개인의 대표자나 대리인, 사용인이 그 법인 또는 개인의 업무에 관련해 법을 위반한 경우, 해당 행위자에게 벌금형을 처벌하는 것뿐만 아니라, 법인이나 개인에게도 동일한 벌금형을 부과하는 제도이다. 이는 법인이나 개인이 법적 책임을 지도록 해, 그들의 감독 및 관리 책임을 강화하는 목적을 가지고 있다.

190 이·미용사가 되고자 하는 자는 누구의 면허를 받아야 하는가?

① 고용노동부장관
② 시·도지사
③ 시장·군수·구청장
④ 보건복지부장관

이·미용사가 되기 위해서는 시장·군수·구청장의 면허를 받아야 한다.

191 공중위생영업에 관한 설명으로 맞는 것은?

① 공중위생영업이라 함은 숙박업, 목욕장업, 미용업, 이용업, 세탁업, 위생관리용역업, 의료용품관련업 등을 말한다.
② 공중위생영업의 양수인 상속인 또는 합병에 의해 설립되는 법인 등은 공중위생영업자의 지위를 승계하지 못한다.
③ 공중위생영업을 하고자 하는 자는 시장·군수·구청장에게 신고 후 시장 등이 지정하는 시설 및 설비를 구비해도 된다.
④ 공중위생영업을 위한 설비와 시설은 물론 신고의 방법 및 절차는 보건복지부령으로 정한다.

오답 피하기
① 의료용품업은 해당하지 않는다.
② 법에서 인정하는 자인 '자연인'과 '법인' 모두 승계할 수 있다.
③ 지정 시설 및 설비 구비 후 신고를 하면 된다.

192 이·미용업소의 시설 및 설비기준을 위반한 때에 대한 행정처분 중 2차 위반 시 처분기준은?

① 개선명령
② 영업정지 15일
③ 영업정지 1월
④ 영업장 폐쇄명령

이·미용업소가 시설 및 설비기준을 위반한 경우, 2차 위반 시 행정처분기준은 영업정지 15일이다.

193 공중위생영업자가 관계공무원의 출입·검사를 거부·기피하거나 방해한 때의 1차 위반 행정처분은?

① 영업정지 20일
② 영업정지 10일
③ 영업정지 15일
④ 영업정지 5일

공중위생관리법에 따르면, 공중위생영업자가 관계 공무원의 출입·검사를 거부·기피하거나 방해한 경우 1차 위반 시 행정처분은 영업정지 10일이다. 이는 법적 의무를 준수하지 않아 공중위생의 안전과 관리에 지장을 초래할 수 있기 때문에, 해당 처분이 내려진다.

194 보건복지부령이 정하는 위생교육을 반드시 받아야 하는 자에 해당하지 않는 것은?

① 공중위생관리법에 의한 명령에 위반한 영업소의 영업주
② 공중위생영업의 신고를 하고자 하는 자
③ 공중위생영업소에 종사하는 자
④ 공중위생영업을 승계한 자

공중위생영업소에 종사하는 자는 의무적으로 위생교육을 받아야 하는 대상에 포함되지 않는다. 위생교육은 영업주 또는 신고자, 승계자 등이 이수해야 한다.

195 이·미용사의 면허증을 다른 사람에게 대여한 1차 위반 시의 행정처분기준은?

① 영업정지 3월
② 영업정지 2월
③ 면허정지 3월
④ 면허정지 2월

이·미용사 면허증을 다른 사람에게 대여하는 행위는 공중위생관리법에서 규정하는 위반사항으로, 1차 위반 시 면허정지 3개월의 행정처분을 받는다.

196 「성매매알선 등 행위의 처벌에 관한 법률」 등을 위반하여 폐쇄명령을 받은 이·미용업소는 몇 개월이 지나야 같은 장소에서 같은 영업을 할 수 있는가?

① 3개월
② 6개월
③ 9개월
④ 12개월

공중위생관리법에 따라 「성매매알선 등 행위의 처벌에 관한 법률」 등을 위반하여 폐쇄명령을 받은 이용업소 또는 미용업소는 동일 장소에서 동일 영업을 재개하려면 1년이 경과해야 한다.

197 과태료에 대한 설명 중 틀린 것은?

① 과태료는 보건복지부장관 또는 관할 시장·군수·구청장이 부과·징수한다.
② 과태료처분에 불복이 있는 자는 그 처분을 고지 받은 날로부터 30일 이내에 이의를 제기할 수 있다.
③ 과태료를 납부하지 아니한 때에는 지방세 외수입금의 징수 등에 관한 법률에 따라 징수한다.
④ 과태료에 대해 이의제기가 있을 경우 청문을 실시한다.

과태료에 대한 이의제기는 청문을 통해 처리되지 않으며, 이의 제기를 하면 관할 기관에서 이를 검토한 후 결정된다. 청문은 주로 행정처분이나 벌칙에 관한 사항에 적용된다.

198 영업소 폐쇄 명령을 받고도 계속 이·미용의 영업을 한 자에 대해 행할 수 있는 법적 조치가 아닌 것은?

① 영업소 간판 제거
② 영업소 출입문 봉쇄
③ 위법행위를 한 업소임을 알리는 게시물 부착
④ 영업소 내 기구 또는 시설물 봉인

출입문은 봉쇄할 수 없다.

199 공중위생감시원의 자격, 임명, 업무 범위 기타 필요한 사항은 무엇으로 정하는가?

① 대통령령
② 보건복지부령
③ 환경부령
④ 지방자치령

공중위생감시원의 자격, 임명, 업무 범위 등과 관련된 세부 사항은 대통령령으로 정한다.

200 공중위생영업자 단체의 설립에 관한 설명 중 옳지 않은 것은?

① 영업의 종류별로 설립한다.
② 영업의 단체이익을 위해 설립한다.
③ 전국적인 조직을 갖는다.
④ 국민보건향상의 목적을 갖는다.

공중위생영업자 단체는 영업의 종류별로 설립되며, 단체의 이익을 위해 설립되고, 국민보건 향상을 목표로 활동한다. 하지만 전국적인 조직을 갖는다는 것은 필수적인 사항이 아니며, 지역 단위로 설립될 수도 있다.

PART 03
공개 기출문제

CHAPTER 01 공개 기출문제 01회
CHAPTER 02 공개 기출문제 02회

기출문제 01회

01 다음 중 절족동물의 매개 감염병이 아닌 것은?
① 페스트
② 유행성출혈열
③ 말라리아
④ 탄저

탄저병은 탄저균(Bacillus Anthracis)에 의해 발생한다. 주로 감염된 동물과 접촉하거나 감염된 동물을 섭취할 때 전파된다.

🄟 권쌤의 노하우
절족동물은 절지동물과 같은 말입니다. 절족동물과 절지동물 모두 마디로 이루어진 다리를 가지고 있는 동물이라는 뜻이에요.

02 다음 중 이·미용업소의 실내온도로 가장 알맞은 것은?
① 10℃ 이하
② 12~15C
③ 18~21℃
④ 25℃ 이상

이·미용업소의 적정 실내온도는 18~21℃이다.

03 공중보건학의 대상으로 가장 적절한 것은?
① 개인
② 지역주민
③ 의료인
④ 환자 집단

공중보건학은 지역사회의 건강을 유지하고 증진하는 데 초점을 두는 학문이다. 이는 개인의 건강보다는, 말 그대로 공중(公衆, 공공+대중)을 대상으로 한다. 지역사회, 집단, 또는 인구 전체의 건강과 복지를 대상으로 한다.

04 다음 질병 중 모기가 매개하지 않는 것은?
① 일본뇌염
② 황열
③ 발진티푸스
④ 말라리아

발진티푸스는 이(Lice, Pediculus Humanus)에 의해 매개된다.

05 다음 ( ) 안에 알맞은 용어를 순서대로 옳게 나열한 것은?

> 세계보건기구(WHO)의 본부는 스위스 제네바에 있으며 6개의 지역사무소를 운영하고 있다. 이 중 우리나라는 ( ) 지역에, 북한은 ( ) 지역에 소속돼 있다.

① 서태평양, 서태평양
② 동남아시아, 동남아시아
③ 동남아시아, 서태평양
④ 서태평양, 동남아시아

세계보건기구(WHO)의 지역사무소는 총 6개로 나뉘며, 각 국가는 지정된 지역에 소속된다. 우리나라(대한민국)는 서태평양 지역에 북한은 동남아시아 지역에 소속돼 있다.

06 요충에 대한 설명으로 옳은 것은?
① 집단감염의 특징이 있다.
② 중란을 산란한 곳에는 소양증이 없다.
③ 흡충류에 속한다.
④ 심한 복통이 특징이다.

요충은 유치원, 학교 등에서 어린이들 간에 쉽게 감염될 수 있으며, 특히 집단생활을 하는 곳에서 전파가 용이하다.

🄟 권쌤의 노하우
요충은 어린아이들이 유치원에서 잘 옮아 옵니다. 엉덩이가 가려워 긁다가 다른 아이들과 접촉하거나 입에 갖다 대는 과정에서 전파되더라구요.

정답 01 ④ 02 ③ 03 ② 04 ③ 05 ④ 06 ①

07 일산화탄소(CO)와 가장 관계가 적은 것은?

① 혈색소와의 친화력이 산소보다 강하다.
② 실내 공기오염의 대표적인 지표로 사용된다.
③ 중독 시 중추신경계에 치명적인 영향을 미친다.
④ 냄새와 자극이 없다.

일산화탄소는 공기오염의 지표가 될 수는 있지만, 이산화탄소(CO_2)나 미세먼지(PM)가 더 많이 사용된다.

08 다음 중 세균 세포벽의 가장 외층을 둘러싸고 있는 물질로 백혈구의 식균 작용에 대항해 세균의 세포를 보호하는 것은?

① 편모
② 섬모
③ 협막
④ 아포

세균의 세포벽에서 협막(Capsule, 莢膜)은 가장 외층을 둘러싸는 물질로, 백혈구의 식균 작용에 대항해 세균을 보호하는 역할을 한다. 협막은 다당류나 단백질로 구성돼 있으며, 백혈구가 세균을 포식하는 것을 어렵게 만들어 세균의 생존을 돕는다.

09 다음 기구(집기) 중 열탕소독이 적절하지 않은 것은?

① 금속성 식기
② 면 종류의 타월
③ 도자기
④ 고무제품

열탕소독은 고온의 물을 이용해 세균을 제거하는 방법인데, 고무제품은 고온에 취약해 변형·손상될 위험이 있다. 그래서 고무제품에는 열탕소독이 적합하지 않다.

10 다음 전자파 중 소독에 가장 일반적으로 사용되는 것은?

① 음극선
② 엑스선
③ 자외선
④ 중성자

자외선(UV)은 소독에 가장 일반적으로 사용되는 전자파이다. 자외선은 미생물의 DNA를 손상시켜 세균과 바이러스를 비활성화하는 효과가 있다. 이 특성 덕분에 물, 공기, 표면 소독에 널리 사용된다.

오답 피하기
① 음극선은 전자를 음극에서 양극으로 쏜 광선이다.
② 엑스선(뢴트겐선)은 자외선보다 파장이 짧은 광선으로 의료나 제품 검정, 공업에 쓰인다.
④ 중성자는 전하가 없고 양자와 함께 원자핵의 구성 요소가 되는 입자이다.

권쌤의 노하우
전자파는 전자기파의 줄임말입니다. 감마선, X선, 자외선, 가시광선, 적외선, 전파를 아울러서 이르는 말이에요. 전자파라고 무조건 나쁘진 않아요. 전자파가 없으면 앞을 볼 수가 없거든요.

11 다음의 계면활성제 중 살균제보다 세정 효과가 더 큰 것은?

① 양쪽성 계면활성제
② 비이온 계면활성제
③ 양이온 계면활성제
④ 음이온 계면활성제

음이온 계면활성제는 세정력이 매우 뛰어나며, 기름과 물을 잘 분리하여 오염물을 제거하는 데 효과적이다. 이 계면활성제는 물리적 세정 효과가 강해 살균제보다 세정 효과가 더 크다.

12 분해 시 발생하는 발생기 산소의 산화력을 이용해 표백, 탈취, 살균 효과를 나타내는 소독제는?

① 승홍수
② 과산화수소
③ 크레졸
④ 생석회

과산화수소(H_2O_2)는 산소의 산화력을 이용해 표백, 탈취, 살균 효과를 나타내는 소독제이다. 과산화수소는 분해되면서 산소를 방출하고, 이 산소는 미생물의 세포 구조를 파괴해 살균 효과를 발휘한다. 또한 과산화수소는 표백제와 탈취제로도 사용된다.

정답 07 ② 08 ③ 09 ④ 10 ③ 11 ④ 12 ②

13 역성비누액에 대한 설명으로 옳지 않은 것은?

① 냄새가 거의 없고 자극이 적다.
② 소독력과 함께 세정력이 강하다.
③ 수지, 기구, 식기 소독에 적당하다.
④ 물에 잘 녹고 흔들면 거품이 난다.

역성비누액은 소독에 사용되는 세제이다. 일반적으로 역성비누액은 세정력보다는 소독력에 더 강점을 가진 제품이다.

14 바이러스에 대한 설명으로 옳지 않은 것은?

① 독감을 일으키는 원인이다.
② 크기가 작아 세균여과기를 통과한다.
③ 살아있는 세포 내에서 증식이 가능하다.
④ 유전자는 DNA와 RNA 모두로 구성돼 있다.

바이러스는 형태가 매우 다양한 미생물로, 유전물질로 DNA와 RNA 중 하나만 갖는다.

15 폐경기의 여성이 골다공증에 걸리기 쉬운 이유와 관련이 있는 것은?

① 에스트로겐의 결핍
② 안드로겐의 결핍
③ 테스토스테론의 결핍
④ 티록신의 결핍

폐경기에 접어들면서 여성의 에스트로겐(여성 호르몬) 수치가 급격히 감소한다. 에스트로겐은 뼈의 밀도 유지에 중요한 역할을 하기 때문에, 이 호르몬의 결핍은 뼈를 약하게 만들어 골다공증에 걸릴 위험도를 높인다. 골다공증은 뼈에 구멍이 많이 생긴 상태라, 약해져서 부러지기 쉬워진다.

오답 피하기
② 안드로겐의 결핍은 성적인 성숙에 문제를 유발한다.
③ 테스토스테론의 결핍은 남성 갱년기를 유발한다.
④ 티록신의 결핍은 갑상선 기능의 저하를 유발한다.

16 피부색에 대한 설명으로 옳은 것은?

① 피부의 색은 건강 상태와 관계없다.
② 적외선은 멜라닌 생성에 큰 영향을 미친다.
③ 남성보다 여성에, 고령층보다 젊은 층에 색소가 많다.
④ 피부색의 황색은 카로틴에서 유래한다.

오답 피하기
① 피부의 색은 건강 상태와 밀접한 관련이 있다. 누런 색(황달)은 간 질환, 붉은 색은 심장 질환, 밀간 색은 빈혈 등을 의심할 수 있다.
② 자외선이 멜라닌 생성에 큰 영향을 미친다.
③ 여성보다 남성에게, 저연령층보다 고연령층에게 색소가 많다.

17 기미를 악화시키는 주요한 원인으로 옳지 않은 것은?

① 경구피임약의 복용
② 임신
③ 자외선 차단
④ 내분비 이상

자외선은 기미의 주요 원인이다. 자외선 차단은 기미를 예방하고 악화하지 않도록 도와주는 중요한 방법 중 하나이다.

18 광노화로 인한 피부 변화로 옳지 않은 것은?

① 굵고 깊은 주름이 생긴다.
② 피부의 표면이 얇아진다.
③ 불규칙한 색소의 침착이 생긴다.
④ 피부가 거칠고 건조해진다.

광노화로 피부는 표면이 얇아지기보다는, 피부 속 구조(콜라겐, 엘라스틴 등)가 손상돼 피부의 두께와 탄력이 줄어드는 경향이 있다. 표면이 얇아지기보다는 피부가 건조하고 거칠어지는 경우가 많다.

정답 13 ② 14 ④ 15 ① 16 ④ 17 ③ 18 ②

19 B림프구의 특징으로 옳지 않은 것은?

① 세포 사멸을 유도한다.
② 체액성 면역에 관여한다.
③ 림프구의 20~30%를 차지한다.
④ 골수에서 생성되며 비장과 림프절로 이동한다.

B림프구는 세포 독성이 없으며, 세포 사멸을 유도하지 않는다. 대신, B림프구는 항체를 생성해 체액성 면역 반응에 관여한다. 세포 사멸을 유도하는 역할은 주로 T림프구(특히 세포 독성 T 세포)가 담당한다.

20 에크린선에 대한 설명으로 옳지 않은 것은?

① 실밥을 둥글게 한 것 같은 모양으로 진피 내에 존재한다.
② 사춘기 이후에 주로 발달한다.
③ 특수한 부위를 제외한 거의 전신에 분포한다.
④ 손바닥, 발바닥, 이마에 가장 많이 분포한다.

에크린선은 6세부터 발달하기 시작한다. 이후 2차 성징 때 과도하게 증식하기 시작한다.

21 모세혈관 파열과 구진 및 농포성 질환이 코를 중심으로 양 볼에 나비 모양을 이루는 피부 병변은?

① 접촉성 피부염
② 주사
③ 건선
④ 농가진

오답 피하기
① 피부를 자극하거나 알레르기 반응을 일으키는 물질에 노출되었을 때 나타나는 염증 질환이다.
③ 자가면역질환으로, 은백색의 비늘로 덮여 있고, 경계가 뚜렷하며 크기가 다양한 붉은색의 구진이나 판을 이루는 발진이 전신의 피부에 반복적으로 발생하는 만성 염증 질환이다.
④ 무덥고 습한 여름철 어린이에게 잘 생기는. 전염성이 높은 피부 감염증이다.

22 영업소 외의 장소에서 이·미용 업무를 행할 수 있는 경우에 해당하지 않는 것은?

① 질병이나 그 밖의 사유로 영업소에 나올 수 없는 자에 대해 이·미용을 하는 경우
② 혼례나 그 밖의 의식에 참여하는 사람에 대해 그 의식 직전에 이·미용을 하는 경우
③ 방송 등의 촬영에 참여하는 사람에 대해 그 촬영 직전에 대해 이·미용을 하는 경우
④ 특별한 사정이 있다고 사회복지사가 인정하는 경우

오답 피하기
특별한 사정이 있다고 '사회복지사' 아니라 '시장·군수·구청장'이 인정해야 한다.

23 공중위생관리법에 규정된 사항으로 옳은 것은? (단, 예외사항은 제외)

① 이·미용사의 업무범위에 관해 필요한 사항은 보건복지부령으로 정한다.
② 이·미용사의 면허를 가진 자가 아니어도 이·미용업을 개설할 수 있다.
③ 미용사(일반)의 업무범위에는 파마, 아이론, 면도, 머리피부손질, 피부 미용 등이 포함된다.
④ 일정한 수련과정을 거친 자는 면허가 없어도 이용 또는 미용 업무에 종사할 수 있다.

오답 피하기
②·④ 공중위생법 6조에 따라 이·미용사의 면허를 가진 자가 아니면 이·미용업을 개설할 수 있다.
③ 미용사(일반)의 업무범위에는 파마·머리카락자르기·머리카락모양내기·머리피부손질·머리카락염색·머리감기, 의료기기나 의약품을 사용하지 아니하는 눈썹손질을 하는 영업 등이 포함된다.

정답 19 ① 20 ② 21 ② 22 ④ 23 ①

24 이·미용업소의 폐쇄명령을 받고도 계속해 영업을 하는 때 관계 공무원이 취할 수 있는 조치로 옳지 않은 것은?

① 당해 영업소의 간판 기타 영업표지물의 제거
② 영업을 위해 필수불가결한 기구 또는 시설물을 사용할 수 없게 하는 봉인
③ 당해 영업소가 위법한 영업소임을 알리는 게시물 등의 부착
④ 당해 영업소 시설 등의 개선명령

폐쇄명령을 받고 계속 영업을 하는 경우, 개선명령이 아니라 영업 중단을 위한 조치를 취해야 한다. 개선명령은 보통 영업소가 계속 운영 가능한 상태일 때 해당된다.

25 이·미용업 영업자가 지켜야 하는 사항으로 옳은 것은?

① 부작용이 없는 의약품을 사용해 순수한 화장과 피부미용을 해야 한다.
② 이·미용기구는 소독해야 하며 소독하지 않은 기구와 함께 보관하는 때에는 반드시 소독한 기구라고 표시해야 한다.
③ 1회용 면도날은 사용 후 정해진 소독 기준과 방법에 따라 소독해 재사용해야 한다.
④ 이·미용 개설자의 면허증 원본을 영업소 안에 게시해야 한다.

오답 피하기
① 미용사는 의약품을 사용해서는 안 된다.
② 이·미용기구는 소독해야 하며 소독하지 않은 기구와 함께 보관해서는 안 된다.
③ 1회용 면도날은 재사용해서는 안 된다.

권쌤의 노하우
부작용은 그 본래의 작용에 '부수적으로' 일어나는 작용입니다. 대개 좋지 않은 경우를 이르는데요, 부작용이 없는 의약품은 없습니다.

26 다음 (   ) 안에 알맞은 것은?

공중위생영업자의 지위를 승계한 자는 (   ) 이내 보건복지부령이 정하는 바에 따라 시장, 군수 또는 구청장에게 신고해야 한다.

① 7일
② 15일
③ 1월
④ 2월

공중위생영업자의 지위를 승계한 자는 15일 이내에 보건복지부령이 정하는 바에 따라 시장, 군수 또는 구청장에게 신고해야 한다.

27 시장·군수·구청장이 영업정지가 이용자에게 심한 불편을 주거나 그 밖에 공익을 해할 우려가 있는 경우에 영업정지처분에 갈음한 과징금을 부과할 수 있는 금액 기준은? (단, 예외의 경우는 제외)

① 3천만원 이하
② 5천만원 이하
③ 1억원 이하
④ 2억원 이하

공중위생영업에 대해 시장·군수·구청장이 영업정지 처분을 내리는 대신, 영업정지가 이용자에게 심한 불편을 주거나 공익을 해할 우려가 있는 경우 1억원 이하의 과징금을 부과할 수 있다.

28 영업정지명령을 받고도 그 기간에 계속해 영업을 한 공중위생업자에 대한 벌칙 기준은?

① 6월 이하의 징역 또는 500만원 이하의 벌금
② 1년 이하의 징역 또는 1천만원 이하의 벌금
③ 2년 이하의 징역 또는 2천만원 이하의 벌금
④ 3년 이하의 징역 또는 3천만원 이하의 벌금

영업정지명령을 받고도 그 기간에 계속해 영업을 한 공중위생업자에 대한 벌칙은 1년 이하의 징역 또는 1천만원 이하의 벌금이다.

정답 24 ④ 25 ④ 26 ② 27 ③ 28 ②

29 여드름 관리에 효과적인 화장품의 성분은?

① 유황(Sulfur)
② 하이드로퀴논(Hydroquinone)
③ 코직산(Kojic acid)
④ 알부틴(Arbutin)

여드름 관리를 위한 효과적인 화장품 성분 중 유황은 여드름을 유발하는 박테리아의 성장을 억제하고, 피지를 조절하는 데 도움을 준다. 유황은 피부의 염증을 감소시키고, 각질을 제거해 여드름의 발생을 줄이는 효과가 있다.

30 비누에 대한 설명으로 옳지 않은 것은?

① 비누의 세정 작용은 비누 수용액이 오염과 피부 사이에 침투해 부착을 약화시켜 떨어지기 쉽게 하는 것이다.
② 거품은 풍성하고 잘 헹구어져야 한다.
③ pH가 중성인 비누는 세정 작용뿐만 아니라 살균·소독 효과가 뛰어나다.
④ 메디케이티드(Medicated) 비누는 소염제를 배합한 제품으로 여드름, 면도 상처 및 거친 피부 방지 효과가 있다.

pH가 중성인 비누는 피부에 자극이 적고, 보통 세정 작용에는 효과적이지만, 살균 및 소독 효과는 별도로 설계된 제품에서 더 뛰어나다. 중성 비누는 일반적으로 살균이나 소독 효과가 다른 비누에 비해 떨어진다.

31 자외선 차단 방법 중 자외선을 흡수해 소멸시키는 자외선 흡수제가 아닌 것은?

① 이산화티타늄
② 시너메이트
③ 벤조페논
④ 살리실레이트

이산화티타늄은 자외선 흡수제가 아니라 자외선 산란제에 해당한다.

32 자외선 차단제에 관한 설명으로 옳지 않은 것은?

① 자외선 차단제에는 SPF(Sun Protecting Factor)의 지수가 표기돼 있다.
② SPF 수치가 낮을수록 자외선 차단 정도가 크다.
③ 자외선 차단제의 효과는 피부의 멜라닌양과 자외선에 대한 민감도에 따라 달라질 수 있다.
④ 자외선 차단지수는 '제품을 사용했을 때 홍반을 일으키는 자외선의 양'을 '제품을 사용하지 않았을 때 홍반을 일으키는 자외선의 양'으로 나눈 값이다.

SPF 수치가 높을수록 자외선 차단 효과(시간적 측면)가 더 높다.

33 기초 화장품에 대한 내용으로 옳지 않은 것은?

① 기초 화장품은 피부의 기능을 정상적으로 발휘하도록 도와주는 역할을 한다.
② 기초 화장품의 가장 중요한 기능은 각질층을 충분히 보습하는 것이다.
③ 마사지크림은 기초 화장품에 해당하지 않는다.
④ 화장수의 기본 기능은 각질층에 수분과 보습 성분을 공급하는 것이다.

SPF 수치가 높을수록 자외선 차단 효과가 더 높다. 예를 들어, SPF 50은 SPF 15보다 더 오래 UVB를 차단하는 효과를 가진다.

정답 29 ① 30 ③ 31 ① 32 ② 33 ③

34 미백 화장품의 기능으로 옳지 <u>않은</u> 것은?

① 각질세포의 탈락을 유도해 멜라닌 색소 제거
② 티로시나아제를 활성화해 도파(DOPA) 산화 억제
③ 자외선 차단 성분이 자외선 흡수 방지
④ 멜라닌의 합성과 확산을 억제

> 미백 기능의 핵심은 티로시나아제를 억제해 멜라닌 합성을 방지하는 것이다. 티로시나아제는 멜라닌 합성 과정에서 중요한 효소로, 이를 활성화하면 오히려 멜라닌 생성이 촉진된다.

35 캐리어 오일(Carrier Oil)이 <u>아닌</u> 것은?

① 라벤더 오일
② 호호바 오일
③ 아몬드 오일
④ 아보카도 오일

> • 캐리어 오일 : 식물의 씨앗이나 열매에서 추출된 기름으로, 에센셜 오일을 희석하는 데 사용된다. 피부에 직접 도포할 수 있으며 보습과 영양을 제공한다.
> 예 호호바 오일(②), 아몬드 오일(③), 아보카도 오일(④) 등
> • 에센셜 오일 : 식물의 꽃, 잎, 줄기, 뿌리 등에서 추출한 고농축 오일로, 향이 강하며 피부에 희석 없이 직접 바르면 자극을 줄 수 있다.
> 예 라벤더 오일(①), 캐모마일 오일, 레몬 오일 등

36 눈썹의 종류에 따른 메이크업의 이미지를 연결한 것으로 옳지 <u>않은</u> 것은?

① 짙은 색상 눈썹 : 고전적인 레트로 메이크업
② 긴 눈썹 : 성숙한 가을 이미지 메이크업
③ 각진 눈썹 : 사랑스러운 로맨틱 메이크업
④ 엷은 색상 눈썹 : 여성스러운 엘레강스 메이크업

> 각진 눈썹은 강하고 세련된 느낌을 주기 때문에 로맨틱 메이크업과는 어울리지 않는다.

37 먼셀의 색상환표에서 가장 먼 거리를 두고 서로 마주보는 관계의 색채를 의미하는 것은?

① 한색
② 난색
③ 보색
④ 잔여색

> 보색은 먼셀 색상환표나 일반적인 색상환에서 서로 가장 먼 거리에 위치하며 마주 보는 색이다. 보색 관계에 있는 두 색은 함께 사용하면 강한 대비 효과를 나타낸다.

38 메이크업 도구에 대한 설명으로 적절하지 <u>않은</u> 것은?

① 스펀지 퍼프를 이용해 파운데이션을 바를 때에는 손에 힘을 빼고 사용하는 것이 좋다.
② 팬 브러시(Pan Brush)는 부채 모양으로 생긴 브러시로 아이섀도를 바를 때 넓은 면적을 한 번에 바를 수 있다는 장점이 있다.
③ 아이래시컬러(Eyelash Curler)는 속눈썹에 자연스러운 컬을 주어 속눈썹을 올리는 기구이다.
④ 스크루 브러시(Screw Brush)는 눈썹을 그리기 전에 눈썹을 정리하고 짙게 그려진 눈썹을 부드럽게 수정할 때 사용할 수 있다.

> 팬 브러시는 아이섀도를 넓게 바르는 도구가 아니라 가루 제품을 가볍게 정리하거나 하이라이터를 바르는 데 사용된다.

정답 34 ② 35 ① 36 ③ 37 ③ 38 ②

39 얼굴의 윤곽 수정과 관련한 설명으로 옳지 않은 것은?

① 색의 명암 차이를 이용해 얼굴에 입체감을 부여하는 메이크업 방법이다.
② 하이라이트 표현은 1~2톤 밝은 파운데이션을 사용한다.
③ 섀딩 표현은 1~2톤 어두운 브라운색 파운데이션을 사용한다.
④ 하이라이트 부분은 돌출돼 보이도록 베이스 컬러와의 경계선을 잘 만들어 준다.

하이라이트는 경계선을 자연스럽게 블렌딩해야 하므로 경계선이 눈에 띄어서는 안 된다.

40 메이크업 미용사의 자세로 거리가 먼 것은?

① 고객의 연령, 직업, 얼굴 모양 등을 살펴 표현해 주는 것이 중요하다.
② 시대의 트렌드를 대변하고 전문인으로서의 자세를 취해야 한다.
③ 공중위생을 철저히 지켜야 한다.
④ 고객에게 메이크업 미용사의 개성을 적극 권유한다.

메이크업 미용사는 고객의 취향과 요구를 존중해야 하며, 본인의 개성을 강요하거나 적극 권유해서는 안 된다. 고객의 만족과 신뢰가 가장 중요하다.

41 긴 얼굴형의 화장법으로 옳은 것은?

① 턱에 하이라이트를 처리한다.
② T존에 하이라이트를 길게 넣어 준다.
③ 이마 양옆에 섀딩을 넣어 얼굴 폭을 감소시킨다.
④ 블러셔는 눈 밑 방향으로 가로로 길게 처리한다.

긴 얼굴형의 경우 가로 방향의 블러셔를 이용해 시선을 분산하는 것이 좋다.

42 메이크업 도구의 세척 방법이 바르게 연결된 것은?

① 립 브러시(Lip Brush) : 브러시 클리너 또는 클렌징크림으로 세척한다.
② 라텍스 스펀지(Latex Sponge) : 뜨거운 물로 세척, 햇빛에 건조한다.
③ 아이섀도 브러시(Eyeshadow Brush) : 클렌징크림이나 클렌징오일로 세척한다.
④ 팬 브러시(Pan Brush) : 브러시 클리너로 세척 후 세워서 건조한다.

립 브러시는 색소가 많이 묻어나므로 브러시 클리너나 클렌징 크림으로 세척하는 것이 적합하다.

43 색에 대한 설명으로 옳지 않은 것은?

① 흰색, 회색, 검정 등 색감이 없는 계열의 색상을 통틀어 무채색이라고 한다.
② 색의 순도는 색의 탁하고 선명한 강약의 정도를 나타내는 명도를 의미한다.
③ 인간이 분류할 수 있는 색의 수는 개인적인 차이는 존재하지만 대략 750만 가지 정도이다.
④ 색의 강약을 채도라고 하며 눈에 들어오는 빛이 단일 파장으로 이루어진 색일수록 채도가 높다.

색의 순도는 색이 순색에 얼마나 가까운지 뜻하는 것이며 명도는 색의 밝고 어두움을 뜻한다.

권쌤의 노하우

②와 ④가 같은 말을 하는 것인지 여러분은 눈치 채셨을지 모르겠습니다. 색의 탁하고 선명한 정도를 '채도 내지 순도'라고 합니다. 같은 계열의 색 중에 채도가 가장 높은 색을 '순색'이라고 하죠. 순색은 말 그대로 다른 색이 섞이지 않은 순수한 색이라는 뜻입니다. 빛은 파장에 따라 색을 달리합니다. 빛깔 하나에 특정한 파장 하나가 할당된다(1색1파장)고 생각하시면 이해하기 쉬울 거예요. 한 파장에 다른 파장의 빛이 섞이면, 원래의 색과 다른 색이 나타납니다. 원래의 색에 다른 색이 섞여 있으니 더 이상 순수하지 않은 색이 되는 것이죠. 결론적으로 '파장이 단일하다'는 것은 다른 파장(다른 빛)이 섞이지 않은 순수한 색, '순색'의 다른 표현이 됩니다.

정답 39 ④ 40 ④ 41 ④ 42 ① 43 ②

44 파운데이션의 종류와 그 기능에 대한 설명으로 적절하지 않은 것은?

① 크림 파운데이션은 보습력과 커버력이 우수해 짙은 메이크업을 할 때나 건조한 피부에 적합하다.
② 리퀴드 타입은 부드럽고 쉽게 퍼지며 자연스러운 화장을 원할 때 적합하다.
③ 트윈케이크 타입은 커버력이 우수하고 땀과 물에 강하며 지속력을 요하는 메이크업에 적합하다.
④ 고형 스틱 타입의 파운데이션은 커버력은 약하지만 사용이 간편해서 스피드한 메이크업에 적합하다.

고형 스틱 타입은 커버력이 강하다.

45 아이브로 화장 시 우아하고 성숙한 느낌과 세련미를 표현하고자 할 때 가장 잘 어울릴 수 있는 것은?

① 회색 아이브로 펜슬
② 검정 아이브로 섀도
③ 갈색 아이브로 섀도
④ 에보니 펜슬

갈색은 자연스러운 느낌을 주는 색감이지만, 우아하고 성숙한 이미지, 세련된 이미지를 표현하기에 좋은 색이기도 하다.

46 얼굴의 골격 중 얼굴형을 결정짓는 가장 중요한 요소가 되는 것은?

① 위턱뼈(상악골)
② 아래턱뼈(하악골)
③ 코뼈(비골)
④ 관자뼈(측두골)

아래턱뼈(하악골)는 얼굴형의 중요한 요소로, 턱선과 얼굴 윤곽을 결정짓는다.

47 여름 메이크업에 대한 설명으로 적절하지 않은 것은?

① 시원하고 상쾌한 느낌이 들도록 표현한다.
② 난색 계열을 사용해 따뜻한 느낌을 표현한다.
③ 구릿빛 피부 표현을 위해 오렌지색 메이크업 베이스를 사용한다.
④ 방수 효과를 지닌 제품을 사용하는 것이 좋다.

여름에는 더위를 피하고 시원함을 강조하는 것이 핵심이다. 난색 계열(빨강, 주황, 노랑 등)은 따뜻한 느낌을 주기 때문에 여름 메이크업과는 거리가 멀다. 대신 한색 계열(파랑, 녹색, 보라색 등)을 활용하면 시원하고 청량한 느낌을 줄 수 있다.

48 미국의 색채 학자 파버 비렌이 탁색계를 '톤(Tone)'이라고 불렀던 것에서 유래한 배색 기법은?

① 카마이유(Camajeu) 배색
② 토널(Tonal) 배색
③ 트리콜로레(Tricolore) 배색
④ 톤온톤(Tone on tone) 배색

토널(Tonal) 배색은 색채 학자 파버 비렌이 '톤'을 강조하며 명도와 채도 차이를 활용한 기법에서 유래했다.

49 얼굴형과 그에 따른 이미지의 연결이 가장 적절한 것은?

① 둥근형 : 성숙한 이미지
② 긴 형 : 귀여운 이미지
③ 사각형 : 여성스러운 이미지
④ 역삼각형 : 날카로운 이미지

오답 피하기
① 둥근형 : 귀여운 이미지
② 긴 형 : 성숙한, 고급스러운 이미지
③ 사각형 : 남성적인 이미지

정답 44 ④ 45 ③ 46 ② 47 ② 48 ② 49 ④

50 한복 메이크업 시 유의해야 할 내용으로 옳은 것은?

① 눈썹을 아치형으로 그려 우아해 보이도록 표현한다.
② 피부는 한 톤 어둡게 표현해 자연스러운 피부톤을 연출하도록 한다.
③ 한복의 화려한 색상과 어울리는 강한 색조를 사용해 조화롭게 보이도록 한다.
④ 입술의 구각을 정확히 맞추어 그리는 것보다는 아웃커브로 그려 여유롭게 표현하는 것이 좋다.

오답 피하기
② 피부는 자연스러운 피부톤을 연출하되, 밝고 화사하게 표현한다.
③ 한복의 옷고름 색상과 어울리는, 은은한 색조를 사용해 조화롭게 보이도록 한다.
④ 입술은 직선형으로 그리는 것이 좋다.

51 아이섀도의 종류와 그 특징을 연결한 것으로 적절하지 않은 것은?

① 펜슬 타입 : 발색이 우수하고 사용하기 편리하다.
② 파우더 타입 : 펄이 섞인 제품이 많으며 하이라이트 표현이 용이하다.
③ 크림 타입 : 유분기가 많고 촉촉하며 발색이 선명하다.
④ 케이크 타입 : 그러데이션이 어렵고 색상이 뭉칠 우려가 있다.

케이크 타입 아이섀도는 물이나 전용 액체를 묻혀 사용하는 제품으로, 발색이 자연스럽고 그러데이션에 적합하다.

52 메이크업의 정의로 적절하지 않은 것은?

① 화장품과 도구를 사용한 아름다움의 표현 방법이다.
② 분장의 의미를 가지고 있다.
③ 색상으로 외형적인 아름다움을 나타낸다.
④ 의료기기나 의약품을 사용한 눈썹손질을 포함한다.

메이크업은 화장품과 도구를 사용하지만, 의료기기나 의약품을 사용하는 것은 메이크업의 범주에 포함되지 않는다. 의료기기나 의약품의 사용은 의약의 범주에 속한다.

53 다음에서 설명하는 메이크업이 가장 잘 어울리는 계절은?

강렬하고 이지적인 이미지가 느껴지도록 심플하고 단아한 스타일이나 콘트라스트가 강한 색상과 밝은 색상을 활용하는 것이 좋다.

① 봄
② 가을
③ 여름
④ 겨울

강렬하고 이지적인 이미지와 콘트라스트가 강한 색상을 활용하는 스타일은 겨울 메이크업의 특징이다. 겨울 메이크업은 차갑고 도시적이며 세련된 느낌을 표현하기 위해 흑백 대비와 같은 강렬한 명암을 활용한다. 또한, 밝고 선명한 색상이 사용돼 이지적이고 고급스러운 이미지를 강조한다.

54 봄 메이크업의 컬러 조합으로 가장 적절한 것은?

① 흰색, 파랑, 핑크 계열
② 겨자색, 벽돌색, 갈색 계열
③ 옐로, 오렌지, 그린 계열
④ 자주색, 핑크, 진보라 계열

봄 메이크업은 화사하고 생기 있는 느낌을 강조하는 것이 특징이다. 이 계절에는 따뜻하고 밝은 색상이 잘 어울린다.
• 옐로(노랑) : 밝고 따뜻한 느낌을 준다.
• 오렌지(주황) : 생기 있고 상큼한 분위기를 연출한다.
• 그린(초록) : 봄의 신선함과 자연스러운 이미지를 표현한다.

정답 50 ① 51 ④ 52 ④ 53 ④ 54 ③

55 아이브로 메이크업의 효과와 적절하지 않은 것은?

① 인상을 자유롭게 표현할 수 있다.
② 얼굴의 표정을 변화시킨다.
③ 얼굴형을 보완할 수 있다.
④ 얼굴에 입체감을 부여한다.

아이브로 메이크업은 눈썹의 모양과 색상을 조정해 인상과 얼굴형에 큰 영향을 미치지만, 직접적으로 얼굴에 입체감을 부여하는 효과는 없다. 입체감은 주로 하이라이트와 섀딩을 활용한 베이스 메이크업이나 아이 메이크업에서 강조된다.

56 다음 중 컬러 파우더의 색상 선택과 그 활용법이 잘못 연결된 것은?

① 퍼플 – 노란 피부를 중화하여 화사한 피부 표현에 적합하다.
② 핑크 – 볼에 붉은 기가 있는 경우 더욱 잘 어울린다.
③ 그린 – 붉은 기를 줄인다.
④ 브라운 – 자연스러운 섀딩 효과가 있다.

핑크 컬러 파우더는 혈색을 더하기 때문에 볼에 붉은 기가 이미 있는 경우 오히려 붉은 기를 더 부각시킬 수 있다. 따라서 핑크 컬러는 붉은 기가 없는 피부에 화사함을 더하고 생기를 줄 때 사용해야 한다.

57 기미, 주근깨 등의 피부 결점이나 눈 밑 그늘에 발라 커버하는 데 사용하는 제품은?

① 스틱 파운데이션(Stick Foundation)
② 투웨이케이크(Two-way Cake)
③ 스킨커버(Skin Cover)
④ 컨실러(Concealer)

컨실러는 기미, 주근깨, 여드름 자국, 눈 밑 그늘 등 피부의 결점을 커버하는 데 사용되는 제품이다. 보통 파운데이션보다 제형이 더 되직하여, 커버력이 좋고 결점이 있는 부분에 정확하게 덧바를 수 있다.

58 메이크업 미용사의 작업과 관련한 내용으로 적절하지 않은 것은?

① 모든 도구와 제품은 청결히 준비하도록 한다.
② 마스카라나 아이라인 작업 시 입으로 불어 신속히 마르게 한다.
③ 고객의 신체에 힘을 주어 누르지 않도록 주의한다.
④ 고객의 옷에 화장품이 묻지 않도록 가운을 입혀 준다.

입으로 불어 말리는 방법은 위생적이지 않으며, 고객에게 불쾌감을 줄 수 있다. 또한, 입으로 불어 말리는 것이 메이크업의 퀄리티나 효과성에도 영향을 줄 수 있다.

59 메이크업의 색과 조명에 관한 설명으로 옳지 않은 것은?

① 메이크업의 완성도를 높이는 데에는 자연광선이 가장 이상적이다.
② 조명에 의해 색이 달라지는 현상은 저채도보다는 고채도에서 잘 일어난다.
③ 백열등은 장파장 계열로 사물의 붉은색을 부각시키는 효과가 있다.
④ 형광등은 보라색과 녹색의 파장이 강해 사물이 시원하게 보이는 효과가 있다.

조명에 의한 색 변화는 고채도보다 저채도에서 더 잘 일어난다. 저채도의 색은 조명의 영향을 더 많이 받아 색이 왜곡되거나 달라지는 경향이 크다. 반면, 고채도의 색은 상대적으로 그 변화가 적다.

60 눈썹을 빗거나 마스카라 후 뭉친 속눈썹을 정돈할 때 사용하면 편리한 브러시는?

① 팬 브러시
② 스크루 브러시
③ 노즈섀도 브러시
④ 아이라이너 브러시

스크루 브러시는 눈썹을 빗거나 마스카라 후 뭉친 속눈썹을 정돈하는 데 매우 유용한 도구이다. 브러시 모양이 빗살처럼 돼 있어 속눈썹이나 눈썹을 자연스럽게 정리할 수 있다.

정답 55 ④ 56 ② 57 ④ 58 ② 59 ② 60 ②

기출문제 02회

01 18세기 말 "인구는 기하급수적으로 늘고 생산은 산술급수적으로 늘기 때문에 체계적인 인구 조절이 필요하다."라고 주장한 사람은?

① 프랜시스 플레이스
② 에드워드 윈슬로우
③ 토마스 R. 맬서스
④ 포베르토 코흐

토마스 R. 맬서스(Thomas R. Malthus)는 18세기 말에 "인구는 기하급수적으로 늘고, 자원과 생산은 산술급수적으로 증가하기 때문에 결국 인구의 급격한 증가가 자원을 초과하게 된다"는 주장을 펼쳤다. 그는 이러한 이유로 체계적인 인구 조절이 필요하다고 주장했다.

02 감염병 예방 및 관리에 관한 법률상 제2급 감염병이 아닌 것은?

① A형간염
② 장출혈성대장균감염증
③ 세균성이질
④ 파상풍

파상풍은 제3급 감염병으로 분류된다.

03 장염비브리오균 식중독에 대한 설명으로 거리가 먼 것은?

① 원인균은 보균자의 분변이 주원인이다.
② 복통, 설사, 구토 등이 생기며 발열이 있고 2~3일이면 회복된다.
③ 예방은 저온 저장, 조리기구, 손 등의 살균을 통해서 할 수 있다.
④ 여름철에 집중적으로 발생한다.

장염비브리오균 식중독은 장염비브리오균(Vibrio Parahaemolyticus)에 감염돼 발생하는 식중독이다. 원인균은 해산물에서 주로 생육하며, 해산물을 날것으로 섭취하거나 덜 익혀서 먹었을 때 감염된다.

04 이·미용사의 위생복을 흰색으로 하는 주된 이유는?

① 오염된 상태를 가장 쉽게 발견할 수 있다.
② 가격이 비교적 저렴하다.
③ 미관상 가장 보기가 좋다.
④ 열 교환이 가장 잘 된다.

위생복을 흰색으로 하는 주된 이유는 오염된 상태를 쉽게 식별할 수 있기 때문이다. 흰색은 오염이나 더러움을 쉽게 드러내어, 청결 상태를 지속적으로 관리할 수 있게 한다.

05 보건행정에 대한 설명으로 가장 적절한 것은?

① 공중보건의 목적을 달성하기 위해 공공의 책임하에 수행하는 행정 활동
② 개인보건의 목적을 달성하기 위해 공공의 책임하에 수행하는 행정 활동
③ 국가 간의 질병교류를 막기 위해 공공의 책임하에 수행하는 행정 활동
④ 공중보건의 목적을 달성하기 위해 개인의 책임하에 수행하는 행정 활동

보건행정은 공중보건을 목표로 해, 질병예방·건강증진 등을 공공의 책임하에 체계적으로 수행하는 활동을 의미한다. 이는 국가나 정부 기관이 공공의 건강을 관리하고 증진하기 위해 필요한 다양한 정책과 서비스를 제공하는 과정이다.

06 모기가 매개하는 감염병이 아닌 것은?

① 일본뇌염
② 콜레라
③ 말라리아
④ 사상충증

콜레라는 비위생적인 물이나 음식을 통해 전파되는 수인성 질병이다.

정답 01 ③ 02 ④ 03 ① 04 ① 05 ① 06 ②

07 다음 중 대기오염 방지 목표와 연관성이 가장 적은 것은?

① 경제적인 손실 방지
② 직업병의 발생 방지
③ 자연환경의 악화 방지
④ 생태계 파괴 방지

직업병의 발생 방지는 주로 산업 안전 및 보건과 관련된 목표로, 대기오염과는 직접적인 연관성이 적다. 직업병은 작업 환경과 특성에 의해 발생하는 건강 문제와 관련이 있다.

08 다음 중 식기류 소독에 가장 적당한 것은?

① 30% 알코올 수용액
② 역성비누액
③ 40℃의 온수
④ 염소

오답 피하기
① 알코올 수용액은 일반적으로 70% 수용액을 사용한다.
③ 40℃의 온수는 식기의 세척(설거지) 시 표면에 묻거나 굳은 기름을 가볍게 씻어낼 때 좋다.
④ 염소는 상수의 소독에 사용된다.

권쌤의 노하우
식기는 사람의 입(점막)이 닿는 곳이므로 소독에 에틸 알코올(에탄올)을 사용해야 합니다. 메틸 알코올(메탄올)을 사용하면 간 독성과 안구 손상의 위험이 있어요.

09 살균력과 침투성은 약하지만 자극이 없고 발포 작용에 의해 구강이나 상처 소독에 주로 사용되는 소독제는?

① 페놀
② 염소
③ 과산화수소
④ 알코올

과산화수소는 살균력과 침투성은 약하지만, 자극이 적고 발포 작용이 있어 구강이나 상처 소독에 주로 사용된다. 발포 작용이 활발하면 거품이 잘 일어나 소독제가 닿는 표면적을 넓혀 소독 효과를 증대시킬 수 있고, 적은 양으로 안전하게 소독할 수 있다.

10 세균 증식 시 높은 염도를 필요로 하는 호염성(Halophilic)균에 속하는 것은?

① 콜레라
② 장티푸스
③ 장염비브리오균
④ 이질

호염성균(Halophilic Bacteria)은 바다와 같이 염분이 많은 환경에서 잘 자라는 세균이다. 장염비브리오균(Vibrio Parahaemolyticus)이 호염성균에 속하며, 식중독의 원인균 중 하나로 알려져 있다.

11 소독 방법에서 고려돼야 할 사항으로 적절하지 않은 것은?

① 소독 대상물의 성질
② 병원체의 저항력
③ 병원체의 아포 형성 여부
④ 소독 대상물의 그람염색 여부

그람염색으로 원인균의 특성을 파악해 항생제를 선택하는 중요한 지표로 사용할 수 있지만, 이는 치료법을 결정하는 방법이지 소독법을 결정하는 방법이 아니다.

권쌤의 노하우
그람염색은 세포벽의 화학적 특성 및 물리적 특성의 차이를 이용해 세균을 구별하는 방법입니다. 그람양성균은 세포벽이 두꺼워 염색약을 머금을 수 있지만, 그람음성균은 세포벽이 얇아 그러지 못한다는 차이가 있습니다.

12 병원체의 병원소 탈출 경로와 적절하지 않은 것은?

① 호흡계로부터의 탈출
② 소화계로부터의 탈출
③ 비뇨・생식계로부터의 탈출
④ 수권으로부터의 탈출

병원체가 병원소를 탈출하는 경로는 일반적으로 인간의 체내에서 외부로 나갈 수 있는 다양한 경로를 가리키는 것이다. 수권(하천, 호소, 해양, 지하수 등과 같은 지구상의 모든 물)은 직접적인 병원소 탈출 경로로 보기 어렵다.

정답 07 ② 08 ② 09 ③ 10 ③ 11 ④ 12 ④

13 따뜻한 물에 중성세제로 잘 씻은 후 물기를 없앤 다음, 70% 알코올 수용액에 20분 이상 담그는 소독법을 적용할 수 있는 대상은?

① 유리제품
② 고무제품
③ 금속제품
④ 비닐제품

이 소독법은 주로 유리제품에 적합한 방법이다. 유리는 알코올 자극에 손상 없이 잘 견딘다.

14 병원성 미생물의 발육을 정지시키는 소독 방법은?

① 희석
② 방부
③ 살균
④ 여과

오답 피하기
① 희석은 소독제를 물이나 다른 용매로 희석하여 사용하는 과정이다.
③ 살균은 미생물을 사멸시키는 것이다.
④ 여과는 특수한 필터로 미생물을 걸러내는 것이다.

15 계란 모양의 핵을 가진 세포들이 일렬로 밀접하게 정렬돼 있는 한 개의 층으로, 새로운 세포 형성이 가능한 층은?

① 각질층
② 기저층
③ 유극층
④ 망상층

기저층(Basal Layer)은 표피의 가장 깊은 층으로, 세포들이 일렬로 밀접하게 정렬돼 있고, 이곳에서 새로운 세포가 형성된다. 기저층의 세포는 모세포(Basal Cells)로, 이들 세포가 분열해 새로운 피부 세포를 만들어내며, 상위층으로 밀려 올라가면서 피부의 다른 층을 형성한다.

16 피부의 색소침착 증상이 아닌 것은?

① 기미
② 백반증
③ 주근깨
④ 검버섯

백반증(Vitiligo)은 피부에 색소가 결핍돼 하얀 반점이 생기는 질환으로, 색소침착 증상이 아닌 색소소실(Pigment Loss)과 관련이 있다.

17 정상적인 피부의 pH 범위는?

① pH 3~4
② pH 6.5~8.5
③ pH 4.5~6.5
④ pH 7~9

정상적인 피부의 pH는 약 4.5에서 6.5 사이이다. 이 범위는 피부의 자연적인 산성 보호막인 피지와 땀에 의해 유지되며, 피부를 외부의 해로운 세균이나 자극으로부터 보호하는 역할을 한다.

18 적외선이 피부에 미치는 영향으로 적절하지 않은 것은?

① 온열 효과가 있다.
② 혈액순환 개선에 도움을 준다.
③ 피부 건조화, 주름 형성, 피부 탄력 감소를 유발한다.
④ 피지선과 한선의 기능을 활성화해 피부 노폐물 배출에 도움을 준다.

피부가 적외선에 장기간 노출되면 건조해지고, 주름이 생기거나 탄력이 떨어질 수 있다. 이는 자외선에 과도하게 노출됐을 때에도 발생할 수 있는 현상이다.

정답 13 ① 14 ② 15 ② 16 ② 17 ③ 18 ③

19 다음이 의미하는 것은?

> 정신적, 육체적으로 아무것도 하지 않고 가장 안락한 자세로 조용히 누워있을 때 생명을 유지하는 데 소요되는 최소한의 열량으로 식후 12~16시간 이후부터의 대사량을 가리키는 것이다.

① 순환대사량
② 기초대사량
③ 활동대사량
④ 상대대사량

오답 피하기
① · ④은 없는 용어이다.
③ 활동대사량은 몸을 움직이기 위해 필요한 열량으로, 기초대사량을 포함하는 열량이다.

20 비듬이 생기는 원인과 관계가 없는 것은?

① 신진대사가 계속적으로 나쁠 때
② 탈지력이 강한 샴푸를 계속 사용할 때
③ 염색 후 두피가 손상됐을 때
④ 샴푸 후 린스를 했을 때

샴푸 후 린스를 하면 두피가 촉촉해지고 머리카락이 부드러워지기 때문에 비듬 예방에 도움이 될 수 있다.

21 피부노화의 이론으로 적절하지 않은 것은?

① 셀룰라이트 형성
② 프리라디칼 이론
③ 노화 프로그램설
④ 텔로미어학설

셀룰라이트 형성은 피부 노화와는 다른 개념으로, 주로 지방 세포의 변화와 피하조직의 구조적 문제로 인한 비정상적인 지방 축적을 의미한다. 이론적으로 피부 노화와 직접적인 관계는 없다.

22 다음 중 이 · 미용업을 하고자 하는 자가 해야 하는 절차는?

① 시장 · 군수 · 구청장에게 신고한다.
② 시장 · 군수 · 구청장에게 통보한다.
③ 시장 · 군수 · 구청장의 허가를 얻는다.
④ 시 · 도지사의 허가를 얻는다.

이 · 미용업을 시작하고자 하는 경우, 해당 지역의 시장 · 군수 · 구청장에게 신고해야 한다. 이는 허가가 아니라 신고 절차로, 관련 법규에 따라 일정한 기준을 충족하는 경우, 해당 기관에 신고를 하면 영업을 시작할 수 있다.

23 건전한 영업질서를 위해 공중위생업자가 준수해야 할 사항을 준수하지 아니한 자에 대한 벌칙 기준은?

① 1년 이하의 징역 또는 1천만원 이하의 벌금
② 6월 이하의 징역 또는 500만원 이하의 벌금
③ 3월 이하의 징역 또는 300만원 이하의 벌금
④ 300만원의 과태료

건전한 영업질서를 위해 공중위생업자가 준수해야 할 사항을 위반할 경우, 6개월 이하의 징역형 또는 500만원 이하의 벌금에 처해질 수 있다.

24 면허가 취소된 자는 누구에게 면허증을 반납해야 하는가?

① 보건복지부장관
② 시 · 도지사
③ 시장 · 군수 · 구청장
④ 읍 · 면장

면허가 취소된 자는 시장 · 군수 · 구청장에게 면허증을 반납해야 한다.

정답 19 ② 20 ④ 21 ① 22 ① 23 ② 24 ③

25 이·미용소에서 영업정지처분을 받고 그 정지 기간에 영업을 한 때의 1차 위반 행정처분은?

① 영업정지 1월
② 영업정지 2월
③ 영업정지 3월
④ 영업장 폐쇄명령

이·미용소에서 영업정지 처분을 받고 그 정지 기간 중에 영업을 한 경우, 1차 위반에도 영업장 폐쇄명령이 내려진다.

26 영업자의 위생관리 의무가 아닌 것은?

① 영업장에서 사용하는 기구를 소독한 것과 소독하지 아니한 것은 분리하여 보관한다.
② 영업소에서 사용하는 1회용 면도날은 손님 1인에 한해 사용한다.
③ 자격증을 영업소 안에 게시한다.
④ 면허증을 영업소 안에 게시한다.

자격증의 게시는 의무가 아니지만 면허증의 게시는 의무이다.

27 의료법 위반으로 영업장 폐쇄명령을 받은 이·미용업 영업자는 얼마 동안 같은 종류의 영업을 할 수 없는가?

① 2년
② 1년
③ 6개월
④ 3개월

「성매매알선 등 행위의 처벌에 관한 법률」 등 외의 법률(의료법)을 위반하여 영업장 폐쇄명령을 받은 이·미용업 영업자는 1년 동안 같은 종류의 영업을 할 수 없다.

「성매매알선 등 행위의 처벌에 관한 법률」 등 외의 법률
• 성매매알선 등 행위의 처벌에 관한 법률
• 아동·청소년의 성보호에 관한 법률
• 풍속영업의 규제에 관한 법률
• 청소년 보호법
• 마약류 관리에 관한 법률

28 공중위생관리법규상 위생관리등급의 구분이 바르게 짝지어진 것은?

① 최우수업소 – 녹색등급
② 우수업소 – 백색등급
③ 일반관리대상업소 – 황색등급
④ 관리미흡대상업소 – 적색등급

위생관리등급 판정은 2년에 한 번 실시하며 판정을 위한 기준은 보건복지부 장관이 정해 고시한다.
• 최우수업소(①) : 녹색등급
• 우수업소(②) : 황색등급
• 일반관리대상업소(③) : 백색등급

29 유연화장수의 작용과 적절하지 않은 것은?

① 피부에 보습을 주고 윤택하게 한다.
② 피부에 남아 있는 비누의 알칼리 성분을 중화한다.
③ 각질층에 수분을 공급한다.
④ 피부의 모공을 넓힌다.

유연화장수는 피부를 보습하고, 비누의 알칼리 성분을 중화하며, 각질층에 수분을 공급하는 등의 역할을 한다. 이와 더불어 피부를 유연하게 하는 기능도 있지만 모공을 넓히지는 않는다.

30 크림 파운데이션에 대한 설명 중 가장 적절한 것은?

① 얼굴의 형태를 바꾼다.
② 피부의 잡티나 결점을 커버하는 목적으로 사용한다.
③ O/W형은 W/O형에 비해 비교적 사용감이 무겁고 퍼짐성이 낮다.
④ 화장 시 산뜻하고 청량감이 있으나 커버력이 약하다.

크림 파운데이션은 고밀도와 높은 커버력을 특징으로 해 피부의 잡티나 결점을 잘 커버하는 데 적합하다. 또한, O/W형과 W/O형 크림 파운데이션은 사용감과 퍼짐성이 다를 수 있지만, 기본적으로는 커버력이 우수한 제품으로 알려져 있다.

정답 25 ④ 26 ③ 27 ② 28 ① 29 ④ 30 ②

31 피지 조절, 항우울과 함께 분만 촉진에 효과적인 아로마 오일은?

① 라벤더
② 로즈마리
③ 재스민
④ 오렌지

재스민 오일은 피지 조절과 항우울 효과가 있으며, 분만 촉진에도 도움이 되는 것으로 알려져 있다. 재스민 오일은 진정 효과가 있어 우울감을 완화하고, 출산을 촉진하는 역할을 할 수 있다고 한다.

32 피부 클렌저(Cleanser)로 사용하기 적절하지 않은 것은?

① 강알칼리성 비누
② 약산성 비누
③ 탈지를 방지하는 클렌징 제품
④ 보습 효과가 있는 클렌징 제품

강알칼리성 비누는 피부의 자연적인 pH 균형을 깨뜨려 피부를 건조하게 하고 자극을 줄 수 있다. 피부 클렌저로 적합하지 않은 이유는 강한 알칼리성이 피부의 보호막을 손상시킬 수 있기 때문이다.

> **권쌤의 노하우**
> 알칼리성은 염기성의 다른 이름입니다. 알칼리는 '식물의 재'를 뜻하는 아랍어 '알칼리'에서, 염기는 산과 반응해 염(이온)을 만든다는 특성에서 따왔답니다. 알칼리는 재의 특성에서, 염기는 '염'의 '기'반이 된다는 특성에서 비롯된 이름이죠.

33 다음 중 가용화(Solubilization) 기술을 적용해 만들어진 것은?

① 마스카라
② 향수
③ 립스틱
④ 크림

가용화(Solubilization) 기술은 물에 잘 녹지 않는 물질을 물에 잘 섞이도록 만드는 기술로, 주로 기름과 물이 혼합되지 않는 경우에 사용된다. 향수에는 향료와 같은 기름 성분이 포함돼 있으며, 이 성분을 물에 잘 녹이기 위해 가용화 기술을 적용한다.

34 미백 화장품에 사용되는 대표적인 성분은?

① 레티노이드(Retinoid)
② 알부틴(Arbutin)
③ 라놀린(Lanolin)
④ 토코페롤 아세테이트(Tocopherol Acetate)

알부틴(Arbutin)은 미백 화장품에서 자주 사용되는 성분으로, 피부의 멜라닌 생성을 억제해 피부톤을 밝게 해 주는 효과가 있다.

35 진피에 포함된 성분으로 보습 기능이 있어 피부 관리에 사용되는 성분은?

① 알코올(Alcohol)
② 콜라겐(Collagen)
③ 판테놀(Panthenol)
④ 글리세린(Glycerin)

콜라겐(Collagen)은 피부의 진피층에 포함된 주요 성분으로, 피부의 구조를 지지하고 보습 기능을 지원해 피부 관리에 중요한 역할을 한다. 콜라겐은 피부에 탄력과 보습을 제공한다.

36 눈의 형태에 따른 아이섀도 기법으로 옳지 않은 것은?

① 부은 눈 : 펄감이 없는 브라운이나 그레이 컬러로 아이홀을 중심으로 넓지 않게 펴 바른다.
② 처진 눈 : 포인트 컬러를 눈꼬리 부분에서 사선 방향으로 올리고 언더컬러는 사용하지 않는다.
③ 올라간 눈 : 눈앞머리 부분에 짙은 컬러를 바르고 눈 중앙에서 꼬리까지 엷은 컬러를 발라주며, 언더 부분을 넓게 펴 바른다.
④ 작은 눈 : 눈두덩이 중앙에 밝은 컬러로 하이라이트를 하고, 눈앞머리에 포인트를 주며, 아이라인은 그리지 않는다.

작은 눈은 눈을 더 커 보이게 하고 또렷한 인상을 주기 위해 아이라인을 활용하는 것이 중요하다. 아이라인을 그리지 않으면 눈매가 흐릿하게 보일 수 있다. 따라서 작은 눈의 경우 아이라인을 얇게 또는 점막을 채워 그려주는 것이 일반적이다.

정답 31 ③ 32 ① 33 ② 34 ② 35 ② 36 ④

37 아이섀도를 바를 때 눈 밑에 떨어진 가루나 과다한 파우더를 털어내는 도구로 가장 적절한 것은?

① 파우더 퍼프
② 파우더 브러시
③ 팬 브러시
④ 블러셔 브러시

팬 브러시는 부채 모양의 브러시로, 눈 밑에 떨어진 아이섀도 가루나 과다한 파우더를 가볍게 털어내는 데 가장 적합하다. 섬세하고 부드러운 터치로 메이크업을 망치지 않고 정리할 수 있다.

38 눈썹을 그리기 전후에 자연스럽게 눈썹을 빗는 나선 모양의 브러시는?

① 립 브러시
② 팬 브러시
③ 스크루 브러시
④ 파우더 브러시

스크루 브러시는 나선 모양으로 돼 있어, 눈썹을 빗거나 정리하는 데 사용된다. 메이크업 과정에서 눈썹의 결을 자연스럽게 정돈하고, 필요에 따라 눈썹 제품을 고르게 펴 바를 수 있도록 도와준다.

39 눈썹의 형태에 따른 이미지와 그에 알맞은 얼굴형이 가장 바르게 연결된 것은?

	눈썹형태	이미지	얼굴형
①	상승형	동적이고 시원한	둥근형
②	아치형	우아하고 여성적인	삼각형
③	각진형	지적이며 단정한	긴 형, 장방형
④	수평형	젊고 활동적인	둥근형, 짧은 얼굴

동적이고 시원한 느낌으로, 주로 둥근형 얼굴에 잘 어울린다. 둥근 얼굴을 시각적으로 길어 보이게 한다.

김쌤의 노하우
방형(方形)은 '사각형'을 다르게 말하는 겁니다. 정방형은 정사각형, 장방형은 직사각형입니다.

40 색의 배색과 그에 따른 이미지를 연결한 것으로 옳은 것은?

① 액센트 배색 – 부드럽고 차분한 느낌
② 동일색 배색 – 무난하면서 온화한 느낌
③ 유사색 배색 – 강하고 생동감 있는 느낌
④ 그러데이션 배색 – 개성 있고 아방가르드한 느낌

동일색 배색은 유사한 명도와 채도의 같은 색상 계열을 사용해 무난하고 온화하며 안정적인 느낌을 준다.
예 파스텔 톤의 베이지 계열 조합

41 뷰티 메이크업과 관련된 내용으로 적절하지 않은 것은?

① 눈썹, 아이섀도, 입술 메이크업 시 고객의 부족한 면을 보완해 균형 있는 얼굴로 표현한다.
② 메이크업 시 색상, 명도, 채도 등을 고려해 고객의 상황에 맞는 컬러를 선택하도록 한다.
③ 사람들은 대부분 얼굴의 좌우가 다르므로 자연스러운 메이크업을 위해 최대한 생김새를 그대로 표현해 생동감을 준다.
④ 의상, 헤어, 분위기 등 전체적인 이미지 조화를 고려해 메이크업한다.

메이크업의 목표는 얼굴의 좌우 비대칭이나 결점을 보완하고 조화로운 인상을 주는 것이 핵심이다. 생김새를 그대로 표현하기보다는, 고객의 개성을 살리면서도 부족한 부분을 개선해 더 균형 잡힌 이미지를 연출해야 한다.

정답 37 ③ 38 ③ 39 ① 40 ② 41 ③

42 계절별 화장법으로 적절하지 <u>않은</u> 것은?

① 봄 메이크업 – 투명한 피부 표현을 위해 리퀴드 파운데이션을 사용하며, 눈썹과 아이섀도를 자연스럽게 표현한다.
② 여름 메이크업 – 콘트라스트가 강한 색상으로 선을 강조하고 베이지 컬러의 파우더로 피부를 매트하게 표현한다.
③ 가을 메이크업 – 아이 메이크업 시 저채도의 베이지, 브라운 컬러를 사용하고 그윽하며 깊은 눈매를 연출한다.
④ 겨울 메이크업 – 전체적으로 깨끗하고 심플한 이미지를 표현하고, 립은 레드나 와인 계열 등의 색상을 바른다.

여름 메이크업은 주로 화사하고 시원한 느낌을 강조하며, 피부는 얇고 가벼운 베이스 메이크업을 통해 촉촉하고 자연스러운 표현을 추구한다. 콘트라스트가 강한 색상보다는 부드럽고 차분한 색상(파스텔, 코럴 계열)이 적합하며, 매트한 피부 표현보다는 글로우한 피부 표현이 일반적이다.

43 사각형 얼굴의 수정 메이크업으로 옳지 <u>않은</u> 것은?

① 이마의 각진 부위와 튀어나온 턱뼈 부위에 어두운 파운데이션을 발라 갸름하게 보이게 한다.
② 눈썹은 각진 얼굴형과 어울리도록 시원하게 아치형으로 그린다.
③ 일자형 눈썹과 길게 뺀 아이라인으로 포인트 메이크업을 하는 것이 효과적이다.
④ 입술 모양은 곡선의 형태로 부드럽게 표현한다.

사각형 얼굴은 각진 느낌이 강하기 때문에 부드러운 이미지를 연출하는 것이 중요하다. 일자형 눈썹은 얼굴을 더 각지고 강한 인상으로 보이게 할 수 있어 적합하지 않다. 또한, 길게 뺀 아이라인은 얼굴의 가로선을 강조해 사각형 얼굴을 더욱 넓어 보이게 만들 수 있다.

44 다음에서 설명하는 아이섀도 제품의 타입은?

- 장기간 지속 효과가 낮다.
- 기온 변화로 번들거림이 생기는 단점이 있다.
- 유분이 함유돼 부드럽고 매끄럽게 펴 바를 수 있다.
- 제품 도포 후 파우더로 색을 고정시켜 지속력과 색의 선명도를 향상시킬 수 있다.

① 크림 타입
③ 케이크 타입
② 펜슬 타입
④ 파우더 타입

크림 타입 아이섀도는 유분이 함유돼 있어 부드럽고 매끄럽게 펴 바를 수 있는 장점이 있다. 하지만 지속력이 낮고, 기온 변화로 번들거릴 가능성이 있어 제품 사용 후 파우더를 덧발라 고정하는 것이 필요하다.

45 파운데이션을 바르는 방법으로 적절하지 <u>않은</u> 것은?

① O존은 피지 분비량이 적어 소량의 파운데이션으로 가볍게 바른다.
② V존은 잡티가 많으므로 슬라이딩 기법으로 여러 번 겹쳐 발라 결점을 가린다.
③ S존은 슬라이딩 기법과 가볍게 두드리는 패팅 기법을 병행해 메이크업의 지속성을 높인다.
④ 헤어라인은 귀앞머리 부분까지 라텍스 스펀지에 남아 있는 파운데이션을 사용해 슬라이딩 기법으로 바른다.

V존은 얼굴의 양쪽 광대뼈부터 턱선까지의 영역을 의미한다. 이 부위는 잡티가 있거나 피붓결이 불균형할 수 있기 때문에, 슬라이딩 기법과 패딩기법을 적절히 활용해 잡티를 커버해야 한다. 여러 번 겹쳐 발라 과도하게 덧바르지 않도록 주의해야 한다.

정답 42 ② 43 ③ 44 ① 45 ②

46 긴 얼굴형에 적합한 눈썹 메이크업으로 가장 적절한 것은?

① 가는 곡선형으로 그린다.
② 눈썹산이 높은 아치형으로 그린다.
③ 각진 아치형이나 상승형, 사선 형태로 그린다.
④ 다소 두께감이 느껴지는 직선형으로 그린다.

긴 얼굴형은 길어 보이는 인상을 줄이기 위해 눈썹을 직선 형태로 그리는 것이 효과적이다. 직선형 눈썹은 얼굴의 길이를 시각적으로 줄여 주어 균형을 맞추는 데 도움이 된다. 또한, 두께감 있는 눈썹은 얼굴에 더 넓고 균형 잡힌 느낌을 줄 수 있다.

47 조선시대의 화장 문화에 대한 설명으로 옳지 않은 것은?

① 이중적인 성 윤리관이 화장 문화에 영향을 주었다.
② 여염집 여성의 화장과 기생 신분의 여성 화장이 구분됐다.
③ 영육일치 사상의 영향으로 남녀 모두 미에 대한 부정적인 인식이 형성됐다.
④ 미인박명 사상이 문화적 관념으로 자리 잡음으로써 미에 대한 부정적인 인식이 형성됐다.

영육일치(靈肉一致) 사상은 신라시대에 시작해 고려시대까지 이어진 사상으로 '아름다운 육체에 아름다운 정신이 깃든다'라는 뜻이다.

권쌤의 노하우
미인박명(美人薄命)은 미인(美人)의 수명(命)이 짧다(薄)는 뜻입니다.

48 메이크업의 도구 및 재료의 사용 방법에 대한 설명으로 적절하지 않은 것은?

① 브러시는 전용 클리너로 세척하는 것이 좋다.
② 아이래시 컬러는 속눈썹을 아름답게 올릴 때 사용한다.
③ 라텍스 스펀지는 세균 번식이 쉬우므로 깨끗한 물로 씻어 재사용한다.
④ 면봉은 부분 메이크업 또는 메이크업의 수정 시 사용한다.

라텍스 스펀지는 재료적 특성상 세균 번식이 쉬우므로 재사용하지 않는 것이 가장 좋다. 특히, 물로 씻어 재사용할 경우 세균이 완전히 제거되지 않을 수 있어 위생에 문제가 생길 수 있다. 따라서 라텍스 스펀지는 한 번 사용 후 바로 폐기하는 것이 가장 안전하다.

49 색과 관련된 설명으로 옳지 않은 것은?

① 물체의 색은 빛이 거의 모두 반사돼 보이는 색이 백색, 거의 흡수돼 보이는 색이 흑색이다.
② 불투명한 물체의 색은 표면의 반사율에 의해 결정된다.
③ 유리잔에 담긴 레드와인은 장파장의 빛은 흡수하고, 그 외의 파장은 투과해 붉게 보이는 것이다.
④ 장파장은 단파장보다 산란이 잘 되지 않는 특성이 있어 신호등의 빨간색은 흐린 날에 멀리서도 식별이 가능하다.

유리잔에 담긴 레드와인이 붉은 색으로 보이는 이유는 장파장(빨간색)을 흡수하는 것이 아니라 짧은 파장의 빛을 흡수하고, 주로 긴 파장(빨간색)을 투과하기 때문이다.

정답 46 ④ 47 ③ 48 ③ 49 ③

50 한복 메이크업 시 주의사항이 아닌 것은?

① 색조 화장은 저고리 깃이나 고름의 색상에 맞추는 것이 좋다.
② 너무 강하거나 화려한 색상은 피하는 것이 좋다.
③ 단아한 이미지를 표현하는 것이 좋다.
④ 한복으로 가려진 몸매를 입체적인 얼굴로 표현한다.

한복은 몸매를 많이 가리므로, 메이크업은 얼굴과 한복에 적합한 균형을 맞추는 것이 좋다.

51 같은 물체라도 조명색이 다르면 색이 다르게 보이나 시간이 갈수록 원래 물체의 색으로 인지하게 되는 현상은?

① 색채의 불변성
② 색의 항상성
③ 색 지각
④ 색 검사

색의 항상성(Color Constancy)은 조명 조건이 달라져도 물체의 색을 일정하게 인지하는 현상이다. 쉽게 말해 조명이 바뀌면 물체의 색이 달라 보일 수 있지만, 시간이 지나면서 그 물체의 실제 색을 인식하는 능력이 유지되는 현상이다. 이는 시각 시스템이 색을 일정하게 유지하려는 특성에 의해 일어난다.

52 사극의 수염 분장에 필요한 재료가 아닌 것은?

① 스플리트검
② 쇠 브러시
③ 생사
④ 더마왁스

더마왁스는 눈썹을 가리거나 상처 분장, 피부의 윤곽을 변형하는 특수 분장에 사용하는 재료이다.

53 '톤을 겹친다'라는 의미로 동일한 색상에서 톤의 명도 차를 비교적 크게 둔 배색 방법은?

① 동일색 배색
② 톤온톤 배색
③ 톤인톤 배색
④ 세퍼레이션 배색

톤온톤 배색은 동일한 색상에서 톤의 명도 차를 비교적 크게 두어 여러 톤을 겹쳐 사용하는 배색 방법이다. 이는 색상은 동일하지만 명도나 채도에 차이를 두어 변화를 주는 방식으로, 색상의 깊이나 변화를 표현할 수 있다.

54 메이크업 시 미용사의 기본적인 용모 및 자세로 적절하지 않은 것은?

① 업무 시작 전후 메이크업 도구와 제품 상태를 점검한다.
② 메이크업 시 위생을 위해 항상 마스크를 착용하고 고객과 직접 대화는 하지 않는다.
③ 고객을 맞이할 때에는 자리에서 일어나 공손하게 인사한다.
④ 영업장으로 걸려온 전화를 받을 때에는 필기도구를 준비해 메모를 한다.

메이크업 시 위생을 위해 마스크를 착용하는 것은 중요하지만, 고객과 소통을 전혀 하지 않는다는 것은 옳지 않다. 고객과의 대화는 메이크업 과정에서 중요한 부분이다. 고객의 요구 사항을 듣고, 메이크업 스타일을 조정하며, 편안한 분위기를 제공하는 것이 미용사의 중요한 역할이다.

55 현대의 메이크업 목적으로 적절하지 않은 것은?

① 개성 창출
② 추위 예방
③ 자기 만족
④ 결점 보완

추위 예방은 주로 옷이나 액세서리, 기타 방한 용품으로 해결되는 문제이다.

정답 50 ④ 51 ② 52 ④ 53 ② 54 ② 55 ②

56 여름철 메이크업으로 적절하지 않은 것은?

① 선탠 메이크업을 베이스 메이크업으로 응용해 건강한 피부를 표현한다.
② 약간 각진 눈썹형으로 표현해 시원한 느낌을 살린다.
③ 눈매를 푸른색으로 강조하는 원포인트 메이크업을 한다.
④ 크림 파운데이션을 사용해 피부를 두껍게 커버하고 윤기 있게 마무리한다.

여름철에는 더운 날씨와 땀으로 인해 피부가 기름지거나 번들거릴 수 있기 때문에, 두껍고 윤기 있는 크림 파운데이션보다는 가벼운 제형의 파운데이션이나 투명하게 커버하는 제품을 사용하는 것이 적합하다. 두껍게 커버하는 파운데이션은 여름철의 무더위나 습도에서 잘 유지되지 않을 수 있다.

57 메이크업 베이스의 사용 목적으로 옳지 않은 것은?

① 파운데이션의 밀착력을 높인다.
② 얼굴의 피부톤을 조절한다.
③ 얼굴에 입체감을 부여한다.
④ 파운데이션의 색소침착을 방지한다.

얼굴의 입체감을 높이는 것은 베이스 제품보다는 색조제품의 역할이다.

58 긴 얼굴형의 윤곽 수정 방법에 대한 설명으로 옳지 않은 것은?

① 콧등 전체에 하이라이트를 주어 입체감 있게 표현한다.
② 눈 밑은 폭 넓게 수평형 하이라이트를 준다.
③ 노즈섀도를 짧게 표현한다.
④ 이마와 아래턱은 섀딩을 주어 얼굴의 길이감이 짧아 보이게 한다.

긴 얼굴형에서는 콧등 전체에 하이라이트를 주는 것보다는 콧대와 콧방울에만 하이라이트를 주는 것이 효과적이다. 콧등 전체에 하이라이트를 주면 얼굴의 길이감이 더 강조될 수 있기 때문에, 콧등 하이라이트는 부분적으로 사용하는 것이 좋다.

59 눈과 눈 사이가 좁은 눈을 수정하기 위해 아이섀도 포인트가 들어가야 할 부분으로 옳은 것은?

① 눈앞머리
② 눈 중앙
③ 눈 언더라인
④ 눈꼬리

눈꼬리 부분을 강조하면 시선이 분산되는 효과를 얻을 수 있다.

60 컨투어링 메이크업을 위한 얼굴형의 수정 방법으로 옳지 않은 것은?

① 둥근형 : 양 볼 뒤쪽에 어두운 섀딩을 주고 턱과 콧등에 길게 하이라이트를 준다.
② 긴 형 : 헤어라인과 턱에 섀딩을 주고 볼 쪽에 하이라이트를 준다.
③ 사각형 : T존의 하이라이트를 강조하고 U존에 명도가 높은 블러셔를 한다.
④ 역삼각형 : 헤어라인에서 양쪽 이마 끝에 섀딩을 준다.

사각형을 수정할 때는 T존에 하이라이트를 주는 것보다 U존에 섀딩을 주어 턱선을 부드럽게 만들어 주는 것이 적합하다. 하이라이트는 이마나 볼 중앙에 사용하는 것이 좋다. U존에 명도가 높은 블러셔를 사용하면 각진 턱이 더 강조될 수 있어 피하는 것이 좋다.

정답 56 ④ 57 ③ 58 ① 59 ④ 60 ③

MEMO

PART 04

최신 기출문제

CHAPTER 01 최신 기출문제 01회
CHAPTER 02 최신 기출문제 02회
CHAPTER 03 최신 기출문제 03회
CHAPTER 04 최신 기출문제 04회
CHAPTER 05 최신 기출문제 05회
CHAPTER 06 최신 기출문제 06회
CHAPTER 07 최신 기출문제 07회
CHAPTER 08 최신 기출문제 08회

*저자진이 직접 응시하여 복원한 최신 기출문제 8회분을 수록하였습니다.

최신 기출문제 01회

정답과 해설 426p

01 메이크업 영업장의 환경관리에 대한 설명으로 옳지 <u>않은</u> 것은?

① 하루에 2~3회 이상 자연환기를 해야 한다.
② 실내외 온도 차는 9~10℃ 이상이어야 한다.
③ 영업장 안에 조명도는 75㎘ 이상이어야 한다.
④ 다수의 사람이 모이는 영업장에는 반드시 환풍기가 설치돼야 한다.

02 미용실에서 사용되는 수건, 터번, 헤드캡 등의 관리 방법으로 적절하지 <u>않은</u> 것은?

① 1회용 제품 사용
② 세탁 후 사용
③ 알코올 소독 후 사용
④ 일광 소독 후 사용

03 매일 사용하는 세안제가 갖추어야 할 조건으로 옳지 <u>않은</u> 것은?

① 풍부한 거품을 가져야 하며 강력한 세정력을 가져야 한다.
② 습하거나 건조한 곳에서도 형태와 질이 변하지 않아야 한다.
③ 뜨거운 물이나 차가운 물 모두에 잘 풀어져야 한다.
④ 색과 향기의 변화가 없어야 하고 미생물의 오염이 없어야 한다.

04 얼굴 윤곽 수정 시 눈 밑 뺨 부분에 하이라이트를 둥근 느낌으로 넣고 헤어라인이 둥글어 보이게 섀딩을 주었을 때 느껴지는 이미지는?

① 세련된 이미지
② 활동적인 이미지
③ 모던한 이미지
④ 귀여운 이미지

05 다음 중 아이섀도 연출 시 가루 날림이 적어 초보자가 사용하기에 용이하고 강한 포인트 컬러를 밀착감 있게 표현할 때 적합한 브러시는?

① 포인트 아이섀도 브러시
② 팁 브러시
③ 사선 브러시
④ 베이스 아이섀도 브러시

06 피부과 치료 후 피부 재생이나 보호 목적으로 주로 사용했다가 최근에는 의료보다 미용의 목적으로 잡티 커버 및 피부톤 정리를 위해 사용되는 제품은?

① BB크림
② CC크림
③ DD크림
④ NC크림

07 온도감 순서를 따뜻한 것에서 차가운 것 순으로 나열한 것으로 옳은 것은?
① 하양 → 빨강 → 주황 → 노랑 → 연두 → 녹색 → 파랑
② 파랑 → 주황 → 노랑 → 하양 → 연두 → 녹색 → 파랑
③ 빨강 → 주황 → 노랑 → 연두 → 녹색 → 파랑 → 하양
④ 하양 → 연두 → 녹색 → 파랑 → 빨강 → 주황 → 노랑

08 미용실 영업신고서를 제출받은 시장·군수·구청장이 확인해야 할 것이 아닌 것은?
① 미용사 면허증
② 시설 및 설비내역서
③ 건축물대장
④ 토지이용계획확인서

09 다음 중 잡티가 많은 피부에 적합하지 않은 립 컬러는?
① 다크브라운
② 마젠타
③ 와인
④ 베이지핑크

10 고객의 요구에 대한 서비스 방법으로 적절하지 않은 것은?
① 언제나 환영받고 싶은 고객의 기대를 위해 밝은 얼굴, 올바른 자세로 인사를 한다.
② 아티스트의 전문가적 감각을 기대하는 고객을 위해 되도록 화려하고 트렌디한 복장과 헤어스타일로 고객을 맞이한다.
③ 노련하고 정확한 기술을 기대하는 고객을 위해 전문가로서의 실력을 갖추도록 한다.
④ 고객 상담 시에는 적절한 아이콘택트와 리액션, 경청하는 자세로 고객을 응대한다.

11 인공능동면역 중 사균백신을 경피 투여해 예방하는 질병에 해당하지 않는 것은?
① 홍역
② 장티푸스
③ 백일해
④ 콜레라

12 메이크업의 역사 중 사회적 신분 표시와 장식적 목적의 메이크업을 처음 시작한 시대는?
① 바로크 시대
② 그리스 시대
③ 로마 시대
④ 이집트 시대

13 위쪽 아이라인을 가늘게 그리고 아래쪽 눈꼬리 부분을 수평 또는 살짝 아래로 그려야 하는 눈의 모양은?

① 지방이 많은 두툼한 눈
② 눈꼬리가 올라간 눈
③ 가늘고 긴 눈
④ 작은 눈

14 계면활성제의 성질 및 작용에 대한 설명으로 옳은 것은?

① 비이온 계면활성제는 물에 용해될 때 이온으로 해리되지 않는 수산기로 화장수의 유화제로 사용된다.
② 계면활성제에 의한 유화는 로션, 크림, 에센스, 마사지크림, 클렌징크림, 메이크업베이스 등에 광범위하게 적용된다.
③ 가용화는 다량의 물과 물에 녹지 않는 소량의 오일 성분이 계면활성제에 의해 우윳빛으로 용해돼 있는 상태이다.
④ 계면활성제에 의한 분산은 메이크업 화장품보다 기초 화장품에 주로 많이 사용된다.

15 가모를 제거하거나 글루를 닦아낼 때 사용하는 글루 리무버의 개봉 후 사용 가능한 기간은?

① 2개월 이내
② 4개월 이내
③ 6개월 이내
④ 12개월 이내

16 매혹적인, 화려한, 호화로운 등의 뜻으로 여성의 성적 매력이 강조된 성숙한 이미지의 메이크업은?

① 글래머러스 메이크업
② 샤이니 메이크업
③ 실키 메이크업
④ 글로시 메이크업

17 다음 중 영화 촬영을 위한 노인 메이크업에 대한 설명으로 적절하지 않은 것은?

① 캐릭터의 연령, 직업, 환경, 건강 상태를 고려해 기본 베이스를 바른다.
② 검버섯과 피부 잡티 등을 표현한 후에 파우더로 마무리한다.
③ 이마, 눈썹뼈, 콧등, 광대뼈 위, 관자놀이가 돌출돼 뵈도록 하이라이트를 준다.
④ 흰머리는 헤어 화이트너를 칫솔이나 브러시에 묻혀 자연스럽게 연출한다.

18 중극장에서 이루어지는 연극을 위한 메이크업에 대한 설명으로 적절하지 않은 것은?

① 속눈썹의 컬이 올라가 보이도록 붙여야 시야가 방해되지 않는다.
② 수염을 붙이기 전에 면도를 하고 파운데이션을 도포한 후 수염을 붙인다.
③ 가발 착용 시에는 머리망 위에 지나치게 많은 핀을 꽂지 않는다.
④ 립 메이크업 연출 시 배우의 입술보다 약간 크게 그리는 것이 좋다.

19 속눈썹 연장에 사용되는 재료와 도구의 역할이 바르게 연결된 것은?
① 일자 핀셋 – 자연모를 분리해 접착제가 묻는 것을 방지한다.
② 전처리제 – 아래·위 속눈썹이 서로 붙지 않도록 아래 속눈썹을 고정하는 역할을 한다.
③ 마이크로 브러시 – 완성된 속눈썹을 정리 및 빗질할 때 사용한다.
④ 팬 브러시 – 글루 리무버를 묻혀 가모를 제거할 때 사용한다.

20 다음 중 헤어브러시 소독법으로 옳지 않은 것은?
① 사용한 브러시는 알코올 스프레이를 뿌려 소독한다.
② 오염물을 제거한 브러시는 자외선 소독기에 보관한다.
③ 사용 후 브러시 사이에 끼인 머리카락을 꼬리빗 등으로 제거하고 클리너로 닦아준다.
④ 브러시를 떨어뜨렸을 경우 흔들어 털어준 뒤 사용한다.

21 다음 중 클렌징에 대한 설명으로 옳지 않은 것은?
① 클렌징은 피부의 죽은 각질을 제거해 피부 표면을 부드럽게 하는 역할을 한다.
② 클렌징은 혈액순환을 촉진하는 기능이 있어 3분 이상 시행하는 것이 효과적이다.
③ 사용한 스패츌러는 에탄올 수용액을 머금은 거즈로 표면을 닦는다.
④ 화장수를 적신 화장솜을 피붓결 방향으로 닦아 피붓결을 정돈한다.

22 시·도지사 또는 시장·군수·구청장이 보건복지부령으로 정하는 바에 따라 기간을 정해 그 개선을 명할 수 있는 경우가 아닌 것은?
① 공중위생영업의 종류별 시설 기준을 위반한 공중위생영업자
② 영업신고의 의무를 위반한 공중위생영업자
③ 공중위생영업의 종류별 설비기준을 위반한 공중위생영업자
④ 위생관리 의무를 위반한 공중위생영업자

23 다음 중 인간의 이미지를 4가지 분류하고, 색상 팔레트를 통해 패션과 메이크업을 제안한 이는 누구인가?
① 캐럴 잭슨
② 로버트 도어
③ 요하네스
④ 코호트

24 속눈썹 연장 시 안정적인 속눈썹의 부착을 위해 글루를 가모의 어느 지점까지 묻히는 것이 효과적인가?
① $\frac{1}{2}$
② $\frac{1}{3}$
③ $\frac{2}{5}$
④ $\frac{2}{3}$

25 다음 중 제1급 감염병으로만 짝지은 것으로 옳지 않은 것은?
① 에볼라바이러스병, 마버그열
② 두창, 페스트
③ 야토병, 디프테리아
④ 라싸열, 세균성이질

26 긁힌 상처의 분장에 대한 설명으로 옳지 않은 것은?
① 상처 분장 전에 알코올로 분장 부위를 청결히 닦은 후 분장을 한다.
② 강하게 긁힌 상처 위에 면봉으로 묽은 피를 살짝 발라 사실적으로 연출한다.
③ 라텍스 스펀지에 붉은색, 적갈색, 보라색 등의 라이닝 컬러를 묻힌 다음 연출하고자 하는 방향으로 긁어 표현한다.
④ 깊게 파인 상처 표현을 위해서는 상처 위에 묽은 피와 커피 가루를 살짝 발라 피딱지를 연출한다.

27 에센셜 오일의 추출법 중 천연향을 대량으로 추출할 수 있으나 고온에서 일부 향 성분이 파괴될 수 있는 방법은?
① 수증기 증류법
② 용매 추출법
③ 압착법
④ 이산화탄소 추출법

28 플라스틱백 수염에 대한 설명으로 옳지 않은 것은?
① 여러 번 반복 사용이 가능해 활용도가 높다.
② 사용 후 알코올을 사용해 떼어 낸다.
③ 영상 매체에서 사실적 표현을 위해 사용한다.
④ 제작 기간이 길지만 다양한 맞춤형 수염 제작이 가능하다.

29 다음 중 패션쇼 메이크업에 대한 설명으로 옳지 않은 것은?
① 패션쇼 메이크업의 역할은 의상과 조화를 이루어 패션 메시지를 표현하고 전달하는 것이다.
② 패션쇼 메이크업은 무대의 조명색과 광량을 고려해야 한다.
③ 오트쿠튀르에서 진행되는 메이크업은 의상과 어울리는 아트적 요소를 가미한 메이크업으로 연출이 가능하다.
④ 패션쇼 메이크업은 모델의 개성이 최대한 드러나 보일 수 있도록 이목구비를 뚜렷하게 표현한다.

30 사람의 얼굴형을 결정짓는 데 가장 중요한 요소가 되는 골격은?
① 상악골
② 하악골
③ 관골
④ 측두골

31 다음 중 공중위생관리법 위반 시 행정처분이 다른 하나는?

① 영업변경신고를 하지 아니한 자
② 공중위생영업자의 지위를 승계한 자로서 신고를 하지 아니한 자
③ 면허를 받지 아니하고 이용업 또는 미용업을 개설하거나 그 업무에 종사한 자
④ 건전한 영업질서를 위해 공중위생영업자가 준수해야 할 사항을 준수하지 아니한 자

32 어두운 황갈색 피부를 가진 여성이 사용하기에 가장 적합한 메이크업 베이스의 컬러는?

① 옐로 컬러
② 그린 컬러
③ 블루 컬러
④ 핑크 컬러

33 다음 중 건강하고 젊은 이미지를 연출하는 눈썹 모양은?

① 가늘고 긴 눈썹
② 굵고 짙은 눈썹
③ 가늘고 짧은 눈썹
④ 길고 옅은 색상의 눈썹

34 엘레강스한 이미지의 웨딩 메이크업에 가장 적절한 것은?

① 라이트핑크, 화이트, 그레이, 블루 계열로 눈매를 연출한다.
② 오렌지, 오렌지핑크, 브라운 계열로 눈매를 연출한다.
③ 핑크베이지, 핑크, 그레이, 퍼플, 브라운 계열로 눈매를 연출한다.
④ 핑크베이지, 핑크, 퍼플, 살구, 실버 계열로 눈매를 연출한다.

35 세안비누가 갖추어야 할 조건으로 옳지 않은 것은?

① 거품이 풍성하며 자극 없이 세정돼야 한다.
② 온수나 냉수에 잘 풀려야 한다.
③ 잘 무르지 않고 방부제가 첨가되지 않아야 한다.
④ 헹굼이 쉬워야 한다.

36 메이크업의 기원에 대한 설명으로 옳지 않은 것은?

① 신분표시설 – 개인의 사회적 지위나 계급과 성별, 결혼 여부 등과 같이 집단 내 개인을 구분하는 표시에서 메이크업이 유래됐다는 이론
② 종교설 – 병이나 나쁜 액을 물리치고 복을 염원하는 행위로 몸을 청결히 하고 특정 색이나 문양으로 치장하는 것에서 메이크업이 유래됐다는 이론
③ 보호설 – 외부의 위험으로부터 자신을 보호하고 은폐하기 위한 수단으로 메이크업이 유래됐다는 이론
④ 장식설 – 새의 깃털이나 짐승의 치아, 뿔, 뼈, 식물성 색소들을 이용해 얼굴이나 신체를 위장하는 것에서 메이크업이 유래됐다는 이론

37 혼주의 한복 메이크업에 대한 설명으로 가장 적절한 것은?

① 한복의 화려한 색감을 고려해 아이 메이크업은 화려한 색상 또는 펄이 들어 있는 것을 선택한다.
② 깨끗한 피부 표현을 위해 크림 또는 스틱 파운데이션을 두껍게 바른다.
③ 입술은 치마 색상에 맞추어 아웃커브로 한다.
④ 색조 메이크업은 저고리 깃이나 고름의 색상에 맞추어 선택한다.

38 고조선인들이 희고 건강한 피부를 만들기 위해 사용했던 것이 아닌 것은?

① 쑥
② 돈고
③ 마늘
④ 꿀

39 다음 중 눈의 폭과 동일한 너비가 아닌 것은?

① 입술의 폭
② 왼쪽 눈앞머리~오른쪽 눈앞머리
③ 코의 폭
④ 오른쪽 눈꼬리~오른쪽 헤어라인

40 패션쇼 메이크업을 진행하려고 할 때 고려해야 할 것이 아닌 것은?

① 장소의 크기
② 조명의 색
③ 무대의 높이
④ 모델의 취향

41 다음 중 T.P.O에 따른 메이크업에 대한 설명으로 옳지 않은 것은?

① 나이트 메이크업 – 하이라이트와 섀딩을 주어 입체감 있는 얼굴을 연출하고 눈동자 중앙이나 눈썹뼈에 펄이 있는 하이라이트를 주어 입체감과 화려함을 표현한다.
② 오피스 메이크업 – 의상에 따라 색상을 정한 후 무난한 톤의 유사한 색이나 동일 색상 배색을 이용해 밝게 메이크업한다.
③ 무대공연 메이크업 – 무대와 관객과의 거리를 고려해 입체감 있게 표현하되 배우의 개성을 잘 살려 표현한다.
④ 파티 메이크업 – 모임 장소의 분위기나 조명을 고려해 메이크업의 콘셉트를 정하도록 한다.

42 다음 중 피부의 멜라닌 합성에 영향을 주는 요소가 아닌 것은?

① 적외선 조사
② 혈액순환의 정도
③ 유전적 요인
④ 호르몬의 영향

43 다음 중 치크 메이크업에 대한 설명으로 옳지 않은 것은?

① 세련되고 지적인 느낌을 표현할 때는 로즈 핑크 컬러의 치크를 사용한다.
② 크림 타입의 치크는 유분기가 있어 파우더 처리 전에 발색한다.
③ 희고 밝은 피부톤을 가진 여성에게는 핑크 계열의 치크 컬러가 적합하다.
④ 치크는 콧방울보다 아래쪽으로 떨어지지 않도록 연출한다.

44 노인 캐릭터는 메이크업을 라텍스 빌드업 기법으로 표현할 때 채색에 사용되는 재료는?

① 아쿠아컬러
② CMC
③ RMC
④ IPM젤

45 자신의 신분, 직업, 계급을 표시하고 사회의 관습 및 예의를 표현하는 메이크업의 기능은?

① 미화적 기능
② 심리적 기능
③ 사회적 기능
④ 표현 창출의 기능

46 공중위생영업자가 영업소 폐쇄명령을 받고도 계속해 영업을 하는 경우 해당 영업소를 폐쇄하기 위해 관계 공무원이 취할 수 있는 조치가 아닌 것은?

① 해당 영업소의 영업표지물의 제거
② 이·미용 면허취소
③ 위법한 영업소임을 알리는 게시물 부착
④ 영업을 위해 필수불가결한 시설물을 사용할 수 없게 봉인

47 웨딩 메이크업 시 주의점으로 옳지 않은 것은?

① 신랑의 아이브로는 잔털을 정리하고 부족한 부분은 펜슬을 이용해 직선형이나 상승형으로 자연스럽게 그려 연출한다.
② 혼주 메이크업 시에는 C존을 화사하게 연출해 피부 리프팅 효과를 부여한다.
③ 엘레강스 이미지의 신부는 광대뼈 하단 부분에 미디엄 브론즈로 섀딩을 하고 피치톤으로 애플존에 색감을 더해 성숙함을 연출한다.
④ 야외에서 진행되는 웨딩 메이크업은 계절과 시간에 따라 태양광의 강도 차이가 생겨 색상이 다르게 표현될 수 있으므로 다소 강하게 연출한다.

48 빛의 흡수와 산란 현상을 통해 발색되는 것으로 산화철, 레이크를 포함하는 안료는?

① 백색안료
② 착색안료
③ 체질안료
④ 펄안료

49 베이스 메이크업 제품을 도포하기 위한 테크닉으로 제품을 고르게 펴고 스펀지나 손가락을 이용해 두드리며 바르는 방법은?

① 블렌딩 기법
② 슬라이딩 기법
③ 페더링 기법
④ 패팅 기법

50 다음 중 공중위생영업자가 영업장 폐쇄명령을 받는 경우가 아닌 것은?

① 손님에게 성매매알선 등 알선 또는 제공을 2번 위반·적발·처분된 경우의 영업소
② 영업장 시설 및 설비 기준을 3번 위반·적발·처분된 경우
③ 영업정지처분을 받고도 그 영업정지 기간에 영업을 한 경우
④ 문신·박피술 등 유사한 의료행위를 3번 위반·적발·처분된 경우

51 빛의 성질 중 빛이 장애물에 의해 굴절돼 빛의 파동이 휘어지는 현상을 일컫는 말은?

① 반사
② 굴절
③ 산란
④ 회절

52 다음 중 파운데이션에 대한 설명으로 적절하지 않은 것은?

① 흰 피부에는 라이트베이지 색상과 핑크베이지 색상의 파운데이션이 적합하다.
② 건성 피부에도 리퀴드 타입과 크림 타입의 파운데이션이 적합하다.
③ 팬케이크 타입의 파운데이션은 번들거림이 없고 가볍고 간편하게 피부 표현이 가능하다.
④ 핑크 컬러의 파운데이션은 흰 피부와 노란 피부의 화사한 피부 표현에 효과적이다.

53 다음 중 이미지와 메이크업 방법이 바르게 연결되지 않은 것은?
① 오리엔탈 – 에스닉 메이크업, 젠 메이크업
② 미니멀 – 원포인트 메이크업, 모던 메이크업
③ 매니시 – 엘레강스 메이크업, 펑크 메이크업
④ 사이버 – 퓨처리즘 메이크업, 메칼릭 메이크업

54 화장품과 의약품의 차이점에 대한 설명으로 옳은 것은?
① 화장품은 질병 예방과 치료를 목적으로 사용된다.
② 의약품의 사용 기간은 장기 또는 단기이다.
③ 의약외품은 부작용이 있을 수 있다.
④ 화장품은 임의 사용이 가능하다.

55 다음 중 어떤 색채가 환경에 따라 달리 보이는 현상은?
① 컬러 어피어런스
② 조건 등색
③ 착시
④ 푸르킨예 현상

56 노인 메이크업의 결정 요인과 세부 항목을 연결한 것으로 옳지 않은 것은?
① 지역적 요인 – 국가, 도시, 어촌, 농촌
② 개인적 요인 – 나이, 습관, 성별
③ 사회적 요인 – 경제력, 직업, 계절
④ 개인적 요인 – 건강 상태, 성격

57 공중위생영업자의 영업변경신고 시 제출서류에 해당하지 않는 것은?
① 영업신고증
② 영업소의 명칭 변경을 증명하는 서류
③ 영업장 면적의 ¼ 확장을 증명하는 서류
④ 영업소의 주소 변경을 증명하는 서류

58 미용실의 환기를 위한 공기 순환이 가장 촉진되는 실내외의 온도 차는?
① 3℃
② 5℃
③ 7℃
④ 9℃

59 프라이머의 기능에 해당하지 않는 것은?
① 요철 등을 메워 피부 표면을 매끈하게 연출한다.
② 메이크업의 지속력을 높인다.
③ 피부의 색조를 보정한다.
④ 피부의 피지를 조절한다.

60 고객의 토사물이나 분변 처리 시 가장 적합한 화학적 소독법은?
① 역성비누
② 크레졸
③ 승홍수
④ 요오드

최신 기출문제 02회

01 다음 중 세균이 영양 부족, 건조, 열 등으로 증식 환경이 부적합한 경우 저항력을 키우기 위해 아포를 형성하는 균은?

① 매독균
② 렙토스피라균
③ 콜레라균
④ 보툴리누스균

02 인구 피라미드 중 생산층 인구가 감소해 15~49세 인구가 전체 인구의 50%보다 적은 유형은?

① 별형
② 방추형
③ 표주박형
④ 피라미드형

03 망수염 부착 후 수염의 형태를 고정하기 위해 헤어스프레이 대신 사용할 수 있는 재료는?

① 콜로디온
② 라텍스
③ 더마왁스
④ 오브라이트

04 사람의 이상적인 비율을 고려할 때 윗입술과 아랫입술의 이상적인 비율은?

① 0.8 : 1
② 1 : 1.5
③ 1 : 1
④ 1 : 2

05 무대 캐릭터 메이크업에 대한 설명으로 옳지 않은 것은?

① 작품 캐릭터의 직업에 따라 나타나는 특징이 다르므로 직업의 특징을 파악하고 분석해 메이크업을 설정한다.
② 선한 이미지의 캐릭터를 표현할 때에는 눈썹은 미간을 좁게, 입술은 얇게 그린다.
③ 피부 표현 시 무대의 조명을 고려해 베이지 계열이 아닌 붉은 계열의 색상을 선택한다.
④ 눈썹은 무대 위에 있는 배우의 얼굴 중 가장 먼저 인식되는 부분으로 배우의 캐릭터를 변화시키는 데 매우 효과적이다.

06 스모키 메이크업에 대한 설명으로 옳지 않은 것은?

① 눈의 깊이감을 표현하기 위해 베이스는 밝고 깔끔하게 표현한다.
② 아이브로는 자신의 눈썹결을 살려 자연스럽게 표현한다.
③ 눈의 강렬함을 받쳐주기 위해 립은 어둡고 글로시하게 연출한다.
④ 하드 스모키로 연출 시 퇴폐적이고 관능적인 이미지가 표현된다.

07 처음 매장을 방문한 고객을 관리하는 방법으로 거리가 먼 것은?

① 해피콜 서비스를 실시해 만족도를 조사한다.
② 고객 DB를 확보하고 입력한다.
③ 이탈 방지 프로그램을 시작한다.
④ 매장의 긍정적 이미지를 전달한다.

08 다음 중 얼굴뼈에서 가장 큰 부분을 차지하는 뼈는?
① 전두골
② 상악골
③ 하악골
④ 측두골

09 화장수에 많이 사용되는 글리세린의 역할은 무엇인가?
① 보습작용
② 소독작용
③ 방부작용
④ 유연작용

10 야외 웨딩 메이크업 시 주의점에 해당하지 않는 것은?
① 본래 색이 그대로 노출되므로 자연스러운 메이크업이 적합하다.
② 음영을 넣어 윤곽을 뚜렷하게 강조한 메이크업을 해야 한다.
③ 맑은 날의 색조 화장이 흐린 날보다 약해 보일 수 있으므로 주의해서 연출해야 한다.
④ 자연광에서의 메이크업은 실제보다 두꺼워 보일 수 있으므로 파운데이션은 얇게 펴 바르고 잡티는 컨실러를 사용해 커버하도록 한다.

11 다음 중 건성 피부가 사용하기에 적합하지 않은 제품은?
① 아스트린젠트
② 에멀전
③ 컨센트레이트
④ 에몰리언트 크림

12 다음 중 정신 보건의 목적에 해당하지 않는 것은?
① 정실질환의 조기 발견
② 개인과 사회의 건전한 정신 기능 유지
③ 개인의 정신적 질환 예방
④ 정신질환자의 안정을 위한 정상인과의 분리

13 다음 중 색에 대한 설명으로 옳지 않은 것은?
① 색상은 빛의 파장에 따라 달라지는, 색 자체가 갖는 고유의 특성으로 무채색에만 있다.
② 먼셀의 기본 5색은 빨강, 노랑, 초록, 파랑, 보라이다.
③ 색은 망막의 추상체에서 인지된다.
④ 순색에 가까울수록 채도가 높아진다.

14 다음 중 성격이 다른 메이크업은?
① 스모키 메이크업
② 글로시 메이크업
③ 샤이니 메이크업
④ 실키 메이크업

15 부위별 형태에 따른 메이크업의 테크닉에 대한 설명으로 적절하지 않은 것은?

① 부어 보이는 눈은 펄이 함유돼 있는 섀도는 피하고 붉은 계열의 브라운 컬러로 음영 처리한다.
② 가늘고 긴 눈은 아이라인은 눈동자가 위치한 눈의 중앙 부분을 도톰하게 그리고 눈앞머리와 꼬리는 자연스럽게 그린다.
③ 얇고 처진 입술은 입술 라인보다 1~2mm 바깥쪽으로 그리되 구각을 살짝 올려 그리고 펄이 든 밝은 컬러의 립스틱을 사용한다.
④ 둥근형의 얼굴은 광대뼈에서 입꼬리 방향으로 사선 느낌이 들도록 치크를 연출한다.

16 다음 중 인위적이고 화려한 이미지 연출에 가장 적합한 속눈썹의 컬의 형태는?

① CC컬
② J컬
③ JC컬
④ C컬

17 다음 중 눈을 카메라에 비유했을 때, 그 역할이 유사한 것끼리 바르게 연결한 것은?

① 수정체 – 조리개
② 각막 – 렌즈 본체
③ 홍채 – 필름
④ 망막 – 조리개

18 다음 중 화장품법에 고시된 기능성 화장품에 해당하지 않는 것은?

① 주름 개선 화장품
② 보디 슬리밍 제품
③ 헤어 트리트먼트
④ 태닝 화장품

19 내수성과 방수성이 강해 번짐 없이 장시간 지속되나 조명에 의해 광택감이 생겨 인위적인 눈매가 연출될 수 있는 아이라이너는?

① 케이크 타입
② 붓펜 타입
③ 리퀴드 타입
④ 젤 타입

20 베이스 메이크업 제품들의 사용법에 대한 설명으로 옳지 않은 것은?

① 파운데이션의 도포 시 피붓결을 따라 바르되 패팅과 슬라이딩 기법으로 밀착력을 높인다.
② 요철이 많은 피부에는 실리콘 타입의 프라이머를 사용해 피부를 매끈하게 연출한다.
③ 투웨이 케이크 파운데이션은 번들거림이 없고 가볍고 간편하게 사용할 수 있어 중년 여성에게 적합하다.
④ 메이크업 시 메이크업 베이스를 발라 색조 화장의 색소 침착을 방지한다.

21 다음 중 에센셜 오일 사용 시 흡수되는 경로가 아닌 것은?

① 피부를 통한 흡수
② 호흡을 통한 흡수
③ 섭취를 통한 흡수
④ 후각을 통한 흡수

22 다음 중 대부분 조건부 혐기성균이고, 일부 종은 이산화탄소의 농도가 높은 조건에서 생장하는 세균은?

① 녹농균
② 포도상구균
③ 연쇄상구균
④ 수막염균

23 다음 중 혼주 메이크업에 대한 특징으로 적절하지 않은 것은?

① 파운데이션은 주름이 강조되지 않도록 눈가와 입가는 최대한 얇게 패팅해 도포한다.
② 아이브로는 상승형의 각진 눈썹으로 깔끔하게 그린다.
③ 아이섀도는 핑크, 피치 등 한복의 색상을 고려한 두 가지 정도의 차분한 색상으로 단아하게 연출한다.
④ 구각 부분은 베이지핑크 컬러의 립라이너를 이용해 입꼬리가 올라가 보이도록 보완한다.

24 다음의 성분 중 멜라닌 이동 억제에 의해 미백 작용이 일어나도록 하는 성분은?

① 알부틴
② 닥나무 추출물
③ 나이아신아마마드
④ 비타민C 유도체

25 다음 중 이·미용사의 면허정지 또는 면허취소 사유에 해당하는 것은?

① 영업소 외의 장소에서 미용업무를 한 경우
② 무자격 안마사로 하여금 안마사의 업무에 관한 행위를 하게 한 경우
③ 손님에게 도박이나 그밖의 사행행위를 하게 한 경우
④ 면허증을 다른 사람에게 대여한 경우

26 화농으로 인한 발진으로 주변 조직이 손상되지 않도록 가능한 한 빨리 제거해야 하는 것은?

① 결절
② 구진
③ 농포
④ 낭종

27 망수염을 붙이기 위한 테크닉으로 적절하지 않은 것은?

① 망은 수염이 떠진 구멍에 맞추어 잘라낸다.
② 수염이 떠진 망은 중앙부터 대칭을 맞추어 부착한다.
③ 망수염을 부착 후에는 젖은 수건으로 망을 눌러 떨어지지 않도록 고정한다.
④ 접착제가 번들거리는 부위는 광택 제거제를 사용해 광택을 없앤다.

28 가시광선의 범위로 옳은 것은?

① 250~260㎜
② 380~780㎜
③ 700~1,200㎜
④ 1,200~2,500㎜

29 소독약의 살균력 지표로 가장 많이 사용되는 것은?

① 크레졸
② 포르말린
③ 승홍수
④ 석탄산

30 다음 중 미디어 메이크업에 대한 설명으로 옳지 않은 것은?

① 영화 메이크업 - 각 신과 컷별 연속성을 유지하기 위해 연결표를 작성해 체크가 필요하다.
② 방송 메이크업 - 매체, 카메라 조명 등 매체 특성을 파악하고 그 특성에 맞추어 메이크업을 시행한다.
③ 광고 메이크업 - 지면 광고는 정지돼 있는 화면이므로 세심한 주의가 필요하다.
④ 캐릭터 메이크업 - 연기자에게 외형적 변화를 주어 극 중 캐릭터에 대한 정보를 전달하는 메이크업으로 배우의 개성을 최대한 살린다.

31 인간이 생리적, 심리적인 감각을 통해서 느끼는 감각온도를 지배하는 요소가 아닌 것은?

① 기온
② 기류 속도
③ 기압
④ 습도

32 경매, 매각, 압류 등의 절차에 따라 미용업 영업의 관련 시설 및 설비를 인수한 사람의 영업승계 신고 기간은?

① 15일 이내
② 1개월 이내
③ 2개월 이내
④ 6개월 이내

33 다음 중 피부의 결점을 보완하기에 적합하지 않은 메이크업 방법은?

① 백반증이 있는 피부는 얼굴에 부분적으로 흰 반점이 있으므로 얼굴의 전체적 톤을 맞추도록 한다.
② 기미나 주근깨와 같은 잡티가 많은 피부는 옐로나 그린 컬러의 메이크업 베이스를 바르고 피부색이 비슷한 베이지 컬러의 스틱 파운데이션으로 커버력 있게 도포한다.
③ 여드름과 흉터가 있는 피부는 그린 컬러로 여드름과 흉터의 붉은색을 중화하고 피부보다 살짝 밝은 컬러의 파운데이션으로 전체를 커버한다.
④ 어두운 황갈색 피부는 옐로 컬러로 어두운 피부를 중화하고 연한 핑크빛의 자연스러운 베이지 또는 오클베이지 컬러의 파운데이션으로 피부를 안정감 있게 표현한다.

34 피부의 자가면역에 대한 설명으로 옳지 않은 것은?
① 콧물, 가래, 위액의 산도, 소화효소 등은 화학적 방어벽에 해당한다.
② 자연살해 세포는 간이나 골수에서 성숙된다.
③ 병원체에 한번 노출된 후 그 병원체에 대해 기억하고 선별적으로 방어 기능을 획득한다.
④ 방어 단백질로는 보체, 인터페론이 있다.

35 시대별 메이크업에 대한 설명으로 옳은 것은?
① 1920년대 – 블랙 펜슬로 진하고 긴 일자형의 눈썹으로 연출했다.
② 1930년대 – 아이홀에 음영을 넣고 아이라인 주위를 블랙으로 연출한 후 마스카라와 인조 속눈썹으로 졸린 듯한 눈매를 표현했다.
③ 1950년대 – 관능적 매력의 팜므파탈룩을 연출하기 위해 콜 메이크업을 했다.
④ 1960년대 – 쌍꺼풀 라인과 인조 속눈썹으로 위아래 속눈썹 모두 강조해 인형 같은 눈매를 연출하고 흐린 누드핑크로 창백한 입술을 표현했다.

36 수염 분장 시 사용하는 인조사에 대한 설명으로 옳지 않은 것은?
① 화학 섬유로 가발과 수여 제작 시 사용한다.
② 염색이 가능하고 부드러우나 물에 약하다.
③ 웨이브를 만들어 사용 가능하다.
④ 윤기가 있고 사실적이며 모가 강하다.

37 태양광선 중 대부분 오존층에 흡수되나 오존층 파괴로 인해 피부에 도달하면 피부암을 발생시킬 수 있는 것은?
① UVA
② UVB
③ UVC
④ 적외선

38 퍼스널컬러 진단에 대한 설명으로 옳지 않은 것은?
① 퍼스널컬러 진단은 컬러 드레이핑을 활용해 신체 고유색과의 조화도를 분석해 사계절 유형을 판단하는 것이다.
② 컬러 드레이핑을 활용해 퍼스널컬러 진단을 할 때에는 화장과 액세서리는 하지 않고 진단해야 한다.
③ 컬러 드레이핑을 이용한 퍼스널컬러 진단은 중성광에서 본인의 의상을 입고 진행한다.
④ 컬러 드라이핑을 이용해 퍼스널컬러 진단을 진행할 때에는 선택이나 약물을 중단한 후 시행한다.

39 노폐물 및 각질 제거를 목적으로 사용하는 팩 제품 중 노폐물과 죽은 각질을 물리적으로 제거해 민감성 피부와 건성 피부는 사용을 자제해야 하는 제품 타입은?
① 패치 타입
② 워시오프 타입
③ 시트 타입
④ 필오프 타입

40 인수공통 감염병과 매개체가 바르게 연결된 것은?

① 브루셀라증 – 소
② 큐열 – 박쥐
③ 결핵 – 모기
④ 야토병 – 염소

41 다음 중 향수가 갖추어야 할 조건에 해당하지 않는 것은?

① 향의 특징이 있어야 한다.
② 조향이 조화로워야 한다.
③ 향의 확산이 잘 돼야 하고 지속성이 좋아야 한다.
④ 몸에서 나는 불쾌한 냄새를 잘 잡아야 한다

42 다음 중 에스닉 이미지 중 열대 지방의 민속풍 이미지가 강한 것은?

① 이그조틱
② 포클로어
③ 보헤미안
④ 라틴

43 물리적 소독법에 속하는 자비 소독에 대한 설명으로 옳지 않은 것은?

① 금속, 유리, 소형기구, 스테인리스, 도자기, 수건 등의 소독에 적합하다.
② 100℃의 물에 20~30분간 소독하는 방법으로 아포형성균과 B형간염 바이러스의 사멸에 적합하다.
③ 물에 탄산나트륨을 첨가하면 살균력이 강해진다.
④ 금속은 물이 끓기 시작한 후에 넣고 유리는 처음부터 물에 넣어 끓인다.

44 다음 중 질병의 예방·진료·공중보건을 향상시키기 위해, 시·군·구 지방 보건 행정기관 중 보건사업의 말단 행정기관인 보건소가 하는 업무로 적절하지 않은 것은?

① 감염병의 예방 및 완치
② 영유아의 건강 유지 및 증진
③ 난임의 예방 및 관리
④ 건강 친화적인 지역사회 여건의 조성

45 행정처분 중 1차 위반의 처분이 경고에 해당하는 것은?

① 시설 및 설비 기준을 위반한 경우
② 신고를 하지 않고 영업소의 소재지를 변경한 경우
③ 개별 미용서비스의 최종지급가격을 이용자에게 미리 제공하지 않은 경우
④ 영업소 외의 장소에서 미용 업무를 한 경우

46 눈썹 연출을 위한 아이브로 제품의 조건에 해당하지 않는 것은?

① 제품 발색이 선명해야 한다.
② 사용이 용이해야 한다.
③ 건조의 속도가 빨라야 한다.
④ 쉽게 지워져야 한다.

47 눈 길이가 짧고 미간이 좁은 눈의 인조 속눈썹 연출방법으로 가장 적절한 것은?
① 눈꼬리의 길이를 길게 하고 속눈썹 숱에 포인트를 준다.
② 속눈썹의 길이를 일반적인 길이보다 1~2㎜ 짧게 재단한다.
③ 눈꼬리 부분을 짧게 하고 중앙 부분이 길게 포인트를 준다.
④ 눈앞머리에 숱을 많게 하고 길이가 길게 연출한다.

48 차분하고 지적인 여성미를 풍기는 음영이 강조된 메이크업이 가장 잘 어울리는 계절의 메이크업 방법으로 적절하지 않은 것은?
① 베이지, 오클 계열 색상의 크림 파운데이션을 선택하는 것이 좋다.
② 눈썹은 흑갈색으로 지적인 느낌이 연출되도록 살짝 각진 느낌으로 연출하도록 한다.
③ 치크는 연한 핑크로 가볍게 처리하나 생략해도 무방하다.
④ 짙은 오렌지, 브라운, 레드 브라운 등으로 입술을 연출한다.

49 콜을 사용해 관능적 매력의 팜파탈룩을 연출한 시대는?
① 1910년대 ② 1930년대
③ 1950년대 ④ 1970년대

50 피부질환의 초기 병변으로 원발진에 속하지 않는 것은?
① 면포 ② 결절
③ 농포 ④ 반흔

51 립스틱, 크림 등의 고형화를 돕고 광택감을 부여하는 것으로 왁스류 중에서는 가장 경도가 높은 왁스는?
① 라놀린 ② 칸델릴라 왁스
③ 경랍 ④ 카나우바 왁스

52 사람의 피부색을 결정하는 색소 중 황색에 영향을 미치는 것은?
① 헤모글로빈 ② 페오멜라닌
③ 카로틴 ④ 유멜라닌

53 다음 중 얼굴의 윤곽 수정을 위한 메이크업 방법으로 옳지 않은 것은?
① 하이라이트는 얼굴에서 돌출돼 보이게 할 곳에 피부톤보다 1~2톤 밝은 색상을 사용한다.
② 베이스는 피부톤과 같은 톤의 파운데이션으로 얼굴 색과 비교해서 자연스러운 색을 선택한다.
③ 역삼각형 얼굴은 눈 밑과 양쪽 볼에 하이라이트를 연출해야 한다.
④ 활동적인 이미지를 표현할 때에는 볼 뼈 아래쪽 섀딩을 사선 느낌으로 강하게 연출한다.

54 색의 강약에 가장 많은 영향을 주는 것은?
① 색상 ② 명도
③ 채도 ④ 배색

55 액체 플라스틱을 이용해 볼드캡을 제작할 때 액체 플라스틱의 농도를 조절하기 위해 사용하는 것은?

① 아세톤 ② 글라잔
③ 글리세린 ④ 바셀린

56 사회적 위험으로부터 모든 국민을 보호하고 국민 삶의 질을 향상하는 데 필요한 소득과 서비스를 보장하는 사회보장에 관한 단독법을 최초로 제정한 나라는?

① 스위스 ② 영국
③ 미국 ④ 프랑스

57 호염성균 중 식중독균으로 급성 위장염, 구토, 설사, 복통 증상을 보이는 감염형 식중독은?

① 살모넬라균 식중독
② 장염비브리오균 식중독
③ 포도상구균 식중독
④ 병원성대장균 식중독

58 다음 중 일반적인 세균의 번식에 가장 중요한 요소로만 짝지어진 것은?

① 영양원, pH, 기압
② pH, 적외선, 삼투압
③ 습도, 산소, 자외선
④ 온도, 습도, 산소

59 메이크업 숍이나 미용실에서 소독과 위생관리가 더욱 철저히 돼야 하는 가장 주된 이유는?

① 미용업소의 위생 관리가 어렵기 때문이다.
② 미용기구나 도구에 원인균이 쉽게 부착되기 때문이다.
③ 미용 종사자의 건강관리를 위해서이다.
④ 불특정 다수인이 출입하기 때문이다.

60 얼굴의 부위별 명칭과 그에 대한 설명으로 옳지 않은 것은?

① 헤어라인 – 이마와 머리카락의 경계 부분으로, 헤어라인에 가까워질수록 파운데이션과 파우더를 소량 사용한다.
② V존 – 볼과 턱선으로 이어지는 부위이며, T존에 비해 상대적으로 피지 분비량이 많으므로 파우더를 많이 바른다.
③ O존 – 눈과 입 주변 부위로, 피부가 얇고 움직임이 많아 파운데이션을 얇게 도포해야 한다.
④ S존 – 귀밑에서 턱까지 이어지는 S자형의 부위로, 얼굴형에 따라 섀딩이나 하이라이트를 주어 윤곽 수정을 할 수 있다.

최신 기출문제 03회

01 메이크업의 목적에 따른 분류로 적절하지 않은 것은?

① 소셜 메이크업 - 사교모임 등의 옅은 메이크업
② 미디어 메이크업 - 방송이나 촬영을 위한 메이크업
③ 사진 메이크업 - 사진 촬영을 위한 메이크업
④ 아트 메이크업 - 보디페인팅 등 행사나 이벤트를 위한 메이크업

02 다음 중 건성 피부에 가장 적합한 유효성분으로 짝지어진 것은?

① 아줄렌, 글리시리진산
② 레티닐팔미테이트, AHA
③ 티트리 오일, 캄퍼 오일
④ 세라마이드, 하이알루론산

03 섀딩에 대한 설명으로 옳지 않은 것은?

① 섀딩 컬러가 헤어라인 안쪽까지 이어지게 그러데이션한다.
② 섀딩 컬러는 피부톤과 1~2톤 정도의 차이가 있는 것이 적당하다.
③ 모델의 얼굴형을 고려해 섀딩의 위치를 잡아야 한다.
④ 턱의 아랫부분은 최대한 강하게 섀딩을 해야 얼굴이 갸름해 보인다.

04 메이크업 고객의 상담에 대한 설명으로 옳지 않은 것은?

① 메이크업 시술 후에는 사후관리 방법 및 예약 등의 고객관리 상담이 진행돼야 한다.
② 고객 상담은 소비자들의 심리를 분석하고 니즈를 파악하고 고객의 만족도를 높이는 기능을 한다.
③ 메이크업 시술 중에는 중간 점검을 통한 만족도 확인과 수정 사항 및 비용에 대한 상담이 진행돼야 한다.
④ 고객 상담은 고객에게 제대로 된 정보를 제공함으로써 브랜드 신뢰도를 확보하는 역할을 한다.

05 피부의 부속기관 중 한선에 대한 설명으로 옳은 것은?

① 체온 조절을 하며 피부 표면의 수분과 pH를 유지한다.
② 대한선은 입술, 음부, 손톱을 제외한 전신에 분포한다.
③ 소한선은 사춘기 이후 발달하는 한선으로 피부상재 박테리아가 땀을 분해할 때 특유의 냄새를 발생시킨다.
④ 에크린선은 여성이 남성보다 더 발달해 있다.

06 사계절 컬러 시스템을 반영했을 때 성격이 다른 하나는?
① 파랑
② 검정
③ 노랑
④ 하양

07 무대 발레 공연 등에 자주 활용되고 눈매가 깊고 커 보이게 연출하기 위해 아이홀 부분을 강조하는 아이섀도 기법은?
① 프레임 기법
② 사선 기법
③ 실루엣 기법
④ 홀 기법

08 콜을 이용해 아이 메이크업을 한 이집트의 화장술은 메이크업의 기원설 중 어떤 것과 관계가 가장 깊은가?
① 장식설
② 신분표시설
③ 보호설
④ 위장설

09 다음의 오일 중 성격이 다른 하나는?
① 유동 파라핀
② 라놀린
③ 난황유
④ 마유

10 다음 중 불만 고객의 응대법으로 옳지 않은 것은?
① 고객의 입장에서 불만사항을 끝까지 경청한다.
② 살롱의 방침이나 정책의 적합 여부를 검토한 후 신속한 해결책을 강구한다.
③ 정중한 태도로 자신의 의견을 말하고 고객의 요구사항을 물어본다.
④ 문제 발생에 대해 사과하고 고객과 논쟁하지 않는다.

11 병원성, 비병원성 미생물 및 포자를 모두 사멸 또는 제거해 무균 상태로 만드는 것은?
① 살균
② 멸균
③ 방부
④ 소독

12 메이크업 시 계절별 대표 컬러 매칭으로 옳지 않은 것은?
① 봄 – 핑크, 그린, 옐로, 피치, 오렌지
② 여름 – 화이트, 블루 실버, 라이트블루
③ 가을 – 베이지 브라운, 골드, 카키
④ 겨울 – 버건디, 와인, 화이트펄, 레드, 퍼플, 옐로

13 캐리어 오일에 대한 설명으로 옳지 않은 것은?

① 에센셜 오일을 피부로 운반하는 오일이라는 의미이다.
② 피부 흡수력과 향이 좋아야 한다.
③ 에센셜 오일을 함께 블렌딩하면 효과가 극대화되는 오일이다.
④ 항균 작용이 우수한 식물성 오일을 사용하는 것이 좋다.

14 메이크업 브러시와 그에 대한 설명으로 옳지 않은 것은?

① 파운데이션 브러시 – 탄성이 좋고 브러시모의 끝부분이 납작한 것이 좋다.
② 아이브로 브러시 – 눈썹을 자연스럽게 그릴 때 사용하는 것으로 합성모와 천연모 혼합 브러시가 적합하다.
③ 팬 브러시 – 부채꼴 모양의 브러시로 파우더나 아이섀도를 바를 때 사용한다.
④ 팁 브러시 – 강한 포인트 컬러 표현 시 사용되고 가루 날림이 적어 초보자가 사용하기에 용이하다.

15 다음 화장품의 원료 중 성격이 다른 하나는?

① 미네랄 오일
② 실리콘 오일
③ 이소프로필 팔미테이트
④ 미리스틴산 팔미테이트

16 하드노트라고도 불리며 향수의 전체적인 향을 지배하는 노트는?

① 헤드노트
② 톱노트
③ 미들노트
④ 베이스노트

17 다음 중 감염병 환자가 퇴원 시 가장 적합한 소독법은?

① 수시소독
② 간헐소독
③ 종결소독
④ 빈번소독

18 병원성 미생물에 대한 설명으로 가장 옳지 않은 것은?

① 결핵균은 지방이 많은 세포벽이 보호막 구실을 해 건조한 곳이나 강산성, 알칼리에서도 잘 견딘다.
② 진균은 미생물 중 크기가 가장 크며 무좀, 백선과 같은 피부병을 유발한다.
③ 리케차는 스스로 영양분을 만들지 못하며 진드기가 벼룩과 같은 절지동물을 매개로 해 사람에게 감염을 일으킨다.
④ 바이러스는 생존에 필요한 기본 물질인 DNA와 RNA를 모두 가지며 단백질에 둘러싸여 있다.

19 다음 중 고객 관리의 목적에 포함되지 않는 것은?

① 신규 제품 개발
② 신규 고객 확보
③ 고객 선별
④ 고객과의 관계 형성

20 역삼각형 얼굴의 하이라이트존으로 적합하지 않은 곳은?

① 콧등
② 눈 밑
③ 양 볼
④ 턱 끝

21 다음 단백질 중 신체에서 합성이 불가능해 반드시 음식으로 섭취해야 하는 필수 아미노산에 속하지 않은 것은?

① 트레오닌
② 글루타민
③ 아이소루신
④ 히스티딘

22 먼셀의 색 표기법으로 표현한 5Y3/6 색에 대한 설명으로 바른 것은?

① 채도 5Y, 명도 3, 색상 6
② 색상 5Y, 채도 3, 명도 6
③ 명도 5Y, 색상 3, 채도 6
④ 색상 5Y, 명도 3, 채도 6

23 다음 중 메이크업의 질감표현에 대한 설명으로 옳지 않은 것은?

① 소프트 매트는 광택 없는 질감으로 부드럽고 관능미가 느껴지는 이미지이다.
② 글리터링은 펄보다 입자가 큰 가루를 사용해 좀 더 화려하고 반짝이는 광택 효과가 있다.
③ 루미네이슨스는 은은한 윤광이 느껴지는 질감으로, 빛의 반사로 잔주름이 완화돼 보인다.
④ 시머는 광택이 나는 피부 표현으로 건강하고 섹시한 피부를 표현할 때 주로 사용한다.

24 다음 중 색을 웜톤 베이스와 쿨톤 베이스로 나눌 때 성격이 다른 하나는?

① 올리브그린
② 피치브라운
③ 골드
④ 마젠타

25 다음 중 패션이미지에 따른 메이크업 테크닉으로 옳지 않은 것은?

① 액티브 이미지의 립 컬러는 눈 메이크업 색상을 다소 소프트하게 표현했다면 비비드한 레드, 핑크 색상의 립스틱으로 포인트를 준다.
② 매니시 이미지의 아이브로는 다크그레이 색상을 이용해 각진 눈썹을 연출한다.
③ 내추럴 이미지의 치크는 코럴브라운 계열로 광대뼈에서 입꼬리를 향해 사선으로 연출한다.
④ 엘레강스 이미지의 립은 소프트한 핑크베이지 색상 또는 레드 계열로 입술산이 각지지 않게 완만한 아웃커브로 연출한다.

26 메이크업 디자인 요소 중 색상의 역할에 해당하지 않는 것은?
① 얼굴의 윤곽을 수정하고 보완한다.
② 외형적인 아름다움과 개성을 표현한다.
③ 다양한 이미지 연출이 가능하다.
④ 빛이 반사돼 잔주름이 완화돼 보이게 한다.

27 다음 중 속눈썹 연장에 대한 설명으로 적절하지 않은 것은?
① J컬은 20° 정도의 각도를 이루는 가장 자연스러운 컬로 내추럴 이미지에 적합한 가모이다.
② 특별한 날 다른 굵기와 섞어 포인트로 연출하기 위해서는 0.15㎜ 굵기의 가모를 선택한다.
③ 올라간 눈의 속눈썹을 연장할 때에는 J컬 가모로 눈앞머리 부분이 포인트가 되도록 밀도를 주어 연장한다.
④ 가모에 글루를 묻힐 때 글루판에서 양을 조절해 방울이 생기지 않도록 주의해야 한다.

28 속눈썹 연장용 가모 제거 시 사용되는 글루 리무버 중 넓게 도포하기가 용이해 가모 전체를 제거할 때 사용하기 적합한 타입의 리무버는?
① 리퀴드 타입
② 크림 타입
③ 젤 타입
④ 파우더 타입

29 산업화가 촉진되면서 할리우드 영화와 대중음악이 유행하고 H·A·Y·F 라인 등의 스타일이 등장하며 토털코디네이션의 개념이 확립된 시기에 활동한 뷰티 아이콘은?
① 클라라 보우
② 그레타 가르보
③ 오드리 헵번
④ 트위기

30 테다 바라, 폴라 네그리가 활동한 시대의 메이크업과 시대적 특징에 대한 설명으로 적절하지 않은 것은?
① 관능적 매력의 팜파탈룩으로 콜 메이크업이 성행했다.
② 무성 영화의 등장으로 패션에 대한 관심이 생겨나기 시작했다.
③ 활 모양의 가늘고 긴 아치형 아이브로를 브라운 컬러로 연출했다.
④ 어두운 붉은색 립스틱으로 얇고 또렷한 입술을 작게 표현했다.

31 화장품의 종류와 사용 목적 및 제품이 적절하게 짝지어진 것은?
① 메이크업 화장품 – 베이스 메이크업 – 프라이머
② 모발용 화장품 – 정발 – 린스
③ 보디용 화장품 – 세정 – 보디오일
④ 기초화장품 – 피부정돈 – 에센스

32 다음 중 미생물의 발육과 증식에 절대적으로 필요한 것은?
① 수분
② 산소
③ 삼투압
④ 온도

33 다음 중 항산화 작용과 생기에 관여하는 비타민은?
① 비타민 A
② 비타민 B2
③ 비타민 K
④ 비타민 E

34 차분하고 세련된 이미지를 연출할 때 적합한 립 컬러는?
① 레드
② 브라운
③ 오렌지
④ 퍼플

35 일산화탄소, 질소산화물 건강상 문제가 되는 유해물질로 오염된 실내의 공기를 개선하기 위해 가장 적합한 방법은?
① 청소
② 환기
③ 제균
④ 소독

36 다음 중 보습 기능이 있는 화장품의 성분으로 피부의 진피층에도 존재하는 성분은?
① 글리세린
② 엘라스틴
③ 콜라겐
④ 판테놀

37 기관지염이나 여드름·습진·무좀 등에 효과적이나, 자극성이 있어 민감성 피부에 사용 시 주의해야 하는 에센셜 오일은?
① 피마자 오일
② 로즈마리 오일
③ 윗점 오일
④ 티트리 오일

38 컨실러의 종류와 그 특징으로 옳지 않은 것은?
① 리퀴드 타입의 컨실러 – 수분 함량이 많고 얇게 표현되나 커버력이 다소 약하다.
② 크림 타입의 컨실러 – 커버력이 우수해 붉은 반점이나 뾰루지, 잡티 등 피부 결점을 커버해 효과적이다.
③ 스틱 타입의 컨실러 – 커버력이 우수해 붉은 반점이나 뾰루지, 잡티 등 피부 결점을 커버하는데 효과적이다.
④ 펜슬 타입의 컨실러 – 피부톤과 같은 톤 색상으로 다크서클을 커버하는 데 효과적이다.

39 퍼스널컬러 진단에 사용되는 분류 요인에 대한 설명으로 적절하지 않은 것은?

① 밝은 색은 봄 유형과 여름 유형에 속하며 봄 유형은 노랑, 여름 유형은 검정과 파랑이 혼합된다.
② 쿨톤은 이지적이면서도 부드러움을 지니고 있으며 모던하고 세련된 이미지이다.
③ 봄 유형과 겨울 유형의 색상은 선명한 색에 속하며 화려하고 자극적이며 에너지가 느껴진다.
④ 웜톤은 노랑과 황색이 섞여 있는 색으로 무채색과 실버는 포함되지 않는다.

40 다음 중 가을에 해당하지 않는 색조는?

① 그레이시
② 페일
③ 덜
④ 딥

41 보건수준 3대 평가 지표가 아닌 것은?

① 조사망률
② 영아사망률
③ 비례사망지수
④ 평균수명

42 다음 중 소독용 화학약품의 구비 조건에 해당하지 않는 것은?

① 강한 침투력과 방취력이 있어야 한다.
② 표백성과 부식성이 있어야 한다.
③ 원액을 희석한 상태에서 화학적으로 안정해야 한다.
④ 살균력을 위해 석탄산계수가 높아야 한다.

43 다음 중 열에 강해 100℃에서도 살균되지 않는 균은?

① 페스트
② B형간염 바이러스
③ 결핵균
④ 트라코마

44 다음 중 호기성 세균이 아닌 것은?

① 결핵
② 메탄균
③ 디프테리아
④ 곰팡이

45 다음 중 식중독에 대한 설명으로 옳지 않은 것은?

① 세균성 식중독은 2차 감염률이 낮고 면역성이 없다.
② 식중독을 일으키는 곰팡이독으로는 황변미독, 아플라톡신, 에르고톡신 등이 있다.
③ 대부분 35~37℃ 내외에서 빠르게 번식한다.
④ 세균성 식중독은 잠복기가 길고 수인성 감염 가능성이 낮다.

46 영화에서 70대 노인 캐릭터의 수염을 분장하려 할 때 가장 적합한 방법은?

① 콤비 펜슬을 활용해 그린 수염
② 라이닝 컬러를 이용해 그린 수염
③ 스타킹을 활용해 뜬 망수염
④ 생사와 프로세이드를 활용한 붙인 수염

47 서양인의 수염 표현이나 특정 캐릭터 분장에 효과적이나 모발이 너무 가늘어 망수염 제작에는 부적합한 털은?

① 혼합사
② 야크헤어
③ 말총
④ 크레이프 울

48 다음 중 미용실 반간접 조명으로 가장 적합한 조도는?

① 65ℓx 이하
② 75ℓx 이상
③ 150ℓx 이상
④ 300ℓx 이상

49 곤충과 매개 감염병을 연결한 것으로 옳지 않은 것은?

① 일본뇌염 – 모기
② 발진티푸스 – 이
③ 쯔쯔가무시증 – 이
④ 신증후군출혈열 – 진드기

50 다음 중 혼주 메이크업에 대한 설명으로 옳지 않은 것은?

① 유·수분 밸런스 유지를 위해 기초 제품을 피부에 잘 흡수시켜야 한다.
② 주름이 강조되지 않도록 베이스 제품은 소량만 사용한다.
③ 얼굴이 화사해 보이기 위해 레드 컬러의 립 글로스를 선택한다.
④ 아이브로는 회갈색으로 자연스러운 아치형으로 두껍지 않게 연출한다.

51 눈앞머리 부분에 짙은 색 아이섀도를 바르고 눈 중앙에서 꼬리까지는 옅은 색 아이섀도를 바르며 언더는 꼬리 부분을 넓게 펴 바르는 방법으로 보완해야 하는 눈의 모양은?

① 눈과 눈 사이가 좁은 눈
② 눈두덩이가 나온 눈
③ 눈꼬리가 내려간 눈
④ 눈꼬리가 올라간 눈

52 소독을 위한 석탄산용액 1,000mL를 만드는 방법으로 옳은 것은?

① 석탄산 30mL에 물 970mL가 필요하다.
② 석탄산 300mL에 물 900mL가 필요하다.
③ 석탄산 3mL에 물 977mL가 필요하다.
④ 석탄산 0.3mL에 물 999.7mL가 필요하다.

53 미디어 캐릭터 기획에 대한 설명으로 옳지 않은 것은?

① 작가와 연출자의 의도에 따라 캐릭터의 특성이 결정된다.
② 연기자의 생김새와 신체적 특징은 캐릭터 이미지 표현에 영향을 준다.
③ 시대적 배경이 두드러지는 경우 역사적 고찰을 통해 자료를 수집한다.
④ 캐릭터의 특징을 살리기 위해서는 연기자의 이미지를 배제한 후 메이크업을 디자인한다.

54 부드러운 곡선을 살린 드레스나 허리선을 강조한 실루엣으로 우아한 여성미를 연출해 메이크업을 진행할 때 적합하지 않은 컬러는?

① 회갈색
② 인디언핑크
③ 퍼플
④ 옐로그린

55 다음 중 화장 용어와 그 의미를 연결한 것으로 옳지 않은 것은?

① 담장 – 혼례나 의례 등 행사 때 하는 화장
② 야용 – 분장
③ 농장 – 담장보다 짙고 염장보다 옅은 화장
④ 성장 – 이목을 끌 만큼 화려한 화장

56 피부 색조를 조절 및 보정하고 색조 화장이 착색되는 것을 방지하기 위해 사용되는 제품은?

① 파우더
② 프라이머
③ 메이크업 베이스
④ 컨실러

57 체내 합성이 불가해 반드시 음식으로 섭취해야 하는 히스티딘, 류신, 라이신 등이 속해 있는 영양소는?

① 탄수화물
② 비타민 D
③ 단백질
④ 마그네슘

58 장티푸스, 콜레라, 백일해, 폴리오 등의 예방접종으로 획득되는 면역의 종류는?

① 자연능동면역
② 인공능동면역
③ 자연수동면역
④ 인공수동면역

59 화장품 성분과 그 기능이 바르게 연결된 것은?

① 아줄렌 – 피부 진정
② 나이아신아마이드 – 유연·보습 작용
③ 알부틴 – 보습·탄력 작용
④ 레시틴 – 염증·상처 치료

60 메이크업에서 사용되는 선의 이미지에 대한 설명으로 옳지 않은 것은?

① 수평선 – 온화함, 정적인 느낌
② 하향선 – 유머러스함, 온화함
③ 상향선 – 차가움, 강함
④ 수직선 – 남성적, 지루함

최신 기출문제 04회

01 분장 시 질감을 연출하거나 긁힌 상처나 수염자 국으로 표현하고자 할 때 사용하는 재료는?
① 콜로디온
② RMG
③ 오브라이트
④ 스티플 스펀지

02 피부의 노화 현상 중 외인성 노화 현상에 해당하지 않는 것은?
① 혈관벽의 비대로 혈관 탄력이 저하된다.
② 콜라겐이 변성되거나 파괴된다.
③ 표피가 얇아지고 건조해지며 잔주름이 발생한다.
④ 랑게르한스 세포의 기능 저하로 면역력이 저하된다.

03 공중위생관리법상 미용실 영업 변경신고 사항에 해당하지 않는 것은?
① 대표자가 개명했을 경우
② 미용실을 이전한 경우
③ 헤어 미용실에서 피부 미용실로 바꿨을 경우
④ 신고한 미용 영업장 면적의 4분의 1 이상의 증감 시

04 화장품 제조에 필요한 기술이 아닌 것은?
① 해리
② 가용화
③ 유화
④ 분산

05 다음 중 면허발급을 받을 수 없는 사람은?
① 교육부 장관이 인정하는 미용고등학교 졸업자
② 국가기술자격법에 따라 미용사의 자격을 취득한 사람
③ 면허가 취소된 후 10개월이 경과한 사람
④ 학점인정기관의 메이크업학과에서 학위를 수여한 사람

06 다음 중 쿨톤에 대한 설명으로 옳지 않은 것은?
① 하양, 검정, 파랑이 섞여 있는 색상이다.
② 차가운 색조를 띤다.
③ 시각적 편안함을 느끼게 하는 색상이다.
④ 주황과 황색, 골드는 포함되지 않는다.

07 퍼스널컬러의 유형 중 겨울 유형에 대한 설명으로 옳지 않은 것은?

① 피부는 유난히 희고 푸른빛의 창백한 피부를 가진다.
② 눈동자의 톤이 유난히 선명한 검은색이나 밝은 회갈색이다.
③ 메이크업은 원포인트 패턴을 활용해 강한 대비를 연출한다.
④ 신체 색상 사이에 콘트라스트가 적어 부드럽고 여성적인 이미지이다.

08 다음 중 메이크업의 조건이 아닌 것은?

① 그러데이션
② 조화
③ 대비
④ 변화

09 부채꼴 모양의 브러시로 파우더의 여분을 털어낼 때 사용하는 것은?

① 파우더 브러시
② 파운데이션 브러시
③ 팬 브러시
④ 컨실러 브러시

10 인조 속눈썹의 기능에 대한 설명으로 옳지 않은 것은?

① 속눈썹이 길어져 눈이 커 보인다.
② 다양한 형태와 길이로 개성 있게 연출한다.
③ 눈에 포인트를 주어 피부 메이크업을 돋보이게 한다.
④ 속눈썹의 숱이 풍성해져 깊이 있는 눈매를 연출한다.

11 파운데이션의 테크닉과 그 설명으로 옳지 않은 것은?

① 슬라이딩 – 피붓결대로 펴 바르는 기법
② 페더링 – 브러시를 사용해 선을 긋는 듯 바르는 기법
③ 블렌딩 – 하이라이트, 섀딩, 파운데이션을 베이스 색과 경계가 생기지 않도록 바르는 기법
④ 패팅 – 잡티가 많은 눈밑, 볼 등 얼굴의 넓은 면을 스펀지 또는 손가락으로 가볍게 두드리는 기법

12 다음은 어떤 얼굴형에 대한 설명인가?

> 세련된 느낌과 날카로운 이미지의 얼굴형으로 하이라이트는 콧등과 눈 밑 그리고 양쪽 볼에 주고, 섀딩은 양쪽 이마 부분, 턱끝에 주어 부드러운 인상이 연출되도록 한다. 아치형의 눈썹과 밝고 엷은 색의 아이섀도 사용으로 날카로운 이미지를 커버한다.

① 긴 얼굴형
② 마름모 얼굴형
③ 역삼각 얼굴형
④ 둥근 얼굴형

13 속눈썹 연장 시 주의점에 대한 설명으로 옳지 않은 것은?

① 속눈썹 글루는 사용 전에 흔들어서 사용한다.
② 글루 리무버는 개봉 후 6개월 내로 사용한다.
③ 핀셋 사용 시 핀셋의 끝이 안구로 향하지 않도록 한다.
④ 가모를 부착하기 전에 속눈썹의 노폐물과 유분기를 제거한다.

14 살구색, 카멜 쑥색 등 옛날부터 관습적으로 사용돼 오던 사물이나 동물, 식물의 이름으로 표현하는 색명법은?

① 관용색명
② 고유색명
③ 기본색명
④ 계통색명

15 피부 재생이 저하돼 주름과 색소침착이 일어나고 콜라겐과 엘라스틴 조직의 약화로 깊은 주름이 발생하는 유형에게 필요한 유효성분이 아닌 것은?

① 플라센타
② 토코페롤
③ 살리실산
④ 프로폴리스

16 클렌징 제품의 종류와 그에 대한 설명으로 옳지 않은 것은?

① 클렌징 오일 – 피부 타입과 무관하게 사용하나 세안 후 오일 성분이 남을 수 있어 반드시 비누 세안으로 2차 클렌징을 하도록 한다.
② 클렌징 젤 – 유분에 민감한 피부에 적합하다.
③ 클렌징크림 – 유분이 많아 건성 피부와 겨울철 사용에 적합하고 진한 메이크업 클렌징에 효과적이다.
④ 클렌징폼 – 계면활성제가 들어 있어 거품의 통해 자극 없이 세정이 가능하다.

17 다음 중 미디어 메이크업에 대한 설명으로 옳지 않은 것은?

① 밝고 뜨거운 조명 아래에서 장시간 작업해야 하므로 지속력과 커버력이 좋은 파운데이션 제품을 선택한다.
② 촬영 시 각 신과 컷별 연속성을 유지하기 위해 연결표를 작성해야 한다.
③ 방송 출연진의 특성을 고려해 메이크업을 해야 하는지, 캐릭터의 특성에 따라 메이크업을 해야 하는지 구분해 디자인해야 한다.
④ 광고 메이크업은 광고주의 주체와 모델의 개성에 따라 메이크업이 결정된다.

18 흑색 포스터 제작을 위한 메이크업 시 볼륨 있고 진한 입술을 표현하려 할 때 적당한 컬러는?

① 오렌지
② 네이비
③ 펄핑크
④ 베이지브라운

19 피부의 과립층에 대한 설명으로 가장 옳지 않은 것은?

① 이물질의 침투를 방지한다.
② 피부의 수분 증발을 방지한다.
③ 과립층은 피부의 진피층에 존재한다.
④ 과립층에는 각화유리질 과립이 존재한다.

20 색감보다는 선이나 피부의 질감 표현에 주력하고 화려하거나 기교를 부리지 않은 절제된 최소한의 메이크업 유형은?

① 스모키 메이크업
② 글래머러스 메이크업
③ 원포인트 메이크업
④ 미니멀 메이크업

21 볼드캡 제작 및 볼드캡을 활용한 캐릭터 표현 시 유의점에 대한 설명으로 옳지 않은 것은?

① 대머리 캐릭터 분장 시에는 유전적으로 머리카락이 없는지, 종교적 이유의 대머리인지, 개인적 스타일링의 이유인지를 고려해 표현한다.
② 대머리 캐릭터 분장을 위한 볼드캡 제작 시에는 레드 헤드의 이음새를 사포로 문질러 표면을 고르게 정리한다.
③ 볼드캡이 쉽게 떨어지는 것을 방지하기 위해 볼드캡의 이마 헤어라인 가장자리 부분은 도포 횟수를 조절해 두껍게 제작한다.
④ 대머리 캐릭터 분장 시에는 작업 전에 모델의 피부를 청결히 닦아 유분으로 인한 볼드캡의 떨어짐을 방지한다.

22 3대 영양소에 대한 설명으로 옳지 않은 것은?

① 탄수화물은 장에서 포도당, 과당, 갈락토오스의 형태로 흡수된다.
② 지방의 불포화 지방산은 주로 동물성 지방으로, 체내 축적 시 고지혈증과 심혈관질환을 유발한다.
③ 단백질의 필수 아미노산은 신체에서 합성이 불가능해 반드시 음식으로 섭취해야 한다.
④ 탄수화물은 피부의 에너지 생성을 돕고 활력과 보습에 영향을 준다.

23 파우더가 갖추어야 할 성질과 이에 대한 설명으로 옳지 않은 것은?

① 피복성 – 피부에 장시간 부착되는 성질
② 신전성 – 피부에 쉽게 발리는 성질
③ 흡수성 – 피부 분비물을 흡수하는 성질
④ 착색성 – 자연스러운 피부색을 조정·유지하는 성질

24 수용성 비타민 중 나이아신의 기능으로 옳은 것은?

① 에너지 생산과 관여해 피부염증 치료에 도움을 준다.
② 각기병 예방과 피부 알레르기에 효과적이다.
③ 미백 효과와 색소 침착 방지에 도움을 준다.
④ 피부의 보습과 탄력, 구순염 예방에 효과적이다.

25 소독기전과 그에 해당하는 소독제의 연결이 옳지 않은 것은?

① 균체의 효소 비활성화 작용 – 석탄산, 알코올, 역성비누
② 산화 작용 – 염소, 과산화수소, 과망간산칼륨, 오존
③ 균체의 삼투성 변화 작용 – 방사선, 포르말린, 에틸렌옥사이드
④ 탈수 작용 – 알코올, 포르말린, 식염, 설탕

26 다음 중 피부 표면의 pH에 가장 큰 영향을 주는 것은?

① 땀 분비의 정도
② 호르몬의 정도
③ 유분의 정도
④ 각질의 정도

27 다음의 컬러 중 계절감이 다른 것은?

① 라이트핑크
② 블루
③ 라벤더
④ 옐로그린

28 다음은 무엇에 대한 설명인가?

> 고려시대 화장법 중 반지르르한 머리, 눈썹과 연지 화장 외에 백분을 많이 바르는 매우 짙은 화장으로 기생 중심의 화장법이다.

① 분대화상
② 비분대화장
③ 백분화장
④ 시분무주

29 제품을 덜어 낼 때나 파운데이션 컬러를 피부톤에 맞추기 위해 섞을 때 사용하는 도구는?

① 컨실러 브러시
② 팔레트
③ 아이래시컬러
④ 스패출러

30 다음 중 야행성 동물의 망막에 주로 존재하며 명암을 식별하는 시세포의 종류는?

① 상피세포
② 추상체
③ 광세포
④ 간상체

31 모공 수축 작용을 하고 피부에 청량감을 주는 수렴화장수를 사용하기 적합한 피부의 유형은?

① 건성 피부
② 민감성 피부
③ 노화피부
④ 여드름성 피부

32 광고 메이크업 시 주의점에 해당하지 않는 것은?

① 밝은 조명으로 자칫 얼굴이 평면적으로 보일 수 있으므로 뚜렷한 윤곽수정이 필요하다.
② 지면 광고는 광고의 주체와 제품의 콘셉트보다는 연기자의 요구사항을 충실히 이행해야 한다.
③ 전달하는 매체의 특성을 정확히 이해하고 각 성격에 맞는 메이크업을 시행한다.
④ 조명, 카메라 각도, 전체 이미지를 미리 고려한 후 작업한다.

33 석탄산의 소독기전과 거리가 가장 먼 것은?

① 균체의 탈수 작용
② 균체의 단백질 응고 작용
③ 균체의 삼투성 변화 작용
④ 균체의 효소 비활성화 작용

34 보건복지부령이 정하는 바에 따라 이·미용사 면허증 취득이 불가한 사람은?

① 전문대학 헤어디자인학과를 졸업한 자
② 학점인정기관에서 미용학사학위를 취득한 자
③ 해외에서 미용 과정을 수료한 자
④ 미용고등학교 과정을 이수한 자

35 결혼식을 위해 한복을 입으려 할 때 가장 적합한 인조 속눈썹의 길이는?

① 8~9㎜
② 10~11㎜
③ 12~13㎜
④ 13㎜ 이상

36 속눈썹 연장 시 리터치에 대한 설명으로 옳지 않은 것은?

① 얇은 속눈썹은 0.07~0.10㎜ 정도의 가늘고 가벼운 싱글 가모로 리터치한다.
② 두껍고 처진 속눈썹은 0.15㎜ 정도 굵기의 가모를 사용해 리터치한다.
③ 속눈썹 연장 리터치 시술 후 6시간 정도는 세안하지 않도록 한다.
④ 외부 자극으로 약해진 속눈썹은 0.05㎜이하의 Y래시 같은 가벼운 가모를 선택한다.

37 피부의 성상에 대한 특징과 관리법에 대한 설명으로 옳지 않은 것은?

① 중성 피부는 가장 이상적인 피부 유형으로 수분 함량이 12% 이상이다.
② 지성 피부는 모공이 크고 여드름과 블랙헤드가 쉽게 발생한다.
③ 민감성 피부는 스크럽 제품 및 세안 브러시 사용을 자제하고 자극 없는 세안이 필요하다.
④ 건성 피부는 남성호르몬(안드로겐)과 여성호르몬(프로게스테론)의 분비가 활발한 유형이다.

38 예식 장소나 드레스 컬러에 따른 신부 메이크업의 설명으로 옳지 않은 것은?

① 야외 웨딩은 인공 조명이 없는 넓은 공간에서 진행되므로 과한 펄감과 과한 색조의 사용은 자제한다.
② 화이트 컬러의 드레스는 순수하고 깨끗한 이미지이며, 핑크와 베이지 톤을 이용해 내추럴한 메이크업을 연출한다.
③ 성당에서 진행하는 웨딩은 조명이 어둡기 때문에 화사한 색감과 은은한 펄감이 있는 제품을 사용한다.
④ 크림 컬러의 드레스는 골드와 피치 톤 메이크업으로 우아한 이미지를 연출한다.

39 다음 중 병원소와 병원체에 대한 설명으로 옳지 <u>않은</u> 것은?

① 병원체가 생존과 함께 증식하면서 다른 숙주에 전파할 수 있는 상태로 생존하는 장소를 병원소라도 한다.
② 병원체에 생존과 함께 증식하면서 다른 숙주에 전파할 수 있는 상태로 생존하는 장소를 병원소라고 한다.
③ 병원소가 있다는 것만으로도 감염병은 전파되며, 병원체가 병원소에서 탈출하면서 감염병이 활발히 전파된다.
④ 숙주 내에서 생육·증식해 병변을 일으키고 발병시키며 죽음에 이르기까지 하는 병의 원인이 되는 본체를 병원체라고 한다.

40 다음의 메이크업이 유행한 시기는?

> 화려한 메이크업에서 내추럴 메이크업까지 특정한 스타일보다 다양한 스타일이 공존하며 펄과 글리터를 활용한 미래주의적 메이크업의 경향도 보인다.

① 1970년대
② 1980년대
③ 1990년대
④ 2000년대

41 피부 청결을 위한 세안제와 그에 대한 설명으로 옳은 것은?

① 클렌징 워터 – 이중세안이 필요한 무대용 화장을 지울 때 적합하다.
② 클렌징 오일 – 물과 친화력이 좋은 수용성 오일로 진한 메이크업 제거에도 효과적이다.
③ 포인트 리무버 – 매일 사용하면 피부에 자극을 줄 수 있으므로 3일에 1회 정도 사용한다.
④ 효소 – 탈지현상이 있어 피부 건조 현상이 발생할 수 있다.

42 다음 중 화장품에 대한 설명으로 옳지 <u>않은</u> 것은?

① 민감성 피부를 위한 화장품에는 방부제가 들어가지 않아야 한다.
② 화장품 사용 시 또는 사용 후 직사광선에 의해 사용 부위가 붉은 반점, 부어오름 또는 가려움증 등의 이상 증상이나 부작용이 있는 경우 전문의 등과 상담해야 한다.
③ 기능성 화장품의 경우 기능성 화장품을 나타내는 도안으로서 식품의약품안전처장이 정하는 도안을 기재해야 한다.
④ 화장품은 보습, 미백, 자외선 차단 등 사용 목적에 적합한 기능성이 있어야 한다.

43 다음 괄호 안에 들어가기에 적합한 것을 순서대로 바르게 짝지은 것은?

> 과징금 통지를 받은 자는 통지를 받은 날부터 ( ) 이내에 과징금을 ( )이/가 정하는 수납기관에 납부해야 한다.

① 20일, 보건복지부장관
② 30일, 구청장
③ 30일, 대통령
④ 20일, 군수

44 무대 공연장에서 메이크업 아티스트의 자세로 옳지 않은 것은?

① 메이크업 완성 후 반드시 파우더를 충분히 발라 메이크업의 지속력을 높여 메이크업 수정 없이 배우들이 연기에 몰입할 수 있게 한다.
② 장면 전환표를 체크해 메이크업과 소품 등을 미리 준비한다.
③ 장기 공연 시에는 배우나 무용수의 속눈썹을 개별 또는 단체로 이름을 표기한 후 보관한다.
④ 여러 명의 배우를 담당할 경우 메이크업 도구를 반드시 소독제로 닦아 위생에 주의한다.

45 면허의 정지명령을 받은 자가 반납한 면허증을 그 면허정지 기간에 보관해야 하는 자는?

① 관할 동주민센터의 위생 담당자
② 보건복지부장관
③ 관할 시장
④ 보건소의 위생과장

46 립스틱 선택 시 주의점에 해당하지 않는 것은?

① 색이 선명하고 향이 강한 것을 선택한다.
② 립스틱 색상이 입술에 착색되지 않는 것을 선택한다.
③ 사용 시 부드럽게 발리고 퍼짐성이 좋은 것을 선택한다.
④ 립스틱 전체가 균일하고 색상이 얼룩지지 않는 것을 선택한다.

47 액티브 이미지의 룩을 완성하기 위한 메이크업과 스타일링에 대한 설명으로 옳지 않은 것은?

① 베이스 메이크업은 피부톤을 글로시하게 표현해 활동적인 이미지를 연출한다.
② 립은 매트한 립스틱으로 생동감 있게 연출한다.
③ 메이크업 색상은 비비드, 스트롱, 브라이트 톤의 밝고 경쾌한 컬러를 사용해 연출한다.
④ 헤어는 쇼트커트 스타일 등으로 발랄하게 연출한다.

48 인조 속눈썹에 대한 설명으로 옳지 않은 것은?

① 인디비주얼 래시는 속눈썹 사이사이에 붙여 속눈썹을 풍성하게 만든다.
② 연장용 래시는 취급 방법에 따라 2~4주 정도 지속이 가능하다.
③ 파티용 인조 속눈썹은 12㎜ 정도의 길이에 인조 보석이나 깃털로 화려함을 더한다.
④ 눈 길이가 길고 크기가 작은 눈은 뒷부분에 포인트를 준 스트립 래시로 눈의 단점을 보완한다.

49 립라이너에 관한 설명으로 가장 적절한 것은?

① 립스틱의 색상과 유사한 색상을 선택한다.
② 색상이 다양하지 않다.
③ 립스틱을 바른 입술 위에 광택을 줄 때 사용한다.
④ 립스틱의 색상과 상관없이 선택해도 무방하다.

50 다음은 어떤 입술 형태의 립 메이크업 방법인가?

> 팽창돼 보이는 옅은 파스텔이나 볼륨감을 부여하는 펄이 들어간 립스틱을 선택해 입술라인보다 1~2㎜ 바깥쪽으로 크게 그린다.

① 얇은 입술
② 돌출형 입술
③ 처진 입술
④ 주름이 많은 입술

51 여름철 태닝 메이크업에 대한 설명으로 옳은 것은?

① 파운데이션은 두꺼운 느낌이 들지 않게 가볍게 커버하고 화이트 파우더로 보송보송하게 마무리한다.
② 화이트, 블루계열을 사용해 시원해 보이도록 연출 후 아이라인을 길게 그린다.
③ 핑크 치크를 활용해 애플존에 그러데이션 한다.
④ 브론즈 파우더로 하이라이트존을 가볍게 터치해 섹시함을 입체감 있게 표현한다.

52 다음 중 피지 분비를 억제하거나 모공을 조이고, 피부에 침투하기 쉬운 세균을 소독하고 피부를 보호하는 화장수는?

① 스킨 소프트너
② 아스트린젠트
③ 스킨 토너
④ 에멀전

53 식물의 이산화탄소 흡수와 산소 배출에 의한 공기의 정화작용에 해당하는 작용은?

① 희석작용
② 살균작용
③ 교환작용
④ 산욕관리

54 다음 중 베이스 베이스 메이크업을 위한 재료와 도구에 대한 설명으로 옳지 않은 것은?

① 합성 스펀지 – 유분을 흡수하는 능력은 떨어지나 탄성이 좋고 가격이 저렴하고, 사용 후 세척이 가능하다.
② 파운데이션 브러시 – 파운데이션을 뭉침 없이 펴 바를 때 사용하고 천연모로 탄성이 좋은 것을 선택한다.
③ 스패출러 – 제품을 덜어 낼 때나, 파운데이션 컬러를 피부톤에 맞추기 위해 제품을 섞을 때 사용한다.
④ 파우더 퍼프 – 파운데이션 후 유·수분기를 잡기 위해 파우더와 함께 사용하는 도구로 면 100% 제품으로 촉감을 부드러운 것이 적합하다.

55 광물성 오일이 40~50% 함유돼 사용 후 클렌징 폼이나 약산성 비누를 사용해 이중세안이 필요한 클렌징 제품은?
① 클렌징 로션
② 클렌징 젤
③ 클렌징 크림
④ 클렌징 오일

56 다음 중 화장수에 가장 널리 사용되는 원료는?
① 물
② 메탄올
③ 에탄올
④ 에센셜 오일

57 자외선 중 UVA에 대한 설명으로 옳지 않은 것은?
① 생활 자외선으로서 피부 탄력을 감소시킨다.
② 조사 즉시 색소(멜라닌)침착을 유발한다.
③ 진피의 망상층까지 도달하는 자외선이다.
④ 일광 화상의 원인이다.

58 고대 삼국 중 신라의 메이크업 특징에 대한 설명으로 옳지 않은 것은?
① 영육일치 사상으로 깨끗한 몸과 단정한 옷차림을 선호했다.
② 불교의 영향으로 목욕이 대중화돼 목욕용품 및 향유가 발달했다.
③ 미묵을 사용해 눈썹을 그리고 아주까리나 동백기름을 사용해 머리 손질을 했다.
④ 분은 바르되 연지를 바르지 않는 시분무주의 화장법이 성행했다.

59 매트한 피부 표현을 위한 가장 적합한 방법은?
① 퍼프에 파우더를 덜어 낸 후 고르게 묻혀 누르듯 바른다.
② 모질이 부드러운 브러시로 피붓결을 따라 가볍게 누른다.
③ 펄 파우더를 퍼프에 덜어 낸 후 걸굴의 돌출 부분에 누른다.
④ 브러시의 모가 넓은 것을 선택해 쓸어 주듯 바른다.

60 한복의 고전적인 느낌을 극대화하면서도 단아하고 절제된 메이크업으로 은은하게 연출하는 웨딩 메이크업 이미지는?
① 내추럴 이미지
② 클래식 이미지
③ 트레디셔널 이미지
④ 엘레강스 이미지

최신 기출문제 05회

01 파우더에 필요한 성질과 그에 대한 설명으로 옳은 것은?

① 피복성 – 피부 분비물을 흡수하는 성질
② 흡수성 – 장시간 부착돼 있는 성질
③ 부착성 – 커버력을 강화하는 성질
④ 신전성 – 피부에 쉽게 발리는 성질

02 다음에서 설명하는 것과 성격이 다른 하나는?

> 경제의 급성장으로 히피족이 등장하고 여성운동이 확산됐으며 뷰티 살롱이 대중화되기 시작해 다양한 스타일을 연출한 시기에 활동한 뷰티 아이콘

① 브룩 쉴즈
② 마돈나
③ 파라 포셋
④ 소피 마르소

03 커버력과 지속력이 우수해 뮤지컬이나 발레 공연 시 사용하기에 가장 적합한 파운데이션은?

① 스틱 파운데이션
② 리퀴드 파운데이션
③ 투웨이케이크
④ 크림 파운데이션

04 다음 중 건열 멸균법에 대한 설명으로 옳지 않은 것은?

① 150~170℃에서 2~3시간 가열한다.
② 건열 멸균기에 소독 물품을 넣어 고온으로 멸균하는 소독법이다.
③ 주사기, 유리, 금속, 도자기제품, 분말, 거즈 등의 멸균에 적합하다.
④ 습기 침투가 어려운 바셀린, 글리세린 등에 효과적인 소독법이다.

05 치크를 표현하는 방법에 대한 설명으로 옳지 않은 것은?

① 성숙한 이미지를 연출하고자 할 때는 관자놀이에서 구각 쪽으로 사선 느낌으로 치크를 연출하도록 한다.
② 기본 치크의 위치는 눈동자 중앙선보다 바깥쪽으로, 콧방울보다 아래쪽으로 떨어지지 않게 연출해야 한다.
③ 역삼각 얼굴형의 치크는 광대뼈에서 입꼬리 방향으로 사선 느낌이 들도록 연출하는 것이 좋다.
④ 볼 중앙으로 가까이 갈수록, 치크의 모양이 둥근 느낌일수록 귀여운 느낌이 연출된다.

06 이·미용업소의 고객에게서 나온 객담이 묻은 휴지를 완전히 소독하는 방법은?

① 소각법
② 석탄산 소독법
③ 자외선 살균법
④ 과산화수소 소독법

07 주로 소장에 기생하며 우리나라에서 가장 높은 감염률을 보이는 기생충은?

① 회충
② 구충
③ 편충
④ 요충

08 중세 시대 화장 문화의 발달에 큰 영향을 주었던 역사적 사건은?

① 백년 전쟁
② 헤이스팅스 전투
③ 트로이 전쟁
④ 십자군 전쟁

09 화학적 소독제 사용 시 취급법으로 옳지 않은 것은?

① 소독약은 사용할 때마다 조금씩 만들어 사용한다.
② 피부질환이 있는 고객이 사용한 미용도구 및 수건은 별도로 분리해 소독한다.
③ 소독액의 농도를 최대한 높여 소독력을 향상시킨다.
④ 다른 소독제와 구분해 용기에 라벨을 표시해 보관한다.

10 고객의 메이크업을 클렌징하는 방법으로 적절하지 않은 것은?

① 클렌징 작업 전에는 도구 및 기구와 손을 깨끗이 소독한다.
② 아이라인과 마스카라는 면봉을 활용해 속눈썹 결 반대 방향으로 꼼꼼히 제거한다.
③ 노폐물이 피부에 침투하지 못하도록 2~3분 이내에 신속히 닦는다.
④ 피부 타입에 맞는 제형의 제품으로 마사지 후 젖은 해면 또는 메이크업 티슈로 닦아낸다.

11 다음 중 유연화장수에 대한 설명으로 옳지 않은 것은?

① 직접 손에 묻혀서 바르기보다 화장솜에 묻혀 사용하는 것이 효과적이다.
② 유액이나 크림류의 혼합을 용이하게 하는 효과가 있다.
③ 유연제와 보습제를 함유하고 있다.
④ 세안 후 화장 잔여물과 모공의 노폐물을 제거한다.

12 다음 중 파운데이션의 선택법으로 옳은 것은?

① 건성 피부 – 잔주름을 커버하기 위해 스틱 파운데이션을 사용한다.
② 지성 피부 – 산뜻한 피부 표현을 위해 유분기가 적은 리퀴드 파운데이션을 사용한다.
③ 복합성 피부 – 보송한 피부 연출을 위해 파우더 타입의 파운데이션을 사용한다.
④ 노화피부 – 잡티의 커버를 위해 사용이 용이한 투웨이케이크 타입과 파운데이션을 사용한다.

13 다음 중 화학적 소독법에 해당하지 <u>않는</u> 것은?

① 에틸알코올
② 아이오딘(요오드)
③ 음이온 비누
④ 초음파

14 행정법상 의무위반에 대한 제재로서 과하는 과징금에 대한 설명으로 옳지 <u>않은</u> 것은?

① 시장·군수·구청장이 부과·징수한 과징금은 해당 시·군·구에 귀속된다.
② 영업정지가 이용자에게 심한 불편을 줄수 있는 경우에는 영업정지처분에 갈음해 1억원 이하의 과징금을 부과할 수 있다.
③ 과징금을 납부해야 할 자가 납부기한까지 이를 납부하지 아니한 경우에는 영업정지처분을 할 수 있다.
④ 과징금을 부과하는 위반행위의 종별, 정도에 따른 과징금의 금액 등에 관해 필요한 사항은 보건복지부령으로 정한다.

15 인종에 따른 메이크업을 연출할 때 흑인종이 가진 특징이 아닌 것은?

① 낮고 콧방울이 넓은 코
② 두꺼운 입술
③ 긴 눈
④ 심한 곱슬머리

16 다음 중 나이트메이크업(Night Make-up)에 사용되는 테크닉으로 옳은 것은?

① 펜슬 타입의 아이라인으로 자연스러운 눈매를 연출한다.
② 와인이나 레드 계열을 선택해 아웃라인으로 립을 연출한다.
③ 치크는 의상이나 립컬러에 어울리는 컬러로 자연스럽게 음영을 연출한다.
④ 피부톤에 적합한 리퀴드 파운데이션을 도포한 후 베이지 계열의 파우더로 유분을 제거한다.

17 유분이 함유돼 부드럽게 발리며 제품을 도포한 후 파우더로 색을 고정시켜 지속성을 높일 수 있는 아이섀도의 타입은?

① 크림 타입
② 케이크 타입
③ 펜슬 타입
④ 파우더 타입

18 노인 메이크업을 할 때, 음영을 가장 강하게 해 얼굴의 굴곡이 들어가 보이도록 강조해야 하는 부분은?

① 눈의 아이홀 부분
② 볼이 패인 굴곡 부분
③ 관자놀이
④ 입이 처지는 부분

19 저온 살균법으로 우유를 소독하고자 할 때 적합한 온도와 시간을 바르게 짝지은 것은?

① 52~53℃, 30분간
② 52~53℃, 15분간
③ 62~63℃, 30분간
④ 62~63℃, 15분간

20 가시광선 중 파장이 가장 긴 것은?

① 빨강
② 노랑
③ 파랑
④ 보라

21 빈칸에 들어갈 말을 차례대로 나열한 것은?

메이크업 제품을 덜어 낼 때 사용하는 도구는 ( )이고, 처진 속눈썹에 컬을 주기 위해 사용하는 도구는 ( )이다.

① 파우더 브러시, 아이래시컬러
② 스패출러, 아이래시컬러
③ 샤프너, 스크루
④ 아이래시컬러, 스패출러

22 기초 화장의 목적에 대한 설명으로 옳지 않은 것은?

① 피부에 유·수분을 공급한다.
② 공기 중의 세균 침입을 막는다.
③ 적외선으로부터 피부를 보호한다.
④ pH를 정상적인 상태로 돌아오게 한다.

23 다음에서 설명하는 메이크업의 이미지는?

성숙한 여성의 고급스럽고 품위 있는 아름다움을 지향하는 스타일

① 클래식 이미지
② 로맨틱 이미지
③ 엘레강스 이미지
④ 에스닉 이미지

24 조문을 가고자 할 때 T.P.O 메이크업 방법으로 옳지 않은 것은?

① 검정색 광택이 없는 의상을 착용해야 한다.
② 메이크업을 하지 않거나 연하게 하도록 한다.
③ 살이 비치거나 신체의 노출이 없는 어두운 색상의 의상을 택하도록 한다.
④ 급하게 연락을 받은 경우에는 빨간 립스틱을 발라도 문제가 되지 않는다.

25 다음 중 진피의 90%를 차지하고 나이가 들면 신장성이 떨어져 주름의 원인이 되는 것은?

① 점성기질
② 탄력섬유
③ 다당류질
④ 교원섬유

26 고객의 기대에 부응하는 메이크업 아티스트의 자세로 적절하지 않은 것은?

① 메이크업 작업을 시작하기 전에 모든 제품과 도구를 잘 정리하고 정비해야 한다.
② 제품의 오염 방지를 위해 스패출러를 사용해 내용물을 덜어 내고, 한번 덜어 낸 내용물을 용기 안에 다시 넣지 않아야 한다.
③ 세련된 말씨와 아티스트의 센스를 보여 줄 수 있는 화려한 복장을 갖추어야 한다.
④ 바이러스성 질환이 유행할 때에는 고객과 본인의 감염 예방을 위해 반드시 마스크를 착용해야 한다.

27 다음 중 메이크업 기기와 도구 관리에 대한 설명으로 옳지 않은 것은?

① 미용의자는 3% 석탄산 용액이 묻은 천으로 표면을 소독한다.
② 사용한 에어브러시 건은 화장품이 남아 있지 않도록 분리해 세척한 후 물기를 제거한다.
③ 사용한 스패출러는 소독액을 머금은 거즈로 표면을 닦는다.
④ 사용한 퍼프는 중성세제로 세척하고, 햇볕에서 건조 후 일광소독한다.

28 다음 중 물이 우리 신체에 미치는 영향이 아닌 것은?

① 독성물질을 체외로 배출한다.
② 디스크나 관절의 충격을 흡수한다.
③ 식사 후 당분의 흡수 속도를 조절한다.
④ 섭취한 영양소를 각 세포가 공급한다.

29 다음 중 신체의 생리 기능을 조절하는 영양소가 아닌 것은?

① 비타민
② 무기질
③ 물
④ 식이섬유

30 다음의 얼굴형 중 성숙하고 고상한 이미지를 주는 얼굴형은?

① 사각 얼굴형
② 마름모 얼굴형
③ 역삼각 얼굴형
④ 긴 얼굴형

31 인구의 출생률 통계 중 조출생률에 대한 설명으로 옳은 것은?

① 1년 동안의 출생아 수를 당해 연도의 연간 인구로 나눈 수치를 천분율로 표시한 수치이다.
② 한 국가의 보건지수를 나타내는 지표이다.
③ 1년 동안 가임여성 1,000명당 발생한 출생자의 수를 의미한다.
④ 한 국가의 건강수준을 다른 나라와 비교하는 3대 지표에 해당한다.

32 이·미용실에서 1회용 면도기를 사용함으로써 예방할 수 있는 질병은?

① 뎅기열
② B형간염
③ 일본뇌염
④ 결핵

33 장소에 따른 메이크업 중 오피스 메이크업에 대한 특징으로 적절하지 않은 것은?
① 의상의 컬러나 계절에 따라 아이섀도의 컬러를 정한다.
② 전체적인 메이크업의 분위기를 부드럽고 샤프하게 연출한다.
③ 아이섀도는 유사 색상이나 동일 색상 배색을 이용해 연출한다.
④ 풍성한 인조 속눈썹으로 또렷하고 선명한 눈매를 연출한다.

34 수염이 파릇하게 자라나온 정도 또는 면도 후의 모습을 표현할 때 사용해 시술 후 파우더 처리로 마무리를 해야 하는 수염은?
① 점각 수염
② 망수염
③ 직접 붙이는 수염
④ 가루수염

35 절상 분장 시 피부의 질감을 표현하기 위한 스펀지로 가장 적절한 것은?
① 해면 스펀지
② 레드 스펀지
③ 라텍스 스펀지
④ 합성 스펀지

36 피부의 수분 증발과 이물질의 침투를 방지하는 세포는?
① 기저층
② 과립층
③ 유극층
④ 각질층

37 다음 중 지구온난화의 주된 원인이 되며 실내 공기오염의 지표로 사용되는 것은?
① 일산화탄소
② 이산화탄소
③ 질소
④ 오존

38 배우의 얼굴이 자세히 보이므로 세밀하고 꼼꼼한 메이크업이 필요하고 패션쇼 무대에 주로 많이 사용되는 무대의 형태는?
① 액자 무대
② 가변 무대
③ 돌출 무대
④ 원형 무대

39 식물의 섬세한 향을 파괴할 우려가 있는 경우에 주로 사용하는 추출법으로, 핵산·에테르·메탄올·에탄올 등의 휘발성 물질을 이용해 낮은 온도에서 에센셜 오일을 추출하는 방법은?
① 압착법
② 침윤법
③ 이산화탄소 추출법
④ 용매 추출법

40 공중위생영업 중 이·미용업에 대한 설명으로 옳지 않은 것을 모두 고른 것은?

> ㉠ 미용업은 손님의 얼굴, 머리, 피부 및 손톱, 발톱 등을 손질해 손님의 외모를 아름답게 꾸미는 영업을 말한다.
> ㉡ 지위승계신고를 하려는 자가 폐업신고를 같이 하려는 때에는 지위승계신고서에 폐업신고서를 함께 보건복지부장관에게 제출해야 한다.
> ㉢ 이·미용업 영업신고 시에는 면허증, 영업시설 및 설비개요서, 신분증을 제출해야 한다.
> ㉣ 이·미용업을 하려는 자는 보건복지부령이 정하는 시설 및 설비를 갖추고 시장·군수·구청장에게 신고해야 한다.
> ㉤ 이·미용업 폐업 시 폐업한 날로부터 30일 이내에 시장·군수·구청장에게 신고해야 한다.

① ㉠, ㉡, ㉣
② ㉠, ㉢
③ ㉡, ㉢, ㉤
④ ㉢, ㉤

41 미용사의 면허를 받으려는 자가 면허신청서와 함께 제출해야 하는 서류에 해당하지 않는 것은?

① 전문대학 미용학과 졸업증명서
② 정신질환자가 아님을 증명할 수 있는 최근 6개월 이내의 의사 또는 전문의의 진단서
③ 초·중등교육법령에 따른 고등기술학교에 준하는 각종 학교에서 6개월 이상 미용에 관한 소정의 과정을 이수한 수료증
④ 신청 전 6개월 이내에 모자 등을 쓰지 않고 촬영한 천연색 상반신 정면 사진 1장

42 다음 중 고객의 전화를 응대하는 방법으로 적절하지 않은 것은?

① 전화를 받을 때에는 사업장의 이름과 본인의 이름을 말한다.
② 통화 내용 중 중요한 부분은 메모하고 통화 내용을 재확인한다.
③ 통화가 끝나면 재빨리 수화기를 내려놓고 다음 업무를 이어가도록 한다.
④ 고객이 찾는 사람이 부재중일 경우 용건을 메모해 내용을 전달한다.

43 다음 아이섀도 기법 중 부드럽고 차분한 느낌을 주어 돌출된 눈이나 부은 눈에 적합한 기법은?

① 프레임 기법
② 사선 기법
③ 음영 아이홀 기법
④ 실루엣 기법

44 자외선 및 자외선 차단제에 대한 설명으로 옳지 않은 것은?

① PA지수는 UVA에 대한 차단지수로 '+' 표시가 많을수록 UVA에 대한 차단력이 높다.
② 자외선으로부터 피부를 보호하기 위해서는 자외선 차단제를 도포하고 베타카로틴을 경구투여하는 것이 도움이 된다.
③ UVC는 UVA의 1,000~10,000배에 달하는 강력한 소독 및 살균력을 가지고 있다.
④ SPF는 자외선 차단체를 사용했을 때 UVC로부터 보호할 수 있는 정도를 수치화한 것이다.

45 표피에 존재하는 레인방어막(Rein Membrane)의 역할에 해당하지 <u>않는</u> 것은?
① 피부의 수분 증발을 막는다.
② 피부염 발생을 방지한다.
③ 단백질을 함유해 피부를 윤기 있게 한다.
④ 외부로부터 이물질의 침투를 방지한다.

46 이집트 메이크업의 특징으로 옳지 <u>않은</u> 것은?
① 콜과 안티모니를 이용해 벌레와 뜨거운 태양으로부터 눈을 보호했다.
② 물고기 모양의 눈 화장으로 다산과 풍요를 기원했다.
③ 장수 기원의 목적으로 오커를 볼과 입술에 바르고 헤나를 이용했다.
④ 종교적이고 의학적인 목적에서 메이크업이 시작됐다.

47 넓은 모공, 요철 등을 메워 피부 표면을 매끈하게 연출할 때 필요한 제품은?
① 메이크업 베이스
② 컨실러
③ 파운데이션
④ 프라이머

48 한선과 피지선의 공통적 기능으로 피지와 땀이 유화되면서 피지막을 형성해 피부를 보호할 수 있게 돕는 기능은?
① 합성 기능
② 물리적 보호 기능
③ 흡수 기능
④ 분비 기능

49 과산화수소에 대한 설명으로 옳지 <u>않은</u> 것은?
① 상처의 표면소독을 위해 사용된다.
② 분해 시 발생하는 산소의 산화력의 이용한 소독법이다.
③ 지속력과 침투력이 우수해 여러 번 반복해 사용해 효과적이다.
④ 살균, 탈취, 표백에 효과적이다.

50 식중독에 대한 설명으로 옳지 <u>않은</u> 것을 모두 고른 것은?

> ㉠ 식중독균은 대부분 35~36℃ 내외에서 번식이 빠르다.
> ㉡ 식중독균 증식 방지를 위해 찬 음식은 14℃ 이하로 보관한다.
> ㉢ 식중독 증가의 중대 원인 중 하나는 단체급식의 확대이다.
> ㉣ 세균성 감염형 식중독균으로는 살모넬라균, 보툴리누스균, 웰치균이 있다.

① ㉠, ㉡
② ㉡, ㉢
③ ㉡, ㉣
④ ㉢, ㉣

51 다음 중 1차 위반 시 행정처분이 영업정지 1개월에 해당하는 것을 모두 고른 것은?

> ㉠ 신고를 하지 않고 영업소의 소재지를 변경한 경우
> ㉡ 미용업 신고증 및 면허증 원본을 게시하지 않았을 경우
> ㉢ 불법카메라나 기계장치를 설치한 경우
> ㉣ 피부미용을 위해 의료기기를 사용한 경우
> ㉤ 영업소 외의 장소에서 미용 업무를 한 경우
> ㉥ 음란한 물건을 진열 또는 보관한 경우

① ㉠, ㉢, ㉣
② ㉠, ㉢, ㉤
③ ㉠, ㉣, ㉥
④ ㉡, ㉤, ㉥

52 빛의 난반사 효과를 통해 화사한 피부를 연출하고 메이크업의 지속력을 높이는 것은?

① 선크림
② 파우더
③ 파운데이션
④ 메이크업 베이스 크림

53 주름이 많은 입술의 메이크업 수정법으로 옳은 것은?

① 입술의 유분기를 제거한 후 연한 색상의 매트한 립스틱을 사용한다.
② 파운데이션으로 입술색을 커버한 후 짙은 색 립스틱을 사용한다.
③ 입술 라인보다 1~2㎜ 바깥쪽으로 엷은 파스텔 계열의 립 라인을 그린 후 립스틱을 사용한다.
④ 짙은 색 립라이너로 라인을 먼저 그린 후 짙은 색의 매트한 립스틱을 사용한다.

54 지성 피부의 피지선의 활성을 높이는 호르몬으로 여성호르몬의 전구체 역할을 하는 것은?

① 프로게스테론
② 안드로겐
③ 에스트로겐
④ 스테로이드

* 전구체(前驅體) : 어떤 물질대사나 반응에서 특정 물질이 되기 전 단계의 물질

55 공중위생관리에 대한 설명으로 옳지 <u>않은</u> 것은?

① 시·도지사는 공중위생영업자의 영업소에 설치가 금지되는 카메라나 기계장치가 설치됐는지를 검사할 수 있다.
② 공중위생영업소의 위생관리 실태를 검사하기 위해 특별·광역시, 도의 보건환경연구원에게 검사를 의뢰할 수 있다.
③ 시장·군수·구청장은 공중위생영업자에게 위반사항에 대한 개선을 명하고자 하는 때에는 즉시 그 개선을 명하거나 12개월의 범위에서 기간을 정해 개선을 명해야 한다.
④ 시장·군수·구청장은 공중위생영업의 종류별 시설 및 설비 기준을 위반한 공중위생영업자에게는 보건복지부령으로 정하는 바에 따라 기간을 정해 그 개선을 명할 수 있다.

56 넓고 고급스러운 인테리어와 화려한 조명이 갖추어진 예식 장소에서 진행되는 웨딩 메이크업 테크닉으로 적절하지 않은 것은?

① 베이스 메이크업 시 음영을 넣어 윤곽을 뚜렷하게 강조한다.
② 베이지 계열의 메이크업 베이스와 파운데이션으로 피부를 연출한다.
③ 우아하고 여성스럽게 화사하고 밝은 색조의 메이크업으로 연출한다.
④ 아이 메이크업 연출 시 화사한 색감과 은은한 펄감이 있는 제품을 사용한다.

57 다음에서 설명하는 패션이미지 메이크업은?

- 직선보다 둥근 곡선형이나 완만한 사선을 사용하는 메이크업이다.
- 은은한 펄감이나 자연스럽고 생기가 느껴지는 글로시한 느낌을 강조한다.
- 핑크 계열 또는 페일 톤, 라이트 톤의 채도를 사용한다.
- 핑크나 오렌지 계열로 촉촉한 입술을 연출한다.

① 클래식 이미지
② 로맨틱 이미지
③ 엘레강스 이미지
④ 모던 이미지

58 아이라이너 중 그러데이션이 쉬우면서도 선명하게 연출 가능하고 건조가 빠르며 번짐이 적은 타입은?

① 펜슬 타입
② 젤 타입
③ 리퀴드 타입
④ 붓펜 타입

59 식품의 탄수화물에 미생물이 증식해 일어나는 분해 작용을 무엇이라고 하는가?

① 부패
② 발효
③ 산화
④ 변패

60 여성의 신체 곡선을 무시한 가르송(Garçon) 스타일과 말괄량이 플래퍼(Flapper) 스타일이 성행한 시기에 활동한 뷰티 아이콘은?

① 클라라 보우
② 릴리언 러셀
③ 존 크로포드
④ 그레타 가르보

최신 기출문제 06회

01 기초 메이크업을 하기 전 준비단계로 옳지 않은 행동은?
① 제품의 유효기간을 확인한다.
② 마른 화장솜으로 얼굴의 수분을 조절한다.
③ 작업 전 도구와 기구를 깨끗이 소독한다.
④ 고객용 의자 및 목받이의 높이를 조절한다.

02 에센셜 오일의 활용 방법 중 부비동염, 감기, 기침 등의 이비인후과적인 증상과 두통 등에 가장 효과적인 방법은?
① 확산법
② 흡입법
③ 마사지법
④ 입욕법

03 웨딩 메이크업 중 신랑 메이크업에 대한 설명으로 옳지 않은 것은?
① 눈썹의 잔털이 많은 경우 잔털을 정리하고 부족한 부분은 펜슬을 이용해 최대한 자연스럽게 그린다.
② 파우더나 유분이 너무 많으면 건강한 이미지를 해칠 수 있으므로 파우더는 소량만 바른다.
③ 건조한 입술은 립글로스로 촉촉하게 해 주고 핑크 립스틱으로 혈색을 부여한다.
④ 아이 메이크업은 브라운 계열로 쌍꺼풀 위치에 자연스럽게 음영을 준다.

04 피부색과 베이스 메이크업 제품의 설명이 적합한 것은?
① 여드름·흉터 피부 – 피부보다 살짝 밝은 컬러로 여드름과 흉터를 부분 커버한다.
② 다크서클이 있는 피부 – 다크서클을 커버하기 위해 살굿빛 컨실러를 두껍게 도포한다.
③ 붉은 피부 – 붉은색을 중화하고 싶을 때에는 퍼플 컬러의 메이크업 베이스를 사용한다.
④ 흰 피부 – 흰 피부를 강조하고 싶을 때에는 투명 컬러의 파우더를 사용한다.

05 메이크업 숍에서 사용하는 금속기구나 유리볼을 1㎠당 85μW 이상의 자외선으로 소독하려 할 때 적합한 시간은?
① 5분
② 10분
③ 15분
④ 20분

06 병원체가 탈출한 후 새로운 숙주에게 운반되는 과정 중 물에 의해 전파되는 감염병에 해당하지 않는 것은?
① 장티푸스
③ 황열
② 파라티푸스
④ 콜레라

07 다음 중 여드름 피부용 화장품에 사용되는 성분이 아닌 것은?
① 살리실산
② 글리시리진산
③ 아줄렌
④ 알부틴

08 글래머러스 메이크업을 연출하고자 할 때 적합하지 않은 메이크업 테크닉은?
① 하이라이트와 섀딩 처리로 윤곽과 입체감을 강조해 연출한다.
② 아이 메이크업은 눈의 음영과 깊이감을 강조해 연출한다.
③ 골드 펄 파우더를 파우더와 믹스해 피부의 질감을 연출한다.
④ 아이브로는 그레이 컬러를 사용해 부드러운 형태로 연출한다.

09 다음에서 설명하는 메이크업과 가장 적합한 이미지의 웨딩 이미지는?

- 차분하고 세련된 이미지로, 보다 여성스럽고 기품 있는 분위기를 연출한다.
- 피부톤보다 한 톤 밝은 파운데이션과 핑크 파우더를 이용해 화사하게 연출하되 컨투어링 메이크업으로 입체감을 표현한다.
- 광대뼈 하단 부분에 미디엄 브론즈로 섀딩을 하고 피치 톤으로 애플존에 색감을 더해 성숙함을 연출한다.

① 로맨틱 이미지
② 엘레강스 이미지
③ 내추럴 이미지
④ 클래식 이미지

10 수돗물로 사용할 상수의 대표적인 오염 지표는? (단, 심미적 영향 물질은 제외함)
① 탁도
② 대장균 수
③ 증발 잔류량
④ COD

11 다음 중 열탕소독법에 대한 설명으로 가장 옳지 않은 것은?
① 금속은 물이 끓기 시작한 후에 넣고 유리는 처음부터 물에 넣어 끓여야 한다.
② 열탕소독법의 보조제로는 탄산나트륨, 크레졸, 붕산, 석탄산 등이 사용된다.
③ 아포형성균과 B형 간염 바이러스 살균에 적합한 소독방법이다.
④ 끝이 날카로운 금속은 거즈나 소독포에 싸서 소독하는 것이 바람직하다.

12 공연장의 무대 조명이 노란 조명일 경우 그린 컬러의 아이섀도는 어떻게 보이는가?
① 본래 색보다 어둡게 보인다.
② 옅은 그린으로 보인다.
③ 어두운 그레이로 보인다.
④ 옅은 블루로 보인다.

13 메이크업 아티스트가 갖추어야 할 내·외적 자질에 대한 설명으로 옳지 않은 것은?

① 불완전한 상황에서도 최선을 다하는 투철한 직업정신이 필요하다.
② 시술 전에 모든 메이크업 제품 및 도구의 위생 및 안전 점검을 확인한다.
③ 위생을 위해 반드시 마스크를 착용하고 되도록 고객과의 대화를 삼간다.
④ 아티스트로서 머리, 피부, 손톱을 청결하게 유지한다.

14 다음 비타민 중 성격이 다른 하나는?

① 티아민
② 나이아신
③ 토코페롤
④ 리보플라빈

15 퍼스널 유형에 따른 컬러 코디네이션을 제안할 때 비비드, 베리페일, 다크 톤이 가장 어울리는 유형은?

① 봄 유형
② 여름 유형
③ 가을 유형
④ 겨울 유형

16 2~3일 정도 면도를 하지 않은 수염을 표현하기에 적합한 수염 분장법은?

① 찍는 수염
② 직접 붙이는 수염
③ 그리는 수염
④ 가루 수염

17 메이크업 재료와 도구 및 기기를 관리하고 소독하는 방법으로 옳지 않은 것은?

① 가위는 고압증기 살균 시 이물질 제거 후 가위 날을 거즈나 수건으로 싸서 소독한다.
② 메이크업 제품을 사용한 후에는 반드시 뚜껑을 닫아 보관한다.
③ 자외선소독기는 역성비누를 이용해 닦는다.
④ 브러시는 중성세제로 뜨거운 물에 세척한 후 자외선소독기에서 소독한다.

18 미용실에서 위생을 위해 화학적 소독제를 사용하려 할 때 주의사항으로 옳지 않은 것은?

① 소독액과 물을 혼합할 때에는 금속용기를 사용한다.
② 다른 살균 소독제 또는 세제와 혼합해 사용하지 않는다.
③ 반드시 마스크나 개인 안전장비를 착용한다.
④ 어린이의 손에 닿지 않는 냉암소에 보관한다.

19 메이크업의 제품과 그 특징에 대한 설명으로 옳지 않은 것은?

① 스틱형 컨실러는 커버력이 우수해 붉은 반점이나 뽀루지, 잡티 등 피부 결점을 커버하는 데 효과적이다.
② 투웨이케이크는 파운데이션과 파우더를 함께 압축해 만든 것으로 커버력이 뛰어나 중년 이후의 여성이 사용하기에 적합하다.
③ 펜슬 타입의 아이섀도는 발색력이 우수하며 휴대가 간편하나 유분이 많아 사용 후 케이크 타입으로 번짐을 막아야 한다.
④ 케이크 타입 아이라이너는 라이너 브러시에 스킨이나 물로 농도를 조절해 사용하며, 지속력은 펜슬 타입과 리퀴드 타입의 중간 정도이다.

20 우리나라의 시대별 메이크업에 대한 설명으로 옳지 않은 것은?

① 고구려 – 무녀와 악공으로부터 곤지 풍습이 시작됐으며 계급과 신분에 따라 다르게 장식했다.
② 신라 – 얼굴을 희게 만드는 백분, 잇꽃으로 만든 연지, 산단으로 만든 색분을 사용해 화장을 했다.
③ 고려 – 분은 바르되 연지를 바르지 않는 시분무주의 화장법을 선호했다.
④ 조선 – 여염집 여성들은 평소에는 청결 위주로 얼굴을 손질하고 혼인, 연회 외출 시 화장과 구분했다.

21 다음 중 클렌징용이나 팬케이크 파운데이션 도포 시 사용하고 사용 후 세척이 가능한 스펀지는?

① 합성 스펀지
② 블랙 스펀지
③ 해면 스펀지
④ 진동 스펀지

22 다음 중 B형 간염이나 후천성 면역결핍증 등의 질환 전파 예방을 위한 소독법으로 가장 적절한 것은?

① 방사선 살균법
② 고압증기 멸균법
③ 자외선 살균법
④ 파스퇴르법

23 다음 중 세포의 재생이 더 이상 일어나지 않으며 땀샘이나 모낭 등 피부 부속기관이 없을 수 있는 것은?

① 가피
② 낭종
③ 반흔
④ 태선화

24 본식 웨딩 메이크업 시 베이지나 브라운 톤으로 은은하게 연출 후 과하지 않은 아이라인과 속눈썹으로 깨끗한 아이 메이크업을 표현하기에 적합한 이미지는?

① 로맨틱 이미지
② 클래식 이미지
③ 모던 이미지
④ 엘레강스 이미지

25 다음 중 비타민과 결핍증의 연결이 잘못된 것은?
① 비타민 B1 – 각기병
② 비타민 D – 괴혈증
③ 비타민 A – 야맹증
④ 비타민 E – 불임증

26 고체화된 제품으로 커버력과 지속력이 뛰어나 무대 분장에 적합한 파운데이션은?
① 파우더 타입 파운데이션
② 크림 타입 파운데이션
③ 투웨이케이크 파운데이션
④ 스틱 타입 파운데이션

27 다음 중 피부의 노화에 따라 일어나는 현상이 아닌 것은?
① 소양증
② 피부 탄력 감소
③ 수분 함유량 감소
④ 피지 분비 증가

28 신라시대에 굴참나무, 너도밤나무 등의 재를 유연에 개어서 만든 화장품은?
① 연지
② 미묵
③ 홍화
④ 백분

29 오트쿠튀르 패션쇼의 메이크업을 진행하려고 할 때의 메이크업 방법으로 적절하지 않은 것은?
① 평면적인 메이크업 연출도 가능하다.
② 패션쇼가 진행되는 곳이 넓을 경우 이목구비를 뚜렷하게 표현한다.
③ 아트적 요소를 가미해 창의적이고 실험적인 메이크업 연출을 한다.
④ 모델의 개성을 최대한 살려 아티스트의 영감으로 메이크업한다.

30 기본형 아이브로를 그리는 방법에 대한 설명으로 옳지 않은 것은?
① 눈썹의 앞머리는 두껍게, 꼬리로 갈수록 가늘게 그린다.
② 눈썹꼬리의 위치는 눈썹앞머리와 수평이 되고, 콧방울과 눈꼬리를 사선으로 연결해 45°가 되는 지점이다.
③ 눈썹의 앞머리는 흐리게, 꼬리로 갈수록 진하게 그린다.
④ 눈썹산의 위치는 눈썹 길이의 $\frac{2}{5}$ 지점이 적합하다.

31 다음 중 인공능동면역 시 항원으로 톡소이드를 접종하는 질병은?
① 장티푸스
② 파상풍
③ BCG
④ 폴리오

32 우리나라 화장 용어 중 요염한 색채를 표현한 짙은 화장은?

① 염장
② 농장
③ 야용
④ 응장

33 피부가 느낄 수 있는 가장 예민한 감각이 존재하는 곳은?

① 진피의 망상층
② 진피의 유두층
③ 표피의 기저층
④ 표피의 유극층

34 고대 메이크업의 재료 중 피부 보호와 동상 예방을 위해 사용했던 것은?

① 오줌
② 꿀
③ 돈고
④ 홍화

35 복합성 피부인 여성의 화장법에 대한 설명으로 옳지 않은 것은?

① 눈 밑과 턱은 유연화장수와 크림을 활용해 유·수분을 조절한다.
② T존은 수렴화장수를 이용해 피지를 조절하도록 한다.
③ 눈가와 입가 등 움직임이 많은 부분은 파우더를 충분히 발라 메이크업의 지속력을 높인다.
④ V존(U존)은 화장이 들뜨기 쉬우므로 파운데이션을 소량씩 레이어링하며 꼼꼼히 도포한다.

36 화장품에 대한 설명으로 옳지 않은 것은?

① 인체를 청결·미화해 매력을 더하고 용모를 밝게 변화시키기 위한 물품이다.
② 피부·모발의 건강을 유지 또는 증진하기 위한 물품이다.
③ 인체에 바르고 문지르거나 뿌리는 등 이와 유사한 방법으로 사용되는 물품이다.
④ 인체에 대한 작용이 경미한 것으로 의약품에 해당하는 물품도 해당한다.

37 다음 중 그런지룩, 글램룩 등의 메이크업이 성행한 시대는?

① 1960년대
② 1970년대
③ 1980년대
④ 1990년대

38 각 메이크업의 특징이 바르게 연결되지 않은 것은?

① 레트로 메이크업 – 최신 유행하는 메이크업이 아닌 고전적인 아름다움을 과하지 않으면서 세련되게, 현대적인 감각으로 재해석한 메이크업
② 글래머러스 메이크업 – 여성의 성적 매력이 강조된 성숙한 이미지의 메이크업
③ 메탈릭 메이크업 – 골드, 실버, 쿠퍼 등의 컬러를 사용해 화려하면서도 정적인 이미지를 연출하는 질감 메이크업
④ 스모키 메이크업 – 도발적이고 섹시한 느낌을 살리며 그윽하고 깊은 눈 매를 표현하는 메이크업

39 냉정해 보이는 캐릭터의 이미지를 구현하고자 할 때 적합한 입술의 형태는?

① 처진 입술
② 얇은 입술
③ 두꺼운 입술
④ 입 끝이 올라간 입술

40 소독에 사용되는 약제의 이상적인 조건은?

① 살균하고자 하는 대상물을 손상시키지 않아야 한다.
② 취급 방법이 복잡해야 한다.
③ 용매에 쉽게 용해해야 한다.
④ 향기로운 냄새가 나야 한다.

41 유상에 수상이 분산돼 있는 형태로 무겁고 오일리한 느낌을 주어 워터프루프 제품, 선스크린 제품 등에 사용되는 유형은?

① W/O형
② O/W형
③ W/O/W형
④ O/W/O형

42 자연독 식중독을 유발하는 식품과 그 독소의 종류를 바르게 연결한 것은?

① 복어독 - 삭시톡신
② 버섯독 - 무스카린
③ 황변미독 - 에르고톡신
④ 미나리독 - 셉신

43 알코올 소독의 미생물 세포에 대한 주된 작용 기전은?

① 할로겐 복합물 형성
② 단백질 변성
③ 효소의 완전 파괴
④ 균체의 완전 융해

44 다음 중 민감성 피부가 피해야 할 화장품 성분은?

① 알란토인
② 살리실산
③ 아줄렌
④ 캐모마일

45 청문을 실시해야 하는 사항과 거리가 먼 것은?

① 이·미용사의 면허 취소, 면허 정지
② 공중위생 영업의 정지
③ 영업소의 폐쇄 명령
④ 과태료 징수

46 이·미용 업의 상속으로 인한 영업자 지위 승계 시 신고 시 구비 서류가 아닌 것은?

① 영업자 지위 승계 신고서
② 가족 관계 증명서
③ 양도 계약서 사본
④ 상속자임을 증명할 수 있는 서류

47 다음 중 제조 공정에서 냉각기를 사용하는 제품은?

① 립스틱
② 화장수
③ 아이섀도
④ 에센스

48 립라이너에 대한 설명으로 옳은 것은?

① 펜슬형 제품은 오래 사용하기 위해 샤프너의 사용을 되도록 자제한다.
② 립라이너가 부드럽게 그려지도록 유분기가 많은 제품을 선택해야 한다.
③ 립스틱의 지속력을 높이는 제품이다.
④ 바르고자 하는 립스틱과 유사한 컬러 또는 1~2단계 어두운 컬러를 선택해야 한다.

49 공중위생관리 업무와 그 주체가 바르게 연결되지 않은 것은?

① 위생서비스평가계획 수립 – 시·도지사
② 공중위생감시원의 임명 – 보건복지부장관
③ 청문 – 보건복지부장관 또는 시장·군수·구청장
④ 위생관리등급 공표 – 시장·군수·구청장

50 캐릭터 이미지 표현 시 영향을 주는 요소가 아닌 것은?

① 연기자의 인상학적 요소
② 캐릭터의 시대적 요소
③ 캐릭터의 환경적 요소
④ 연기자의 성격적 요소

51 석탄산의 60배 희석액과 어떤 소독약의 120배 희석액이 같은 조건에서 소독력의 효과가 같았다면 이 소독약의 석탄산계수는 얼마인가?

① 20
② 2
③ 0.5
④ 5

52 퍼스널컬러의 유형 중 메이크업의 콘셉트를 세련됨, 도시적, 활동적 이미지로 연출하기 좋은 유형은?

① 봄 유형
② 여름 유형
③ 가을 유형
④ 겨울 유형

53 퍼스널컬러의 유형 중 색의 명도와 채도가 모두 낮은 유형은?

① 봄
② 여름
③ 가을
④ 겨울

54 속눈썹을 연장했을 때 최소 몇 시간 후 세안을 하는 것이 가장 좋은가?

① 3시간
② 6시간
③ 9시간
④ 12시간

55 유분을 흡수하는 능력은 떨어지나 탄성이 좋고 가격이 저렴하며 사용 후 세척이 가능한 스펀지는?

① 해면 스펀지
② 라텍스 스펀지
③ 블랙 스펀지
④ 합성 스펀지

56 상수의 정수 과정에 대한 설명으로 옳지 않은 것은?

① 오존 소독 시의 장점은 좋은 반응성과 강력한 산화 작용이다.
② 정수 과정 중 여과는 물에 포함된 흙과 모래를 침전으로 제거하는 과정을 말한다.
③ 가열 소독을 위해서는 상수를 100℃에 30분 동안 가열한다.
④ 염소 소독은 경제적이고 잔류 기간이 길어 상수의 소독에 많이 사용된다.

57 이·미용업소의 위생서비스수준평가는 몇 년을 주기로 실시하는가?

① 2년
② 3년
③ 4년
④ 5년

58 다음 중 노인 메이크업의 피부 표현을 하고자 할 때 옳지 않은 것은?

① 광대뼈, 턱선 등 큰 골격에 음영 처리하고 가장자리로 갈수록 연하게 그러데이션한다.
② 양쪽 관자놀이와 볼 옆 부분은 살을 채우고 광대를 강조한다.
③ 입술은 혈색과 광택이 적은 것을 사용한다.
④ 갈색 펜슬이나 브러시를 이용해 팔자주름과 눈가 주름, 미간 주름, 입술 주름, 턱 주름 등을 배우의 근육 흐름에 따라 그리고 그 경계면에 하이라이트를 주어 입체감 있게 연출한다.

59 다음 중 모세혈관 내 혈전이 발생하는 잠수병의 원인은?

① 혈액 속에서 산소 기포 증가
② 혈액 속에서 이산화탄소 기포 증가
③ 혈액 속에서 일산화탄소 기포 증가
④ 혈액 속에서 질소 기포 증가

60 사람의 피부 유형을 결정짓는 요소에 해당하지 않는 것은?

① 모공의 크기
② 수분 함유량
③ 연령
④ 피지 분비량

최신 기출문제 07회

01 속눈썹을 연장할 때 6~12㎜의 CC컬 가모를 이용해 연출하기 좋은 이미지는?
① 큐티 이미지
② 시크 이미지
③ 내추럴 이미지
④ 엘레강스 이미지

02 같은 색도의 물체라도 어떤 광원을 조사해서 보느냐에 따라 그 색감이 달리 보이는 현상은?
① 연색성
② 조건 등색
③ 박명시
④ 푸르킨예 현상

03 다음 중 유칼립투스나 캐모마일 같은 식물에서 추출되는 성분으로 항염 및 진정 작용을 하는 화장품 성분은?
① 아스코르브산
② 레시틴
③ 아미노산
④ 아줄렌

04 비타민 D 합성에 관여하며 일광 화상과 홍반의 원인이 되는 것은?
① UVA
② UVB
③ UVC
④ 원적외선

05 3차 위반 시 영업장 폐쇄명령의 행정처분을 받지 않는 위법 행위는?
① 미용업 신고증 및 면허증 원본을 게시하지 않은 경우
② 무자격 안마사로 하여금 안마사의 업무에 관한 행위를 하게 한 경우
③ 불법 카메라나 기계장치를 설치한 경우
④ 피부미용을 위해 의료기기를 사용한 경우

06 다음 중 글리세린의 대용으로 사용할 수 있는 화장품 성분은?
① 소르비톨
② 레시틴
③ 뷰틸하이드록시톨루엔
④ 아스코르브산

07 이상적인 얼굴의 비율과 분할에 대한 설명으로 옳지 않은 것은?
① 얼굴 가로 길이와 세로 길이의 이상적인 비율은 1: 1.618이다.
② 얼굴을 가로로 분할하면 헤어라인에서 눈썹앞머리, 눈썹앞머리에서 입술, 입술에서 턱 끝으로 구분된다.
③ 가로 비율의 이상적 분할은 3등 분할이다.
④ 눈과 눈 사이에는 눈 하나의 넓이가 있어야 이상적이다.

08 비관적이고 진지한, 고집 있는 캐릭터를 표현하고자 할 때 가장 적합한 입술의 모양은?

① 처진 입술
② 얇은 입술
③ 작은 입술
④ 올라간 입술

09 직선이나 사선보다 약간 아웃커브 정도의 립라인을 연출해야 하는 메이크업 이미지는?

① 엘레강스 이미지
② 로맨틱 이미지
③ 액티브 이미지
④ 에스닉 이미지

10 라식, 라섹과 같은 안과 수술 후 속눈썹 연장이 가능한 시점은?

① 1주일
② 15일
③ 1개월
④ 3개월

11 다음 중 사람의 피부색을 결정하는 요소가 아닌 것은?

① 안토시아닌
② 카로틴
③ 멜라닌
④ 헤모글로빈

12 메이크업 작업 시 아티스트와 고객의 위생관리 방법으로 적절하지 않은 것은?

① 제품은 깨끗하게 소독한 손으로 덜어 낸다.
② 바이러스 질환이 유행할 때에는 반드시 마스크를 착용한다.
③ 고객에게 음료를 서비스 할 때에는 1회용 컵을 사용한다.
④ 아티스트의 손과 구강을 청결히 유지한다.

13 다음 중 행정처분 절차에 앞서 청문을 해야 하는 경우에 해당하지 않는 것은?

① 이용사의 면허를 취소하고자 하는 경우
② 영업정지를 명령하고자 하는 경우
③ 개선명령 위반을 처분하고자 하는 경우
④ 영업소의 폐쇄를 명령하고자 하는 경우

14 한복을 착용한 혼주의 메이크업 시술 방법으로 옳지 않은 것은?

① 유·수분 밸런스 유지를 위해 기초 제품을 피부에 잘 흡수시킨다.
② 주름이 강조되지 않도록 베이스 제품을 듬뿍 사용한다.
③ 펄이 많이 들어간 제품이나 립글로스의 과도한 사용은 자제한다.
④ 브라운 젤 아이라이너로 눈매를 자연스럽게 올려 그린다.

15 노폐물 및 각질을 제거해 유효성분의 침투를 용이하게 하며 수분 증발을 막고 혈액순환을 촉진하는 기초 화장품은?

① 에센스
② 에몰리언트 크림
③ 컨센트레이트
④ 팩

16 매장을 방문한 불만 고객 응대법으로 적절하지 않은 것은?

① 신뢰도를 높이기 위해 전문적인 어휘를 사용한다.
② 고객과는 논쟁하지 않는다.
③ 정중한 태도로 고객을 납득시킨다.
④ 고객의 잘못을 말하지 않는다.

17 다음 병원체 중 무좀 등의 피부 관련 질환의 감염원은?

① 세균
② 진균
③ 리케차
④ 원충류

18 여름 유형의 퍼스널컬러를 지닌 사람이 사용하기 가장 적합한 파운데이션의 컬러는?

① 노란색을 띠는 베이지를 기본으로 한 피치베이지 파운데이션
② 흰색과 붉은색을 띠는 쿨베이지를 기본으로 한 핑크베이지 파운데이션
③ 흰색과 붉은색을 띠는 쿨베이지를 기본으로 한 화이트베이지 파운데이션
④ 노란색과 황색을 띠는 베이지를 기본으로 한 코럴베이지 파운데이션

19 배우가 땀이 많은 경우 가발 착용 시 과한 땀 분비 조절을 위한 예비책으로 가장 적절한 것은?

① 가발망에 되도록 핀을 많이 꽂아 가발이 땀에 의해 흘러내리지 않도록 한다.
② 가발과 자연헤어 사이에 휴지를 듬뿍 넣어 땀을 흡수시킨다.
③ 가발 착용 전에 헤어를 단단히 고정하고 두피에 파우더를 뿌린다.
④ 공연 전에는 배우가 되도록 물을 섭취하지 못하게 한다.

20 과징금에 대한 설명으로 옳지 않은 것은?

① 과징금을 통지를 받은 자는 통지를 받은 날부터 20일 이내에 납부해야 한다.
② 시장이 과징금을 부과하고자 할 때에는 서면으로 통지한다.
③ 과징금 산정 기준에서 연간 총매출액은 처분일이 속한 연도의 전년도의 1분기 총매출액을 기준으로 한다.
④ 부과하는 과징금의 금액은 보건복지부령이 정하는 과징금 산정기준을 적용해 산정한다.

21 다음 중 기초 화장품을 피부에 바르는 방법으로 옳지 <u>않은</u> 것은?

① 유연화장수는 손에 듬뿍 덜어 피붓결 방향으로 충분히 두드려 흡수시킨다.
② 에멀전은 손가락을 이용해 피붓결 방향으로 안쪽에서 바깥쪽으로 슬라이딩해 바른 후 흡수시킨다.
③ 아이케어 제품은 힘이 약한 넷째 손가락을 이용해 눈앞머리에서 눈꼬리 쪽으로 펴 바른다.
④ 수분크림은 얼굴의 중앙에서 외곽으로 펼쳐주듯 바른 후 눈썹뼈를 가볍게 누르며 손가락 끝으로 지압한다.

22 일반 성인의 하루 피지 분비량과 건강한 손톱의 수분 함유량을 바르게 짝지은 것은?

	피지 분비량	수분 함유량
①	2.5~3.5g 정도	10~12%
②	1~2g 정도	15~20%
③	2~3g 정도	12~15%
④	1~2g 정도	12~18%

23 수염에 사용되는 털 중 염색이 가능하고 부드러우며 자연스러우나 물에 약하고 모양 유지력이 약한 것은?

① 생사
② 인조사
③ 크레이프 울
④ 야크헤어

24 화장품의 피부 흡수에 대한 설명으로 옳은 것은?

① 동물성 오일의 피부 흡수율이 가장 낮다.
② 수분량이 많으면 피부 흡수율도 높다.
③ 식물성 오일의 피부 흡수율이 가장 높다.
④ 화장품의 분자량이 적은 것부터 발라야 흡수율이 높아진다.

25 다음 중 사람의 피부색을 결정하는 요소가 <u>아닌</u> 것은?

① 안토시아닌
② 카로틴
③ 멜라닌
④ 헤모글로빈

26 치크 브러시 중 끝이 수평으로 잘린 둥근 형태의 브러시의 용도는?

① 강하고 균일하며 정확한 색상 표현 시 사용한다.
② 부드러운 안면 윤곽 수정 시 사용한다.
③ 볼의 넓은 부위를 자연스럽게 연출 시 사용한다.
④ 부드러운 혈색 연출 시 사용한다.

27 메이크업의 디자인 요소 중 선에 대한 설명으로 옳지 <u>않은</u> 것은?

① 상향의 사선은 사나운 느낌이 든다.
② 하향의 사선은 우울하고 노화돼 보인다.
③ 수평선은 평범하고 유머러스해 보인다.
④ 수직선은 공격적이고 강인해 보인다.

28 다음 중 세안제에 대한 설명으로 옳지 않은 것은?

① 클렌징크림은 W/O 형태로 광물성 오일이 40~50% 함유돼 이중세안이 필요하다.
② 메디케이티드 비누는 소염제를 배합한 제품으로 여드름, 면도 상처 및 피부가 거칠어지는 현상의 방지 효과가 있다.
③ 세안제는 습하거나 건조한 곳에서도 형태와 질이 변하지 않아야 한다.
④ 물리적 각질 제거제로는 고마지와 AHA 등이 있다.

29 미용의자, 화장대, 자외선소독기와 같은 기기를 관리·소독하기에 적합하지 않은 소독제는?

① 3% 석탄산용액
② 역성비누
③ 3% 크레졸용액
④ 생석회

30 자외선 차단지수(Sun Protection Factor)는 무엇을 방어하기 위한 지수 인가?

① UVA
② UVB
③ UVC
④ 적외선

31 얼굴에 음영을 주어 입체감 있는 얼굴을 연출하고 혈색을 부여해 여성스러운 인상을 연출하는 것은?

① 섀딩
② 치크
③ 립스틱
④ 하이라이트

32 적혈구의 헤모글로빈을 구성해 사람의 혈액 색과 관계가 있고 산소 운반 및 면역 기능을 하는 무기질은?

① 칼륨(K)
② 철(Fe)
③ 요오드(I)
④ 마그네슘(Mg)

33 인구의 출생률과 사망률에 대한 설명 중 옳지 않은 것은?

① 조사망률이란 생후 28일 미만의 유아 사망률을 나타내는 수치를 말한다.
② 조출생률이란 1년간 태어난 출생아 수를 당해 연도의 연앙 인구로 나눈 수치를 천분율로 표시한 수치를 말한다.
③ 비례사망지수는 총사망자 수에 대한 50세 이상의 사망자 수를 백분율로 표시한 것을 말한다.
④ 일반출생률이란 1년 동안 가임여성 1,000명당 발생한 출생아 수의 비율을 말한다.

34 다음 중 공중위생관리법에 따른 영업의 신고에 대한 설명으로 옳지 않은 것은?

① 영업신고를 받은 시장·군수·구청장은 즉시 영업신고증을 교부해야 한다.
② 영업신고서, 영업시설 및 설비개요서, 교육수료증(미리 교육받은 사람만 해당)을 제출해야 한다.
③ 공중위생영업을 하고자 하는 자는 보건복지부령이 정하는 시설 및 설비를 갖추어야 한다.
④ 해당 영업소의 시설 및 설비에 대한 확인 필요 시 영업신고증을 교부한 후 15일 이내에 확인해야 한다.

35 어플라이언스를 분류할 때 한 개의 조각으로 얼굴의 반 정도 이상을 커버할 수 있는 것을 무엇이라고 하는가?
① Fragment
② Small Piece
③ Mono Piece
④ Multy Piece

36 다음 중 개성과 생동감이 있는 캐릭터를 표현하고자 할 때 가장 적합한 눈썹의 모양은?
① 폭이 넓은 눈썹
② 상승형 눈썹
③ 미간이 넓은 눈썹
④ 미간이 좁은 눈썹

37 계절 메이크업 중 여름 메이크업에 대한 설명으로 가장 적절하지 않은 것은?
① 워터프루프 마스카라를 이용해 아이 메이크업을 연출한다.
② 강한 자외선을 차단하기 위해 스틱 파운데이션으로 두께감 있게 베이스를 깔아 준다.
③ 건강미가 돋보이도록 태닝 메이크업을 연출한다.
④ 입술은 펄이 들어 있는 색상으로 시원한 시각적 효과를 연출한다.

38 속눈썹 연장 후 0.07~0.10㎜ 정도의 얇고 가벼운 싱글 가모를 선택하여 속눈썹 리터치를 해야 하는 속눈썹은?
① 얇은 속눈썹
② 외부 자극으로 끊어진 속눈썹
③ 두껍고 처진 속눈썹
④ 정상적인 일반 속눈썹

39 다음 중 모발의 성장단계를 바르게 나타낸 것은?
① 성장기 → 퇴화기 → 휴지기
② 휴지기 → 퇴화기 → 성장기
③ 퇴화기 → 성장기 → 발생기
④ 성장기 → 휴지기 → 퇴화기

40 다음 중 화장수의 기능으로 옳지 않은 것은?
① 피붓결을 정돈하고 진정시킨다.
② 피부에 수분을 공급하고 청량감을 부여한다.
③ 유효성분의 침투를 막는다.
④ 세안 후에 남아 있는 메이크업의 잔여물을 제거한다.

41 어떤 소독약의 석탄산계수가 '2.0'이라는 것은 무엇을 의미하는가?
① 석탄산의 살균력이 2이다.
② 살균력이 석탄산의 2배이다.
③ 살균력이 석탄산의 2%이다.
④ 살균력이 석탄산의 120%이다.

42 세계보건기구(WHO)에서 말하는 보건행정의 범위에 해당하지 않는 것은?
① 환경위생
② 보건교육
③ 보건간호
④ 감염병 치료

43 모발의 성장이 멈추는 단계로 가벼운 물리적 자극에도 쉽게 탈모되는 시기는?

① 발생기
② 퇴화기
③ 휴지기
④ 발생기

44 다음은 어떤 얼굴형에 대한 설명인가?

- 이미지 : 성숙하고 우아하나 나이 들어 보이는 이미지이다.
- 섀딩 : 헤어라인, 코끝, 턱끝에 시술한다.
- 아이브로 : 약간 도톰한 일자형 눈썹으로 얼굴이 가로 분할돼 보이도록 연출한다.
- 아이섀도 : 가로 프레임 기법을 활용하고 아이라인도 조금 길게 연출한다.

① 역삼각 얼굴형
② 긴 얼굴형
③ 마름모 얼굴형
④ 사각 얼굴형

45 다음 중 퍼스널컬러와 진단에 대한 설명으로 옳지 않은 것은?

① 퍼스널컬러는 개인이 태어날 때부터 가지고 있는 고유의 신체 색을 의미한다.
② 퍼스널컬러를 진단하기 위해 컬러 진단 천을 이용하는 것을 컬러 드레이핑 측정이라고 한다.
③ 퍼스널컬러의 결정 요인은 개인의 피부색과 머리카락 색, 그리고 눈동자 색이다.
④ 피부색 중 붉은색과 노란색이 증가돼 안색이 좋아 보이는 것은 퍼스널컬러의 긍정적 효과 중 하나이다.

46 에센셜 오일에 대한 설명으로 옳은 것은?

① 원액을 사용하면 효과가 좋다.
② 향이 없어야 하고 피부 흡수력이 좋아야 한다.
③ 약용식물에서 추출한 휘발성 오일을 이용한다.
④ 누구나 사용이 가능하다.

47 체온 유지나 호흡, 심장 박동 등 기초적인 생명 활동을 위한 신진대사에 쓰이는 에너지양으로 보통 휴식 상태 또는 움직이지 않고 가만히 있을 때 사용되는 열량은?

① 활동대사량
② 기초대사량
③ 호흡대사량
④ 순환대사량

48 시장·군수·구청장이 6개월 이내의 기간을 정해 영업의 정지 또는 일부 시설의 사용중지를 명하거나 영업소 폐쇄 등을 명할 수 있는 경우에 해당하지 않는 것은?

① 공중위생업 영업신고를 하지 아니하거나 시설과 설비 기준을 위반한 경우
② 면허정지처분을 받고도 그 정지 기간 중 업무를 한 경우
③ 공중위생영업자의 지위승계신고를 하지 아니한 경우
④ 법을 위반해 영업소 외의 장소에서 이용 또는 미용 업무를 한 경우

49 화장품 제조의 3가지 주요기술이 아닌 것은?
① 가용화 기술
② 유화 기술
③ 분산 기술
④ 용융 기술

50 다음 중 기후의 4대 온열인자에 속하지 않는 것은?
① 기류
② 강우
③ 기습
④ 복사열

51 다음 중 항산화 작용과 생기에 관여하는 비타민은?
① 비타민 A
② 비타민 B2
③ 비타민 K
④ 비타민 E

52 빛을 받은 실크처럼 부드럽고 완벽한 질감을 주는 메이크업으로, 자연스럽고 보송하며 커버력과 볼륨감을 강조한 메이크업은?
① 글로시 메이크업
② 실키 메이크업
③ 시머 메이크업
④ 크리미 메이크업

53 피부미용을 위해 약사법에 따른 의약품 또는 의료기기법에 따른 의료기기를 사용하다 적발된 경우 1차 행정처분은?
① 경고
② 영업정지 1개월
③ 영업정지 2개월
④ 영업정지 3개월

54 시장·군수·구청장이 이용사 또는 미용사의 면허를 반드시 취소해야 하는 경우는?
① 면허증을 다른 사람에게 대여한 때
② 풍속영업의 규제에 관한 법률을 위반한 때
③ 국가기술자격법에 따라 자격정지처분을 받은 때
④ 면허정지처분을 받고도 그 정지 기간 중에 업무를 한 때

55 노인 메이크업 시 수염 분장에 대한 설명으로 옳지 않은 것은?
① 수염의 색상은 연기자의 모발색을 기준으로 선택한다.
② 노화의 정도에 따라 흑모와 백모를 혼합해 사용한다.
③ 수염은 위에서부터 밑으로 내려가며 붙여야 한다.
④ 콧수염은 방향을 고려해 팔자 방향으로 부착해야 한다.

56 메이크업 디자인 요소 중 착시 현상에 대한 설명으로 옳지 않은 것은?

① 선을 막고 여는 것에 따라 길이가 달라 보이는 것은 가로선에 의한 착시 현상이다.
② 상향, 하향, 수평 등에 따라 세로선의 길이가 달라 보이는 것은 세로선에 의한 착시 현상이다.
③ 고명도의 색은 팽창·진출돼 보이고 저명도의 색은 수축·후퇴돼 보이는 것은 색에 의한 착시 현상이다.
④ 배경에 따라 크기가 달라 보이는 것은 시각에 의한 착시 현상이다.

57 다음 중 에탄올의 살균기전 작용에 해당하지 않는 것은?

① 균체의 가수분해 작용
② 균체의 응고 작용
③ 탈수 작용
④ 균체의 효소 비활성화 작용

58 산소와 영양 공급이 활발하고 자율신경이 분포해 모발의 영양과 성장을 관장하는 곳은?

① 모근
② 모간
③ 모유두
④ 모낭

59 일반적으로 가장 많이 사용되는 향수로 부향률이 6~8%인 제품은?

① 퍼퓸
② 오 드 퍼퓸
③ 오 드 투알렛
④ 오 드 콜롱

60 소독을 한 기구와 소독을 하지 않은 기구를 각각 다른 용기에 넣어 보관하지 않은 경우의 과태료는?

① 100만원 이하의 과태료
② 200만원 이하의 과태료
③ 300만원 이하의 과태료
④ 400만원 이하의 과태료

최신 기출문제 08회

01 적절한 광택을 유지해 자연스러운 피부색을 조정·유지하는 파우더의 성질은?
① 피복성
② 착색성
③ 신전성
④ 부착성

02 살균제, 소독제, 방부제 등으로 사용되며, 메틸알코올을 산화해 만든 약물 소독제 중에 유일한 가스 소독제는?
① 포르말린
② 염화 제2수은
③ 클로로칼키
④ 에틸렌옥사이드

03 자외선의 긍정적인 영향이 아닌 것은?
① 신진대사촉진
② 소독 및 살균 작용
③ 비타민 D 합성
④ 근육이완

04 다음 중 알코올에 대한 향료 원액 함유량의 비율이 가장 높은 것은?
① 퍼퓸
② 오 드 퍼퓸
③ 오 드 투알렛
④ 오 드 콜롱

05 노인 메이크업 시 캐스팅된 배우의 얼굴에 조소 작업과 몰드 작업을 거쳐 제작하므로 배우 본인에게만 적용 가능한 메이크업은?
① 라텍스 빌드업 메이크업
② 플라스틱 빌드업 메이크업
③ 어플라이언스 메이크업
④ 파운데이션 빌드업 메이크업

06 샤이니 메이크업 시 골드펄로 아이 메이크업을 연출할 때 함께 사용하기 부적합한 펄 아이섀도의 컬러는?
① 브론즈
② 회청색
③ 오렌지브라운
④ 브라운

07 양 갈래로 땋은 머리나 두건을 활용한 헤어스타일과 민족적이고 이국적 느낌의 의상을 스타일링했을 때 적용하기 적합한 메이크업 이미지는?
① 아방가르드 이미지
② 에스닉 이미지
③ 모던 이미지
④ 내추럴 이미지

08 고객 응대를 위한 아티스트의 자세로 적절하지 않은 것은?

① 아티스트의 전문성을 보여주기 위해 어려운 용어를 섞어가며 응대한다.
② 새로운 트렌드 정보에 대한 빠른 습득력과 응용력을 갖춘다.
③ 소비자의 니즈를 파악하고 적합하게 서비스할 수 있는 자질을 갖춘다.
④ 최고의 아름다움을 표현할 수 있도록 창조적 마인드를 가진다.

09 고객에게 성매매를 알선 또는 제공한 경우 2차 적발 시 영업소와 미용사 각각에 대한 행정처분으로 바르게 짝지어진 것은?

	영업소	미용사
①	영업정지 3개월	면허정지 3개월
②	영업정지 6개월	면허정지 6개월
③	영업정지 1년	면허취소
④	영업장 폐쇄명령	면허취소

10 다음 중 이·미용사의 업무범위가 바르게 연결되지 않은 것은?

① 이용사 – 이발·아이론·면도·머리피부손질·머리카락염색 및 머리감기
② 메이크업 미용사 – 얼굴 등 신체의 화장·분장 및 의료기기나 의약품을 사용하는 눈썹손질
③ 피부 미용사 – 의료기기나 의약품을 사용하지 아니하는 피부상태분석·피부관리·제모·눈썹손질
④ 네일 미용사 – 손톱과 발톱의 손질 및 화장

11 화장품을 만들 때 매우 작게 만든 고체 입자를 액체 속에 균일하게 안정적으로 혼합하는 기술은?

① 경화
② 유화
③ 분산
④ 가용화

12 립스틱의 컬러와 그 이미지가 바르게 연결된 것은?

① 핑크 – 밝고 건강한 느낌
② 브라운 – 차분하고 세련된 이미지
③ 레드 – 로맨틱, 소녀적 이미지
④ 오렌지 – 우아하고 성숙한 이미지

13 색의 흥분과 진정에 대한 설명으로 옳지 않은 것은?

① 색상, 명도, 채도 중 색상의 영향을 가장 크게 받는다.
② 명도와 채도가 높을수록 흥분돼 보인다.
③ 한색은 심리적 안정감을 준다.
④ 주위의 색과 차이가 뚜렷할수록 진정된 느낌을 준다.

14 색채의 지각 원리와 그 설명으로 옳지 않은 것은?

① 어두운 곳에서 밝은 곳으로 나오면 처음에는 눈이 부시지만 곧잘 보이게 되는 현상을 명순응이라고 한다.
② 조명의 강도가 바뀌어도 물체의 색은 이전과 동일하게 느끼는 현상을 항상성이라고 한다.
③ 조명에 따라 물체의 색이 바뀌어 보여도 곧 자신이 알고 있는 고유의 색으로 보이게 되는 현상을 색순응이라고 한다.
④ 명소시와 암소시의 중간 밝기에서 색 구분의 정확성이 떨어지는 현상을 연색성이라고 한다.

15 코가 길어 보이도록 이마에서 코끝을 향해 하이라이트를 연출하고 양쪽 볼 측면에 섀딩을 주어 윤곽을 수정해야 하는 얼굴형은?

① 마름모 얼굴형
② 둥근 얼굴형
③ 긴 얼굴형
④ 사각 얼굴형

16 메이크업과 인공 조명에 대한 설명으로 옳은 것은?

① 형광등에서 그린과 블루 조명을 부분적으로 사용하면 톤이 밝아 보인다.
② 백열등에서는 차가운 톤이 강해 보이고 따뜻한 계열의 색조가 더욱 약해 보인다.
③ 형광등에서는 포인트 메이크업의 발색이 효과적으로 보인다.
④ 백열등에서는 붉은색 계열, 갈색 및 베이지, 핑크 계열이 실제보다 진하게 보인다.

17 색채 지각의 3요소 중 시각에 대한 설명으로 옳지 않은 것은?

① 눈의 수정체는 빛의 굴절도 및 초점을 조절한다.
② 망막의 간상체는 밝은 곳에서 시각을 느끼는 세포이다.
③ 각막은 빛을 굴절시켜 상이 맺히도록 한다.
④ 홍채는 빛의 양을 조절하는 곳으로 카메라의 조리개와 같은 역할을 한다.

18 드라마 촬영 시 1회성이거나 하루에 촬영분을 모두 찍을 수 있을 경우 다른 분장법보다 경제적이며 효과적인 노인 분장법은?

① 플라스틱 빌드업
② 파운데이션 빌드업
③ 라텍스 빌드업
④ 어플라이언스 메이크업

19 노화피부의 설명으로 틀린 것은?

① 광노화의 경우 각질층의 두께가 증가한다.
② 콜라겐과 엘라스틴이 감소한다.
③ 모공이 섬세하며, 탄력성이 좋다.
④ 광노화는 색소가 증가하며, 면역기능은 감소한다.

20 다음 중 메이크업에 대한 설명으로 옳지 <u>않은</u> 것은?
① 개인의 정체성, 가치관 등의 미의식을 표현한다.
② 그리스어 '코스메티코스(Cosmeticos)'에서 유래한 것으로 메이크업은 '코스메틱(Cosmetic)'의 의미를 포함한다.
③ '제작하다, 보완하다'라는 뜻으로 단점을 보완하고 장점을 부각한다는 의미이다.
④ 16세기 초 셰익스피어에 의해 처음 'Make-up'이라는 단어가 사용됐다.

21 옵 아트, 팝 아트, 미니멀리즘 같은 현대 예술사조가 성행하고 초미니 스커트가 유행하던 시기에 활동하던 관능적인 이미지의 뷰티 아이콘은?
① 트위기
② 마릴린 먼로
③ 파라 포셋
④ 브리짓 바르도

22 다음 중 저온균이 생장하기 가장 좋은 온도는?
① -5~7℃
② 15~20℃
③ 20~25℃
④ 45~80℃

23 다음 중 TV 드라마 메이크업 시 고려할 사항이 <u>아닌</u> 것은?
① 촬영 장소
② 조명의 종류
③ 배우의 캐릭터
④ 상대 배우와의 거리

24 다음 중 화장품 및 의약품의 종류와 그에 따른 사용 대상, 목적 및 처방 전의 유무 등을 짝지은 것으로 옳지 <u>않은</u> 것은?

	종류	대상	목적	처방전
①	화장품	일반인	청결	불필요
②	기능성 화장품	일반인	미용	불필요
③	의약품	환자	치료	필요
④	의약외품	일반인	예방	필요

25 이·미용업소에서 공기 중 비말전염으로 가장 쉽게 전염될 수 있는 감염병은?
① 장티푸스
② 인플루엔자
③ 뇌염
④ 대장균

26 모세혈관이 확장된 얇은 피부를 커버할 때 방법으로 적합한 것은?
① 블루 컬러의 메이크업 베이스를 바른 후 톤다운된 옐로베이지 톤의 파운데이션으로 안정감 있게 표현한다.
② 퍼플 컬러의 메이크업 베이스를 바른 후 오클베이지 톤의 파운데이션으로 안정감 있게 표현한다.
③ 그린 컬러의 메이크업 베이스를 바른 후 얼굴색과 비슷한 연한 핑크 톤의 파운데이션으로 화사하게 표현한다.
④ 옐로 컬러의 메이크업 베이스를 바른 후 피부보다 밝은 베이지 톤의 파운데이션으로 가볍게 표현한다.

27 다음 인구 구성 피라미드 중 선진국형에 해당하는 것은?

① 종형
② 방추형
③ 표주박형
④ 별형

28 특수 분장을 위한 재료 중 하나로 볼드캡이나 상처 등을 만들 때 사용하며, 흡입 시 인체에 해가 되므로 반드시 환기가 잘 되는 곳에서 작업해야 하는 것은?

① 스플리트 검
② 알지네이트
③ 우레탄
④ 글라잔

29 다음은 어떤 유형에게 적용하기 적합한가?

- 화장수 : 알코올, 색소, 방부제, 향이 없는 저자극성 제품을 사용한다.
- 유효성분 : 알란토인, 알로에베라, 아줄렌, 캐모마일, 카렌듈라, 수레국화

① 복합성 피부
② 지성 피부
③ 건성 피부
④ 민감성 피부

30 콘트라스트가 강한 색상과 밝은 색상을 사용해 메이크업을 연출하기 좋은 계절은?

① 봄
② 여름
③ 가을
④ 겨울

31 각 상황에 따른 메이크업에 대한 설명으로 옳지 않은 것은?

① 나이트 메이크업 – 인공광 아래에서 보이는 메이크업이므로 메이크업 톤이 흐려 보이지 않게 연출한다.
② 오피스 메이크업 – 신뢰감과 차분함을 연출하는 것이 좋다.
③ 미디어 메이크업 – 전달하는 매체의 특성을 정확히 이해하고 대상과 요구하는 기법을 정확하게 파악한 후에 작업해야 한다.
④ 흑백 사진 메이크업 – 색이 보이지 않으므로 무채색계열이나 음영을 나타낼 수 있는 어두운 컬러의 파운데이션으로 베이스를 표현한다.

32 다음 중 사람의 피부색을 결정하는 요소가 아닌 것은?

① 안토시아닌
② 카로틴
③ 멜라닌
④ 헤모글로빈

33 적외선이 피부에 미치는 영향에 해당하지 않는 것은?

① 체온을 높여 신진대사를 촉진한다.
② 피부 화상 및 민감성 피부를 유발한다.
③ 비타민 D 합성에 도움을 준다.
④ 통증을 완화 및 진정시킨다.

34 치크 메이크업의 목적과 기능에 대한 설명으로 옳지 않은 것은?

① 혈색을 부여해 건강해 보이게 한다.
② 매끄러운 피부를 연출한다.
③ 여성스러운 인상을 부여한다.
④ 보다 입체적인 얼굴을 연출한다.

35 메이크업 디자인 요소 중 얼굴의 윤곽을 수정·보완하며, 다양한 이미지 연출이 가능하게 하는 요소는?

① 질감
② 색상
③ 착시
④ 형태

36 광대뼈가 도드라져 보이지 않도록 광대뼈를 감싸듯 둥글려 부드러운 이미지로 치크를 연출해야 하는 얼굴형은?

① 사각형 얼굴
② 둥근형 얼굴
③ 마름모형 얼굴
④ 계란형 얼굴

37 민감성 피부의 클렌징 방법으로 적절하지 않은 것은?

① 약산성 오일 타입의 클렌저로 노폐물을 세정한다.
② 전동 클렌저를 활용해 세심하게 이중세안 한다.
③ 물과 친화력이 좋은 수용성 오일로 부드럽게 클렌징한다.
④ 유분감이 적고 물에 잘 용해되는 클렌징로션으로 메이크업을 지운다.

38 미백화장품에 사용되는 원료가 아닌 것은?

① 알부틴
② 코직산
③ 레티놀
④ 비타민C 유도체

39 공중위생감시원의 업무범위에 해당하지 않는 것은?

① 개선명령 이행 여부의 확인
② 공중위생영업자의 위생교육
③ 영업소 폐쇄명령 이행 여부의 확인
④ 공중위생영업 관련 시설 및 설비의 위생상태 검사

40 메탈릭 메이크업에 대한 설명으로 옳지 않은 것은?

① 화려하면서도 역동적이고 미래지향적인 이미지의 메이크업이다.
② 포스트모더니즘의 다양성이 공존하는 메이크업이다.
③ 아이브로는 윤곽을 강조해 약간 길게 연출한다.
④ 립은 핑크베이지 또는 웜톤의 립스틱을 바르고 골드나 화이트 펄로 개성을 연출한다.

41 신부 메이크업 시 고려사항이 아닌 것은?

① 신부의 나이
② 웨딩드레스의 가격
③ 신부의 피부 상태
④ 웨딩드레스의 디자인과 컬러

42 가을 메이크업 시 우아하고 엘레강스한 이미지를 연출하려고 할 때 적합한 컬러의 조합은?

① 핑크, 퍼플
② 골드, 브라운
③ 오렌지, 그린
④ 실버, 블랙

43 샤이니 메이크업 시 골드펄로 아이 메이크업을 연출할 때 함께 사용하기에 적합하지 않은 펄 아이섀도의 컬러는?

① 브론즈
② 회청색
③ 오렌지브라운
④ 브라운

44 공기의 유해성분 중 산성비에 영향을 끼치는 것은?

① 스모그
② 질산과산화아세틸
③ 일산화탄소
④ 황산화물

45 피지 분비량이 많아 화장이 뭉치거나 들뜨기 쉬워 파운데이션을 소량 사용해야 하는 곳은?

① O존
② S존
③ Y존
④ T존

46 캐릭터 메이크업의 기능으로 옳지 않은 것은?

① 캐릭터에 대한 정보를 시각적으로 전달한다.
② 연기자에게 외형적 변화를 준다.
③ 연기자의 가치관을 전달한다.
④ 연출자가 전달하고자 하는 주제를 간접적으로 보여 준다.

47 다음과 같은 특징을 갖는 질환은?

- 피부 표면 가까이에 위치한 1mm 내외의 크기가 작은 흰색 혹은 노란색의 주머니로 안에는 각질이 차 있다.
- 원인에 따라 원발성과 속발성으로 나뉜다.
- 원발성은 뺨과 눈꺼풀에 잘 발생하고 어느 연령에서나 발생할 수 있다.
- 속발성은 원발성과 모양은 동일하지만 손상을 받은 피부에 주로 발생한다.

① 비립종
② 한관종
③ 인설
④ 구진

48 피부의 표면에 물리적인 차단막을 만들어 자외선을 반사시켜 자외선의 피부 침투를 막아 보호하는 성분이 아닌 것은?

① 파라아미노벤조산
② 이산화티타늄
③ 산화아연
④ 탈크

49 이·미용기구의 일반소독 기준으로 옳지 않은 것은?

① 에탄올소독 – 에탄올수용액을 머금은 면 또는 거즈로 기구의 표면을 닦는다.
② 열탕소독 – 100℃ 이상의 물속에 10분 이상 끓인다.
③ 자외선소독 – 1㎠당 85㎼ 이상의 자외선에 10분 이상 쐰다.
④ 증기소독 – 100℃ 이상의 습한 열에 20분 이상 쐰다.

50 기생충과 중간숙주의 연결이 틀린 것은?

	기생충	중간숙주
①	광절열두조충증	물벼룩, 송어
②	유구조충증	오염된 풀, 소
③	폐흡충증	민물게, 가재
④	간흡충증	쇠우렁, 잉어

51 다음 중 이용사 또는 미용사가 면허증의 재발급을 신청할 수 없는 경우는?

① 영업소 주소가 변경된 경우
② 이·미용사가 개명했을 경우
③ 면허증을 분실했을 경우
④ 면허증이 헐어 못 쓰게 된 경우

52 전화로 고객을 응대해야 할 경우에 취해야 할 태도로 바람직하지 않은 것은?

① 고객이 먼저 끊은 것을 확인한 후 수화기를 내려놓는다.
② 정확한 발음으로 쿠션어를 사용해 대화를 이어간다.
③ 고객이 무리한 요구를 할 때에는 명확하게 거절한다.
④ 명령이나 지시가 아닌 부탁과 권유의 어조를 사용한다.

53 다음 중 혐기성균에 해당하지 않는 것은?

① 디프테리아균
② 파상풍균
③ 보툴리누스균
④ 메탄균

54 보습, 자외선 차단, 미백, 안티에이징 등은 화장품이 갖추어야 할 요건 중 어떤 것에 해당하는가?

① 안전성
② 유효성
③ 안정성
④ 사용성

55 아이섀도의 색상 중 여성의 성숙하고 우아한 아름다움을 표현하기에 적합한 것은?

① 핑크 계열
② 그레이 계열
③ 브라운 계열
④ 퍼플 계열

56 연령별 특징에 대한 설명으로 옳지 않은 것은?
① 중년기 – 얼굴의 골격이 드러나기 시작하는 시기
② 청년기 – 아이 백이 생기기 시작하는 시기
③ 장년기 – 피부가 점점 건조해지며 팔자주름이 발생하는 시기
④ 노년기 – 코 또는 귀등의 연골이 점차 내려앉는 시기

57 지적이고 현대적이며, 세련된 이미지의 눈썹 모양과 컬러를 바르게 짝지은 것은?
① 아치형 눈썹 – 흑갈색
② 꼬리가 올라간 눈썹 – 흑갈색
③ 각진 눈썹 – 갈색
④ 직선눈 – 갈색

58 다음 중 70% 농도에서 살균력이 가장 강하고 질병 및 오염의 원인이 되는 대부분의 박테리아와 곰팡이 및 바이러스에 효과적이어서 피부 소독제로 많이 사용되는 것은?
① 승홍
② 페놀
③ 에탄올
④ 크레졸

59 보툴리누스균에 의한 식중독의 특징에 해당하지 않는 것은?
① 2차 감염률이 높고 면역성이 있다.
② 오염된 육류와 과일을 섭취했을 때 발생하며, 혐기성균에 속한다.
③ 독소형 식중독균이다.
④ 시력장애, 신경장애 등의 증상을 보인다.

60 다음 중 미용사 면허를 받을 수 있는 사람은?
① 피성년 후견인
② 암 투병 환자
③ 약물 중독자
④ 정신질환자

최신 기출문제
정답 & 해설

정답 & 해설

최신 기출문제 01회   350p

01 ②	02 ③	03 ①	04 ④	05 ②
06 ①	07 ③	08 ②	09 ④	10 ②
11 ①	12 ④	13 ②	14 ②	15 ①
16 ①	17 ③	18 ②	19 ①	20 ④
21 ②	22 ②	23 ①	24 ①	25 ④
26 ③	27 ①	28 ①	29 ④	30 ②
31 ②	32 ①	33 ②	34 ③	35 ②
36 ④	37 ④	38 ②	39 ①	40 ②
41 ③	42 ①	43 ②	44 ③	45 ③
46 ②	47 ④	48 ②	49 ④	50 ②
51 ④	52 ③	53 ②	54 ④	55 ①
56 ③	57 ③	58 ②	59 ③	60 ②

01 ②
실내외 온도 차가 너무 크면 고객에게 불편함을 주고, 건강에 해로울 수 있다. 보통 실내외 온도 차는 너무 크지 않게 유지해야 하며, 약 5~8℃ 내외가 적당하다.

02 ③
수건, 터번 등은 알코올로 소독하기보다는 세탁 후 사용하는 것이 가장 적합하다. 알코올 소독은 일부 제품의 손상을 유발할 수 있기 때문에 권장되지 않는다.

03 ①
세안제는 강력한 세정력보다는 피부에 자극이 적고, 피부에 부담을 주지 않는 성분이 중요하다. 또한, 거품이 풍부한 것보다 피부를 부드럽게 세정할 수 있는 것이 더 중요하다.

04 ④
둥근 느낌의 하이라이트와 섀딩은 얼굴을 부드럽고 귀여운 이미지를 주는 효과가 있다.

05 ②
팁 브러시는 가루날림이 적고, 밀착력 있게 컬러를 표현할 수 있어 초보자가 사용하기 적합하다.

06 ①
BB크림은 피부 재생 및 보호 목적으로 주로 활용하다가 최근에는 미용적인 목적으로 많이 사용된다.

07 ③
온도감은 빨강이 가장 따뜻하고, 하양이 가장 차갑다고 느껴지며, 이 순서대로 온도의 느낌이 변한다.

08 ②
영업신고 시에는 미용사 면허증, 건축물대장, 토지이용계획확인서를 제출해야 한다. 시설 및 설비내역서는 필요치 않다.

09 ④
잡티가 많은 피부에는 베이지핑크와 같은 밝고 차분한 색상이 오히려 피부의 결점을 강조할 수 있다. 다크브라운, 마젠타, 와인 등은 피부톤을 보완하는 데 더 적합하다.

10 ②
고객의 요구를 프로페셔널하게 이해하고, 복장과 헤어스타일은 단정하고 신뢰감 있는 모습으로 고객을 맞아야 한다.

11 ①
홍역은 사균백신이 아니라 생백신으로 예방할 수 있다. 나머지 질병들은 사균백신을 통해 예방이 가능하다.

12 ④
이집트 시대에서는 신분을 구분하기 위해 화려한 메이크업과 장식이 사용됐으며, 특히 아이 메이크업이 두드러졌다.

13 ②
가늘고 긴 눈은 위쪽 아이라인을 가늘게 그리고, 아래쪽 눈꼬리를 살짝 아래로 올라간 눈을 보완할 수 있다.

14 ②
계면활성제는 물과 기름을 잘 섞이게 해, 다양한 화장품에 널리 사용된다.

15 ①
글루 리무버는 개봉 후 2개월 이내에 사용하는 것이 좋으며, 그 이후에는 제품의 효능이 떨어질 수 있다.

16 ①
글래머러스 메이크업은 성숙하고 매혹적인 이미지를 강조하는 메이크업 스타일이다.

17 ③
관자놀이는 돌출돼 뵈도록 하지 않는다.

18 ②
수염 붙이기 전에 면도를 하면 트러블이 발생할수 있고, 붙이기 전에 파운데이션을 도포하면 유분기 때문에 수염을 붙이기 어려울 수 있다.

19 ①
일자 핀셋은 속눈썹을 분리하는 용도로 사용된다.

20 ④
헤어브러시는 깨끗한 상태에서 사용해야 하며, 떨어뜨린 경우에는 반드시 깨끗하게 소독 후 사용해야 한다. 흔들어 털어내는 것만으로는 위생적인 관리가 되지 않는다.

21 ②

클렌징이 혈액순환을 촉진할 수 있으나, 너무 길게 시행하는 것은 좋지 않다.

22 ②

위생관리 의무를 위반한 것은 보건복지부령으로 처벌할 수 없다.

23 ①

캐럴 잭슨은 인간의 이미지를 4가지로 분류하고 색상 팔레트를 사용해 패션과 메이크업을 제안한 인물이다.

오답 피하기
② 로버트 도어 : 컬러키(Color Key) 프로그램을 도입했다.
③ 요하네스 : 초상화를 그릴 때 퍼스널컬러의 개념을 도입했다.
④ 코호트 : 통계학적 용어로 퍼스널컬러와 무관하다.

24 ①

글루를 속눈썹의 ½ 지점까지 묻히면 안정적으로 부착될 수 있다.

25 ④

라싸열은 제1급 감염병이지만, 세균성 이질은 제2급 감염병이다.

26 ③

라텍스 스펀지보다는 플라스틱 점각 스펀지를 사용한다.

27 ①

수증기 증류법은 천연향을 대량으로 추출할 수 있지만, 고온에 의해 일부 향 성분이 파괴될 수 있다.

28 ①

플라스틱백 수염은 반복 사용이 어렵다.

29 ④

패션쇼 메이크업은 의상과의 조화를 강조하며, 모델의 개성보다는 전체적인 패션 메시지를 전달하는 것이 중요하다.

30 ①

하악골(턱뼈)은 얼굴형을 결정짓는 중요한 요소로, 턱의 모양에 따라 얼굴의 형태가 크게 달라진다.

31 ③

	벌칙 · 과태료	행정처분
③	300만원 이하의 벌금	–

오답 피하기

	벌칙 · 과태료	행정처분
①	6월 이하의 징역 또는 500만원 이하의 벌금	1차 위반 시 • 명칭/상호/면적 : 경고 또는 개선명령 • 소재지 : 영업정지 1월
②	6월 이하의 징역 또는 500만원 이하의 벌금	1차 위반 시 경고
④	6월 이하의 징역 또는 500만원 이하의 벌금	1차 위반 경고 또는 개선명령~영업정지 2월

32 ①

어두운 황갈색 피부톤에는 옐로 컬러의 메이크업 베이스가 가장 잘 어울린다. 옐로 톤은 피부의 자연스러운 톤을 보완하고 균일하게 보이도록 돕는다. 그린, 블루, 핑크 컬러는 피부톤과 맞지 않거나 어색할 수 있다.

33 ②

굵고 짙은 눈썹은 건강하고 젊은 이미지를 연출하는 데 적합하다. 가늘고 짧은 눈썹이나 길고 옅은 색상의 눈썹은 상대적으로 덜 활기차고 젊은 이미지를 줄 수 있다.

34 ③

엘레강스한 웨딩 메이크업은 부드럽고 우아한 색상 조합이 중요하다. 핑크 베이지, 핑크, 그레이, 퍼플, 브라운 계열은 세련되고 고급스러운 느낌을 주어 웨딩 메이크업에 잘 어울린다.

35 ③

세안비누는 잘 무르지 않고 사용이 간편해야 하며, 방부제가 첨가되지 않아야 한다는 점은 사실이 아니다. 방부제가 첨가되지 않으면 제품이 빨리 변질될 수 있기 때문에 방부제가 적당히 첨가된 제품이 안전하다.

36 ④

장식설은 몸을 꾸미고 장식하는 행위에서 유래됐다고 보는 이론으로, '위장'이라는 의미가 포함되지 않는다. 새의 깃털이나 짐승의 치아 등을 이용한 장식은 다른 문화적 관습에 해당한다.

37 ④

혼주의 한복 메이크업에서는 전통적인 의상과 색상의 조화를 고려해야 하며, 저고리 깃이나 고름의 색상에 맞추어 메이크업의 색조를 선택하는 것이 적합하다. 화려한 아이 메이크업이나 두꺼운 파운데이션은 피해야 한다.

38 ②

고조선인들이 건강하고 흰 피부를 만들기 위해 사용했던 대표적인 재료에는 쑥, 마늘, 꿀 등이 있다. 돈고(돼지기름)는 사용되지 않았다.

39 ①

눈의 폭과 입술의 폭의 너비가 동일하지 않다.

40 ④

패션쇼 메이크업에서는 모델의 취향보다는 의상, 무대, 조명 등의 요소들이 더 중요하다. 모델의 취향은 일반적으로 쇼의 스타일에 맞춰 조정되므로, 그보다는 전체적인 무대와 의상과의 조화를 중시해야 한다.

41 ③

무대와 관객과의 거리를 고려해 입체감 있게 표현하는 건 맞지만, 배우의 개성보다는 배역의 개성을 잘 살려 표현해야 한다.

42 ①

적외선은 멜라닌 합성에 영향을 주는 요소가 아니다.

43 ①

로즈핑크는 사랑스러운 느낌을 표현할 때 많이 사용된다.

44 ③

RMC는 빌드업 기법으로 표현할 때 채색에 사용된다.

45 ③

메이크업의 사회적 기능에는 개인의 신분·직업·계급의 표현, 사회적 규범의 반영 등이 있다.

46 ②

영업소가 폐쇄명령을 받고도 계속 영업을 하는 경우 공무원은 영업소의 영업표지물 제거, 위법한 영업소임을 알리는 게시물 부착, 그리고 필수적인 시설물을 사용할 수 없게 봉인하는 등의 조치를 할 수 있다. 하지만 면허 취소는 이러한 폐쇄조치와는 별개로 행해지며, 직접적인 폐쇄를 위한 조치는 아니다.

47 ④

웨딩 메이크업은 야외에서도 자연스러움을 유지해야 하며, 강한 색상이나 과도한 메이크업은 피해야 한다. 태양광의 강도 차이에 맞춰 메이크업을 조금 더 강조할 수는 있지만, 강한 메이크업은 피해야 한다. 메이크업은 자연스럽고 균형 잡힌 모습으로 연출하는 것이 중요하다.

48 ②

착색안료는 빛을 흡수하거나 산란시켜 색을 발현하는 안료로, 산화철, 레이크 등은 착색안료에 속한다. 이러한 안료는 색을 직접적으로 발산한다.

49 ④

패팅 기법은 제품을 피부에 고르게 발라 주기 위해 스펀지나 손가락을 이용해 두드리면서 바르는 방법이다. 이 방법은 피부에 제품이 잘 밀착되고, 자연스럽게 발리게 한다.

50 ②

시설관련된 위반은 영업장 폐쇄명령과는 관련이 없다.

51 ④

회절은 빛이 장애물이나 틈을 지나면서 그 파동이 휘어지는 현상을 의미한다. 이 현상은 물리학에서 빛의 성질 중 하나로, 다른 파동처럼 빛도 물리적인 장애물로 인해 휘어질 수 있다.

52 ③

팬케이크 타입의 파운데이션은 보통 번들거림이 생길 수 있으며, 가볍고 간편하게 피부 표현이 되는 것은 아니다. 팬케이크 타입은 두껍고 지속력은 높지만, 번들거림이 있을 수 있어 사용 시 신중해야 한다.

53 ③

매니시 이미지에는 일반적으로 단정하고 강렬한 느낌의 메이크업이 적합하다. 하지만 엘레강스와 펑크는 매니시와는 다른 이미지의 메이크업 스타일이다. 엘레강스는 세련된 느낌의 메이크업이며, 펑크는 반항적이고 자유로운 스타일을 표현하는 메이크업이다.

54 ④

화장품은 피부나 미용을 목적으로 사용되며, 의약품과 달리 사용에 제한이 없고, 질병 치료를 목적으로 사용되지 않는다. 반면, 의약품은 질병 예방과 치료를 목적으로 사용된다.

55 ①

컬러 어피어런스는 환경, 조명, 배경 등에 따라 색이 다르게 보이는 현상이다. 해당 용어는 같은 빨간색이라도 흰 조명을 쬐면 붉은빛으로 보이고, 노란 조명을 쬐면 주황색이나 다홍색으로 보이는 현상을 설명할 수 있다.

56 ③

노인 메이크업에서는 사회적 요인(경제력, 직업 등)보다, 개인적 요인인 건강 상태나 습관, 지역적 요인 등이 더 중요하게 작용한다. 그와 더불어 계절은 사회적 요인에 속하지 않는다.

57 ③

영업장 면적의 ⅓이 증감했을 때 변경신고를 해야 한다.

58 ②

미용실의 환기를 위한 공기순환이 가장 촉진되는 실내외의 온도 차는 5℃이다. 실내외 온도 차가 클수록 공기순환이 자연스럽게 이루어지며 환기가 원활하게 진행될 수 있다.

59 ③

프라이머는 피부의 색조를 보정해 주지 않는다. 프라이머는 주로 피부 표면을 매끈하게 만들고, 메이크업의 지속력을 높이며, 피지를 조절하는 역할을 한다. 색조를 보정하는 것은 주로 파운데이션이나 컨실러의 역할이다.

60 ②

고객의 토사물이나 분변 처리 시 가장 적합한 화학적 소독법은 크레졸이다. 크레졸은 강력한 소독제로, 세균과 바이러스에 대해 효과적인 처리가 가능하다.

최신 기출문제 02회

360p

01 ④	02 ③	03 ②	04 ②	05 ②
06 ③	07 ③	08 ②	09 ①	10 ②
11 ①	12 ④	13 ①	14 ①	15 ①
16 ①	17 ②	18 ②	19 ③	20 ③
21 ③	22 ③	23 ②	24 ②	25 ④
26 ③	27 ①	28 ③	29 ②	30 ④
31 ②	32 ②	33 ③	34 ③	35 ④
36 ②	37 ③	38 ③	39 ②	40 ①
41 ④	42 ①	43 ②	44 ①	45 ③
46 ④	47 ①	48 ③	49 ①	50 ④
51 ④	52 ③	53 ②	54 ③	55 ①
56 ③	57 ②	58 ④	59 ④	60 ②

01 ④
보툴리누스균은 영양 부족, 건조, 열 등의 환경에서 아포를 형성해 저항력을 키우는 균이다. 아포는 환경이 극단적일 때 세균이 생존할 수 있도록 돕는다.

02 ③
표주박형 인구 피라미드는 주로 저출산과 고령화가 심화된 사회에서 나타나는 인구 구조를 반영하는 형태이다. 이 유형은 중간층(생산 가능 인구)이 많고, 상층(노년층)과 하층(유소년층)이 적어 표주박(또는 호리병)을 닮은 모습으로 나타난다.

03 ②
콜로디온은 망수염 부착 후 수염의 형태를 고정하는 데 사용할 수 있는 재료이다. 콜로디온은 액체 형태에서 빠르게 굳어 고정 효과가 뛰어나다.

04 ②
사람의 이상적인 비율을 고려할 때 윗입술과 아랫입술의 이상적인 비율은 1 : 1.5이다. 아랫입술이 윗입술보다 다소 두꺼운 것이 이상적인 비율로 여겨진다.

05 ②
선한 이미지의 캐릭터를 표현할 때 눈썹은 미간을 좁게, 입술은 얇게 그린다는 설명은 옳지 않다. 선한 이미지를 표현할 때는 보통 눈썹은 부드럽고 자연스럽게, 입술은 더 두껍고 부드럽게 표현한다.

06 ③
스모키 메이크업에서 립은 어둡고 글로시하게 연출하는 것은 옳지 않은 설명이다. 스모키 메이크업에서는 보통 립을 자연스럽고 매트하게 연출해 눈의 강렬함을 강조한다.

07 ③
이탈 방지 프로그램은 보통 고객이 기존 고객이 됐을 때 실행하는 방법이다.

08 ②
상악골(Upper Jaw Bone)은 얼굴뼈 중에서 가장 큰 뼈로, 얼굴의 중심부를 이루는 주요 구조이다.

09 ①
글리세린(Glycerin)은 보습제로 널리 사용되며, 물을 끌어당기는 흡습성(Humectant)이 있다.

10 ②
야외 웨딩 메이크업에서는 자연스럽고 가벼운 표현이 중요하다. 윤곽을 뚜렷하게 강조하면 자연광에서 과장된 느낌을 줄 수 있으므로 적합하지 않다.

11 ①
아스트린젠트는 수렴 효과가 있어 피지를 조절하며, 건성 피부에는 적합하지 않고 피부를 더 건조하게 만들 수 있다.

12 ④
정신 보건의 목적은 통합과 회복의 지향이며, 분리와 격리가 아니다.

13 ①
색상은 유채색에만 있는 요소이며, 무채색(흰색, 회색, 검정색)에는 없는 요소이다.

14 ①
스모키 메이크업은 강렬하고 깊은 이미지를 강조하며, 글로시·샤이니·실키 메이크업은 부드럽고 자연스러운 윤기를 표현한다.

15 ①
브라운 계열로 음영처리 하는 것은 좋으나, 붉은 계열의 브라운은 피하는 것이 좋다.

16 ①
CC컬은 가장 강한 컬로, 인위적이고 화려한 이미지를 연출하기에 적합하다.

17 ②
눈의 가장 앞쪽에서 빛을 굴절시키는 역할을 하며, 카메라의 렌즈 본체와 같은 역할을 한다.

18 ②
보디 슬리밍 제품은 기능성 화장품의 범위에 포함되지 않는다.

오답 피하기
① 주름 개선 화장품 – 제2조 제2호 나목
③ 헤어 트리트먼트 – 제2조 제2호 라목
④ 태닝 화장품 – 제2조 제2호 다목

19 ③
리퀴드 타입 아이라이너는 내수성과 방수성이 뛰어나고 지속력이 강하다. 하지만 광택감이 있어 조명 아래에서는 다소 인위적인 느낌을 줄 수 있다.

20 ③
투웨이 케이크 파운데이션은 가볍고 간편하지만 건조한 피부에 적합하지 않아 중년 여성보다는 지성 피부나 간편한 수정 메이크업에 더 적합하다.

21 ③
에센셜 오일은 피부계·호흡계·후각기로 흡수되며, 원칙적으로 섭취를 권장하지 않아 경구로는 흡수할 수 없다.

22 ③
연쇄상구균은 조건부 혐기성균이며, 이산화탄소 농도가 높은 환경에서 생장할 수 있다.

23 ②
혼주 메이크업은 단아하고 차분한 이미지를 연출해야 하므로, 상승형의 각진 눈썹은 적합하지 않다. 자연스럽고 부드러운 형태의 눈썹이 더 적합하다.

24 ③
나이아신아마이드는 멜라닌의 이동을 억제해 피부톤을 개선하고 미백 효과를 준다.

25 ④

	벌칙·과태료	행정처분
④	300만원 이하의 벌금	• 1차 : 면허정지 3월 • 2차 : 면허정지 6월 • 3차 : 면허취소

오답 피하기

	벌칙·과태료	행정처분
①	200만원 이하의 과태료	–
②	–	• 1차 : 영업정지 1월 • 2차 : 영업정지 2월 • 3차 : 영업장폐쇄
③	–	• 1차 : 영업정지 1월 • 2차 : 영업정지 2월 • 3차 : 영업장폐쇄

26 ③
농포는 감염이 발생해 고름이 차 있는 상태로, 제거하지 않으면 주변 조직에 손상이 생길 수 있다.

27 ①
망은 수염이 뜬 부분을 피해 자른다.

28 ②
사람의 눈은 380~780nm 범위의 가시광선을 감지할 수 있다. 이 범위 밖의 파장은 적외선이나 자외선으로, 눈으로 볼 수 없다.

29 ④
석탄산 계수(Phenol Coefficient)는 소독약의 살균력을 비교하는 기준으로 사용된다. 이는 석탄산의 살균력과 비교해 다른 약제의 효과를 평가한다.

30 ④
캐릭터 메이크업은 극중 배역의 특성을 표현하기 위해 연기자의 개성을 억제하고 캐릭터에 집중한다. 배우의 개성을 살리는 것이 목적이 아니다.

31 ③
감각온도(체감온도)는 기온·습도(기습, 강수)·기류 속도(바람)의 영향을 받지만, 기압은 직접적인 영향을 주지 않는다. 기압은 감각온도보다는 날씨에 큰 영향을 준다.

32 ②
관련 법령에 따르면, 영업 승계를 신고할 때는 해당 사실이 발생한 날로부터 30일 이내에 신고해야 한다.

33 ③
여드름과 흉터가 있는 피부에 그보다 살짝 밝은 컬러의 파운데이션으로 전체를 커버하면 여드름 부분이 더욱 도드라져 보일 수 있다.

34 ③
병원체에 한번 노출된 후 그 병원체에 대해 기억하고 선별적으로 방어 기능을 획득하는 것은 후천성 면역이다.

35 ④
1960년대는 인형 같은 눈매와 창백한 입술이 특징이다. 다른 선택지는 각각의 시대적 특성과 다르다.

36 ②
인조사는 보통 물(수분, 습기)에 강하며 내구성이 좋다.

37 ③
UVC는 대부분 오존층에서 흡수되나, 오존층이 파괴되거나 공정 중에 노출되면 피부암이 발생할 수 있다.

38 ③
진단은 본인의 의상이 아니라, 진단용 가운을 착용해 배경 색상이 영향을 미치지 않도록 한다.

39 ④
필오프 타입은 물리적으로 노폐물과 각질을 제거하는 방식으로, 민감성 피부나 건성 피부에는 자극적이므로 사용을 자제해야 한다.

40 ①
브루셀라증의 주요 매개체는 소, 양, 염소 등 가축이다.

41 ④
향수의 주된 역할은 주로 기분 좋은 향을 내는 것이며, 불쾌한 냄새를 잡는 것이 아니다. 불쾌한 냄새를 제거하려면 탈취제와 같은 다른 제품이 필요하다.

42 ①
'이그조틱(Exotic)'은 열대 지방이나 다른 문화의 민속적이고 독특한 이미지나 스타일을 의미한다.

43 ②
자비 소독은 100℃의 물에서 20~30분 동안 소독하는 방법으로, 아포형성균은 사멸시킬 수 있으나, B형 간염 바이러스는 사멸시킬 수 없다.

44 ①
보건소의 업무에는 감염병 예방 및 완치는 포함되지 않는다. 보건소는 감염병 발생 시 감시와 예방, 예방 대책 수립까지가 업무 범위이며 감염병의 완치(치료)는 의료기관의 역할이다.

45 ③
최종지급가격을 미리 제공하지 않은 경우, 1차 위반 시 경고 처분이 내려진다.

오답 피하기
①은 개선명령, ②·④은 영업정지 1월의 처분이 내려진다.

46 ④
제품을 씻어 낼 때에 잘 지워지면 좋겠지만, 화장을 유지해야 할 때에도 잘 지워지면 곤란하다.

47 ①
눈의 끝 부분에 포인트를 주면 시선이 눈끝으로 분산되고 눈길이가 길어지는 효과를 볼 수 있다.

48 ③
치크는 사선 방향으로 여성스럽게 표현해 준다.

49 ①
콜을 사용해 관능적 매력을 강조한 팜파탈룩은 주로 1910년대에 두드러지게 나타났다.

50 ④
'반흔'은 흉터로 원발진이 난 자리에 발생하는 속발진에 해당한다.

> **오답 피하기**
> 원발진은 피부 질환이 처음 발생했을 때 나타나는 병변이며, 면포(①)·결절(②)·농포(③)가 이에 해당한다.

51 ④
카나우바 왁스는 주로 립스틱·크림 등의 고형화를 돕고 광택감을 부여하는 데 사용된다. 이 왁스는 브라질의 카나우바 나무에서 추출되며, 왁스류 중에서 가장 경도가 높아 고강도와 내구성으로 유명하다.

52 ③
카로틴은 황색을 나타내는 색소로, 특히 피부에 영향을 미쳐 황색의 톤을 부여한다. 카로틴은 주로 식물에 많이 존재하는 색소로, 당근, 고구마 등에서 많이 발견된다. 피부에 과다하게 축적될 경우, 피부에 황색을 띠게 만들 수 있다.

53 ②
윤곽을 수정할 때에는 피부톤보다 밝은 컬러와 어두운 컬러를 적절히 활용해 음영을 넣어야 한다.

54 ③
채도는 색의 맑고 탁한 정도나 색의 강약을 나타내는 것이다. 채도를 높이면 맑고 쨍한 색이, 낮추면 흐리고 둔한 색이 된다.

55 ①
아세톤은 용매로 사용되며, 플라스틱을 부드럽게 하는 데 쓰인다.

56 ③
미국은 1935년에 사회보장법(Social Security Act)을 제정했다.

57 ②
장염비브리오균은 감염형 식중독균이며, 주로 해산물을 섭취하여서 발병하고, 복통을 동반한 설사와 발열을 주증상으로 한다.

58 ④
일반적으로 세균의 번식에 중요한 요소는 온도, 습도, 산소이다.

59 ④
불특정 다수인이 출입하기 때문에, 위생 관리를 철저히 해야 한다.

60 ②
V존은 볼과 턱선 부위가 아니라, 얼굴의 V자 모양을 형성하는 부위로, 일반적으로 광대뼈부터 턱선까지의 부위를 의미한다. 이 부위는 피지 분비량이 많지 않으며, 오히려 건조할 수 있기 때문에 파우더를 많이 바르기보다는 자연스러운 느낌을 주는 것이 중요하다.

최신 기출문제 03회

369p

01 ①	02 ④	03 ④	04 ③	05 ①
06 ③	07 ④	08 ③	09 ①	10 ③
11 ②	12 ④	13 ②	14 ③	15 ①
16 ③	17 ③	18 ④	19 ①	20 ④
21 ②	22 ④	23 ①	24 ④	25 ①
26 ④	27 ②	28 ②	29 ③	30 ④
31 ①	32 ①	33 ④	34 ②	35 ②
36 ③	37 ④	38 ④	39 ①	40 ④
41 ①	42 ②	43 ②	44 ④	45 ④
46 ④	47 ④	48 ②	49 ③	50 ④
51 ④	52 ③	53 ④	54 ④	55 ②
56 ③	57 ③	58 ②	59 ②	60 ④

01 ①
소셜 메이크업은 사교 모임에서 사용되는 메이크업으로는 맞지만, '옅은'이라는 표현이 모호해 부적절할 수 있다. 일반적으로 소셜 메이크업은 간단하고 자연스러운 메이크업을 의미한다.

02 ④
건성 피부는 수분 공급과 피부 장벽 강화가 중요하다. 세라마이드는 피부 장벽을 강화하고, 하이알루론산은 수분을 공급해 건성 피부에 적합하다.

03 ④
턱 아래를 강하게 섀딩하는 것보다는 얼굴형에 맞는 자연스러운 섀딩이 중요하다. 강한 섀딩은 오히려 부자연스러울 수 있다.

04 ③
메이크업 시술 중에 고객의 만족도 확인과 비용 상담을 하는 것은 적절하지 않다. 고객 상담은 보통 시술 전에 이루어지고, 시술 후에는 사후 관리가 중요하다.

05 ①
한선은 체온 조절, 수분 유지, 그리고 피부의 pH 유지에 중요한 역할을 한다. 피부에 있는 소한선(에크린선)은 땀을 분비해 체온을 조절하고, 피부 표면의 수분과 pH를 유지하는 데 도움을 준다.

06 ③
사계절 컬러 시스템은 봄, 여름, 가을, 겨울의 각 계절에 따라 색의 특성을 분류하는 시스템이다. 이 시스템에서 노랑은 여름과 겨울보다는 봄과 가을에 더 어울리는 색이며, 다른 색들보다 성격이 다르게 분류될 수 있다.

07 ④
홀 기법은 아이섀도에서 아이홀(눈구멍)을 강조해 눈매를 깊고 커 보이게 연출하는 방법이다. 이 기법은 무대 공연에서 자주 사용된다.

08 ③
고대 이집트에서 콜을 사용한 화장술은 눈을 보호할 목적이었으며, 보호설과 관련이 깊다. 이는 눈을 햇빛과 먼지로부터 보호하기 위한 방법이었다.

09 ①
유동 파라핀은 합성오일에 해당한다.

오답 피하기
②·③·④ 천연오일, 동물성 오일에 해당한다.

10 ③
불만 고객에게는 자신의 의견을 먼저 말하기보다는 고객의 불만을 경청하고 해결책을 제시하는 것이 중요하다. 자신의 의견을 먼저 말하면 고객이 불만을 제기한 이유에 대한 해결책을 찾는 데 방해가 될 수 있다.

11 ②
멸균은 모든 미생물과 포자를 완전히 제거하는 과정이다. 소독은 미생물의 수를 줄이는 것이지만, 멸균은 완전히 없애는 과정이다.

12 ④
겨울에는 버건디·와인·화이트펄·레드·퍼플은 맞지만, 옐로는 겨울에 잘 어울리지 않는 색이다. 겨울에는 차가운 색조가 어울린다.

13 ②
캐리어 오일의 주요 목적은 에센셜 오일을 피부로 안전하게 운반하는 것이다. 캐리어 오일의 피부 흡수력과 향은 필수적으로 고려할 사항이 아니다.

14 ③
팬 브러시는 일반적으로 파우더를 바를 때 사용되며, 아이섀도 시술 시에는 잘 사용되지 않는다.

15 ①
미네랄 오일은 천연오일, 광물성 오일에 해당한다.

오답 피하기
②·③·④ 합성오일에 해당한다.

16 ③
미들노트는 톱노트가 사라지고 나타나는 중심의 향으로, 향수의 핵심적인 향을 이룬다.

17 ③
종결소독은 감염병 환자가 퇴원한 후, 병원이나 시설에서 이루어지는 최종적인 소독으로, 완전한 청결 상태를 확보하는 데 사용된다.

18 ④
바이러스는 단백질 껍질로 둘러싸여 있다는 것은 맞지만, 바이러스가 DNA와 RNA 모두를 갖는다는 사실이 틀렸다. 바이러스는 DNA나 RNA 중 하나만 가진다.

19 ①
고객 관리의 목적과 신규 제품 개발은 거리가 멀다.

20 ④
역삼각형 얼굴에서 하이라이트는 콧등, 눈 밑, 양쪽 볼 등 얼굴의 위쪽을 강조하는 데 사용된다.

21 ②
글루타민은 비필수 아미노산으로, 체내에서 합성할 수 있기 때문에 반드시 음식으로 섭취할 필요는 없다.

22 ④
먼셀 색 체계에서 5Y는 색상, 3은 명도, 6은 채도를 나타낸다. 따라서 색상 5Y(Y는 노란색 계통), 명도 3, 채도 6이 맞는 설명이다.

23 ①
광택이 없는 질감은 맞으나, 관능미가 느껴지는 이미지에는 해당하지 않는다.

24 ④
마젠타는 쿨톤, 올리브그린·피치브라운·골드는 웜톤에 속하는 색상이다.

25 ③
내추럴 이미지에서는 치크가 너무 두드러지지 않도록 부드럽고 자연스럽게 연출된다. 따라서 사선으로 강하게 연출하는 것은 내추럴 이미지에 적합하지 않다.

26 ④
빛 반사로 잔주름이 완화되는 것은 질감과 관련된 내용이며, 색상의 역할이 아니다.

27 ②
0.15㎜ 굵기의 속눈썹은 일반적으로 자연스러운 두께의 속눈썹에 적합하며, 눈에 포인트를 주기 위해서는 조금 더 두께가 있는 속눈썹을 사용하는 것이 좋다.

28 ②
적용할 범위가 넓기 때문에 퍼짐성이 좋은 크림타입의 리무버가 적합하다.

29 ③
산업화가 촉진되면서 할리우드 영화와 대중음악이 유행하고, H·A·Y·F 라인(허리에서 엉덩이로 이어지는 라인이 강하게 강조된 스타일) 등의 패션 스타일이 등장하며 영화 산업의 발전과 함께 큰 인기를 끌었다.

30 ③
테다 바라·폴라 네그리가 활동한 시대(1910년대)의 메이크업은 강렬하고 뚜렷한 아치형 눈썹을 연출하는 것이 특징이며, 브라운 컬러보다는 주로 검은색이나 짙은 색조가 사용됐다.

31 ①
프라이머는 베이스 메이크업에 해당하며, 피부를 정돈하고 메이크업이 오래 지속되도록 도와준다.

32 ①
미생물에게 수분은 생육과 번식의 수단이자 세포대사의 매체이다.

33 ④
비타민 E는 강력한 항산화제로, 세포 보호 및 피부 건강에 도움을 준다.

34 ②
차분하고 세련된 이미지를 위해서는 자연스러운 브라운 계열의 립 컬러가 적합하다.

35 ②
유해물질로 오염된 실내 공기는 환기를 하여, 유해물질은 외부로 배출하고 신선한 공기를 실내로 유입시켜야 한다.

36 ③
콜라겐은 피부의 진피층에 존재하는 주요 성분으로, 보습 기능뿐만 아니라 피부 탄력에도 중요하다.

37 ④
티트리 오일은 강력한 항균 작용이 있어 여드름과 무좀에 효과적이지만, 자극적이기 때문에 민감성 피부에 사용 시 주의가 필요하다.

38 ④
펜슬 타입의 컨실러는 주로 점이나 여드름 등의 작은 피부 결점을 커버하는 데 사용된다. 비교적 크고 넓은 결점인 다크서클 커버에는 적절하지 않다.

39 ①
여름 유형은 일반적으로 차가운 톤인 파스텔 색상에 적합하고, 봄 유형은 따뜻한 톤에 적합하다.

40 ②
가을 색조는 일반적으로 따뜻하고 깊은 색들로, 페일(밝고 부드러운 색상)은 가을 색조에 해당하지 않는다. 페일은 여름이나 봄에 더 적합한 색이다.

41 ①
보건수준 3대 평가지표로 영아사망률, 비례사망지수, 평균수명이 사용된다.

42 ②
소독용 화학약품의 표백성과 부식성이 소독 대상을 손상시킬 수 있기에 표백성과 부식성보다는 살균력과 안정성이 있는 것이 좋다.

43 ②
B형간염 바이러스는 열에 강해 100℃에서도 살균되지 않는다.

44 ②
메탄균은 혐기성 세균으로, 산소 없이 살아가는 미생물이다. 나머지는 모두 호기성 세균이다.

45 ②
세균성 식중독은 보통 빠르게 증상이 나타나며, 물로써 전파가 가능하다. 잠복기가 긴 경우도 있지만 일반적으로는 짧은 편이다.

46 ④
70대 노인의 수염을 재현하는 데 실제적인 수염 느낌을 주는 생사와 프로세이드를 사용하는 것이 효과적이다.

47 ④
크레이프 울은 두꺼운 털로, 망수염 제작에는 적합하지 않으며, 일반적으로 특수 분장에 사용된다.

48 ②
미용실에서 반간접 조명은 작업에 75ℓx 이상이 적합하다.

49 ③
쯔쯔가무시증은 진드기에 의해 전파되는 감염병이다.

50 ③

혼주 메이크업에서는 자연스럽고 차분한 톤의 메이크업이 선호되며, 레드 컬러는 너무 강할 수 있어 피하는 경우가 많다.

51 ④

눈꼬리가 올라간 눈에 해당하는 섀도 기법이다.

52 ③

석탄산 소독을 위해, 보통 석탄산과 물을 섞어 3% 수용액을 만들어 쓴다. 1,000mL를 만들기 위해 석탄산 3mL와 물 977mL를 섞는 것이 적절하다.

53 ④

캐릭터의 특징을 살리기 위해서는 연기자의 이미지도 고려해야 하며, 연기자의 이미지가 캐릭터를 더 잘 표현할 수 있도록 메이크업을 디자인하는 것이 일반적이다.

54 ④

부드러운 여성미를 강조하려면 회갈색, 인디언핑크, 퍼플 같은 우아한 톤이 적합하다. 옐로그린은 상대적으로 화려하고 강한 색조로, 우아한 이미지를 연출하는 데는 적합하지 않다.

55 ②

담장은 피부 손질 위주의 옅은 화장을 의미한다.

56 ③

메이크업 베이스는 피부의 색조를 조절하고 색조 화장이 잘 밀착되도록 도와주는 제품이다. 색조 화장의 착색을 방지하는 역할도 한다.

57 ③

히스티딘 · 류신 · 라이신은 필수 아미노산으로, 신체에서 합성할 수 없기 때문에 반드시 음식으로 섭취해야 한다. 아미노산은 단백질을 구성하는 기본 단위이므로, 이들은 단백질에 속하는 영양소이다.

58 ②

예방접종으로 획득할 수 있는 면역은 후천적 면역 중 인공능동면역에 해당한다.

59 ②

아줄렌은 캐모마일에서 추출한 성분으로 피부 진정 효과가 있다.

60 ④

수직선은 강함 · 안정감 · 위엄을 나타내며, 남성적인 느낌을 줄 수 있지만 지루함과는 거리가 멀다.

최신 기출문제 04회

378p

01 ④	02 ②	03 ④	04 ①	05 ③
06 ③	07 ④	08 ④	09 ③	10 ③
11 ②	12 ③	13 ②	14 ①	15 ③
16 ①	17 ④	18 ②	19 ③	20 ④
21 ③	22 ②	23 ①	24 ①	25 ③
26 ①	27 ④	28 ①	29 ④	30 ④
31 ④	32 ③	33 ①	34 ③	35 ②
36 ④	37 ④	38 ③	39 ③	40 ④
41 ②	42 ①	43 ④	44 ①	45 ③
46 ①	47 ②	48 ④	49 ①	50 ①
51 ④	52 ②	53 ③	54 ②	55 ③
56 ③	57 ④	58 ④	59 ①	60 ③

01 ④

스티플 스펀지(블랙스펀지)는 분장용 스펀지로 수염자국이나 굵힌 상처를 표현하거나 왁스에 질감을 줄 때 사용하는 스펀지이다.

02 ②

콜라겐이 변성되거나 파괴되는 것은 노화에 해당하기보다는 질병에 해당한다.

03 ④

신고한 미용 영업장 면적의 ⅓ 이상의 증감 시 변경신고 대상이다.

04 ①

해리 기술은 화장품 제조에서 주로 사용되지 않는 개념이다. 해리(解離, Dissociation)라는 용어는 보통 물질이나 입자의 분해나 분리와 관련된 과정으로, 화장품 제조에서 중요한 기술로는 사용되지 않는다.

05 ③

면허가 취소된 사람은 면허를 다시 발급받기 전에 일정 기간(1년) 경과해야 하므로, 10개월이 경과한 경우 면허를 발급받을 수 없다.

06 ③

쿨톤은 보통 차가운 느낌이나 세련된 이미지를 주는 색상이다. 시각적 편안함을 느끼게 하는 색상은 일반적으로 웜톤에 해당하며, 웜톤은 난색으로 부드럽고 아늑한 느낌을 준다.

07 ④

겨울 유형은 선명한 색조와 강한 대비가 특징이며, 대체로 차가운 피부톤과 강한 대비를 이룬다. 따라서 부드럽고 여성적인 이미지를 연출하기보다는 강렬하고 대담한 이미지를 주는 색조가 어울린다.

08 ④

변화는 메이크업에서 다양한 연출이 가능하다는 특성이지만, 메이크업의 기본 조건으로는 간주되지 않는다. 메이크업의 조건은 T.P.O. 조화, 대비, 대칭, 그러데이션이다.

09 ③
팬 브러시는 부채꼴 모양으로, 파우더의 여분을 털어내거나 섬세한 마무리 작업을 하는 데 사용되는 브러시이다.

오답 피하기
① 파우더 브러시 : 부드럽고 풍성한 모양으로 파우더를 얼굴 전체에 고르게 발라주는 역할을 한다. 파우더를 도포하는 데 사용된다.
② 파운데이션 브러시 : 액상 또는 크림 타입의 파운데이션을 피부에 고르게 펴 바를 때 사용된다.
④ 컨실러 브러시 : 좁고 가늘어 컨실러를 작은 부위에 정교하게 바르는 용도로 쓴다.

10 ③
속눈썹은 눈을 강조하기 위한 용도로, 피부 메이크업과 직접적인 연관은 적다.

11 ②
페더링은 선을 긋는 기법이 아닌, 얇고 가볍게 펴 바르는 기법이다.

12 ③
제시문은 역삼각형 얼굴의 날카로운 턱선과 세련된 이미지를 부드럽게 보완하는 방식을 서술한 것이다.

13 ③
글루 리무버는 개봉 후 3개월 이내 사용을 권장한다.

14 ①
살구색, 카멜, 쑥색 등은 관습적으로 사용된 색명이다.

15 ③
살리실산은 각질 제거 및 여드름 치료에 사용되며, 주름 개선과는 직접적인 관련이 없다.

16 ①
클렌징 오일은 유분을 기반으로 해 메이크업과 피부 노폐물을 효과적으로 제거하는 제품이다. 오일 성분이 피부에 남아 있을 수 있으므로, 2차 세안으로 마무리하는 것이 권장되나, 피부타입에 따라 반드시 해야 하는 것은 아니다.

17 ④
광고 메이크업은 광고의 목적과 메시지를 가장 효과적으로 전달하는 것이 중요하며, 광고주와 모델의 개성보다는 광고 컨셉과 타깃계층을 우선적으로 고려해야 한다.

18 ②
흑색 포스터는 강렬한 대비를 위해 입술이 돋보이는 컬러가 필요해, 네이비 컬러를 사용한다.

19 ③
과립층은 표피층의 일부이다. 진피층이 아니라 각질층 아래에 위치하며, 각화 과정을 통해 피부 보호에 기여한다.

20 ④
미니멀 메이크업은 간결하고 자연스러운 표현을 목표로 하며, 피부 질감과 선의 간결함에 초점을 둔다.

21 ③
볼드캡은 이음새가 두꺼워지면 부자연스러워지고 경계가 드러나므로 가장자리는 얇게 제작해야 한다.

22 ②
불포화 지방산은 주로 식물성 지방에 포함되며, 심혈관 질환 예방에 도움을 줄 수 있다. 동물성 지방에는 주로 포화 지방산이 포함돼 있다.

23 ①
피복성은 제품이 피부에 고르게 분포돼 표면을 덮는 성질이다. 장시간 부착과는 별개의 개념이다.

24 ①
나이아신(비타민 B3)은 에너지 대사에 관여하며, 피부 건강 유지 및 피부염증 치료에 도움을 준다.

25 ③
균체의 삼투성 변화는 주로 염분(식염)과 같은 삼투압 물질과 관련이 있다. 방사선, 포르말린, 에틸렌옥사이드는 주로 효소 비활성화나 단백질 변성 작용을 한다.

26 ①
땀은 피부의 산도를 조절하는 주요 요소이다. 땀의 성분인 젖산과 염분은 피부의 약산성 상태(pH 4.5~6.0)를 유지하는 데 기여한다.

27 ④
라이트핑크, 블루, 라벤더는 봄이나 여름에 어울리는 시원한 계절감의 색상이다. 옐로그린은 가을이나 따뜻한 계절에 적합한 색상으로 계절감이 다르다.

28 ①
'눈썹과 연지 화장'이라는 부분에서 분대화장에 대한 설명임을 알 수 있다.

29 ④
스패출러는 제품을 위생적으로 덜어 내거나, 파운데이션 컬러를 섞을 때 사용하는 도구이다. 스테인리스 또는 플라스틱 재질로 만들어져 주로 팔레트와 함께 사용된다.

30 ④
간상체(간상세포, 막대세포)는 명암을 감지하는 시세포로, 주로 어두운 환경에서의 시각을 담당한다.

31 ④
수렴화장수는 모공 수축 및 피부의 유분 제거 효과가 있어 여드름성 피부 관리에 적합하다.

32 ②
광고 메이크업은 광고의 주체(브랜드, 제품 콘셉트)에 충실해야 하며, 연기자의 요구사항은 주된 기준이 아니다.

33 ①
석탄산의 소독기전은 균체의 단백질 응고, 삼투성 변화, 효소 비활성화 작용이다. 탈수 작용은 석탄산의 주요 소독기전이 아니다.

34 ③
해외 과정 수료자는 국내 면허를 받기 위해 별도의 적합성 평가나 교육 이수가 필요하다.

35 ②
한복은 단아하고 자연스러운 이미지를 강조하므로, 자연스러운 속눈썹이 적합하다.

36 ④
외부 자극으로 약해진 속눈썹에는 Y래시보다 가는 싱글 가모(0.07mm 이하)를 사용하는 것이 적합하다. Y래시는 이보다 더 굵고 무겁다.

37 ④
피부 건조는 호르몬 분비가 저조해 발생하며, 남성호르몬과 여성호르몬의 활발한 분비와는 관련이 없다.

38 ③
은은한 펄감을 사용하는 것은 좋으나, 화려한 색감을 사용하면 부자연스러울 수 있다.

39 ③
병원소가 있다고 해서 반드시 감염병이 전파되는 것은 아니다. 병원소에서 병원체가 탈출하고 숙주로 침입할 때 감염병이 전파된다.

40 ③
'다양한 스타일이 공존', '펄과 글리터를 이용한 미래주의적 메이크업'에서 1990년대 메이크업에 대해 서술한 것임을 알 수 있다.

41 ②
클렌징 오일은 수용성 오일로, 진한 메이크업을 효과적으로 제거할 수 있다. 물과 잘 혼합돼 쉽게 씻어낼 수 있다.

42 ①
방부제는 화장품의 보존을 위한 필수적인 성분이기 때문에 민감성 피부를 위한 화장품에도 방부제가 포함될 수 있다.

43 ④
과징금 통지를 받은 자는 20일 이내에 납부해야 하며, 시장·군수·구청장이 수납기관으로 지정된다.

44 ①
파우더를 과도하게 사용하면 메이크업이 무겁거나 건조하게 보일 수 있다. 메이크업을 자연스럽게 유지하는 것이 중요하다.

45 ③
면허의 정지를 명령받은 자는 반납한 면허증을 해당 관할 시장·군수·구청장이 보관해야 한다.

46 ①
립스틱을 선택할 때 색상이 선명하고 향이 강한 것보다, 입술에 착색되지 않고 부드럽게 발리며 균일하게 색상이 유지되는 제품을 선택하는 것이 중요하다. 향이 강한 제품은 불쾌감을 줄 수 있다.

47 ②
액티브 이미지의 룩에서는 생동감 있고 경쾌한 이미지를 위해 비비드하고 브라이트한 색상, 글로시한 질감의 립을 사용하는 것이 더 적합하다. 매트한 립스틱은 상대적으로 무겁고 차분한 느낌을 줄 수 있다.

48 ④
눈 길이가 길고 크기가 작은 눈은 앞부분에 포인트를 준 스트립 래시로 눈의 단점을 보완하는 것이 좋다. 뒷부분에 포인트를 주면 눈이 더 길어 보이고 비례가 맞지 않을 수 있다.

49 ①
립라이너는 립스틱의 색상과 유사한 색상으로 선택해야 입술 라인을 자연스럽게 강조하고 립스틱이 번지는 것을 방지할 수 있다.

50 ①
'얇은 입술'에 볼륨감을 부여하고 팽창돼 보이게 하는 것은 얇은 입술의 단점을 보완하는 메이크업이다. 이를 위해 옅은 파스텔 색상이나 펄이 들어간 립스틱을 사용하고, 입술 라인보다 1~2mm 바깥쪽으로 그려 입술을 두껍고 풍성하게 보이도록 만든다.

51 ④
여름철 태닝 메이크업은 자연스러운 태닝 효과를 강조하는 메이크업이기 때문에, 브론즈 파우더로 하이라이트 존을 가볍게 터치해 입체감을 주고 섹시한 느낌을 강조한다. 과도한 화이트 파우더나 다른 화이트 계열 메이크업은 어울리지 않는다.

52 ②
아스트린젠트는 피부를 수렴시키고 모공을 조이며, 피지 분비를 억제하고 피부의 불순물이나 세균을 소독해 보호하는 역할을 한다. 스킨 소프트너, 스킨 토너는 피부를 정돈하고 진정시키지만 아스트린젠트만큼 모공 수축이나 피지 조절에 특화되어 있지 않다.

53 ③
식물이 이산화탄소를 흡수하고 산소를 배출하는 작용은 공기의 정화작용 중 교환작용에 해당한다.

54 ②
파운데이션 브러시의 경우, 천연모보다 합성모를 사용하는 것이 더 적합하다. 합성모는 파운데이션을 균일하게 펴 바르는 데 도움이 되며, 천연모는 오랜 사용 후 관리가 어려울 수 있다.

55 ③
클렌징크림은 일반적으로 광물성 오일을 포함하고 있으며, 이중 세안이 필요할 수 있다. 클렌징로션·클렌징젤·클렌징오일은 대부분 단독 사용이 가능하거나, 세정력이 강한 경우가 많다.

56 ③
에탄올은 알코올의 일종으로, 일부 화장수나 소독제에 사용된다.

57 ④
일광 화상은 UVB에 의한 것이다. UVA는 피부에 즉각적인 화상을 일으키지 않으나 피부 깊숙이 영향을 미쳐 노화의 원인이 된다.

58 ④

시분무주는 분은 바르지만, 연지를 사용하지 않는 화장법이다. 이 시기 신라에서는 연지를 바르는 화장이 성행했어서 '시분무주'라는 말이 적절하지 않다. 연지를 사용하지 않는 시분무주의 화장법은 백제에서 유행한 화장법이다.

59 ①

매트한 피부 표현을 위해서는 파우더 퍼프를 사용해 피부에 누르듯 바르는 것이 적합하다. 이는 유분을 흡수하고 피부 결을 매트하게 유지하는 방법이다.

60 ③

트래디셔널 이미지는 한복과 잘 어울리는 고전적인 스타일로, 단아하고 절제된 느낌의 메이크업을 연출하는 데 적합하다.

최신 기출문제 05회

388p

01 ④	02 ③	03 ①	04 ①	05 ③
06 ①	07 ①	08 ④	09 ③	10 ②
11 ④	12 ②	13 ④	14 ④	15 ③
16 ②	17 ①	18 ②	19 ③	20 ①
21 ②	22 ③	23 ③	24 ④	25 ④
26 ③	27 ④	28 ③	29 ④	30 ④
31 ①	32 ②	33 ④	34 ①	35 ②
36 ②	37 ③	38 ③	39 ④	40 ③
41 ③	42 ③	43 ①	44 ④	45 ③
46 ③	47 ④	48 ④	49 ③	50 ③
51 ②	52 ②	53 ①	54 ②	55 ③
56 ②	57 ③	58 ②	59 ②	60 ①

01 ④

오답 피하기
① 피복성 – 커버력을 강화하는 성질
② 흡수성 – 피부 분비물을 흡수하는 성질
③ 부착성 – 장시간 부착돼 있는 성질

02 ③

'여성운동'이 확산됐다는 것에서 1990년대를 설명한 것임을 알 수 있다. 파라 포셋은 1970~1980년대에 활동한 뷰티 아이콘이다.

03 ①

스틱 파운데이션은 고른 커버력과 지속력을 제공하며, 공연과 같은 장시간 지속이 요구되는 상황에서 유리하다. 또한 무대 조명에 강한 특성이 있어 공연용으로 적합하다.

04 ①

건열 멸균법은 고온 건조 상태에서 물질을 멸균하는 방법으로, 주사기·유리·금속·도자기 제품 등 습기와 열에 강한 물품을 소독하는 데 적합하다. 150~170℃에서 1~2시간 가열한다.

05 ③

역삼각형 얼굴에는 사선 느낌보다는 볼의 중앙에 더 집중하는 것이 자연스럽고 적합하다.

06 ①

소각법은 고온에서 태워 없애는 방법으로, 모든 종류의 미생물과 병원균을 완전히 소멸시킬 수 있다. 특히 객담에 포함된 세균이나 바이러스와 같은 감염원이 완전히 제거되므로 가장 완전한 소독법으로 간주된다.

07 ①

회충은 소장에 기생하며, 우리나라에서 가장 높은 감염률을 보인다. 특히, 회충은 미숙한 위생 상태에서 쉽게 전파될 수 있다.

08 ④

십자군 전쟁은 중세 시대에 서양 문화의 교류와 화장 및 미용 문화의 발달에 큰 영향을 미쳤다.

09 ③

소독약의 농도는 제조업체의 권장 농도에 맞추어 사용해야 하며, 농도를 높이면 피부나 소독 대상에 자극을 줄 수 있다.

10 ②

속눈썹의 결 방향으로 꼼꼼히 제거하는 것이 좋다.

11 ④

유연화장수는 주로 피부의 유연성을 높이고 보습을 돕는 역할을 하며, 세안 후 잔여물 제거보다는 피부를 부드럽고 촉촉하게 만들어 주는 기능을 한다.

12 ②

지성 피부는 유분이 많으므로, 유분이 적은 리퀴드 파운데이션이 적합하다. 이는 과도한 유분을 방지해 산뜻하고 깔끔한 피부 표현에 도움을 준다.

13 ④

초음파는 물리적 소독법에 속한다. 초음파는 고주파를 사용해 미세한 기포를 생성하고, 이를 통해 물리적으로 세균을 제거하거나 세척하는 방법이다.

14 ④

과징금에 대한 세부 사항은 보건복지부령이 아니라 대통령령이나 법률에 의해 규정된다. 보건복지부령은 일부 규정을 시행할 수 있지만, 과징금의 액수에 관해서는 대통령령에서 정한다.

15 ③

흑인종은 보통 짧고 넓은 눈, 두꺼운 입술, 낮고 넓은 콧방울, 곱슬머리 등의 특징을 지닌다. 긴 눈은 일반적으로 유럽계나 아시아계에서 나타나는 특징이다.

16 ②

나이트 메이크업은 강렬한 색상이나 드라마틱한 표현을 자주 사용한다. 와인이나 레드 계열의 립컬러는 밤에 화려한 분위기를 만들기에 적합하다.

17 ①

크림 타입 아이섀도는 유분이 함유돼 부드럽게 발리며, 발림성이 좋고 피부에 밀착되는 특성이 있다. 도포 후 파우더 타입의 아이섀도로 덧발라 색을 고정시키면 지속성이 높아진다.

18 ②

노화가 진행되면 볼의 살이 빠지고 패인 듯한 느낌을 주기 때문에, 이 부분에 음영을 넣어 입체감을 주는 것이 중요하다. 음영을 강하게 넣으면 얼굴의 굴곡을 강조할 수 있다.

19 ③

저온 살균법(LTLT, Low Temperature Long Time)은 우유와 같은 식품을 비교적 낮은 온도에서 일정 시간 동안 살균하는 방법이다. 일반적으로 우유를 저온 살균할 때는 62~63℃에서 30분간 살균하는 방식이 적합하다.

20 ①

가시광선의 파장은 빨강색에서 보라색까지 연속적으로 변한다. 가시광선 중 빨강색의 파장이 가장 길며, 보라색이 가장 짧다.

21 ②

메이크업 제품을 덜어 낼 때는 스패출러(제품을 덜어 내는 도구)를 사용하고, 처진 속눈썹에 컬을 주기 위해서는 아이래시 컬러(속눈썹을 컬링하는 도구)를 사용한다.

22 ③

기초 화장의 주요 목적은 피부에 유·수분을 공급하고, 피부를 깨끗하게 유지하며, pH를 정상 상태로 되돌리는 것이다. 하지만 기초 화장은 일반적으로 적외선으로부터 피부를 보호하는 역할을 하지는 않으며, 자외선 차단제나 기타 피부 보호 제품들이 그 역할을 한다.

23 ③

엘레강스 이미지는 성숙한 여성의 고급스럽고 품위 있는 아름다움을 강조하는 메이크업 스타일이다. 이 스타일은 세련되고 우아한 느낌을 주는 메이크업을 특징으로 한다.

24 ④

조문 시에는 고요하고 단정한 이미지를 주는 것이 중요하다. 그러므로 빨간 립스틱과 같이 과도하게 화려한 색조는 피하는 것이 바람직하다.

25 ④

교원섬유(Collagen Fibers)는 진피의 주요 구성 요소로, 피부에 탄력과 기본 골조를 형성한다. 나이가 들면서 교원섬유의 신장성이 떨어지면 피부가 처지거나 주름이 생긴다. 탄력섬유는 주로 피부의 탄력성에 관여하지만, 주름의 주요 원인은 교원섬유이다.

26 ③

메이크업 아티스트는 고객의 기대에 부응하기 위해 전문적이고 깔끔한 복장을 유지해야 하며, 과도하게 화려한 복장은 오히려 신뢰감을 떨어뜨릴 수 있다. 세련된 말씨와 센스를 보여 줄 수 있는 복장은 적절하지만, 화려한 복장은 필요하지 않다.

27 ④

퍼프는 다회용보다 1회용을 권장한다.

28 ③

물은 독성물질 배출, 관절 충격 흡수, 영양소 공급 등 다양한 신체 기능에 중요한 역할을 한다. 그러나, 식사 후 당분의 흡수 속도를 직접적으로 조절하는 역할은 하지 않는다. 물은 주로 체내 수분 조절과 대사에 관여한다.

29 ④

식이섬유는 장 운동을 도와 소화에 도움을 주지만, 생리 기능을 직접적으로 조절하는 영양소는 아니다. 반면, 비타민·무기질·물은 생리 기능을 조절하고 신체의 여러 기능을 지원하는 중요한 요소이다.

30 ④

긴 얼굴형이 성숙하고 고상한 이미지에 가깝다.

31 ①

조출생률(Crude Birth Rate, CBR)은 한 나라의 인구 중, 일정 기간에 태어난 출생아 수를 전체 인구수로 나누어 계산하며, 그 결과를 천분율로 나타낸 수치이다. 이는 출생률을 측정하는 기본적인 지표이다.

32 ②

B형 간염은 혈액이나 체액을 통해 전염되며, 면도기와 같은 개인 위생용품을 공유할 경우 감염될 수 있다. 1회용 면도기를 사용하면 면도기 공유로 인한 B형 간염의 전염을 예방할 수 있다.

33 ④

오피스 메이크업은 일반적으로 자연스럽고 부드러운 느낌을 강조하며, 너무 과한 인조 속눈썹은 자칫 부자연스럽게 보일 수 있다. 따라서 자연스러운 속눈썹 연출이 더 적합하다.

34 ①
점각 수염은 면도 후 수염이 파릇하게 자란 정도를 표현하는 시술로, 마무리 시 파우더 처리가 필요하다.

35 ②
레드 스펀지는 절상 분장 시 피부의 질감을 표현하는 데 사용된다.

36 ②
과립층은 피부의 수분 증발과 이물질 침투를 방지하는 수분저지막(레인방어막)이 있어 피부염 유발을 방지한다.

37 ②
이산화탄소(CO_2)는 지구온난화의 주된 원인으로, 실내 공기오염의 지표로도 사용된다.

38 ③
돌출 무대는 관객과 가까운 거리에 있어 배우의 얼굴이 잘 보이므로 세밀한 메이크업이 필요하다. 패션쇼 무대에서 주로 사용된다.

39 ④
용매 추출법은 핵산, 에테르, 메탄올, 에탄올 등 휘발성 물질을 이용해 낮은 온도에서 에센셜 오일을 추출하는 방법이다. 이 방법은 식물의 섬세한 향을 보호하면서도 에센셜 오일을 효율적으로 추출할 수 있다는 장점이 있지만, 일부 향이 손실될 수 있다는 단점이 있다.

40 ③

> 오답 피하기

ⓒ 지위승계신고를 하려는 자가 폐업신고를 같이 하려는 때에는 지위승계신고서에 폐업신고서를 함께 시장·군수·구청장에게 제출해야 한다.
ⓒ 이·미용업 영업신고 시에는 영업시설 및 설비개요서, 교육수료증을 제출해야 한다.
ⓒ 이·미용업 폐업 시 폐업한 날부터 20일 이내에 시장·군수·구청장에게 신고해야 한다.

41 ③
미용사 면허 신청 시 고등기술학교에서 이수한 수료증은 제출해야 할 서류가 아니다.

42 ③
고객과의 통화가 끝난 후에는 예의 있게 전화를 종료하고, 상대방이 통화를 끝낸 후 수화기를 내려놓는 것이 좋다. 급하게 전화를 끊는 것은 서비스 품질에 부정적인 영향을 미칠 수 있다.

43 ①
프레임기법은 눈의 위쪽과 아래쪽에 라인 또는 음영을 추가해 눈을 프레임처럼 감싸는 방식이다.

44 ④
SPF(Sun Protection Factor)는 자외선 차단 효과를 나타내는 지표로, 주로 UVB로부터 보호하는 정도를 수치화한 것이다. UVC는 대부분 대기 중에서 차단되므로 SPF와 관련이 없다.

45 ③
레인방어막은 피부의 수분 증발을 막고, 외부 이물질의 침투를 방지하는 중요한 역할을 한다. 윤기 있는 피부를 위한 역할은 주로 다른 피부 부속기관(예 피지선)이 수행한다.

46 ③
이집트 메이크업은 주로 장수와 풍요, 종교적 목적 등을 위해 사용됐다. 오커는 볼과 입술보다는 피부에 사용됐고, 헤나는 주로 손이나 발에 사용됐다. 또한, 이집트 메이크업은 다산과 풍요를 기원하기 위한 목적으로 물고기 모양의 눈 화장을 하기도 했다.

47 ④
프라이머는 피부 표면의 요철이나 넓은 모공을 메워 매끄럽게 만드는 제품이다. 메이크업 전 단계(기초 작업)에서 사용해 피붓결을 고르게 하고, 메이크업이 더 잘 밀착되도록 돕는다.

48 ④
한선과 피지선은 모두 피지막을 형성해 피부를 보호하는 역할을 한다. 피지막은 피부를 외부 자극과 수분 손실로부터 보호하는 물리적 보호막이다.

49 ⑤
과산화수소는 지속력과 침투력이 우수하지 않으며, 반복 사용 시 피부나 상처에 자극을 줄 수 있다. 과산화수소는 1~2회 사용으로 충분한 소독 효과를 낼 수 있기 때문에 반복적인 사용은 바람직하지 않다.

50 ③

> 오답 피하기

ⓒ 식중독균 증식 방지를 위해 찬 음식은 5℃ 이하에서 보관해야 한다.
ⓔ 보툴리누스균과 웰치균은 감염형이 아닌 독소형 식중독균이다.

51 ②

> 오답 피하기

ⓒ 경고 또는 개선명령이 내려진다.
ⓔ 영업정지 2월이 내려진다.

52 ②
파우더는 빛의 난반사 효과를 통해 피부를 화사하게 보이도록 도와주며, 메이크업의 지속력을 높이는 역할도 한다. 파우더는 메이크업 후 마무리 단계에서 사용해 피부 표면을 고르게 하고, 기름기를 잡아 주며, 피부를 더욱 매끄럽고 밝게 보이게 만든다.

53 ①
주름이 많은 입술에 매트한 립스틱을 사용하면 입술의 주름이 더욱 강조될 수 있지만, 연한 색상을 사용하면 주름을 덜 부각하며 부드러운 느낌을 줄 수 있다.

54 ②
안드로겐은 남성호르몬이지만 여성에게도 분비되며, 피지선을 자극해 피지를 많이 분비하게 만든다. 특히 여드름이나 지성 피부와 관련이 깊다.

55 ③
위반 사항에 대한 개선 명령은 '즉시'가 아니라, 12개월의 범위에서 기간을 정해 개선을 명할 수 있다.

56 ②
베이지 계열보다는 조금 더 환한 색을 활용하고 음영을 잘 활용한다.

57 ②

로맨틱 이미지는 직선보다는 둥근 곡선형이나 사선의 부드러운 느낌을 강조하며, 자연스럽고 생기가 느껴지는 글로시한 느낌을 내기 위해 핑크 계열 또는 페일 톤의 색조를 사용한다. 입술 역시 촉촉한 핑크나 오렌지 계열로 연출되는 특징이 있다.

58 ②

젤 타입이 다른 제형에 비해 발림성과 발색이 좋으며, 지속력이 뛰어나다. 또한 그러데이션과 선명한 라인을 연출할 수 있다.

59 ②

발효는 탄수화물이 미생물의 효소 작용으로 분해돼 알코올, 유기산, 이산화탄소 등의 물질이 생성되는 현상이다. 주로 식품의 제조에 사용되는데, 김치와 요구르트(유산균 발효)·빵과 맥주(효모 발효) 등에서 활용된다.

60 ①

클라라 보우는 1920년대 플래퍼 스타일을 대표하는 헐리우드 배우로, 짧은 헤어스타일과 볼드한 메이크업으로 유명하다. 당시의 여성 해방과 신여성 이미지를 상징하는 아이콘이다.

최신 기출문제 06회

01 ②	02 ②	03 ③	04 ④	05 ④
06 ②	07 ④	08 ④	09 ②	10 ②
11 ③	12 ①	13 ③	14 ③	15 ④
16 ④	17 ④	18 ①	19 ③	20 ③
21 ③	22 ②	23 ③	24 ②	25 ②
26 ④	27 ④	28 ②	29 ③	30 ④
31 ②	32 ①	33 ②	34 ②	35 ③
36 ④	37 ③	38 ③	39 ②	40 ①
41 ①	42 ②	43 ②	44 ②	45 ④
46 ③	47 ①	48 ④	49 ③	50 ④
51 ②	52 ④	53 ③	54 ②	55 ①
56 ②	57 ①	58 ②	59 ④	60 ③

01 ②

마른 화장솜은 얼굴에 자극을 줄 수 있으며, 촉촉한 화장솜을 사용하는 것이 적합하다.

02 ②

에센셜 오일을 직접 흡입해 코나 기관지의 문제를 완화하는 데 효과적이다.

03 ③

핑크 립스틱은 과도하게 화려한 느낌을 줄 수 있어 신랑 메이크업에는 적합하지 않다.

04 ④

흰 피부를 강조하기 위해 투명 파우더를 사용할 수 있다.

05 ④

보건복지부 고시「이용기구 및 미용기구의 소독기준 및 방법」에서 명시하는 소독시간은 20분이다.

06 ②

모기에 의해 전파되는 바이러스성 감염병으로, 물로 전파되지 않는다.

07 ④

알부틴은 주로 피부 미백에 사용되는 성분으로, 여드름 피부의 치료와는 직접적인 관련이 없다. 다른 세 가지 성분은 여드름 피부에 효과적인 성분이다.

08 ④

글래머러스 메이크업에서는 그레이 컬러보다 선명하고 또렷한 컬러를 사용해야 어울린다.

09 ②

엘레강스는 차분하고 세련된 여성스러운 분위기를 표현하며 기품을 강조한 스타일이다.

10 ②

대장균 수는 물의 미생물 오염을 나타내는 중요한 지표로, 건강에 영향을 미칠 수 있는 병원균의 존재 여부를 평가하는 데 사용된다.

11 ③
아포형성균과 B형 간염 바이러스는 열탕소독법으로 완전히 살균되지 않으며, 고압증기멸균법이 필요하다.

12 ①
노란 조명 아래에서는 색이 약간 어둡게 보일 수 있다.

13 ③
고객의 신뢰와 피드백을 위해 대화는 필수적이며, 대화를 삼가는 것은 적절하지 않다. 다만, 위생을 위해 마스크를 착용하는 것이 더욱 좋다.

14 ③
지용성 비타민으로 비타민 E에 해당한다.

> **오답 피하기**
> ① 티아민 – 비타민 B1
> ② 나이아신 – 비타민 B3
> ④ 리보플라빈 – 비타민 B2

15 ④
비비드하고 강렬한 색조가 어울리는 계절은 '겨울'이다.

16 ④
> **오답 피하기**
> ① 찍는 수염(점각수염)은 갓 깎은 수염을 표현하기 좋다.
> ② 직접 붙이는 수염은 찍는 수염이나 가루 수염으로 표현할 수 없는 수염을 분장할 때 쓴다.
> ③ 그리는 수염은 동물의 수염을 표현하기 좋다.

17 ④
적절한 온도의 미온수로 세척하는 것이 좋다.

18 ①
금속용기는 소독제와 반응해 화학 반응을 일으킬 수 있으므로 사용하지 않는 것이 적합하다.

19 ②
투웨이 케이크는 커버력이 뛰어나긴 하지만, 주로 젊은 층에서 간편한 메이크업을 위해 사용되며, 중년 이후의 여성에게는 피부의 주름이나 건조함이 부각될 수 있어 적합하지 않을 수 있다.

20 ③
고려시대의 화장은 연지를 사용해 입술을 붉게 칠하고 화려한 장식을 하는 것이 일반적이었으며, '시분무주'는 백제나 조선 후기의 단순한 화장법에 가깝다.

21 ③
해면 스펀지는 부드럽고 흡수성이 좋아 클렌징 및 팬케이크 파운데이션 도포에 적합하며 세척 후 재사용이 가능하다.

22 ②
고압증기 멸균법은 병원체의 포자를 포함한 모든 미생물을 제거할 수 있어 B형 간염 및 HIV(후천성면역결핍증)와 같은 질환의 전파 예방에 효과적이다.

23 ①
반흔(흉터)은 피부 손상 부위가 치유된 이후의 흔적으로, 부속기관이 없고 세포 재생이 일어나지 않는 경우가 많다.

24 ②
클래식 이미지는 은은하고 단정하며 고급스러운 분위기를 강조하는 메이크업 스타일로, 베이지나 브라운 톤과 잘 어울린다.

25 ②
비타민 D 결핍은 주로 골격계 문제인 구루병(어린이)이나 골다공증(성인)과 관련이 있다. 괴혈증은 비타민 C 결핍과 관련이 있다.

26 ④
스틱 타입 파운데이션은 고체 형태로 커버력과 지속력이 뛰어나며, 특히 무대 분장과 같이 강렬한 조명 아래에서도 효과적이다.

27 ④
피부 노화가 진행되면 피지선의 활동이 감소해 피지 분비가 줄어드는 것이 일반적이다. 나머지는 모두 노화와 관련된 현상이다.

28 ④
신라시대에 사용된 연지는 굴참나무, 너도밤나무 등의 재를 유연에 개어 만든 화장품이다.

29 ④
패션쇼에 알맞은 콘셉트에 맞게 메이크업을 하는 것이 적합하다.

30 ④
눈썹산의 위치는 눈썹 길이의 ⅔ 지점이 적합하다.

31 ②
파상풍은 톡소이드(독소를 약화시킨 항원)를 사용해 면역 반응을 유도하는 백신 접종으로 예방한다.

32 ①
염장은 요염한 색채를 표현한 짙은 화장을 말한다.

33 ②
피부에서 가장 예민한 감각을 느낄 수 있는 부위는 진피의 유두층이다. 이 부분은 피부의 감각 신경이 많이 분포돼 있어 자극을 민감하게 느낄 수 있다.

34 ③
돈고(돼지 기름)는 고대 중국에서 사용된 한약재로, 피부 보호와 관련된 다양한 용도로 쓰였다.

35 ③
복합성 피부는 T존은 기름지며 U존(눈가·입가)은 건조하다. 눈가와 입가 등 움직임이 많은 부위는 파우더를 과도하게 사용하지 않는 대신 촉촉하게 유지할 필요가 있다. 너무 많은 파우더를 사용할 경우 건조해지거나 메이크업이 들뜨기 쉽기 때문에 파우더는 적당히 사용하는 것이 좋다.

36 ④
화장품은 의약품과 달리 경미한 작용을 하며 건강을 증진하거나 치료하는 목적이 아닌 미용과 보습을 목적으로 사용된다.

37 ①
1980년대는 글램룩과 화려한 메이크업이 유행했다.

38 ③
메탈릭 메이크업은 정적인 이미지보다는 강렬하고 화려한 느낌을 강조하는 메이크업이다.

39 ②
얇은 입술은 냉정한 느낌을 줄 수 있다.

40 ①
소독제는 효과적으로 미생물을 제거하면서도 사용되는 대상에 손상(부식, 용식 등)을 주지 않아야 한다.

41 ①
물이 기름 속에 분산돼 있는 형태로, 기름이 수분을 둘러싸는 구조이다. 이 유형은 보통 무겁고 오일리한 느낌을 주며, 워터프루프 제품이나 선스크린 제품에 많이 사용된다. 이러한 제품들은 피부에 물이나 땀을 흘려도 쉽게 지워지지 않는 특성이 있다.

42 ②
무스카린은 독버섯(특히 파리독버섯)에 포함된 독소로, 신경계를 자극해 독성 반응을 일으킨다.

> **오답 피하기**
> ① 복어독 – 테트로도톡신
> ③ 황변미독 – 곰팡이 독소
> ④ 미나리독 – 시큐톡신

43 ②
알코올은 미생물의 단백질을 변성시켜 세포 구조를 파괴하고, 이로써 미생물의 생존과 기능을 저해한다.

44 ②
살리실산은 각질 제거 효과가 있지만 민감성 피부에 자극을 줄 수 있어 피해야 한다. 특히, 민감한 피부는 자극에 민감하게 반응할 수 있다.

45 ④
과태료 징수는 청문 절차가 필요하지 않은 경우가 많으며, 나머지 사항들은 면허나 영업에 대한 중대한 결정이므로 청문 절차가 요구된다.

46 ③
양도 계약서 사본은 상속과 관련된 경우에 필요하지 않으며, 나머지 서류들은 상속자 지위를 증명하는 데 필요한 서류이다.

> **권쌤의 노하우**
> 가족관계증명서도 '가족관계등록전산정보'로 상속인임을 확인할 수 있는 경우에는 제출하지 않아도 됩니다. 상속의 경우에, 제반적인 사항이 모두 확인된 후라면 신고서 한 장만 제출하면 끝입니다.

47 ①
냉각기를 이용해 제조된 제품 중 하나는 립스틱이다. 립스틱은 일반적으로 고체 형태로 냉각 과정을 거쳐 완성된다.

48 ④
립스틱과 유사한 컬러나 1~2단계 어두운 색상을 선택해 사용하며, 립라이너가 부드럽게 그려지는 제품이 가장 이상적이다.

49 ②
공중위생감시원의 임명은 시·도지사 또는 시장·군수·구청장이 담당한다.

50 ④
캐릭터의 이미지를 형성하는 데 영향을 미치는 요소는 주로 연기자의 인상학적 요소, 캐릭터의 시대적 요소, 캐릭터의 환경적 요소이다. 연기자의 성격적 요소는 캐릭터 이미지 표현에 영향을 미치지 않으며, 대신 연기자의 연기 스타일이나 해석이 영향을 미칠 수 있다.

51 ②
석탄산계수는 소독약의 농도를 비교해 계산한다. 석탄산과 다른 소독약의 농도가 같을 때의 소독력의 비율을 나타낸다. 60배 희석액과 120배 희석액이 같다고 했으므로, 120을 60으로 나눈 값 2가 정답이다.

52 ④
겨울 유형은 세련되고 도시적인 느낌을 강조하는 색상이 특징이다. 메이크업에서 도시적이고 활동적인 이미지를 연출할 때 적합한 색조가 많다.

> **오답 피하기**
> 봄(①)·여름(②)·가을(③) 유형은 각각 따뜻하거나 부드러운 색상이 특징인 반면, 겨울은 차갑고 명확한 색조를 사용한다.

53 ③
가을 유형은 색의 명도와 채도가 낮은 색조가 특징이다. 이 유형은 주로 고요하고 깊은 느낌의 색상이 많으며, 톤 다운된 색들이 많다. 반면, 봄은 밝고 채도가 높은 색을, 여름은 차분한 파스텔톤을, 겨울은 선명하고 고른 색조가 특징이다.

54 ②
속눈썹 연장 후에는 접착제가 완전히 경화돼야 하므로, 최소 6시간 후에 세안을 하는 것이 좋다. 이 시간이 지나면 속눈썹의 접착력이 안정되고, 속눈썹 연장이 잘 유지된다.

55 ①
탄성이 좋고 가격이 저렴하며 사용 후 세척이 가능하지만 유분 흡수 능력은 떨어진다.

56 ②
여과 과정은 물에 포함된 흙과 모래를 침전으로 제거하는 것이 아니라, 여과지를 통해 물질을 걸러내는 과정이다.

57 ①
이·미용업소의 위생서비스수준평가는 2년 주기로 실시된다.

58 ②
노인 메이크업에서 광대와 볼은 주로 살을 채우기보다는 음영 처리해 입체감을 주는 방식이 적합하다. 따라서 광대를 강조하는 것보다 음영을 주고 가장자리로 갈수록 연하게 그러데이션하는 것이 자연스럽다.

59 ④
잠수병은 고압 상태에서 빠르게 상승할 때, 질소 기포가 혈액 내에서 형성돼 혈관을 막거나 혈관에 손상을 주는 상태이다. 이로 인해 모세혈관 내에서 혈전이 발생할 수 있다.

60 ③
사람의 피부 유형은 모공 크기, 수분 함유량, 피지 분비량 등에 의해 결정된다. 연령은 피부 유형을 결정짓는 요소는 아니며, 나이가 들면서 피부 유형이 변화할 수 있지만, 피부 유형 자체는 연령에 의해 직접적으로 정의되지 않는다.

최신 기출문제 07회

407p

01 ①	02 ②	03 ④	04 ②	05 ①
06 ①	07 ②	08 ①	09 ①	10 ④
11 ①	12 ①	13 ③	14 ②	15 ④
16 ①	17 ①	18 ②	19 ③	20 ④
21 ①	22 ④	23 ①	24 ②	25 ①
26 ①	27 ③	28 ④	29 ④	30 ②
31 ②	32 ②	33 ①	34 ④	35 ④
36 ②	37 ②	38 ①	39 ①	40 ④
41 ②	42 ④	43 ③	44 ②	45 ④
46 ③	47 ②	48 ②	49 ②	50 ②
51 ④	52 ②	53 ③	54 ②	55 ②
56 ④	57 ①	58 ③	59 ③	60 ②

01 ①
CC컬 속눈썹은 자연스러운 곡선으로, 짧은 길이로 큐티한 이미지를 연출하는 데 적합하다. 6~12㎜의 CC컬은 부드러운 느낌을 주며, 귀여운 느낌을 강조하는 큐티 이미지에 잘 어울린다.

02 ②
조건 등색은 특정한 조건이나 상황에 따라 색이 달리 보이는 현상이다.

03 ④
아줄렌은 유칼립투스, 캐모마일 등의 식물에서 추출되는 성분으로, 항염 및 진정 작용이 뛰어나 피부를 편안하게 해 주는 성분이다.

04 ②
UVB는 피부에서 비타민 D 합성에 중요한 역할을 하며, 과도한 노출 시 일광 화상과 홍반(피부염)을 유발할 수 있다.

05 ①
미용업 신고증 및 면허증을 게시하지 않는 경우에는 영업장 폐쇄명령의 행정처분을 받지 않는다. 하지만 다른 위반 행위들은 3차 위반 시 영업장 폐쇄명령을 받을 수 있다.

06 ①
소르비톨은 글리세린의 대용으로 사용될 수 있는 보습 성분이다. 글리세린과 비슷한 특성을 가지며, 피부에 보습 효과를 제공하는 성분이다.

07 ②
이상적인 얼굴 비율에서는 얼굴을 가로로 세 등분으로 분할하는 것이 이상적이다. 그러나 설명대로 가로 비율을 나누는 방식은 맞지 않으며, 보통 눈썹 앞머리에서 코끝, 그리고 턱 끝까지의 비율로 나누는 방식이 이상적이다.

08 ①
비관적, 진지한 캐릭터는 처진 입술 모양을 통해 더욱 고집스럽고 진지한 이미지를 표현할 수 있다. 처진 입술은 불만이나 고민을 나타내는 느낌을 줄 수도 있다.

09 ①
직선이나 사선보다 약간 아웃커브 정도의 립라인은 엘레강스 이미지에 적합하다.

10 ④
라식 및 라섹 수술 후에는 눈에 일정한 회복 기간이 필요하며, 속눈썹 연장도 이 시점 이후에 가능해진다. 보통 3개월 정도의 회복 기간을 갖는 것이 좋다. 너무 빠른 시점에 속눈썹 연장을 할 경우, 눈에 자극을 줄 수 있다.

11 ①
피부색은 멜라닌, 카로틴, 헤모글로빈에 의해 영향을 받는다. 안토시아닌은 피부색에 직접적인 영향을 주지 않으며, 주로 포도나 가지, 블루베리 같은 보라색이나 검푸른색의 과일과 채소에 있는 색소이다.

12 ①
손을 청결히 하는 것은 좋으나 소독한 손으로 제품을 덜어 내는 것은 좋지 않다.

13 ③
청문절차는 중요한 처분(면허취소, 영업정지, 영업소 폐쇄 등)을 내리기 전에 진행된다. 개선명령 위반의 경우에는 청문 절차 없이 처분이 이루어질 수 있다.

14 ②
베이스 제품을 과도하게 사용하면 주름이 오히려 강조될 수 있다. 한복을 입은 혼주의 메이크업은 자연스럽고 우아한 느낌을 강조해야 하므로, 과도한 베이스는 피해야 한다.

15 ④
팩은 피부에 유효 성분을 집중적으로 공급하고, 노폐물과 각질을 제거하는 데 도움을 준다. 또한, 수분 증발을 막고 혈액 순환을 촉진해 피부 건강을 개선한다.

16 ①
불만 고객에게 전문적인 어휘를 사용하기보다는 고객의 입장에서 이해하고 정중하게 대응하는 것이 중요하다. 자신만 아는 복잡한 용어나 전문 용어는 고객을 혼란스럽게 할 수 있다.

17 ①
무좀 등의 피부 질환은 진균(곰팡이)으로 인한 감염으로 발생한다. 진균 감염은 피부, 발톱, 머리카락 등에 영향을 미친다.

18 ②
여름 유형의 퍼스널컬러는 차가운 톤을 띠고 있으므로, 쿨베이지 계열의 파운데이션이 적합하다. 핑크베이지는 차가운 느낌을 강조할 수 있어 여름 유형과 잘 맞는다.

19 ③
두피에 파우더를 뿌려 땀을 흡수하게 하거나, 헤어를 단단히 고정할 수 있다. 이는 가발이 흘러내리는 것을 방지하고, 땀이 많은 상황에서도 가발을 안정적으로 착용할 수 있도록 한다.

20 ③
과징금 산정 시 연간 총매출액은 전년도(前年度) 전체 매출액을 기준으로 산정한다.

21 ①
유연화장수는 적정량을 발라 주는 것이 좋다.

22 ④
일반 성인의 하루 피지 분비량은 1~2g 정도이고, 건강한 손톱의 수분 함유량은 12~18%이다.

23 ①
생사는 염색이 가능하고 부드러우며 시술 시 외양이 자연스러우나, 물(수분, 땀)에 약하고 내구성이 약하다.

24 ④
화장품의 분자량이 적은 것이 피부 흡수율이 높기 때문에 분자량이 작은 제품부터 발라야 흡수율이 높아진다는 것이 맞다.

25 ①
사람의 피부색을 결정하는 주된 요소는 카로틴, 멜라닌, 헤모글로빈이다. 그러나 안토시아닌은 피부색과 직접적인 관련이 없다.

26 ①
끝이 수평으로 잘린 둥근 형태의 브러시는 강하고 균일하며 정확한 색상 표현 시 사용한다.

27 ③
수평선은 평화롭고 안정적이며, 친근한 느낌을 준다. 수평선은 변화가 적고 고정적인 이미지를 주기 때문에 평범한 느낌을 전달할 수 있다.

28 ④
고마지는 물리적 각질 제거제로 사용될 수 있다. 그러나 AHA(알파하이드록시산)는 화학적 각질 제거제로, 피부의 표면의 각질을 화학반응으로써 제거하는 방식이다. 따라서 AHA는 물리적 각질 제거제가 아니라 화학적 각질 제거제에 해당한다.

29 ④
생석회는 강염기라 주로 소독이나 살균에 사용되지만, 손상의 우려가 있어 미용 기기나 가구를 소독하기에는 적합하지 않다.

30 ②
자외선 차단지수(SPF)는 주로 UVB에 대한 방어력을 측정하는 지수이다. UVB는 피부에 직접적인 영향을 미쳐 피부 손상, 화상 등을 유발할 수 있기 때문에 SPF는 UVB를 차단하는 효과를 나타낸다.

31 ②
치크(Blush)는 얼굴에 혈색을 부여하고, 입체감을 더하는 메이크업 제품이다. 섀딩은 음영을 주어 얼굴을 슬림하게 보이게 하는 효과가 있지만, 치크는 음영과 더불어 혈색을 더해 여성스러운 인상을 강조한다.

32 ②
철(Fe)는 헤모글로빈의 주요 성분으로, 산소 운반 및 면역 기능에 중요한 역할을 한다. 철이 부족하면 빈혈이 발생할 수 있다.

33 ①
조사망률은 전체 사망률을 의미하며, 특정 연도의 전체 사망자 수를 기준으로 계산된다. 반면 유아사망률은 생후 1년 이내의 유아 사망률을 뜻하며, 생후 28일 미만의 사망을 포함한 조기 유아사망률이 맞는 설명이다.

34 ④
신고를 받은 시장·군수·구청장은 해당 영업소의 시설 및 설비에 대한 확인이 필요한 경우에는 영업신고증을 교부한 후 30일 이내에 확인하여야 한다.

35 ③
Mono Piece는 하나의 조각으로 얼굴의 반 정도 이상을 커버할 수 있는 큰 조각을 의미한다. Fragment는 작은 조각, Small Piece는 작은 부분을 의미한다. Multi Piece는 여러 개의 조각으로 이루어진 것을 나타낸다.

36 ②
상승형 눈썹은 활력 있고 자신감 있는 이미지를 연출해 개성과 생동감을 강조하는 데 적합하다.

37 ②
여름 메이크업에서는 두께감 있는 베이스 대신 얇고 가벼운 베이스 메이크업을 선호한다. 무거운 스틱 파운데이션은 오히려 답답함을 느끼게 하고, 땀과 유분으로 인해 쉽게 무너질 수 있다.

38 ①
0.07~0.10mm 두께의 가모는 얇고 가벼워서 손상되기 쉬운 가는 속눈썹에 적합하다.

39 ①
모발의 성장단계
• 성장기 : 모발이 활발히 자라는 단계이다.
• 퇴화기 : 성장 속도가 느려지고 모근이 퇴화하는 단계이다.
• 휴지기 : 모발의 성장이 멈추고 새로운 모발이 자라날 준비를 하는 단계이다.

40 ③
화장수는 유효성분의 흡수를 촉진하고 피부를 정돈하는 역할을 한다.

41 ②
석탄계수는 특정 소독약의 살균력이 석탄산에 비해 얼마나 강한지를 나타내며, 2.0이라는 것은 해당 소독약의 살균력이 석탄산의 2배라는 의미이다.

42 ④
WHO는 보건행정 범위를 '예방과 관리'까지로 한정한다. 감염병 치료는 보건행정보다는 의료 서비스의 영역이라고 볼 수 있다.

43 ③
휴지기는 모발 성장이 멈추고, 약한 자극에도 쉽게 빠지는 시기이다.

44 ②
긴 얼굴형은 성숙하고 우아한 이미지를 주지만 나이 들어 보이는 경향이 있다. 얼굴이 짧아 보이도록 가로 프레임 기법과 도톰한 일자형 눈썹을 사용해 시각적으로 보완한다.

45 ④
피부색 중 특정 색조가 과하게 증가하면 오히려 안색이 칙칙하거나 건강하지 않아 보일 수 있다.

46 ③
에센셜 오일은 약용식물에서 추출된 휘발성 오일로 아로마테라피 등에 사용된다. 원액 사용은 피부 자극이 될 수 있어 희석해 사용해야 한다.

47 ②
기초대사량은 소화와 순환, 호흡과 배설, 항상성 유지와 같은 '생명 활동'에 필요한 최소한의 에너지양이다.

48 ②
면허정지처분을 받고도 그 정지 기간 중 업무를 한 경우는 면허 취소에 해당하는 사항이다.

49 ④
화장품 제조의 주요 기술에는 가용화, 유화, 분산이 있다. 용융(원료를 데워서 녹임)과 냉각(모양을 잡기 위해 얼리거나 식힘)은 일반적으로 주요 기술로 분류되지 않는다.

50 ②
기후의 4대 온열인자(체감기온을 결정하는 요소)는 기류, 기습(습도), 복사열, 기온이다. 강우는 온열 인자에 포함되지 않는다.

51 ④
비타민 E는 대표적인 항산화 비타민으로, 세포막을 보호하고 노화를 지연하며 피부의 생기와 건강을 유지하는 데 도움을 준다.

52 ②
실키 메이크업은 부드럽고 완벽한 질감을 강조하며 자연스럽고 보송한 느낌을 준다.

53 ③
의약품이나 의료기기를 사용하다 적발되면 1차 행정처분으로 2개월 간 영업정지 처분이 내려진다.

54 ④
면허정지 처분을 받고도 그 기간 중에 업무를 한 때에는 반드시 면허가 취소된다.

55 ③
수염은 자연스럽게 보이도록 아래에서 위로 붙이는 것이 일반적이다.

56 ④
배경에 따라 크기가 달라 보이는 것은 주변 대비 효과로, 시각적 착시라기보다 심리적 요인과 관련이 있다.

57 ①
가수분해 작용은 에탄올의 작용기전이 아니라 과초산, 과산화수소의 작용기전이다.

58 ③
모유두는 모발의 영양과 성장을 담당하며 혈관과 신경이 밀접하게 연결된 부위이다.

59 ③
오 드 투알렛은 대중적으로 많이 사용되는 제품으로 부향률이 6~8%이다.

60 ②
소독을 한 기구와 소독을 하지 않은 기구를 각각 다른 용기에 넣어 보관하지 않으면 최대 200만원 이하의 과태료가 부과된다.

최신 기출문제 08회 416p

01 ②	02 ①	03 ③	04 ①	05 ③
06 ②	07 ②	08 ①	09 ④	10 ②
11 ③	12 ②	13 ④	14 ④	15 ②
16 ④	17 ②	18 ③	19 ④	20 ④
21 ④	22 ②	23 ④	24 ④	25 ②
26 ①	27 ②	28 ④	29 ④	30 ④
31 ④	32 ①	33 ③	34 ①	35 ④
36 ①	37 ②	38 ③	39 ④	40 ④
41 ③	42 ②	43 ②	44 ④	45 ④
46 ③	47 ①	48 ①	49 ③	50 ②
51 ①	52 ③	53 ①	54 ③	55 ④
56 ②	57 ③	58 ③	59 ①	60 ②

01 ②
착색성은 색상이 피부에 잘 표현되는 성질이다.

02 ①
포르말린은 메틸알코올을 산화해 만든 포름알데히드의 수용액으로, 가스 소독제의 일종이다.

03 ③
자외선의 긍정적인 영향으로는 신진대사 촉진, 소독 및 살균 작용, 비타민 D 합성 등이 포함된다. 그러나 근육 이완은 자외선과 직접적인 관련이 없으며, 이는 다른 요인(예: 적외선, 온열 요법, 마사지 등)에 의해 발생한다.

04 ①
퍼퓸은 향료 원액 함유량이 20~30%로 가장 높으며 지속 시간이 길다.

오답 피하기
② 오 드 퍼퓸 : 약 10~20%
③ 오 드 투알렛 : 약 5~10%
④ 오 드 콜롱 : 약 3~5%

05 ③
어플라이언스 메이크업은 배우의 얼굴에 맞게 조소 및 몰드 작업으로 제작한 특수 분장이다.

오답 피하기
① 라텍스 빌드업 메이크업 : 라텍스를 이용한 단계적 구축 메이크업이다.
② 플라스틱 빌드업 메이크업 : 플라스틱 소재를 사용하는 특수 분장이다.

06 ②
골드펄은 따뜻한 계열 색상과 조화를 이루기 쉽다. 회청색은 차가운 색상으로 골드펄과 어울리지 않아 부적합하다. 브론즈, 오렌지브라운, 브라운은 따뜻한 계열로 적합하다.

07 ②
민족적이고 이국적인 느낌의 메이크업 이미지는 에스닉 이미지이다.

오답 피하기
① 아방가르드 이미지 : 혁신적이고 실험적인 메이크업이다.
③ 모던 이미지 : 현대적이고 세련된 이미지를 강조한다.
④ 내추럴 이미지 : 자연스럽고 간결한 스타일입이다.

08 ①

고객 응대 시에는 어려운 용어 대신 쉽게 이해할 수 있는 언어로 소통하는 것이 중요하다.

09 ④

고객에게 성매매를 알선 또는 제공한 경우 2차 적발 시 영업소는 영업장 폐쇄명령, 미용사는 면허취소 처분이 내려진다.

10 ②

메이크업 미용사는 의료기기나 의약품을 사용하는 업무를 할 수 없다.

11 ③

분산은 고체 입자가 액체에 섞여, 완전히 용해되지 않고 떠다니는 상태를 말한다. 현탁액이나 콜로이드처럼 균일하고 안정적인 상태를 만들기 위해 다른 공정이나 안정제를 추가로 사용해야 한다.

12 ②

브라운 립스틱은 안정적이고 세련된 이미지를 주며, 차분한 분위기를 연출한다.

> 오답 피하기
> ① 핑크 : 로맨틱하거나 소녀적인 이미지
> ③ 레드 : 강렬하고 섹시한 느낌
> ④ 오렌지 : 생기 있고 젊은 이미지

13 ④

색의 흥분과 진정은 색상, 명도, 채도 등 다양한 요소의 조합으로 결정된다. 주위 색과의 차이가 클수록 진정된 느낌보다는 흥분된 느낌을 준다.

14 ④

명소시와 암소시의 중간 밝기에서 색 구분이 어려운 현상은 '박명시(중간적 시각, Mesopic Vision)'와 관련이 있다. 연색성은 조명의 품질에 따라 색이 자연스럽게 보이는 정도를 뜻한다.

15 ①

둥근 얼굴형의 옆으로 퍼진 부분을 보완하기에 좋은 하이라이트와 섀딩법이다.

16 ④

백열등은 따뜻한 빛을 발산하므로 붉은색 계열과 따뜻한 색조들이 더 진하게 보인다.

17 ②

간상체(간상세포, 막대세포)는 어두운 곳에서 주로 활동하며, 밝은 곳에서는 원추세포가 주로 활동해 색을 인식한다.

18 ③

라텍스 빌드업은 비교적 적은 시간과 비용으로 자연스러운 노인 분장이 가능하다.

19 ④

노화피부에서는 모공이 섬세하지 않고 오히려 확대되어 있으며, 탄력성이 떨어져 있다.

20 ④

'Make-up'이라는 단어는 셰익스피어가 아니라 리처드 크라쇼와 관련이 있다.

21 ④

브리짓 바르도는 1960년대 관능적이고 섹시한 이미지로 유명한 프랑스의 배우이다.

22 ②

저온균은 15~20℃에서 잘 자라며, 이 온도는 미생물 생장의 적정 온도대이다.

23 ④

상대 배우와의 거리는 메이크업의 결정 요소와는 관련이 적다.

24 ④

의약외품은 예방 목적이긴 하지만, 처방전 없이 구매할 수 있다. 의약외품에는 일반적인 청결제, 방역 제품 등이 포함되며, 처방전은 필요하지 않다.

25 ②

인플루엔자는 비말을 통해 전파되는 대표적인 호흡기 감염병으로, 밀접한 접촉이 있는 환경에서 쉽게 전파될 수 있다.

26 ①

그린 또는 블루컬러의 베이스로 붉은 기를 중화한 후 얼굴색과 가까운 살짝 톤다운된 옐로베이지의 파운데이션을 사용한다.

27 ②

방추형 피라미드는 선진국의 인구 구조를 나타낸다. 일반적으로 출산율이 낮고, 노년층이 많아지면서 상단이 넓고 하단이 좁은 형태를 하게 된다.

28 ④

글라잔(Glatzan)은 휘발성이 강한 아세톤과 함께 사용하므로 흡입 시 호흡계에 악영향을 줄 수 있으므로 통풍이 잘되는 장소에서 사용해야 한다.

29 ④

민감성 피부는 자극을 쉽게 받기 때문에, 저자극성 제품과 알로에베라, 칼렌듈라 등의 성분이 포함된 화장품이 적합하다. 이 성분들은 피부 진정과 보습에 효과적이다.

30 ④

겨울은 차가운 색조와 강한 대비를 사용하는 메이크업에 적합한 계절이다. 겨울 메이크업은 뚜렷한 색상의 대조가 돋보이며, 밝은 색상과 강한 색상의 조합이 잘 어울린다.

31 ④

흑백 사진 메이크업에서는 실제 색상은 보이지 않기 때문에, 베이스를 어둡게 처리하기보다는 윤곽을 살려 주기 위해 어두운 색상을 이용해 얼굴형의 음영을 잘 표현해야 한다.

32 ①

안토시아닌은 일부 식물에서 발견되는 색소로, 피부색과는 직접적인 관계가 없다. 피부색은 주로 멜라닌, 카로틴, 헤모글로빈의 영향을 받는다.

33 ③

비타민 D 합성은 주로 UVB에 의해 이루어지며, 적외선은 피부 깊숙이 침투하지만 비타민 D 합성에 직접적인 영향을 주지 않는다. 적외선은 피부의 온도를 높여 신진대사를 촉진하고, 통증을 완화하는 등의 기능이 있다.

34 ①
매끄러운 피부는 주로 파운데이션이나 프라이머와 같은 베이스 메이크업에서 연출되며, 치크 메이크업의 주된 목적과는 관련이 없다.

35 ②
색상은 얼굴의 윤곽을 수정하고 보완할 수 있는 요소이다. 셰이딩, 하이라이트, 윤곽 수정 등을 통해 얼굴의 다양한 이미지를 연출할 수 있다.

36 ③
마름모형 얼굴에 치크는 광대뼈를 감싸듯이 둥글려 부드러운 이미지를 연출하는 것이 좋다.

37 ②
민감성 피부에 전동 클렌저를 사용하여 이중세안을 하면 과도한 자극이 될 수 있다. 부드러운 세안이 필요하며, 약산성 제품이나 수용성 오일, 유분감이 적은 로션 등을 사용하는 것이 좋다.

38 ③
레티놀은 주로 주름 개선과 피부 재생에 사용되는 성분으로, 미백화장품의 주요 원료는 아니다.

39 ②
공중위생감시원은 위생 상태를 검사하고, 개선명령 이행 여부를 확인하는 등의 감시 및 검사 업무를 수행한다. 그러나 위생교육은 영업자가 책임지고 진행해야 하는 부분이다.

40 ④
메탈릭 메이크업은 강렬하고 미래지향적인 느낌을 주기 위해 메탈릭한 색상을 주로 사용한다. 립은 대체로 메탈릭한 색상을 사용해 강렬하고 화려한 이미지를 강조한다.

41 ③
웨딩드레스의 가격은 신부 메이크업에 직접적인 영향을 미치지 않는다. 메이크업은 신부의 개인적인 스타일과 피부상태, 드레스의 디자인과 컬러에 맞춰 조정돼야 한다.

42 ②
가을 메이크업에 적합한 따뜻한 색상이다. 우아하고 엘레강스한 이미지를 연출하는 데 효과적이다.

43 ③
차가운 색상은 골드펄과 잘 어울리지 않으며, 전체적으로 따뜻하고 샤이니한 느낌을 내는 데 부적절할 수 있다.

44 ④
황산화물은 산성비의 주요 성분이다. 대기 중에 방출되면 황산과 같은 산을 형성해 산성비가 되어 내린다.

45 ④
T존은 이마와 코를 포함하는 부분으로, 피지 분비가 많아 화장이 뭉치거나 들뜨기 쉬운 부위이다. 이 부위에는 보통 피지선이 활성화돼 있어, 파운데이션을 소량 사용하거나 기름지지 않은 제품을 사용하는 것이 좋다.

46 ①
캐릭터 메이크업은 연기자의 개인적인 가치관이 아니라, 그가 연기하는 캐릭터의 외형적 특성을 나타내는 데 집중한다.

47 ①
비립종은 작은 흰색 또는 노란색의 주머니 모양의 혹이 피부에 나타나는 질환으로, 각질이 뭉쳐 있는 병변이다.

48 ①
파라아미노벤조산(PABA)은 자외선 차단제에 사용되는 성분이지만, 피부 표면에 물리적인 차단막을 형성해 자외선을 반사하는 방식은 아니다. PABA는 자외선 A와 B를 흡수해 피부를 보호하는 화학적 자외선 차단제이다.

49 ③
자외선소독 시 1㎠당 85㎼ 이상의 자외선을 20분 이상 쬐어 주어야 한다.

50 ②
유구조충의 중간숙주는 주로 오염된 풀이나 풀을 먹는 동물(예 소)이지, 오염된 풀 자체가 중간숙주가 아니다.

51 ①
면허증 재발급과는 관련이 없다. 영업소 주소 변경은 관련 법규에 따라 신고 절차를 따르지만, 면허증을 재발급하는 사유에는 해당하지 않는다.

52 ③
무리한 요구는 적절히 거절할 필요가 있으며, 부드럽고 예의 있는 언어로 대응하는 것이 바람직하다.

53 ①
디프테리아균은 공기 중에서도 살아남을 수 있는 호기성균이다.

54 ②
보습, 자외선 차단, 미백, 안티에이징 등은 화장품이 발휘하는 효과와 관련이 있다.

55 ④
퍼플 계열은 여성적이고 화려한 느낌을 주는 동시에, 성숙하고 우아한 아름다움을 표현할 수 있다.

56 ②
아이 백(눈 밑의 지방이 팽창된 것)은 주로 노년기나 중년기에 발생하는 특징이다. 청년기에는 피부가 비교적 탄력이 있어 눈 밑에 팽창된 지방이 보이지 않는다.

57 ③
각진 눈썹은 지적이고 현대적이며 세련된 느낌을 주며, 갈색 컬러는 자연스러우면서도 세련된 이미지를 연출한다.

58 ③
에탄올 70% 수용액은 살균력이 강하고, 피부 소독제로 널리 사용된다.

59 ①
보툴리누스균은 2차 감염률이 높지 않으며, 면역성이 없다.

60 ②
암 투병 중이라도 증상이 없고 치료가 가능하다면 면허를 받을 수 있다.